I0031486

Kältespeicher

Grundlagen, Technik, Anwendung

von

Dr. Thorsten Urbaneck

Oldenbourg Verlag München

Dr. Thorsten Urbaneck ist Bereichsleiter Thermische Energiespeicher an der Professur Technische Thermodynamik der TU Chemnitz. Er hat das erste System zur oberirdischen Kurzzeit-Großkältespeicherung Deutschlands mit entwickelt.

Von der Fakultät für Maschinenbau der Technischen Universität Chemnitz genehmigte Habilitationsschrift.

Bibliografische Information der Deutschen Nationalbibliothek

Die Deutsche Nationalbibliothek verzeichnet diese Publikation in der Deutschen Nationalbibliografie; detaillierte bibliografische Daten sind im Internet über http://dnb.d-nb.de abrufbar.

Rosenheimer Straße 145, D-81671 München
Telefon: (089) 45051-0
www.oldenbourg-verlag.de

Lektorat: Angelika Sperlich
Herstellung: Constanze Müller
Titelbild: thinkstockphotos.de
Einbandgestaltung: hauser lacour
Gesamtherstellung: Grafik & Druck GmbH, München

Dieses Papier ist alterungsbeständig nach DIN/ISO 9706.

ISBN 978-3-486-70776-2

Vorwort

Diese Arbeit entstand im Rahmen meiner Tätigkeit an der Professur Technische Thermodynamik an der Technischen Universität Chemnitz (Einreichung am 18.05.2010). Bei Herrn Prof. Dr.-Ing. habil. B. Platzer bedanke ich mich ausdrücklich für die großzügige Unterstützung, die Freiheit hinsichtlich der fachlichen und methodischen Ausrichtung der Arbeiten sowie die Übernahme der Begutachtung der Arbeit. Ich bedanke mich bei allen Mitarbeitern der Professur, die einen Beitrag geleistet haben. Mein Dank gilt auch den Gutachtern Herrn Prof. Dr.-Ing. habil. U. Groß von der Technischen Universität Bergakademie Freiberg und Herrn Prof. Dr.-Ing. habil. F. Ziegler von der Technischen Universität Berlin.

Die Machbarkeitsuntersuchung und der Pilotspeicher waren zwei grundlegende Projekte, die mit den Stadtwerken Chemnitz (jetzt eins energie in sachsen) durchgeführt wurden. Ich bedanke bei allen Mitarbeitern der Stadtwerke – besonders bei Herrn Dipl.-Ing. U. Uhlig, Herrn Dipl.-Ing. T. Göschel, Herrn Dipl.-Ing. G. Baumgart, Herrn Dipl.-Ing. G. Fiedler, Herrn Dipl.-Ing. D. Zimmermann, Herrn F. Wittchen und Herrn V. Schönfelder – und bei allen Projektpartnern, die zum Erfolg des ersten großen Kaltwasserspeichers beigetragen haben. Die Projekte wurden vom Ministerium für Wirtschaft und Technologie (BMWi) gefördert. Die Förderung hat zu großen Teilen auch die hier vorgestellten Arbeiten ermöglicht. Ich bedanke mich bei den zuständigen Bearbeitern im Ministerium für die Förderung. Das Management bei diesen Projekten lag beim Projektträger Jülich. Für das Interesse und die Unterstützung gilt mein besonderer Dank Herrn Dr. V. Lottner, Herrn J. Gehrmann und Frau Dr. A. Wille. Diese Projekte ermöglichten eine Zusammenarbeit und Ergebnispräsentation auf nationaler und internationaler Ebene, was für diese Arbeit ebenfalls wichtig war. Die Ergebnisse konnten zum Teil in Folgeprojekte einfließen. Ich bedanke mich bei den zuständigen Personen für die Zusammenarbeit und die Möglichkeit zur Veröffentlichung.

Die Bearbeitung vieler Teilaufgaben übernahmen „meine" Studenten, auf die ich sehr stolz bin, weil sie die Themen mit Begeisterung angenommen und vollem Einsatz bearbeitet haben. Ich erinnere mich gern an die angenehme und kreative Atmosphäre.

Mein herzlicher Dank gilt meiner Familie, die das Verständnis für meine Schwerpunktsetzung aufbrachte und mich stets unterstützt hat.

Chemnitz, im November 2011

Thorsten Urbaneck

Inhaltsverzeichnis

Symbolverzeichnis

Lateinische Buchstaben

Symbol	Beschreibung	Einheit
A	Fläche	m^2
a	Temperaturleitfähigkeit	m^2/s
a'	Annuität	%
B	Verformungsparameter	–
C	Formparameter für Partikel	–
c	spezifische Wärmekapazität	kJ/(kg K)
CM	Koeffizientenmatrix	–
COP	Coefficient of Performance	–
c_p	spezifische isobare Wärmekapazität	kJ/(kg K)
C_R	Rohrnetzkennzahl	Pa h^2/m^6
C_{Sp}	Speicherkapazität	kJ
c^*_{Sp}	Energiespeicherdichte	kJ/m^3
c_v	spezifische isochore Wärmekapazität	kJ/(kg K)
d	Durchmesser	m
DA	Deckungsanteil	–
dir	Direction (eng.), Richtung (1 = Beladen, -1 = Entladen)	–
$\dot{E}$	Exergiestrom	kW
E_1	Stammfunktion	–
EER	Energy Efficiency Ratio	–
Fr	Froude-Zahl	–
$f'_{Betrieb}$	Koeffizient für die betriebsgebundenen Kosten	%
g	Gravitationsbeschleunigung	m/s^2

GFV	Grundflächenverhältnis	–
G_H	Heizgradstunden	Kh
G_K	Kühlgradstunden	Kh
GWP	Global Warming Potential (eng.), Treibhauspotenzial	–
H	Enthalpie	kJ
h	spezifische Enthalpie	kJ/kg
h	Höhe	m
h_0	Verdampfungsenthalpie	kJ/kg
h_{Ads}	differenzielle spezifische Adsorptionsenthalpie	kJ/kg(H_2O)
$h_{Ads,Bind}$	spezifische Bindungsenthalpie bei der Adsorption	kJ/kg(Adsorbens)
h_C	Kondensationsenthalpie	kJ/kg
HDV	Höhe-Durchmesser-Verhältnis	–
HKV	Höhe-Kanten-Verhältnis	–
h_{WS}	Standrohrspiegelhöhe (Wassersäule)	m
i	Zähler	–
i'	Kalkulationszinssatz	%
j	Zähler	–
k	Wärmedurchgangskoeffizient	W/(m^{2}K)
k	Permeabilität	m^2
k_f	Durchlässigkeitswert	m/s
$K'_{Betrieb}$	betriebsgebundene Kosten	€/a
K'_{Invest}	Investitionskosten	€
$K'_{ges,Jahr}$	Jahres-Gesamtkosten	€/a
$K'_{Kapital}$	Kapitalkosten	€/a
K'_{sonst}	sonstige Kosten	€/a
$K'_{Sp,A}$	Speichererrichtungskosten in Abhängigkeit der Speicheroberfläche	€
$k'_{Sp,A}$	spezifische Kosten der Speicheroberfläche	€/m^2

$K'_{Sp,C}$	Speichererrichtungskosten in Abhängigkeit der Speicherkapazität	€
$k'_{Sp,C}$	spezifische Kosten der Speicherkapazität	€/kWh
$K'_{Sp,fix}$	Fixkosten der Speichererrichtung	€
$K'_{Sp,ges}$	Speichererrichtungskosten	€
$k'_{Sp,ges,C}$	spezifische Speichererrichtungskosten bez. der Speicherkapazität	€/MWh
$k'_{Sp,ges,W}$	spezifische Speichererrichtungskosten bez. des Wasseräquivalents	€/m^3
$K'_{Sp,\dot{Q}}$	Speichererrichtungskosten in Abhängigkeit der Be- und Entladeleistung	€
$k'_{Sp,\dot{Q}}$	spezifische Kosten des Be- und Entladesystems	€/kW
$K'_{Sp,sonst}$	sonstige Kosten der Speichererrichtung	€
$K'_{Sp,V}$	Speichererrichtungskosten in Abhängigkeit des Speichervolumens	€
$k'_{Sp,V}$	spezifische Kosten des Speichervolumens	€/m^3
K'_{Verbr}	verbrauchsgebundene Kosten	€/a
L	Level (eng.), Füllstand	m
l	Länge	m
LA	Leistungsanteil	–
LZ	Ladezustand	%
m	Masse	kg
$\dot{m}$	Massenstrom	kg/s
N	Anzahl der Schichten	–
n	Zählvariable	–
n_{Sch}	gesamte Anzahl der Schichten	–
n_{Sp}	Zyklenzahl, Austauschrate	–
o	spezifische innere Oberfläche	m^2/m^3
ODP	Ozone Depletion Potential (eng.), Ozonabbaupotenzial	–
OVV	Oberflächen-Volumen-Verhältnis	–
P	Leistung	kW

p	Druck	Pa
PLV	Part load value (eng.), Teillastfaktor	–
P_{mech}	mechanische Antriebsleistung	kW
p_{Ver}	Druckverlust	Pa
P'_{Arbeit}	Arbeitspreis	€/kWh
$P'_{Leistung}$	Leistungspreis	€/(kW a)
Q	Wärmemenge	kWh
$\dot{Q}$	Wärmestrom, thermische Leistung	kW
q	spezifischer Volumenstrom	m^2/s
$\dot{Q}_0$	Verdampferleistung, Kälteleistung	kW
q_0	Kälteleistung bezogen auf den Kältemittel-Massenstrom	kJ/kg
q_{ab}	abgeführte Wärme bezogen auf den Kältemittel-Massenstrom	kJ/kg
$\dot{Q}_C$	Verflüssigerleistung	kW
$\dot{Q}_H$	Heizleistung	kW
q_H	Heizenergie bezogen auf den Kältemittel-Massenstrom	kJ/kg
$\dot{q}_l$	Wärmestrom mit Längenbezug	W/m
q_{zu}	zugeführte Wärme bezogen auf den Kältemittel-Massenstrom	kJ/kg
q'	Aufzinsfaktor	–
R	Koeffizienten und Temperaturen aus dem vorhergehenden Zeitschritt	–
r	Radius	m
R_{BL}	thermischer Bohrlochwiderstand	m K/W
Re	Reynolds-Zahl	–
RV	Radienverhältnis	–
S	Entropie	kJ/K
$\dot{S}$	Entropiestrom	kW/K
s	spezifische Entropie	kJ/kg
$SEER$	Seasonal energy efficiency ratio (eng.), Jahresarbeitszahl	–

SPF	Seasonal Performance Factor, Jahresarbeitszahl	–
T	Temperatur	K
t	Zeit	s
t^*	dimensionslose Zeit	–
T_{Aqu}	Transmissivität	m^2/s
$TEWI$	Total Equivalent Warming Impact (eng.), Äquivalent des gesamten Treibhauseffektes	–
t'_N	technische Nutzungsdauer	a
U	Umfang	m
U	innere Energie	kJ
u	spezifische innere Energie	kJ/kg
V	Volumen	m^3
$\dot{V}$	Volumenstrom	m^3/h
v	spezifisches Volumen	m^3/kg
v	Strömungsgeschwindigkeit des Pfropfenstroms	m/s
VLS	Volllaststunden	h/a
v_{rel}	relativer Volumenstrom	%
$V_{Sp,W}$	Wasseräquivalent	m^3
$v_{W,spez}$	spezifischer Wasserverbrauch	m^3/kWh
W	Arbeit	kWh
w	Geschwindigkeit	m/s
$w_{el,spez}$	spezifischer Elektroenergieverbrauch	kWh/kWh
w_f	Filtergeschwindigkeit	m/s
w_t	technische Arbeit bezogen auf den Kältemittel-Massenstrom	kJ/kg
x	Beladung	kg/kg
x	Koordinate, Länge	m
$x_{Ads,Bel}$	Beladebreite	$kg(H_2O)/kg(Adsorbens)$
y	Koordinate, Länge	m

Griechische Buchstaben

Symbol	Beschreibung	Einheit
β	Integrationsvariable	–
γ	Euler-Mascheroni-Konstante (0,5772)	–
ε	Leistungszahl	–
ε	Porosität	–
ε_m	Arbeitszahl	–
ζ	Wärmeverhältnis	–
ζ	Widerstandsbeiwert	–
ζ_m	mittleres Wärmeverhältnis	–
η	dynamische Viskosität	kg/(m s)
η_C	Carnot-Faktor	–
η_G	Gütegrad	–
η_{Sp}	Speichernutzungsgrad	–
λ	Reibungszahl	–
λ	Wärmeleitfähigkeit	W/(m K)
μ	Diffusionswiderstandszahl	–
ν	kinematische Viskosität	m^2/s
ξ	Massenanteil	–
ρ	Dichte	kg/m^3
ρc	volumetrische Wärmekapazität	kJ/m^3
φ	Winkel	°
$\varphi_{KE,Netz}$	Verhältnis der gesamten Erzeugerleistung zur maximalen Netzlast	–
$\varphi_{Netz,Vert}$	Verhältnis der maximalen Netzlast zur gesamten Vertragsleistung	–

Indizes und Abkürzungen

Symbol	Beschreibung
$'$	Zustand der Flüssigkeit unmittelbar vor dem Erstarren

‴	Zustand des Feststoffes unmittelbar vor dem Schmelzen
0	Verdampfung
ab	abführen
AbKM	Absorptionskältemaschine
Abs	Absorption
AdKM	Adsorptionskältemaschine
Ads	Adsorption
Amb	ambient (eng.), Umgebung
Anl	Anlage
Aqu	Aquifer
arm	Lösung arm an Kältemittel
ATES	Aquifer Thermal Energy Storage, Aquiferspeicher
aus	Austritt
Ausl	Auslegung
Bel	stoffliche Beladung
bel	Speicher beladen
BES	Be- und Entladesystem
Betrieb	Betrieb, Einsatz
BHKW	Blockheizkraftwerk
Bind	Bindung, physikalisch
BL	Bohrloch
BLW	Bohrlochwand
Boden	Boden
bot	Bottom of foundation (eng.), Boden des Fundamentes
Br	Brunnen
BTES	Borehole Thermal Energy Storage, Erdsondenspeicher
By	Bypass

C	Kondensation
c	Concrete (eng.), Beton
cds1	Charging and discharing system, at the bottom (eng.), Be- und Entladesystem, Wasseraustausch am Boden
cds2	Charging and discharing system, on the top (eng.), Be- und Entladesystem, Wasseraustausch unter dem Flüssigkeitsspiegel
CFD	Computational Fluid Dynamics (eng.), numerische Strömungsmechanik
CG	Schaumglas
CST	Cold Storage Tank
CTES	Cavern Thermal Energy Storage, Kavernenspeicher
cw	Concrete-Water (eng.), Beton-Wasser
d	Dampf, Kältemitteldampf
D	Diffusor
DDC	Digital Direct Control
DE	Double-Effect, zweistufig
DE	Druckerhöhung
DEC	Desiccative Evaporative Cooling (eng.), Kühlen durch Trocknen und Verdunsten (sorptionsgestützte Klimatisierung)
Des	Desorption
DH	Druckhaltung
DHP	Druckhaltepumpe
DKE	dezentrale Kälteerzeugung
DM	Druckminderung
DNS	Direkte Numerische Simulation
DSKM	Dampfstrahl-Kältemaschine
DWV	Dreiwegeventil
dyn	dynamisch
ECK	Ventilstellung auf ECK
eff	effektiv

ein	Eintritt
einzel	vereinzelt, Einzelwiderstand
el	elektrisch
en	energetisch
ent	Speicher entladen
EP	Engpass
EPDM	Ethylen-Propylen-Dien-Terpolymer
ES	Erdsonde
f	Foundation (eng.), Fundament
FCKW	Fluorchlorkohlenwasserstoffe
fest	Aggregatzustand: fest
fl	Aggregatzustand: flüssig
fp	Foot point (eng.), Querschnitt
Gen	Generator, Austreiber
ges	gesamt
GFK	glasfaserverstärkter Kunststoff
Grenz	Grenze, Grenzwert
GT	Grenztemperaturen
GuD	Gas- und Dampfturbinenprozess
H	Heizung
HeW	Heißwasser
HFB	hochfester Beton
H-FCKW	teilhalogenierte Fluorchlorkohlenwasserstoffe
H-FKW	teilhalogenierte Fluorkohlenwasserstoffe
Hilfs	Hilfsenergie oder -stoff
HKW	Heizkraftwerk
HLB	Hochleistungsbeton

HT	Hochtarif
in	Input (eng.), Eingang
Ist	Istwert
Jahr	Jahr, Jahresbezug
Kälte	Kälteleistung, -lieferung
KaT	Kälteträger
KaW	Kaltwasser
KM	Kältemaschine
KM	Kältemittel
KoKM	Kompressionskältemaschine
KQ	Kältequelle
KT	Kühlturm
Kugel	Kugel
KuW	Kühlwasser
KW	Kalenderwoche
KWK	Kraft-Wärme-Kopplung
KWKK	Kraft-Wärme-Kälte-Kopplung
L	Luft
LPG	Liquid Petroleum Gas
LTF	Low Temperature Fluid (Niedertemperaturfluid)
m	Mittelwert, in der Mitte
max	maximal, Maximum
Mess	Messung
mG	maximaler Gradient
min	minimal, Minimum
Misch	Mischung
MK	Motorklappe

MSR	Mess-, Steuer- und Regeltechnik
MV	Motorventil
n	Nitrogen (eng.), Stickstoff
Nenn	Nennwert
Netz	Netz, Fernkältenetz
nr	Nachrüstung
NT	Niedrigtarif
nutz	nutzbar
o	oben
ORC	Organic-Rankine-Cycle
P	Pumpe
P	Partikel
PB	Polybuten
PCM	Phase Change Material (eng.), Phasenwechselstoff
PCS	Phase Change Slurry (eng.), Phasenwechselfluid
PE	Polyethylen
PE-HD	Polyethylen hoher Dichte
PEX	vernetztes Polyethylen
PK	Prozesskälte
PS	Pfropfenstrom
PS	Polystyrol
PUR	Polyurethan
PVC	Polyvinylclorid
PVDF	Polyvinylidenfluorid
PW	Phasenwechsel
Quader	Quader
R	Refrigerant (eng., Kältemittel)

r	Roof (eng.), Dach
rad1	Radiation (eng.), Umgebungstemperatur mit Strahlungseinfluss des Himmels
rad2	Radiation (eng.), Umgebungstemperatur mit Strahlungseinfluss des Bodens
Reak	chemische Reaktion
Ref	Referenz
reich	Lösung reich an Kältemittel
REV	repräsentatives Elementarvolumen
RKS	Rückkühlsystem
RL	Rücklauf
RO	Regelorgan
Rohr	Rohr, Rohrleitung
s	Sheath (eng.), Mantel, Verkleidung
Sc	Schnee
Sch	Schicht
schmelz	Schmelzvorgang
SE	Single-Effect, einstufig
side	side (eng.), Seite
Soll	Sollwert
Sp	Speicher (Kurzform für thermischer Energiespeicher)
Start	Start, Beginn
stat	statisch
Stop	Stop, Ende
Sys	System
t	Tank (eng.), Tankwand
TAB	Technische Anschlussbedingungen
TBAB	Tetra Butyl Ammonium Bromide
TES	thermischer Energiespeicher

therm	thermisch
top	Top, roof (eng.), oben, Dach
TRT	Thermal Response Test
u	unten
ÜS	Übergangsschicht
UF	Harnstoff-Formaldyhydharz
UHFFB	ultrahochfester Faserbeton
Umg	Umgebung
ungest	ungestört
Unt	Untergrund
UP	Umwälzpumpe
UTES	Underground Thermal Energy Storage, unterirdischer thermischer Energiespeicher
Vda	Verdampfer
Ver	Verlust
VL	Vorlauf
vol	volumetrisch
W	Wasser
w	Water (eng.), Wasser
WÄ	Wasseräquivalent
WL	Wärmeleitung
wn	Water-Nitrogen (eng.), Wasser-Sickstoff
WU	wasserundurchlässiger Beton
WÜ	Wärmeübertrager, Wärmeübertragung
XPS	extrudiertes Polystyrol
ZKE	zentrale Kälteerzeugung
zu	zuführen
Zylinder	Zylinder

1 Einleitung

1.1 Motivation und Ausrichtung

Die Kälteversorgung ist heute und in den nächsten Jahren mit diversen technischen, wirtschaftlichen und ökologischen Herausforderungen verbunden. Der Einsatz von Kältespeichern bietet bei der Lösung dieser Probleme viele Vorteile. Um diese Vorteile nutzen zu können, ist es wichtig, das vorhandene Wissen und neuere Erkenntnisse den Akteuren zur Verfügung zu stellen. Das betrifft insbesondere die Lehre und Forschung, die Planung, die Ausführung sowie den Betrieb.

Aus methodischer Sicht sollen bei der Vorstellung der Kältespeichertechnik deshalb Grundlagen, Vorgänge im Umsetzungsprozess (Planung, Errichtung, Betrieb) und Beispiele berücksichtigt werden.

Weiterhin ist zu beachten, dass die Kältespeicherung in den letzten Jahren wieder an Bedeutung gewonnen hat. Eine steigende Anzahl an Veröffentlichungen bzw. Artikeln spiegeln diese Entwicklung wider. Das Fachgebiet ist zurzeit durch kein Fachbuch im deutschen Sprachraum bzw. durch eine umfassende und übergreifende Darstellung vertreten. In den USA und Japan wurden bisher verschiedene Bücher oder Richtlinien publiziert, die oft den Schwerpunkt auf Kaltwasser- oder Eissysteme legen.

1.2 Konzept

Die Speichertechnik ist keine alleinstehende Technik. Viele Teilaspekte beeinflussen die Entwicklung und den Einsatz von Speichern. Die Gliederung und die Inhalte dieser Arbeit versuchen der komplexen Problematik und dem großen Umfang gerecht zu werden.

Der erste Teil beschäftigt sich mit den Grundlagen der Kältebereitstellung (Abs. 2) und der vorgelagerten Energieversorgung (Abs. 3). Ein weiterer Hauptabschnitt (Abs. 4) liefert Basiswissen zu thermischen Energiespeichern unabhängig von der Anwendung.

Der zweite Teil widmet sich speziell der Kältespeicherung. Die ersten zwei Hauptabschnitte gehen grundlegend auf Stoffe (Abs. 5) und Systemaspekte (Abs. 6) ein. Diese sind wiederum eine wichtige Voraussetzung für die speziellen Speicherkonstruktionen (Abs. 7, Abs. 8, Abs. 9).

Anlagen (Abs. A bis Abs. F) ergänzen den zweiten Teil (Kältespeicherung). Es werden spezielle Inhalte zu Kaltwassersystemen und -speichern vorgestellt. Diese Abschnitte besitzen vertiefenden Charakter.

Betrachtet man das Gebiet der thermischen Energiespeicher (Abs. 4), stellt man schnell fest, dass der Umfang und die Vielfalt buchsprengenden Charakter besitzen. Eine Konzentration auf Kühlanwendungen im Bereich –10. . . 20 °C erscheint deswegen als sinnvoll und pragmatisch.

Auch die technischen Schwerpunkte werden von den aktuellen Entwicklungen in Deutschland getragen. Um eine möglichst hohe Anzahl an praktischen Umsetzungen zu erreichen, vertieft die Arbeit folgende Schwerpunkte:

- mittelgroße bis große Systeme[1],
- Versorgungssysteme mit Wasser als Kälteträger (Nah- und Fernkälte),
- Klimatisierung und technologische Kühlung,
- Nutzung von Abwärme zur Effizienzerhöhung des Gesamtsystems.

Trotz der Schwerpunkte ist die Übertragbarkeit auf neue Applikationen gegeben, da die Methoden in Verbindung mit den dargestellten Grundlagen anwendbar sind.

[1] Kleine Systeme werden oft von Forschungsinstituten und Firmen entwickelt. Das Ziel besteht in einem hohen Vorfertigungsgrad. Im Vergleich zu großen Systemen ist z. B. der Planungsaufwand sehr gering. Große Systeme sind in der Regel Nicht-Standard-Systeme und erfordern eine spezielle Planung.

Teil I

Grundlagen

2 Kälteversorgung

Speicher müssen in Energieversorgungssysteme integriert werden. Da diese Systeme insbesondere im großen Leistungsbereich komplex aufgebaut sind, ist ein Verständnis dieser Systeme, der zugrunde liegenden Versorgungsaufgabe bis hin zu betriebstechnischen Fragen notwendig. In diesem Abschnitt werden deswegen Aspekte angesprochen, die für einen richtigen Speichereinsatz wichtig sind.

2.1 Einordnung, Begriffe, Definitionen

Die Aufgabe der Kälteversorgung (Abb. 2.1) umfasst viele Prozesse, die für eine Kühlung auf der Verbraucherseite notwendig sind. Dabei wird Wärme in Richtung der Kälteerzeugung abgeführt. Die Systemtemperaturen im Kälteversorgungssystem liegen dabei unter der Umgebungstemperatur. Aus diesem Grund fließt die Exergie auch von der Kälteerzeugung in Richtung des Verbrauchers[1]. Folgende Prozessschritte sind aber typisch: Erzeugen bzw. Bereitstellen (Nutzung von Kältequellen), Speichern, Transportieren, Verteilen, Übertragen, Anwenden (Abb. 2.1).

[1]Der Begriff Wärme ist aus thermodynamischer Sicht eine Prozessgröße zur Beschreibung einer Energieübertragung an der Grenze eines thermodynamischen Systems. Jedoch wird der Begriff auch in anderen Zusammenhängen verwendet (z. B. Wärmespeicher, siehe Abs. 4). Der Begriff Kälte ist ungleich schwieriger, weil er zunächst das Gegenteil von Wärme suggeriert - einen Wärmestrom oder weiter gefasst einen Zustand (z. B. Kältepol der Erde). *Kälteversorgung* bzw. die Richtung der Kälteversorgung harmoniert aber gut mit der Exergiebeschreibung. Deswegen und aus Gründen einer leichten Lesbarkeit wird an dem Begriff Kälte festhalten.

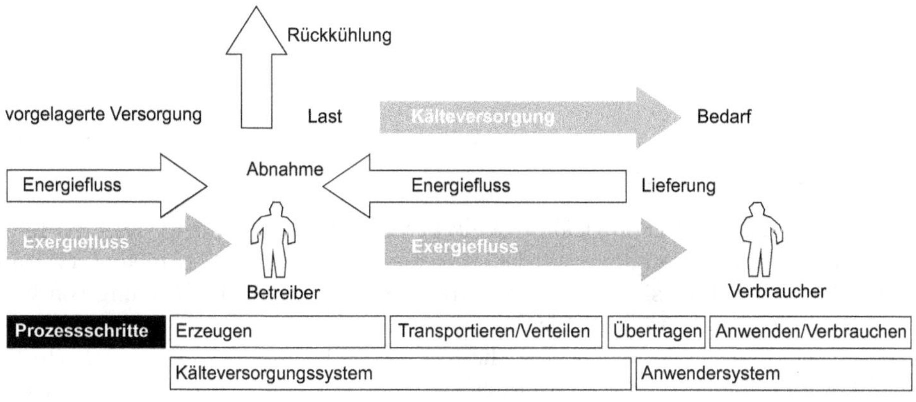

Abb. 2.1: Kälteversorgung am Beispiel von großen Systemen

Kältebedarf: Der Verbraucher im Versorgungssystem (Verbrauchersichtweise) benötigt die Abfuhr von Wärme zur Erfüllung seiner Versorgungsaufgabe (z. B. Klimatisierung von Räumen). Dieser Begriff beschreibt die vom Verbraucher benötigte Leistung zu einer bestimmten Zeit oder die benötigte Menge.

Kältelast: Die vom Verbraucher benötigte Leistung verursacht im Verteilsystem eine Last, die durch die Erzeuger (z. B. Kältemaschinen) genau ausgeglichen werden muss (Erzeugersichtweise). Eine Unter- oder Überproduktion führt zu unausgeglichenen Verhältnissen im System. Der Lastgang muss aufgrund der Übertragungsprozesse und der Speicherfähigkeit des Netzes nicht mit dem Bedarfsprofil übereinstimmen.

Kälteverbrauch: Der Verbraucher überträgt die Wärme an einen Prozess zur Kältebereitstellung oder an ein Verteilsystem (Verbrauchersichtweise).

Kältelieferung: Ein Prozess oder Verteilsystem liefert ein Medium (Kälteträger), welches zur Wärmeaufnahme genutzt werden kann (Erzeugersichtweise).

Erzeugerleistung: Die Erzeugung von Temperaturen, die unter der Umgebungstemperatur liegen, benötigt spezielle Prozesse. Dabei ist die Wärmeentzugsleitung (z. B. Verdampferleistung) entscheidend. Der Maximalwert kann sich aus der Summe aller Erzeuger zusammensetzten.

Übertragungsleistung: Oft kühlt der Kälteprozess nicht direkt. Übertragungssysteme (z. B. Kaltwassernetze) sind dann zwischen die Erzeugung und die Anwendung geschaltet. Diese Systeme sind in der Leistung begrenzt. Diese maximale Übertragungsleistung limitiert z. B. der Massenstrom oder der Wärmeübergang.

Anschlussleistung: Bei Systemen mit mehreren verteilten Verbrauchern setzt sich die Anschlussleistung aus den Nennwerten oder den vertraglich vereinbarten maximalen Leistungen zusammen.

2.2 Verbraucher

2.2.1 Anwendungsgebiete

Abb. 2.2 verdeutlicht, dass die Kältetechnik in vielen Bereichen anzutreffen ist. In Abhängigkeit von der Anwendung werden verschiedene Ziele (z. B. Kühlkonservierung) verfolgt. Danach richten sich die angewandten Techniken bzw. die Nutzung von Effekten (z. B. stark eingeschränktes Wachstum von Lebewesen bei tiefen Temperaturen). Deswegen muss beachtet werden, dass die Kältetechnik genau wie die Speichertechnik eine *Schlüsseltechnologie* ist. Die Kältetechnik sorgt für notwendige oder günstige Bedingungen im Produktionsprozess, bei Spezialanwendungen oder im alltäglichen Leben. *Dress* und *Zwicker* [1] geben für die Anwendungen Bereiche nach Tab. 2.1 an.

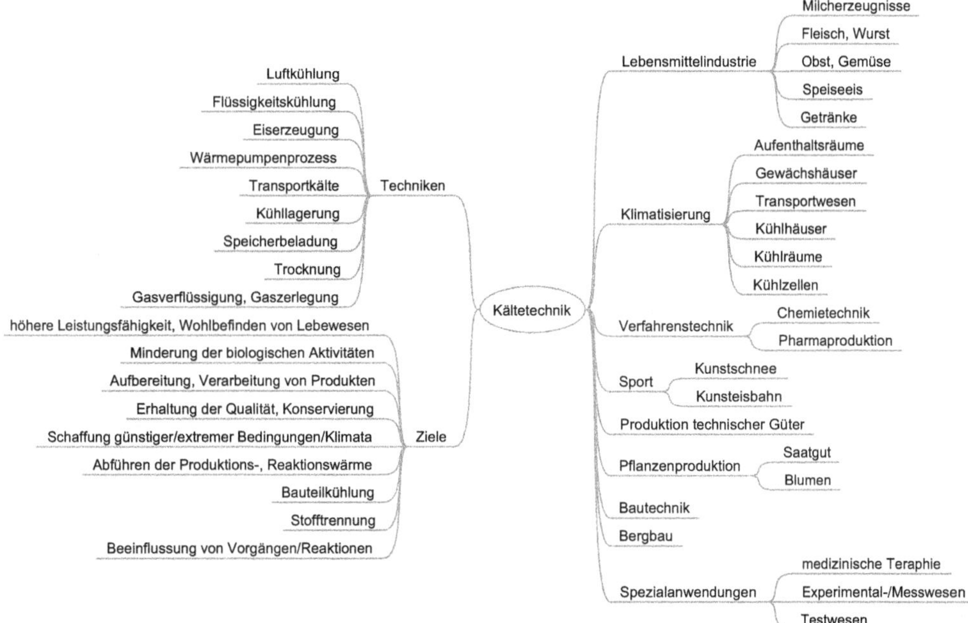

Abb. 2.2: Übersicht zu den grundlegenden Techniken und Zielen der Kältetechnik sowie den Anwendungsgebieten

Tab. 2.1: Temperaturbereiche und typische Anwendungen in der Kältetechnik [1]

Bereich	typische Anwendungen
höhere Temperaturen -5...60 °C	Klimatisierung, Trocknung, Wärmepumpen
mittlere Temperaturen -50...-5 °C	Gefrier- und Lebensmitteltechnik
Tieftemperaturen I -90...-40 °C	Verfahrenstechnik, Prüfwesen
Tieftemperaturen II -120...-80 °C	Verfahrenstechnik, chemische und mechanische Technologien
Tiefsttemperaturen < -100 °C	Gasverflüssigung, Kryotechnik, Supraleitung, Raumfahrt

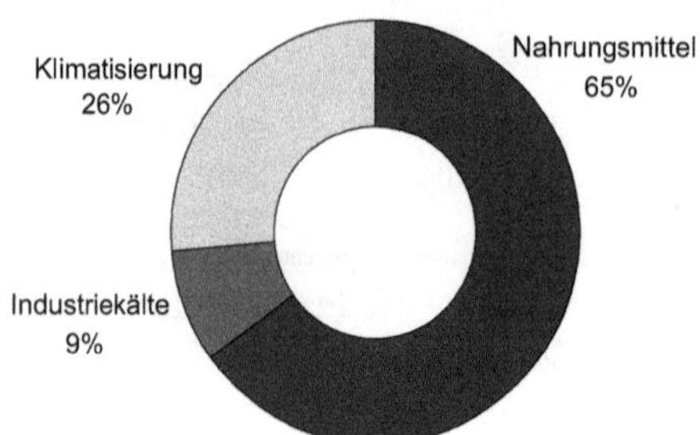

Abb. 2.3:
Verteilung des Energiebedarfs zur technischen Kälteerzeugung in der Bundesrepublik Deutschland [2]

2.2.2 Bedarf

In der Bundesrepublik Deutschland stellt die technische Kälteerzeugung ca. 79.000 GWh/a bereit [2][2]. Abb. 2.3 zeigt die Verteilung auf die einzelnen Bereiche. Allein die Klimatisierung benötigt ca. 21.000 GWh/a Kälte, wobei ein steigender Trend zu verzeichnen ist [4]. Im Wesentlichen kann der steigende Bedarf im Bereich der Gebäude auf eine architektonische Gestaltung der Gebäudehülle mit hohen Anteilen transparenter Bauteile (Zunahme der äußeren Lasten), ein Anstieg der inneren Lasten durch technische Ausrüstung (z. B. Personal Computer), zunehmende Komfortansprüche und längere Ladenöffnungszeiten zurückgeführt werden.

Im industriellen Bereich sind ähnliche Tendenzen erkennbar. Hier erfordern hohe Produktqualitäten oft den Einsatz von Kühl- oder Klimatisierungssystemen.

2.2.3 Raumkühlung, Klimatisierung

Die Aufgabe der *Klimatisierung* besteht in der Aufrechterhaltung der Raumtemperatur, Raumluftfeuchte und der Luftqualität. Dazu muss der Zuluftstrom durch die Klimaanlage geheizt oder gekühlt und be- oder entfeuchtet werden. Entsprechende Filter sorgen für die Reinigung der Luft (z. B. Reinräume).

Die Ursachen des Kältebedarfs zeigt Abb. 2.4. Äußere Lasten werden durch den Wärmeübergang an der Gebäudehülle hervorgerufen. Das sind die solare Einstrahlung (insbesondere bei transparenten Bauteilen), der Wärmeübergang an der Wand und das Eindringen der warmen Außenluft ins Gebäude (Transmission). Durch die zyklische solare Einstrahlung bzw. Außentemperatur entstehen zyklische Kältelasten im Tag-Nacht-Rhythmus.

Als innere Lasten bezeichnet man Wärmequellen im Gebäude: z. B. Maschinen, elektrische Geräte, Apparate, künstliche Beleuchtung, Personen und Tiere. Werden derartige Verbraucher mit relativ konstanter Wärmeabgabe gekühlt ist auch der Begriff *technologische Kühlung* gebräuchlich. Die Kühlung muss nicht an eine Klimaanlage gebunden sein. Spezielle Maschinen und Apparate verfügen über Kühlkreise, die mit der Kälteversorgung bzw. Kaltwasserversorgung direkt verbunden werden.

Die Wärmeströme in den Raum und die inneren Wärmequellen führen zu einer unerwünschten Erhöhung der Raumtemperatur. Durch den Einsatz von Kühlanlagen (z. B. Klimaanlagen mit Luftaustausch, Bauteilkühlung) wird die Raumtemperatur auf dem

[2] Detaillierte Angaben sind in [3] zu finden.

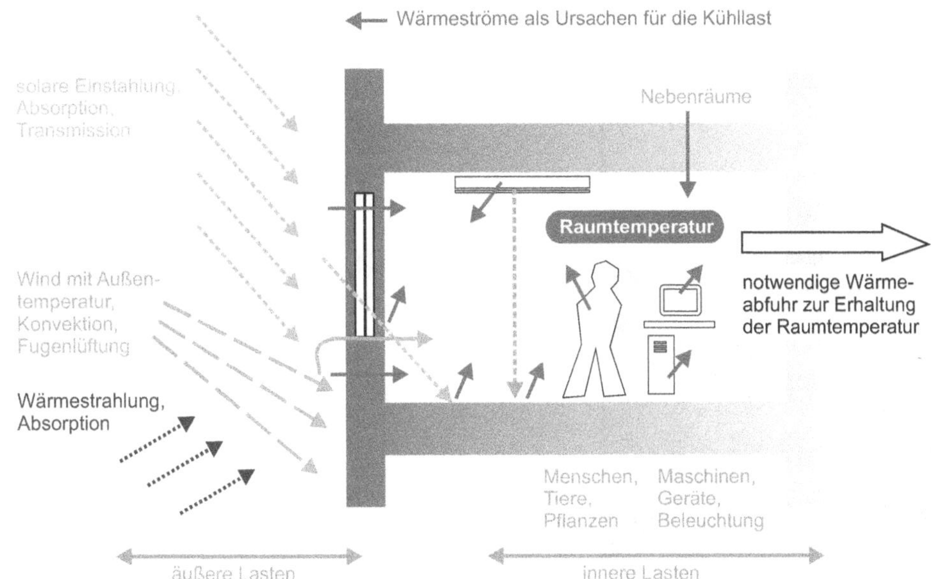

Abb. 2.4: vereinfachte Darstellung zu den Ursachen der Kühllast bei Gebäuden

gewünschten Niveau gehalten (*sensible Kältelasten*). Weitere Lasten können bei der Entfeuchtung der Luft auftreten (*latente Kältelasten*). Die Benutzung der Räume (z. B. Verkaufsstätten, Bürogebäude) bzw. der Technik (z. B. Rechentechnik) besitzt weiterhin einen wesentlichen Einfluss auf die Lasterzeugung.

Bei der Kühllastberechnung findet die Richtlinie VDI 2078 [5] Anwendung. Liegt eine schwierige bauphysikalische Situation vor (z. B. Atrien), ist eine thermische Gebäudesimulation zu empfehlen.

Kühlung ist energetisch aufwendig und kostenintensiv. Deswegen sollten zunächst die äußeren Lasten (z. B. sommerlicher Wärmeschutz mit Verschattungseinrichtungen) und die inneren Lasten (z. B. elektrische Geräte mit geringem Verbrauch) reduziert werden.

2.2.4 Kühlung technischer Prozesse

Die vielfältigen Anwendungsbereiche wurden bereits mit der Abb. 2.2 vorgestellt. Im Gegensatz zur Klimatisierung bestimmt der jeweilige Prozess die Wärmeabfuhr (Menge, Temperatur).

Hier wird nur beispielhaft auf die Kühlung von Rechnern (Abb. 2.5) hingewiesen. Mit dem Neubau von großen Rechenzentren in Deutschland gewinnt dieses Thema an Bedeutung. Weiterhin ist zu beachten, dass Rechner im Vergleich zu anderen Techniken eine relativ kurze technische Nutzungszeit aufweisen (ca. 6. . . 8 Jahre). Man muss davon ausgehen, dass die Rechentechnik periodisch erneuert wird. Dabei stieg in den letzten Jahren die spezifische Kühllast z. B. aufgrund der höheren elektrischen Leistungsauf-

Abb. 2.5:
luftgekühlter Schrank zur Aufnahme mehrerer Knoten bei Großrechnern (links), Tür mit Ventilatoren (rechts), Beispiel Parallelrechner *CHiC* der TU Chemnitz, 2006

nahme bezogen auf einen Knoten (z. B. ein Rechner mit mehreren Prozessoren) im Rechnerverbund (Cluster).

Großrechner werden in der Regel durchgängig betrieben, was eine permanente Kühlung nach sich zieht. Weiterhin stellt man hohe Anforderungen an die Versorgungsqualität und die Sicherheit gegen Ausfall, was durch folgende Sachverhalte begründet ist:

- Ein Großteil der Berechnungen läuft trotz steigender Kapazität sehr lange (Wochen bis Monate).
- Nach einem Ausfall muss der Rechner mit viel Personalaufwand wieder in Betrieb genommen werden (u. U. Wochen).
- Die Investition und Betrieb von Großrechnern ist kostenintensiv. Des Weiteren entstehen durch fehlende Berechnungskapazitäten Folgeproblem auf der Nutzerseite.

2.3 Kältemaschinen

2.3.1 Übersicht

Die maschinelle Kälteerzeugung ist zurzeit die wichtigste und eine weitverbreitete Methode (Abb. 2.6). Die hier betrachteten Verfahren sind in Abb. 2.6 eingerahmt. Mit mechanischen Kompressionsprozessen, Sorptionsprozessen und Dampfstrahl-Prozessen werden Kaltdampfprozesse (Linksprozesse) realisiert. Weitere Effekte zur Kälteerzeugung sind in [6] beschrieben.

Die Kompressionskältemaschinen benötigen mechanische Energie zum Antrieb des Verdichters. Oft übernimmt ein Elektromotor diese Aufgabe. Sehr viele Verdichterkonstruktionen existieren im Bereich der Verdrängungsmaschinen.

Durch den Einsatz von Wärme wird ein physikalischer Vorgang oder eine chemische Reaktion hervorgerufen (Wärmetransformation). Im Ergebnis liegt ein Stoff mit einem bestimmten Zustand oder einer bestimmten Zusammensetzung vor, der für die Bereitstellung von Kälte geeignet ist. Bei den Sorptionsprozessen (Abs. 4.3.2.3 S. 124) kann man weiter nach Absorption und Adsorption unterscheiden (geschlossene Verfahren). Ein typischer Vertreter der thermomechanischen Prozesse ist die Dampfstrahlverdichtung. Mit Sorptions- und Dampfstrahlkältemaschinen ist eine Kälteerzeugung mittels Wärme als Antriebsenergie im versorgungstechnischen Maßstab möglich. Einen ersten Überblick gibt Tab. 2.2.

Des Weiteren können sorptive Verfahren auch als offenen Verfahren ausgeführt werden. Ein hygroskopischer Stoff steht dann mit der feuchten Luft in der Klimaanlage in direktem Kontakt. Die Luft wird zu Kühlzwecken sorptiv getrocknet und anschließend adiabat befeuchtet. Damit ist eine Kühlung bzw. eine Regulierung der Luftfeuchte im Sinne der Klimatisierung möglich. Eine ausführlichere Beschreibung liefert [7].

2.3.2 Thermodynamische Aspekte

Zum Antrieb eines Kreisprozesses wird Exergie benötigt. Beim mechanischen Antrieb eines Verdichters liegen 100 % Exergie vor, während beim Einsatz von Wärme der Exergieanteil $\dot{E}_{therm}$ wesentlich von der Temperatur abhängt (Gl. 2.1). Deswegen sind Wärmequellen mit hohen Temperaturen T günstig.

$$\dot{E}_{therm} = \frac{T - T_{Umg}}{T_{Umg}} \dot{Q} \tag{2.1}$$

Weiterhin ist die abzuführende Wärme q_{ab} zu betrachten (Abb. 2.7). Diese setzt sich vereinfacht aus der eigentlichen Kälteleistung q_{zu} und der Antriebsleistung w_t oder q_H zusammen. Bei Kompressionskältemaschinen ist die abzuführende Wärme geringer, weil nur die Kälteleistung und die mechanische Antriebsleistung abgeführt werden müssen. Wird die Kältemaschine thermisch angetrieben, ist die Abfuhr der Kühlenergie und der Antriebswärme notwendig.

Tab. 2.2: Kenndaten thermisch angetriebener Kältemaschinen zur Erzeugung von Kaltwasser (KaW), Prozesskälte (PK) und Klimatisierung [8], [9], [10], [11], [12]

		H_2O-LiBr AbKM (SE)	H_2O-LiBr AbKM (DE)	NH_3-H_2O AbKM (SE)	H_2O-Silikagel AdKM	DSKM	H_2O-Silikagel DEC
Anwendungs-gebiet		KaW	KaW	PK	KaW	KaW	Lüftung
Temperatur Kaltwasser-Austritt	min.	5	5	-50	7	2	
	max.	25	25	5	14	21	
	[°C]						
Temperatur Kühlwasser-Eintritt	min.	16	16		28		
	max.	45	45		32		
	[°C]						
Temperatur Heizmedium-Eintritt	min.	75	140	100	55	85	65
	max.	140	170	160	95	180	90
	[°C]						
Eignung Fernwärme		++	–	–	+	+	+
Minimallast	min.	10	10	10			
	max.	20	50	20			
	[%]						
COP(100 %)	min.	0,55	0,8	0,35	0,4	0,2	0,5
	max.	0,75	1,2	0,65	0,6	1,2	0,7
	[–]						
minimale Anfahrzeit Kaltstart	min.	720	720				
	max.						
	[min]						
minimale Anfahrzeit Warmstart	min.	5	5				
	max.	30	30				
	[min]						
Kälte-leistung	min.	100		10		35	
	max.	6000		100		3500	
	[kW]						
Investitions-kosten	min.	250	300	500	350	75	325
	max.	300	350	1250	3000	250	650
	[€/$kW_{Kälte}$]						

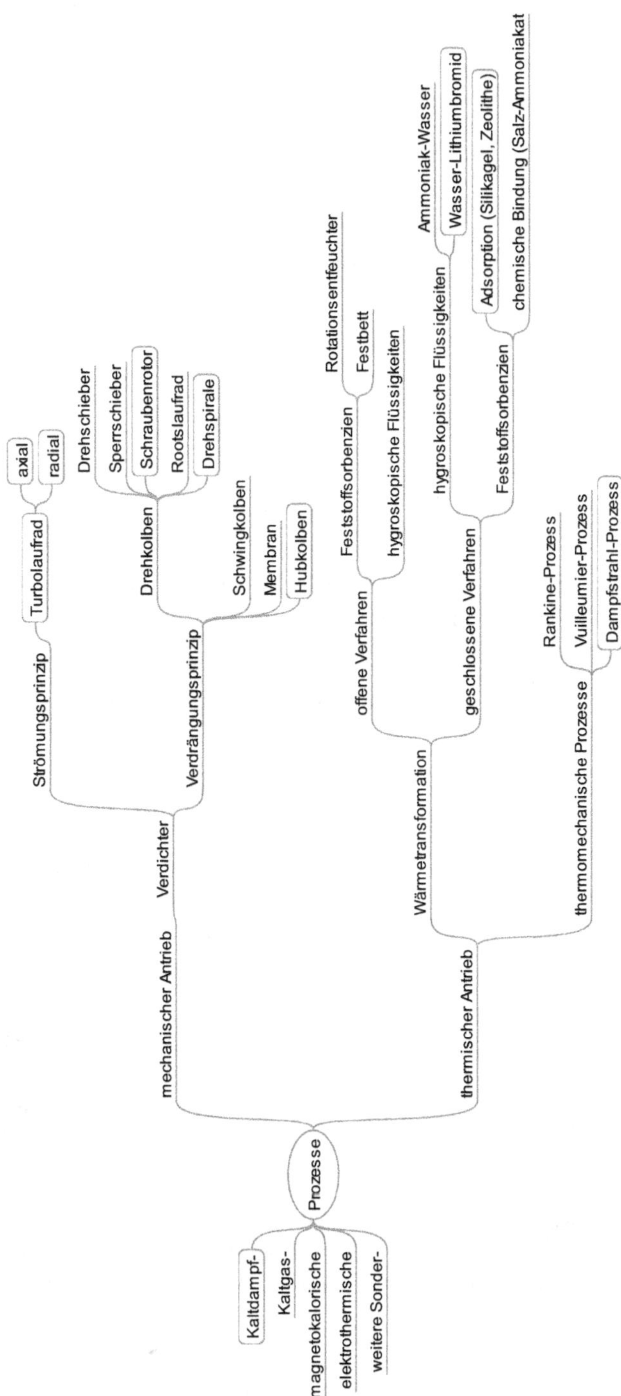

Abb. 2.6: Übersicht zu Prozessen zur Kälteerzeugung sowie zur maschinellen und verfahrenstechnischen Umsetzung von Kältemaschinen, Verdichterbauarten nach [6], thermisch angetriebene Kältemaschinen nach *Henning* [7]

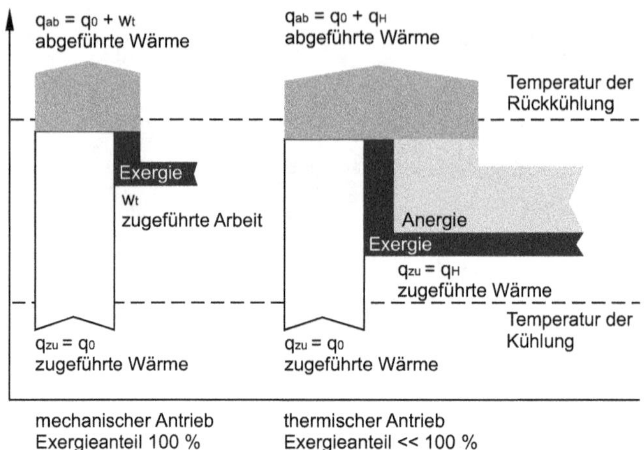

Abb. 2.7: vereinfachter Vergleich zu den energetischen und exergetischen Verhältnissen bei Kältemaschinen mit mechanischem und thermischem Antrieb

Betrachtet man vereinfacht einen Kältemaschinenprozess als Carnot-Prozess mit einer oberen Temperatur T_{max} und unteren Temperatur T_{min} (Gl. 2.2), wird weiterhin deutlich, dass

- beim Sinken der oberen Temperatur (hier vereinfacht die Temperatur des Rückkühlsystems, Abs. 2.3.7) und
- beim Steigen der unteren Temperatur (hier vereinfacht die Temperatur des zu kühlenden Systems)

der Aufwand – die Exergie für den Antrieb – des Kreisprozesses sinkt. Daraus lassen sich zwei wichtige Aussagen ableiten. Niedrige Temperaturen im Rückkühl-Kreislauf der Kältemaschinen und möglichst hohe Vorlauf-Temperaturen sind zunächst für eine effiziente Betriebsweise der Kältemaschinen günstig.

$$\eta_C = \frac{T_{max} - T_{min}}{T_{min}} \tag{2.2}$$

2.3.3 Kompressionskältemaschinen

2.3.3.1 Funktion und Aufbau

Der Linksprozess einer einstufigen Kompressionskältemaschine ist vereinfacht in Abb. 2.8 dargestellt. Abb. 2.9 liefert für diesen Kreisprozess den schematischen Aufbau einer Kompressionskältemaschine. Das Kältemittel durchläuft im stationären Prozess dann folgende Zustandsänderungen[3]:

[3]Reale Prozesse weichen von dieser idealen Darstellung ab. Ursachen sind Temperaturbereiche in den Apparaten (keine konstanten Temperaturen), die Verdichtung mit Reibungsverlusten und Druckverluste (irreversible Prozesse).

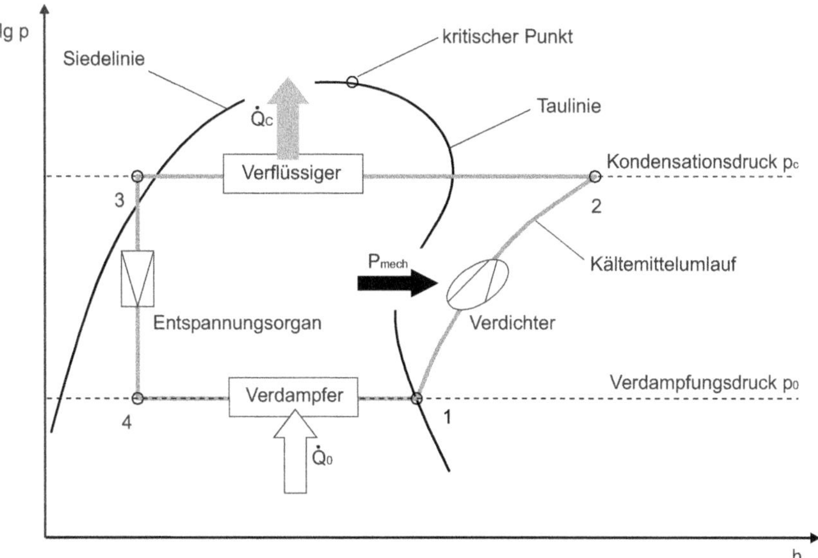

Abb. 2.8: schematische Darstellung der Prozesse und Komponenten im $\lg p$,h-Diagramm des Kältemittels, einstufige Kompressionskältemaschine

- 1 → 2: Druckerhöhung des Kältemitteldampfes durch den Verdichter (Zufuhr von mechanischer Leistung für den Antrieb) auf Kondensationsdruck p_C, gleichzeitige Temperaturerhöhung,
- 2 → 3: Abkühlung des überhitzten Kältemitteldampfes und -nassdampfes mit Kondensatbildung, ggf. weitere Unterkühlung des flüssigen Kältemittels, Abgabe der Wärme an den Kühlwasser-Kreislauf durch den Verflüssiger,
- 3 → 4: Druckabbau durch ein Entspannungs- oder Drosselorgan bis auf den Verdampfungsdruck p_0, gleichzeitiger Temperaturabfall,
- 4 → 1: Verdampfung des flüssigen Kältemittelanteils (Gerade liegt zum großen Teil im Nassdampfgebiet) und Wärmezufuhr aus dem Kälteträger-Kreislauf (eigentliche Kühlaufgabe) mit dem Verdampfer, Bereitstellung von Sattdampf oder von geringfügig überhitztem Dampf für die folgende Verdichtung.

Die folgenden Gleichungen beschreiben die wichtigsten Zusammenhänge anhand eines Beispiels analog zu Abb. 2.9.

- Aufwand für Verdichtung:

$$P_{mech} = \dot{m}_{KM} \cdot (h_2 - h_1) = \dot{m}_{KM} \cdot w_t \tag{2.3}$$

- Verdampferleistung (kältemittelseitig):

$$\dot{Q}_0 = \dot{m}_{KM} \cdot (h_1 - h_4) = \dot{m}_{KM} \cdot q_0 \tag{2.4}$$

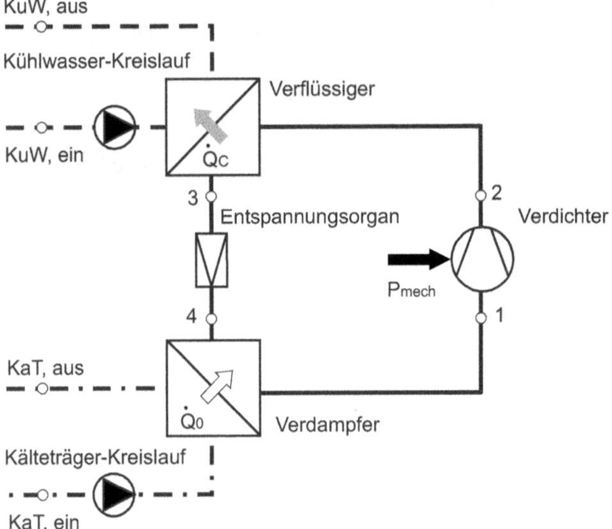

Abb. 2.9: schematische Darstellung einer Kompressionskältemaschine zur Flüssigkeitskühlung mit Wasserrückkühlung

- Kälteleistung (Kälteträger-Kreislauf):

$$\dot{Q}_{KaT} = -\dot{V}_{KaT} \cdot (\rho c)_{KaT} \cdot (T_{KaT,aus} - T_{KaT,ein}) = \dot{Q}_0 \tag{2.5}$$

- Verflüssigerleistung (kältemittelseitig):

$$\dot{Q}_C = \dot{m}_{KM} \cdot (h_3 - h_2) = \dot{m}_{KM} \cdot q_C \tag{2.6}$$

- Rückkühlleistung (Kühlwasser-Kreislauf):

$$\dot{Q}_{KuW} = -\dot{V}_{KuW} \cdot (\rho c)_W \cdot (T_{KuW,aus} - T_{KuW,ein}) = \dot{Q}_C \tag{2.7}$$

- Bilanz bezüglich des Kältemittel-Kreislaufes ohne Beachtung von Verlusten und der Hilfsenergie:

$$q_0 = q_C - w_t \tag{2.8}$$

Als Bewertungskenngröße für Kältemaschinen ist das Verhältnis von Nutzen zu Aufwand besonders wichtig. Die *Leistungszahl* ε (Gl. 2.9) einer Kompressionskältemaschine setzt die Kälteleistung, mit dem Aufwand für die Verdichtung, hier die elektrische Leistung, ins Verhältnis. Der Motorwirkungsgrad wird hier mit berücksichtigt.

$$\varepsilon = \frac{\dot{Q}_0}{P_{el}} \tag{2.9}$$

Abb. 2.10:
offener Hubkolbenverdichter mit Zwischenkühler für Tiefkühlanwendungen (-15...-55 °C) mit z. B. Ammoniak als Kältemittel, Produkt und Werksbild der Fa. Gea Grasso [14], [15]

Die Begriffe *Coefficient of Performance COP* und *Energy Efficiency Ratio EER* [13] sind in der englisch- bzw. deutschensprachigen Literatur ebenfalls für die Leistungszahl gebräuchlich. Der Begriff *Arbeitszahl* (Gl. 2.10) ist zutreffend, wenn auf der rechten Gleichungsseite zeitlich integrierte Größen (z. B. Wärmemenge, Arbeit) verwendet werden. In der Praxis fehlt oft die Unterscheidung zwischen Leistungs- und Arbeitszahl.

$$\varepsilon_m = \frac{Q_0}{W_{el}} \tag{2.10}$$

Die Prozessführung kann weitergehend modifiziert bzw. optimiert werden:

- Unterkühlung des Kältemittelkondensates,
- mehrstufige Verdichtung und Entspannung,
- Kühlung des Kältemitteldampfes zwischen den Verdichterstufen,
- Ansaugüberhitzung des Kältemittels (z. B. mittels innerer Wärmeübertragung),
- Kaskadenschaltung von einfachen Prozessen,
- Parallelschaltungen von Verdampfern bzw. Verflüssigern.

2.3.3.2 Verdichter

Im gesamten Feld der Kompressionskälteanwendungen werden ausgesprochen viele Verdichterkonstruktionen eingesetzt (Abb. 2.6). An dieser Stelle erfolgt nur eine vereinfachte Betrachtung von Hubkolben- (Abb. 2.10), Scroll- (Abb. 2.11), Schrauben- (Abb. 2.12) und Turboverdichtern (Abb. 2.13). Tab. 2.5, S. 23 zeigt die prinzipielle Funktionsweise, den Leistungsbereich, die Regelbarkeit, den Einsatz von Kältemitteln und die Anwendung bei großen *Wasserkühlsätzen*[4] einschließlich der Möglichkeiten zur Rückkühlung.

[4] Die ältere Bezeichnung ist *Kaltwassersatz*.

Abb. 2.11:
Kältemaschine mit vier stehenden Scrollverdichtern, Produkt und Werksbild der Fa. McQuay [16]

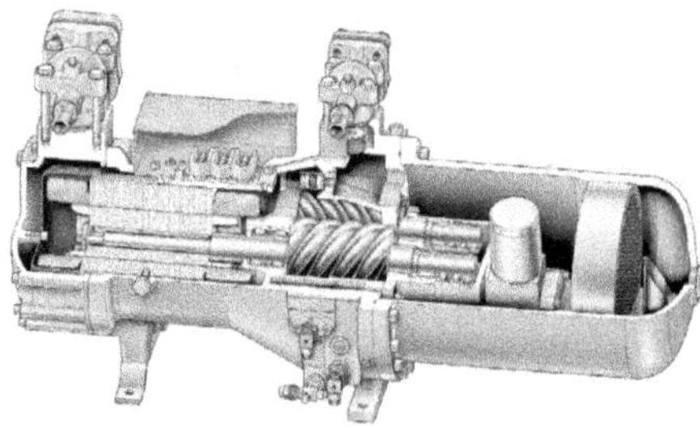

Abb. 2.12:
halbhermetischer Schraubenverdichter, Produkt und Werksbild der Fa. Bitzer [17]

Abb. 2.13:
ölfreier Turboverdichter mit Magnetlagerung, Produkt und Werksbild der Fa. Danfoss Turbocor Compressors [18]

Die Anpassung der Kälteleistung bzw. die Regelbarkeit der Kältemaschine ist besonders zu beachten. Weil der Verflüssiger und der Verdampfer auf einem relativ konstanten Temperatur- bzw. Druckniveau betrieben werden, muss die interne Leistungsanpassung z. B. durch einen variablen Kältemittel-Massenstrom erfolgen. Der Teillastbetrieb hat vor allem Auswirkung auf die Leistungszahl.

Unabhängig vom Verdichtungsprinzip unterscheidet man nach folgenden Verdichterbauarten [6]: *offene*, *halbhermetische* und *hermetische* Verdichter. Beim offenen Verdichter besteht kein Kontakt des Kältemittels mit den Motorbauteilen. Verdichter und Motor sind konstruktiv getrennte Einheiten. Hingegen werden bei halbhermetischen und hermetischen Verdichtern Motorbauteile mit Kältemittel beaufschlagt (z. B. zur

Tab. 2.3: Kältemaschinen mit Luftrückkühlung, Nenn-Leistungszahlen in Abhängigkeit der Verdichterbauart und Betriebsbedingungen [13]

Kältemittel	$T_{KaW,aus}$ [°C]	$T_{Vda,m}$ [°C]	ε_{Nenn} [–] Kolben-, Scrollverdichter 10...1500 kW	ε_{Nenn} [–] Schraubenverdichter 200...2000 kW
R134a	6	0	2,8	3
	14	8	3,5	3,7
R407C	6	0	2,5	2,7
	14	8	3,2	3,4
R410A	6	0	2,4	–
	14	8	3,1	–
R717	6	0	–	3,2
	14	8	–	3,9
R22	6	0	2,9	3,1
	14	8	3,6	3,8

Kühlung des Motors und zur Überhitzung des Kältemittels). Der (voll-)hermetische Verdichter besteht aus einem Verdichter und einem elektrischen Motor, welche sich zusammen in einem vollkommen dichten Gehäuse (Kapselung) befinden. Im Unterschied dazu sind bei der halbhermetischen Bauweise, Verdichter und Motor zusammengeschraubt. Dies ermöglicht im Unterschied zur (voll-)hermetischen Bauweise eine nachträgliche Demontage.

Große Kälteleistungen bezogen auf einen Verdichter bzw. eine Kältemaschine lassen sich nur mit Schrauben- und Turboverdichtern realisieren. Die Kälteleistung ist weiterhin vom Kältemittel sowie von den Temperaturen im Verdampfer und im Verflüssiger abhängig (Tab. 2.3, Tab. 2.4 [5]). Mit Wasser-Kühlkreisläufen lassen sich niedrigere Temperaturen im Verflüssiger erzeugen (Abs. 2.3.7). Die Leistungszahlen fallen im Vergleich zu luftgekühlten Maschinen deutlich höher aus. Bei der Gebäudeklimatisierung treten außerdem hohe Lasten und hohe Außentemperaturen gleichzeitig auf, was den negativen Einfluss auf die Arbeitszahl verstärkt. Weiterhin ist die Leistungszahl von der Maschinenauslastung abhängig (vgl. mit Abb. 2.37, S. 58). Wird die Maschine unter 70 % betrieben, kann die Leistungszahl bis auf ca. 50 % sinken.

[5]Diese Werte sind als Nenn- oder Maximalwerte zu verstehen. Es sind weitere Korrekturen notwendig (siehe [13]). Weitere Erläuterungen liefert Abs. 2.3.8.2, S. 58.

Tab. 2.4: Kältemaschinen mit Wasserrückkühlung, Nenn-Leistungszahlen in Abhängigkeit der Verdichterbauart und den Betriebsbedingungen [13]

Kältemittel	$T_{KuW,ein}$/ $T_{KuW,aus}$ [°C]	$T_{KaW,aus}$ [°C]	$T_{m,Vda}$ [°C]	ε_{Nenn} [–] Kolben-, Scrollverdichter 10…1500 kW	ε_{Nenn} [–] Schraubenverdichter 200…2000 kW	ε_{Nenn} [–] Turboverdichter 500…8000 kW
R134a	27/33	6	0	4,0	4,5	5,2
		14	8	4,6	5,3	5,9
	40/45	6	0	3,1	2,9	4,1
		14	8	3,7	3,7	4,8
R407C	27/33	6	0	3,8	4,2	–
		14	8	4,4	4,9	–
	40/45	6	0	3,0	2,7	–
		14	8	3,6	3,3	–
R410A	27/33	6	0	3,6	–	–
		14	8	4,2	–	–
	40/45	6	0	2,8	–	–
		14	8	3,3	–	–
R717	27/33	6	0	–	4,6	–
		14	8	–	5,4	–
	40/45	6	0	–	3,1	–
		14	8	–	3,7	–
R22	27/33	6	0	4,1	4,6	5,1
		14	8	4,8	5,4	5,7
	40/45	6	0	3,2	3,0	4,1
		14	8	3,8	3,6	4,7

2.3.3.3 Kältemittel

Das verwendete Kältemittel steht mit dem verwendeten Verdichter (Tab. 2.5) und den Systemtemperaturen (Tab. 2.6) in besonderem Zusammenhang. Dies wirkt sich einerseits auf die Effizienz der Prozessführung aus. Andererseits stellt man u. a. an Kältemittel folgende Forderungen, die sich schwer vereinen lassen:

- große spezifische/volumetrische Kälteleistung,
- chemische Stabilität,
- möglichst geringer ökologischer Einfluss und gesetzliche Zulassung,
- Verträglichkeit mit anderen Werk- und Betriebsstoffen (z. B. Schmieröl),
- ggf. Betrieb im Überdruckbereich (leichteres Feststellen von Leckagen),
- wenn möglich nicht brennbar, explosiv, giftig,
- Verfügbarkeit bei möglichst niedrigen Kosten.

Eine Einteilung nach natürlichen Kältemitteln (z. B. Ammoniak) und künstlichen Kältemitteln ist hinsichtlich der Umweltverträglichkeit üblich. Folgende Abkürzungen[6] und Stoffgruppen sind bei den künstlichen Kältemitteln verbreitet:

- FCKW-Kältemittel: Fluorchlorkohlenwasserstoffe (z. B. R12, R502), weltweite Ächtung,
- H-FCKW-Kältemittel: teilhalogenierte Fluorchlorkohlenwasserstoffe (z. B. R22), Verbot in Deutschland seit 2000 (Chlorfreiheit) [19],
- H-FKW: teilhalogenierte Fluorkohlenwasserstoffe (z. B. R134a),
- H-FCKW/H-FKW-Kältemittelgemische,
- H-FKW-Kältemittelgemische (z. B. R507A).

Diese Kältemittel verursachen je nach chemischer Zusammensetzung große bis katastrophale Umweltschäden [19], wenn diese Stoffe in die Atmosphäre gelangen. Den Ozonabbau in der Stratosphäre bewirken vor allem das Chlor und Brom. Für die Bewertung verwendet man das Ozonabbaupotential (ODP Ozone Depletion Potential). R11 ($CFCl_3$, Trichlorfluormethan) dient als Referenzstoff mit dem Wert $ODP = 1$ für eine angenommene Wirkzeit von 100 Jahren. Die Beurteilung des antropogenen Treibhauseffektes erfolgt mit dem Treibhauspotenzial (GWP Global Warming Potential). In diesem Fall wird CO_2 als Referenzgas verwendet und weist $GWP = 1$ aus. Fluor besitzt in den verschiedenen Verbindungen einen hohen Einfluss. Besonders kritisch ist dabei, dass die aufgeführten Stoffe sehr lange in der Atmosphäre wirken. Ökologische und sicherheitstechnische Aspekte (u. a. [20]) müssen deswegen in Systemlösungen einfließen:

[6] R steht für Refrigerant.

- der Einsatz von umweltverträglichen Kältemitteln[7],
- die Reduktion von Kältemittel-Füllmengen,
- die Vermeidung von Leckagen, Bränden, Explosionen usw.,
- die Verwendung alternativer Kälteerzeugungstechniken (z. B. Absorptionskälte).

2.3.3.4 Verflüssiger

Der Verflüssiger (Kondensator) [1], [6], [19], [21], [29], [30] kühlt das Kältemittel in drei Bereichen ab (Abb. 2.14). Zuerst erfolgt die Abkühlung des überhitzen Dampfes auf die Kondensationstemperatur. Der überwiegende Teil der Wärmeabgabe findet anschließend im Nassdampfgebiet statt. Druck und Temperatur bleiben konstant[8]. Erreicht das Kältemittel den Zustand an der Siedelinie, kann eine weitere Unterkühlung realisiert werden. Bei der Berechnung muss man die unterschiedlich gearteten Wärmeübergänge (z. B. laminare und turbulente Filmströmung, mit oder ohne Phasenwechsel) und die unterschiedlichen Stromführungen beachten. Neben den grundlegenden Anforderungen an Wärmeübertrager (z. B. guter Wärmeübergang bei geringem Druckverlust) sind folgende Anforderungen wichtig: eine gute Ableitung der flüssigen Phase, eine weitgehende Unterkühlung, eine Vermeidung von Ablagerungen bzw. eine gute Reinigungsmöglichkeit und eine leichte Entlüftung.

Eine stark vereinfache Bestimmung der Verflüssigerleistung bietet Gl. 2.11[9]. Ausreichende Angaben und Berechnungsvorschriften liefert die Fachliteratur hinsichtlich der Bestimmung des Wärmedurchgangs (z. B. [6]).

$$\dot{Q}_{Vfl} = (kA)_{Vfl} \frac{T_{KuW,aus} - T_{KuW,ein}}{ln \frac{T_C - T_{KuW,ein}}{T_C - T_{KuW,aus}}} \tag{2.11}$$

[7]Das Kältemittel besitzt einen direkten Umwelteinfluss, der über *GWP* beschrieben wird. (Das Kältemittel muss heute den Wert 0 für das *ODP* ausweisen.) Der indirekte Umwelteinfluss der Kälteerzeugung besteht im Wesentlichen durch die CO_2-Emissionen der Antriebsenergie (Berücksichtigung eines effektiven Kältemitteleinsatzes) und die CO_2-Emissionen, die durch die verschiedenen Bauteile verursacht werden. Die Summe aus direktem und indirektem Einfluss ergibt den Total Equivalent Warming Impact *TEWI* (Äquivalent des gesamten Treibhauseffektes). Die Berechnung erfolgt nach DIN EN 378-1 [20] für die gesamte Nutzungsdauer. Nach [21] besitzt der direkte *GWP* bei modernen Kälteanlagen einen geringen Einfluss. Ökologische Optimierungen sollten deswegen auf den indirekten Einfluss fokussiert werden.

[8]Bei azeotropen Gemischen besitzen die Komponenten unterschiedliche Verdampfungstemperaturen bzw. -drücke. Bei beginnender Verflüssigung fällt Kondensat an, was eine hohe Konzentration der Komponente mit der höchsten Verdampfungstemperatur besitzt. Diese Zwei- und Mehrstoffgemische besitzen einen gleitenden Temperaturverlauf bei der Kondensation. Dieser Effekt wird genutzt, um Wärmeübertrager (z. B. im Gegenstromprinzip) zu optimieren. Über große Teile der Kontaktfläche kann näherungsweise die mittlere Temperaturdifferenz (z. B. kleiner 5 K) konstant gehalten werden.

[9]T_C ist konstant und $T_C - T_{KuW,aus} > 0$ muss erfüllt sein. Der Ansatz beschreibt in Abb. 2.14 die Wärmeübertragung im Nassdampfgebiet.

Tab. 2.5: Einordnung von typischen Verdichtern, Kältemitteln und Wasserkühlsätzen im Bereich der Kompressionskälte [17], [19], [21], [23], [24], [25], [26], [27], [28]

Verdichter	Hubkolben-	Scroll-	Schrauben-	Turbo-
Prinzip	Verdrängungs- Schubkolben	Verdrängungs- Drehkolben	Verdrängungs- Schraube	Strömungs- Laufrad
Förderung bei Druckänderung	relativ konstant	relativ konstant	relativ konstant	abhängig vom Gegendruck
Förderung	pulsierend	relativ stetig	stetig	stetig
Einsatzförderstrom [m^3/h]	< 1500	350...5600	100...5000	800...(45000)
Druckverhältnis, eine Stufe	8...10	5...6	25...30	3,5...4
Regelung	begrenzt Drehzahl- Ventilabhebung- Bypass- Saugdruck-	stark begrenzt	stufenlos Regelschieber- Drehzahl-	stufenlos Drehzahl- Dralldrossel- Bypass- Saugdruck- Diffusor-
Empfindlichkeit gegen Flüssigkeit	ja	ja	nein	wenig
Geräusch [dbA], 1 m Abstand	65...90	80...90	85...95	88...100
typische Kältemittel				
R134a	×[1]	×[1]	×[1]	×[1]
R404A/R507A	×[1]	×[1]	×	
R407C	×[1]	×	×[1]	
R410A	×[1]	×[1]		
R22	×	×	×	×
R23				×
R717	×[1]	×	×	×[1]
R718				×[1 2]
Wasserkühlsätze				
Kälteleistung [MW]	$< 1{,}6$	$< 0{,}8$	0,1...7,0	0,3...35
Luftkühlung	×	×	×	
Wasserkühlung	×	×	×	×

[a]1: Verwendung in Wasserkühlsätzen
[b]2: Entwicklung und Produkt der ILK-Projektgesellschaft mbH, Dresden

Tab. 2.6: zugelassene Kältemittel im Bereich höherer Leistungen, Bezeichnungen, Einordnung, Grobcharakterisierung [19], [21], [23]

Kältemittel	Name	Gruppe	Formel/Komponenten	chlorfrei	Gemisch	Zusammensetzung [m-%]	T_0/T_C -35/40 °C [1]	T_0/T_C -10/40 °C [2]	T_0/T_C 7/55 °C [3]	ODP	GWP
R134a	1,1,1,2-Tetrafluorethan	H-FKW	CF_3CH_2F	×			(×)	×	×	0	1300
R404A		H-FKW	R125/143a/134a	×	×	44/54/4	×	×		0	3800
R507A		H-FKW	R125/143a	×	×	50/50	×	×		0	3800
R407C		H-FKW	R32/125/134a	×	×	23/25/52		×	×	0	1600
R410A		H-FKW	R32/125	×	×	50/50	×		×	0	1900
R22	Difluormonochlormethan	H-FCKW	CHF_2Cl				×	×	×	0,055	1700
R23	Trifluormethan	H-FKW	CHF_3	×						0	12100
R717	Ammoniak	natürlich	H_2O	×			×	×	×	0	0
R718	Wasser	natürlich	NH_3	×					×	0	0
R125	Pentafluorethan	H-FKW	CF_3CHF_2	×			×			0	3200
R143a	1,1,1-Trifluorethan	H-FKW	CF_3CH_3				×			0	4400
R32	Difluormethan	H-FKW	CH_2F_2					×	×	0	580

[a] 1: Tiefkühlung
[b] 2: Normalkühlung
[c] 3: Klimakühlung

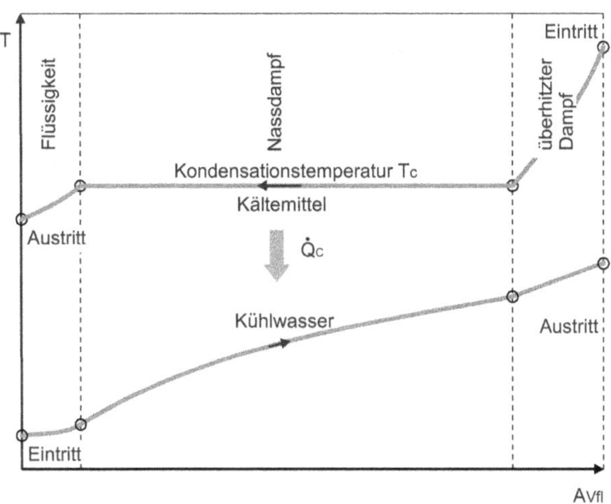

Abb. 2.14: Diagramm der Temperaturverläufe von Kältemittel (reiner Stoff, kein azeotropes Gemisch) und Kühlwasser in einem Verflüssiger im Gegenstromprinzip

Auf der Kühlmittelseite setzt man üblicherweise Wasser oder Luft ein, wobei auch eine Befeuchtung der Wärmeübertragerfläche an der freien Luft machbar ist. Folgende Bauarten werden bei Verflüssigern angewandt:

- Kältemittel-Luft-Wärmeübertrager: Lamellen- oder Rippenrohr-Wärmeübertrager im Querstrom-Prinzip, vgl. mit Trockenkühler in Abs. 2.3.7,
- Kältemittel-Luft-Wärmeübertrager mit Befeuchtung: Wärmeübertrager bestehend aus Rohren, Rippenrohren oder Lamellen in Reihenschaltung, Rieselfilm im Querstrom, vgl. mit Hybridkühler in Abs. 2.3.7,
- Kältemittel-Wasser-Wärmeübertrager: Doppelrohr- (Abb. 2.15 a), Koaxialrohr- (wie Doppelrohr-Wärmeübertrager aber mit mehreren Innenrohren), Rohrbündel- (Abb. 2.15 b), Turm-Verflüssiger (vertikale Anordnung von Rohrbündeln mit Fallströmung des Wassers im Rohr).

Weiterhin muss nach dem Ort des Verflüssigers und dem Prinzip der Wärmeabfuhr unterschieden werden:

- Verflüssiger an der Kältemaschine und direkte Wärmeabfuhr mit Luft, bedingt Aufstellung außen oder Zwangsbelüftung des Betriebsraumes,
- Verflüssiger mit Anschluss an einem Kühlkreislauf (Rückkühlanlagen siehe Abs. 2.3.7), indirekte Wärmeabfuhr, Aufstellung der Kältemaschinen innen möglich, Anordnung der Rückkühltechnik außen,
- Transport des Kältemittels nach außen zum Rückkühlwerk, Notwendigkeit eines geschlossenen Kreislaufes (z. B. Trockenkühler, geschlossener Verdunstungskühlturm).

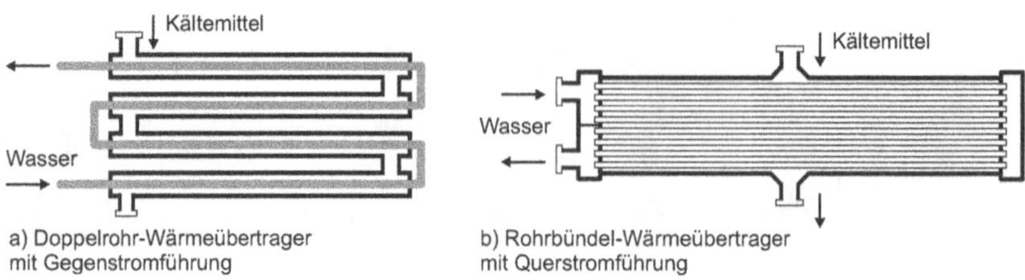

Abb. 2.15: Beispiele für verschiedene Bauarten von wassergekühlten Verflüssigern

2.3.3.5 Verdampfer

Der Verdampfer [1], [6], [19], [21], [29], [30] entzieht dem zu kühlenden Medium (z. B. Luft, Wasser oder einem Kühlgut) die Energie. Bei der indirekten Kühlung wird zusätzlich ein Transportmedium (z. B. Wasser, Sole, Luft) verwendet. Die Begriffe zur *direkten* und *indirekten Kühlung* sind in Abs. 2.3.8, S. 57 definiert.

Die Konstruktion und Betriebsweise des Verdampfers hängt stark von der jeweiligen Kühlaufgabe ab. Grundsätzlich stellt man an Verdampfer diese speziellen Forderungen:

- gute Benetzung bzw. Beaufschlagung mit Kältemittel zur Intensivierung des Wärmeübergangs,
- schnelle Abführung des Kältemitteldampfes,
- geringer Druckverlust (Minimierung des mechanischen Verdichteraufwandes),
- gute Abscheidung der flüssigen Phase am Kältemittelaustritt zur Vermeidung von Flüssigkeitsschlägen im Verdichter,
- Abtrennung des Kältemaschinenöls zur Sicherstellung der notwendigen Verdichterschmierung und zur Vermeidung schlechter Wärmeübergänge auf der Kältemittelseite,
- intensiver Kontakt bzw. Wärmeübergang auf der Sekundärseite des Wärmeübertragers,
- Vermeidung von Verschmutzung auf der Sekundärseite bzw. gute Reinigungsmöglichkeit (z. B. mechanisch, chemisch).

Bezüglich der Kältemittel-Beaufschlagung im Verdampfer wird nach zwei grundlegenden Prinzipien unterschieden. Bei der *trockenen Verdampfung* gelangt das flüssige Kältemittel direkt in den Verdampfer und nur überhitzter Dampf verlässt den Wärmeübertrager (Abb. 2.16 a, i. d. R. eine oder parallel geschaltete Rohrleitungen). Der Wärmeübergang ist vom Kältemittelzustand bzw. vom Ort abhängig. Neben den einphasig konvektiven Wärmeübergängen der Flüssigkeit und des überhitzten Dampfes treten verschiedene Formen des Blasensiedens und des Flüssigkeitstransportes (z. B. Mitreißen von Flüssigkeitstropfen, unterschiedliche Benetzung der Rohrinnenfläche) auf. Dieser Zwangsdurchlauf wird ggf. durch ein Regelorgan (z. B. thermostatisches Expansionsventil) überwacht, welches die Zufuhr von flüssigem Kältemittel regelt.

Beim *überfluteten Verdampfer* (Abb. 2.16 c) setzt man zusätzlich einen Behälter zur Trennung der flüssigen und gasförmigen Kältemittelphase ein. Der Verdampfer ist an diesen Behälter angeschlossen. Das flüssige Kältemittel fördert der Dichteunterschied (Ausgleich zwischen Behälter und Verdampfer, kommunizierende Gefäße) oder eine separate Pumpe in den Verdampfer. Typischerweise findet keine Überhitzung des Kältemittels statt. Die Zustände des Kältemittels befinden sich im Nassdampfgebiet. Ein Regelventil übernimmt die Kältemittelzufuhr und gleicht den Flüssigkeitsstand im Behälter aus.

Zur direkten *Luftkühlung* werden Lamellen-, Rippenrohr- oder Platten-Wärmeübertrager (z. B. Rollbond-Verdampfer) häufig in Kombination mit trockener Verdampfung eingesetzt. Der Begriff *stille Kühlung* weist darauf hin, dass kein Ventilator eingesetzt wird. Die Kühlung von feuchter Luft hat den Anfall von Tauwasser oder die Eisbereifung der Wärmeübertragerfläche zur Folge. Mittels Kältemittel-Heißgas-Einleitung oder elektrischer Beheizung wird das Eis periodisch entfernt und die Übertragungseigenschaft des Verdampfers wieder hergestellt.

Bei der *Flüssigkeits- oder Wasserkühlung* setzt man Rohrbündelverdampfer, Steilrohrverdampfer, Verdampfer mit Koaxialrohr und Platten-Wärmeübertrager ein. Es finden die trockene (Abb. 2.16 a, b) und überflutete Betriebsweise (Abb. 2.16 c, d) Anwendung. Bei z. B. Rohrbündel-Wärmeübertragern besteht die Möglichkeit, dass der Kältemittelstrom in den Rohren (innere Verdampfung) oder im Mantelraum (äußere Verdampfung) geführt wird. Die äußere Verdampfung kann durch eine zusätzliche Kältemittelumwälzung intensiviert werden (z. B. Berieselungsverdampfer).

Eine vereinfachte Berechnung ermöglicht Gl. 2.12 auf Basis einer konstanten Verdampfertemperatur T_0 (z. B. überfluteter Verdampfer). Der Wärmedurchgang kann mit etablierten Methoden und Angaben berechnet werden [31].

$$\dot{Q}_{Vda} = (kA)_{Vda} \frac{T_{KaW,ein} - T_{KaW,aus}}{ln \frac{T_{KaW,ein} - T_0}{T_{KaW,aus} - T_0}} \tag{2.12}$$

2.3.4 Absorptionskältemaschinen

2.3.4.1 Übersicht

Bei Absorptionskältemaschinen sind vielfältige Prozessführungen denkbar [23]. Am Markt sind folgende Bauarten verfügbar:

- einstufige Absorptionskältemaschinen (Single-Effect SE, Tab. 2.2),
- zweistufige Absorptionskältemaschinen (Double-Effect DE, Tab. 2.2),
- direkt befeuerte zweistufige Absorptionskältemaschinen (Double-Effect) mit integriertem Gas- oder Ölkessel.

Im Tieftemperaturbereich bis –50 °C kommt die Stoffpaarung NH_3-H_2O zur Anwendung (Ammoniak als Kältemittel und Wasser als Lösungsmittel). Bei der Klimatisierung bzw. bei der Kaltwasserproduktion haben sich Maschinen mit dem Kältemittel

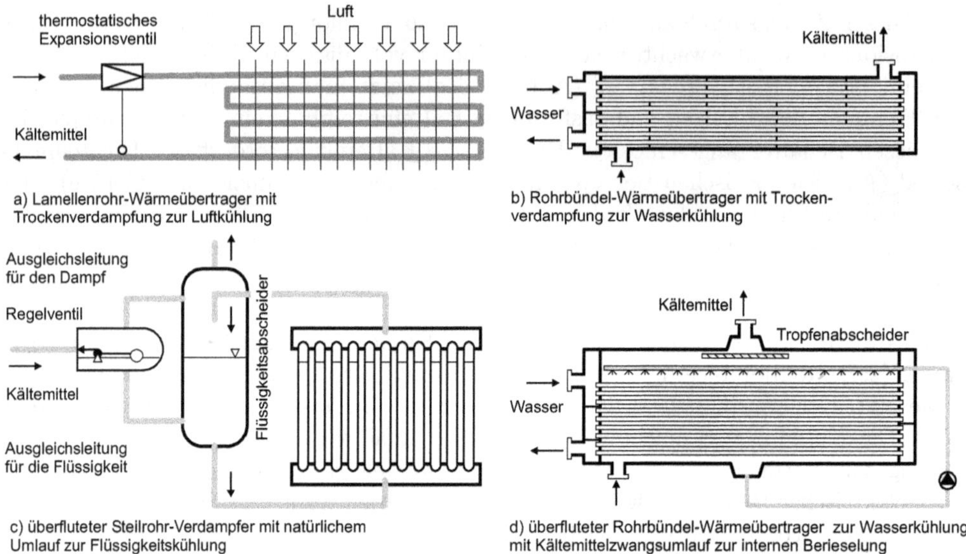

Abb. 2.16: Beispiele für verschiedene Bauarten und Verschaltungen von Verdampfern

H_2O-LiBr weitgehend etabliert (Wasser als Kältemittel und Lithiumbromid als Lösungsmittel). Bei höheren Antriebstemperaturen kann der Prozess zweistufig ausgeführt werden, um höhere Wärmeverhältnisse zu erhalten. Diese Maschinen[10] besitzen im Vergleich zu Kompressionskältemaschinen eine wesentlich höhere Masse und verursachen einen höheren Platzbedarf. Prozessseitig werden Pumpen zur Förderung des Kältemittels eingesetzt. Die wesentliche Druckerhöhung erfolgt durch die Wärmezufuhr[11].

2.3.4.2 Einstufige H_2O-LiBr-Absorptionskältemaschinen

In diesem Abschnitt wird eine einstufige H_2O-LiBr-Absorptionskältemaschinen als Beispiel erläutert. Über die Zufuhr von Heizwärme realisiert man die Stofftrennung (Abb. 2.17). Die leichter siedende Komponente (hier Wasser) wird im Generator (auch Austreiber) ausgetrieben und durchläuft den Kältemittel-Kreislauf vergleichbar mit dem Kreislauf einer Kompressionskältemaschine: Verflüssiger, Entspannungsorgan, Verdampfer. Durch die Stofftrennung entsteht weiterhin eine hoch konzentrierte Salzlösung (hier stark an LiBr). Diese ist hochgradig hygroskopisch und kann das Kältemittel *absorbieren*. Nach diesem Prozess werden die Kältemaschinen auch bezeichnet.

Die Prozessführung ist in Abb. 2.17 dargestellt. Abb. 2.19 zeigt ergänzend den apparativen Aufbau. Der Prozess läuft bei stationären Bedingungen detailliert wie folgt ab:

[10]Der Begriff Maschine ist hier gebräuchlich, obwohl es sich um Apparate handelt. Die Vorgänge in den Apparaten tragen verfahrenstechnischen Charakter.

[11]Der Begriff *thermischer Verdichter* ist für diesen Prozess in der Literatur zu finden.

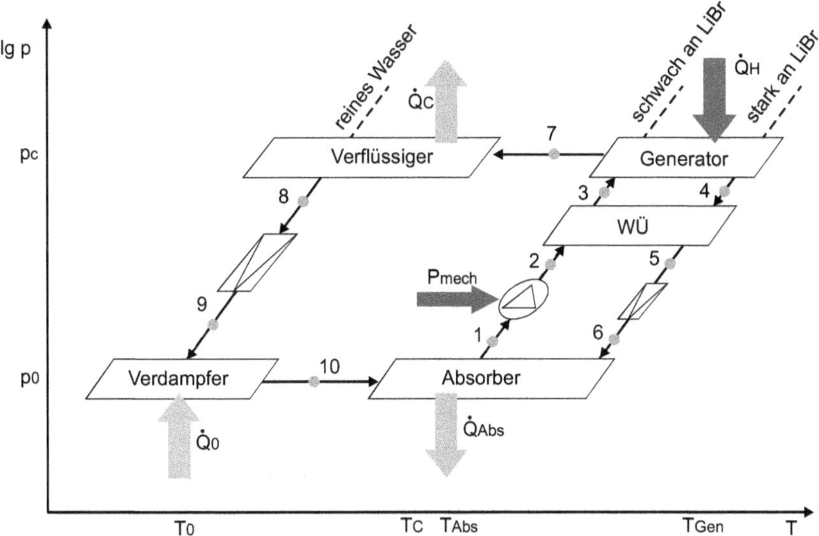

Abb. 2.17: schematische Darstellung der Prozesse und Apparate einer einstufigen H_2O-LiBr-Absorptionskältemaschine [23]

- 1 → 2: Förderung (und leichte Druckerhöhung) der an LiBr schwachen Lösung durch die Lösungsmittelpumpe unter Zufuhr von Elektroenergie,
- 2 → 3: Temperaturerhöhung bei gleichzeitigem Druckanstieg dieser Lösung durch die prozessinterne Wärmeübertragung,
- Generator: Austreiben des Wasserdampfes durch Wärmezufuhr bei Kondensationsdruck, Aufkonzentration zur an LiBr starken Lösung,
- 4 → 5: prozessinterne Wärmeabgabe an die schwache Lösung mit Druckminderung,
- 5 → 6: Druckabbau auf Verdampfungsdruck durch ein Drosselorgan,
- Verflüssiger: Wärmeabfuhr durch den Kühlwasser-Kreislauf, Kondensation des Wasserdampfes,
- 8 → 9: Druckabbau des Wassers auf Verdampfungsdruck durch ein Drosselorgan,
- Verdampfer: Verdampfung des Wassers unter Wärmezufuhr aus dem Kaltwasser-Kreislauf,
- Absorber: Aufnahme des Wasserdampfes (Zustand 10) durch die an LiBr starke Lösung (Zustand 6) aufgrund des hygroskopischen Verhaltens, Entstehen der an LiBr schwachen Lösung unter Wärmeabfuhr an den Kühlkreislauf.

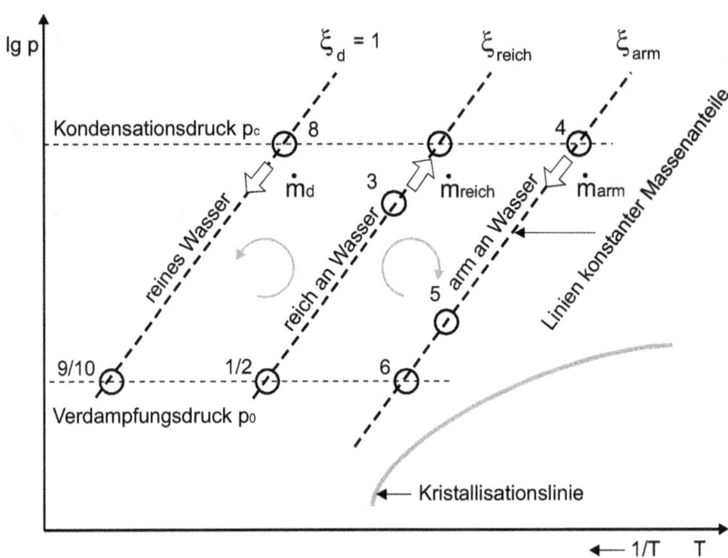

Abb. 2.18: vereinfachte Darstellung der Prozesse einer einstufigen H_2O-LiBr-Absorptionskältemaschine im lg$p$,1/T-Diagramm für H_2O-LiBr [23]

Für das Zweistoffgemisch kann der Masseanteil ξ (Gl. 2.13) definiert werden. Dieser liefert die Konzentration des Kältemittels (Wasser). D. h., die *reiche Lösung* ist reich an Kältemittel und schwach an LiBr. Die *arme Lösung* ist arm an Wasser und stark an LiBr[12].

$$\xi = \frac{m_{H_20}}{m_{H_20} + m_{LiBr}} \tag{2.13}$$

Für die Prozessführung (Abb. 2.18[13]) ist das Austreiben des Kältemittels notwendig. Die *Entgasungsbreite* (Gl. 2.14) beschreibt hierfür die Differenz der Massenanteile zwischen der reichen und armen Lösung. Diese Differenz muss für den Prozess positiv sein.

$$\Delta\xi = \xi_{reich} - \xi_{arm} \tag{2.14}$$

Durch die thermische Stofftrennung der reichen Lösung entstehen der Kältemittelmassenstrom und die arme Lösung (Gl. 2.15). Im Kältemittel-Kreislauf wird der Wasserdampf verflüssigt (Gl. 2.16) und kann anschließend im Verdampfer Wärme aufnehmen (Gl. 2.17).

[12] In der amerikanischen Literatur [23] findet man den Bezug auf die Lösungsmittelkonzentration. Im deutschen Schrifttum ist der Bezug auf die Kältemittelkonzentration verbreitet.

[13] Die Darstellung ist vereinfacht [23]. Generator und Verflüssiger liegen auf gleichem Druckniveau. Druckverluste werden nicht berücksichtigt. Die Zustände befinden sich im Sattdampfzustand oder im Siedezustand. Weiterhin werden Gleichgewichtszustände vorausgesetzt. Es treten keine Wärmeverluste oder Dissipation im System auf. Für weitere Ermittlungen ist ein h,ξ-Diagramm oder eine andere Quelle notwendig.

$$\dot{m}_{reich} = \dot{m}_d + \dot{m}_{arm} \tag{2.15}$$

$$\dot{Q}_C = \dot{m}_d \cdot (h_7 - h_8) \tag{2.16}$$

$$\dot{Q}_0 = \dot{m}_d \cdot (h_{10} - h_9) \tag{2.17}$$

Die arme Lösung erwärmt die reiche Lösung im Lösungsmittel-Kreislauf (Gl. 2.18). Durch diese innere Wärmeübertragung verringert sich die Antriebsleistung am Generator und Rückkühlleistung am Absorber. Im Austreiber findet unter Energiezufuhr die Stofftrennung statt (Gl. 2.19).

$$\dot{Q}_{W\ddot{U}} = -\dot{m}_{reich} \cdot (h_3 - h_2) = \dot{m}_{arm} \cdot (h_5 - h_4) \tag{2.18}$$

$$\dot{Q}_{Gen} = -\dot{m}_{reich} \cdot h_3 + \dot{m}_d \cdot h_7 + \dot{m}_{arm} \cdot h_4 = \dot{Q}_H \tag{2.19}$$

In den Absorber treten der Kältemitteldampf und die arme Lösung ein. Der exotherme Absorptionsprozess benötigt eine Rückkühlung, um die reiche Lösung dem Prozess entsprechend zu zuführen.

$$\dot{Q}_{Abs} = \dot{m}_d \cdot h_{10} + \dot{m}_{arm} \cdot h_6 - \dot{m}_{reich} \cdot h_1 \tag{2.20}$$

Die Bilanz des Prozesses (Gl. 2.21) liefert auf der linken Gleichungsseite die zugeführten Energieströme (Kälte- und Heizleistung). Im Gegensatz zu den Kompressionskältemaschinen ist neben der Abführung der Energie aus dem Verflüssiger auch der Entzug der Absorptionswärme notwendig.

$$\dot{Q}_0 + \dot{Q}_{Gen} = \dot{Q}_C + \dot{Q}_{Abs} \tag{2.21}$$

Im Vergleich zu Kompressionskältemaschinen gibt das *Wärmeverhältnis* ζ (Gl. 2.22) und das *mittlere Wärmeverhältnis* (Gl. 2.23, Definition analog zur Arbeitszahl) Auskunft über die Prozesseffizienz. Es wird die erzeugte Kälte ins Verhältnis zur Antriebswärme gesetzt[14]. Im englischsprachigen Bereich verwendet man auch den *COP*. Eine Unterscheidung analog zu den Begriffen Leistungszahl und Wärmeverhältnis ist nicht üblich.

$$\zeta = \frac{\dot{Q}_0}{\dot{Q}_H} \tag{2.22}$$

$$\zeta_m = \frac{Q_0}{Q_H} \tag{2.23}$$

[14]Bei einer erweiterten Betrachtung muss auch der Strom für die Pumpen und die Regelung mit einbezogen werden (Abs. B).

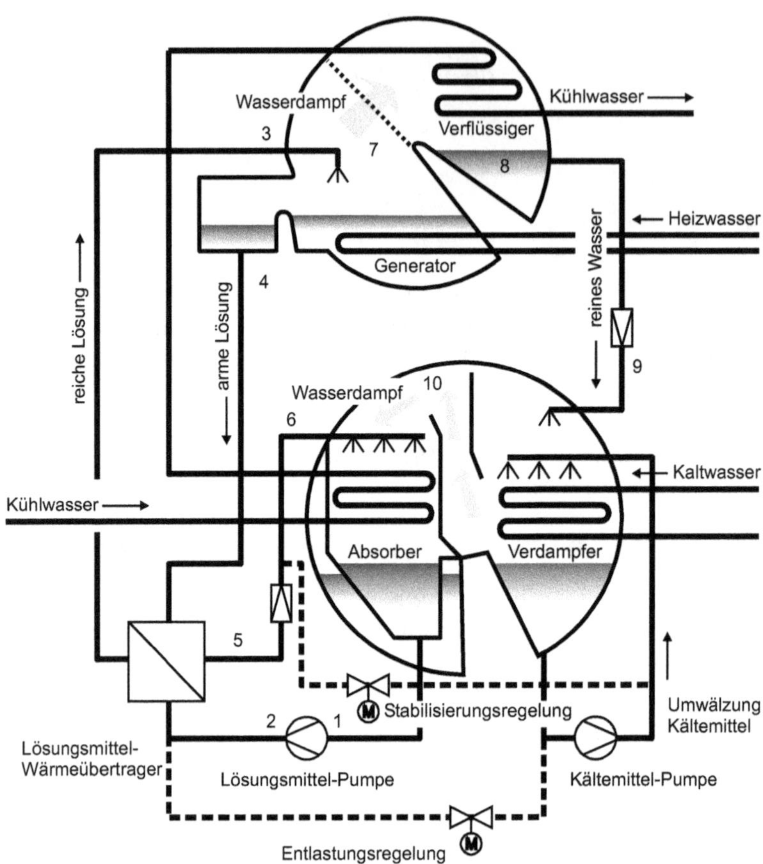

Abb. 2.19: schematische Darstellung der Prozesse und Apparate einer einstufigen H_2O-LiBr-Absorptionskältemaschine

Abb. 2.20 zeigt eine einstufige H_2O-LiBr-Absorptionskältemaschine. Es ist zu beachten, dass der Kühlkreislauf zuerst den Absorber und anschließend den Kondensator durchläuft. Weiterhin werden diverse Einrichtungen (Regelung, zusätzliche Umwälzung, Evakuierung usw.) zum Betrieb benötigt. Die Leistungsanpassung sowie Anfahr- und Abfahrvorgänge übernimmt in vielen Fällen die Kältemaschinen-Regelung.

Die Kälteleistung wird mit dem Heizwärmestrom $\dot{Q}_H$ geregelt. Mit steigender Temperatur im Generator nimmt die Entgasungsbreite zu. In Abb. 2.18 verschieben sich die *Isosteren*[15] der reichen und der armen Lösung nach rechts. Die Flächen des Kreisprozesses werden größer. Die Isostere für den Wasserdampf bleibt unverändert. Die Prozessführung wird auf der rechten Seite durch die Kristallisationslinie begrenzt. Die Stabilisierungsregelung nimmt eine Beimischung des Wassers bei einer zu hohen Wasserer-

[15]Linien mit einer konstanten Beladung des Adsorbats bezeichnet man als Isosteren [6]. Die Isosteren weichen aufgrund von variablen Stoffwerten geringfügig von einem exakten Geradenverlauf ab.

Abb. 2.20: einstufige H_2O-LiBr-Absorptionskältemaschine der Fa. Carrier, 1,8 MW Kälteleistung, Fernkälte Stadtwerke Chemnitz [32]

zeugung vor (Schaltung z. B. über Füllstand). Der interne Volumenstrom (Förderung der Lösungsmittelpumpe) ist dabei konstant.

Tab. 2.7 [16] ergänzt die Nenn-Wärmeverhältnisse für diesen Maschinentyp. In Abb. 2.37, S. 58 wird das Teillastverhalten und in Abb. 2.38, S. 59 werden die Investitionskosten mit Kompressionskältemaschinen verglichen.

2.3.4.3 Betriebsverhalten

Der tatsächliche Betrieb weicht oft von den Annahmen der Auslegung (z. B. 100 %-Auslastung) ab. Der Teillastbetrieb und diverse Störeinflüsse sind dafür verantwortlich. Ein Beispiel (einstufige H_2O-LiBr-Absorptionskältemaschine nach Abs. 2.3.4.2) soll wichtige Zusammenhänge darstellen.

In Abb. 2.21 sind die Abhängigkeiten der Ein- und Austrittstemperaturen von der Maschinenauslastung dargestellt. Eine Leistungsanpassung bei gleichzeitiger Einhaltung der Kaltwasser-Vorlauf-Temperatur erfolgt in diesem Fall über die Regelung der Heißwassertemperatur bei konstantem Volumenstrom im Generator. Der Kalt- und Kühlwasserkreislauf wird mit einem konstanten Volumenstrom betrieben. Die Leistung stellt sich über die jeweilige Temperaturdifferenz ein (gestrichelte Linien in Abb. 2.21).

Besonders wichtig ist die Einhaltung der kaltwasserseitigen Vorlauf-Temperaturen. Diese sind im gezeigten Beispiel relativ konstant. Weiterhin ist festzustellen, dass die Schwankungen mit zunehmender Auslastung der Maschine abnehmen. Zusätzliche Schwankungen können die Heißwasser- oder Kühlwasser-Regelung hervorrufen. Diese Schwankungen sind dann auch vermindert und verzögert auf der Kaltwasserseite nachweisbar (Abb. 2.22).

[16] Die Werte sind als Maximalwerte zu verstehen. Es sind weitere Korrekturen notwendig. Abs. 2.3.8.2 liefert weitere Informationen.

Tab. 2.7: einstufige H_2O-LiBr-Absorptionskältemaschinen, Nenn-Wärmeverhältnisse in Abhängigkeit der Betriebsbedingungen [13]

$T_{HeW,ein}/T_{HeW,aus}$ [°C]	$T_{KuW,ein}/T_{KuW,aus}$ [°C]	$T_{KaW,aus}$ [°C]	ζ_{Nenn} [-]
80/70	27/33	6	–
		14	0,71
	40/45	6	–
		14	–
90/75	27/33	6	0,69
		14	0,72
	40/45	6	–
		14	–
110/95	27/33	6	0,70
		14	0,72
	40/45	6	–
		14	0,71
130/110	27/33	6	0,71
		14	0,73
	40/45	6	0,70
		14	0,72

Abb. 2.23 zeigt beispielhaft die Abhängigkeit des Wärmeverhältnisses COP von wichtigen Systemtemperaturen und den jeweiligen Leistungen. Der reale Betrieb mit Temperaturschwankungen verursacht ein instationäres Verhalten (Speicherwirkung der Kältemaschine), was Schwankungen des COPs in der Abbildung hervorruft. Dennoch sind folgende Trends im Betrieb erkennbar.

Trend a: Eine Reduktion des Wärmeverhältnisses stellt sich erwartungsgemäß mit fallenden Temperaturen auf der Kaltwasserseite ein. Der energetische Aufwand zur Kälteerzeugung nimmt zu.

Trend b: Mit steigenden Kühlwasser-Temperaturen sinkt das Wärmeverhältnis, was mit einer „schlechten" Rückkühlung begründet werden kann.

Trend c: Bei einer hohen Auslastung mit Antriebstemperaturen von ca. 120 °C (Auslegung) bzw. niedrigen Temperaturen auf der Kaltwasserseite öffnet das so genannte Cycle-Guard-Ventil (Stabilisierungsregelung in Abb. 2.19). Diese interne Schutzschaltung zur Vermeidung von Kristallisation führt Wasser von der Verdampferseite der armen Lösung zu, ohne dass Kälte erzeugt wird (Einbruch der Kälteleistung), was energetisch sehr schlecht ist[17].

[17] Das ist ein spezielles Verhalten der untersuchten Maschine und wird nur zu Demonstrationszwe-

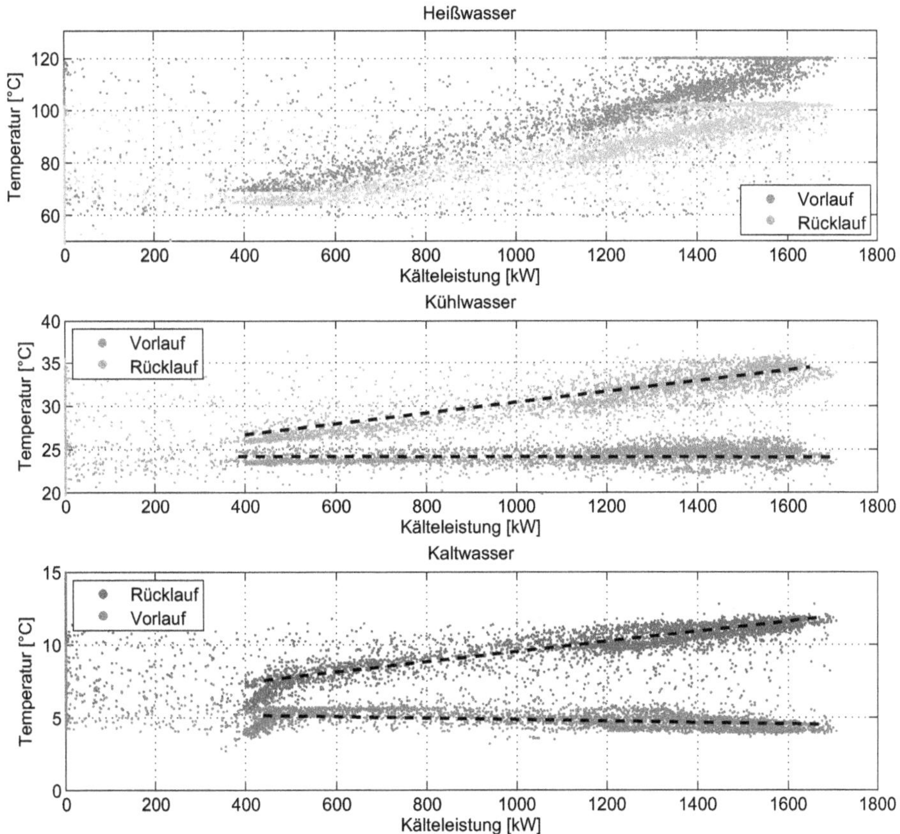

Abb. 2.21: Temperaturen in Abhängigkeit von der Kälteleistung, Stundenmittelwerte (01.01.2008 bis 31.12.2008), Beispiel für den realen Betrieb einer Absorptionskältemaschine (vgl. mit Abb. 2.20) [33], Fernkälte Stadtwerke Chemnitz [32], [34]

2.3.4.4 Vergleichende Betrachtung

Im Abs. 2.3.3 wurden die Kompressionskältemaschinen vorgestellt. Für die Absorptionskältemaschinen kann man Folgendes im Vergleich zu den Kompressionskältemaschinen feststellen:

- Einsatz von Wärme anstelle von Elektroenergie zum Antrieb des Prozesses,
- geringer Verbrauch von Elektroenergie für die Umwälzpumpen von Lösungs- und Kältemittel sowie für die Regelungstechnik,
- günstiges Teillastverhalten mit relativ hohen Wärmeverhältnissen (vgl. mit Abb. 2.37 S. 58),

cken herangezogen.

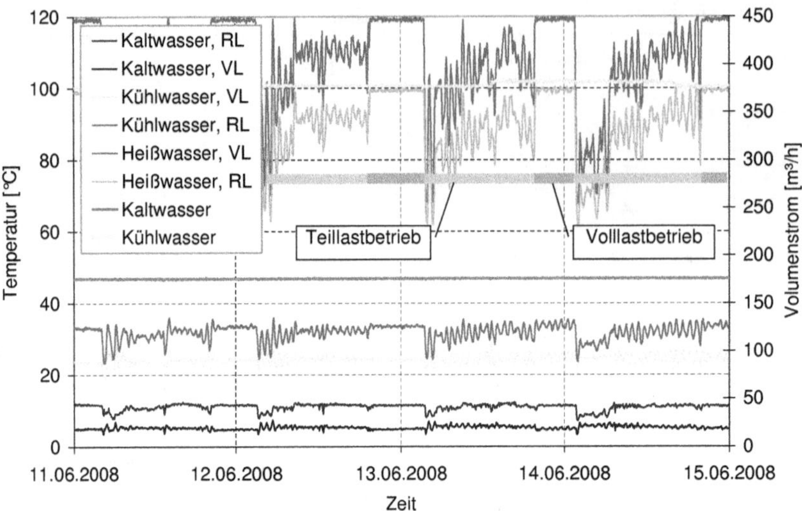

Abb. 2.22: Ein- und Austrittstemperaturen sowie Kaltwasser- und Kühlwasservolumenstrom, ausgewählte Tage in der 24. KW 2008, 3 min-Stichprobenwerte, Beispiel für den realen Betrieb einer Absorptionskältemaschine (vgl. mit Abb. 2.20) [35], Fernkälte Stadtwerke Chemnitz [32], [34]

- im Bereich niedriger Leistungen Anwendung niedriger Temperaturen,
- hohe technische Nutzungsdauer,
- i. d. R. störungsarmer Betrieb,
- Möglichkeit zur Anpassung des Prozesses und des Apparates auf bestimmte Temperaturniveaus.

Diese Technik ist allerdings mit folgenden Nachteilen verbunden:

- hohe spezifische Investitionskosten der Maschinen (vgl. mit Abb. 2.38, S. 59),
- größer dimensionierte Kühlkreisläufe und höhere Investitionskosten[18],
- relativ hoher Aufwand zur Maschinenkühlung (Strom für die Pumpenantriebe und Wasserverbrauch bei offenen Kühltürmen),
- Wirtschaftlichkeit nur bei preiswerter Wärme zum Antrieb.

Zum Betrieb und zur Wartung ist qualifiziertes Personal notwendig. Der Aufwand wird jedoch von Betreibern unterschiedlich eingeschätzt. Eine geringe tägliche Betreuungszeit [12] wird als vorteilhaft und ein aufwendige Lecksuche [12] als negativ genannt.

[18]Bei der Kostenschätzung muss beachtet werden, ob die Kosten für die Rückkühlanlage enthalten sind (Abb. 2.38).

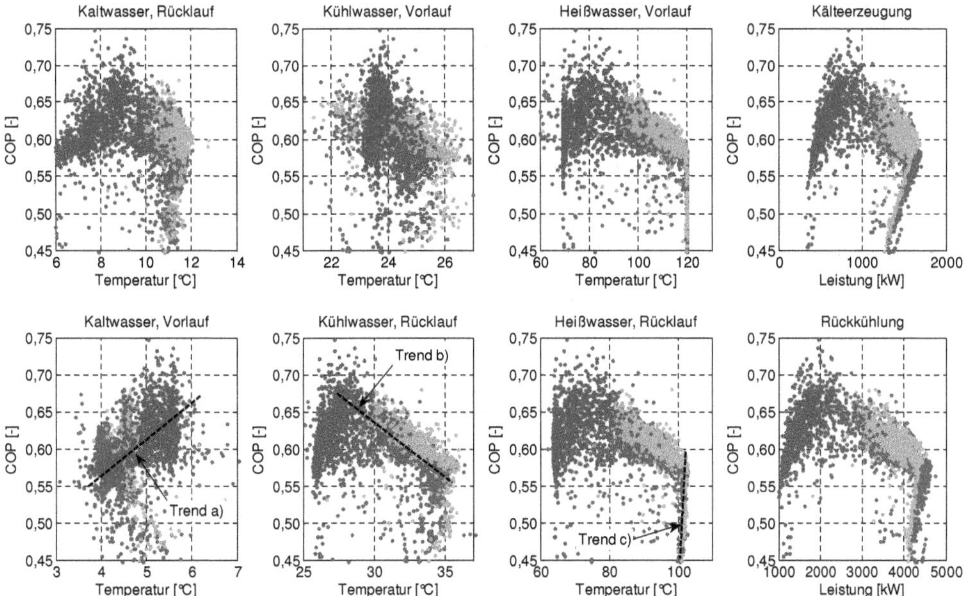

Abb. 2.23: Wärmeverhältnis in Abhängigkeit der Ein- und Austrittstemperaturen sowie der Kälte- und Rückkühlleistung, Stundenmittelwerte (01.01.2008 bis 31.12.2008) gefiltert (rot: Speicherbeladebetrieb, grün: Speicherentladebetrieb, blau: reiner Netzbetrieb), Beispiel für den realen Betrieb einer Absorptionskältemaschine (vgl. mit Abb. 2.20), Fernkälte Stadtwerke Chemnitz [32], [34]

2.3.5 Adsorptionskältemaschinen

2.3.5.1 Aufbau und Funktion

Bei diesen Kältemaschinen [6], [7] wird die starke Neigung (lat. Affinität) verschiedener Stoffsysteme (z. B. Silikagel, Zeolithe, vgl. mit Abs. 5.5.1 S. 191), ein Kältemittel (z. B. Wasser) zu adsorbieren, ausgenutzt. Wichtige Voraussetzungen sind dabei die Reversibilität der Prozesse und deren Abhängigkeit von Druck und Temperatur.

Die Kältemaschine wird mit Wärme angetrieben. Diese nutzt man zur Regeneration oder Trocknung des Adsorbens. Die Prozessführung kann geschlossen oder offen gestaltet werden. An dieser Stelle sind nur die geschlossenen Verfahren von Interesse. D. h., über die Systemgrenze der Kältemaschine findet kein Transport von Adsorbat oder Adsorbens statt (Begriffe siehe Abs. 4.3.2.3 S. 124).

Beispielhaft zeigt Abb. 2.24 den Aufbau einer Adsorptionskältemaschine (z. B. mit der Stoffpaarung Wasser-Silikagel). Mindestens zwei Kammern mit dem Adsorbens (z. B. Silikagel) sind für eine relativ kontinuierliche Kälteerzeugung notwendig, weil nach der Beladung mit Adsorbat (Wasser, hier als Kältemittel) eine Regeneration stattfinden muss. Des Weiteren sind zur Wärmezufuhr und -abfuhr vier Wärmeübertrager notwendig. Den Stofftransport (Wasserdampf) zwischen den Kammern regeln selbst-

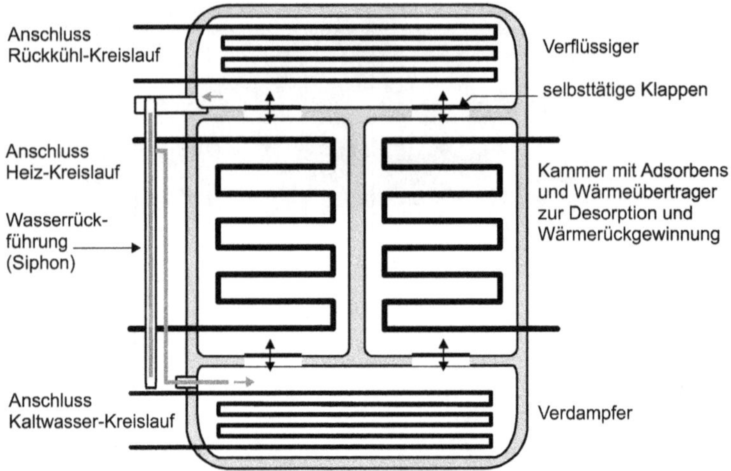

Abb. 2.24: Aufbau einer Adsorptionskältemaschine [7]

tätige Klappen. Die Wasserrückführung vom Verflüssiger zum Verdampfer erfolgt mit einem Siphon. Alle Kammern sind evakuiert, um die entsprechenden Betriebsbedingungen zu erreichen.

Betrachtet man zunächst einen Betriebszyklus (Abb. 2.25) eines Adsorbens (z. B. Packung bestehend aus Silikagel in einer Kammer der Kältemaschine), sind für den Kreisprozess folgende Zustandsänderungen typisch:

- 1 → 2: Aufheizen des Stoffsystems mit $\dot{Q}_{12}$ bei maximaler (konstanter) Beladung x_{max} bis zum Erreichen der minimalen Desorptionstemperatur $T_{Des,min}$, Anstieg des Druckes bis auf Kondensationsniveau p_C,

- 2 → 3: Zuführen der Desorptionswärme $\dot{Q}_{Des}$ zum Austreiben des Wassers bis zur minimalen Beladung x_{min}, Temperaturanstieg bis zur maximalen Desorptionstemperatur $T_{Des,max}$ bei konstantem Druck p_C,

- 3 → 4: Abkühlen des Stoffsystems mit $\dot{Q}_{34}$ bei minimaler (konstanter) Beladung x_{min} bis zum Erreichen der maximalen Adsorptionstemperatur $T_{Ads,max}$, Abfall des Druckes bis auf Verdampfungsniveau p_0,

- 4 → 1: Abgabe der Adsorptionswärme $\dot{Q}_{Ads}$ unter Aufnahme des Wasserdampfes bis zur maximalen Beladung x_{max}, Temperaturabfall bis zur minimalen Adsorptionstemperatur $T_{Ads,min}$, bei konstantem Druck p_0 wiederholter Beginn der Abfolge.

Ein wesentliches Merkmal der Prozessführung ist die Beladung (Gl. 2.24). Durch die Adsorption von Wasser ändert sich die Beladung des Adsorbens. Dieses Wasser

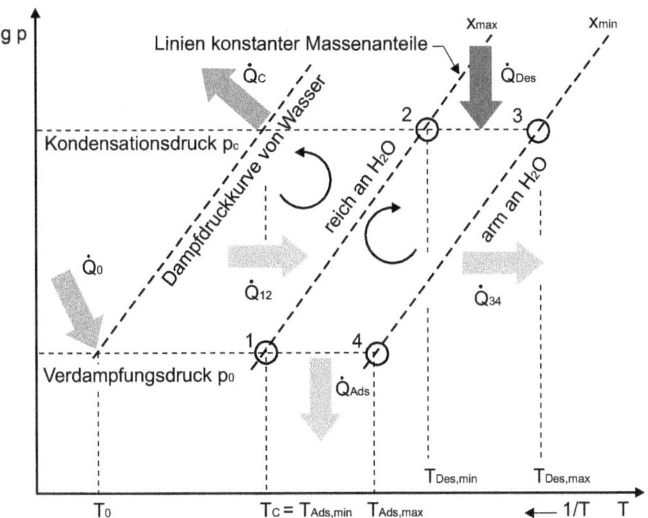

Abb. 2.25: idealer Ablauf eines Adsorptionskreisprozesses im $\ln p, 1/T$-Diagramm [7]

verdampft bei Verdampfungsdruck p_0 und entzieht dem Kaltwasser-Kreislauf Energie (Gl. 2.25)[19].

$$x = \frac{m_{Adsorbat}}{m_{Adsorbens}} \tag{2.24}$$

$$q_0 = h_0 \cdot (x_{max} - x_{min}) \tag{2.25}$$

Die Wärmezufuhr (Gl. 2.26) für die Regeneration setzt sich aus zwei Teilen zusammen, dem Teil für die Erwärmung zwischen den Zuständen 1 und 2 (isostere Wärmezufuhr) und den Teil für die Desorption einschließlich der weiteren Erwärmung bis auf $T_{Des,max}$. Um den ausgetriebenen Wasserdampf zu verflüssigen, ist eine Wärmeabfuhr entsprechend Gl. 2.27 notwendig.

$$q_{zu} = q_{12} + q_{Des} \tag{2.26}$$

$$q_C = h_C \cdot (x_{min} - x_{max}) \tag{2.27}$$

Um die Bedingungen für eine erneute Beladung zu schaffen, muss das Stoffsystem gekühlt werden (isostere Wärmeabgabe). Diese setzt sich aus der Abkühlung vom Desorptions- zum Adsorptionsniveau und der Abführung der der Adsorptionswärme zusammen (Gl. 2.28).

$$q_{ab} = q_{34} + q_{Ads} \tag{2.28}$$

[19] Die spezifische Energie bezieht sich auf die Masse des Adsorbens. Eine detailliertere Darstellung der mathematischen Beziehungen ist in [6] zu finden.

Das mittlere Wärmeverhältnis (Gl. 2.29) wird analog zu Gl. 2.23 aufgestellt. Der Nutzen, die Kühlung Q_0, steht im Verhältnis zum Aufwand. Das ist die Heizleistung mit $Q_H \geq Q_{Des}$. Dabei ist zubeachten, dass bei diesen Kältemaschinen eine Wärmerückgewinnung (z. B. für $\dot{Q}_{12}$) angewendet wird (siehe unten). Weiterhin muss bei der Bildung des mittleren Wärmeverhältnisses die zyklische Betriebsweise berücksichtigt werden. Eine Berechnung sollte über vollständige Zyklen erfolgen (siehe unten Phase 1 bis 4).

$$\zeta_m = \frac{Q_0}{Q_H} \tag{2.29}$$

Bei der Anwendung des oben beschriebenen Kreisprozesses ergeben sich folgende Phasen für den Kältemaschinenbetrieb (Abb. 2.26):

- Phase 1: Wärmezufuhr und Desorption (Austreiben des Wassers) in der linken Kammer (Wasserdampftransport von der linken Kammer in den Verflüssiger), Kondensation dieses Wassers im Verflüssiger durch die Wärmeabfuhr des Rückkühlsystems und Rückführung in den Verdampfer, Verdampfung des Wassers unter Wärmeentzug im Verdampfer durch die Adsorption in der rechten Kammer (Wasserdampftransport vom Verflüssiger in die rechte Kammer),
- Phase 2: kein Stofftransport zwischen den Kammern durch selbsttätig schließende Klappen, Wärmerückgewinnung aus der linken Kammer und Übertragung an die rechte Kammer, Stillstand bei Verflüssiger und Verdampfer,
- Phase 3: Vorgänge wie bei Phase 1 jedoch Desorption in der rechten Kammer und Adsorption in der linken Kammer mit entgegengesetzter Klappenstellung im Vergleich zu Phase 1, identische Arbeitsweise von Verflüssiger und Verdampfer,
- Phase 4: Vorgänge wie bei Phase 2 jedoch mit der Wärmeübertragung von der rechten in die linke Kammer.

2.3.5.2 Betrieb, Einsatz, Vergleich

Die Adsorptionskältemaschine stellt aufgrund der Funktionsweise besondere Anforderungen an die Maschinenauslegung und die Systemintegration. Zunächst sollten die Adsorption[20] und die Desorption synchron ablaufen. Weiterhin ist zu beachten, dass die Sorptionsvorgänge mit unterschiedlicher Intensität ablaufen und die Wärmeübertragung bzw. die Systemtemperaturen beeinflussen.

Die Wärmerückgewinnung ist für eine hohe Nutzung der Antriebswärme notwendig. Bei zu langen Phasen wird jedoch der Kühl- und Regenerationsbetrieb blockiert. Dies führt zu signifikanten Temperaturschwankungen sowie starken Schwankungen seitens der Kälteversorgung, der Antriebswärme und der Rückkühlung, was aus betriebstechnischer Sicht ungünstig ist (Abb. 2.27).

[20] Die Adsorptionsphase dauert typischerweise länger und gibt somit den Betriebszyklus vor.

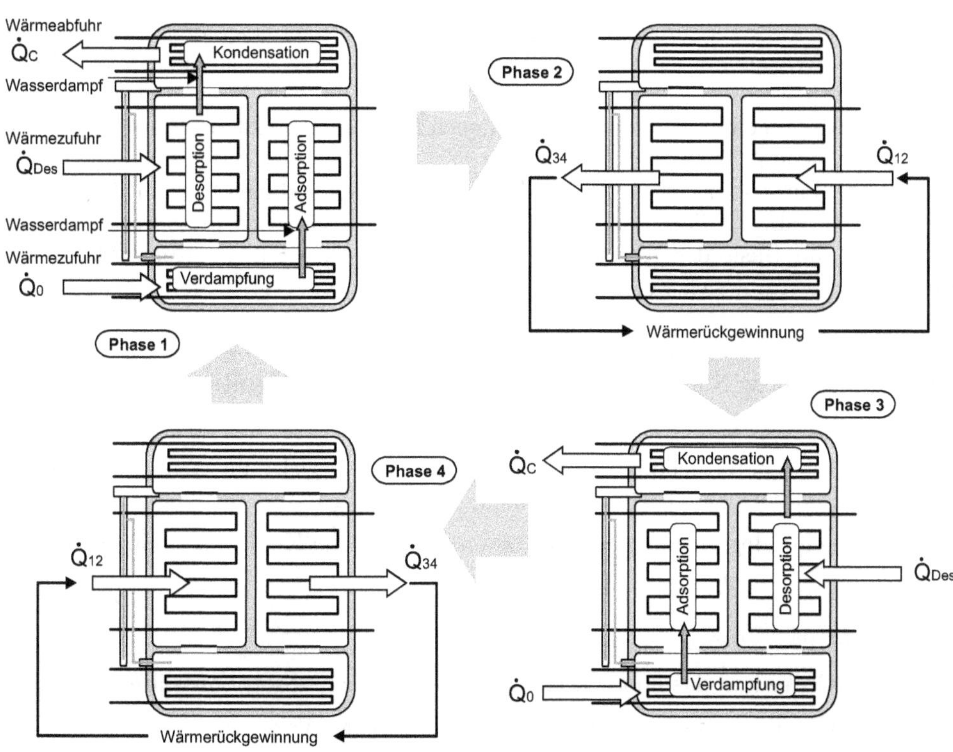

Abb. 2.26: Betriebszyklus einer Adsorptionskältemaschine [7]

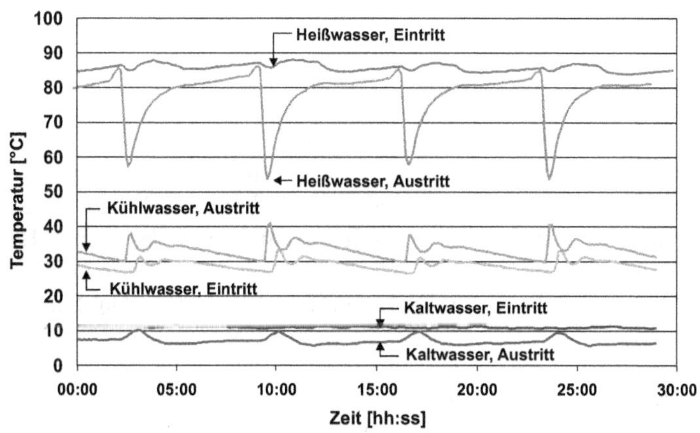

Abb. 2.27: Betrieb einer Adsorptionskältemaschine, Temperaturverläufe im Heiz-, Kühl- und Kaltwasserkreislauf, Quelle: Fraunhofer ISE [7]

Adsorptionskältemaschinen werden als Kaltwassererzeuger eingesetzt. Da dieses Verfahren auch Wärme mit relativ niedrigen Temperaturen nutzen kann, ist dieser Kältemaschinentyp für die solarthermische Kältebereitstellung von besonderer Bedeutung. Es wurden deswegen in den letzten Jahren auch Maschinen im kleinen Leistungsbereich entwickelt (siehe [7]).

Wichtige Parameter für einstufige Adsorptionskältemaschinen sind in Tab. 2.2, S. 12 gegeben. Tab. 2.8 liefert weiterhin einen Vergleich zwischen ausgewählten Kältemaschinen auf Basis der Absorption und Adsorption. Durch die Konstruktion und Betriebsweise ergibt sich weiterhin folgende Einschätzung:

- Vorteile,
  - mögliche Nutzung von Wärme mit niedriger Temperatur ($> 55\,°C$),
  - unbedenkliches Kältemittel und Hilfsstoffe,
  - keine potenzielle Kristallisationsgefahr im Vergleich zu Wasser-Lithiumbromid-Absorptionskältemaschinen,
  - keine Begrenzung des Einsatzes durch zu hohe Kühlwassertemperaturen,
  - geringer Wartungsaufwand,
- Nachteile,
  - Größe und das hohe Gewicht im Vergleich zu Absorptionskältemaschinen,
  - Gewährleistung der Dichtheit zum Erhalt des Vakuums,
  - zyklische Betriebsweise (Schwankung der Temperaturen und Energieströme),
  - geringe Markteinführung.

2.3.6 Dampfstrahlkältemaschinen

2.3.6.1 Prinzip der Verdichtung

Bei Dampfstrahlkältemaschinen [1], [6], [37] übernimmt der Dampfstrahlverdichter die Kompression. Der Dampfstrahlverdichter besteht aus folgenden Bauteilen (Abb. 2.28): Treibdüse (Abb. 2.29), Mischraum, Hals und Diffusor. D. h., im Gegensatz zu den Kompressions- und Absorptionskältemaschinen sind keine bewegten Bauteile an der Druckerhöhung beteiligt. Stattdessen wird Treibdampf mit hohem Druck (1...3 bar Überdruck) zum Antrieb benötigt. Im Dampfstrahlverdichter laufen die Teilprozesse wie folgt ab:

- $1 \rightarrow 1^{\star}$: Eintritt des Treibdampfes (Zustand 1) mit hohem Druck, Expansion in der Treibdüse bei starker Geschwindigkeitszunahme (Anstieg der kinetischen Energie) bei gleichzeitiger Drucksenkung (Energieerhaltungssatz),
- $0 \rightarrow 0^{\star}$: Förderung des Saugdampfstroms (Zustand 0) durch realisierte Drucksenkung des Treibdampfstromes, Zunahme der Saugdampf-Geschwindigkeit,

Tab. 2.8: Vergleich verschiedener Sorptionsstoffpaare zur Kälteerzeugung und Energiespeicherung nach [36], modifiziert

	Stoffpaare		
	$NH_3 - H_2O$	H_2O – LiBr	H_2O – Zeolith
Arbeitsweise der Kältemaschine	kontinuierlich	kontinuierlich	diskontinuierlich
Eigenschaften			
Toxizität	hoch	gering	keine
Korrosivität	hoch	sehr hoch	keine
Brennbarkeit	hoch	keine	keine
Temperatur-Stabilität	bis 180 °C	120...130 °C	650 °C
Systemdrücke	größer 20 bar	kleiner 1 bar	kleiner 1 bar
Kosten	gering	gering	gering
Kristallisationsgrenze	keine	vorhanden	keine
spezifische Leistung	gering	gering	mittel
Anwendungen			
Tiefkühlung	üblich	nicht möglich	nicht möglich
Klimatisierung	nicht üblich	möglich	möglich
Kaltwasser-Erzeugung	nicht üblich	hauptsächlich	möglich
Heizung	möglich	unmöglich	möglich
Energiespeicherung	schlecht möglich	nicht sinnvoll	gut möglich
mobile Systeme	schlecht möglich	nicht sinnvoll	gut möglich
KFZ-Klimatisierung	zu gefährlich	schlecht möglich	gut möglich
apparativer Aufwand			
Austreiber/Adsorbereinheit	schlecht möglich	schlecht möglich	gering
Austreiber, separat	hoch	mittel	nicht erforderlich
Adsorber, separat	hoch	hoch	nicht erforderlich
Kondensator	hoch	mittel	gering
Verdampfer	hoch	mittel	gering
Lösungsmittelpumpe	sehr hoch	hoch	nicht erforderlich
Drosselventil	hoch	mittel	nicht erforderlich
Rektifikator	sehr hoch	niedrig/nicht erforderlich	nicht erforderlich
Dampfventil	nicht erforderlich	nicht erforderlich	mittel
Sicherheitseinrichtung	hoch	nicht erforderlich	nicht erforderlich
Lösungsmittel-Wärmeübertrager	niedrig... hoch	niedrig... hoch	nicht erforderlich
Anlagen am Markt			
	Wärme-transformator Wärmepumpen Kühlschränke Tiefkühlanlagen	Wasserkühlsätze	Getränkekühler DEC-Anlagen

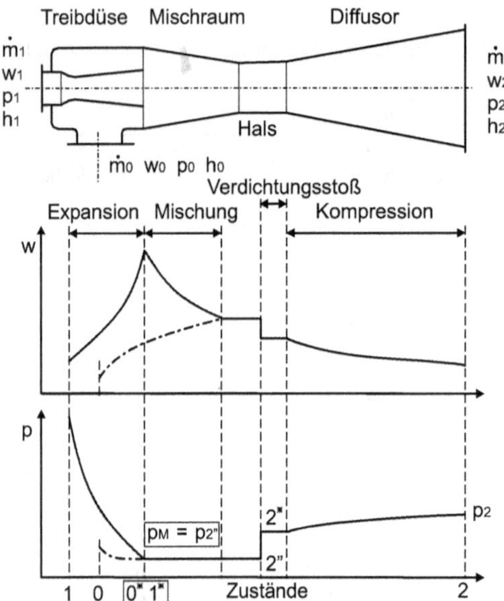

Abb. 2.28:
Aufbau eines Dampfstrahlverdichters, Geschwindigkeits- und Druckverlauf [1]

- $0^{\star}/1^{\star} \rightarrow 2''$: beginnende Mischung und Impulsausgleich des Treib- und Saugdampfstroms in der Mischkammer, Beschleunigung des Mischdampfstromes in der Mischkammer und Eintritt in den Hals,

- $2'' \rightarrow 2^{\star}$: ggf. Verdichtungsstoß beim Übergang von Über- auf Unterschallgeschwindigkeit, Konstanz der Geschwindigkeit und des Druckes im 2. Halsabschnitt, Geschwindigkeitsabbau und Druckrückgewinnung im Diffusor.

Abb. 2.30 zeigt vereinfacht den Verdichtungsvorgang im h,s-Diagramm des Kältemittels. Die Vorgänge sind in der Realität komplizierter (z. B. reibungsbehaftete Vorgänge, ortsabhängige Mischungsvorgänge)[21]. Diese ideale Darstellung bietet den Vorteil einer einfachen Abschätzung[22] der Treibdampfmenge (Gl. 2.31). Über den Gütegrad des Verdichters η_G (Gl. 2.30) werden alle Effekte, die zum Abweichen vom idealen Grenzfall führen, berücksichtigt. Dieser liegt nach [1] bei 0,5. . . 0,7.

$$\eta_G = \frac{\dot{m}_{1,th}}{\dot{m}_1} \tag{2.30}$$

$$\frac{\dot{m}_1}{\dot{m}_0} = \frac{1}{\eta_G \left(\sqrt{\frac{\Delta h_1}{\Delta h_2}} - 1 \right)} \tag{2.31}$$

[21] Die verlustbehafteten Prozesse bewirken eine Entropiezunahme (Rechtsauslenkung der Zustandsänderungen).

[22] Für präzisere Berechnungen ist die Anwendung von Herstellerunterlagen, Programmen usw. notwendig.

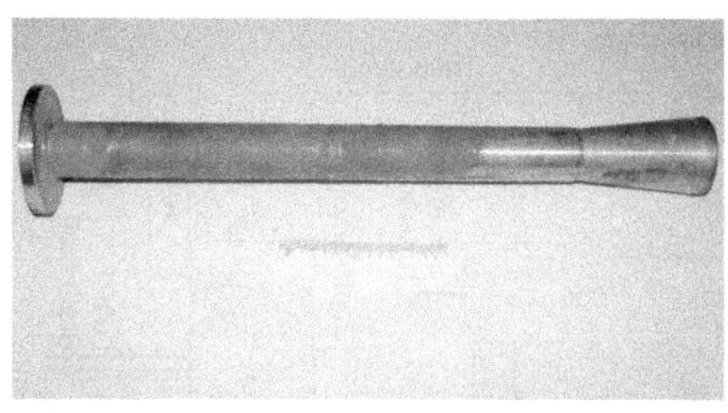

Abb. 2.29:
Treibdüse im ausgebautem Zustand, Fernkälte Gera

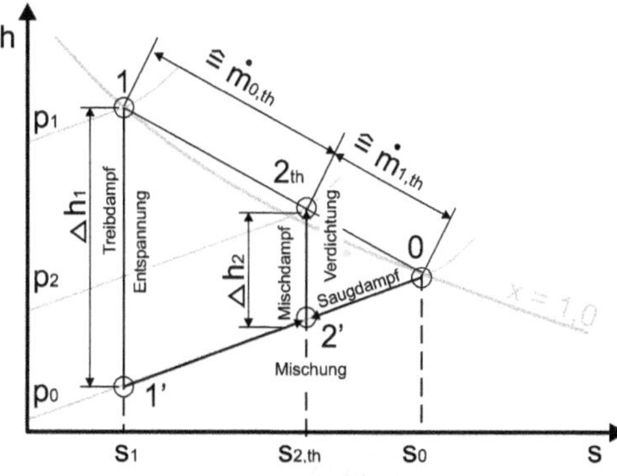

Abb. 2.30:
Darstellung des idealen Prozesses für die Dampfstrahlverdichtung im h,s-Diagramm [1]

2.3.6.2 Anlagenaufbau und -funktion, Betrieb

Abb. 2.31 zeigt eine einstufige geschlossene Anlage. Bei dieser einfachen Anlage laufen folgende Prozesse ab:

- 2 → 3: Transport des Mischdampfes in den Verflüssiger (Oberflächenkondensator),
- 3 → 4: Wärmeabgabe an den Rückkühl-Kreislauf und Unterkühlung,
- 6 → 7: Abzweigung eines Teilwasserstroms, Druckabbau auf Verdampfungsdruck durch ein Regelventil (z. B. Regelung nach dem Füllstand im Verdampfer),
- 5 → 1: Druckerhöhung des anderen Teilwasserstroms durch eine Pumpe, Energiezufuhr durch Dampferzeuger, Produktion des Treibdampfes,
- Verdampfer: Betrieb auf Verdampfungsdruck durch Saugdampfstrom (Zustand 0), Zufuhr des unterkühlten Wassers (Zustand 7), Energiezufuhr durch Kaltwasser-Kreislauf.

Als Kältemittel wird in vielen Fällen Wasser verwendet. Ein Wärmeübertrager zwischen Kältemittel und Antriebs- bzw. dem Transportmedium ist dann nicht zwingend notwendig. D. h., dass das im Prozess gekühlte Wasser auch im Verteilnetz fließt. Das Gleiche gilt für die Rückkühlung. Beim Einsatz von Mischkondensatoren ist auch eine offene Prozessführung seitens der Rückkühlung möglich.

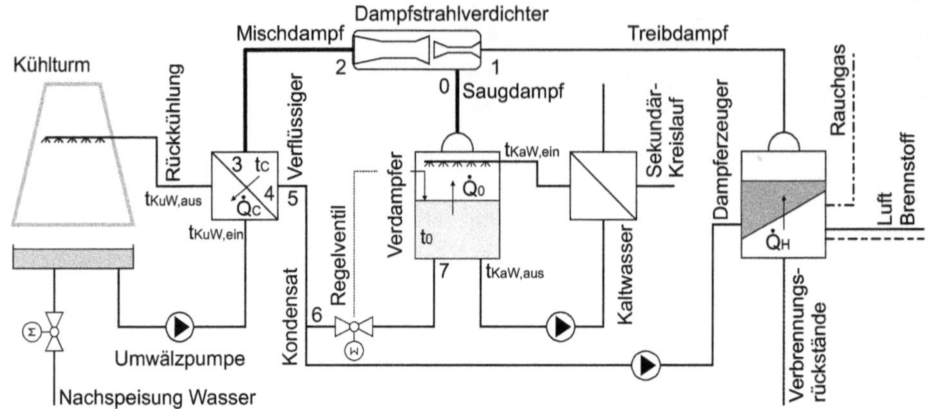

Abb. 2.31: einstufige Dampfstrahl-Kälteanlage mit Oberflächenkondensator und geschlossenem Kreislauf, Geschwindigkeits- und Druckverlauf [1]

Tab. 2.9: Richtwerte für die Treibdampfreduktion durch die mehrstufige Ausführung von Dampfstrahlkältemaschinen [1]

Anzahl der Stufen	Reduktion des Treibdampfaufwandes
2	30 %
3	35 %
4	38 %
5	40 %

Thermodynamisch ist der Wegfall der Temperaturdifferenz zwischen Kältemittel und Transportmedium positiv zu bewerten. Den Prozess begrenzt aber der Gefrierpunkt des Kältemittels.

Eine Reduktion des spezifischen Treibdampfbedarfs (Tab. 2.9) und eine Leistungsanpassung kann durch eine mehrstufige Ausführung bzw. durch die Verschaltung mehrerer Kältemaschinen erreicht werden (Zu- und Abschalten von Verdichterstufen). Dabei ist zu beachten, dass die Dampfstrahlverdichter nur in einem bestimmten Druckbereich stabil arbeiten. Des Weiteren muss eine Entlüftung vorgenommen werden. Hierfür kann man auch Dampfstrahlverdichter einsetzen (vgl. mit Gl. 2.34, ca. 10 % Hilfsenergieaufwand).

Tab. 2.2 fasst wichtige Kenndaten für diesen Kältemaschinentyp zusammen. Die Wärmeverhältnisse (Gl. 2.36) liegen typischerweise bei 0,45. . . 1,2 [11]. Folgende Gleichungen beschreiben die wichtigsten Zusammenhänge für eine Anlagenkonfiguration nach Abb. 2.31.

- Kälteleistung:

$$\dot{Q}_0 = \dot{m}_0 \cdot (h_0 - h_7) \tag{2.32}$$

- Antriebsleistung für den Dampfstrahlverdichter:

$$\dot{Q}_H = \dot{m}_1 \cdot (h_1 - h_5) \tag{2.33}$$

- Treibdampfmenge inklusive der Anlagenentlüftung (vereinfachte Abschätzung):

$$\dot{m}_{1,Anl} = 1,1 \cdot \dot{m}_1 \tag{2.34}$$

- Heizleistung der Anlage (vereinfachte Abschätzung):

$$\dot{Q}_{H,Anl} = 1,1 \cdot \dot{Q}_H \tag{2.35}$$

- Wärmeverhältnis des Prozesses:

$$\zeta = \frac{\dot{Q}_0}{\dot{Q}_H} \tag{2.36}$$

- Wärmeverhältnis der Anlage:

$$\zeta_{Anl} = \frac{\dot{Q}_0}{\dot{Q}_{H,Anl}} < \zeta \tag{2.37}$$

- abzuführende Wärme am Verflüssiger:

$$\dot{Q}_{C,Anl} = \dot{Q}_0 + \dot{Q}_{H,Anl} \tag{2.38}$$

2.3.6.3 Einsatz

Die Apparate haben in der Regel einen einfachen Aufbau (Abb. 2.32), der sich in geringen Anlagenkosten niederschlagen kann. Die Maschinen lassen sich zur Spitzen- und Grundlastdeckung einsetzen.

Neben der Kaltwassererzeugung kann dieser Prozess auch bei der sogenannten Selbstverdampfung eingesetzt werden. Beispielsweise ist die Aufkonzentration von Lebensmitteln (z. B. Milch, Obstsäfte) oder verfahrenstechnischen Produkten (z. B. Salze) möglich.

Die Effizienz des Prozesses ist im Vergleich zu Kompressionskältemaschinen nicht sehr groß. Zudem benötigt man für den Betrieb preiswerten Dampf in hoher Menge und eine kostengünstige Rückkühlung. Diese Faktoren begrenzen heute den Einsatz dieser Technik.

2.3.7 Rückkühltechnik

Die Kühltechnik besitzt eine große Bedeutung bei Kreisprozessen (z. B. Rechtsprozess im Kraftwerk, Linksprozesse zur Kälteerzeugung), bei thermischen Prozessen zur Bereitstellung von mechanischer Energie (z. B. Verbrennungsmotor) oder elektrischer Energie (z. B. Brennstoffzelle) sowie bei technologischen Prozessen (z. B. Kühlung eines Werkzeuges oder von chemischen Prozessen).

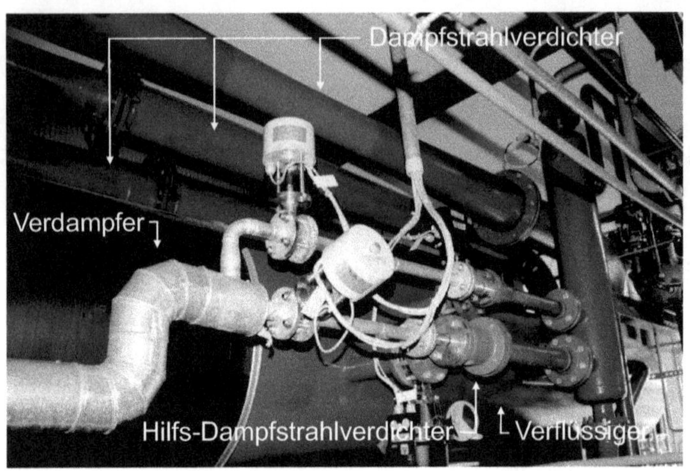

Abb. 2.32: zweistufige Dampfstrahlkältemaschine (12/9/6 °C), ca. 550 kW Kälteleistung, liegende Bauart mit Mischkondensator (Verflüssiger), zentrale Kälteerzeugung der Energieversorgung Gera

Bei Linksprozessen zur Kälteerzeugung muss die Energie aus dem Verflüssiger an die Umgebung abgeführt werden, wenn keine weitere Nutzung mehr möglich ist. Die Temperaturen im Verflüssiger werden ausreichend hoch gewählt, damit die Wärmeübertragung an die Umgebung möglich ist. D. h., es ist immer eine Entropieentsorgung notwendig, um den Kreisprozess wiederholt durchzuführen. Deswegen ist auch der Begriff Rückkühltechnik gebräuchlich. Eine weitere wichtige Aufgabe ist die Gewinnung von Kälte aus der Umgebung (Abs. 2.4).

2.3.7.1 Prinzip

Bei der Rückkühltechnik wird zwischen der *trocknen* und der *feuchten* Wärmeübertragung unterschieden. Der erste Begriff[23] beschreibt die reine Wärmeübertragung an die Außenluft. Beim Einsatz von Wasser kann die Wärmeübertragung durch eine zusätzliche Verdunstungskühlung intensiviert werden. Der Begriff *hybrid* weist darauf hin, dass die Nutzung beider Effekte durch Konstruktion und Betrieb angestrebt wird.

Kühltürme mit Naturzug[24] erfordern eine bestimmte Höhe, damit eine ausreichende Kaminwirkung auftritt. In der Regel wird dieser Typ nur bei großen Kraftwerken eingesetzt. Im Bereich der Kältetechnik [1], [6], [19], [21], [23] findet die Zwangsbelüftung Anwendung. Die Kühler sind im Vergleich zur Kraftwerkstechnik wesentlich kleiner bzw. kompakter. Die Leistungsanpassung kann durch die Parallelschaltung mehrerer Kühler erreicht werden, wobei die Leistung von einzelnen Kühlern im Bereich von 20 kW

[23] Begriffe und Übersetzungen z. B. ins Englische sind in der VDI 2047 [38] für die Kühlturmtechnik definiert.

[24] Die feuchte Luft am Austritt besitzt eine niedrigere Dichte im Vergleich zur Luft in der Umgebung. Über den Dichteunterschied wird der Naturzug zur notwendigen Luftförderung realisiert.

bis 20 MW liegt. Eine Übersicht zu typischen Kühlern liefert Abb. 2.33. Prinzipiell kann nach folgenden Merkmalen unterschieden werden:

- saugende oder drückende Anordnung des Ventilators,
- Einsatz von Axial- (Abb. 2.34) oder Radialventilatoren (Abb. 2.36),
- Induktion der Luftströmung durch eingesprühtes Wasser,
- Quer-, Gegen- und Gleichstromführung der Luft und des zu kühlenden Fluids (Modifikationen und Kombinationen sind möglich),
- Einsatz von Wasser zur Intensivierung der Kühlung (Verdunstung),
- direkte Kühlung des Kältemittels (Verflüssigung) oder Kühlung des Kühlwassers (indirekte Kühlung).

2.3.7.2 Trockenkühlturm

Kennzeichnend ist die alleinige Wärmeübertragung an die Außenluft mittels Wärmeübertrager (z. B. gerippte Rohre, Lamellenblöcke, Abb. 2.33 a, Abb. 2.34). Das zu kühlende Fluid befindet sich in einem geschlossenen Kreislauf. Neben Wasser ist auch der Einsatz von Flüssigkeiten mit Frostschutz möglich (z. B. Wasser-Glykol-Gemische). Bei der direkten Rückkühlung wird das Kältemittel im Kreislauf transportiert und verflüssigt. Der geschlossene Kreislauf bietet den Vorteil, dass keine Verschmutzung oder Anreicherung mit diversen Stoffen stattfindet. Allerdings bedingt diese Art der Wärmeübertragung höhere Temperaturen im Vergleich zu den unten genannten Rückkühltechniken (Tab. 2.10, S. 56). Dieser Zusammenhang verursacht höhere Investitionskosten, da eine größere Übertragungsfläche notwendig ist. Die hohen Temperaturen im Kühlkreis ziehen bei indirekter Kühlung hohe Temperaturen im Verflüssiger nach sich, was sich ungünstig auf die Kältemaschineneffizienz auswirkt (vgl. mit Tab. 2.3 S. 19 und Tab. 2.4 S. 20).

2.3.7.3 Nasskühlturm

Das zu kühlende Wasser wird bei dieser Bauart mit der ungesättigten Umgebungsluft (direkt) in Kontakt gebracht (Abb. 2.33 b, c). Die Verdunstung des Wassers bestimmt maßgeblich die Wärmeübertragung. Das Partialdruckgefälle des Wasserdampfes ist dabei für den gekoppelten Wärme- und Stofftransport verantwortlich (Abb. 2.35). Durch die Verdunstung kühlen sich das Wasser und die Luft bzw. weitere Kühlturmbauteile ab. Unter stationären Bedingungen kann für den adiabaten Kühlturm eine Bilanz nach Gl. 2.39 formuliert werden.

$$\dot{m}_W \cdot c_W \cdot (T_{W,ein} - T_{W,aus}) = \dot{m}_L \cdot (h_{L,aus} - h_{L,ein}) \tag{2.39}$$

Bei dieser Konfiguration wäre theoretisch eine maximale Abkühlung des Wassers auf die Kühlgrenztemperatur des Umgebungsluftzustandes möglich (Abb. 2.35). Die

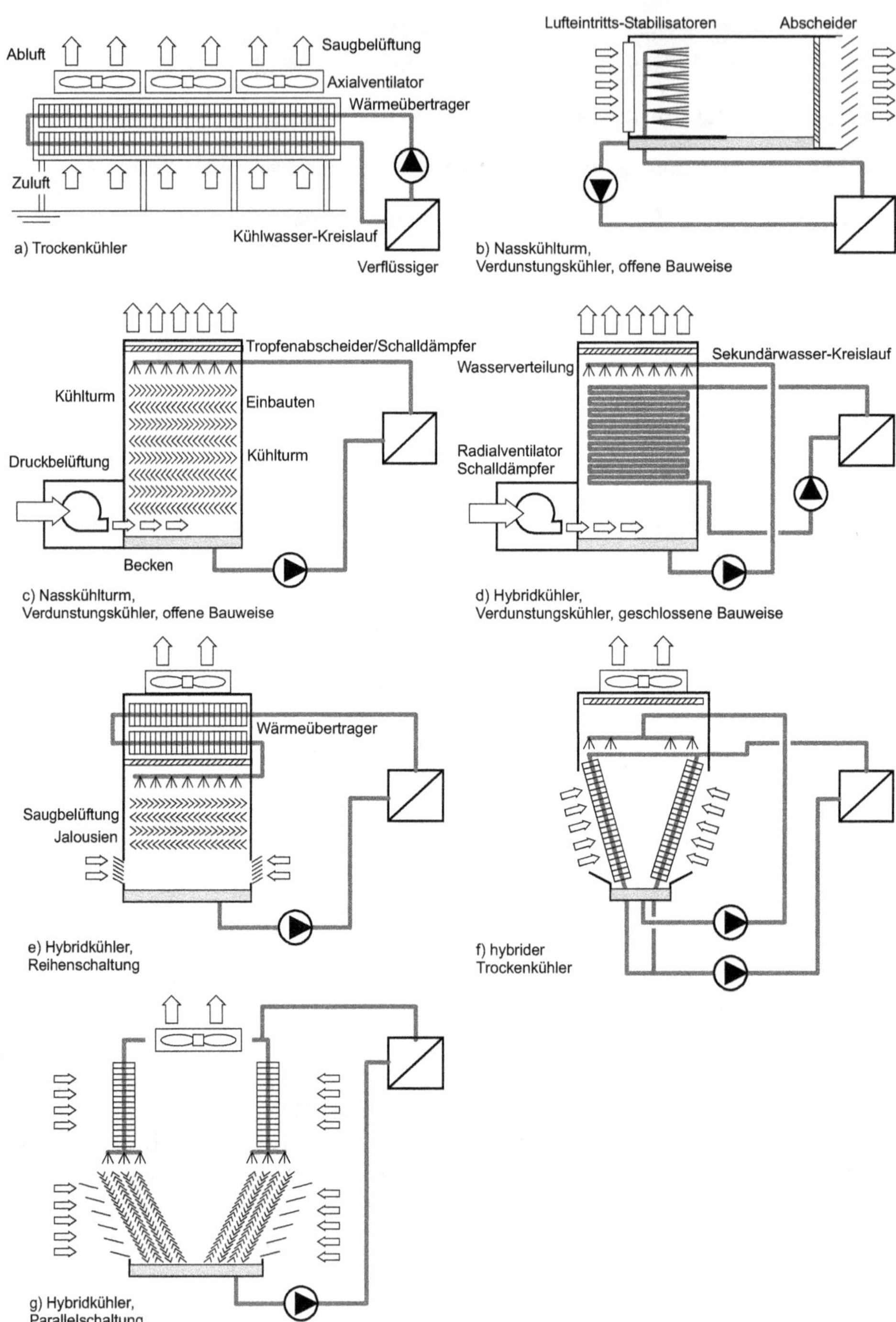

Abb. 2.33: Bauarten und Funktion von Kühltürmen

Abb. 2.34:
Trockenkühler der Fa. Güntner, Dachaufständerung

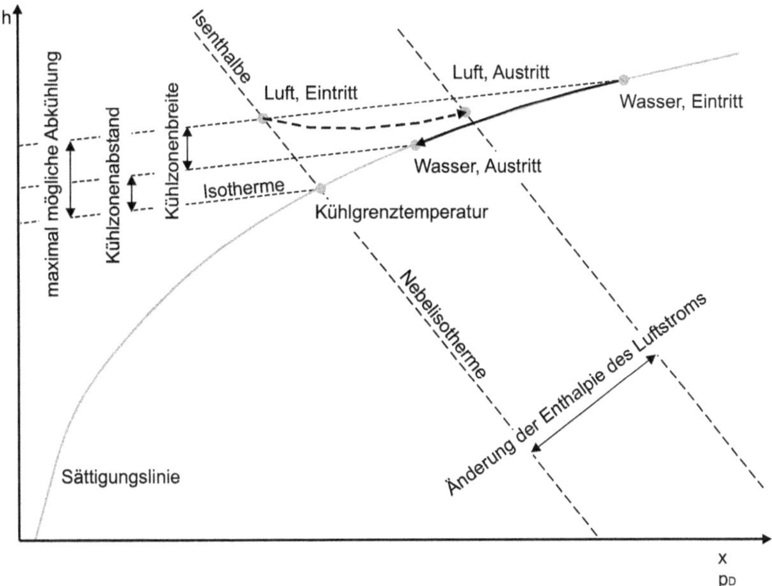

Abb. 2.35: schematische Darstellung der Zustandsänderungen der feuchten Luft und des Kühlwassers im h,x-Diagramm für feuchte Luft für einen offenen Nasskühlturm

tatsächliche Abkühlung[25] (Temperaturdifferenz) bezeichnet man als *Kühlzonenbreite*. Für den Abstand zur Kühlgrenztemperatur steht der Begriff *Kühlgrenzabstand*. Beide Temperaturdifferenzen können zur Bewertung der Güte eines Kühlers herangezogen werden.

Im Kühlturm (Abb. 2.36) übernehmen Rohrleitungen oder Rinnen die Wasserverteilung. Düsen oder Auslässe können dann prinzipiell folgende Effekte erzielen:

[25]Die Berechnung bzw. Simulation des Übertragungsverhaltens ist komplizierter. Die Theorie geht auf *Merkel* zurück [6]. Zur Planung und Auslegung werden Diagramme mit Kennlinien oder Programme genutzt.

- Versprühen feiner Tropfen in die angesaugte Luft,
- Besprühen von Wärmeübertragerflächen, Tropfenverdampfung (vgl. mit hybridem Trockenkühler),
- Verrieseln (freier Fall der Tropfen) über der Grundfläche ohne Einbauten (z. B. Naturzugkühlturm im Gegenstromprinzip),
- Tropfen- und Filmerzeugung auf den Einbauten,
- diverse Kombinationen der Effekte.

Bei Sprühtürmen (Abb. 2.33 b) kann z. B. durch den horizontalen Wassereintrag eine Luftströmung induziert werden. Zwischen den Tropfen und der Luft findet ein intensiver Wärme- und Stofftransport statt. Das abgekühlte Wasser fällt in das Becken oder wird durch Einbauten getrennt und gesammelt.

Bei offenen Kühltürmen mit einer oberen Wasserverteilung (Abb. 2.33 c) rieselt das Wasser typischerweise über Einbauten (z. B. Folie-Pakete, Füllkörper, Lattenroste, Platten). Diese Einbauten sollen die Übertragungsfläche vergrößern, eine gleichmäßige Verteilung und eine hohe Verweilzeit bewirken. Eine gute Benetzbarkeit der Oberfläche wirkt sich positiv auf die gewünschte Filmbildung aus. Das Wasser wird in einem Becken aufgefangen und dem Kreislauf wieder zugeführt. Der Prozess ist allerdings verlustbehaftet. Nach [19] liegt der gesamte Wasserverbrauch zwischen ca. 2,5 und 4,5 l/kWh Kälteleistung (vgl. mit Abs. B.3.3 S. 387) und setzt sich wie folgt zusammen:

- Verdunstungsverluste ca. 1,5 l/kWh,
- Spritzwasserverluste ca. 0,25 l/kWh,
- Abschlämmverluste ca. 0,85. . . 2,6 l/kWh.

Ein Tropfenabscheider im oberen Bereich und Jalousien bei den Ansaugöffnungen sorgen für die Minimierung der Spritzwasserverluste. Aufgrund der Anreicherung von gelösten Stoffen (z. B. Salze im Trinkwasser) durch die Verdunstung ist eine *Abschlämmung* (Ablassen des Kühlwassers, auch *Absalzen*) notwendig. Die Wasserverluste müssen durch die Nachspeisung von Frischwasser (stetig oder zyklisch) ausgeglichen werden.

Die Einbauten und die Wasserströmung bewirken nur geringe Druckverluste für die Luftströmung. Aus diesem Grund können Axialventilatoren (6. . . 10 W elektrische Antriebsleistung je 1 kW Kühlleistung) und Radialventilatoren (10. . . 20 W elektrische Antriebsleistung je 1 kW Kühlleistung) eingesetzt werden. Zuluft- und Abluft-Schalldämpfer mindern die entstehenden Geräusche. Eine Regelung lässt sich über die Ventilatordrehzahl oder Polumschaltung bei den Motoren bewerkstelligen. Als Regelgröße dienen z. B. die Kühlgrenz- oder die Wasseraustritts-Temperatur.

2.3.7.4 Hybridkühlturm

Der Begriff *Hybridkühlturm* [39] ist mit verschiedenen Bau- und Betriebsweisen verbunden. An dieser Stelle werden verschiedene Kühlturmbauarten vorgestellt, die Wärme

Abb. 2.36: offene Verdunstungskühltürme mit drückenden Radialventilatoren der Fa. Axima, Dachaufständerung, Fernkälte Stadtwerke Chemnitz [32]

indirekt (vgl. mit Trockenkühlturm) und direkt (vgl. mit Nasskühlturm) übertragen können.

Verdunstungskühler geschlossener Bauart (Abb. 2.33, d) unterscheiden sich von der offenen Bauweise durch den geschlossenen Kühlwasser-Kreislauf. Nur der Sekundärwasser-Kreislauf kommt mit der Luft in Kontakt. Beim Kühlwasser treten im Vergleich zum Sekundärwasser deutlich weniger Probleme hinsichtlich der Wasserqualität auf. Allerdings entsteht durch den Wärmeübertrager eine zusätzliche Temperaturdifferenz, was sich negativ auf die Kühlzonenbreite auswirkt.

Bei *Hybridkühlern* sind Trocken- und Nasskühlteil in Reihe (Abb. 2.33 e) oder parallel (Abb. 2.33 g) geschaltet. Der Trockenkühler übernimmt die Erwärmung der feuchten Luft. Über diese Reduktion der relativen Luftfeuchte kann eine Schwadenbildung im Vergleich zur offenen Bauweise vermieden werden.

Der *hybride Trockenkühler* (Abb. 2.33 f, z. B. Fa. Jäggi/Güntner, Schweiz) ist dem Prinzip des Verdunstungskühlturms geschlossener Bauweise gleichzusetzen. Der Begriff *hybrid* kann vor allem auf die Betriebsweise angewendet werden. Ein Sekundärwasser-Kreislauf ermöglicht die Benetzung des Wärmeübertragers (Lamellenblöcke mit V-förmiger Anordnung). Bei niedrigen Leistungen oder bei niedrigen Außentemperaturen (6. . . 16 °C) ist keine Benetzung vorgesehen, was im Vergleich zu Verdunstungskühltürmen große Wassermengen einspart. Eine Leistungssteigerung durch Benetzung ist nur bei hohen Außentemperaturen bzw. hohen Kühlleistungen erforderlich. Drehzahlgeregelte Ventilatoren und eine stufenweise Zuschaltung von Wasserförderpumpen (z. B. zweistufig) ermöglichen eine Leistungsanpassung.

2.3.7.5 Einsatz von Wasser in offenen Kreisläufen

Wird Wasser zur Verdunstungskühlung eingesetzt, ist zu beachten, dass Ablagerungen an z. B. Wärmeübertragerflächen (Fouling), Verstopfungen, Korrosion usw. aufgrund komplexer chemischer Vorgänge auftreten können. Aus diesen Gründen sind folgende Ursachen zu beachten:

- überhöhte Aufkonzentration von mineralischen Bestandteilen (z. B. Kalk), Ionen (z. B. Karbonationen), Gasen (z. B. Sauerstoff),
- biologisches Wachstum (z. B. Algen),
- Ansammlung von Partikeln (z. B. Blütenstaub) und anderen Fremdstoffen (z. B. Laub).

Die aufkonzentrierte Lösung ist gegenüber verschiedenen Metallen (z. B. Eisen) stark korrosiv. Deswegen ist eine korrosionsfeste Ausführung der Kühltürme und der Rohrleitungen (z. B. Einsatz von speziellem Edelstahl, glasfaserverstärktem Kunststoff) notwendig. Betriebsseitig sind weiterhin folgende Maßnahmen einzuplanen, die aber für die verschiedenen Kühlturmkonstruktionen variieren:

- Wasserbehandlung (z. B. Inhibierung zum Korrosionsschutz, Erhöhung der Löslichkeit der Salze, Einsatz von Bioziden zur Vermeidung von biologischem Wachstum), ggf. mit automatischen Dosiereinrichtungen,
- Abschlämmung (ggf. automatisch über eine Leitfähigkeitsmessung),
- manuelle Reinigung,
- ggf. Wasseraufbereitung des Nachspeisewassers (z. B. Entsalzung),
- Inspektionen.

Anforderungen an die Kühlwasser-Beschaffenheit sind in der VDI 3803 [40] niedergelegt. Die Richtlinie VDI 6022 behandelt hygienische Aspekte [41], [42].

2.3.7.6 Systemeinbindung, Aufstellung

Der Einsatz von Wasser zieht diverse Frostschutzmaßnahmen nach sich. Entweder werden in der Winterperiode die Kreisläufe abgelassen oder eine Beheizung stellt den Betrieb sicher. Weiterhin ist zu beachten, dass verschiedene Kältemaschinen niedrige Zulauf-Temperaturen in den Verflüssiger nicht zulassen.

Der Betrieb von Absorptionskältemaschinen hängt beispielsweise stark von den Temperaturen im Kühlsystem ab. Der Einsatz von zwei zusätzlichen Becken für das warme und kalte Kühlwasser führt zu einer Stabilisierung der Temperaturen und kann extreme Außenluftzustände bzw. ungünstige Kühlbedingungen durch die Speicherwirkung des Beckenwassers dämpfen (vgl. mit Abb. 2.47, S. 71).

Hinsichtlich der Aufstellung ist darauf zu achten, dass kein Ansaugen der austretenden Kühlturmluft auftritt (Rezirkulation). Dies kann zu erheblichen Leistungseinbußen führen.

Bautechnische Anforderungen sind in der VDI 3803 [40] zu finden. Weiterhin ist die Schallminimierung und -bekämpfung wichtig. In der VDI 3734 Blatt 2 [44] sind Emissionswerte der Nasskühltürme dargestellt. Bei großen Naturzug-Kühltürmen dominieren Geräusche durch das Versprühen des Kühlwassers und das Aufprallen der Tropfen. Bei den vorgestellten Kühltürmen (Abb. 2.33 außer b) verursachen maschinell bewegte

Teile (z. B. Motor mit Getriebe und Ventilator) die signifikanten Geräusche. Folgende grundlegende Maßnahmen tragen zu einer Reduzierung und Dämpfung bei [44]:

- geräuscharme Ausführung der bewegten, umströmten und beregneten Bauteile (z. B. Aufprallabschwächer),
- Einsatz drückender Ventilatoren,
- Nachtbetrieb mit reduzierter Drehzahl oder verminderter Umwälzmenge,
- Einsatz von Schalldämpfern im Saug- und Druckbereich,
- Bau von Schutzwänden, -verkleidungen oder -wällen.

2.3.7.7 Auslegung

Insbesondere bei extrem heißen und feuchten Tagen muss die Rückkühlanlage die Auslegungsbedingungen am Verflüssiger der Kältemaschine einhalten. D. h., hohe Kühllasten fallen mit ungünstigen Rückkühlbedingungen zusammen. Oft wird ein Außenluftzustand mit 32 °C und 40 % relative Luftfeuchte angenommen (Enthalpie 63,1 kJ/kg, Kühlgrenztemperatur 21,6 °C)[26]. Der Kühlwasser-Kreislauf soll eine Kühlzonenbreite von 5 bis 7 K realisieren. Tab. 2.10 gibt einen Überblick zu typischen Systemtemperaturen und weiteren Eigenschaften. Eine Systemoptimierung kann grundsätzlich nach den Investitionskosten und den Betriebskosten erfolgen. Aus technischer Sicht muss der hohe Einfluss des Rückkühlsystems auf die Effizienz der Kälteerzeugung beachtet werden (vgl. mit Tab. 2.3 S. 19 und Tab. 2.4 S. 20).

2.3.7.8 Sonderverfahren

Neben der Nutzung der Außenluft mittels Kühlturmtechnik können auch andere Wärmesenken genutzt werden (vgl. mit Abs. 2.4). Heute sind folgende Sonderverfahren anzutreffen:

- Nutzung oberflächennaher Gewässer (Seen, Flüsse),
- Einsatz von Grundwasser (siehe auch Abs. 9.2 S. 324),
- Kühl- und Heizbetrieb mittels bivalenter Wärmepumpen, z. B. in Kombination mit Erdsonden- (Abs. 9.3) oder Aquiferspeichern (Abs. 9.2).

[26]In der Kältetechnikliteratur waren keine Angaben für die Außenluftzustände zur Auslegung von Rückkühlern zu finden. Die Norm DIN 4710 [43] stellt für verschiedene Regionen in Deutschland statistisch aufbereitete Wetterdaten zur Verfügung, die einen guten Aufschluss über Extremwerte und deren Häufigkeit geben.

Tab. 2.10: Charakterisierung verschiedener Bauweisen von Rückkühlern [7]

Kühlerfunktion	trocken	nass	hybrid	hybrid	hybrid
Bauart	Tischkühler	offen	geschlossen	Reihenschaltung	
Konstruktion in der Abb. 2.33	a)	c)	d)	e)	f)
Auslegung					
Bezug der Lufttemperatur	trocken	Kühlgrenze	Kühlgrenze	Kühlgrenze	Kühlgrenze
Lufttemperatur [°C]	32	22	22	22	22
Kühlzonenbreite [K]	5...7	5...7	5...7	5...7	5...7
Kühlzonenabstand [K]	4...7	4...6	6...8		> 4
thermodynamische Bewertung	neg.	pos.	pos.	pos.	pos.
Wasserverbrauch	kein	hoch	hoch	gering	gering
Wasserenthärtung/-entsalzung	entfällt				notwendig
Schallemission		niedrig	niedrig		
Schwadenbildung	keine	vorhanden	möglich	keine	keine
Regelverhalten	einfach			einfach	einfach
Teillastverhalten	pos.		pos.		pos.
Anspruch an Bedienung/Wartung		hoch	hoch	hoch	hoch
Flächenbedarf	hoch	niedrig	niedrig	niedrig	niedrig

2.3.8 Bauarten, Typen, Einsatz

Kältemaschinen werden in verschiedenen Bereichen angewandt. Dabei decken die Geräte einen großen Leistungsbereich ab. Des Weiteren liegen unterschiedliche Vorfertigungsgrade der Produkte vor [21].

Kältesätze sind fabrikgefertigte Komplettsysteme bzw. -einheiten. Sie werden nach Anwendungsfällen und Leistungsparametern ausgewählt und eingesetzt. Der Entwicklungs- und Planungsaufwand liegt beim Hersteller.

Standardisierte Kälteversorgungssysteme (auch Split-Systeme) bestehen aus Komponenten (z. B. Verdichter) und standardisierten Teilsystemen (z. B. Regelung). Der Hersteller ist für das abgestimmte Produktprogramm verantwortlich. Nur die objektbezogenen Sachverhalte (z. B. Verlegung der Rohrleitung) unterliegen der Planung.

Nicht standardisierte Kälteversorgungssysteme müssen umfassend geplant werden. Der Planer greift auf Bauteile (z. B. Sensoren) und Teilsysteme (z. B. Wasserkühlsätze, Kühltürme) zurück.

Unabhängig von der Kältemaschine kann man die Kälteversorgung nach der technischen Lösung des Energietransportes und der Wärmeübertragung beurteilen.

Direkte Kühlung: Das Kältemittel verdampft am Ort des zu kühlenden Objektes. Bei einem geschlossenen Kältemittel-Kreislauf ist ein Wärmeübertrager (Verdampfer) notwendig. Bei ökologisch unbedenklichen Kältemitteln (z. B. Wasser oder Wassergemische) ist auch der Wegfall einer Wärmeübertragerwand möglich (z. B. Dampfstrahl-Kältemaschinen).

Indirekte Kühlung: Der Kältemaschine ist ein Kreislauf oder mehrere Kreisläufe zur Energieübertragung nachgeschaltet. Dadurch sinkt die Menge des Kältemittels. Weil aber Wärmeübertrager eingesetzt werden, steigt die mittlere Temperaturdifferenz zwischen der Kältemaschine und dem Verbraucher, was sich in vielen Fällen auf die Effizienz des Prozesses auswirkt.

Im Folgenden wird der Einsatz zur Luft- und Wasserkühlung vorgestellt. Kältemaschinen kann man auch zur Herstellung von künstlichem Eis einsetzen. Aufgrund der Bedeutung in Zusammenhang mit der Eisspeichertechnik wird diese Thematik in Abs. 8.1 besprochen.

2.3.8.1 Luftkühlung

Klimaanlagen im kleinen Leistungsbereich werden oft mit dezentralen Kältesätzen oder Splitgeräten betrieben [19]. Die mehrheitlich eingesetzten Kompressionsanlagen kühlen den Luftstrom direkt. Unterschieden wird zwischen VRF-Systemen (Variable Refrigerant Flow) und VRV-Systemen (Variable Refrigerant Volume). Der Einsatz von modularen Einzelgeräten bietet den Vorteil einer nachträglichen Erweiterbarkeit. Die

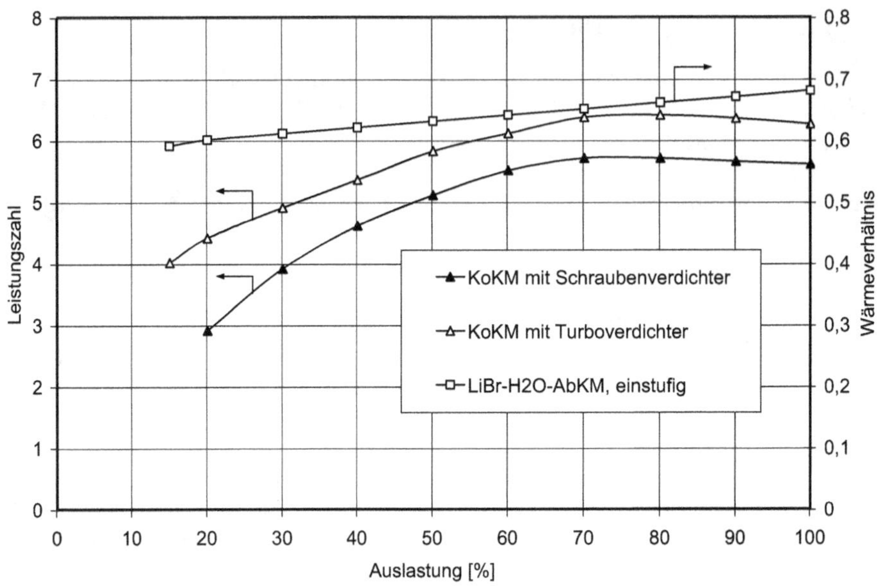

Abb. 2.37: typische Teillastverläufe für verschiedene Kältemaschinen und Verdichter [7]

Regelung übernehmen systemeigene Komponenten. Bei größeren Leistungen können Splitsysteme eingesetzt werden.

Neben den Kompressionskältemaschinen sind am Markt auch gasbefeuerte Absorptionskältemaschinen vertreten, die z. T. auch die Heizfunktion übernehmen [21]. Zur Nutzung solarer Wärme wurden in den letzten Jahren auch Absorber im kleinen und mittleren Leistungsbereich entwickelt [7].

2.3.8.2 Wasserkühlung

Systeme zur Klimatisierung oder technologischen Kühlung mit hoher Leistung sind nicht standardisierte Systeme [21]. Große Kältemaschinen (Kompressions-, Absorptions-, Adsorptions-, Dampfstrahl-) übernehmen die indirekte Wasserkühlung. Das Kaltwassernetz ist für die Verteilung (Abs. 2.5.2) zuständig. Aufgrund der vielfältigen Möglichkeiten ergeben sich z. B. bei Kompressionskältemaschinen folgende Systemmerkmale:

- Verdichterbauart (Hubkolben-, Scroll-, Schrauben-, Turbo-),
- Innen-/Außenaufstellung (Frostschutz),
- Rückkühlung direkt an der Kältemaschine mit Luft oder einem Anschluss an einen Rückkühl-Kreislauf,
- Wasser oder Kältemittel im Rückkühl-Kreislauf.

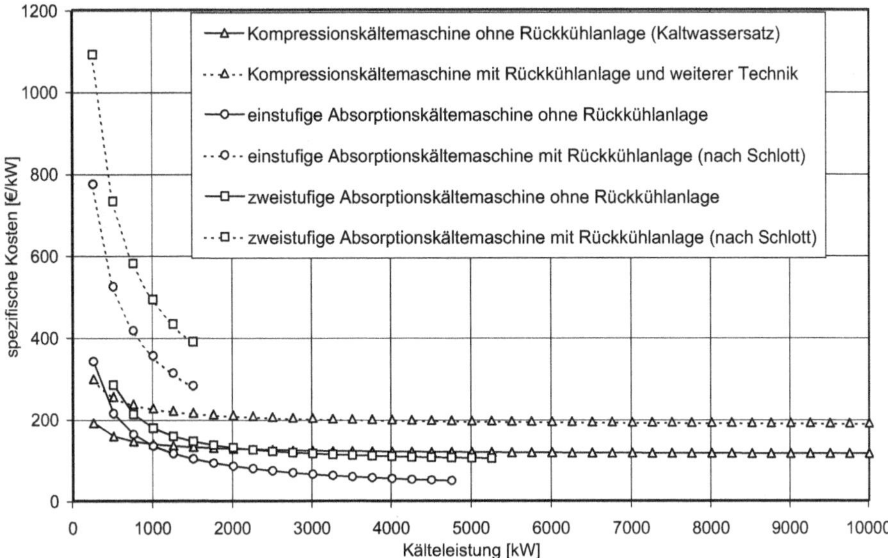

Abb. 2.38: spezifische Investitionskosten für Kompressions- und Absorptionskältemaschinen, Quelle der Regressionsgleichungen: [22]

Die Leistungsanpassung wird durch die maschineninterne Regelung und ggf. durch die Parallelschaltung von Kältemaschinen[27] erreicht. Letzteres gestattet eine stufenweise Zu- und Abschaltung der Maschinen (Kaskadenschaltung). Dabei ist zu beachten, dass die Kältemaschinen in Abhängigkeit der Last unterschiedliche Leistungszahlen oder Wärmeverhältnisse ausweisen (Abb. 2.37). Der Betrieb im unteren Leistungsbereich ist oft problematisch.

Die Leistungsregelung des Rückkühl-Kreislaufes kann ebenfalls über eine Kaskadenschaltung und die Nutzung eines stufigen Betriebs der Elektromotoren erfolgen. Des Weiteren bieten verschiedene Kühlturm-Bauarten eine Leistungsbeeinflussung über den Wasserstrom am Kühlturm (z. B. hybrider Trockenkühler).

Die maschineninterne Regelung wird, so weit diese es zulässt, in die zentrale Leittechnik integriert. Die Regelung der Rückkühlleistung übernimmt ebenfalls die Leittechnik.

Zur Ermittlung der Investitionskosten (vgl. Abs. B) bzw. zum Vergleich der vorgestellten Techniken gibt Abb. 2.38 eine Orientierungshilfe. Bei den Angaben zu Wasserkühlern ist besonders darauf zu achten, ob die Kosten für die Rückkühlung enthalten sind.

[27]Erfahrungswerte zeigen, dass aus Gründen der Effizienz und der Betriebssicherheit eine Aufteilung der Erzeugerleistung auf mehrere Maschinen sinnvoll ist.

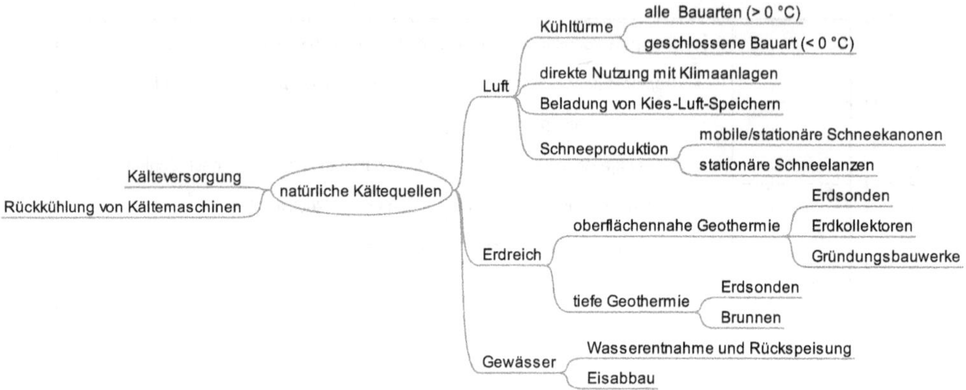

Abb. 2.39: Übersicht zur Nutzung und Erschließung von natürlichen Kältequellen

2.4 Kältequellen

Die Nutzung von *natürlichen Kältequellen* bzw. „Umweltkälte", dabei beschreibt Umwelt ein sehr großes Reservoir, setzt eine Temperaturdifferenz zu dem jeweiligen Versorgungssystem voraus. Im Gegensatz zur maschinellen Kälteerzeugung soll ein intensiver Energieaufwand vermieden werden. Zunächst ist nur Elektroenergie für den Transport (z. B. Pumpen) aufzuwenden, sodass hohe Arbeitszahlen (Gl. 2.40) bei der Kältebereitstellung vorteilhaft sind.

$$\varepsilon_{m,KQ} = \frac{Q_{KaT}}{W_{el}} \tag{2.40}$$

In günstigen Fällen sind keine weiteren Kältemaschinen und Speicher erforderlich, was besonders aus Sicht der Investitionskosten vorteilhaft ist.

Abb. 2.39 gibt eine Übersicht zur Anwendung[28] und Gewinnung von Kälte aus natürlichen Quellen.

2.4.1 Atmosphäre

In Deutschland liegen im Winter fast ständig und in der Übergangszeit sowie in kühlen Sommerperioden Nächte mit niedrigen Außentemperaturen vor (Abb. 2.40). Verdunstungskühlung oder der Strahlungsaustausch mit dem Himmel können dabei unterstützend wirken. Zur Nutzung der *freien Kühlung*, d. h. Kühlen ohne Kältemaschinen, kommen zwei grundlegende Prinzipien infrage, die in den folgenden Abschnitten beschrieben werden.

[28] Gleichzeitig können natürliche Kältequellen auch zur Rückkühlung von Kältemaschinen eingesetzt werden (vgl. mit Abs. 2.3.7).

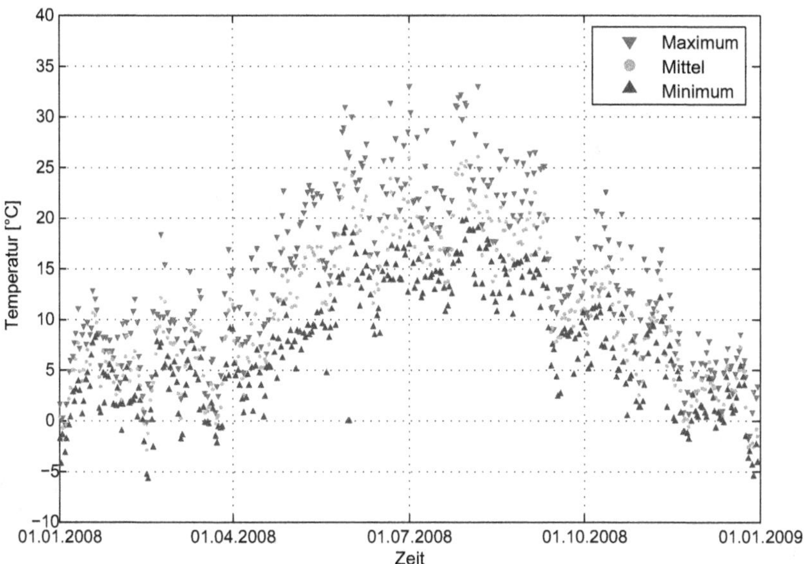

Abb. 2.40: Temperatur der Außenluft, Minimum, Mittelwert und Maximum auf der Basis von Stundenmittelwerten, Chemnitz (01.01.2008 bis 31.12.2008) [33]

2.4.1.1 Direkte Nutzung und Speicherbeladung

Kälte aus natürlichen Quellen kann man in einer Anlage (z. B. Kaltwassersystem) direkt oder zur Speicherbeladung (vor allem bei Langzeit-Speichern) anwenden. Die Wärmeübertragung mit der Atmosphäre lässt sich über 0 °C mit allen Kühlturmtypen realisieren. Bei Temperaturen unter 0 °C sind geschlossene Rückkühl-Kreisläufe und die Verwendung von Frostschutzgemischen erforderlich (Trockenkühler oder geschlossene Hybridkühler ohne Wassereinsatz im Winterbetrieb). Es kann auch ein Rückkühlsystem für Kältemaschinen gleichzeitig zur freien Kühlung verwandt werden.

Weiterhin ist die freie Kühlung mit Lüftungsanlagen einfach zu realisieren. Das Gebäude wird maschinell mit einem hohen Außenluftanteil gespült (Einsatz von Ventilatoren) und die gesamte thermische Speichermasse heruntergekühlt. Aber auch die Nutzung des Windes und der freien Konvektion ist denkbar. Durch z. B. das manuelle oder maschinelle Öffnen von Klappen, Fenstern usw. kann man eine *freie Lüftung* realisieren.

Bei Lüftungssystemen ist auch der Einsatz von Kies-Luft-Speichern (auch Schotterspeicher) möglich [45], [46]. In Deutschland werden diese Kurzzeit-Speicher zu Heiz- und Kühlzwecken eingesetzt. Im Fall der Kühlanwendung müssen niedrige Außentemperaturen in der Nacht für die Beladung analog zur freien Kühlung vorliegen. Weiterhin ist zu beachten, dass eine kalte Kiesschüttung die zugeführte Luft signifikant entfeuchten kann.

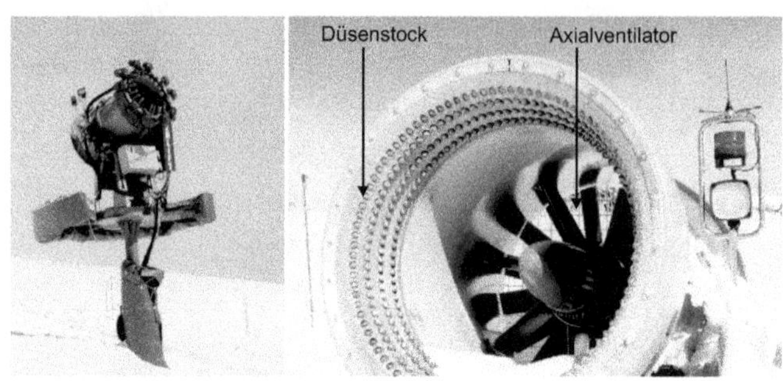

Abb. 2.41: Schneekanone, stationärer Einsatz (links), Ansicht des inneren Aufbaus (rechts)

2.4.1.2 Künstliche Herstellung von Schnee

Eine weitere Möglichkeit besteht in der Produktion von künstlichem Schnee. Als grobe Richtwerte für den Betrieb kann man eine Lufttemperatur unter –3 °C bei einer Luftfeuchte von ca. 80 % annehmen.

Die Bildung des Schneekristalls ist komplex und hängt unter anderem von der Lufttemperatur, der Luftfeuchte und der Wachstumszeit ab[29].

Es existieren verschiedene Bauarten von mobilen und stationären Schnee-Erzeugern [47]. Zwei typische Vertreter sind:

Propellerkanone (mobil und stationär): Ein Axialventilator erzeugt einen Luftstrom (Abb. 2.41). In diesen Luftstrom wird Wasser sowie zusätzlich Wasser und Druckluft mittels Mischdüsen einspritzt, um kleine Eispartikel zu erzeugen, die als Wachstumskerne fungieren. Der Kompressor ist Bestandteil der Kanone und erleichtert einen mobilen Einsatz.

Schneelanze (stationär): Wiederum findet die Verdüsung von Wasser und Luft statt. Aufgrund der Entspannung der Luft sinkt die Temperatur. Parallel sorgen spezielle Nukleatordüsen für die Bildung kleiner Eiskristalle (Keime).

Aus energetischen Gründen sollte das Wasser abgekühlt werden, aber die Wassertemperatur wegen der Vereisungsproblematik an den Schnee-Erzeugern oberhalb des Gefrierpunkts liegen. Die spezifische Schneeproduktion steigt mit sinkender Temperatur und Feuchte der Luft. Der Einsatz chemischer und biologischer Zusatzstoffe zur besseren Keimbildung bzw. effektiveren Schneeproduktion ist umstritten.

In beiden Fällen muss eine ausreichende Wasser-, Druckluft- (i. d. R. nur bei den Schneelanzen) und Stromversorgung sichergestellt werden (z. B. Nutzung eines Speicherteiches). Aufgrund des hohen Energie- und Wasserverbrauchs sowie der Beeinflussung des Bodens ist der Einsatz in Skigebieten nicht ökologisch.

[29] Natürlicher Schnee unterscheidet sich von künstlich hergestelltem Schnee durch die wesentlich längere Zeit zur Ausbildung anderer Kristallformen (z. B. hexagonale Sternenformen). Aufgrund dieser Struktur besitzt Neuschnee z. B. eine niedrigere Dichte. Hingegen weist künstlich hergestellter Schnee oft die Konsistenz von kleinen Eispartikeln auf.

2.4.2 Erdreich

Bei der Nutzung des Erdreiches unterscheidet man zwischen der *oberflächennahen Geothermie* (Tiefe 0...400 m) und der *tiefen Geothermie* (Tiefe > 400 m). Diese beiden Bereiche besitzen grundlegend verschiedene Merkmale hinsichtlich der Wärmeübertragung bzw. -speicherung.

Der Untergrund besteht aus Bodenmineralien bzw. Gestein mit Poren, Klüften usw. die mit Wasser oder Luft gefüllt sind. Desweiteren können organische Stoffe, Bodenschätze usw. vorkommen, die hier nicht weiter betrachtet werden.

2.4.2.1 Oberflächennahe Geothermie

Die oberflächennahen Erdschichten (10...20 m) sind in diesem Fall eine Speichermasse. Sofern keine technische Nutzung vorliegt, dominiert die Wärmeübertragung mit der Atmosphäre, welche sich auf die vertikale Temperaturverteilung auswirkt:

- die konvektive Wärmeübertragung von der bzw. an die feuchte Luft,
- das Wirken von Niederschlägen (Regen, Schnee),
- die Strahlungswärmeübertragung im solaren Spektrum und im Spektrum der Temperaturstrahlung sowie
- die Lage und Beschaffenheit der Oberfläche (bebaut, bepflanzt usw.).

Im Boden selbst bestimmen

- die Wärmeleitung,
- die Grundwasserströmung,
- der Feuchtigkeitstransport (z. B. Diffusion) usw.

die Wärmeübertragung. Aufgrund der Überlagerung der Effekte und deren zeitlichen Änderungen (z. B. solare Einstrahlung) entziehen sich diese Vorgänge einer einfachen mathematischen Beschreibung. Hinzu kommt die Änderung der Parameter für den Wärmetransport (z. B. Einfluss der Feuchtigkeit auf die effektive Wärmeleitfähigkeit) und die Speicherung.

Der Wärmestrom aus dem Erdinneren ist in Mitteleuropa sehr gering. Die Wärmestromdichte liegt nach [48], [49] im Bereich von 0,025 bis 0,084 W/m^2. D. h., eine Abkühlung der oberflächennahen Schichten (natürliche Regeneration) erfolgt hauptsächlich über die Wärmeabgabe an die Atmosphäre.

Die ungestörte bzw. neutrale Zone liegt 10...20 m unter der Erdoberfläche. Der mittlere Temperaturanstieg in Richtung Erdzentrum liegt bei ca. 3 K pro 100 m, wenn keine Anomalien vorliegen.

Die oberflächennahen Schichten können als Wärmesenke zur Kühlung herangezogen werden. Zur Wärmeübertragung kommen Erdsonden, Erdkollektoren, Gründungsbauwerke mit Rohrschlangen als Wärmeübertrager infrage (weitere Informationen in Abs. 9.3 S. 333, Abs. 9.5 S. 344).

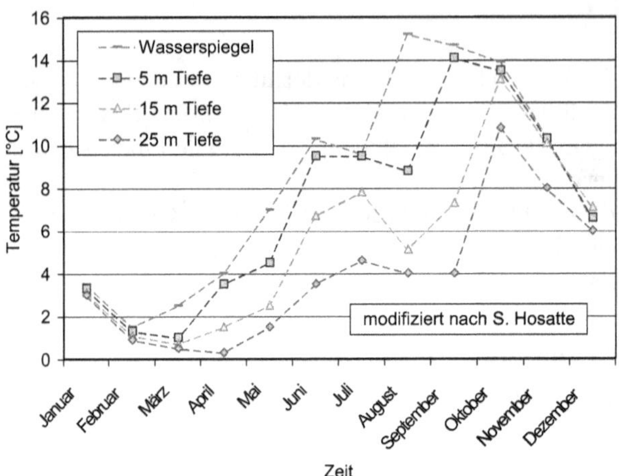

Abb. 2.42: Beispiel für Wassertemperaturen in unterschiedlichen Höhen, Hafen in Halifax (Kanada) [50], reproduzierte Abbildung

2.4.2.2 Tiefengeothermie

Tiefer liegende Schichten (Erdreich und Grundwasser) bilden eine sehr große Speichermasse. Im Gegensatz zur oberflächennahen Geothermie können diese Schichten natürlich nur über einen Grundwasserstrom ausreichend schnell regeneriert werden.

Die reine Wärmezufuhr (Nutzung des kalten Erdreiches) erfolgt typischerweise mit Erdsonden (weitere Informationen in Abs. 9.3 S. 333). Bei der Nutzung von stehendem oder fließendem Wasser wird die Brunnentechnik zur Wasserentnahme mit oder ohne Rückspeisung eingesetzt (weitere Informationen in Abs. 9.2 S. 324).

Die Tiefengeothermie spielt eine wichtige Rolle, wenn heiße Zonen zu Heizzwecken oder Kraftwerksprozessen herangezogen werden.

2.4.3 Gewässer

2.4.3.1 Nutzung des Wassers

Eine weitere Quelle zur Entnahme von kaltem Wasser sind oberirdische Gewässer (Meere, Seen, Flüsse). Bei der Rückspeisung darf es zu keiner Beeinträchtigung von Lebewesen kommen. Rechtliche Regelungen zum Gewässerschutz (z. B. Genehmigungen) legen deswegen beispielsweise Mengen und Temperaturen fest. Unabhängig von den rechtlichen Vorgaben müssen genau diese zwei wichtigen Voraussetzungen gegeben sein. Eine ausreichend niedrige Temperatur ist beispielsweise bei großen Flussmündungen (Abb. 2.42) nicht zwingend vorherrschend. Des Weiteren muss beachtet werden, dass viele Flüsse genau in den Monaten mit hohen Kühllasten wenig Wasser führen.

Abb. 2.43: Bilder zum historischen Eisabbau (manuell oder mit Pferden) in den USA [51], [52]

2.4.3.2 Eisabbau

Eine weitere Methode ist die Gewinnung von natürlich entstandenem Eis. Der Eisabbau wurde viele Jahre bis zur Marktdurchsetzung der Kältemaschinen in der Kombination mit der Langzeit-Speicherung praktiziert[30].

Wenn Seen oder Flüsse mit Süßwasser (wegen Gefrierpunkt) bis zu einer Mindeststärke zugefroren sind, kann man mit dem Eisabbau beginnen. In den USA (nördliche Staaten) war dies von Januar bis Anfang März möglich.

Zuerst sind die Beseitigung von Schnee und die Glättung der Oberfläche notwendig. Danach erfolgt die Vermessung und Einteilung in Rechtecke[31]. Für die Zerlegung (Abb. 2.43) wurden verschiedene Arbeitsschritte mit unterschiedlichen Werkzeugen und Methoden angewandt.

Die Eisblöcke transportierte man z. B. mit dem Pferdefuhrwerk oder auf Schiffen. Es wurde aber auch die Schwimmfähigkeit auf Flüssen zum Transport genutzt. Typische Lagerstätten waren:

- kleine Häuser (ca. 40...55 % Verlust, Abb. 2.44),
- mittelgroße Häuser (Holz- und Steinbauweise auch in Deutschland [53]),

[30] In Deutschland ist diese Technik in der Fachliteratur kaum dokumentiert (Eiswerk, Eisfabrik, Eiskeller [47], [53]). Der Abschnitt orientiert sich vorwiegend an historischen Quellen aus den USA. Diese Technik war aber über die ganze Welt verbreitet (z. B. Japan, Korea, Irland). Weiterhin kann nachgewiesen werden, dass diese Technik einen großen Markt (Kühlkonservierung von Lebensmitteln) bediente.

[31] In den Staaten existierten verschiedene Maße der Eisblöcke für den weiteren Verkauf.

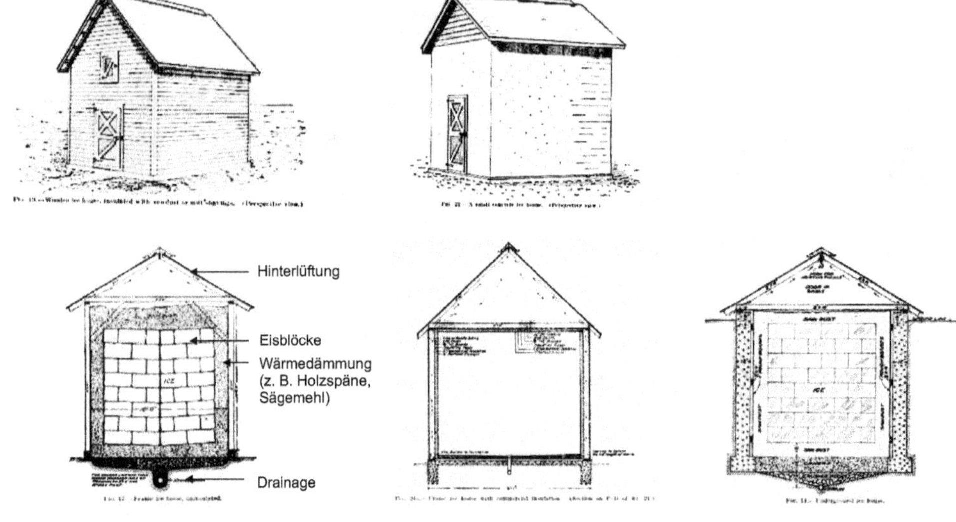

Abb. 2.44: Eislagerung in kleinen Häusern oder Gruben (USA), entnommen aus *1928 Farmer's Bulletin - Harvesting and Storing Ice on the Farm* [52], reproduziert

- große Häuser (bis zu 60.000 t, ca. 10...20 % Verlust, Abb. 2.45),
- in Gruben (Abb. 2.44) oder Höhlen (weltweit nachweisbar),
- in Eiskellern (z. B. in Deutschland).

Weitere Erläuterungen erfolgen in Abs. 8.3, S. 315. Aus heutiger Sicht sind folgende Nachteile zu nennen[32]:

- starke Abhängigkeit vom Wetter (besonders zutreffend für viele Regionen in Deutschland),
- relativ hoher Aufwand an Personal,
- notwendiger Transport vom Gewässer zum Verbraucher,
- stark begrenzte Automatisierung der Prozesse.

2.4.4 Technische Prozesse

Die Verflüssigung und Zerlegung vieler Gasen erfolgt im Bereich tiefer Temperaturen (Tab. 2.11). Der Phasenwechsel flüssig-gasförmig ist mit höheren Energieumsätzen im Vergleich zum Phasenwechsel fest-flüssig verbunden. Die Nutzung der Gaserzeugung als Tieftemperaturquelle beschreiben *Ahrens* und *Gutberlet* [54], [55].

[32] Historisch waren die Brandgefahr (Einsatz von Holz, Holzspänen usw.) und die hygienischen Bedingungen (Zustand des Eises, Feuchtigkeit beim Phasenwechsel) nicht von Vorteil.

Abb. 2.45: Eisabbau und Lagerung in großen Eishäusern am Hudson River (USA) [51]

Tab. 2.11: Schmelz- und Siedepunkte von Gasen [30]

Gas	Schmelztemperatur [°C]	Siedetemperatur [°C]
Helium	–271,4	–268,9
Wasserstoff	–259,2	–252,8
Neon	–248,6	–246,1
Stickstoff	–210,0	–195,8
Luft	–273,2	–193,0
Kohlenmonoxid	–205,1	–191,5
Argon	–190,1	–185,9
Sauerstoff	–218,8	–183,0
Methan	–184,0	–161,7
Krypton	–157,0	–153,2
Stickstoff	–163,7	–152,0
Xenon	–111,9	–108,0
Ethylen	–169,3	–103,5
Stickoxydul	–90,6	–88,7
Ethan	–183,6	–88,6
Acetylen	–81,8	–83,6
Kohlendioxid	–56,0	–78,5
Schwefelwasserstoff	–85,6	–60,4
Propylen	–185,2	–47,0
Propan	–189,9	–42,6
Schwefeldioxid	–75,3	–9,9
Butan	–135,0	0,7

Abb. 2.46: Lagerung von LPG in kugelförmigen Tanks, Japan

2.4.4.1 Sonderverfahren

Neben der Nutzung der Außenluft mittels Kühlturmtechnik können auch andere Wärmesenken genutzt werden (vgl. mit Abs. 2.4). Heute sind folgende Sonderverfahren anzutreffen:

- Nutzung oberflächennaher Gewässer (Seen, Flüsse),
- Einsatz von Grundwasser (siehe auch Abs. 9.2 S. 324),
- Kühl- und Heizbetrieb mittels bivalenter Wärmepumpen, z. B. in Kombination mit Erdsonden- (Abs. 9.3) oder Aquiferspeichern (Abs. 9.2).

Bei der Entspannung von Gasen (z. B. Erdgas, technische Gase) oder verflüssigten Gasen (z. B. LPG, Flüssiggas) ist eine Energiezufuhr notwendig. Hierfür wird Luft oder Wasser aus oberflächennahen Gewässern (z. B. bei LPG in Küstennähe, Abb. 2.46) genutzt.

Die vorgestellten Prozesse können auch als Kältequelle eingesetzt werden. Konkrete Anwendungen sind zurzeit im Schrifttum nicht niedergelegt.

2.5 Kaltwassersysteme

Wasser besitzt viele Vorteile (Abs. 5.3.1.1). Diese wirken sich nicht nur bei der Speichertechnik und der Fernwärme aus. Auch bei kleinen und sehr großen Versorgungssystemen mit Kaltwasser (0...20 °C) besitzt dieser Kälteträger eine sehr große Bedeutung.

Vorab sollen wichtige Vorteile von großen Kaltwassersystemen genannt werden, um die Motivation dieses Abschnittes zu verdeutlichen:

- Kältetechnik ist im Vergleich zu anderen Teilgebieten der technischen Gebäudeausrüstung schwieriger zu betreiben. Um eine hohe Effizienz und Versorgungssicherheit zu gewährleisten, ist die Entlastung des Verbrauchers von anspruchsvollen Aufgaben eine sinnvolle Strategie. Versorgungsunternehmen besitzen eine ausreichende Größe, um derartige Spezialisten zu beschäftigen.

- Eine Reduktion der maximalen Erzeugerleistung ist in großen Systemen durch den Lastausgleich bei verschiedenartigen Verbrauchern möglich.
- Im Vergleich zu dezentralen Einzellösungen kann eine redundante Erzeugerleistung leichter und effizienter realisiert werden.
- Die Erzeugung muss nicht am Verwendungsort stattfinden. Darüber können diese Vorteile erreicht werden:
  - Vermeidung hoher Grund- und Baukosten (z. B. bei einer Innenstadtlage),
  - Entfernung der Versorgungstechnik aus Bereichen mit niedriger Akzeptanz (z. B. keine Rückkühltechnik im Dachbereich, keine Beeinträchtigung von historischer Bausubstanz),
  - Vermeidung von Emissionen (z. B. Geräusche, Wasserdampf) bzw. Maßnahmen zur Minderung mit Zusatzkosten.
- Beim Einsatz von Technik im großen Leistungsbereich können starke Reduktionen der spezifischen Investitionskosten erreicht werden. Unter Umständen können verschiedene Techniken erst ab einer bestimmten Leistungsgröße (z. B. Adsorptionskältemaschinen) eingesetzt werden bzw. eine Wirtschaftlichkeit der Gesamtlösung ist erst ab einer bestimmten Anlagengröße gegeben.

Fern- und Nahkälte können folgende Nachteile besitzen:

- Der Transport bzw. die Verteilung ist relativ aufwendig. Dies betrifft einerseits die Investition in das Rohrleitungssystem (Erd- und Bauarbeiten sowie die Rohrleitung usw.). Andererseits muss für den Transport Elektroenergie zum Antrieb der Pumpen eingesetzt werden.
- Wird ein Gebiet etappenweise erschlossen, müssen Reserven vorgehalten werden (z. B. Rohrleitung).
- Die Erschließung von bebauten Gebieten ist u. U. schwierig (z. B. Verlegung einer Rohrleitung über verschiedene Grundstücke).

2.5.1 Zentrale Erzeugung

Eine zentrale Erzeugung (Abb. 2.47) besteht beispielhaft aus folgenden Komponenten oder Teilsystemen:

- Wasserkühlsätze,
- Wasser-Kühlkreislauf zur Rückkühlung der Kältemaschinen mit z. B. außen aufgestellten Nass- oder Hybridkühltürmen einschließlich der Wasseraufbereitung und Nachspeisung,

- Anschluss des Kaltwassernetzes mit Netzpumpen und ggf. hydraulischer Weiche,
- Sicherheitseinrichtungen, Druckhaltung und Nachspeisung, ggf. Netzeinspeisung von Trinkwasser zur Notversorgung,
- Mess-, Steuer- und Regelungstechnik (MSR-Technik),
- Leit- und Kommunikationstechnik,
- Elektroenergieversorgung.

Bei der Auslegung von Anlagen zur zentralen Kälteerzeugung kann man Nenntemperaturen annehmen (Abb. 2.47). In der Vergangenheit lagen die Nennwerte für die Vorlauf-Temperatur bei $T_{Netz,VL} = 4 \ldots 6\,°\mathrm{C}$ und für die Rücklauf-Temperatur bei $T_{Netz,RL} = 12 \ldots 16\,°\mathrm{C}$.

Es ist jedoch zu beachten, dass verschiedene Kälteabnehmer (z. B. Kühldecken, Kühlung von Rechnern) mit höheren Vorlauftemperaturen betrieben werden können und niedrige Temperaturen nur für eine Entfeuchtung mit Oberflächenkühlern notwendig sind. Aus energetischen Gründen der Kälteerzeugung (Steigerung des COPs) sollte man die Vorlauftemperatur so hoch wie möglich wählen. Deswegen sind die Vorlauf- und die Rücklauf-Temperaturen zwischen den Verbrauchersystemen, den Übergabestationen, dem Netz und der zentralen Erzeugung abzustimmen.

Die Anpassung der Kälteleistung wird über folgende Maßnahmen erreicht:

- Kaskadenschaltung der Kältemaschinen bzw. der Pumpen für den Kaltwasserstrom,
- Wirken der internen Regelung der Kältemaschinen (z. B. Zufuhr der Heizwärme bei Absorptionskältemaschinen),
- Kaskadenschaltung der Netzpumpen bei gleichzeitiger Anpassung der Fördermenge (z. B. über Frequenzumrichter).

Die Leistungsanpassung der Rückkühlung erfolgt über eine Kaskadenschaltung der einzelnen Kühltürme. Die Motoren zum Antrieb der Ventilatoren kann man je nach Bauart zweistufig oder drehzahlgeregelt betreiben. Weil die Kühlturmleistung u. a. von den Wetterbedingungen abhängt, muss nach z. B. nach der Vorlauf-Temperatur (z. B. 27 °C) geregelt werden.

2.5.2 Netze

2.5.2.1 Struktur, Aufbau

Nah- und Fernkältesysteme unterscheiden sich in der Ausdehnung des Verteilnetzes. Leistungsseitig existieren in Deutschland auch viele Nahkältelösungen, die u. U. höhere Leistungen als Fernkältesysteme besitzen. Dies trifft man z. B. in industriellen Versorgungsgebieten an.

Bei Nah- und Fernkältesystemen werden in den meisten Fällen Zweileiternetze eingesetzt. Zweileiternetz bedeutet, dass das kalte Wasser in der Vorlaufleitung fließt. In

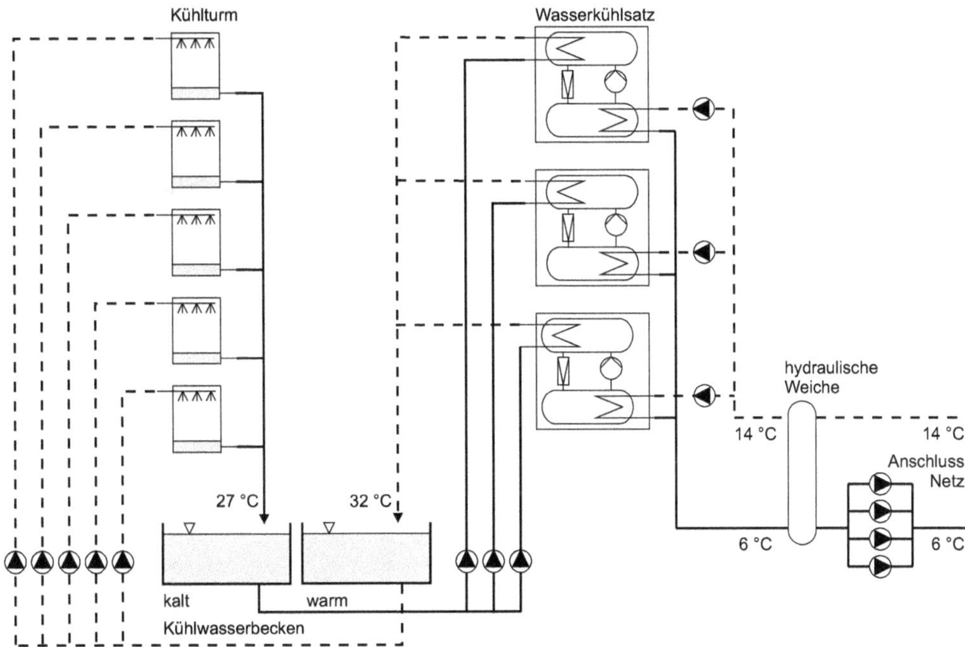

Abb. 2.47: Beispiel für eine zentrale Kälteerzeugung mit Wasserkühlsätzen, Kühlkreislauf und Netzeinbindung, Angabe von *klassischen* Temperaturen für die Dimensionierung [21]

der Übergabestation (Abs. 2.5.2.3) findet die Wärmeübertragung an das Wasser statt, welches erwärmt im Rücklauf zum Erzeuger zurückfließt.

In der Regel sind in einem Kältenetz alle Übergabestationen parallel geschaltet. Vor- und Rücklaufleitung werden räumlich nebeneinander verlegt, was man als *Trasse* bezeichnet. In den Trassen können ggf. weitere Medien verlegt werden (z. B. Kommunikationsleitungen). Hinsichtlich der Trassenführung gibt es folgende grundlegende Strukturen (Abb. 2.48, [56]):

Strahlennetz: Die Trassenführung verzweigt sich von einem Punkt, in der Regel die Erzeugerzentrale, zu den Übergabestationen. Die Nennweiten nehmen in Richtung der Verbraucher ab.

Maschennetz: Dieses Netz zeichnet sich durch mindestens eine Verbindung zwischen zwei Haupttrassenführungen aus.

Ringnetz: Die Haupttrassenführung bildet einen Ring. Das Ringnetz ist eine Untergruppe des Maschennetzes. Es wird demzufolge nur eine Masche ausgebildet.

Liniennetz: Eine lang gezogene Haupttrassenführung ist für diese Netzstruktur typisch. Stichleitungen gehen zu den jeweiligen Übergabestationen ab. Das Liniennetz ist als Untergruppe des Strahlennetzes einzuordnen.

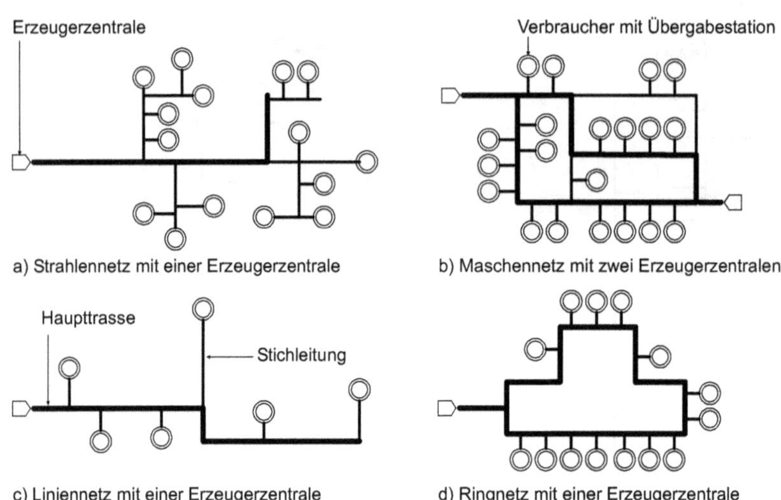

Abb. 2.48: Netzstrukturen nach *Glück* [56]

Eine höhere Sicherheit bieten vermaschte Netze oder Ringleitungsnetze bei einer punktuellen Havarie. Die Versorgung ist dann über verschiedene Trassenwege möglich. Aus Sicherheitsgründen erscheint es sinnvoll, wenn sich zusätzlich zwei oder mehrere Erzeugungseinheiten an verschiedenen Orten befinden.

Dabei ist die Vorhaltung von Haupttrassen mit großen Rohrnennweiten notwendig. Diese Lösung verursacht höhere Kosten, vor allem im Vergleich zu Strahlennetzen. Dieser Netztyp kann z. B. sinnvoll bei nicht zu ausgedehnten Produktionsstandorten mit hohen Anforderungen an die Versorgungssicherheit und -qualität eingesetzt werden.

Herkömmliche Netze, die Verbraucher mit Gebäudeklimatisierungsanlagen versorgen, sind überwiegend als Strahlennetze ausgeführt. Der Trassenverlauf orientiert sich an der Bebauungsstruktur (z. B. der Straßenführung). Folgende Verfahren sind bei der Rohrleitungsverlegung möglich:

- Freileitungen (optisch oft inakzeptabel),
- kanalgebundene Leitungen: begehbar (z. B. Sammelkanäle) oder nicht begehbar (z. B. Flachkanal),
- kanalfreie Systeme (z. B. Kunststoffmantel-Rohr, Mediumrohr aus Kunststoff, flexible Rohrleitungen).

Im Fall von erdverlegten Rohrleitungen übernimmt der Tiefbau die Erschließung der Trasse. Bei der Neuplanung sollte auf eine flexible Erweiterbarkeit, d. h. der nachträgliche Anschluss von Verbrauchern, geachtet werden.

Im Gegensatz zur Nah- und Fernwärmenetzen weisen Kaltwassernetze i. d. R. geringere Verluste aus. Ursache hierfür ist bei erdverlegten Rohrleitungen die geringere Temperaturdifferenz. In Mitteleuropa kann der Rücklauf aus energetischer Sicht (keine

Beachtung von Tauwasseranfall usw.) auch ohne Wärmedämmung verlegt werden. Bei einer entsprechenden Einbautiefe liegen die leicht schwankenden Erdreichtemperaturen im Bereich der Rücklauf-Temperatur.

2.5.2.2 Auslegung

Zwei grundlegende Betriebsarten sind bei Heiz- und Kühlwassernetzen bekannt:

Konstanter Betrieb: Zu jeder Zeit wird eine konstante Vorlauf-Temperatur eingehalten.

Gleitender Betrieb: Die Vorlauf-Temperatur wird entsprechend der Lastverhältnisse angepasst.

Da bei Kälteversorgungssystemen die Last in vielen Fällen stark von der Außentemperatur abhängt (Abs. 2.5.2.4 S. 78), liegt ein gleitender Betrieb nahe. Abb. 2.49. und Abb. 2.50 zeigen Beispiele für die Sollwertvorgaben für die Netz-Vorlauf-Temperatur und den Netz-Differenzdruck.

Der Verbraucher mit den niedrigsten Vorlauf-Temperaturen bestimmt die Netz-Vorlauf-Temperatur. Weil viele technologische Kälteanwendungen (z. B. Rechentechnik) mit höheren Temperaturen gut funktionieren, sind Anpassungen nach Abb. 2.49 auch in Netzen mit gemischten Anwendungen möglich.

Eine Mindestumwälzung im Netz (Zirkulation) ist zum Vorhalten der vereinbarten Vorlauf-Temperatur notwendig (siehe auch Abs. 2.5.4, vertragliche Bedingungen). Dies kann z. B. mit Überströmventilen oder gesteuerten Kurzschlüssen (z. B. an entfernten Übergabestationen im Netz) realisiert werden. Aus energetischer Sicht sind die folgende Punkte besonders wichtig:

- Hohe *Spreizungen* (Differenz aus Vor- und Rücklauf-Temperatur $T_{Netz,VL} - T_{Netz,RL}$) ergeben gute Verhältnisse zwischen transportierter Energie und dem Aufwand für die Umwälzung.
- Durch höhere Vorlauf-Temperaturen im Netz kann der energetische Aufwand zur Kälteproduktion minimiert werden (Steigerung des COPs).
- Weil spezielle Anwendungen von Netzverbrauchern minimale Temperaturen fordern, kann die Vorlauf-Temperatur nicht beliebig erhöht werden. Deswegen sind temperaturseitig oft nur Optimierungen zur Anhebung der Rücklauf-Temperatur möglich. Über vertragliche und technische Maßnahmen auf der Primärseite der Übergabestation ist dies zu erreichen. Die technischen Maßnahmen umfassen z. B. eine Reduzierung der Kaltwasser-Liefermenge sowie die kritische Fernüberwachung, Auswertung und Optimierung.

Bei konstanten Vorlauf- und Rücklauf-Temperaturen erfolgt die Leistungsanpassung über die Variation des Netzvolumenstromes in großen Bereichen. Deswegen sollten mehrere Netzpumpen eingesetzt und getrennt angesteuert werden können. Eine Anpassung an stark schwankende Volumenströme kann man über die Zu- oder Abschaltung von Pumpen (Kaskade) und eine getrennte Drehzahlregelung realisieren.

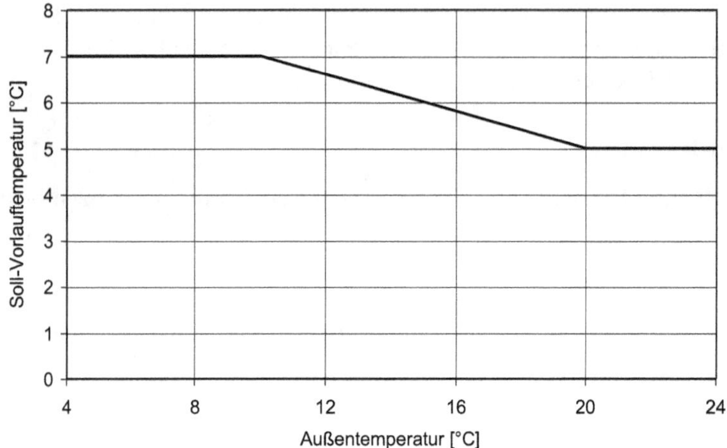

Abb. 2.49: Beispiel für eine Sollwertkurve zur Steuerung der Netz-Vorlauf-Temperatur [7]

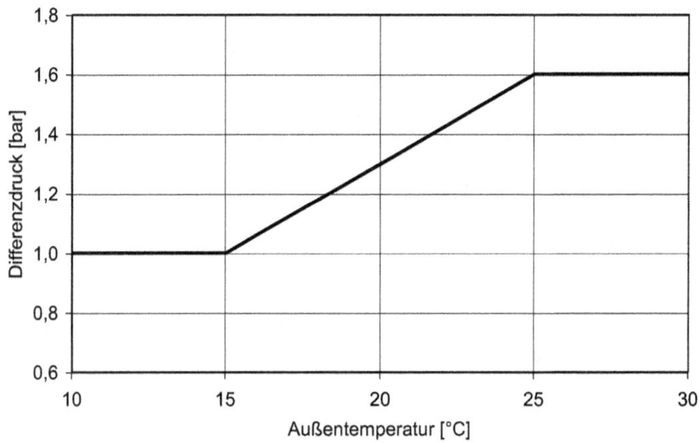

Abb. 2.50: Beispiel für eine Sollwertkurve zur Steuerung des Netz-Differenzdruckes [7]

Übertragungsleistung

Der maximale Netz-Volumenstrom bestimmt bei einer konstanten Spreizung die thermische Übertragungsleistung des Netzes (Gl. 2.41). Dieser hängt maßgeblich vom Druckverlust des gesamten Netzes ab. Für die Förderung des Kaltwasserstroms bzw. für die Überwindung des Druckverlustes muss eine elektrische Leistung zum Antrieb der Pumpen aufgewendet werden (Gl. 2.42).

$$\dot{Q}_{Netz} = (\rho c)_W \cdot \dot{V}_{Netz} \cdot (T_{Netz,VL} - T_{Netz,RL}) \tag{2.41}$$

$$P_{el,P} = \frac{\dot{V} \cdot \Delta p_{Netz}}{\eta_P} \tag{2.42}$$

Hydraulik

Der gesamte Druckverlust (Gl. 2.43) setzt sich aus den Einzeldruckverlusten der verschiedenen Rohrleitungen (Gl. 2.44), Formstücke, Wärmeübertrager[33], Armaturen (Gl. 2.45), Regelventilen usw. zusammen. Die Regelorgane (z. B. Durchgangsventile) auf der Primärseite der Übergabestationen beeinflussen im Betrieb den Druckverlust über eine Teilstrecke des Netzes bzw. den Netz-Volumenstrom.

$$\Delta p_{Ver,ges} = \sum \Delta p_{Ver,Rohr} + \sum \Delta p_{Ver,einzel} + \sum \Delta p_{Ver,RO} \tag{2.43}$$

$$\Delta p_{Ver,Rohr} = \lambda \frac{l_{Rohr}}{d_{Rohr}} \frac{\rho}{2} w^2 \tag{2.44}$$

$$\Delta p_{Ver,einzel} = \zeta \frac{\rho}{2} w^2 \tag{2.45}$$

Der Arbeitspunkt des Netzes ergibt sich aus dem Schnittpunkt der Pumpen- und Rohrnetz-Kennlinie (Abb. 2.51). Die Pumpen-Kennlinie hängt einerseits von der jeweiligen Pumpe (z. B. Gestaltung des Laufrades) und andererseits von der Drehzahl ab (vertikale Verschiebung der Kennlinie)[34]. Eine Rohrnetz-Kennlinie (Gl. 2.46) beschreibt den notwendigen Differenzdruck zur Umwälzung eines bestimmten Volumenstroms. Durch das Wirken von Regelventilen (Abb. 2.52) ändert sich die Rohrnetz-Kennlinie (Abb. 2.51, z. B. Verlagerung nach rechts durch das Öffnen von Regelventilen, Abfall von C_R).

$$\Delta p_{Ver,ges} = C_R \cdot \dot{V}^2 \tag{2.46}$$

Die Netzpumpen müssen zur Sicherstellung der Volumenströme an jeder Übergabestation einen Mindestdifferenzdruck erzeugen[35]. Die primärseitigen Regelventile übernehmen den Druckabbau bzw. die Volumenstromregelung (Abb. 2.52). Weiterhin darf keine Drucküberschreitung vorkommen. Dies würde z. B. das Ansprechen der Sicherheitseinrichtungen bewirken. Demzufolge muss sich der Arbeitspunkt in einem Arbeitsbereich bewegen, der in Abb. 2.51 vereinfacht dargestellt ist.

Um den großen Volumenstrombereich eines Netzbetriebs zu bewerkstelligen, ist die Parallelschaltung mehrerer Netzpumpen notwendig. Abb. 2.51 zeigt die Kennlinien für drei gleiche Pumpen. Für einen bestimmten Druck können Volumenströme jeder einzelnen Pumpe addiert werden.

[33] Unter Umständen werden auch Einzeldruckverluste direkt in der Gl. 2.43 angewendet.

[34] Die Ähnlichkeitsgesetze für Fluidmaschinen sagen Folgendes aus: 1.) Der Volumenstrom ist proportional zur Drehzahl. 2.) Der Differenzdruck ist proportional zum Quadrat der Drehzahl. 3.) Die mechanische Antriebsleistung ist proportional zur dritten Potenz der Drehzahl. Die sorgfältige Auslegung besitzt deswegen eine besondere Bedeutung zur Minimierung der Antriebsenergie der Pumpen.

[35] Da ein großes Netz nur bedingt hydraulisch abgeglichen werden kann, muss der Mindestdifferenzdruck an der ungünstigsten Stelle im Netz eingehalten werden (z. B. an der Übergabestation mit der größten Trassenlänge). Eine sog. Schlechtpunktregelung kann eine Alternative zur Vorgabe eines Differenzdruckes sein.

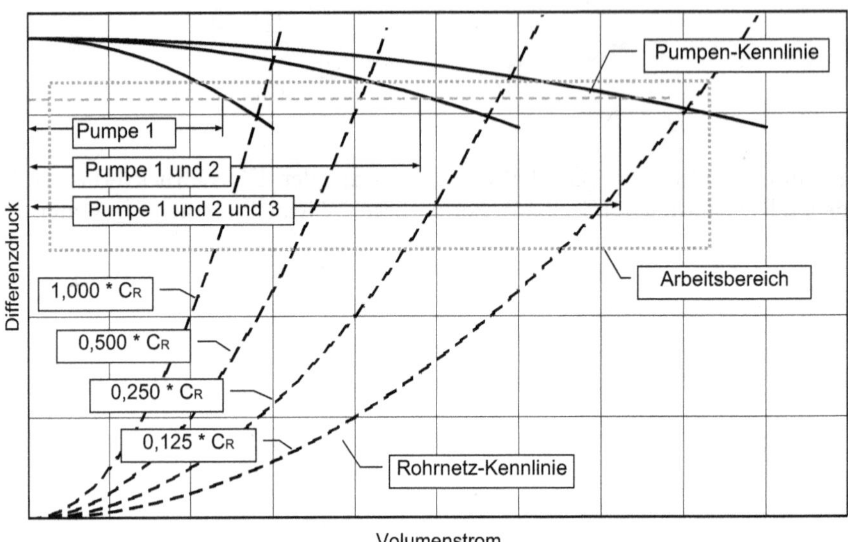

Abb. 2.51: Pumpen-Kennlinien für drei gleiche Pumpen in Kaskadenschaltung (vgl. mit Abb. 2.47, Rohrnetz-Kennlinien für verschiedene C_R), Darstellung des Arbeitsbereiches eines Fernkältenetzes

2.5.2.3 Übergabestationen

Übergabestationen bilden die Schnittstelle zwischen dem Netz und den Anlagen des Verbrauchers (z. B. wassergekühlte Klimaanlagen). Liegt der Betrieb des Netzes in der Hand eines Energieversorgers und der Betrieb der jeweiligen technischen Gebäudeausrüstung in der Hand eines Dritten, ist die Übergabestation auch aus rechtlicher Sicht eine Schnittstelle. Die Hauptaufgabe besteht in der Energieübertragung und genau wie bei der Fernwärme unterscheidet man bei der Fernkälte nach der Art der Wärmeübertragung.

Indirekte Übergabestationen: Ein Wärmeübertrager (Abb. 2.52) trennt das Wasser des Netzkreislaufes vom Wasser der Verbraucherkreisläufe. Diese stoffliche Trennung bzw. die hydraulische Entkopplung besitzt Vorteile hinsichtlich der Netzsicherheit (z. B. bei Havarien in den Verbraucheranlagen) und des -betriebs (z. B. Entlüftung). Aus thermodynamischer Sicht ist die zusätzliche Temperaturdifferenz zwischen den Erzeugern und der Anwendung ungünstig.

Direkte Übergabestationen: Das Netz liefert das Wasser direkt in die Anlage des Verbrauchers. Aus Sicht des Netzbetreibers und des Verbrauchers dürfen keine Störungen von einem auf das andere System übertragen werden. Dies erfordert eine besonders gute Abstimmung der Anlagen.

Neben der Energieübertragung werden in den Stationen auch Informationen über den Systemzustand gewonnen. Man bezeichnet dies auch als *Netzkontrollpunkte*.

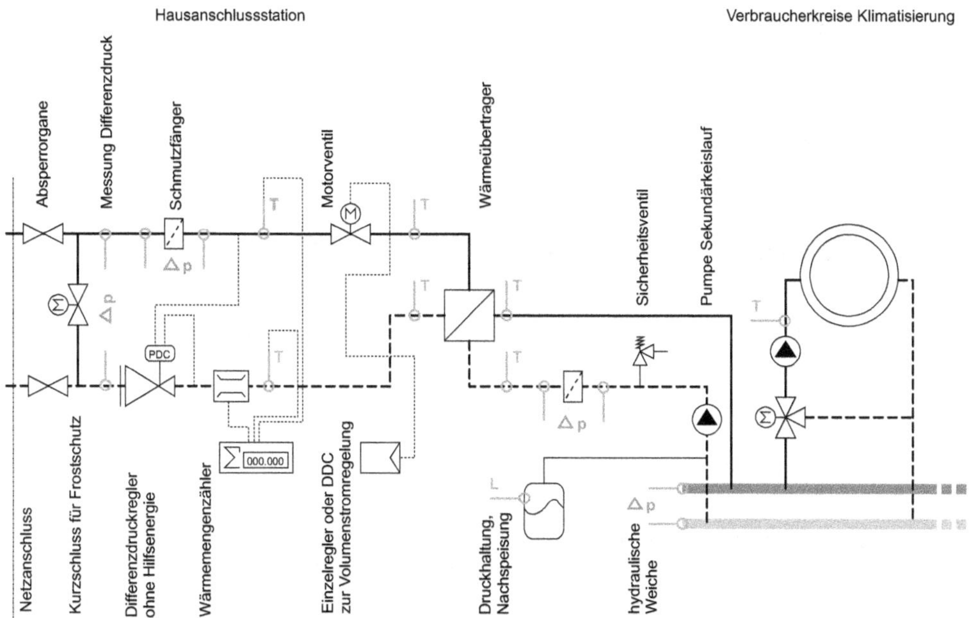

Abb. 2.52: Station mit indirekter Wärmeübergabe

Die Ausrüstung von Übergabestationen umfasst folgende Punkte (vgl. mit Abb. 2.52):

- Wärmeübertrager,
- Regler zur Anpassung der Leistung (Volumenstrom, Temperatur) und Stellorgane,
- Druckminderung, Mengenbegrenzung,
- Mess- und Kommunikationstechnik zur Verbrauchsbestimmung (Wärmemengenzähler),
- Mess- und Kommunikationstechnik zur Funktionsüberwachung (Vor- und Rücklauf-Temperatur, Differenzdruck),
- Sicherheitstechnik, Druckhaltung, Nachspeisung,
- Absperrorgane,
- Entlüftung, Entleerung, Schmutzfänger.

2.5.2.4 Betriebsverhalten

In diesem Abschnitt soll beispielhaft das reale Verhalten eines großen Kaltwassernetzes (Fernkältesystem der Stadtwerke Chemnitz [32], [34]) gezeigt werden. Es treten Abweichungen vom vorher gezeigten Auslegungsfall auf. Das Betriebsverhalten ist beim Einsatz eines Speichers zu beachten (Teil II).

Lastverhalten
Die tatsächlich auftretenden Lasten hängen im Wesentlichen von folgenden Faktoren ab:

- den Außenluftzuständen, die Lasten bei der Klimatisierung hervorrufen (Abs. 2.2.3),
- den technologischen Lasten (Abs. 2.2.4) und
- dem Systemzusammenwirken, welches wiederum von der Auslegung, der Betriebsweise, der Auslastung usw. abhängt.

Nah- und Fernkältesysteme unterscheiden sich deswegen im Lastverhalten. Abb. 2.53 liefert ein typisches Beispiel für ein Fernkältesystem mit einem sehr hohen Anteil an zu versorgenden Klimaanlagen. Besonders stark ist die Abhängigkeit der Netzlast von der Außentemperatur nachweisbar.

Über 15 °C steigen die Kühlasten näherungsweise linear an. Dabei ist zunächst nach den Wochentagen zu unterscheiden, weil viele Klimaanlagen während der Arbeits- oder Verkaufszeit (tagsüber) betrieben werden. Die Lasten am Samstag unterscheiden sich nur unwesentlich von Lasten zwischen Montag bis Freitag, was in diesem Fall durch Verkaufsstätten hervorrufen. Deutlich niedriger fallen demzufolge die Lasten am Sonntag aus (vgl. mit Abb. 2.54).

Eine signifikante Abhängigkeit der Last von der Luftfeuchte besteht nicht. Im System sind keine Klimaanlagen mit einer geregelten Entfeuchtung vorhanden.

Weiterhin entstehen im vorliegenden Fall auch Lasten bei bestimmten Ereignissen (z. B. Opernaufführungen, Veranstaltungen im Kongresszentrum). Diese fallen in die Abendstunden und können auch sonntags auftreten.

Im Gegensatz zu den oben beschriebenen Verhalten mit hoher Abhängigkeit von der Außentemperatur und der Nutzungszeit treten technologische Lasten oft ganztägig auf (z. B. Kühlung von Rechnern). Die Abhängigkeit von der Außentemperatur ist nur gering ausgeprägt. Das hängt aber von den jeweiligen bauphysikalischen Randbedingungen des Raumes ab.

Weiterhin sind folgende Punkte zu beachten:

- Aufgrund des Wassertransportes treten die Lasten an der zentralen Erzeugung zeitverzögert auf. Bei hohen Lasten bzw. bei einem hohen Netzvolumenstrom sinkt die Zeit der Verzögerung (Abb. 2.54, z. B. schnelles Sinken der Last bei einem Regenfall).
- Werden die Klimaanlagen der Verbrauchersysteme zur nächtlichen Gebäudeauskühlung genutzt, sinken die Netzlasten in der Nacht und den frühen Morgenstungen (Abb. 2.54).

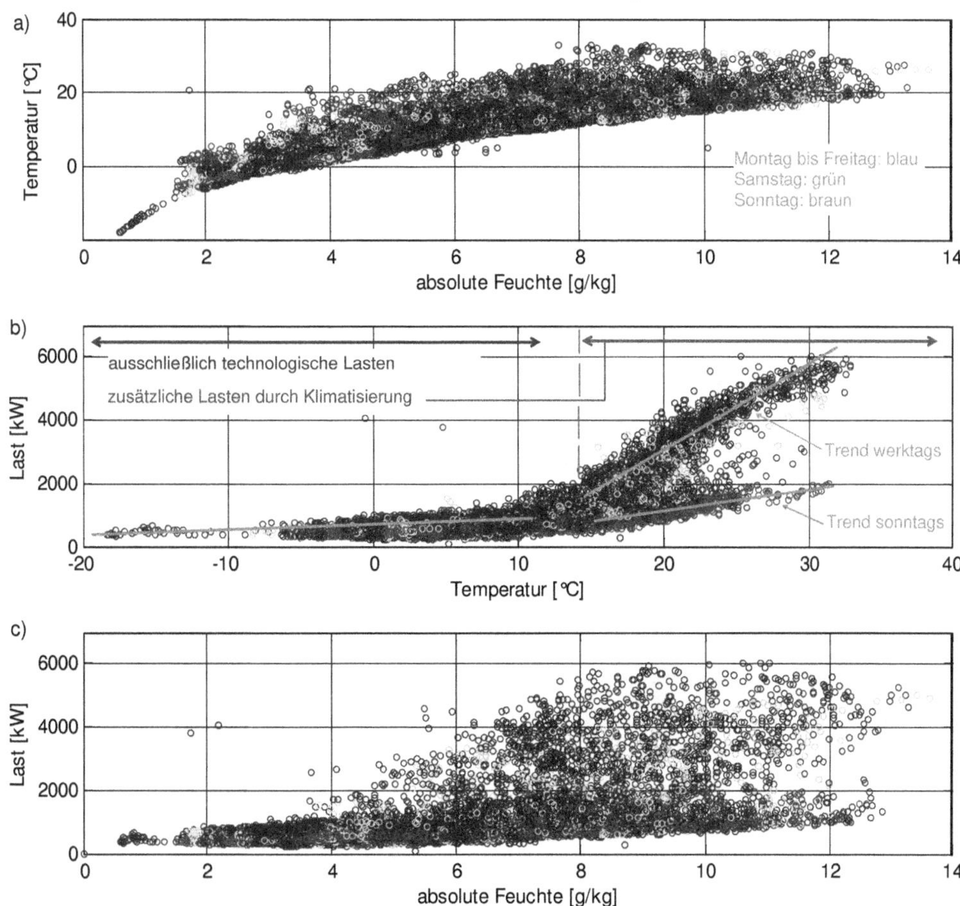

Abb. 2.53: Beispiel zur Abhängigkeit der Netzlast von den Außenluftzuständen, Fernkälte Stadtwerke Chemnitz [32], [34] (Kälteabsatz für Klimatisierung ca. 93 % und für technologische Kühlung ca. 7 %), Stundenmittelwerte (23.07.2007-07.01.2009), a) Zustände der Außenluft, b) Abhängigkeit der Netzlast von der Temperatur, c) Netzlast als Funktion der Feuchte

- Sehr große Netzlasten treten erst auf, wenn die Außentemperatur einen Grenzwert von ca. 30 °C überschreitet und hohe Außentemperaturen über eine längere Zeit wirken. Das führt zur Erwärmung thermischer Speichermassen (z. B. Gebäude). Bei gleichzeitig hohen Temperaturen (z. B. größer als 20 °C) in der Nacht kann keine freie Kühlung mehr durchgeführt werden, was sich ebenfalls auf die Netzlasten auswirkt.

- Im Unterschied zum gezeigten Beispiel können auch hohe Entfeuchtungslasten auftreten.

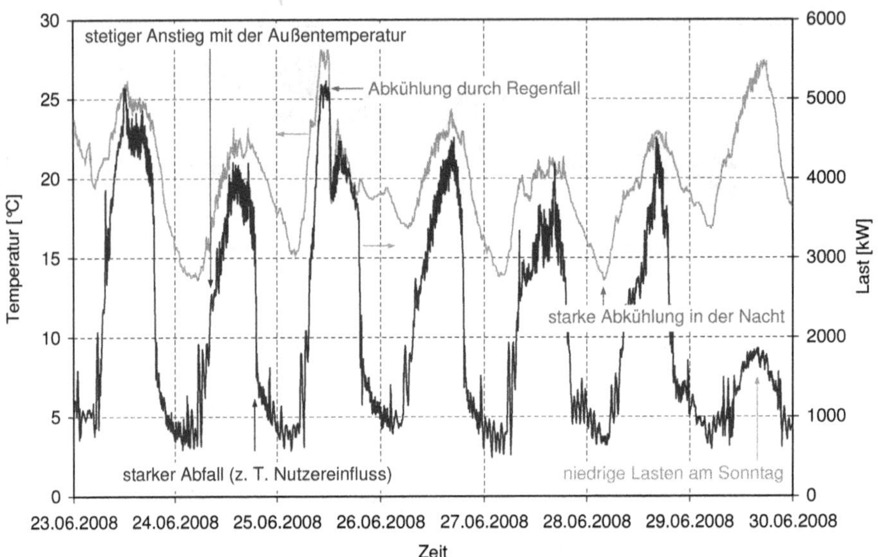

Abb. 2.54: Beispiel zum Verlauf der Außenlufttemperatur und der Netzlast, Fernkälte Stadtwerke Chemnitz [32], [34], 26. KW 2008, Messung in Abständen von 3 min

- Aufgrund der unterschiedlichen Nutzungszeiten liegt die maximale Last oft deutlich unter der gesamten Vertragsleistung (Nennwert der Leistung einer Übergabestation).

Die oben gezeigte Analyse auf der Basis von Stundenmittelwerten (Abb. 2.53) soll durch eine weitere Betrachtung unter Verwendung von *Tagesmittelwerten* ergänzt werden. Bei der Verwendung von Tagesmittelwerten muss man beachten, dass in diesem Fall der Verlauf der Außentemperatur und Kältelast (vgl. mit Abb. 2.54) einer starken Glättung unterliegt.

Eine hohe Einstrahlung *kann* mit hohen Außentemperaturen verbunden sein (Abb. 2.55). Der Zusammenhang ist aber mit einer starken Streuung behaftet. Hier wird deutlich, dass im Sommer bei bewölktem Himmel auch hohe Temperaturen auftreten können.

Abb. 2.56 zeigt, dass zwischen der solaren Einstrahlung und der Netzlast ein Zusammenhang besteht[36]. Dieser ist aber mit hohen Schwankungen verbunden (vgl. mit Abb. 2.55). Hohe Lasten können bei einer Einstrahlung über 2000 Wh/(m^2 Tag) auftreten. Unterhalb des genannten Grenzwertes liegen nur niedrige Netzlasten (technologische Lasten) an.

Der Zusammenhang zwischen der Außentemperatur und der Netzlast (Abb. 2.56) ist wesentlich deutlicher ausgeprägt und besitzt einen sehr geringen Schwankungsbereich.

[36]Die Messwerte beziehen sich auf die horizontale Ebene. Man muss beachten, dass lokal auch hohe Kühllasten z. B. an Fassaden bei relativ niedrigen Sonnenständen auftreten können. Vereinfachend wird angenommen, dass die Strahlung in diesem Fall auf das Versorgungsgebiet trifft und zur Erwärmung der lokalen Außentemperatur sowie zu äußeren Lasten in den Gebäuden führt.

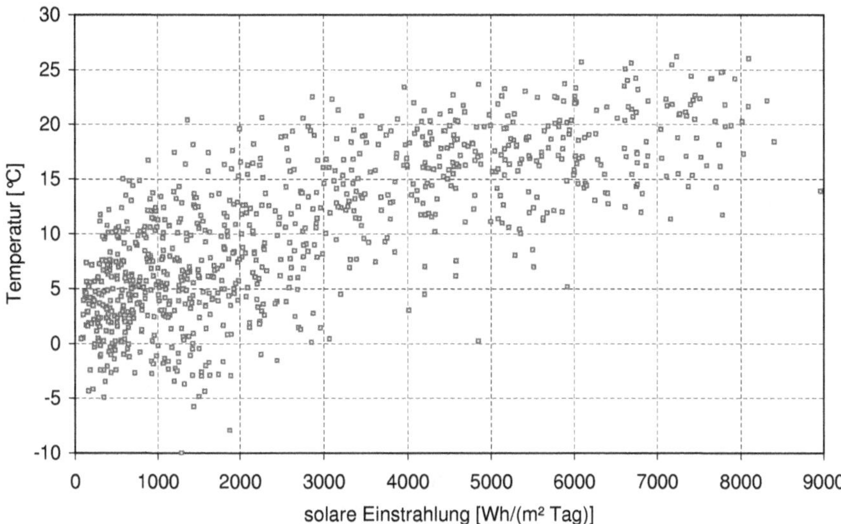

Abb. 2.55: Beispiel zur Verteilung der mittleren Außentemperatur in Abhänigkeit von der solaren Einstrahlung (Globalstrahlung, horizontal) [33], Fernkälte Stadtwerke Chemnitz [32], [34], Tageswerte 02.08.2007 bis 31.12.2009

Wiederum kann man den Lastverlauf für die Sonntage deutlich erkennen (vgl. mit Abb. 2.53).

Diese empirischen Auswertungen zeigen allgemein einen hohen Einfluss der Außenlufttemperatur. Derartige Zusammenhänge besitzen eine große Bedeutung hinsichtlich der Lastanalyse und -prognose. Mit einer Lastanalyse in Bestandssystemen können folgende Ziele verfolgt werden:

- Bestimmung der relativ konstanten Grundlast (technologische Lasten),
- Bestimmung des abhängigen Lastanteils (Klimatisierungslasten),
  - sensible Lasten über die Außentemperatur (unterer Grenzwert, Anstieg, Maximum),
  - latente Lasten über die Außenluftfeuchte (unterer Grenzwert, Anstieg, Maximum),
- Verhältnis maximale Netzlast zur gesamten Vertragsleistung (Gl. 2.47).

$$\varphi_{Netz,Vert} = \frac{\dot{Q}_{Netz,max}}{\sum\limits_{i=1}^{j} \dot{Q}_{ÜS,i}} \tag{2.47}$$

Bei der Lastprognose können die oben gezeigten Zusammenhänge genutzt werden (z. B. Berücksichtigung neuer Anschlüsse an ein Fernkältesystem unter Vorgabe der neuen Vertragsleistung). Man kann dann folgende Methoden anwenden:

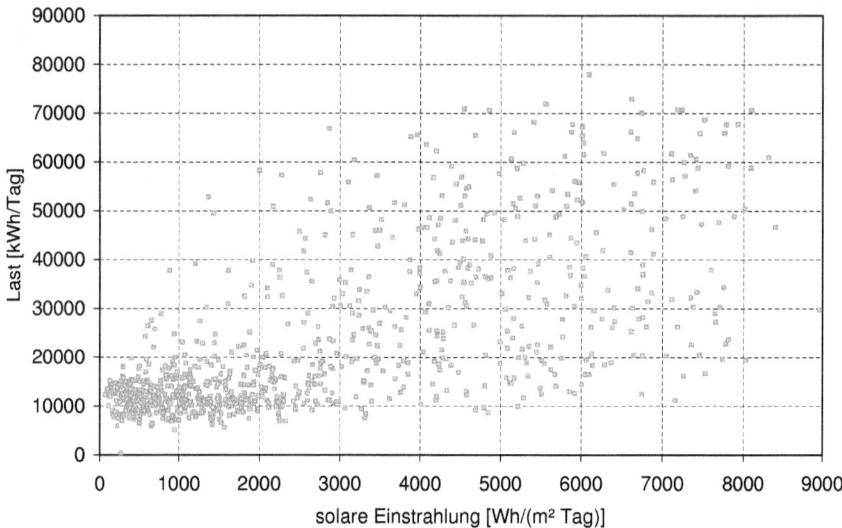

Abb. 2.56: Beispiel zur Verteilung der Netzlast in Abhängigkeit von der solaren Einstrahlung (Globalstrahlung, horizontal) [33], Fernkälte Stadtwerke Chemnitz [32], [34], Tageswerte 02.08.2007 bis 31.12.2009

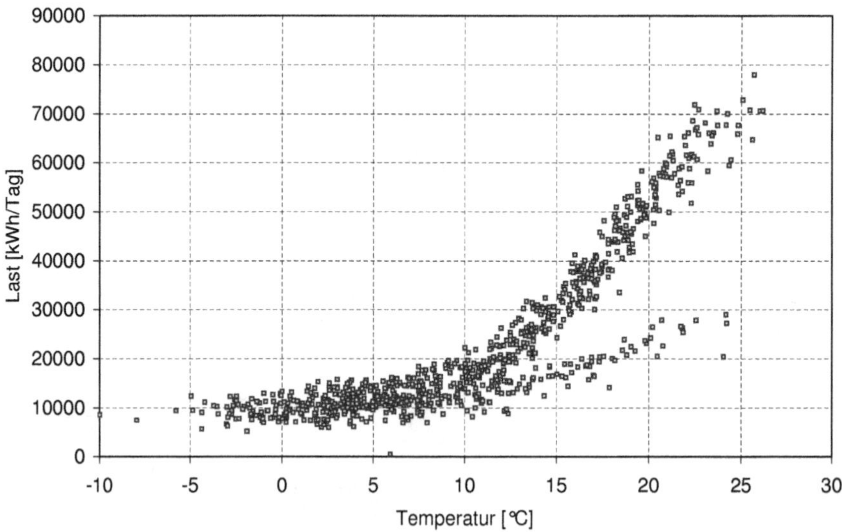

Abb. 2.57: Beispiel zur Abhängigkeit der Netzlast von der Außenlufttemperatur [33], Fernkälte Stadtwerke Chemnitz [32], [34], Tageswerte 02.08.2007 bis 31.12.2009

- abschnittsweise lineare Regression der Lastfunktionen (z. B. Anwendung von Stützstellen),
- Addition der verschiedener Lastanteile (z. B. sensible und latente Lasten)[37],
- Begrenzung des Maximalwertes[38],
- weitere Korrekturen in Abhängigkeit der Zeit (z. B. Minderungsfaktor für Sonntage) bzw. Nutzung,
- zusätzliche Verwendung von Zufallszahlen zur Modellierung eines Schwankungsbereiches.

Die Modellierung der Last ist stets projektbezogen. Aus diesem Grund muss eine spezielle Funktion aufgestellt und kritisch überprüft werden. Des Weiteren können diese Funktionen zum Speichermanagement für Kurzzeit-Speicher (Speicherung im Nacht-Tag-Zyklus) herangezogen werden. Weitere Erläuterungen folgen in Abs. 6.3.5, S. 210.

Vorlauf- und Rücklauf-Temperaturen
Die sich tatsächlich einstellenden Rücklauf-Temperaturen im Netz hängen stark von der Qualität der Planung, der Ausführung und des Betriebs ab. Abb. 2.58 zeigt ein typisches Verhalten, bei dem die Rücklauf-Temperatur mit dem Rückgang der Netzlast sinkt. Im Wesentlichen sind folgende Einflussfaktoren zu beachten:

- Verhalten der Übergabestationen und der Verbrauchersysteme mit folgenden Problemen,
  - zu niedrige Netz-Rücklauf-Temperaturen durch eine schlechte Volumenstromanpassung,
  - zu hohe Leistungsschwankungen im Bereich niedriger oder mittlerer Lasten durch ein unstetiges Regelverhalten,
- eine erforderliche Mindestumwälzmenge bei niedrigen Netzlasten zur Gewährleistung der geplanten Netz-Vorlauf-Temperatur,
- Wechselwirkungen zwischen den Übergabestationen und der zentralen Erzeugung (z. B. Lastabwurf auf der Verbraucherseite und verzögerte Reduktion der Erzeugerleistung).

Die Netz-Vorlauf-Temperatur hängt stark vom Kältemaschinenbetrieb ab (z. B. Konstanz der Vorlauf-Temperaturen) und kann in weiten Bereichen gut geregelt werden. Weiterhin ist es möglich, dass an der hydraulischen Weiche (Abb. 2.47) Mischeffekte auftreten.

---

[37]Liegen neben der sensiblen Last auch hohe latente Lasten vor, kann man auch anstelle der Außentemperatur die Enthalpie der Außenluft für die Regression verwenden.

[38]Die zu versorgenden Verbrauchersysteme sind in der Leistung begrenzt. Im Unterschied zur Abb. 2.53 b) kann es im Bereich sehr hoher Lasten wieder zu einem flacheren Verlauf der Lastfunktion kommen.

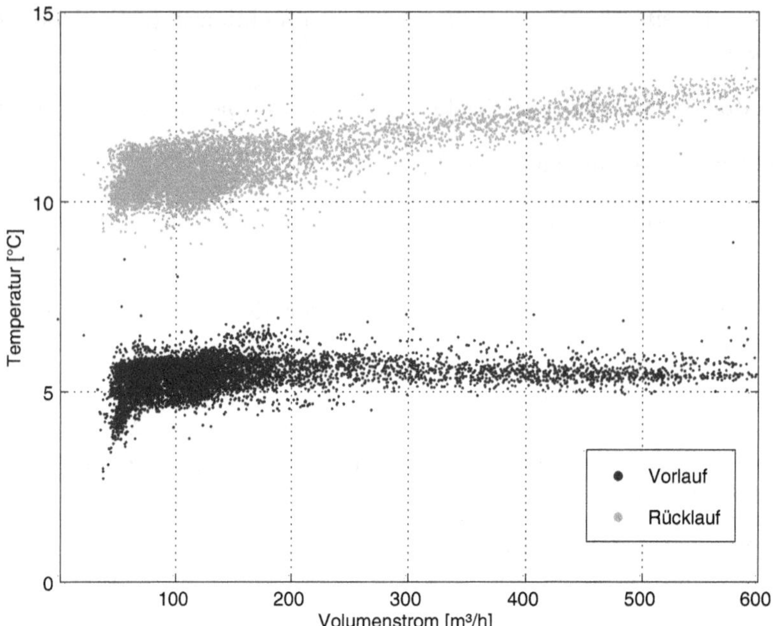

Abb. 2.58: Beispiel für Netz-Vorlauf- und Netz-Rücklauf-Temperaturen in Abhängigkeit des Netzvolumenstroms (Netzlast) für das Jahr 2008, Fernkälte Stadtwerke Chemnitz [32], [34], Stundenmittelwerte

Im vorliegenden Beispiel (Abb. 2.58) liegen die höheren Schwankungen der Vorlauf-Temperatur im selben Leistungsbereich wie bei der Rücklauf-Temperatur. Hier besteht offensichtlich ein Zusammenhang. Im Bereich mittlerer und großer Leistungen arbeitet das System mit kleinen Temperaturschwankungen.

2.5.3 Leittechnik

Die Leittechnik wird zur Automation und zum Management von Anlagen benötigt. Dieser Abschnitt orientiert sich u. a. an der Richtlinie VDI 3814 [57] zur Gebäudeautomation (GA) bzw. zur Gebäudeleittechnik (GLT)[39]. Die Erläuterung berücksichtigt die Technik und Organisation bei großen Kälteversorgungssystemen.

Begriffe

Die Richtlinie VDI 3814 [57] behandelt umfassend Begriffe und Definitionen. Im Folgenden werden zum Einstieg nur die wichtigsten Begriffe erläutert.

Betreiben: Um eine Anlage unter Beachtung der Wirtschaftlichkeit und geltender Vorschriften zu nutzen, sind vielfältige Tätigkeiten notwendig: Übernahme nach

[39]Aufgrund der technischen Entwicklung und der vielfältigen Produkte ist eine allgemeingültige Darstellung nur begrenzt möglich.

der Fertigstellung, Inbetriebnahme, reguläre Bedienung, Überwachung, Erfassung von Informationen, Wartung und Instandhaltung, Prüfung sowie Betriebsoptimierung. Weiter wird nach einem manuellen, teilautomatisierten und vollautomatisierten Betrieb unterschieden.

Betriebsziele: Die Ziele für einen Anlagenbetrieb werden durch den Betreiber formuliert. Folgende Ziele sind für Kälteversorgungssysteme wichtig: automatischer Betriebsablauf durch Regelung und Steuerung; Bedienung, Überwachung und Optimierung der Prozesse; Sicherheitsaspekte; Schnittstellen zu weiteren Managementfunktionen; Optimierung nach verschiedenen Kriterien (effizienter Energie- und Stoffeinsatz, rationelle Gestaltung der Betriebsabläufe, Kostenminimierung, Erhöhung der Zuverlässigkeit bzw. Versorgungsqualität).

Anlagenautomation: Die Automation umfasst Bauteile, Programme und Dienstleistungen, die für einen Betrieb mit bestimmten Zielen notwendig sind.

Management: Mit diesem Begriff werden alle Leistungen zusammengefasst, die zum Betreiben und Bewirtschaften von Anlagen, Gebäuden und anderen Einrichtungen erforderlich sind. Man unterscheidet nach technischem Management (Schwerpunkt dieser Arbeit), infrastrukturellem Management und nach kaufmännischem Management. Dabei ist das Zusammenwirken (z. B. Datenübergabe) der verschiedenen strukturellen Einheiten wichtig (z. B. Auswertung des Kälteabsatzes).

Facility Management: Facility Management beschreibt alle Maßnahmen die vor, während und nach dem Betrieb einer Anlage, von Gebäuden oder anderen Einrichtungen durchgeführt werden. Dabei soll durch Facility Management eine ganzheitliche Strategie zur Anwendung kommen. Zum Erreichen der aufgestellten Ziele werden innerhalb des Facility Managements Analysen und Optimierungen durchgeführt. Diese wirken sich auf Strategien (z. B. Nutzung von Abwärme), die Planung (z. B. Speichereinsatzplanung) und den Betrieb aus.

Betriebstechnische Anlage: Eine Anlage (z. B. System zur Kälteversorgung) setzt sich aus vielen Bauteilen (z. B. Pumpen), Teilsystemen (z. B. Kältemaschinen) usw. zusammen und muss eine Aufgabe erfüllen. Die Technik zur Automation ist Bestandteil der Anlage.

Messen, Steuern, Regeln (MSR): Um Prozesse zielgerichtet zu beeinflussen (z. B. Be- und Entladung eines Speichers), wird die sogenannte MSR-Technik eingesetzt. Der neuere Begriff ist *Automation*.

Leitzentrale: Die Leitzentrale ist ein zentraler Ort zum Bedienen, zum Überwachen und zur Datenaufzeichnung (Teil des Betriebs) einer oder mehrerer Anlagen bzw. Systeme (z. B. eines größeren Energieversorgers). Danach richtet sich die Ausrüstung zur Darstellung (z. B. mehrere Bildschirme, Drucker für Alarmmeldungen), Kommunikation (z. B. Telefondienst, Aufbau des Netzwerkes) und die personelle Besetzung (z. B. 24-Stunden-Dienst).

Unterzentrale: Teile eines großen bzw. komplexen Versorgungssystems können in Gruppenleitebene unterteilt werden (z. B. Fernwärmeversorgung, Nahkälteversorgung eines Objektes). Die Bedienung und Überwachung kann man dann an einem bestimmten Ort organisieren (z. B. am Standort der Kälteerzeugung). Bei einem anspruchsvollen Betrieb ist das empfehlenswert, da die Kontrolle von Maßnahmen (z. B. Instandsetzung und Wartung der Kältemaschinen) vor Ort möglich ist.

Automationsstation: Ein Gerät (auch Automationsgerät, Controller, Unterstation[40], vgl. mit DDC, siehe unten) übernimmt die Funktionen Überwachen, Steuern und Regeln sowie Rechnen bzw. Optimieren (Abb. 2.61), wobei Signale mehrerer Ein- und Ausgänge verarbeitet werden (Abb. 2.60). In der Regel ist die Automationsstation mit weiteren Schnittstellen zum Informationsaustausch mit anderen Stationen, mit der Managementebene usw. ausgerüstet. Programme im Gerät können unter Umständen autark ablaufen (z. B. beim Ausfall des Netzwerkes zur Managementebene).

Bus: Ein Datenbus ist für die leitungsgebundene Übertragung von Informationen mittels elektrischer Signale zuständig. Der Bus verbindet die einzelnen Komponenten des Systems (z. B. Automationsstationen). Teilweise setzt man auch spezielle Bustypen zur gleichzeitigen Stromversorgung ein (z. B. S-Net der Fa. Solatron). Die verfügbaren Bussysteme unterscheiden sich im Einsatzzweck (z. B. Feldbus, siehe unten), in der Hardware (z. B. Anzahl der elektrischen Leitungen), in der möglichen Topologie (Abb. 2.59), in den verwendeten Protokollen (z. B. TCP/IP, siehe [58]) und im logischen Aufbau (z. B. Schichtenmodell beim PROFIBUS, siehe [58]). Durch die funktionale Verbindung entsteht ein Netzwerk (Abb. 2.60). Weitergehende Informationen sind unter [58] verfügbar.

Feldgeräte: Zu den Feldgeräten zählen vor allem die vielfältigen Sensoren (Lieferung der Information zur analogen oder digitalen Eingabe) und Aktoren (Beeinflussung des Prozesses mittels analoger oder digitaler Ausgabe). Diese Aktoren können aber auch mit weiteren elektronischen Geräten ausgerüstet sein (z. B. Pumpen mit einer autarken Steuerung, Regelung und Bedienung). Des Weiteren zählen lokale Schalter (z. B. zur lokalen Vorrangbedienung), Anzeigen usw. zu den Feldgeräten.

Direct Digital Control (DDC): Ein elektronisches Gerät mit Mikroprozessor, Speicher, Schnittstellen (z. B. Kommunikation über einen Feldbus), Anzeige usw. übernimmt die Regelaufgabe[41] (z. B. eine Automationsstation). Die ein- und ausgehenden Signale müssen demzufolge mit einem Analog-Digital-Wandler bzw. einem Digital-Analog-Wandler (auch Input-Output-Module) umgewandelt werden. Dabei kann ein Gerät mehrere Ein- oder Ausgangskanäle bedienen. Zur Erfüllung der Regelaufgabe wird die DDC programmiert. Dieses Konzept der *freien Programmierung*, analog zur speicherprogrammierbaren Schaltung (SPS), ermöglicht

[40] Der Begriff Unterstation ist im Sinne der Organisation (vgl. mit Leitzentrale, Unterzentrale) ein gebräuchlicher Begriff.

[41] Vor Einführung der digitalen Datenverarbeitung standen im Wesentlichen nur mechanische Regler (z. B. Füllstandsregulierung mit Schwimmkörper) und analoge elektrische Regler zur Verfügung.

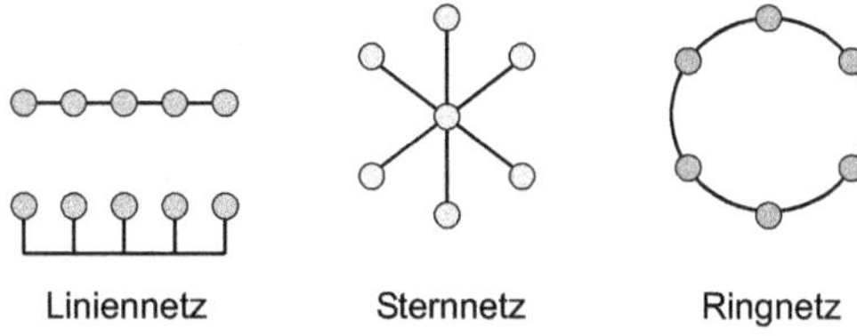

Abb. 2.59: schematische Darstellung zur Struktur von einfachen Netzwerken zur Datenübertragung (Topologie)

vielfältige Funktionen. Dabei stehen viele Grundfunktionen zur Verfügung (Abb. 2.61).

Feldbus: Dieser Bus (z. B. PROFIBUS, CAN, EIB, siehe [58]) realisiert die Informationsübertragung je nach Anwendung zwischen den Automationsstationen und weiteren angeschlossenen Geräten (z. B. Bedienstationen mit Personal Computern, Geräten von Drittanbietern). In Abb. 2.60 trifft das auf die Feld- und die Automationsebene zu. Weiterhin ist auch die Definition *Prozess-Bus* für das Netzwerk zwischen Automationsstationen und den Wandlern (auch Input-Output-Module, Aktor-Sensor-Schnittstellen) üblich.

Struktur und Funktion

Die Eingabe und die Ausgabe sowie die Verarbeitung von Informationen kennzeichnet die Leittechnik. Netzwerke übertragen diese Informationen, wobei verschiedene Strukturen anzutreffen sind (Abb. 2.59)[42]. In Abhängigkeit der eingesetzten Technik kommen verschiedene Protokolle zum Einsatz. *Homogene Systeme* arbeiten mit einer aufeinander abgestimmten Technik (z. B. eine Produktlinie eines Herstellers mit einem Protokoll in einer Ebene). Beim *heterogenen Aufbau* werden unterschiedliche Teilsysteme mit z. B. verschiedenen Protokollen gekoppelt. Dann übernehmen spezielle Schnittstellen bzw. Programme die Übersetzung der Informationen.

Betrachtet man die Versorgungssysteme aus der Sicht der Automation, kann die Technik in Ebenen (Abb. 2.60) eingeteilt werden. Diese logische Einteilung ist dann mit verschiedenen Funktionen verbunden (Abb. 2.61). Diese Funktionen, insbesondere die Funktionen der Managementebene, sind dann wiederum eine wichtige Voraussetzung für einen optimalen Betrieb.

Prozessebene: Die grundlegenden Funktionen wie Stofftransport, Energiespeicherung[43], Wärmeübertragung usw. finden in dieser abstrakten Ebene statt. Für die Automatisierungstechnik sind diese Prozesse nur bedingt von Interesse. Die Aufgabenstellung (z. B. Überwachung und Regelung eines Prozesses) bestimmt

[42] Durch die Verknüpfung können wesentlich komplexere Strukturen entstehen (z. B. Baumstrukturen).

[43] Im engeren Sinne sind Speicher oft nur mit Sensoren (Temperatur, Füllstand, Druck usw.) ausgerüstet. Der Systembetrieb bzw. der Betrieb des Be- und Entladesystems bestimmt maßgeblich den Speicherbetrieb.

die Auseinandersetzung mit den komplexen Zusammenhängen (z. B. physikalische Phänomene bei der Speicherung).

Feldebene: Zur Erfassung der Zustände sind Sensoren und Messsignalwandler notwendig. Gleichzeitig müssen die Prozesse mit Aktoren gesteuert und geregelt werden. Die eingehenden Sensorsignale und die ausgehenden Aktorsignale wandeln spezielle Module um, die die Informationen digital in einem Netzwerk transportieren. Es handelt sich dabei oft um standardisierte Signale (z. B. 4...20 mA, 0...10 V, Kennlinie eines Pt100-Widerstandsthermometer). Verschiedene Input-Output-Module können mit einem direkten Bedienelement (lokale Vorrangbedien- und Anzeigeeinrichtung) ausgerüstet sein.

Automationsebene: Diese Ebene stellt in der Systematisierung nach Abb. 2.60 das Bindeglied zwischen der Feld- und der Managementebene dar. Ein- und ausgehende Informationen der Feldebene werden verarbeitet (z. B. Regelung). Die netzwerkseitige Anbindung zum Informationsaustausch mit der Managementebene ermöglicht verschiedene übergeordnete Funktionen (Abb. 2.61, z. B. Anzeige der Netzlast auf einem Monitor in der Leitwarte). Für den Anlagenbetrieb im engeren Sinne ist die Kommunikation nicht unbedingt erforderlich (z. B. Ausfall des Netzes). Die Steuerung und Regelung kann eine Unterstation autonom übernehmen. Weiterhin kommunizieren bei großen Systemen mehrere Unterstationen (z. B. Übertragung eines Messwertes). Eine Unterstation besitzt mehrere Schnittstellen. So können z. B. Laptops zur Programmierung oder Fremdsysteme (z. B. Messtechnik zum wissenschaftlichen Monitoring) angeschlossen werden.

Managementebene: Zur Erfüllung verschiedenster betrieblicher Aufgaben (Abb. 2.61) findet ein Informationsaustausch mit der Automationsebene statt. Die Informationen werden je nach Aufgabenstellung mit verschiedenen Programmen weiterverarbeitet (z. B. Datenbank zur Archivierung von Betriebsdaten) oder übergeben (z. B. Abrechnung der Betriebskosten).

Die Hauptvorteile unter Beachtung der Anforderung von Nah- und Fernkältesystemen sind:

- die Lösung komplexer Aufgaben (z. B. optimaler Netzbetrieb),
- die Einbindung zentraler oder dezentraler Regler (z. B. Fremdprodukte in den Übergabestationen),
- die freie Programmierung und die Erweiterbarkeit.

Die Wärmemengen und ggf. die Leistungen werden für jede Übergabestation getrennt erfasst und an den Betreiber übermittelt (Fernauslesung). Auf Basis diese Messwerte erfolgt die Abrechnung und Betriebsanalyse.

Organisation

Der Aufbau und der Betrieb bzw. dessen Organisation hängt stark von den jeweiligen Versorgungsobjekten ab. Weiterhin entscheidet die Größe des Betreibers über den Umfang der Leittechnik.

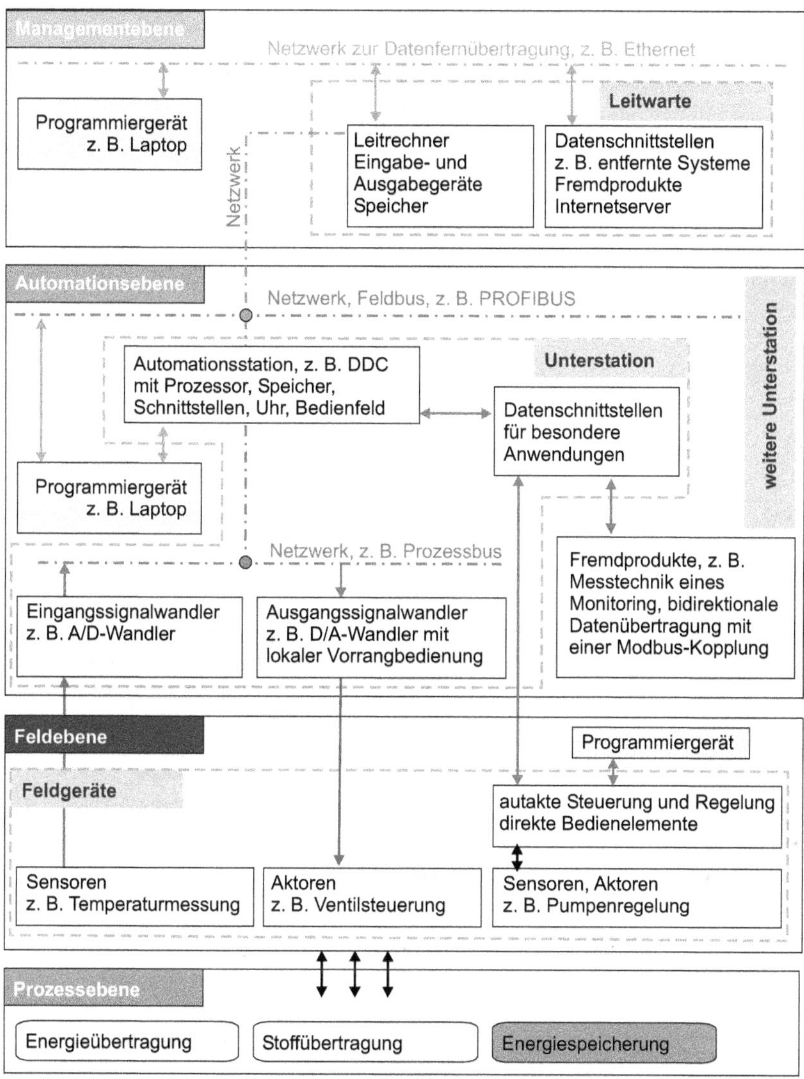

Abb. 2.60: schematische und beispielhafte Darstellung zur Einordnung der Technik in Ebenen aus Sicht der Automation

Abb. 2.61: Übersicht zu den Funktionen des Anlagenmanagements nach VDI 3814 [57]

In der Managementebene kann man eine Hierarchie und Zuordnung einführen. Eine Gesamtleitebene (z. B. bei Energieversorgungsunternehmen) ist weiteren Gruppenleitebenen oder Einzelleitebenen übergeordnet. Beispielsweise,wird mit einer Gruppenleitebene die Kälteversorgung überwacht und betrieben. Eine oder mehrere Automationsstationen übernehmen den vollautomatischen Betrieb der Kältemaschinen, der Rückkühlanlage, des Speichers, des Netzanschlusses und der Sicherheitstechnik in der zentralen oder dezentralen Kälteerzeugung. In der Übergabestationen befindet sich aufgrund der wenigen Sensoren und Aktoren nur eine Automationsstation.

2.5.4 Rechtliche Aspekte

Das Versorgungsunternehmen garantiert dem Kunden (Verbraucher) die Lieferung. Der Kunde wird von vielen fachspezifischen Aufgaben entlastet.

In vielen Fällen sind der Netzbetreiber und der Verbraucher im Netz verschiedene juristische Personen. Zwischen dem Lieferanten und dem Kunden besteht ein vertragliches Verhältnis, welches die Lieferungen und die Vergütung regelt.

In den Technischen Anschlussbedingungen (TAB), die der Netzbetreiber aufstellt, werden die Anforderungen für einen Netzanschluss zusammengefasst. Die TAB enthalten folgende wesentliche Punkte:

- anzuwendende Gesetze, Normen, Richtlinien,
- technische Anforderungen an die Anlage (z. B. Ausrüstung der Übergabestation) und den Anschlussraum (z. B. Mindestmaße, Stromanschluss),
- Zutritts- und Benutzungsrechte des Netzbetreibers,
- Parameter der Versorgung (z. B. Vorlauf-Temperatur, Wasserqualität),
- Bedingungen zur Inbetriebnahme (z. B. Dichtheitsprüfung) und zum Betrieb (z. B. Eingriff in die Anlage),
- Antragsformalitäten.

Der Netzbetreiber prüft den Antrag des Kunden. Bei gegenseitigem Einverständnis (z. B. frei verhandelbaren Sachverhalten) schließen der Kältekunde und der Kältelieferant einen Vertrag zur Kältelieferung ab. Ein derartiger Vertrag enthält folgende Punkte[44]:

- allgemeine Vertragsinhalte (z. B. Vertragspartner, Vertragszeit, Haftung, Versicherung, Übertragung dieses Vertrages auf Dritte, Klauseln, weitere Vertragsbestandteile),
- Pflichten und Leistungen des Kältelieferanten (Netzbetreiber), Planung, Errichtung, Betrieb des Netzanschlusses, maximale Leistung, Vorlauf-Temperatur,

[44] Musterverträge stellt z. B. der AGFW (Arbeitsgemeinschaft für Wärme und Heizkraftwirtschaft) zur Verfügung. Weiterhin gilt die Verordnung über Allgemeine Bedingungen für die Versorgung mit Fernwärme [60].

- Pflichten und Leistungen des Kälteabnehmers (Verbraucher), Zutrittsrecht, Dienstbarkeit, Rücklauf-Temperatur, Mindestabnahme, kostenfreie Nutzung der hauseigenen Medien,
- Leistungs- und Liefergrenzen,
- Messung, Abrechnung, Bezahlung, Fehler bei der Ermittlung, Preisänderung,
- Überprüfung, Wartung, Havariefall, Ersatzlieferung.

Zur Preisbildung werden gewöhnlicherweise folgende Preisarten herangezogen (siehe auch Abs. B.4):

- Grundpreis (Preis für die Anschlussleistung in €/kW),
- Arbeitspreis (Preis für die übertragene Wärme in €/kWh),
- Verrechnungspreis (Festbetrag in €/a).

3 Vorgelagerte Energieversorgung

Die Kältebereitstellung, die der vorangegangene Abs. 2 erläutert, benötigt u. a. Energie. Um eine Kälteversorgung beurteilen zu können, muss man auch die Energiequellen und die vorgelagerte Energieversorgung einschätzen können. Aus diesem Grund werden ein Überblick gegeben und verschiedene Ansätze vorgestellt.

3.1 Energiequellen

Die Elektroenergieerzeugung sowie die Wärme- und Kälteversorgung in der Bundesrepublik Deutschland basiert zum großen Teil auf dem Einsatz fossiler Brennstoffe. Diese Versorgung mit der entsprechenden Qualität und Sicherheit war eine wesentliche Voraussetzung für die wirtschaftliche Entwicklung in Deutschland. Die fossilen Brennstoffe zeichnen sich durch hohe Energiedichten aus (Tab. 3.1), besitzen aber folgende Nachteile:

- Endlichkeit der Vorräte,
- Existenz diverser Abhängigkeiten (z. B. Verfügbarkeit, steigende Preise),
- Emission umweltschädlicher Stoffe und Energie bzw. Beeinträchtigung der Umwelt (z. B. Folgen der Förderung).

Zurzeit ist keine alternative Technik (z. B. Nutzung der Kernfusion) im Sinne von weitgehender Problemfreiheit, niedrigen Kosten und einer großtechnischen Lösung verfügbar und einsatzreif. Deswegen werden vielfältige Maßnahmen forciert, um die oben genannten Probleme zu lösen. Im Wesentlichen verfolgt man diese Strategien:

- Reduktion des Bedarfs (z. B. Wärmedämmung der Gebäude),
- Erhöhung des Wirkungs- bzw. Nutzungsgrades (z. B. Kraft-Wärme-Kopplung),
- Einsatz verfügbarer Brennstoffe (z. B. Braunkohle),
- Einsatz von fossilen Brennstoffen (z. B. Erdgas) und Materialien mit geringeren Umwelteinflüssen (z. B. umweltfreundliche Kältemittel),
- Einsatz regenerativer Energiequellen (z. B. direkte und indirekte Nutzung der Sonnenstrahlung).

Aus den genannten Punkten wird Folgendes ersichtlich:

1. Nur eine Vielzahl von Maßnahmen und deren optimale Kombination können nach heutiger Ansicht zur Lösung des Versorgungsdilemmas und der Umweltproblematik führen.

2. Eines der wichtigsten Ziele ist die Reduktion des Primärenergiebedarfs bzw. die höchstmögliche Ausnutzung der eingesetzten Energie und Stoffe.

3. Regenerative Energiequellen müssen zur teilweisen Substitution der fossilen Energieträger nutzbar gemacht werden.

Bei einer weiteren Analyse der Energieversorgung unter den Gesichtspunkten Wirkungsgradsteigerung und Einsatz regenerativer Energiequellen stellt man fest, dass viele Prozesse unter zwei grundlegenden Problemen leiden:

- der zeitliche Auseinanderfall des Energieangebotes und des Energiebedarfes sowie
- die örtliche Trennung von Energieangebot und Energiebedarf.

Der zweite Punkt kann durch die Verteilung mit Netzen (z. B. Erdgasverbundnetz) oder mit Verkehrsmitteln (z. B. Schiffe zum Erdöltransport) bewerkstelligt werden. Für effiziente Transporte sind hohe Energiedichten eine grundlegende Voraussetzung (z. B. Elektroenergie)[1]. Ist ein Ferntransport nicht möglich oder vertretbar, stellt die Speicherung der Energie eine wesentliche Alternative dar. Die Einsatzmöglichkeiten, die Vor- und Nachteile der Speichertechnik werden in Abs. 4 diskutiert.

3.2 Elektroenergie

Elektroenergie ist unverzichtbar. Bei der hier betrachteten Problematik sind Kompressionskältemaschinen große Verbraucher. Pumpen, Stellorgane, MSR-Technik und Leittechnik funktionieren nur bei einer sicheren Stromversorgung.

Kraftwerke
Den Kraftwerksbetrieb kennzeichnet eine unterschiedliche Auslastung bzw. es existieren signifikante Unterschiede zwischen installierter Leistung und Stromabsatz (Abb. 3.1). Je nach Kraftwerkstyp erfolgt der Einsatz im Grundlastbereich (z. B. Kernkraft- und Braunkohle-Kraftwerke), im Mittellastbereich (z. B. Steinkohle-Kraftwerke) und im Spitzenlastbereich (z. B. Pumpspeicherwerke).

Aus energiewirtschaftlicher Sicht kristallisieren sich folgende wichtige Punkte heraus, die Einfluss auf die Entwicklung des Kraftwerkparks haben:

- Wirtschaftlichkeit,
- ökologische Aspekte (z. B. CO_2-Emission),
- Abhängigkeit von vorgelagerten Lieferanten – insbesondere Brennstoff (z. B. Erdgas, Heizöl),
- Abhängigkeit von anderen Teilnehmern am Wettbewerb (z. B. Netzbetrieb),
- rechtliche Rahmenbedingungen (z. B. Einspeisevergütung).

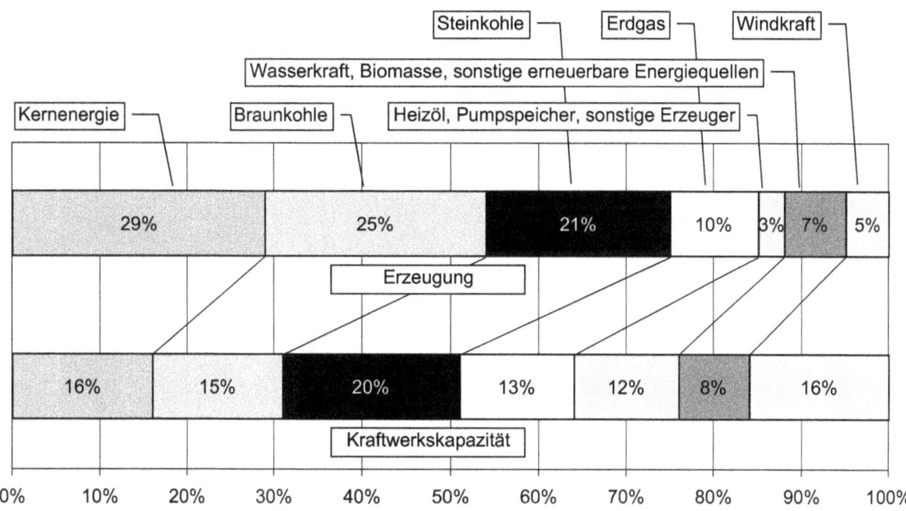

Abb. 3.1: Anteile der Netto-Kraftwerkskapazität (129 GW) und der Netto-Stromerzeugung (550 TWh/a) in Abhängigkeit der eingesetzten Energieträger in Deutschland für 2006 [59]

Regenerative Energiequellen

In den letzten Jahren nahm die Nutzung der regenerativen Energiequellen signifikant zu (Abb. 3.2). Wichtige Voraussetzungen waren die Änderung rechtlicher Rahmenbedingungen und die Förderung.

Zur Elektroenergieerzeugung werden hauptsächlich die Wind- und Wasserkraft, die Photovoltaik sowie biogene Brennstoffe (Einsatz in Kraftprozessen) herangezogen (Tab. 3.2, Abb. 3.3).

Besondere Zuwächse sind vor allem bei den Windkraft- und der Photovoltaikanlagen zu verzeichnen. Die genutzten Energiequellen (Wind und Solarstrahlung) sind aber unterschiedlich verfügbar bzw. weisen oft typische Schwankungen bei der Einspeisung auf. Diese Eigenschaften sind besonders bei der Entwicklung neuer Energieversorgungskonzepte zu beachten (z. B. Energiemanagement, siehe unten).

Speicherung

Die direkte Speicherung von Elektroenergie (z. B. in Supercaps) ist zurzeit und aus Sicht der Anwendung bedeutungslos. Deswegen werden Anstrengungen unternommen, um Elektroenergie indirekt[2] zu speichern:

- Pumpspeicherwerk (potenzielle Energie),

[1]Beim Transport von Energie sollte der Transportaufwand – im Wesentlichen Energie – beachtet werden. Bei sinkender Energiedichte des Brennstoffes (z. B. Biomasse oder Braunkohle) sinkt die Effizienz des Gesamtprozesses (energetisch, wirtschaftlich). Dies wirkt sich auf den Grenzwert eines energetisch sinnvollen Transportweges aus. Das Gleiche trifft auf Heiz- und Kühlwassernetze zu.

[2]Es ist eine Umwandung in eine andere Energieform und die Rückumwandlung in Elektroenergie notwendig.

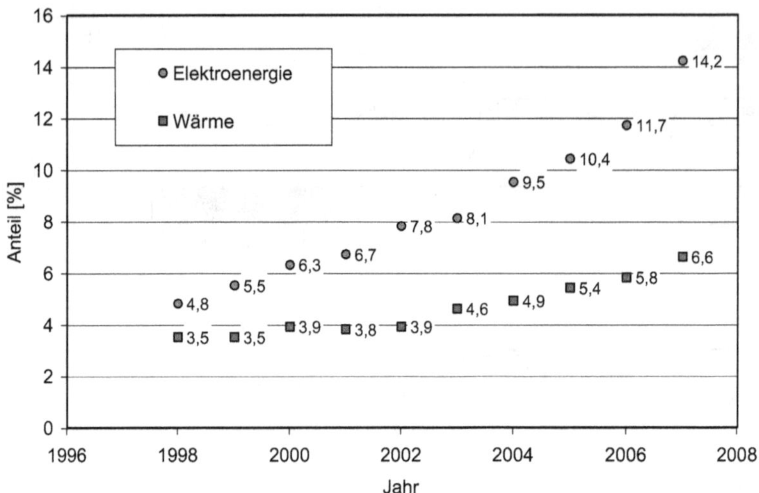

Abb. 3.2: Entwicklung der Nutzung von regenerativen Energiequellen zur Elektroenergie- und Wärmelieferung bezogen auf den Endenergieverbrauch in Deutschland, [61]

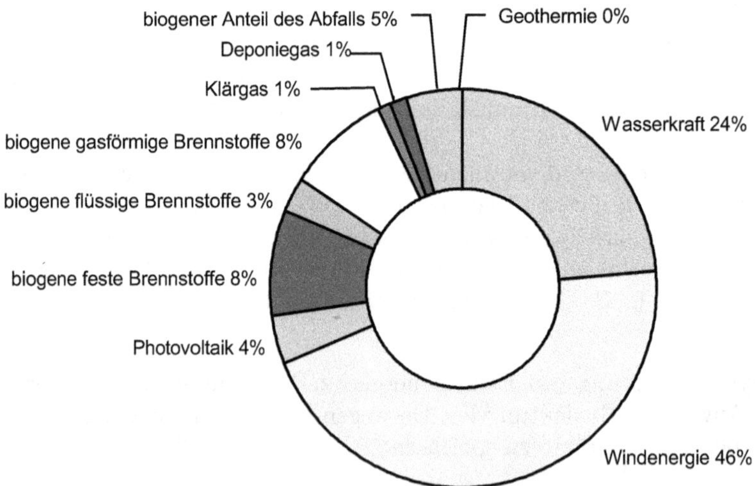

Abb. 3.3: Anteile der verschiedenen regenerativen Energiequellen und -träger bezogen auf die Endenergielieferung von 87,45 TWh im Jahr 2007 in Deutschland (14,2 % am gesamten Endenergieverbrauch) [61]

Abb. 3.4: stationäres Akkumulatorsystem auf der Basis von Natrium und Schwefel, Fa. NGK Insulators (Japan)

- Druckluftkaverne (thermische Energie, Enthalpie),
- Schwungradspeicher (kinetische Energie),
- Akkumulator (chemische Energie),
- Wasserstoffspeicher (chemische Energie).

Im Bereich der elektrischen Energieversorgung besitzen realisierte Pumpspeicherwerke (Tab. 3.3) die größte Bedeutung. Besonders muss man die Speicherkapazität, hohe Leistungen sowie kurze Bereitschaftszeiten hervorheben. In kürzester Zeit können Pumpspeicherwerke ihre maximale Leistung erreichen. Sie eignen sich für den Regelbetrieb. Problematisch sind lange Genehmigungs- und Bauzeiten, der Eingriff in die Umwelt, der Flächenbedarf sowie wenige potenzielle Standorte.

Druckluftkavernen stellen eine interessante technische Option dar [62], [63]. Weiterhin befinden sich Akkumulatorsysteme in der Entwicklung. Abb. 3.4 zeigt ein stationäres System, welches sich insbesondere regenerative Energiequellen eignet (sehr hohe Leistungen, zurzeit größte Anlage bis 34 MW mit ca. 200 MWh, sehr kurze Reaktionszeiten ca. 2 ms [64]).

Verbundnetz[3] und Energiemanagement

Die erzeugte oder gewonnene Elektroenergie wird im deutschen Verbundnetz[4] übertragen und verteilt. Das Verbundnetz besteht aus mehreren Ebenen (Höchst-, Hoch-, Mittel- und Niederspannungsebene). Das gesamte Versorgungsgebiet ist regional in

[3] Inselnetze verteilen Elektroenergie in lokal begrenzten Netzen. Der Aufbau und das Management sind einfacher im Vergleich zu den Verbundnetzen.

[4] Das deutsche Verbundnetz ist Bestandteil des europäischen Verbundnetzes [65]. Deutschland importiert und exportiert Elektroenergie von und zu den Nachbarländern.

Regelzonen aufgeteilt. Die entsprechenden Netzbetreiber müssen für eine ausgeglichene Energiebilanz und die Einhaltung weiterer Parameter (z. B. Netzfrequenz) sorgen.

Dafür sind komplexe Systeme zum Energiemanagement notwendig. Als wesentliche Bestandteile können die Lastprognose und die darauf aufsetzende Einsatzplanung der Kraftwerke genannt werden. Trotz des Einsatzes von Prognosealgorithmen entstehen im Netz Abweichungen zwischen dem erwarteten und realen Lastverlauf. Man kann diese in betriebsübliche (z. B. Schwankungen durch das Zu- und Abschalten von Verbrauchern oder stark fluktuierende Einspeisung aus regenerativen Energiequellen) und außergewöhnliche Ereignisse (z. B. Ausfall von Kraftwerken und Übertragungsstrecken) unterteilen.

Um in das System eingreifen zu können, existieren prinzipiell zwei Möglichkeiten: der *erzeugungsseitige Eingriff* und der *verbraucherseitige Eingriff*. Der Netzbetreiber kann erzeugungsseitig auf Leitungsreserven (Primär-, Sekundär- und Minutenreserve, weitere Details siehe [65]) zurückgreifen (*positive Regelleistung*), um den Ausgleich der Energiebilanz (Ausgleichsenergie) und insbesondere der Frequenz (Regelenergie) in der Regelzone sehr schnell herzustellen. Dazu zählt auch die Minderung der Erzeugungsleistung (*negative Regelenergie*).

Verbaucherseitig können zum gleichen Zweck auch Lasten zu- oder abgeschalten werden. Bezug nehmend auf die Zielsetzung dieser Arbeit ist das der Eingriff in die Kältebereitstellung mit elektrisch angetriebenen Kältemaschinen (Abs. 2.3.3). In Ländern mit hohem Klimatisierungsbedarf (z. B. Japan) nimmt diese Problematik einen hohen Stellenwert in der Energieversorgung ein, weil sehr viele – insbesondere auch kleine Geräte – hohe Lasten bzw. Spitzenlasten erzeugen.

Preise

Die wirtschaftlichen und rechtlichen Beziehungen zwischen den Akteuren der Stromwirtschaft sind komplex (weitere Erläuterungen siehe [65]). Ohne auf diese komplexen Hintergründe einzugehen, sollen nur typische Effekte erläutert werden.

- Der tägliche Lastgang unterliegt einer Schwankung. Diese wird durch die Nachfrage[5] bestimmt, die tagsüber (*Peak load*) höher ist als nachts (*Base load*). Peakload-Preise sind höher[6].
- Regelleistung ist besonders teuer[7].
- Seitens der Verbraucher kann man zwischen kleinen Abnehmern (Grundversorgungskunden des Energieversorgungsunternehmens ohne Leistungsmessung) und

[5] In Deutschland wird Elektroenergie an der Strombörse in Leipzig gehandelt. Die Lieferung im Baseload- und Peakload-Bereich unterliegt zunächst langfristigen Verträgen (sog. Futures, Termingeschäfte über Monate). Weiterhin werden Baseload-, Peakload- und Stundenprodukte kurzfristig gehandelt (sog. Spotmarkt, Erfüllung am nächsten Tag).

[6] Das bezieht sich zum einen auf Peakload-Blöcke (Lieferung einer Energiemenge) die an der Börse gehandelt werden. Zum anderen kann das auch für Endkundentarife gültig sein.

[7] Die Netzbetreiber sind für die Regel- und Ausgleichsenergie zuständig. Die Kosten für die Regelenergie fließen in die Netznutzungsentgelte ein. Die Abrechnung der Primärregelreserve erfolgt nach der Leistung. Sekundärregel- und Minutenreserve werden nach Leistungsvorhaltung abgerechnet (Leistungs- und Arbeitspreis).

großen Abnehmern (Kunden des Energieversorgungsunternehmens mit Leistungsmessung) unterscheiden. Beide Verbraucher sind von dem vorgelagerten Strombeschaffungsgeschäft entkoppelt. Die Stromlieferanten müssen die Beschaffung umfassend organisieren und tragen dafür die Verantwortung. Bei Verbrauchern mit Leistungsmessung ist z. B. eine Abrechnung nach Leistungs- und Arbeitspreis geläufig. Es kann eine getrennte Betrachtung nach *Hochtarif-* und *Niedrigtarifzeit* erfolgen.

Demand side management
Mit *Demand side management* kann man alle Maßnahmen zur Beeinflussung der Last oder der Verbraucher zusammenfassen. Dazu zählen:

- Zu- oder Abschaltung von einzelnen Verbrauchern bzw.
- die Leitungsbegrenzung oder Leitungserhöhung über einen Ferneingriff,
- spezielle Gestaltung von Preisen (z. B. zeitabhängig, leistungsabhängig).

Mit diesen Maßnahmen können, wie oben beschrieben, Regelzonen energetisch ausgeglichen oder ein Stromeinkauf mit hohen Kosten (z. B. bei Lastüberschreitungen) vermieden werden.
Verträge bilden die Grundlage für den Ferneingriff. Beim Ferneingriff durch den Energieversorger müssen die Auswirkungen der Zu- und Abschaltung beachtet werden. Prinzipiell ist die Kälteversorgung bzw. Klimatisierung gut für derartige Maßnahmen geeignet – besonders in Kombination mit dem Speichereinsatz. Als Ausnahmen gelten z. B. Operationsräume und Rechenzentren mit hohen Anforderungen an eine sichere Versorgung.

3.3 Wärme

Für thermisch angetriebene Kältemaschinen werden Wärmequellen benötigt. Dabei sind folgende Kriterien relevant:

- ausreichendes Temperaturniveau,
- hohe Mengen,
- niedriger Preis,
- langfristige und stabile Verfügbarkeit.

In Abb. 3.5 sind zunächst relevante Wärmequellen aufgeführt. Man muss aber zwischen den verschiedenen Kategorien unterscheiden. Die linke Seite zeigt Brennstoffe, die erst durch die Verbrennung in Nutzwärme überführt werden. In der Regel sind die Brennstoffe als wertvoll einzuschätzen, da 100 % Exergie in Form von chemischer Energie vorliegt. Diese können auch einer gekoppelten Erzeugung von Strom und Wärme (KWK) zugeführt werden. Ausnahmen können bestehen, wenn z. B. ein industrielles Abfallprodukt unmittelbar verbrannt werden muss.

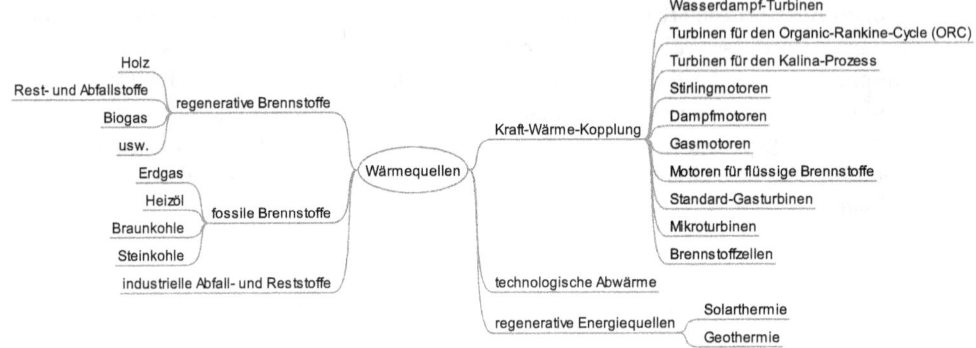

Abb. 3.5: Wärmequellen, Brennstoffe (links), Prozesse oder Techniken mit der Auskopplung von Wärme bzw. Nutzung regenerativer Energiequellen (rechts)

Die rechte Seite der Abb. 3.5 enthält direkte Wärmequellen. D. h., die Wärme wird durch verschiedene Prozesse zur Verfügung gestellt (z. B. industrielle Abwärme) oder fällt dort an. Bei den regenerativen Quellen muss die Wärme erschlossen werden (z. B. geotechnische Bohrungen bei der Geothermie).

Regenerative Energiequellen

Bei der Wärmeversorgung stieg in den letzten Jahren ebenfalls die Nutzung regenerativer Energiequellen. In Abb. 3.2 fällt der Anstieg nicht so stark aus, weil die Endenergie mit ca. 1367 TWh/a zur Wärmeversorgung viel größer ist als die Endenergie mit ca. 616 TWh/a zur Elektroenergieversorgung.

Die biogenen Brennstoffe nehmen zurzeit mit 93 % eine dominierende Position ein (Tab. 3.4, Abb. 3.6). Große Potenziale zur Wärmeversorgung besitzen die Solarthermie und die Umweltenergienutzung[8].

Unter den genannten Energiequellen (Abb. 3.6) profitiert die Solarthermie von einem speziellen Zusammenhang. Bei hohen solaren Einstrahlungen steigen die Außentemperaturen und damit die Kühllasten zur Klimatisierung. Im Gegensatz zum solaren Heizen stimmen das Energieangebot und die Kältelast relativ gut überein (vgl. mit Abb. 2.56 und Abb. 2.57).

Kraft-Wärme-Kopplung, Kraft-Wärme-Kälte-Kopplung

Bei der *Kraft-Wärme-Kopplung* (KWK) entnimmt man dem Prozess zur Stromproduktion Wärme mit einer relativ hohen Temperatur zu Heizzwecken. D. h., ein Prozess wird so gestaltet, dass Strom und Wärme für eine weitere Anwendung zur Verfügung stehen. Der Prozess kann nach dem Strom- und dem Wärmebedarf geregelt werden. Das Ziel besteht in einer möglichst hohen Energieausbeute eines Brennstoffes oder einer Energiequelle.

Die technische Alternative ist die *getrennte Erzeugung* von Strom (z. B. Einsatz von

[8] Bei der oberflächennahen Geothermie werden in vielen Fällen elektrisch betriebene Wärmepumpen eingesetzt. Im Bereich der tiefen Geothermie sind bestimmte geologische Voraussetzungen notwendig. Günstige Bedingungen sind im norddeutschen Becken vorzufinden (siehe [66]).

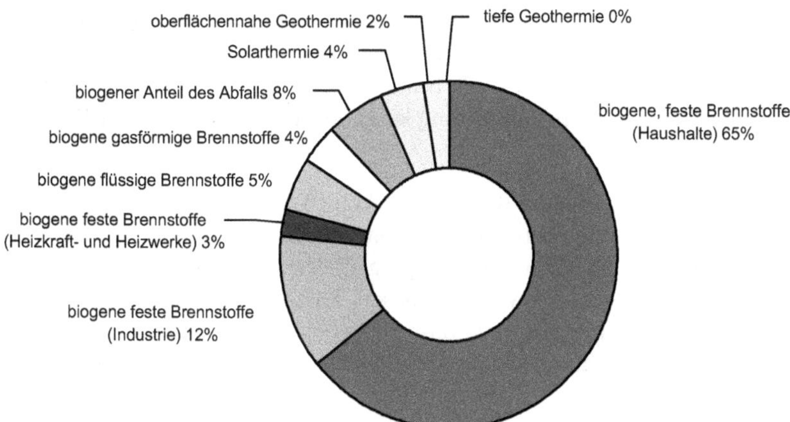

Abb. 3.6: Anteile der verschiedenen regenerativen Energiequellen und -träger zur Wärmeversorgung bezogen auf die Endenergielieferung von 90,2 TWh im Jahr 2007 in Deutschland (6,6 % am gesamten Endenergieverbrauch) [61]

Erdgas bei einem Gas-und-Dampf-Kraftwerk) und Wärme (z. B. Einsatz von Erdgas bei einem Brennwertkessel). Welche der beiden technischen Optionen besser ist, muss von Fall zu Fall[9] bestimmt werden (siehe [67]). Bei großen Systemen ist dies vielfach aufgrund der komplexen Strukturen und Zusammenhänge nur mit hohem Aufwand zu ermitteln[10]. Man kann jedoch folgende Grundsätze formulieren:

1. Der Absatz von Strom gestaltet sich aufgrund der Liberalisierung des Strommarktes und technisch leichter. Es sind in Europa große Verbundnetze etabliert. Theoretisch kann jederzeit eingespeist werden. In Abhängigkeit vom Bedarf fällt die Vergütung der Einspeisung aus.

2. Der Einsatz regenerativer Energiequellen und die Kraft-Wärme-Kopplung werden aus energiepolitischen Gründen zurzeit gefördert. Die Förderung kann erheblichen Einfluss auf die Findung einer wirtschaftlich-technischen Lösung haben.

3. Hohe Wirkungsgrade können nur erreicht werden, wenn die Wärme ebenfalls nutzbringend zur Anwendung kommt. Im Gegensatz zur Elektroenergieversorgung sind keine landesweiten Verteilnetze vorhanden und auch nicht sinnvoll.

4. Weiterhin erscheint eine Einspeisung in Fernwärmenetze nur sinnvoll, wenn keine Konkurrenz zwischen den einzelnen Einspeisern besteht (z. B. Einspeisung von

[9] Bei verschiedenen KWK-Prozessen mindert die Wärmeauskopplung den elektrischen Wirkungsgrad. D. h., eine Wärmeauskopplung hat nicht zwingend eine hohe Brennstoffnutzung zur Folge. Dabei ist zu beachten, dass bei einer getrennten Erzeugung die Kesselwirkungsgrade relativ hoch sind. Eine weitere Abhängigkeit der Brennstoffausnutzung besteht in dem Verhältnis zwischen Nutzwärme und Strom.

[10] Des Weiteren existieren bei der Kraft-Wärme-Kälte-Kopplung unterschiedliche Bewertungsansätze: energetische Bewertung, exergetische Bewertung, Verwendung von Vergleichsszenarien.

solarthermischer Wärme bei einem Wärmeüberschuss aus der KWK). Eine nicht abgestimmte Einspeisung bzw. eine Zwangsabnahme durch den Netzbetreiber führt zu vielen Problemen (z. B. Sinken der Wirkungsgrade, ungünstiger Netzbetrieb). D. h., die Wärmeanwendung kann der limitierende Faktor für den gesamten Systembetrieb sein.

Techniken mit Kraft-Wärme-Kopplung (Abb. 3.5) sind mit unterschiedlichen Wirkungsgraden und Leistungsbereichen zurzeit im Einsatz und werden auch zukünftig eine wichtige Rolle in der Energieversorgung übernehmen, weil sich dadurch verschiedene Brennstoffe[11] effizient umwandeln lassen. Dieser Gesichtspunkt gewinnt besondere Bedeutung, wenn man annimmt, dass bestehende und zukünftige Techniken (z. B. Brennstoffzellen) ausreichend Abfallwärme auf verschiedenen Temperaturniveaus produzieren.

Ein häufiges Problem bei der Kraft-Wärme-Kopplung ist die fehlende Übereinstimmung der elektrischen und thermischen Lasten bei Heizungsanwendungen. Das betrifft Tages-, Wochen- und Jahreslastverläufe. Weil die Elektroenergieerzeugung in vielen Fällen höhere Priorität gegenüber der thermischen Nutzung besitzt, nimmt die effiziente bzw. zeitlich abgestimmte Anwendung der Wärme eine Schlüsselrolle ein, um hohe Gesamtwirkungsgrade der Kraft-Wärme-Kopplung tatsächlich zu erhalten. Folgende Möglichkeiten bieten sich hierbei an:

- Anwendung bei technologischen Prozessen (z. B. Trocknung),
- Speicherung im Kurzzeit- bis Langzeitbereich zur Heizungsanwendung,
- Nachschaltung weiterer Kraftprozesse (z. B. ORC),
- Kälteerzeugung.

Wird die Abwärme eines oder mehrerer KWK-Prozesse mittels thermisch angetriebener Kältemaschinen zur Kälteerzeugung herangezogen, spricht man von der *Kraft-Wärme-Kälte-Kopplung* (KWKK).

Nah- und Fernwärme

Bei großen Erzeugereinheiten mit Kraft-Wärme-Kopplung (vgl. mit Abb. 3.5, z. B. Heizkraftwerke) muss die Wärme zum Abnehmer im nahen Umfeld (Nahwärme, z. B. Industriebetrieb oder Wohnviertel) oder in ein entferntes oder ausgedehntes Gebiet (Fernwärme, z. B. ganze Stadt) übertragen und verteilt werden. Aus Sicht der Kälteversorgung kann man große Erzeugeranlagen mit großen Kältenetzen oder kleinere dezentrale Erzeugeranlagen aufbauen (Abb. 3.7).

Die Unterschiede bei der Auslegung bzw. im Betrieb hinsichtlich der Temperatur, des Druckes und der Phasen liefert die Einteilung nach Dampf-[12], Heißwasser- und

[11] Hohe Wirkungsgrade lassen sich vor allem mit gasförmigen Brennstoffen realisieren [67]. Feste Brennstoffe, wie z. B. Braunkohle, können i.d.R. nur im großen Leistungsbereich effizient umgewandelt werden.

[12] Heute existieren Dampfnetze fast ausschließlich im industriellen Bereich (Ausnahme z. B. Fernwärme Gera). Die Verfahrenstechnik gibt die Anforderungen an die Dampferzeugung und -verteilung vor.

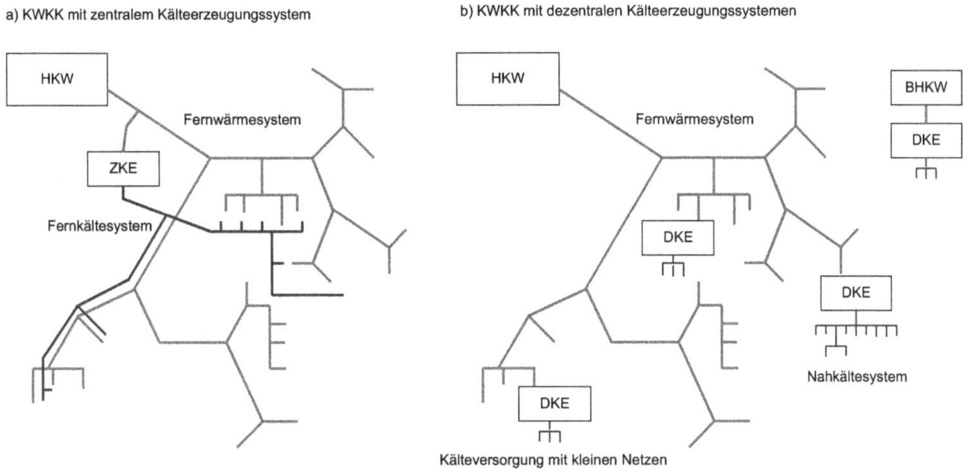

Abb. 3.7: Beispiele zum Einsatz von thermisch angetriebenen Kältemaschinen in Gebieten mit Fernwärme oder dezentralem Wärmeanfall

Warmwassernetzen[13]. Die Netz-Vorlauf-Temperatur kann konstant oder angepasst sein (gleitende Fahrweise z. B. nach der Außentemperatur).

Der Einsatz von thermisch angetriebenen Kältemaschinen kann mit hohen Netzverlusten verbunden sein, die auf

- einer Mindestumwälzung zur Einhaltung hoher Temperaturen an den Übergabestationen [69],
- einer relativ niedrigen Abnahme im Vergleich zum Heizungsbetrieb und
- einer niedrigen Auskühlung (zu hohe Rücklauf-Temperaturen)[14]

beruhen. Gleichzeitig können zu hohe Netz-Rücklauf-Temperaturen aus Sicht der Erzeugung ungünstig sein[15]. Des Weiteren ist der Aufwand für den Netzbetrieb zu beachten (z. B. Pumpenantriebsstrom).

Aktuelle Bestrebungen im Fernwärmebereich haben die Ziele, die Effizienz der Erzeugung zu steigern und die Netzverluste zu senken. Das kann man mit der Senkung

[13] Im kommunalen Bereich sind den Heizkraftwerken überwiegend Heiß- oder Warmwassernetze angegliedert.

[14] Die Stadtwerke in Dresden haben einen umfangreichen Einsatz von Absorptions- und Adsorptionskältemaschinen im Stadtgebiet realisiert [69]. Die Auskühlung der Fernwärme liegt bei ca. 10...12 K. Die Stadtwerke in Chemnitz (Zentrale Kälteversorgung, Abb. 2.21, S. 35) erreichen beim Volllastbetrieb eine Temperaturdifferenz von 20 K an den Absorptionskältemaschinen (120 °C auf 100 °C) und von ca. 40 K auf der Netzseite (140 °C auf 100 °C, Einsatz einer Einspritzschaltung). Es ist zu beachten, dass dieses Temperaturdifferenzen maßgeblich durch die Auslegung der Kältemaschine bzw. der Wärmeübertrager beeinflusst wird.

[15] Das verlustbehaftete Netz kann auch die Funktion eines Hilfskühlers bei der gekoppelten Erzeugung (KWK) übernehmen. Aus energetischer Sicht (nutzbringende Anwendung der Energie) muss dieser Ansatz kritisch geprüft werden.

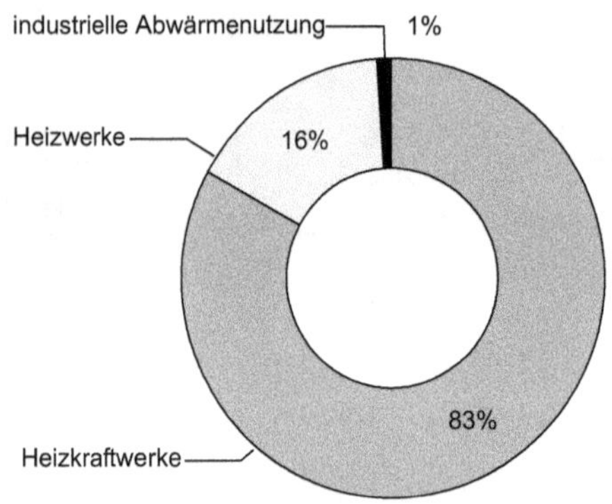

Abb. 3.8:
Verteilung des Absatzes von Nah- und Fernwärme in Deutschland 2005 (87,2 TWh) bei einem Anschlusswert von ca. 57 GW BDEW Bundesverband der Energie- und Wasserwirtschaft e. V. [59]

der Netz-Vorlauf-Temperatur erreichen. Diese Bestrebungen wirken einem Einsatz von thermisch angetriebenen Kältemaschinen entgegen[16].

Abb. 3.8 zeigt den Wärmeabsatz bei Fern- und Nahwärmesystemen in Deutschland. Der Anteil mit Kraft-Wärme-Kopplung ist dabei hoch. Dem gegenüber steht der Einsatz von thermisch angetrieben Kältemaschinen (Tab. 3.5) und Kältenetzen mit Sorptionskältemaschinen (Tab. 3.6). Es wird deutlich, dass sich relativ wenig thermisch angetriebene Kältemaschinen in Betrieb befinden. Der Absatz von Fernwärme und Kälte ist demzufolge ebenfalls gering (vgl. mit Abs. 2.2.2)[17].

Eine spezielle Gestaltung des Fernwärmepreises oder Contractinglösungen erscheinen besonders aussichtsreich. Derartige Konzepte praktizieren heute bereits einige Stadtwerke. Es ist weiterhin zu beachten, dass in der Industrie mit eigener Kälteerzeugung andere Kostenverhältnisse auftreten können [70].

3.4 Fazit

Die Zusammenhänge zur Energiewirtschaft und zur Systemtechnik dürfen bei der Kälteerzeugung nicht außer Acht gelassen werden. Es sind die Eigenheiten der jeweiligen Versorgungsbranche (Brennstoff-, Elektro- und Wärmewirtschaft) zu beachten.

Die Energieversorgung befindet sich in der Umstrukturierung. Diese wird besonders durch den Einsatz erneuerbarer Energiequellen sowie die Änderung wirtschaftlicher und rechtlicher Rahmenbedingungen geprägt. Es bestehen dabei verschiedene Optimierungspotenziale.

Weil die Nutzung regenerativer Energiequellen bei einer einfachen Kostenbetrachtung (z. B. ohne die Einbeziehung von Umweltschäden oder Folgekosten) oft höhere Kosten ausweist, muss eine hohe und effiziente Nutzung dieser Technik angestrebt werden.

[16]Die Dresdner Stadtwerke [69] benutzen eine gleitende Netz-Vorlauf-Temperatur die mit steigender Außentemperatur zunächst abgesenkt wird. Mit steigenden Kältelasten bzw. mit einer steigenden Außentemperatur hebt man die Netz-Vorlauf-Temperatur wieder an, damit die Absorptions- und Adsorptionskältemaschinen im Bereich höherer Leistungen betrieben werden können.

[17]Die Studie der Arbeitsgemeinschaft für Wärme und Heizkraftwirtschaft - AGFW - e. V. erfasst vorwiegend kommunale Energieversorger. Die industriellen Energieversorgungssysteme sind zurzeit unzureichend erfasst.

Folgende Optionen sind vielversprechend:

- verstärkte Einsatz von Steuerungsinstrumenten (z. B. finanzielle Förderung, Änderung von Gesetzen),
- Ausbau des Energiemanagements,
- differenzierte Preisgestaltung für Endkunden (z. B. Nachtstrompreise).

Um eine zukünftige Kälteversorgung erzeugungsseitig wirtschaftlich und ökologisch zu gestalten, können folgende Strategien verfolgt werden:

- hoch effiziente Stromerzeugung in Kombination mit Kompressionskältemaschinen,
- Nutzung der Wärme aus der KWK und aus regenerativen Energiequellen mittels thermisch angetriebenen Kältemaschinen,
- Nutzung von natürlichen Kältequellen,
- Einsatz der Speichertechnik als notwendige Technik und zur Optimierung.

Betrachtet man die Kälteversorgung einschließlich der vorgelagerten Prozessketten, wird ersichtlich, dass sehr viele verschiedene Systeme mit projektspezifischen Randbedingungen existieren. Darin besteht eine grundlegende Schwierigkeit hinsichtlich der Bewertung. Deswegen sollen folgende Einschätzungen postuliert werden:

- Elektroenergie;
  - Elektroenergie als besonders wertvolle Energie (100 % Exergie) sollte vorrangige Verwendung für Prozesse (z. B. Betrieb von Rechnern, Kommunikation, elektromotorische Antriebe) finden, bei denen sie nicht leicht oder überhaupt nicht ersetzbar ist.
  - Mit Elektroenergie kann Kälte effizienter erzeugt werden. Die Leistungszahlen sind in den letzten Jahren gestiegen. Ein weiterer Vorteil liegt in der effizienteren Rückkühlung.
- Wärme;
  - Hohe Investitionskosten für thermisch angetriebene Kältemaschinen und deren Rückkühlung sind ein Hemmnis für eine weitgehende Abwärmenutzung bzw. für eine Nutzung regenerativer Energiequellen.
  - Die Problematik wird durch den höheren Hilfsenergie- und Wasserverbrauch weiter verstärkt.
  - Trotz dieser Nachteile sollte versucht werden, Wärme zur Kälteerzeugung heranzuziehen und das hohe Energiepotenzial zu nutzen.

Die Gültigkeit der Aussagen muss für jeden Fall geprüft werden.

Tab. 3.1: Dichte und Energiedichte für ausgewählte fossile, regenerative und synthetische Brennstoffe bzw. reine Stoffe

Brennstoff	Dichte	Energiedichte	Quelle
feste Brennstoffe[1]	[kg/m^3]	[MJ/m^3][2]	
Steinkohle, Förderkohle (Ruhr)	850...890	ca. 27700	[21]
Hochofenkoks	460...530	ca. 14300	[21]
Braunkohle, Mitteldeutschland	650...780	ca. 7220	[71]
Scheitholz[3]	300...475	4700...7400	[67]
Holzhackschnitzel[3]	195...260	3000...4000	[67]
Rinde[3]	205...320	3200...5000	[67]
Sägemehl[3]	110...170	1700...2600	[67]
Hobelspäne[3]	90...153	1400...2400	[67]
Quaderballen, Heu, Stroh[3]	120...160	1700...2300	[67]
Rundballen[3]	85...104	1200...1500	[67]
Quaderballen, Ganzpflanzen[3]	190...216	2700...3100	[67]
Rundballen, Ganzpflanzen[3]	144	2100	[67]
Stroh, gehäckselt[3]	59...65	800...900	[67]
Ganzpflanzen, gehäckselt[3]	150	2200	[67]
Getreidekörner[3]	760	10900	[67]
Holzpellets[3]	500...650	9200...12000	[67]
flüssige Brennstoffe			
Rohöl	700...1000	ca. 36500	[68]
Heizöl EL	820...860	ca. 35900	[21]
Kraftstoff für Ottomotoren, Super	730...780	ca. 32900	[68]
Kraftstoff für Dieselmotoren	820...860	ca. 35500	[68]
Ethanol	790	21200	[68]
Methanol	790	15600	[68]
LPG	510...580	ca. 15500	[68]
gasförmige Brennstoffe[4]			
Erdgas H	0,78	37,3	[21]
Stadtgas	0,59...0,65	15,5...17,3	[21]
Wasserstoff	0,09	10,8	[68]
Methan	0,72	35,9	[21]
Ethan	1,36	64,3	[21]
Propan	2,01	93,2	[21]
Butan	2,71	123,8	[68]

[a]1: Schüttdichte
[b]2: Heizwert
[c]3: 15 % Feuchte
[d]4: Bezug auf Normkubikmeter, Erhöhung der Energiedichte bei Kompression

Tab. 3.2: Nutzung erneuerbarer Energiequellen in Deutschland 2007 zur Bereitstellung von Elektroenergie [61]

	Endenergie [GWh/a]	Anteil am Endenergieverbrauch [%]
Wasserkraft	20700	3,4
Windenergie	39500	6,4
Photovoltaik	3500	0,6
biogene feste Brennstoffe	7390	1,2
biogene flüssige Brennstoffe	2590	0,4
biogene gasförmige Brennstoffe	7430	1,2
Klärgas	1040	0,2
Deponiegas	1050	0,2
biogener Anteil des Abfalls	4250,0	0,7
Geothermie	0,4	0,0
Summe	87450	14,3

Tab. 3.3: realisierte Pumpspeicherwerke in Deutschland [47]

Ort	Gesamtleistung [MW]
Goldisthal	1060
Markersbach	1050
Waldeck	586
Hohenwarte I und II	383
Erzhausen	223
Happurg	162
Rönkhausen	140
Geesthacht	120
Niederwartha	120

Tab. 3.4: Nutzung erneuerbarer Energiequellen in Deutschland 2007 zur Bereitstellung von Wärme [61]

	Endenergie [GWh/a]	Anteil am Endenergieverbrauch [%]
biogene feste Brennstoffe (Haushalte)	57778	4,20
biogene feste Brennstoffe (Industrie)	11250	0,80
biogene feste Brennstoffe (Heizkraft-, Heizwerke)	2300	0,20
biogene flüssige Brennstoffe	4500	0,30
biogene gasförmige Brennstoffe	3461	0,30
biogener Anteil des Abfalls	4910	0,40
Solarthermie	3700	0,30
tiefe Geothermie	160	0,01
oberflächennahe Geothermie	2139	0,20
Summe	90198	6,71

Tab. 3.5: Sorptionskälteanlagen in Deutschland mit Fernwärmeantrieb [72]

	2004	2005	2006
Anlagen in Wassernetzen	74	75	76
Anlagen in Dampfnetzen	9	13	15
Anschlusswert Wärme [MW]	116	121	123
Wärmeabsatz [GWh/a]	201	223	217

Tab. 3.6: Kältenetze in Deutschland mit Sorptionskälteanlagen [72]

	2004	2005	2006
Anzahl der Kältenetze	23	27	28
Anzahl der Kompressionskälteanlagen	37	44	43
Anzahl der Sorptionskälteanlagen	24	31	28
Kälteleistung [MW]	171	184	185
Kälteabsatz [GWh/a]	183	187	203
Netzlänge [km]	48	53	54
Anzahl der Übergabestationen	279	305	298

4 Thermische Energiespeicher

In diesem Hauptabschnitt werden allgemeine Sachverhalte zu thermischen Energiespeichern erläutert, ohne die Thematik auf Kälteanwendungen zu beschränken. Neben einem Überblick zu Begriffen und Anwendungen liefert der Abschnitt grundlegende Definitionen und eine systematische Einordnung, die für den folgenden Teil II (Kältespeicherung) wichtig sind.

4.1 Allgemeines

Gegenstand, Bedeutung
Speichervorgänge spielen in vielen Bereichen der Natur, Technik und Wirtschaft eine wichtige Rolle. Das sind beispielsweise

- die Speicherung von Stoffen,
- die Speicherung von Energie,
- die Speicherung von Informationen[1] und
- die Anlage von finanziellen Mitteln[2].

Auffällig erscheint, dass der Begriff mehrere Teilprozesse zusammenfasst (z. B. das Schreiben und Lesen von Informationen auf einer Festplatte). Der Erhalt eines Zustandes (z. B. Lagerung von Kohlen im Keller) ist zunächst mit keinen Prozessen verbunden (verlustfreie Speicherung). Bei allen Prozessen erwartet der Mensch nach einer bestimmten Zeit die Rückgabe des gespeicherten Mediums (gezielte Speicherung). Das Medium sollte die gleiche Quantität (geringe Verluste) und Qualität (keine Umwandlung) besitzen (z. B. Lagerung von Lebensmitteln).

Energiespeicher
Im Bereich der Energietechnik gibt es wiederum viele Energieformen, die mit Energiespeichern genutzt werden:

- thermische Energie (Erläuterung in den nächsten Abschnitten),
- chemisch gebundene Energie (z. B. Erdgasspeicher[3]),

[1] Ist eine Information gespeichert, kann diese im Unterschied zu den anderen Prozessen mehrfach gelesen werden, ohne dass eine Zustandsänderung auftritt.

[2] Die Anlage von Geld ist in vielen Fällen mit weiteren Prozessen verbunden (z. B. die weitere Verwendung des Geldes durch die Bank zur Vergabe von Krediten). Dem Inhaber der Anlage wird demzufolge ein virtueller Speicherzustand übermittelt. Der Auszahlbetrag kann auf Grund der Bankgeschäfte auch über dem Einzahlbetrag liegen.

[3] Brennstoff-Lagerstätten speichern chemische Energie, sind aber keine Speicher im eigentlichen Sinne. Ein Speicher im technischen Sinne setzt eine mehrfache Nutzung vor aus.

- elektrische Energie (z. B. Kondensatoren),
- kinetische Energie (z. B. Schwungradspeicher),
- potenzielle Energie (z. B. Pumpspeicherwerk).

Ausgleich von Einspeisung und Abnahme
In Versorgungssystemen *ohne Speicher* (vgl. mit Abb. 2.1 S. 5) müssen die Verhältnisse bezüglich der Masse und Energie näherungsweise ausgeglichen sein. Es darf zu keiner erhöhten Einspeisung oder zu einer Unterversorgung kommen. Beide Szenarien führen zu einem Fehlbetrieb. Zum Ausgleich zwischen der Einspeisung auf der Erzeuger- oder Quellenseite und der Abnahme auf der Verbraucherseite sind folgende grundlegende Strategien möglich, welche auch miteinander kombiniert werden können [30]:

- Anpassung der Leistung der Erzeuger bzw. der Quellen an den Bedarf,
- Beeinflussung des Bedarfs nach den Möglichkeiten der Einspeisung,
- Einsatz von Speichern zum Ausgleich (Schwerpunkt der folgenden Erläuterungen).

Energiespeicherung als Begleiteffekt
Systeme zur Wärme- und Kälteversorgung basieren auf der Energiewandlung (z. B. Verbrennung) und der Energieübertragung. Die Übertragung der thermischen Energie kann wiederum mit Wärmeleitung, Strahlung und dem Transport von Masse einhergehen. Es sind also Bauteile (z. B. Wärmeübertrager) und Transportmedien (z. B. Wasser in Rohrleitungen) an der Energieübertragung beteiligt, die beim stationären und instationären Betrieb zwangsläufig ihren thermischen Zustand ändern und eine Speicherwirkung zeigen.

Ein typisches Beispiel ist die *Netzspeicherung* [30], [56]. Nah- und Fernversorgungsnetze besitzen hohe Füllmengen. Diese Füllung kann man begrenzt zur Speicherung heranziehen, indem vor einer Lastspitze eine höhere Einspeisung erfolgt. Bei großen Netzen tritt aufgrund hoher Füllmengen und langer Umwälzzeiten nicht unmittelbar ein Fehlbetrieb ein. Diese Effekte werden im Folgenden nicht den thermischen Energiespeichern zugeordnet.

4.2 Definitionen

In diesem Abschnitt werden wichtige Begriffe definiert und wesentliche Zusammenhänge aufgezeigt, die im Zusammenhang mit thermischen Energiespeichern stehen.

Thermischer Energiespeicher (TES, thermal energy storage): Zur Speicherung von thermischer Energie werden Apparate, bauliche Anlagen, geologische Strukturen usw. herangezogen. Populär bezeichnet man diese als *Wärmespeicher* oder *Kältespeicher*. Das ist aus thermodynamischer Sicht problematisch, weil Wärme als Prozessgröße nicht gespeichert werden kann. Ein TES zeichnet sich weiter

durch eine gezielte Speicherbeladung (Energiezufuhr oder -entzug) und Speicherentladung (Energieentzug oder -zufuhr) aus. Diese Energieübertragung kann mit vielen und komplexen physikalischen Vorgängen sowie chemischen Reaktionen im Speicher verbunden sein. Alle Prozesse, die Konstruktion usw. gestatten aber eine mehrmalige Be- und Entladung. Aus Sicht der Klimatechnik (Speichereinsatz zum Heizen oder Kühlen) wird die Grenze zwischen den sog. Wärme- und Kältespeichern willkürlich auf 20 °C festgelegt.
Der Speicher besteht aus folgenden Funktionseinheiten bzw. *Speicherkomponenten*:

1. Speicherstoff (storage material): Ein oder mehrere Stoffe (auch: Speichermaterial, Speichermedium) übernehmen die eigentliche Energiespeicherung. Dafür kommen viele Stoffe infrage (z. B. Abs. 5.3, Abs. 5.4, Abs. 5.5).
2. Be- und Entladesystem (BES, charging and discharging system): Das BES ist eine technische Einrichtung zur Energiezufuhr oder -entnahme. Diese Einrichtung kann wiederum aus verschiedenen Komponenten zur Beeinflussung der Strömung im Speicher, Wärmeübertragern, Pumpen, Sensoren usw. bestehen.
3. Speicherwandkonstruktion: Die Wandkonstruktion kann folgende Funktionen übernehmen:
   - Einschluss der Speicherstoffe (stoffliche Abdichtung gegenüber der Umgebung, Unterdrückung von Konvektion und Diffusion),
   - Ausbildung des statischen Tragwerks,
   - Minimierung der thermischen Verluste mit einer Wärmedämmung,
   - Schutz vor äußeren Einflüssen (Luftfeuchtigkeit, Regenwasser, Grundwasser, UV-Strahlung usw.).

   Die Konstruktionen unterscheiden sich in Abhängigkeit des Speichertyps stark. Verschiedene Speicher besitzen überhaupt keine Wandkonstruktion (z. B. Aquiferspeicher). Andere Speicher nutzen nur bestimmte Merkmale (z. B. Erdbeckenspeicher, Wandaufbau mit Dichtung und Wärmedämmung).
4. Hilfseinrichtungen: Für die umfassende Speicherfunktion sind weitere Einrichtungen notwendig. Als Beispiele wären zu nennen: Sensoren, Druckhaltung, Sicherheitstechnik, Einrichtungen zum Korrosionsschutz, weitere Tragwerke, Bauwerke usw.

Speichereffekte: Die Energieübertragung an der Systemgrenze bewirkt Änderungen der inneren Energie im Speicher (Abb. 4.1). Die Änderung der inneren Energie[4] ist an bestimmte Phänomene gebunden:

[4]Die innere Energie eines thermodynamischen Systems setzt sich aus der thermischen inneren Energie, der chemischen inneren Energie und der nuklearen inneren Energie zusammen [74]. Die Anteile kann man auf physikalische Zusammenhänge (z. B. die kinetische Energie der Moleküle, Bindungsenergie von Elementarteilchen) und chemische Effekte (z. B. intermolekulare Kräfte, Bindungsenergien) zurückführen. In Zusammenhang mit der energetischen Betrachtung von thermischen Energiespeichern wird die Größe innere Energie vereinfacht angewendet. Es tritt im Wesentlichen nur eine Änderung der thermischen und chemischen Anteile auf.

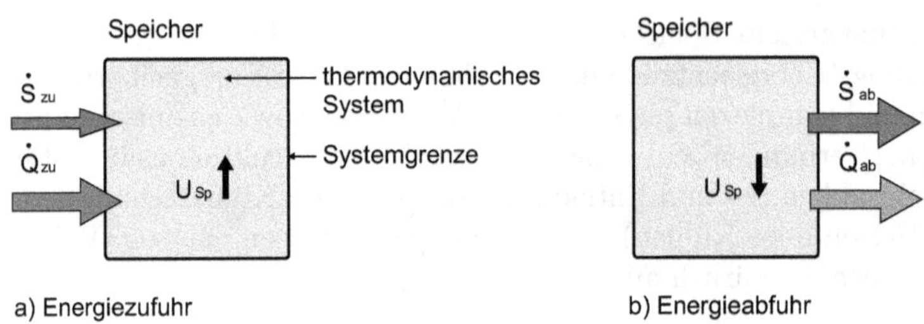

Abb. 4.1: direkte Speicherung thermischer Energie, Speicher als thermodynamisches System

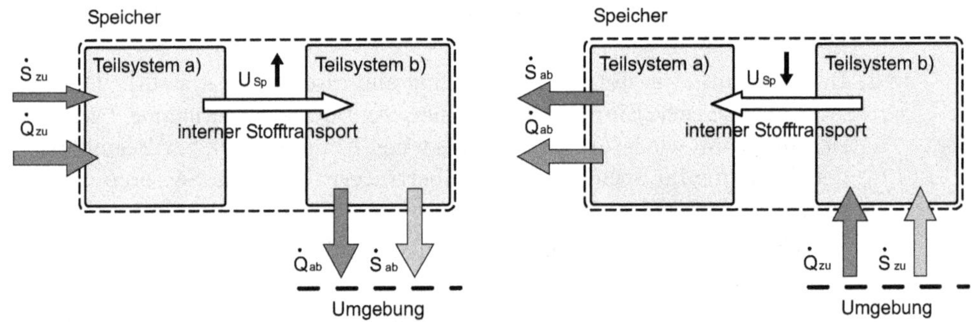

Abb. 4.2: indirekte Speicherung thermischer Energie

- Temperaturänderung (Abs. 4.3.2.1),
- Phasenwechsel (Abs. 4.3.2.2),
- Ad- und Desorption (Abs. 4.3.2.3),
- Ab- und Desorption (Abs. 4.3.2.3),
- reversible chemische Reaktionen (Abs. 4.3.2.4).

Direkte Speicherung: Der Wärmestrom bei der Be- und Entladung kann dem Speicher *direkt* zu- oder abgeführt werden (Abb. 4.1), ohne dass eine zweite Energie- bzw. Entropieübertragung notwendig ist [73]. Das trifft z. B. auf Speicher zu, die die Temperaturänderung oder einen Phasenwechsel nutzen.

Indirekte Speicherung: Im Gegensatz zur direkten Speicherung muss für die Be- und Entladung zusätzlich und zeitgleich ein Energie- bzw. Entropiestrom zu- oder abgeführt werden (Abb. 4.2). Das ist z. B. bei Speichern unter Nutzung der Adsorption bzw. der Desorption notwendig [73].

Direkte Be- und Entladung: Das Fluid (*Wärme-* oder *Kälteträger*) für die Be- und Entladung ist gleichzeitig *ein* Speicherstoff (Abb. 4.3 a). Stimmen Fluid und Speicherstoff überein (z. B. Wasserspeicher), gilt näherungsweise $c_{fl} = c_{Sp}$.

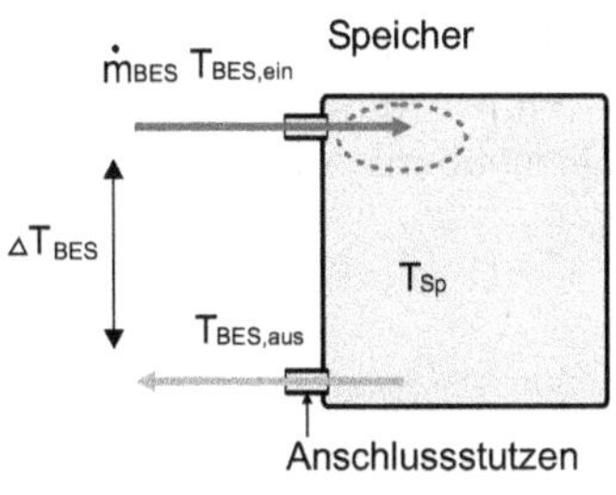

a) direkte Be- und Entladung

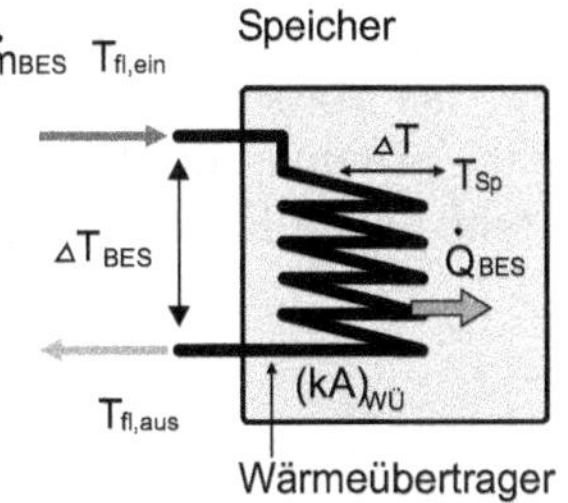

b) indirekte Be- und Entladung

Abb. 4.3: Be- und Entladung von Speichern, a) direkt, b) indirekt

Der Massenstrom übertritt die Speichersystemgrenze ohne stoffliche Trennung zur gleichen Stoffkomponente im Speicher (Be- und Entladeleistung nach Gl. 4.1). Der Einsatz von Be- und Entladesystemen zur hydraulischen Führung (teilweise stoffliche Trennung) ist möglich.

$$\dot{Q}_{BES} = \dot{m}_{BES} \cdot c_{fl} \cdot (T_{BES,ein} - T_{BES,aus}) \tag{4.1}$$

mit

$$\dot{Q}_{zu} = \dot{Q}_{BES,zu} > 0 \begin{cases} \text{Wärmespeicherung} \rightarrow \text{Beladen} \rightarrow \dot{Q}_{Sp,bel} \\ \text{Kältespeicherung} \rightarrow \text{Entladen} \rightarrow \dot{Q}_{Sp,ent} \end{cases}$$
$$\dot{Q}_{ab} = \dot{Q}_{BES,ab} < 0 \begin{cases} \text{Wärmespeicherung} \rightarrow \text{Entladen} \rightarrow \dot{Q}_{Sp,ent} \\ \text{Kältespeicherung} \rightarrow \text{Beladen} \rightarrow \dot{Q}_{Sp,bel} \end{cases}$$

Indirekte Be- und Entladung: Der Energietransport über die Systemgrenze des Speichers erfolgt mit einer stofflichen Trennung zwischen dem eigentlichen Speicherstoff und dem Fluid des Be- und Entladekreislaufes (Be- und Entladeleistung nach Gl. 4.2 mit Bezug auf das Fluid zur Be- oder Entladung). Ein Wärmeübertrager im Speicher (z. B. Rohrschlange) oder an der Systemgrenze des Speichers (z. B. Mantelwärmeübertrager) ist deswegen notwendig (Abb. 4.3 b).

$$\dot{Q}_{BES} = \dot{m}_{BES} \cdot c_{fl} \cdot (T_{BES,ein} - T_{BES,aus}) = \dot{m}_{BES} \cdot c_{fl} \cdot (T_{fl,ein} - T_{fl,aus}) \tag{4.2}$$

mit

$$\dot{Q}_{zu} = \dot{Q}_{BES,zu} > 0 \begin{cases} \text{Wärmespeicherung} \rightarrow \text{Beladen} \rightarrow \dot{Q}_{Sp,bel} \\ \text{Kältespeicherung} \rightarrow \text{Entladen} \rightarrow \dot{Q}_{Sp,ent} \end{cases}$$
$$\dot{Q}_{ab} = \dot{Q}_{BES,ab} < 0 \begin{cases} \text{Wärmespeicherung} \rightarrow \text{Entladen} \rightarrow \dot{Q}_{Sp,ent} \\ \text{Kältespeicherung} \rightarrow \text{Beladen} \rightarrow \dot{Q}_{Sp,bel} \end{cases}$$

Die Be- und Entladeleistung wird prinzipiell durch die Temperaturdifferenz ΔT_{BES}, den Massenstrom $\dot{m}_{BES}$, die Stoffdaten ρc [5] limitiert. Bei der indirekten Be- und Entladung besitzt außerdem der Wärmeübergang im Speicher (Gl. 4.3) einen sehr hohen Einfluss auf diese Leistung.

$$\dot{Q}_{BES} = (kA)_{W\ddot{U}} \left(T_{BES,m} - T_{Sp,m}\right) \tag{4.3}$$

Verdrängungsspeicher: siehe Abs. 4.3.4.1.

Umladespeicher: siehe Abs. 4.3.4.2.

Speicherverluste: Allgemein wird dem Begriff nur der thermische Verlust, vorwiegend ein Wärmestrom, über die Systemgrenze zugeordnet. Tatsächlich existieren aber mehrere Phänomene, die eine Minderung der maximal möglichen Entladeenergie verursachen.

- *Externe Speicherverluste* sind Energieverluste in Form von Wärmeströmen oder Enthalpie- bzw. Masseströmen über die Speicher-Systemgrenze. Zu dieser Gruppe zählen die Wärmeleitung im Speicherwandaufbau, Leckverluste eines Speicherstoffes, der natürliche Zu- und Abfluss von Grundwasser (z. B. beim Erdsonden- oder Aquiferspeicher).

  Gl. 4.4 liefert die Energiebilanz für einen Speicher mit konstanter Masse (keine Leckverluste usw.). Mit dem Be- und Entladesystem wird eine gewollte Energieübertragung realisiert ($\dot{Q}_{BES,zu}$, $\dot{Q}_{BES,ab}$). Die Verluste $\dot{Q}_{Sp,Ver}$ treten nur an der Speicheroberfläche auf. Der lokale Wärmeübergang an der Speicherwand (Verlustwärmestrom $\dot{Q}_{Sp,Ver}$) kann für stationäre Verhältnisse nach Gl. 4.5 berechnet werden (Transportgleichung).

$$U_{Sp,2} - U_{Sp,1} = \int_{t_1}^{t_2} \dot{Q}_{BES,zu} dt + \int_{t_1}^{t_2} \dot{Q}_{BES,ab} dt + \int_{t_1}^{t_2} \dot{Q}_{Sp,Ver} dt \tag{4.4}$$

$$\dot{Q}_{Sp,Ver} = (kA)_{Sp} \left(T_{Umg} - T_{Sp}\right) \tag{4.5}$$

- *Interne Speicherverluste* können durch eine Entropiebilanz (Gl. 4.6) beschrieben werden und entstehen durch
  - Ausgleichsvorgänge im Speicher (z. B. Wärmeleitung $\Delta S_{WL,12}$),
  - Mischung im Speicher $\Delta S_{Misch,12}$ sowie
  - Wärmeübertragung an andere Bauteile $\Delta S_{W\ddot{U},12}$.

[5] Flüssigkeiten besitzen eine wesentlich höhere volumetrische Wärmekapazität im Vergleich zu Gasen. Deswegen werden zum Energietransport anstelle von Luft vorzugweise Wasser, Wassergemische etc. verwendet.

Diese Quelltherme bewirken zwangsläufig eine Entropiezunahme. Das kann dazu führen, dass trotz des gleichen Ladezustandes, weniger entladen werden kann, weil sich eine niedrige Speichertemperatur einstellt und die Entladegrenze (siehe Definition Ladezustand) schneller erreicht wird[6].

$$S_{Sp,2} - S_{Sp,1} = \underbrace{\int_{t_1}^{t_2} \dot{S}_{BES,zu} dt + \int_{t_1}^{t_2} \dot{S}_{BES,ab} dt + \int_{t_1}^{t_2} \dot{S}_{Sp,ver} dt}_{\text{Ströme an der Systemgrenze}} \\ \underbrace{+\Delta S_{WL,12} + \Delta S_{Misch,12} + \Delta S_{W\ddot{U},12}}_{\text{Produktion im System}} \tag{4.6}$$

Thermische Schichtung: Aufgrund der temperaturabhängigen Dichte lassen sich bei Fluiden stabile Situationen ohne freie Konvektion im Speicher herstellen, die mit einer vertikalen Temperaturverteilung verbunden sind. Horizontale Temperaturdifferenzen treten in der Speicherfüllung idealerweise nicht auf. Eine detaillierte Beschreibung liefert Abs. 7.5.2, S. 259.

Ladezustand: Der *energetische Ladezustand* LZ_{en} bezieht sich auf die innere Energie[7] (Gl. 4.7). Weitere Definitionen sind möglich. Beispielweise kann man mit Hilfe einer Grenztemperatur das *nutzbare Speichervolumen* bestimmen (Gl. 4.8, *volumetrischer Ladezustand*).

$$LZ_{en} = \frac{U_{Sp,nutz}}{U_{Sp,max} - U_{Sp,min}} \tag{4.7}$$

mit

$$\Delta U_{Sp,nutz} \begin{cases} \text{Wärmespeicherung} \rightarrow U_{Sp} - U_{Sp,\min} \geq 0 \\ \text{Kältespeicherung} \rightarrow U_{Sp,\max} - U_{Sp} \geq 0 \end{cases}$$

$$LZ_{vol} = \frac{V_{Sp,nutz}}{V_{Sp}} \tag{4.8}$$

Ein Speicher kann zwischen seiner unteren Ladegrenze $LZ_{en,\min}$ und oberen Ladegrenze $LZ_{en,\max}$ (energetischer Bezug) betrieben werden.

[6] Eine irreversible Minderung der Speicherkapazität zählt nicht dazu. Bei den hier aufgeführten Verlusten wird davon ausgegangen, dass mittels neuer Beladung die Herstellung der geplanten Funktionsfähigkeit wieder möglich ist.

[7] Die innere Energie ist eine extensive Zustandsgröße [74]. Diese beschreibt den energetischen Zustand eines thermodynamischen Systems. Aufgrund der Definition kann man nur Aussagen über die Änderung der inneren Energie gewinnen, was aus praktischer Sicht mit Nachteilen verbunden ist. Deshalb wird die Einführung eines Referenzzustandes mit einer geeigneten Referenztemperatur vorgeschlagen (Gl. 4.29 S. 122).

$$LZ_{en,\max}\begin{cases}\text{Wärmespeicherung} \rightarrow U_{Sp,\max}\\ \text{Kältespeicherung} \rightarrow U_{Sp,\min}\end{cases}$$
$$LZ_{en,\min}\begin{cases}\text{Wärmespeicherung} \rightarrow U_{Sp,\min}\\ \text{Kältespeicherung} \rightarrow U_{Sp,\max}\end{cases}$$

Diese Grenzen entstehen durch die Auslegung (z. B. Systemtemperaturen), limitierende physikalische Phänomene (z. B. Bildung von Wasserdampf) oder rechtliche Randbedingungen (z. B. Einstellwert für einen Sicherheitstemperaturbegrenzer).

Speicherkapazität: Das Aufnahmevermögen von Energie bei der Wärmespeicherung bzw. das Abgabevermögen von Energie bei der Kältespeicherung beschreibt die Kapazität eines Speichers (Gl. 4.9). Bei vielen Speichern lässt sich eine *theoretische Kapazität* berechnen, indem die Differenz zwischen dem maximalen und minimalen Ladezustand gebildet wird. In diesem Fall müssen im Speicher homogene Verhältnisse vorliegen, was in einigen praktischen Fällen nicht möglich ist (z. B. Erdsondenspeicher). Deswegen liegen diese theoretischen Werte (Brutto-Speicherkapazität) oft über den nutzbaren Speicherkapazitäten (Netto-Speicherkapazität).

$$C_{Sp} = U_{Sp,max} - U_{Sp,min} \tag{4.9}$$

Die *effektive Kapazität* eines Speichers erhält man alternativ, wenn dieser in einem typischen Zyklus vollständig beladen wird (Gl. 4.10). Dieser Prozess berücksichtigt den Betrieb sowie die Wärmeübertragung im Speicher und deren Auswirkungen auf die Temperaturverteilung. Damit fließen auch die Verluste ein.

$$C_{Sp,Betrieb} = |Q_{Sp,bel,12}| = \int_{t_1}^{t_2} \left|\dot{Q}_{Sp,bel}\right| dt \tag{4.10}$$

mit

$$LZ\,(t_1) \rightarrow \text{minimal}$$
$$LZ\,(t_2) \rightarrow \text{maximal}$$
$$\dot{Q}_{Sp,ent} = 0$$

Maximale Entladewärmemenge: Wenn ein verlustfreier Speicher mit $LZ_{en} = 1{,}0$ vollständig entladen wird, stimmt die Entladewärmemenge mit der Kapazität überein $|Q_{Sp,ent,max}| = C_{Sp}$. Analog zur effektiven Kapazität berücksichtigt die maximale Entladewärmemenge den Ertrag bei einer vollständigen Entladung unter betriebsnahen Bedingungen (Gl. 4.11). Diese Energie steht dem Verbrauchersystem maximal zur Verfügung und berücksichtigt den Betrieb, den Wärmeübergang im Speicher, Verluste usw.

$$|Q_{Sp,ent,\max}| = |Q_{Sp,ent,23}| = \int_{t_2}^{t_3} \left|\dot{Q}_{Sp,ent}\right| dt \qquad (4.11)$$

mit

$$\begin{aligned} &LZ\,(t_2) \rightarrow \text{maximal} \\ &LZ\,(t_3) \rightarrow \text{minimal} \\ &\dot{Q}_{Sp,bel} = 0 \end{aligned}$$

Energiespeicherdichte: Die Speicherkapazität wird ins Verhältnis zum Speichervolumen gesetzt (Gl. 4.12). In der Regel beeinflussen mehrere Stoffe (z. B. Speicherstoff, Einbauten) die Speicherkapazität von realen Speichern.

$$c^*_{Sp} = \frac{C_{Sp}}{V_{Sp}} \qquad (4.12)$$

Für Überschläge kann man auch die volumetrische Wärmekapazität ρc und die spezifische Enthalpie Δh von physikalischen Vorgängen oder chemischen Reaktionen verwenden (Abs. 4.3.2).

$$\begin{aligned} &(\rho c) \cdot (T_{Sp,\max} - T_{Sp,\min}) \rightarrow c^*_{Sp} \\ &\rho \cdot \Delta h \rightarrow c^*_{Sp} \end{aligned}$$

Wasseräquivalent (WÄ): Verschiedene Großspeicher nutzen auch andere Stoffe als Wasser (z. B. Erdreich). Um eine Vergleichbarkeit zum Speichermedium Wasser herzustellen, beschreibt man die Speicherkapazität mit dem Volumen eines Wasserspeichers $V_{Sp,W}$ (Gl. 4.13, 4.14). Es wird bei dieser einfachen Betrachtung vorausgesetzt, dass beide Speicher die gleiche minimale und maximale Temperatur besitzen.

$$C_{Sp,W} = C_{Sp} \qquad (4.13)$$

$$V_{Sp,W} = V_{Sp} \cdot \frac{(\rho c)_{Sp}}{(\rho c)_W} \qquad (4.14)$$

Speichernutzungsgrad: Der energetische Speichernutzungsgrad (Gl. 4.15) setzt den Nutzen (Speicherentladung) zum Aufwand (Speicherbeladung) ins Verhältnis. Sinnvolle Werte liefert diese Kenngröße nur, wenn eine ausreichend große Bilanzierungszeit $t_1 \rightarrow t_2$ und eine aussagekräftige Periode gewählt wurden (z. B. ein Jahr). Weil die Speicherentladung in die Gleichung eingeht, werden externe und interne Verluste berücksichtigt. Es fließen aber auch Systemeigenschaften ein (z. B. minimale Entladetemperatur).

$$\eta_{Sp,en} = \frac{|Q_{Sp,ent,12}|}{|Q_{Sp,bel,12}|} = \frac{\int_{t_1}^{t_2} \left|\dot{Q}_{Sp,ent}\right| dt}{\int_{t_1}^{t_2} \left|\dot{Q}_{Sp,bel}\right| dt} \tag{4.15}$$

Ebenso ist der volumetrische Nutzungsgrad (Gl. 4.16) für verschiedene Speicher eine sinnvolle Bewertungsgröße (z. B. Kaltwasserspeicher mit Schichtungsbetrieb).

$$\eta_{Sp,vol} = \frac{|V_{Sp,ent,12}|}{|V_{Sp,bel,12}|} = \frac{\int_{t_1}^{t_2} \left|\dot{V}_{Sp,ent}\right| dt}{\int_{t_1}^{t_2} \left|\dot{V}_{Sp,bel}\right| dt} \tag{4.16}$$

Zyklenzahl: Die Kenngröße mit dem Bezug auf die Speicherkapazität beschreibt, wie oft der Speicher in einer bestimmten Zeit vollständig beladen wurde (Gl. 4.17). Eine hohe Zyklenzahl zeigt eine hohe Nutzung an und ist beispielsweise für eine bessere Wirtschaftlichkeit von Bedeutung.

$$n_{Sp,Zyk,en,12} = \frac{\int_{t_1}^{t_2} \left|\dot{Q}_{Sp,bel}\right| dt}{C_{Sp}} \tag{4.17}$$

Austauschrate: Analog zur Zyklenzahl ist auch eine volumetrische Betrachtung bei einer direkten Be- und Entladung möglich. Weiterhin sollte das Speichervolumen näherungsweise konstant sein. Für die Beladung (Gl. 4.18) und Entladung (Gl. 4.19) kann dann eine Austauschrate definiert werden.

$$n_{Sp,Zyk,vol,bel,12} = \frac{\int_{t_1}^{t_2} \dot{V}_{Sp,bel} dt}{V_{Sp}} \tag{4.18}$$

$$n_{Sp,Zyk,vol,ent,12} = \frac{\int_{t_1}^{t_2} \dot{V}_{Sp,ent} dt}{V_{Sp}} \tag{4.19}$$

Speicherzeit: Die Einordnung der Speicher nach der Speicherzeit ist nicht streng festgelegt. Die Orientierung erfolgt meistens an den zyklischen Schwankungen der Energiequelle oder -senke. Folgende Unterteilung soll hier verwendet werden:

- Kurze Speicherzeiten liegen im Bereich von mehreren Minuten bis mehrere Tage. Typische Zyklen sind Lastschwankungen in einem Versorgungsnetz, der tägliche Zyklus[8] bis hin zum Wochenendzyklus. Übliche Begriffe sind *Kurzzeit-Speicher* oder *Pufferspeicher*. Im engeren Sinne steht die Pufferung für den Ausgleich sehr kurzer Schwankungen.
- Die Definition mittlerer Zeiten, hier Wochen bis Monate, ist am schwierigsten zu erfassen. Es soll die Lücke zwischen Kurzzeit- und Langzeit-Speicher gefüllt werden. Der Begriff *Monatsspeicher* ist beispielsweise in der Solarthermie gebräuchlich. Hintergrund ist, dass Überschüsse länger als im Kurzzeitbereich konserviert werden.
- Die Begriffe *Langzeit-Speicher* oder *saisonale Speicher* orientieren sich an den natürlichen Zyklen, die jahreszeitbedingt auftreten: Sommer, Winter und die Übergangsperioden. Die Übergänge sind relativ fließend und nur per Definition eingrenzbar. Eine signifikante Be- oder Entladephase sollte mindestens drei Monate andauern.

Speicherdruck: In der Literatur sind oft die Begriffe „drucklos“ und „druckbehaftet“ zu finden. Dies bezieht sich aber auf den Überdruck. Der erste Begriff beschreibt Speicher, die nicht zusätzlich durch eine technische Einrichtung auf einem bestimmten Druckniveau gehalten werden (auch atmosphärischer Speicher). Die Druckverteilung im Speicher bestimmen der barometrische und der hydrostatische Druck. Diese Speicher sollen als Speicher *ohne technische Druckhaltung* bezeichnet werden, alle anderen als *Speicher mit technischer Druckhaltung*.

Mobile Speicher: In diesem Fall wird eine bestimmte (diskrete) Speichermasse mit Verkehrsmitteln transportiert. Vom Ort der Beladung findet der Transport eines voll beladenen Speichers zum Verbraucher statt. Auf der Rückfahrt wird in der Regel ein entladener Speicher zum Ort der Beladung zurücktransportiert. Der kontinuierliche und diskontinuierliche Transport in Rohrleitungen mit Fluiden zählen nicht zu dieser Kategorie.

Speicherbezeichnung: Die Bezeichnung der Speicher ist weitgehend inhomogen. Herangezogen werden oft die Speicherzeit (z. B. Kurzzeit-Speicher), die Speicherstoffe (z. B. Kies-Wasser-Speicher), die Speicherbauteile (z. B. Erdsondenspeicher) oder die Speicherwerkstoffe (z. B. Beton-Speicher).

4.3 Systematisierung

4.3.1 Grundlegende Speicherfunktionen

Ein thermischer Energiespeicher gleicht Leistungen auf der Erzeuger- oder Quellenseite und Lasten auf der Bedarfsseite aus (Abb. 4.4). Die (effektive) Differenz zwischen

[8] Viele Lasten werden durch die Lebensführung hervorgerufen (z. B. Warmwasserverbrauch). Aber auch die solare Einstrahlung als natürlicher Zyklus bestimmt z. B. tägliche Kältelasten.

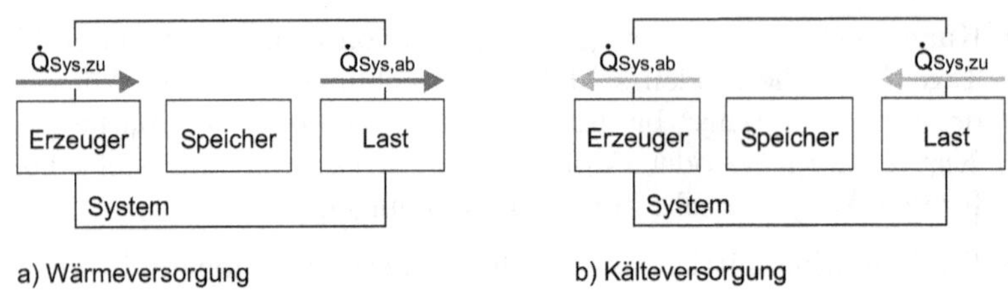

Abb. 4.4: vereinfachte Betrachtung des Versorgungssystems zum Leistungs- und Lastausgleich

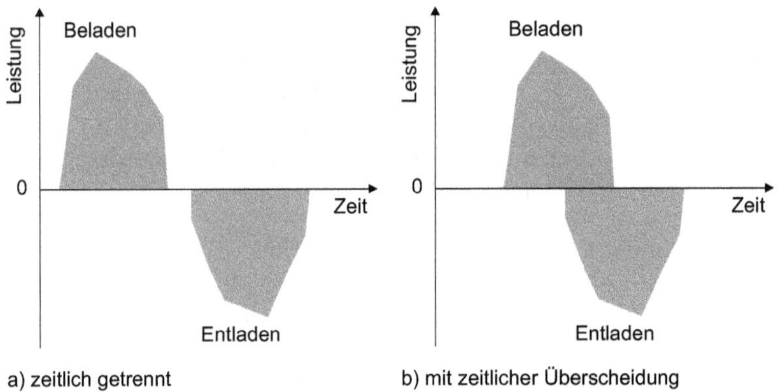

Abb. 4.5: Gleichzeitigkeit von Be- und Entladung

beiden Größen, die wiederum zeitlich veränderlich ist, führt zur Be- und Entladung des Speichers (Ungleichungen siehe unten).

$$\left.\begin{array}{l} \text{Wärmeversorgung} \rightarrow \left|\dot{Q}_{Sys,zu}\right| - \left|\dot{Q}_{Sys,ab}\right| > 0 \\ \text{Kälteversorgung} \rightarrow \left|\dot{Q}_{Sys,ab}\right| - \left|\dot{Q}_{Sys,zu}\right| > 0 \end{array}\right\} \rightarrow \text{Speicher beladen}$$

$$\left.\begin{array}{l} \text{Wärmeversorgung} \rightarrow \left|\dot{Q}_{Sys,zu}\right| - \left|\dot{Q}_{Sys,ab}\right| < 0 \\ \text{Kälteversorgung} \rightarrow \left|\dot{Q}_{Sys,ab}\right| - \left|\dot{Q}_{Sys,zu}\right| < 0 \end{array}\right\} \rightarrow \text{Speicher entladen}$$

Über eine längere Zeit (z. B. ein Jahr) bzw. über eine Zeitspanne mit vollständigen Speicherzyklen stimmen jedoch die zugeführte und die abgeführte Wärmemenge näherungsweise überein[9].

Betrachtet man nur den Speicher, ist der zeitliche Verlauf der Be- und Entladung von Interesse (Abb. 4.5). Im Unterschied zum obigen Ansatz mit einer effektiven Beladung oder einer effektiven Entladung kann bei dieser Betrachtung die Be- und Entladung auch gleichzeitig stattfinden. Eine gleichzeitige Be- und Entladung ist nur mit bestimmten hydraulischen Schaltungen möglich (weitere Erläuterungen in Abs. 4.3.5 S. 131).

[9] Die Verluste werden der Bedarfsseite zugeordnet.

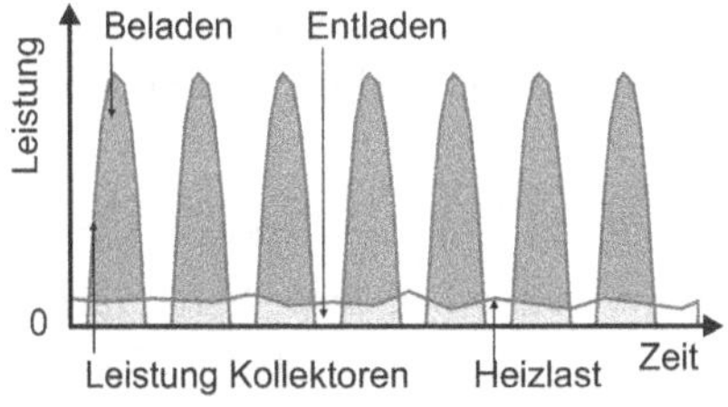

a) Solaranlage mit Langzeit-Speicher

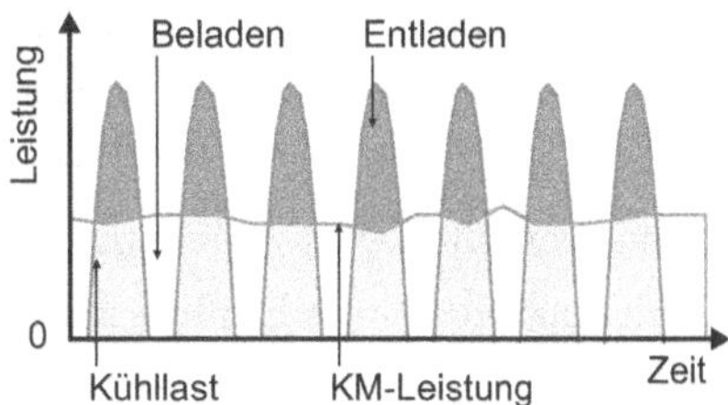

b) Kälteanlage mit Kurzzeit-Speicher

Abb. 4.6: Beispiele für nicht ausgeglichene Verhältnisse zwischen Leistung und Last für eine Woche im Sommer, a) große Solaranlage mit periodischer Leistung und Langzeit-Speicher bei niedrigen Heizlasten, b) Kältemaschinen mit Kurzzeit-Speicher bei stark zyklischen Lasten

Die zeitlichen Schwankungen können einerseits durch Quellen bzw. die Erzeuger verursacht werden. Ein typisches Beispiel liefert die Solarthermie (Abb. 4.6 a). Der Ertrag eines großen Kollektorfeldes stimmt im Sommer selten mit dem Heizenergiebedarf für die Trinkwassererwärmung und die Raumheizung überein. Oft kann nur ein geringer Anteil direkt genutzt werden. Im Beispiel wird der Überschuss an solarer Wärme zur Beladung eines Langzeit-Speichers genutzt.

Andererseits kann auch der Bedarf stark schwanken (Abb. 4.6 b), was beispielsweise auf Kälteversorgungssysteme zur Klimatisierung zutrifft. Die Differenz zwischen der Kältemaschinenleistung und der zyklischen Last gleicht ein Kurzzeit-Speicher aus, der nachts beladen wird und am Tag die Spitzenlast deckt.

4.3.2 Nutzung von Effekten

Zur Speicherung von Energie werden verschiedene Effekte (physikalische Vorgänge oder chemische Reaktionen) genutzt. Alle Speichervorgänge benötigen einen oder mehrere Stoffe. Der folgende Abschnitt beschreibt wichtige Zusammenhänge, die sich auf den Effekt und die Stoffwerte beziehen. Die Stoffwerte besitzen wiederum einen Einfluss auf die Energiespeicherdichte bzw. Speicherkapazität.

4.3.2.1 Temperaturänderung

Bei einer Temperaturerhöhung nehmen die innere Energie u (Gl. 4.20, Gl. 4.21) bzw. die Enthalpie h (Gl. 4.23, Gl. 4.24) eines Stoffes zu. Beide Größen sind über die Gl. 4.26 bzw. Gl. 4.27 gekoppelt. Das entsprechende Speichervermögen eines Stoffes wird über die Stoffwerte spezifische isochore Wärmekapazität c_v (Gl. 4.22) und spezifische isobare Wärmekapazität c_p (Gl. 4.25) beschrieben.

Druck- und Volumenänderungen hinsichtlich des Stoffparametereinflusses spielen im Teil II der Arbeit sowie aus energetischer Sicht eine untergeordnete Rolle. Es wird vereinfacht die spezifische Wärmekapazität c verwendet.

Diese Stoffwerte beziehen sich auf die Masse. Weil jedoch das Speichervolumen ein wichtiges Kriterium ist, soll für weitere Vergleiche auch die volumetrische Wärmekapazität $(\rho c)_{Sp}$ herangezogen werden.

Die anderen Stoffwert-Abhängigkeiten $\left(\frac{\partial u}{\partial v}\right)_T$ und $\left(\frac{\partial h}{\partial p}\right)_T$ besitzen aus Sicht der Speicherkapazität keinen Einfluss und werden nicht weiter beachtet. Vereinfacht führt die Änderung der Temperatur zur Änderung der inneren Energie oder Enthalpie (Gl. 4.28)[10].

$$u = u\,(T, v) \tag{4.20}$$

$$du = \left(\frac{\partial u}{\partial T}\right)_v dT + \left(\frac{\partial u}{\partial v}\right)_T dv \tag{4.21}$$

$$c_v\,(T, v) = \left(\frac{\partial u}{\partial T}\right)_v \tag{4.22}$$

$$h = h\,(T, p) \tag{4.23}$$

$$dh = \left(\frac{\partial h}{\partial T}\right)_p dT + \left(\frac{\partial h}{\partial p}\right)_T dp \tag{4.24}$$

$$c_p\,(T, p) = \left(\frac{\partial h}{\partial T}\right)_p \tag{4.25}$$

$$h = u + pv \tag{4.26}$$

$$H = U + pV \tag{4.27}$$

$$dh = du = cdT \tag{4.28}$$

Zur Berechnung der inneren Energie des Speichers (Gl. 4.29) wird eine Referenztemperatur T_{Ref} benötigt. In vielen Fällen setzt man $T_{Ref} = 0\,°\mathrm{C}$.

$$U_{Sp} = m_{Sp} c_{Sp} \left(T_{Sp,m} - T_{Ref}\right) \tag{4.29}$$

[10] *Sensibler Wärmespeicher* ist ein oft verwendeter Begriff. Es soll damit ausgedrückt werden, dass die Speicherbeladung proportional zur Speichertemperatur ist.

4.3.2.2 Phasenwechsel

Begriffe

Phase: Alle makroskopischen Eigenschaften (z. B. Temperatur, Druck, Dichte, spezifische Wärmekapazität, Wärmeleitfähigkeit, Konzentration) sind für den Raum, den die Phase einnimmt, gleich. Man verwendet auch den Begriff *homogenes Stoffsystem*. Eine Phase kann sich auch als mehreren Komponenten zusammensetzen (Mischphase). Ein *heterogenes Stoffsystem* besteht aus mindestens zwei Phasen. Die Phasen trennen die *Phasengrenzflächen*.

Phasenwechsel: Der Begriff beschreibt den Übergang zwischen den Aggregatzuständen. Folgende Begriffe beschreiben die Phasenübergänge:

- fest zu flüssig: Schmelzen;
- fest zu gasförmig: Sublimieren;
- flüssig zu gasförmig: Verdampfen;
- gasförmig zu flüssig: Kondensieren;
- gasförmig zu fest: Desublimieren;
- flüssig zu fest: Erstarren.

Phase Change Material (PCM): Phasenwechselmaterial, ein Stoff oder -gemisch welches zu Speicherzwecken mit Phasenwechsel verwendet werden kann.

Die Aggregatzustände unterscheiden sich durch unterschiedliche intermolekulare Bindungskräfte [74]. Für das Schmelzen, Sublimieren und Verdampfen[11] muss demzufolge Energie, die *Phasenwechselenthalpie*, für das Überwinden dieser Kräfte zugeführt werden. Findet der umgekehrte Phasenwechsel statt, Kondensieren, Desublimieren und Erstarren, wird die Phasenwechselenthalpie wieder freigesetzt.

Gl. 4.30 liefert ein Beispiel für einen Schmelzvorgang. Die Zustände h_{fest} und h_{fl} beziehen sich auf den Beginn und das Ende des Phasenübergangs. Während des Phasenübergangs liegen stets zwei Phasen vor.

$$\Delta h_{schmelz} = h_{fl} - h_{fest} = h' - h''' \tag{4.30}$$

Bei reinen Stoffen und konstantem Druck finden diese Vorgänge bei einer konstanten Temperatur (*Phasenwechseltemperatur*) statt. Die *Clausius-Claperon*-Gleichung beschreibt den Zusammenhang zwischen den Zustandsgrößen Sättigungsdruck, Sättigungstemperatur und dem spezifischen Volumen sowie der Schmelzenthalphie einer Komponente. In Gl. 4.31 wird die *Clausius-Claperon*-Gleichung auf den Phasenübergang fest-flüssig angewandt.

$$\frac{dp}{dT} = \frac{\Delta h_{schmelz}}{T \cdot (v' - v''')} \tag{4.31}$$

[11] Im Gegensatz zum Schmelzen nimmt das Volumen stark zu. Gleichzeitig muss Energie für die Volumenänderungsarbeit aufgebracht werden. Dieser Anteil kann beim Kondensieren zurückgewonnen werden.

Die Änderung der inneren Energie eines Speichers bei einem vollständigen Phasenübergang (hier fest-flüssig oder flüssig-fest) wird mit Gl. 4.32 bestimmt. Die Speichertemperatur besitzt im Gegensatz zu Abs. 4.3.2.1 keinen Einfluss (latente Effekte)[12]. Die spezifische Phasenwechselenthalpie bezieht sich dabei auf die Masse[13].

$$\Delta U_{Sp} = m_{Sp} \cdot \Delta h_{schmelz} \tag{4.32}$$

4.3.2.3 Sorption

Begriffe im Bereich der Sorptionstechnik

Sorption: Der Begriff fasst alle physikalischen Phänomene, die mit der Adsorption (Bezug auf die Phasengrenzfläche) und mit der Absorption (Bezug auf das Volumen) in Verbindung stehen, zusammen.

Absorption: Absorption ist die Aufnahme eines Gases oder Gasgemisches (*Absorbat*) *in* einer Flüssigkeit oder einem Feststoff (*Absorptionsmittel, Absorbens*). Physikalische Absorption: Bei der Aufnahme, die wiederum vom Druck, von der Temperatur und von der Konzentration abhängt, wird Wärme freigesetzt. Der Vorgang ist reversibel [75], [76].

Adsorption: Anlagerung (physikalisch) oder Bindung (chemisch) von Stoffen *an* der Grenzfläche von flüssigen oder festen Stoffen (Phasengrenzfläche). Der Begriff umfasst deshalb viele Phänomene. Den Stoff, der angelagert oder gebunden wird, nennt man *Adsorbat, Sorbens* oder *Adsorptiv*, den adsorbierenden Stoff *Adsorbens* oder *Adsorptionsmittel.* Bei der Anlagerung oder Bindung wird Wärme freigesetzt (Adsorptionsenthalpie, exothermer Prozess). Beim Umkehrprozess, der Desorption, ist Energie zum Aufheben der Anlagerung oder Bindung notwendig (endothermer Prozess). Nach Art der Bindungskräfte wird zwischen physikalischer und chemischer Adsorption unterschieden [75], [77].

Physikalische Adsorption: Physikalische Bindungskräfte (intermolekulare Wechselwirkungskräfte, *van der Waals*sche Bindungskräfte), die auch für den Zusammenhalt von Flüssigkeiten und Feststoffen verantwortlich sind, bewirken diese Adsorption, auch *Physisorption.* Dabei ändern sich die Eigenschaften des Adsorbens und des Adsorbats nicht. Die Adsorptionsenthalpie (4...40 kJ/mol) liegt in der gleichen Größenordnung wie die Verdampfungsenthalpie. Der Prozess ist reversibel und benötigt die gleiche Energie für Adsorption und Desorption. Die adsorbierte Menge wird durch einen Gleichgewichtsvorgang, der z. B. von der Temperatur und dem Druck abhängt, bestimmt. In porösen Stoffsystemen mit hohen spezifischen inneren Oberflächen ist die große Phasengrenzfläche für die hohe Adsorptionsfähigkeit pro Volumen verantwortlich [75], [77].

[12] Der Begriff *Latentwärmespeicher* wird oft angewandt. Mit *latent* umschreibt man den mit Thermometern nicht messbaren oder fühlbaren Beladezustand. Es ist zu beachten, dass dieser Umstand auch für andere Speichertypen gilt (siehe unten).

[13] Bei vielen Speichern tritt nicht nur der Phasenwechsel auf. Es kommt auch zur Temperaturänderung beider Phasen. Den Referenzzustand kann man deshalb mit Gl. 4.29 festlegen.

Chemische Adsorption: Der Prozess wird auch als *Chemosorption* oder *Chemisorption* bezeichnet. Zwischen dem Adsorbens und dem Adsorbat entsteht eine chemische Verbindung. Die Adsorptionsenthalpie (40. . . 420 kJ/mol) entspricht deshalb ungefähr der Reaktionsenthalpie. Der Prozess ist im Allgemeinen nicht reversibel [75], [77].

Diese Vorgänge werden auch bei der kontinuierlichen und diskontinuierlicher Kälteerzeugung genutzt (Abs. 2.3.4, 2.3.5). Im Weiteren ist zwischen der Physisorption und Absorption zu unterscheiden.

Physikalische Adsorption

Unter der Zuführung von Wärme trennt man bei der Physisorption das Adsorbat von der Adsorbensoberfläche (in der Regel ein Feststoff) ab. Für den Desorptionsprozess ist die Desorptionsenthalpie ΔH_{Des} aufzuwenden. Das Adsorbat kann dann getrennt gespeichert werden (geschlossene Prozessführung).

$$\langle Adsorbens - Adsorbat \rangle \overset{\Delta H_{Des}}{\rightarrow} Adsorbens + Adsorbat$$

Damit ist eine verlustfreie Speicherung möglich, vorausgesetzt, es tritt keine stoffliche Änderung der beiden Komponenten auf. Um die aufgewendete Energie wieder zu gewinnen, muss Adsorbat dem Adsorbens zugeführt werden. Es ist nicht zwingend notwendig, das vorher abgespaltene Adsorbat zu verwenden. Bei einer offenen Prozessführung kann auch eine andere Stoffquelle genutzt werden.

$$Adsorbens + Adsorbat \overset{-\Delta H_{Ads}}{\rightarrow} \langle Adsorbens - Adsorbat \rangle$$

Die Physisorption als thermophysikalischer Prozess ist reversibel. Die desorbierte oder adsorbierte Menge unterliegt einem Gleichgewichtsvorgang. Über die Änderung der Temperatur und des Druckes kann dieses Gleichgewicht beeinflusst werden, was man bei der Speicherung gezielt ausnutzt. Die Desorptionsenthalpie entspricht der Adsorptionsenthalpie.

$$\Delta H_{Des} = |\Delta H_{Ads}| \tag{4.33}$$

Mit der Adsorption und Desorption von z. B. Wasser an Silikagel oder Zeolithen kann man höhere Energiedichten im Vergleich zu Phasenwechselmaterialien erreichen. Eine detaillierte Beschreibung der physikalischen Vorgänge, den Zuständen sowie zur Energie- und Stoffübertragung ist in [73] zu finden.

Absorption

Die Anwendung der Absorption zu Speicherzwecken verläuft analog zur Adsorption. Folgende Gleichungen beschreiben vereinfacht die Desorption und die Absorption sowie den Energieumsatz.

$$\langle Absorbens - Absorbat \rangle \overset{\Delta H_{Des}}{\rightarrow} Absorbens + Absorbat$$

$$Absorbens + Absorbat \overset{-\Delta H_{Abs}}{\rightarrow} \langle Absorbens - Absorbat \rangle$$

Im Unterschied zur Adsorption mit Anlagerungsvorgängen an der Oberfläche eines Festkörpers nehmen die Absorbens (Flüssigkeiten) Gase oder Gasgemische auf (Effekt mit Bezug auf das Volumen des Absorbens). Dieser Vorgang ist auch reversibel, sodass die zur Desorption zugeführte Energie ΔH_{Des} idealerweise wieder gewonnen werden kann ΔH_{Abs}.

$$\Delta H_{Des} = |\Delta H_{Abs}| \tag{4.34}$$

4.3.2.4 Chemische Reaktion

Verschiedene chemische Reaktion kann man zur Energiespeicherung heranziehen [78], [79]. In der Hinreaktion wird Wärme zugeführt (endotherme Reaktion mit der Reaktionsenthalpie ΔH_{Reak}), um die Verbindung $A - B$ in die Komponenten A und B zu zerlegen. Folgende chemische Gleichung liefert ein einfaches Beispiel. Unter Umständen ist ein Katalysator notwendig.

$$\langle A - B \rangle \overset{\Delta H_{Reak}}{\rightarrow} A + B$$

Nach der stofflichen Umwandlung müssen die Komponenten A und B getrennt gelagert bzw. der Katalysator entzogen werden. Treten keine Nebenreaktion, Zerfallseffekte usw. auf, ist eine verlustfreie Speicherung möglich.

Bei der Rückreaktion wird der Ausgangszustand mit dem Stoff $A - B$ wieder hergestellt. Die exotherme Reaktion liefert die Reaktionsenthalpie ΔH_{Reak}.

$$A + B \overset{-\Delta H_{Reak}}{\rightarrow} \langle A - B \rangle$$

Für die Energiezufuhr und -abgabe muss demzufolge eine reversible chemische Reaktion vorliegen. Aus verfahrenstechnischer Sicht benötigt man einen geeigneten Temperatur- und Druckbereich, eine ausreichende Reaktionsgeschwindigkeit, die Möglichkeit der Steuerung sowie eine gute Handhabung der Stoffe.

Aufgrund der höheren Bindungskräfte im Vergleich zur physikalischen Sorption sind die Reaktionsenthalpien um ein Vielfaches größer. Temperaturen von Reaktionen, die zur thermischen Energiespeicherung vorgeschlagen wurden, liegen im Bereich 150... 1000 °C [78]. Die erreichbare Energiedichte ist mit 2600... 4400 MJ/m^3 deutlich größer als bei Sorptionsspeichern. Informationen zur Anwendung der molaren Reaktionsenthalpie findet man beispielsweise in [74].

4.3.3 Einfluss von Größe und Form

Eine wichtige Kenngröße zur Bewertung des Einflusses von Speicheroberfläche A_{Sp} und Speichervolumen V_{Sp} ist das *Oberflächen-Volumen-Verhältnis OVV* (Gl. 4.35). Mit steigender Oberfläche nehmen die externen Verluste[14] und die Kosten der Speicherhülle zu. Das Speichervolumen repräsentiert hier die Speicherkapazität. Um niedrige Verluste und Kosten zu erreichen, sind prinzipiell kleine Werte für das Oberflächen-Volumen-Verhältnis anzustreben.

[14] Das trifft insbesondere auf die Langzeit-Speicherung zu.

$$OVV = \frac{A_{Sp}}{V_{Sp}} \tag{4.35}$$

Die Form kann man für Zylinder mit dem *Höhe-Durchmesser-Verhältnis* HDV (Gl. 4.36) und für Quader mit dem *Höhe-Kanten-Verhältnis* HKV (Gl. 4.37) beschrieben. In diesem Abschnitt wird vereinfachend angenommen, dass die beiden Kantenlängen l_{Sp} der Grundfläche gleich lang sind.

$$HDV = \frac{h_{Sp}}{d_{Sp}} \tag{4.36}$$

$$HKV = \frac{h_{Sp}}{l_{Sp}} \tag{4.37}$$

Exemplarisch werden die Oberflächen-Volumen-Verhältnisse für Kugeln (Gl. 4.38), Zylinder (Gl. 4.39) und Quader mit gleicher Kantenlänge (Gl. 4.40) aufgeführt. Abb. 4.7 zeigt die Abhängigkeit vom Volumen und der Form. Das Oberflächen-Volumen-Verhältnis sinkt mit zunehmendem Speichervolumen. Kompaktere Speicher besitzen für ein bestimmtes Speichervolumen niedrigere Werte. Kompakte Formen bei Zylindern und Quadern lassen sich über HDV und HKV ausdrücken, die in beiden Fällen gegen eins gehen. Weiterhin steigen die Oberflächen-Volumen-Verhältnisse bei Quadern mit unterschiedlichen Kantenlängen[15].

$$OVV_{Kugel} = \frac{6}{\sqrt[3]{\frac{6}{\pi}V_{Sp}}} \tag{4.38}$$

$$OVV_{Zylinder} = \frac{\pi\,(0,5 + HDV)}{V_{Sp}} \left(\sqrt[3]{\frac{4V_{Sp}}{\pi HDV}}\right)^2 \tag{4.39}$$

$$OVV_{Quader} = \frac{(2 + 4HKV)}{V_{Sp}} \left(\sqrt[3]{\frac{V_{Sp}}{HKV}}\right)^2 \tag{4.40}$$

Es existieren weitere Abhängigkeiten von der Form und von absoluten Längen. Diese Abhängigkeiten werden in den Abschnitten gesondert diskutiert. (z. B. Einfluss der Höhe auf die Schichtung, Einfluss der Technologie auf die Form).

[15] Kugeln liefern im Vergleich die niedrigsten Oberflächen-Volumen-Verhältnisse. Diese Form spielt in der Speicherbaupraxis eine untergeordnete Rolle, deswegen wird diese Form nicht weiter betrachtet.

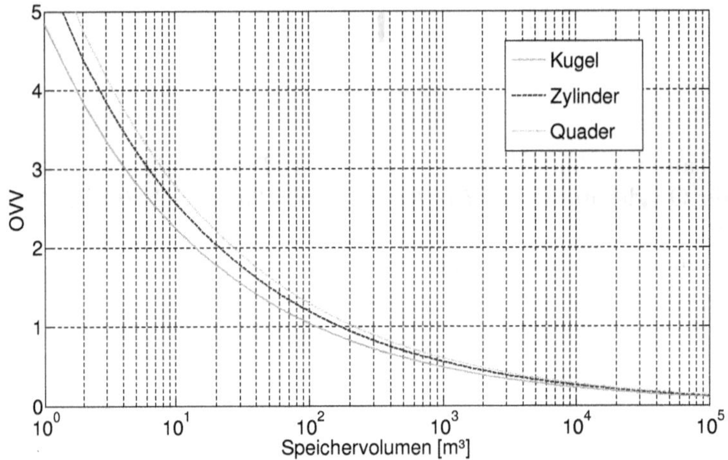

Abb. 4.7: Oberflächen-Volumen-Verhältnis in Abhängigkeit des Speichervolumens für Kugeln, für Zylinder mit $HDV = 1$, für Quader mit $HKV = 1$ (Würfel)

4.3.4 Zu- und Abfluss bei direkter Be- und Entladung

4.3.4.1 Verdrängungsspeicher

Bei Verdrängungsspeichern (direkte Be- und Entladung) stimmt der Beladevolumenstrom mit dem Entladevolumenstrom betragsmäßig überein (Gl. 4.41). Das Speichervolumen bzw. die Speicherfüllung ist konstant[16] (Gl. 4.42). Der Volumenstrom $\dot{V}_{BES}$ bewirkt dann eine *Verdrängung* der Speicherfüllung.

$$\dot{V}_{BES,ein} = \left|\dot{V}_{BES,aus}\right| \tag{4.41}$$

$$V_{Sp} = konst. \tag{4.42}$$

Für die weitere Erläuterung wird ein Beispiel (Abb. 4.8) zu Hilfe genommen. Im Speicher bildet die Be- und Entladung einen idealen vertikalen Pfropfenstrom (plug flow) aus, der sich jeweils von oben nach unten (hier Beladung, Gl. 4.43) oder von unten nach oben bewegt. Im Speicher existieren mehrere Schichten mit einem variablen Volumen und einer konstanten Temperatur[17] (Gl. 4.44), wobei eine thermische Schichtung vorliegt: $T_{BES,ein} > T_{Sch1} > T_{Sch2} > T_{Sch3} > T_{Sch4} > T_{Sch5}$.

[16] Bisher wurde der Einfachheit halber eine konstante Speichermasse angenommen. Die Konstanz des Speichervolumens liegt bei einem Speicher mit festen Wänden und einer vollständigen Füllung vor. Die Expansion des Speichermediums nimmt die Druckhaltung auf.

[17] An dieser Stelle findet eine Erweiterung der Betrachtung statt. Bisher wurde vorausgesetzt, dass eine konstante Speichertemperatur vorliegt, die im Wesentlichen auf die Betrachtung des Speichers als thermodynamisches System zurückzuführen ist. In diesem Fall besteht der Speicherinhalt aus mehreren thermodynamischen Systemen (Schichten). Diese Schichten sind aus thermodynamischer Sicht *Teilsysteme*.

Der Ansatz im Speicher entspricht dem Lagrange-Modell. Die Bilanzgrenze wird um eine konstante Masse oder eine bestimmte Anzahl von Teilchen gezogen. Das Teilsystem bzw. die Systemgrenze bewegt

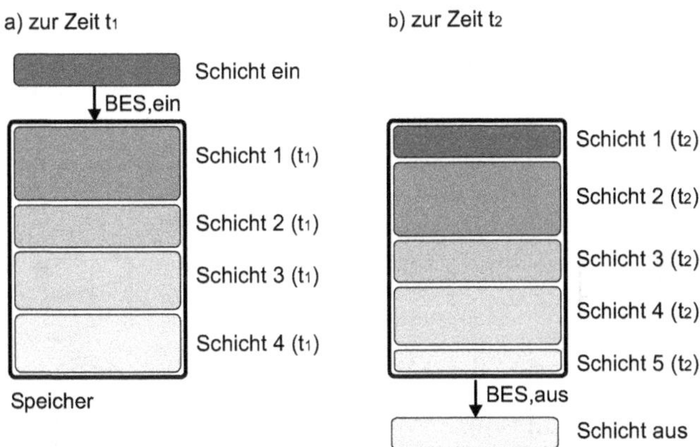

Abb. 4.8: schematische Darstellung eines Verdrängungsspeichers mit einem Schichtenmodellansatz, Beladung bei einer Wärmespeicherung, a) zu Beginn eines Zeitschrittes, b) am Ende eines Zeitschrittes, neue Nummerierung der Schichten am Ende des Zeitschrittes

$$V_{BES,ein,12} = V_{Sch,ein} = \int_{t_1}^{t_2} \dot{V}_{BES} dt = |V_{BES,aus}| = |V_{Sch,aus,12}| \tag{4.43}$$

$$U_{Sp} = (\rho c)_{Sp} \left[(T_{Sch1} - T_{Ref}) V_{Sch1} + \ldots + (T_{Sch5} - T_{Ref}) V_{Sch5} \right] \tag{4.44}$$

Im Beispiel liegt eine Beladung in der Zeitspanne von t_1 bis t_2 vor. Das eintretende Fluid besitzt eine konstante Temperatur und *verdrängt* einen Teil der Schicht aus dem unteren Speicherbereich. Bei einem größeren Volumen können mehrere Schichten und ein Schichtenanteil aus dem Speicher verdrängt werden. Deswegen muss man am Speicheraustritt die Temperatur mittels Integration bestimmen (Gl. 4.45). Über die Temperaturdifferenz zwischen Ein- und Austritt kommt die Be- oder Entladeleistung zustande (Gl. 4.45). Eine hohe Trennung (Schichtung) bzw. eine geringe Mischung liefert hohe Leistungen (Gl. 4.46).

$$Q_{BES,12} = (\rho c)_{Sp} V_{Sch,ein} T_{Sch,ein} - (\rho c)_{Sp} V_{Sch,aus} \frac{1}{t_2 - t_1} \int_{t_1}^{t_2} T_{Sch,aus} dt \tag{4.45}$$

sich mit der Konvektion. Zwischen den verschiedenen Teilsystemen werden nur diffusive Vorgänge (z. B. Wärmeleitung) berücksichtigt.

Das Euler-Modell setzt hingegen ein ortfestes System z. B. mit konstantem Volumen voraus. An der Systemgrenze treten diffusive und konvektive Vorgänge auf. Abs. D stellt ein Modell auf der Grundlage des Euler-Modells vor.

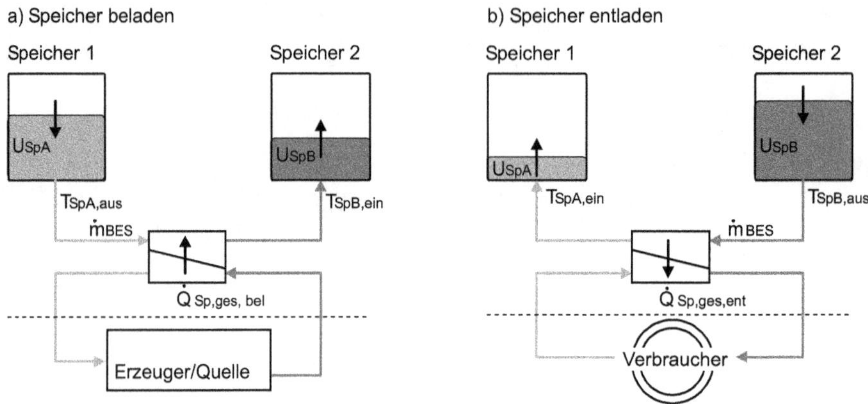

Abb. 4.9: Speicherumladesystem mit zwei Speichern für ein Heizsystem

$$Q_{BES,12} = (\rho c)_{Sp} V_{BES,12} \left(T_{BES,ein} - \frac{1}{t_2 - t_1} \int_{t_1}^{t_2} T_{BES,aus} dt \right) \tag{4.46}$$

4.3.4.2 Umladespeicher

Ein System mit Umladespeichern besteht mindestens aus zwei Speichern. Die folgende Erläuterung bezieht sich auf ein System nach Abb. 4.9. Die Teilsysteme A und B werden direkt be- und entladen. In diesem Fall stimmt die Fluidentnahme mit der Fluidzugabe am jeweils anderen Behälter überein. Die Speichermasse für das gesamte System bleibt konstant.

Die innere Energie des Speichersystems setzt sich aus denen der beiden Teilsysteme zusammen (Gl. 4.47). Die innere Energie eines Teilsystems wird im Vergleich zu den Verdrängungsspeichern zusätzlich durch die variable Speichermasse $m_{Sp,A}$, $m_{Sp,B}$ bestimmt (Gl. 4.48, Gl. 4.49). Es erfolgt keine Berücksichtigung des sog. Leerraums, der z. B. mit Schutzgas gefüllt sein könnte. Die Temperatur in einem Teilsystem ist aus Gründen einer einfachen Betrachtung jeweils konstant.

$$U_{Sp,ges} = U_{Sp,A} + U_{Sp,B} \tag{4.47}$$

$$U_{Sp,A} = m_{Sp,A} \cdot c_{Sp} \cdot (T_{Sp,A} - T_{Ref}) \tag{4.48}$$

$$U_{Sp,B} = m_{Sp,B} \cdot c_{Sp} \cdot (T_{Sp,B} - T_{Ref}) \tag{4.49}$$

Die Be- oder Entladeleistung bewirkt die Änderung der inneren Energie des gesamten Systems (Gl. 4.50, keine Beachtung von Verlusten), wobei die Änderung der inneren Energie eines Teilsystems von der Zugabe oder Entnahme, der Temperatur und den

Stoffdaten abhängt (Gl. 4.51, Gl. 4.52). Die Be- und Entladeleistung unter Verwendung der Speichertemperaturen (Gl. 4.53, Gl. 4.54) beziehen sich wiederum auf das gesamte System.

$$\frac{dU_{Sp,ges}}{dt} = \frac{dU_{SpA}}{dt} + \frac{dU_{SpB}}{dt} = \dot{Q}_{Sp,ges,bel/ent} \qquad (4.50)$$

$$\frac{dU_{SpA}}{dt} = \dot{m}_{BES} \cdot c_{Sp} \cdot T_{SpA,ein/aus} \qquad (4.51)$$

$$\frac{dU_{SpB}}{dt} = \dot{m}_{BES} \cdot c_{Sp} \cdot T_{SpB,ein/aus} \qquad (4.52)$$

mit

Zufluss $\rightarrow \dot{m}_{BES} > 0 \rightarrow$ positives Vorzeichen
Abfluss $\rightarrow \dot{m}_{BES} < 0 \rightarrow$ negatives Vorzeichen

$$\dot{Q}_{Sp,ges,bel} = |\dot{m}_{BES}| \cdot c_{Sp} \cdot (T_{SpB,ein} - T_{SpA,aus}) \qquad (4.53)$$

$$\dot{Q}_{Sp,ges,ent} = |\dot{m}_{BES}| \cdot c_{Sp} \cdot (T_{SpA,ein} - T_{SpB,aus}) \qquad (4.54)$$

4.3.5 Hydraulische Einbindung und Position des Speichers im System

Im Folgenden wird eine einfache Betrachtung zur Systemeinbindung des Speichers (Abb. 4.10) durchgeführt. Das System besteht aus einem Erzeuger bzw. aus einer Quelle, einem Speicher sowie einem Verbraucher. Schematisch wird der Massenstrom für die Versorgung dargestellt. Bei Heizsystemen liegt die Vorlauftemperatur über der Umgebungstemperatur. Hingegen ist die Vorlauftemperatur bei Kühlsystemen niedriger als die Umgebungstemperatur.

Bei der Parallelschaltung mit angegliedertem Speicher (Abb. 4.10 a) nimmt dieser die Differenz zwischen Erzeugerleistung und Last auf (vgl. mit Abs. 4.3.1 S. 119). Es ist nur ein *Anschluss*[18] zur (direkten) Be- und Entladung notwendig.

Bildet der Speicher die zentrale Komponente (Abb. 4.10 b), muss dieser die gesamte Erzeugerleistung bzw. den gesamten Erzeugervolumenstrom aufnehmen (Erzeugeranschluss). Ein zweiter Anschluss ist dann zur Versorgung des Verbrauchers (Netzanschluss) notwendig. Dieser Anschluss unterliegt der maximalen Last bzw. dem maximalen Volumenstrom des Netzes.

Der Unterschied zwischen den Parallelschaltungen aus Abb. 4.10 a) und b) besteht darin, dass in der Regel bei Variante a) kleinere Be- und Entladeleistungen auftreten. Hierfür ist die Differenz der Volumenströme verantwortlich, die durch die Stofftrennung und -vereinigung auftreten (vgl. mit Abs. 4.3.1 S. 119, dort Darstellung der Leistungen). Dieser Sachverhalt wirkt sich besonders auf die Auslegung des Be- und Entladesystems aus.

[18] Ein Anschluss zur direkten Be- oder Entladung besteht in der Regel aus zwei Anschlussstutzen (zwei Rohrleitungen). Bei der indirekten Be- oder Entladung gehören die beiden Anschlussstutzen z. B. zu einem innen liegenden Wärmeübertrager. Bei einem Umladespeicher ist für den Anschluss nur ein Stutzen notwendig.

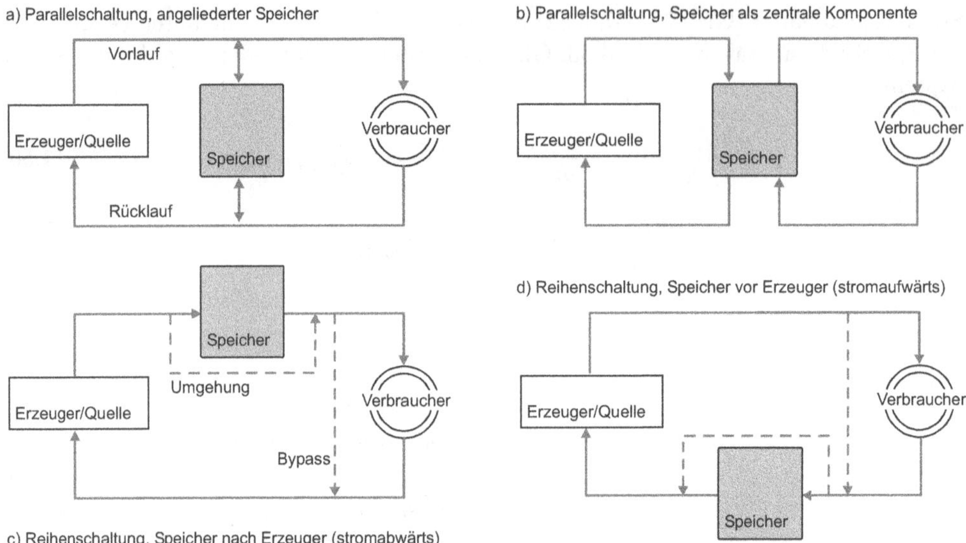

Abb. 4.10: Schaltungsarten, prinzipielle Positionen des Speichers im System

Die Reihenschaltung (Abb. 4.10 c, d) benötigt nur einen Anschluss. Es wird nach der Position *vor* oder *nach* dem Erzeuger unterschieden. Die Be- und Entladung findet im Vor- oder Rücklauf statt und hängt von der Eintritts- sowie der Speichertemperatur ab. Eine *Umgehung* des Speichers ist wegen einer sonst auftretenden Zwangsdurchströmung bzw. einer nicht erwünschten Be- oder Entladung sinnvoll. Außerdem kann man mit einem zusätzlichen *Bypass* die Speicherdurchströmung unabhängig von den Lasten im System realisieren.

Der Standort eines Speichers im System ist ein weiteres Unterscheidungsmerkmal. Typische Varianten zeigt Abb. 4.11.

4.4 Eigenschaften und Anforderungen

In diesem Abschnitt sollen thermische Energiespeicher allgemein charakterisiert werden. Dieser qualitativen Einschätzung folgen Auswahlkriterien und Anforderungen, die für viele Speicher zutreffend sind.

4.4.1 Merkmale, Vorteile, Einsatzmöglichkeiten

Speicher können thermische Leistungen aufnehmen oder abgeben. Idealerweise ist das in einem großen Leistungsbereich möglich, was tatsächlich von der Systemauslegung und vom Speichertyp abhängt. Weil der Speicher eine signifikante Kapazität besitzt, kann der Speicher abhängig vom Ladezustand diese Leistungen zeitlich versetzt aufnehmen oder abgeben. Dadurch ist es möglich, den Energieanfall bzw. die Energieerzeugung

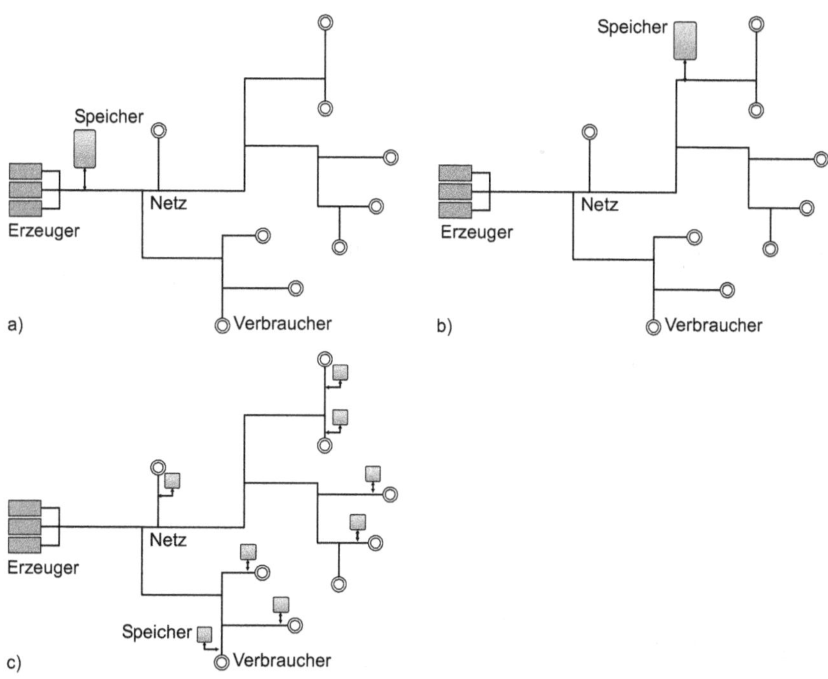

Abb. 4.11: Standorte von Speichern im Netz, a) ein großer zentraler Speicher am Standort der Erzeugung, b) ein großer Speicher in der Nähe einer Haupttrasse, c) viele kleine dezentrale Speicher in den Übergabestationen

vom Energiebedarf zu entkoppeln. Werden die Speicher zudem noch transportiert (mobile Speicher), gelingt zusätzlich die räumliche Auflösung zwischen den Anfall- bzw. Erzeugungsorten und den Bedarfsorten. Durch diese grundlegenden Eigenschaften und weitere Effekte lassen sich folgende praktische Vorteile erreichen:

- Ermöglichen der Nutzung bzw. die effizientere Nutzung regenerativer Energiequellen (z. B. Solarthermie),
- Nutzung von überschüssiger Wärme (z. B. Kraft-Wärme-Kopplung),
- Ausgleichen kurzer Leistungs- und Lastschwankungen (z. B. Wasserspeicher als hydraulische Weiche, vgl. mit Abb. 4.10 b),
- Stabilisieren der Temperaturen im System (z. B. Halten einer Temperatur in engen Bereichen bei Speichern mit Phasenwechsel),
- ideale Komponente zur Aufnahme mehrerer Quellen (z. B. Kollektorkreis in Kombination mit einem Biomassekessel),
- Substitution oder Reduktion anderer Komponenten (z. B. Verminderung der Erzeugerleistung von Spitzenlastkesseln, Einsatz kleinerer Wärmeübertrager bei

Speicherladesystemen im Vergleich zu reinen Durchflusssystemen bei Solaranlagen),

- Notfallversorgung ohne oder mit wenig Hilfsenergie (z. B. Transportkühlung von Blutkonserven, Kaltwasserspeicher zur Überbrückung von Ausfällen der Kältemaschinen),
- Reduktion des Verbrauchs von Antriebs- und Hilfsenergie sowie Betriebsstoffen durch optimalen Systembetrieb (z. B. Minimierung des Taktens von Kesseln, Betrieb von Kältemaschinen bei maximalen Leistungszahlen),
- mobile Speicher als Alternative zum leitungsgebundenen Energietransport,
- Erhöhen der technischen Nutzungsdauer (z. B. Minimieren des Taktbetriebs von Maschinen),
- Erhöhung der Laufzeit (z. B. bei solarthermischen Kraftwerken),
- Vermeiden hoher Emissionen (z. B. durch häufige Kesselstarts),
- Steigerung der Redundanz.

Der Energietransport mit mobilen Speichern kann eine Alternative zum leitungsgebundenen Transport sein. Erste Pilotprojekte verwenden Nutzkraftfahrzeuge. Andere Transportverfahren wie z. B. auf Schienen- oder Wasserwegen sind durchaus denkbar. Seitens der Speicher- und Transporttechnik sind folgende Punkte wichtig:

- modulare Speicher,
- gute Ankopplung der Speichertechnik an das Quellen- und Verbrauchssystem,
- hohe spezifische Speicherkapazitäten,
- geringer Aufwand für den Transport, insbesondere Energie.

Beim Vorliegen technischer Alternativen entscheiden letztendlich die Kosten- und Investitionsrechnung sowie die ökologische Bilanzierung. Der Energietransport mittels Speicher könnte in folgenden Situationen angewendet werden:

- bei technischen und rechtlichen Problemen der Rohrleitungsverlegung,
- als temporäre Lösung beim Netzausbau oder -umbau,
- bei stark variablen Verhältnissen – örtlich und zeitlich (z. B. Baustellenversorgung),
- als Notfallversorgung.

4.4.2 Limitierende Faktoren

Neben den vielen Vorteilen besitzen Speicher auch Nachteile. Die Speicherverluste sind ein wesentliches Merkmal und hängen in der Regel vom Speichertyp, -aufbau und Systembetrieb ab. Im Mittelpunkt muss immer das *effiziente System* stehen. Demzufolge sollten die Vorteile eines Speichereinsatzes im Verhältnis zu den Verlusten überwiegen. Die Effizienzsteigerung bei Speichern nimmt daher eine Schlüsselrolle ein. Als Konkurrent wäre beispielsweise die bedarfsgerechte Energieerzeugung vor Ort zu nennen (z. B. mit Heizkesseln). In vielen Fällen liegt die Energie chemisch gespeichert vor (z. B. Biomasse). Die früheren Verluste in den vorgelagerten Umwandlungsketten (z. B. Fotosynthese) werden u. U. nicht beachtet oder sind nicht von Interesse (z. B. bei der Verbrennung von Abfallprodukten).

Des Weiteren ist der Speichereinsatz oft mit erheblichen Kosten verbunden. Die Kostenminimierung besitzt deswegen eine besondere Bedeutung bei der Entwicklung von Speichern.

Bei der Suche nach einer optimalen Lösung muss wiederum das gesamte System betrachtet werden. Ein wichtiges Kriterium sind die z. B. die Jahres-Gesamtkosten (weitere Erläuterungen in Abs. B.4 S. 390).

Weitere Kriterien sind:

- der Bedarf an Raum und Grundfläche,
- die Integration in Bestandssysteme,
- die Erweiterbarkeit des Speichers oder des Systems.

4.4.3 Auswahlkriterien

Speicherprozesse, -konstruktionen, Systemlösungen usw. unterscheiden sich in vielen Merkmalen. Bei der Auswahl einer Technik ist die Bewertung nach folgenden Kriterien wichtig:

- hohe volumetrische Speicherkapazität,
- hohe Be- und Entladeleistungen,
- hohe Dynamik (Geschwindigkeit der Änderung) der Be- und Entladeleistung,
- niedrige bzw. hinnehmbare Verluste,
- Langzeit-Beständigkeit aller Materialien,
  - keine Änderung des Speichermaterials (Erhalt der physikalischen und chemischen Eigenschaften),
  - keine Korrosion im Bereich der Speicherhülle oder der Anlage,
  - keine unerwünschten Transportprozesse (z. B. mineralische Auswaschungen),
  - kein biologisches Wachstum,

- geringe Kosten bei
  - Errichtung,
  - Betrieb,
  - Entsorgung,
- keine negativen physiologischen und ökologischen Einflüsse und geringe Risiken,
- Sicherheit bei Errichtung und Betrieb.

4.4.4 Anforderung von Herstellern

Die Sicherung des bestehenden Absatzes und die Erschließung neuer Absatzfelder sind aus Sicht der System- und Speicherhersteller die wichtigsten Kriterien. Danach richten sich die Entscheidungen im Unternehmen.

Die Versorgungssysteme mit Speichern im kleinen Leistungsbereich werden industriell gefertigt und über die etablierten Vertriebswege (z. B. Großhandel, Direktverkauf) veräußert. Eine hohe Stückzahl von standardisierten Produkten sind für eine automatisierte Fertigung und den Vertrieb günstig. Deshalb stellen Vertreter der Industrie folgende Forderungen:

- hoher Vorfertigungsgrad zur Minimierung möglicher Ausführungs- und Betriebsfehler bei gleichzeitigem Schutz des Wissens, Ausführung komplizierter Arbeitsschritte im Werk,
- Beachtung der Transport- und Einbringmaße (insbesondere Wohnungsbau),
- einfache Technik zum Anschluss des Speichers ohne hohe Anforderungen an die Installateure,
- Maßnahmen zur Qualitätssicherung,
- Abstimmung auf das gesamte Produktprogramm.

Ein erheblicher Teil der Speicher wird nach Anforderungen des Planers oder Kundens gefertigt. Für große Speicher ist das der Regelfall. Die Systemanforderungen bestimmen alle weiteren Parameter. Die Qualitätssicherung erfolgt im Wesentlichen durch den Planer, die Speicherhersteller und den Bauherren.

4.5 Einsatzgebiete bei der Wärmespeicherung

Der Abschnitt liefert einen Überblick zu thermischen Energiespeichern, die auf einem höheren Temperaturniveau ($> 20\,^\circ\mathrm{C}$) im Vergleich zu Kältespeichern betrieben werden.

Luftheizung
In Lüftungssystemen ist es aufgrund der geringen volumetrischen Wärmekapazität von Luft nicht sinnvoll, diese direkt zur Speicherung heranzuziehen. Folgende Speichermaterialien bieten höhere Kapazitäten: durchströmbare Feststoff-Schüttungen (z. B.

Kies-Luft-Speicher), überströmte Bauteile in Gebäuden (z. B. Trombe-Wand, Hypokaustenheizung) oder das Erdreich (z. B. Einsatz von luftdurchströmten Rohren zur Be- und Entladung).

Einzelheizungen
Kachelöfen (Speicherfeuerstätten) zählen zu den Einzelheizungen (örtliche Heizflächen) und werden mit Holz, Holzpellets, Kohle usw. befeuert. Eine relativ hohe Feststoff-Speichermasse (Kacheln, Ziegel, Steine) fungiert als Speichermasse mit interner Durchströmung der Feuerzüge. Bei diesen Öfen gleicht der Speicher den relativ schnellen Abbrand mit hohen Temperaturen aus.

Des Weiteren nutzte man in der Vergangenheit auch sog. Nachtspeicheröfen mit einer elektrischen Widerstandsheizung. Diese Heizung wurde in der Nacht bei einer niedrigen Kraftwerksauslastung betrieben. Die kompakte Bausteinmasse verlagerte die Raumheizung auf die folgenden Tagesstunden.

Warmwasserheizung
Warmwasser-Systeme zur Raumheizung und Trinkwassererwärmung besitzen in Deutschland eine hohe Verbreitung. Die Trinkwasserversorgung zeichnet sich durch hohe Schüttleistungen aus, deswegen werden viele Trinkwassererwärmer nicht im Durchflussprinzip, sondern als Speicherladesystem errichtet. Des Weiteren setzt man Speicher mit Heizungswasser bei Wärmepumpen, Blockheizkraftwerken und vereinzelt bei Kesseln ein.

Warmwasser- und Heißwassernetze
Nah- und Fernwärmesysteme nutzen Wasser mit verschiedenen Temperaturen (Heißwasser bis zu 140 °C). Abb. 4.12 zeigt einen Heißwasserspeicher, der den Lastgang im Fernwärmesystem ausgleicht. Dies ist in diesem Fall notwendig, weil die Wärmeauskopplung am Heizkraftwerk vorwiegend nach einer stromgeführten Betriebsweise erfolgt.

Ein Heißwasserspeicher in einem Fernwärmesystem mit Geothermie wird in Abb. 4.13 gezeigt. Die Umladespeicher gleichen die begrenzte Förderrate der Brunnen und Lastspitzen im System aus.

Niedertemperatur-Solarthermie
Die solare Einstrahlung ist von der Tageszeit, der Jahreszeit, der Bewölkung usw. abhängig. Nur ein sehr geringer Teil kann in Deutschland zur Raumheizung und Trinkwassererwärmung direkt angewendet werden. Deswegen setzt man Speicher im Kurzzeit- und im Langzeit-Bereich ein. Kleinere Speicher sind mehrheitlich wassergefüllte Tanks. Große Speicher können als Tank- aber auch als Becken-, Erdsonden- oder Aquiferspeicher ausgeführt werden (Konstruktion siehe Teil II). Des Weiteren laufen Versuche und Pilotprojekte mit Phasenwechselmaterialen und sorptiven Verfahren, um diese Techniken weiter zu entwickeln und eine Markteinführung zu erreichen.

Solarthermische Kraftwerke
Bei solarthermischen Kraftwerken [80] bestimmen die hohen Temperaturen u.a. die Auswahl der Wärmeträger und der Speicherstoffe. Parabolrinnen-Kraftwerke (linear fokussierende Kollektoren) erreichen Temperaturen von bis ca. 400 °C. Im Kollektor-

Abb. 4.12: Heißwasserspeicher im Fernwärmesystem der Stadtwerke Chemnitz [32], Ausgleich des Lastgangs in der Elektroenergieerzeugung und Wärmeversorgung, gesamtes Volumen 6480 m^3, vier parallele Strecken zu je neun Speichern in Reihe (Verdrängungsspeicher), maximaler Druck ca. 22 bar

Abb. 4.13: Heißwasserspeicher im Fernwärmesystem Ferrara (Italien), Geothermie, Heizkraftwerk mit Müllverbrennung, vier Speicher mit insgesamt 1000 m^3, Umladesystem je zwei Speicher parallel, Aufständerung der Speicher zur Aufrechterhaltung des hydrostatischen Druckes

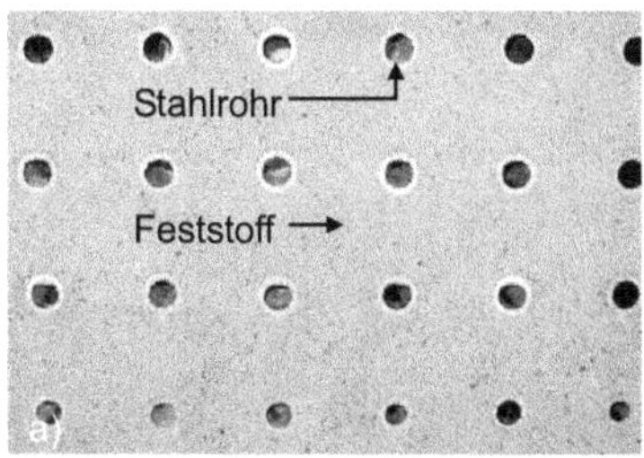

Abb. 4.14: Hochtemperaturspeicher zum Einsatz bis 390 °C, a) Feststoff (Beton) mit eingelagerten Rohren zur Wärmeübertragung, b) nicht isolierte Speichermodule (gesamte Kapazität 700 kWh), DLR Stuttgart [81]

kreis setzt man z. B. Thermoöl ein. Turm-Kraftwerke (punktförmige Fokussierung mit vielen Heliostaten auf einen Receiver) arbeiten mit Lufttemperaturen von bis 1100 °C. Die Wärme treibt ein Kraftwerk auf Wasserdampfbasis an. Folgende Speichertypen bzw. Wärmeträger kommen in diesem Hochtemperaturbereich infrage:

- Salzspeicher (Vorteil niedriger Drücke),
- luftdurchströmte Schüttungen aus keramischen Werkstoffen,
- Speicher mit Metallschmelzen,
- Feststoffe (Beton, Keramik) mit innenliegenden Rohren [82] (Abb. 4.14),
- Wasserdampfspeicher (Ruthsspeicher, ggf. in Kombination mit anderen Speichern [83]).

Durch den Speichereinsatz erhöht sich die Betriebszeit der kostenintensiven Kraftwerkstechnik (Erhöhung der Vollbenutzungsstunden und des Ertrags) und der ggf. nachgelagerten Technik (z. B. Meerwasserentsalzung). Der Systembetrieb wird stabiler (z. B. bei kurzfristiger Verschattung durch Wolken) und gleichzeitig steigt die Versorgungssicherheit.

Technologische Wärme, Prozessdampf

Abwärme aus Prozessen (100. . . 400 °C) kann dem gleichen Prozess (Rekuperation) oder anderen Prozessen (z. B. Trocknung, Kälteerzeugung, Heizung) zugeführt werden. Es sollen die hohen Temperaturen dabei erhalten bleiben. Aufgrund des Temperaturbereiches kommen zum Teil die gleichen Speichermaterialien und Wärmeträger (z. B. Luft, synthetische Öle) wie bei solarthermischen Kraftwerken zum Einsatz [84]:

- Wasserdampfspeicher (z. B. Ruthsspeicher) [30],
- Feststoffe (z. B. Eisen, Beton, Keramik, Sand, Steine) mit und ohne Wärmeübertrager aus Stahlrohren,
- Salzschmelzen (z. B. eutektische Mischung aus $KNO_3/NaNO_3/NaNO_2$)[19].

[19] Schmelzen von Schwermetallen (z. B. Zinn, Blei) sind zu teuer.

Teil II

Kältespeicherung

5 Speicherstoffe

Im Teil I wurden drei wichtige Themengebiete besprochen: die Kältebereitstellung, deren vorgelagerte Energieversorgung und die thermischen Energiespeicher. Diese Grundlagen finden Eingang in den Teil II (Kältespeicherung). Es werden die Grundlagen, die Technik und Anwendungen zur Kältespeichertechnik vorgestellt. Der Anhang ergänzt die Thematik mit speziellen Informationen und Beispielen.

Die Speicherung ist an (Speicher-)Stoffe gebunden. Deren Eigenschaften bzw. Stoffdaten und Verarbeitung sind für die Anwendung in Speichern von wesentlichem Interesse. In diesem Abschnitt werden weiterhin die physikalischen und chemischen Vorgänge behandelt, die mit der Anwendung dieser Stoffe in Verbindung stehen und eine wichtige Grundlage für eine technische Umsetzung (Abs. 7, Abs. 8, Abs. 9) sind. Der interessierende Temperaturbereich liegt bei –10. . . 20 °C. Beispiele für Speicher mit Phasenwechselstoffen (außer Wasser) und Adsorption werden in diesem Abschnitt behandelt, da die Anzahl ausgeführter Speicher noch relativ gering ist.

5.1 Mehrstoffsysteme

5.1.1 Volumetrische Effektivwerte für Stoffsysteme

Viele Speichertechniken setzen zwei oder mehrere Stoffe (z. B. Kies-Wasser-Speicher) ein oder es liegen zwei Phasen eines Stoffes im Speichergebiet vor (z. B. Eisspeicher). Oft benötigt man effektive Kenngrößen dieser Stoffsysteme. Deswegen werden wichtige Beziehungen exemplarisch für ein Zweistoffsystem, welches aus Fluid und Feststoff besteht, erläutert.

Die *Volumenporosität* (kurz *Porosität*, Gl. 5.1) beschreibt den Anteil, den das Fluid im gesamten Raum einnimmt. Dieser Raumanteil wirkt sich auf die *effektive Dichte* (Gl. 5.2) und *volumetrische Wärmekapazität* (Gl. 5.3) aus.

$$\varepsilon = \frac{V_{fl}}{V_{fl} + V_{fest}} \tag{5.1}$$

$$\rho_{fl,fest} = \varepsilon \rho_{fl} + (1 - \varepsilon)\, \rho_{fest} \tag{5.2}$$

$$(\rho c)_{fl,fest} = \varepsilon\, (\rho c)_{fl} + (1 - \varepsilon)\, (\rho c)_{fest} \tag{5.3}$$

5.1.2 Wärmeleitfähigkeit

Zur näherungsweisen Bestimmung der *effektiven Wärmeleitfähigkeit* wird die Berechnung nach *Zehner* und *Schlünder* [85] herangezogen ($0,2 < \varepsilon < 0,6$; $0 < \lambda_{fest}/\lambda_{fl} <$

10^4; Genauigkeit ca. $\pm 30\,\%$). Auf die effektive Wärmeleitfähigkeit wirken weitere Stoffeigenschaften. Die Partikelform berücksichtigt der Parameter C und die Verformung der Parameter B:

- Kugeln $C = 1,25$,
- gebrochene Partikel $C = 1,4$,
- Zylinder, Raschigringe $C = 2,5$.

$$\frac{\lambda_{eff}}{\lambda_{fl}} = 1 - \sqrt{1-\varepsilon} + \sqrt{1-\varepsilon} \cdot \frac{2}{1 - \frac{\lambda_{fl}}{\lambda_{fest}} B} \cdot \left[\frac{\left(1 - \frac{\lambda_{fl}}{\lambda_{fest}}\right) B}{\left(1 - \frac{\lambda_{fl}}{\lambda_{fest}} B\right)^2} \cdot \ln \frac{\lambda_{fest}}{B \lambda_{fl}} - \frac{B+1}{2} - \frac{B-1}{1 - \frac{\lambda_{fl}}{\lambda_{fest}} B} \right] \tag{5.4}$$

mit

$$B = C \left(\frac{1-\varepsilon}{\varepsilon} \right)^{\frac{10}{9}}$$

5.1.3 Innere Oberfläche

Bei zweiphasigen Stoffsystemen oder gekapselten Stoffen (Abs. 5.4.10.1) besitzt die *innere Oberfläche* einen hohen Einfluss auf den Wärmeübergang. Gl. 5.5 bezieht sich auf eine Kugelschüttung [86]. Mit sinkendem Partikeldurchmesser steigt der Wert der spezifischen inneren Oberfläche stark an.

$$o = \frac{6}{d_{m,P}} (1 - \varepsilon) \tag{5.5}$$

5.1.4 Permeabilität und effektiver Druckverlust

Zur Beschreibung der Strömung bzw. des Druckverlustes in porösen Stoffsystemen gibt es sehr viele Ansätze. Im Folgenden sollen zwei wichtige Konzepte vorgestellt werden.

Das Gesetz von *Darcy* (Gl. 5.6) kann für eine *schleichende Strömung* ($Re_{P,max} = 1 \ldots 10$, Gl. 5.8) in Stoffsystemen mit kleinem Partikeldurchmesser (z. B. Böden, Sand) angewandt werden[1]. Die *hydraulische Durchlässigkeit* bzw. *Permeabilität* k hängt nur von den Eigenschaften der Feststoffmatrix ab. Die Gl. 5.9 von *Rumpf* und *Gupte* [87] ist ein Beispiel für Kugelschüttungen mit einem Porositätsbereich von $0,35 < \varepsilon < 0,67$ und näherungsweise gleichem Partikeldurchmesser.

[1] Setzt man den Volumenstrom ins Verhältnis zum gesamten Strömungsquerschnitt ohne die Verdrängung der festen Phase zu berücksichtigen, erhält man die Filtergeschwindigkeit w_f (Gl. 5.7). Die mittlere Geschwindigkeit w bezieht sich auf den freien Strömungsraum und ist deswegen höher als die fiktive Filtergeschwindigkeit.

$$-\nabla p = \frac{\eta}{k}\vec{w}_f \tag{5.6}$$

$$w = \frac{w_f}{\varepsilon} \tag{5.7}$$

$$Re_P = \frac{w \cdot d_{m,P}}{\nu} \tag{5.8}$$

$$k = \frac{\varepsilon^{5,5}}{5,6} d_P^2 \tag{5.9}$$

Bei höheren Geschwindigkeiten und größeren Partikeln bzw. Füllkörpern beeinflussen andere physikalische Effekte den (effektiven) Druckverlust. Diesen kann man beispielsweise mit Gl. 5.10 von *Molerus* [88] berechnen. Die Gleichung gilt für einen Porositätsbereich von $0,35 < \varepsilon < 0,7$ und für relativ hohe Geschwindigkeiten ($1 < Re_P < 1000$).

$$-\frac{\Delta p_{Ver}}{l} = \left(\frac{18}{1-\varepsilon} + \frac{49,5}{\varepsilon}\right) \frac{(1-\varepsilon)^2}{\varepsilon^3} \frac{\eta}{d_P^2} w_f + \frac{0,69}{\varepsilon} \frac{(1-\varepsilon)}{\varepsilon^3} \frac{\rho_{fl}}{d_P} w_f^2 \tag{5.10}$$

Weitere Beziehungen, Gleichungen zur Wärmeübertragung und Ansätze zur Berücksichtigung der Dispersion sind in [31] und [87] zu finden.

5.2 Direkte Speicherung mit und ohne Phasenwechsel

Thermodynamische Berechnungen zur Energieübertragung (Beladung, Entladung, Verluste), zum energetischen Ladezustand und zur Speicherkapazität sind für grundlegende Untersuchungen wichtig. Im Abschnitt wird die direkte Speicherung mit und ohne Phasenwechsel anhand eines einfachen Beispiels betrachtet. Folgende Abschnitte geben Auskunft über einsetzbare Stoffe und deren wichtigsten Stoffdaten.

5.2.1 Speicher ohne latente Effekte

Zur einfachen thermodynamischen Betrachtung eines Speicherzyklusses mit direkter Be- und Entladung wird an dieser Stelle ein Einstoffsystem (Abb. 5.1) herangezogen. Das homogene System mit konstanten Stoffwerten besitzt im gesamten Gebiet eine Temperatur T_{Sp}. Die Art der Be- und Entladung wird in diesem Fall nicht weiter betrachtet.

Gl. 5.11 liefert die Bilanz für das System. In der weiteren Betrachtung wird angenommen, dass keine äußeren Verluste auftreten ($\dot{Q}_{Sp,Ver} = 0$). Abb. 5.2 a) zeigt den einfachen Be- und Entladezyklus mit folgenden Phasen:

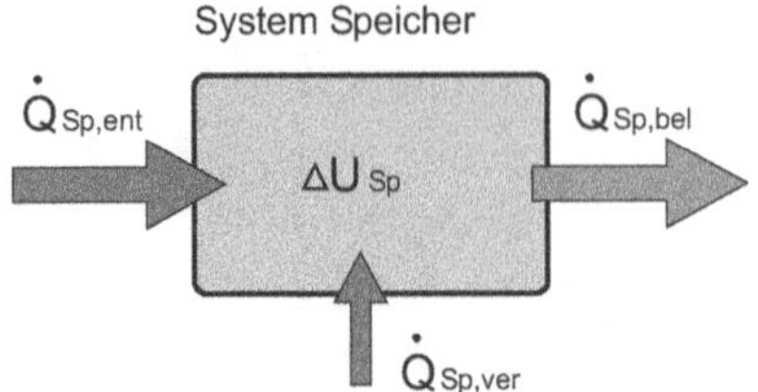

Abb. 5.1: Betrachtung eines Kältespeichers als thermodynamisches System

- Stillstand mit minimalem Ladezustand (Gl. 5.12),
- 1 → 2: Beladung mit konstanter Leistung (Gl. 5.13),
- 2 → 3: Stillstand mit maximalem Ladezustand (Gl. 5.12),
- 3 → 4: Entladung mit konstanter Leistung (Gl. 5.14),
- Stillstand mit minimalem Ladezustand (Gl. 5.12).

$$\frac{dU_{Sp}}{dt} = \dot{Q}_{Sp,bel} + \dot{Q}_{Sp,ent} + \dot{Q}_{Sp,Ver} \tag{5.11}$$

$$\text{Stillstand} \rightarrow \frac{dU_{Sp}}{dt} = 0 \tag{5.12}$$

$$\text{Beladen} \rightarrow \Delta U_{Sp,12} = \int_{t_1}^{t_2} \dot{Q}_{Sp,bel} dt \tag{5.13}$$

$$\text{Entladen} \rightarrow \Delta U_{Sp,34} = \int_{t_3}^{t_4} \dot{Q}_{Sp,ent} dt \tag{5.14}$$

Im betrachteten Zyklus wird der Speicher vollständig beladen. Die Speichertemperatur sinkt auf den Minimalwert. Die folgende Entladung stellt den Ausgangszustand wieder her. Der Speicher besitzt zum Ende des Zyklusses wieder die maximale Temperatur.

Aufgrund der idealen Randbedingungen lässt sich aus der Änderung der inneren Energie bzw. der Wärmemenge zur Be- und Entladung die Speicherkapazität ermitteln (Gl. 5.15). Die Änderung der inneren Energie kann man wiederum über die (messbare) Zustandsgröße T_{Sp} und dem Produkt aus dem Speichervolumen V_{Sp} und den Stoffwerten $(\rho c)_{Sp}$ bestimmen (Gl. 5.16).

$$|\Delta U_{Sp,12}| = \Delta U_{Sp,34} = \Delta U_{Sp,\max} = C_{Sp} \tag{5.15}$$

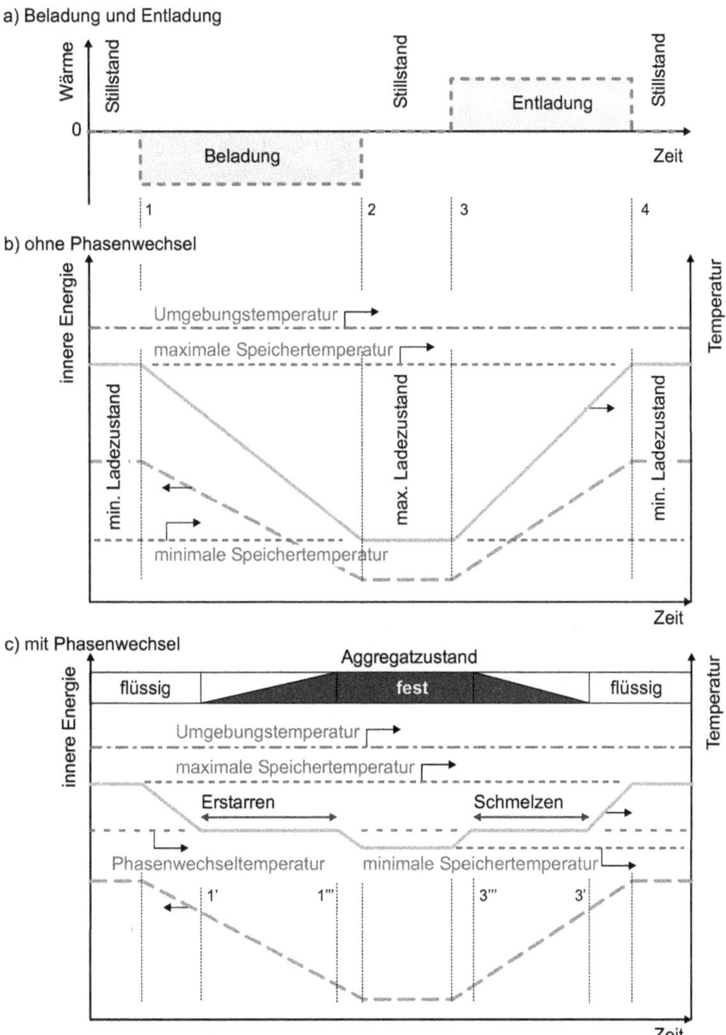

Abb. 5.2: idealer Kältespeicher-Zyklus (Annahme eines thermodynamischen Systems ohne Verluste), a) mit einer konstanten Be- und Entladeleistung, zeitlich getrennt, b) Zustandsgrößen für einen Speicherstoff ohne Phasenwechsel, c) Zustandsgrößen für einen Speicherstoff mit Phasenwechsel

$$C_{Sp} = m_{Sp} \cdot (\rho c)_{Sp} \cdot (T_{Sp,\max} - T_{Sp,\min}) \tag{5.16}$$

Die Größe des Speichers V_{Sp} bzw. die Speichermasse m_{Sp} besitzen einen absoluten Einfluss auf die Speicherkapazität C_{Sp}. Der verwendete Speicherstoff mit seiner volumetrischen Kapazität $(\rho c)_{Sp}$ hat einen spezifischen Einfluss.

5.2.2 Speicher mit latenten Effekten

Bei Kältespeichern mit Phasenwechselstoffen ist aufgrund der Phasenwechseltemperaturen nur der Übergang von flüssig zu fest und umgekehrt von Interesse. Deswegen werden im Folgenden Erstarrungs- und Schmelzvorgänge als latente Effekte berücksichtigt.

Die Betrachtung bezieht sich auf das vorgestellte System (Abb. 5.1) und den gleichen Zyklus (Abb. 5.2 a). Im Unterschied zum vorangegangenen Abschnitt finden jetzt ein Erstarrungsvorgang beim Beladen und ein Schmelzvorgang beim Entladen statt (Abb. 5.2 c). Bei der Be- und Entladung müssen die unterschiedlichen Aggregatzustände beachtet werden (siehe Unterpunkte):

- Stillstand mit minimalem Ladezustand (Gl. 5.12),
- $1 \rightarrow 2$: Beladung mit konstanter Leistung (Gl. 5.13),
  - $1 \rightarrow 1'$: Abkühlen der Flüssigkeit,
  - $1' \rightarrow 1'''$: Phasenwechsel flüssig-fest bei konstanter Temperatur,
  - $1''' \rightarrow 2$: Abkühlen des Feststoffes,
- $2 \rightarrow 3$: Stillstand mit maximalem Ladezustand (Gl. 5.12),
- $3 \rightarrow 4$: Entladung mit konstanter Leistung (Gl. 5.14),
  - $3 \rightarrow 3'''$: Erwärmen des Feststoffes,
  - $3''' \rightarrow 3'$: Phasenwechsel fest-flüssig bei konstanter Temperatur,
  - $3' \rightarrow 4$: Erwärmen der Flüssigkeit,
- Stillstand mit minimalem Ladezustand (Gl. 5.12).

Neben der Temperaturänderung muss nun der Phasenwechsel bei der Speicherkapazitätsberechnung (Gl. 5.17) berücksichtigt werden. Die Terme sind entsprechend der oben eingeführten Prozessabschnitte gekennzeichnet. Im Unterschied zu Abs. 5.2.1 besitzt die Schmelzenthalpie $h_{schmelz}$ einen Einfluss[2]. Der Verlauf des Ladezustandes ist während des Phasenwechsels vom Temperaturverlauf entkoppelt.

[2]Die Enthalpie für den Erstarrungsvorgang $h''' - h'$ wird in Gl. 5.17 nicht explizit aufgeführt. Es gilt $h_{schmelz} = h' - h'''$. Das negative Vorzeichen berücksichtigt den umgekehrten Vorgang mit der betragsmäßig gleichen Enthalpie.

$$C_{Sp} = \left| \underbrace{V_{Sp} \cdot (\rho c)_{Sp,fl} \cdot (T_{Sp,1'} - T_{Sp,1})}_{\text{Abkühlen der Flüssigkeit}} - \underbrace{m_{Sp} \cdot h_{schmelz}}_{\text{Phasenübergang}} + \underbrace{V_{Sp} \cdot (\rho c)_{Sp,fest} \cdot (T_{Sp,2} - T_{Sp,1'''})}_{\text{Abkühlen des Feststoffes}} \right|$$
$$= \underbrace{V_{Sp} \cdot (\rho c)_{Sp,fest} \cdot (T_{Sp,3'''} - T_{Sp,3})}_{\text{Erwärmen des Feststoffes}} + \underbrace{m_{Sp} \cdot h_{schmelz}}_{\text{Phasenübergang}} + \underbrace{V_{Sp} \cdot (\rho c)_{Sp,fl} \cdot (T_{Sp,4} - T_{Sp,3'})}_{\text{Erwärmen der Flüssigkeit}} \tag{5.17}$$

5.2.3 Diskussion

In Abs. 5.2.1 und Abs. 5.2.2 wurden die Prozesse mit und ohne Phasenwechsel sowie deren Auswirkungen auf die Speicherkapazität beschrieben. Ohne auf konkrete Stoffwerte einzugehen, liefert ein Vergleich folgende Vorteile für Speicher mit Phasenwechsel.

- Die Temperaturdifferenz zwischen dem Speicher und der Umgebung ist geringer. Das führt zu niedrigeren äußeren Verlusten.
- Die Speichertemperatur befindet sich während der Beladung auf einem relativ hohen und konstanten Niveau. Das kann z. B. höhere Leistungszahlen bei Kältemaschinen oder eine längere Nutzung von Kältequellen bewirken.
- Bei der Entladung ist die Speichertemperatur weitgehend konstant. Hier besteht eine gute Anpassungsmöglichkeit zur optimalen Wärmeübertragung an den Verbraucher.

Diese Vorteile sind auf die Entkopplung des Ladezustandes von der Speichertemperatur zurückzuführen. Deswegen nimmt die Wahl der Phasenwechseltemperatur aus Sicht der optimalen Systemauslegung eine Schlüsselfunktion ein. Insbesondere Kälteversorgungssysteme arbeiten oft mit geringen Temperaturdifferenzen (z. B. in Netzen, bei der Wärmeübertragung). Der Phasenwechsel ermöglicht demzufolge eine signifikante Kapazitätssteigerung in begrenzten Temperaturbereichen.

Diese Aussagen gelten nicht nur für den Phasenwechsel flüssig-fest. Es ist auch die Nutzung anderer Effekte denkbar. Gleichzeitig wird sichtbar, dass ein *gemischter* Speicherbetrieb (Kopplung des Ladezustandes an die Speichertemperatur, hier mittlere Speichertemperatur) Nachteile besitzt. Hier ist wiederum zu beachten, dass der Betrieb von Kälteversorgungssystemen oft konstante Temperaturen voraussetzt. Damit liefert die einfache Betrachtung eine wesentliche Begründung für den Schichtungsbetrieb, für Umladesysteme etc.

5.3 Flüssigkeiten und Feststoffe

In diesem Abschnitt werden Stoffe und ihre Eigenschaften beschrieben, die eine Energiespeicherung auf der Basis der Temperaturänderung realisieren. Des Weiteren verwendet man die fluiden Stoffe zum Energietransport.

5.3.1 Kälteträger

Als *Kälteträger* bezeichnet man Flüssigkeiten, Suspensionen oder Emulsionen die in Sekundärkreisläufen zum Energietransport bzw. zur indirekten Kühlung (Abs. 2.3.8, S. 57) oder zur Energiespeicherung eingesetzt werden. Gase und Kältemittel zählen nicht zu dieser Kategorie. In den Stoffsystemen kann ein Phasenwechsel fest-flüssig stattfinden. Dieser Abschnitt beschäftigt sich mit Fluiden ohne Phasenwechsel. Eisbrei (Abs. 5.4.4) und weitere Phasenwechselfluide (Abs. 5.4.10.7) werden gesondert betrachtet.

5.3.1.1 Wasser

Wasser vereint viele positive Eigenschaften für Speicheranwendungen. Folgende Merkmale können für diesen Kälteträger genannt werden:

- eine hohe spezifische Wärmekapazität (4,219... 4,185 kJ/(kg K), Abb. 5.3) im flüssigen Bereich[3], eine große volumetrische Wärmekapazität (4,218... 4,178 MJ/(m^3 K), Abb. 5.3),
- eine Dichtefunktion nach Abb. 5.3 (999,97... 998,21 kg/m^3), Dichtemaximum bei 4 °C, Beschränkung der thermischen Schichtung auf die Bereiche von 4... 20 °C und von 0... 4 °C,
- eine geringe Wärmeleitfähigkeit (0,562... 0,560 W/(m K), Abb. 5.3) gegenüber anderen Speicherstoffen im Großspeicher-Bereich, geringerer Abbau der thermischen Schichtung durch Wärmeleitung,
- eine relativ niedrige Viskosität im Vergleich zu anderen technischen Fluiden (1,792... 1,003* 10^{-6} m^2/s [31]), Voraussetzung für eine hohe Wärmeübertragung mittels Apparatetechnik,
- eine hohe Schmelzenthalpie (siehe Abs. 5.4.2),
- eine Volumenzunahme beim Erstarren (siehe Abs. 5.4.2),
- eine Unterkühlungsneigung (bis ca. –38 °C),
- einen hohen Siedepunkt aus Sicht der Kältetechnik,
- eine hohe Verdampfungsenthalpie (2501... 2256 kJ/kg von 0,6117... 101,4 kPa),
- sehr gute Lösungsmitteleigenschaften für eine Reihe von Stoffen,
- eine bedingt hohe chemische Reaktionsbereitschaft (beachte Korrosion),
- keine Gefährdung hinsichtlich Brennbarkeit, Explosion, toxischer Einwirkung,
- eine hohe Verfügbarkeit und
- einen sehr niedrigen Preis.

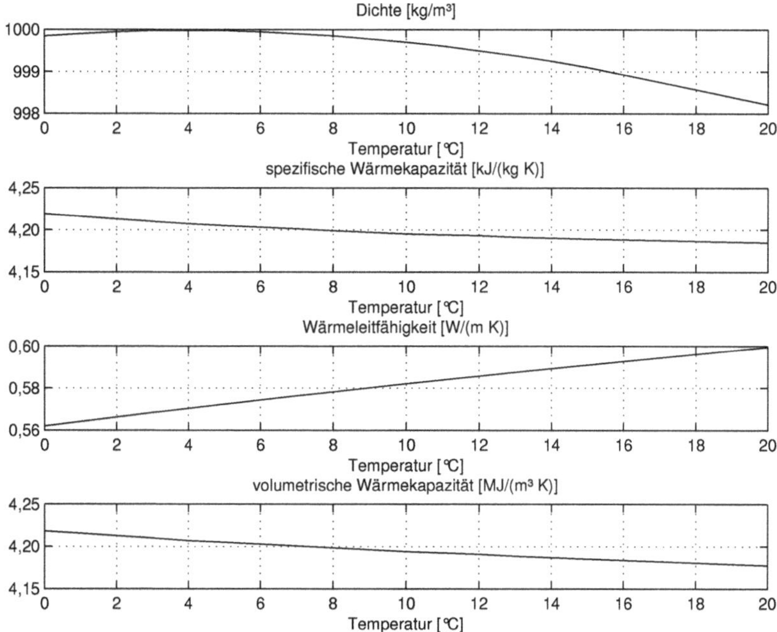

Abb. 5.3: Dichte, spezifische Wärmekapazität, Wärmeleitfähigkeit und volumetrische Wärmekapazität von Wasser in Abhängigkeit der Temperatur [31]

Wasser ist als natürlicher Kälteträgerstoff mit den thermophysikalischen Eigenschaften und der ökologischen Unbedenklichkeit gegenüber synthetischen *herausragend.* Der Einsatz in Leitungsnetzen, die Gewinnung mit Brunnen oder in oberflächennahen Schichten, die einfache Entsorgung (z. B. durch Beantragung einer Einleitgenehmigung) sind nur einige Beispiele, die den praktischen Einsatz befürworten. Diese Vorteile äußern sich auch in der Schwerpunktsetzung dieser Arbeit: Kaltwassersysteme (Abs. 2.5), Kaltwasserspeicher (Abs. 7), Eis- und Schneespeicher (Abs. 8).

5.3.1.2 Wasser-Gemische

Wasser ohne weitere Zusätze ist bei Umgebungsdruck als Kälteträger nur bis 0 °C einsetzbar. Für den Energietransport unter 0 °C nutzt man Wasser-Gemische oder andere Fluide[4]. Zur Senkung der Erstarrungstemperatur werden folgende Stoffe bzw. Stoffgruppen (Tab. 5.1) eingesetzt [92]:

[3]Stoffwerte für die fluide Phase (0. . . 100 °C) findet man unter [31], [89], [90], [91].

[4]Im Unterschied zu den Wasser-Gemischen können auch organische Fluide eingesetzt werden [6]. Das sind z. B. perfluorierte Kohlenwasserstoff-Verbindungen (nicht giftig, nicht brennbar, chemisch stabil) oder Silikonöle (nicht giftig, nicht korrosiv, brennbar, niedrige spezifische Wärmekapazität, keine starke Abhängigkeit der Viskosität von der Temperatur). Weitere Produkte findet man in [19].

Tab. 5.1: Stoffdaten für gefrierpunktsenkende Stoffe und deren Gemische mit Wasser, *...Stoffdaten der reinen Stoffe [31], [92]

	Masseanteil [%]	min. Einsatztemp. [°C]	Dichte [kg/m³]	sp. Wärmekap. [kJ/(kg K)]	kin. Viskosität 10^6 [m²/s]	Schmelztemp. [°C] *	Siedetemp. [°C] *	Flammpunkt [°C] *
Natriumchlorid	23,1	–21,2	1192	3,3	60,4	802	1440	–
Kalziumchlorid	29,9	–55	1315	2,6	41,8	772	1600	–
Methanol*	bis 100	–98	904...792	2,14...2,50	9,62...0,737	–98	65	11
Ethanol*	bis 100	–114	892...789	1,90...2,39	52,7...1,53	–114	78	12
Ethylenglykol	bis 65	–50	1134 (20 °C)	2,3 (20 °C)	27 (20 °C)	–13	198	111
Propylenglykol	bis 65	–40	1100...1050	2,3...2,5	71,4 (20 °C)	–44	188	102
Kaliumacetat		–55	1100...1240	3,55...2,95	3,65...1,67	292	(440)	–
Kaliumformiat		–60	1222...1394	3,20...2,52	2,88...1,67	165	(360)	–

- anorganische Salze[5]: z. B. Natriumchlorid, Kalziumchlorid (nicht giftig, niedrige Kosten, korrosiv insbesondere bei Mischinstallationen, Einsatz einer geringen Konzentration für eine effektive Senkung des Erstarrungspunktes),
- einwertige Alkohole: z. B. Methanol (giftig), Ethanol (effektive Senkung des Erstarrungspunktes, niedrige Siedepunkte, hohe Flüchtigkeit),
- mehrwertige Alkohole: z. B. Ethylenglykol (bessere Wärmeübertragung und kostengünstiger im Vergleich zu Propylenglykol), Propylenglykol (höherer Siedepunkt, weniger flüchtig im Vergleich zu einwertigen Alkoholen; geringere Korrosivität und hohe Viskosität im Vergleich zu den Salzlösungen, nicht giftig),
- anorganische Salze: Kaliumacetat, Kaliumformiat (nicht giftig, wenig korrosiv, gute Wärmeübertragung, geringe Viskosität der jeweiligen Wasser-Gemische).

Die Auswahl der Stoffe (Herstellung) bzw. des Produktes (Einsatz in Anlagen) erfolgt nach folgenden Kriterien:

- thermophysikalische Eigenschaften (Dichte, spezifische Wärmekapazität, Viskosität, Wärmeleitfähigkeit, Gefrier- und Siedepunkt),
- technische Anforderungen (hohe Energiedichte zum Transport und zur Speicherung, geringer Druckverlust, kein Erstarren[6]),
- Materialverträglichkeit und -beständigkeit (Vermeidung von Korrosion, keine Zersetzung, geringe chemische Veränderung, Löslichkeit),
- sekundäre Eigenschaften (Umweltverträglichkeit, Toxizität, Brennbarkeit),
- Kosten.

Die Hersteller [93], [94], [95] verwenden vorwiegend Salze und organische Stoffe (Tab. 5.2) [1], [6], [19], [37], [92]. Mit Salz-Wasser-Lösungen kann man eine hohe Energieübertragung bei geringen Druckverlusten realisieren. Der Einsatz von Salzen ruft aber mehr oder minder starke Korrosion hervor. Die alternative Verwendung von Glykolen ist mit einem nicht so ausgeprägten Korrosionspotenzial verbunden. Die Viskosität kann bei sinkenden Temperaturen beachtlich steigen und hohe Druckverluste hervorrufen (Abb. 5.4), die sich auf den Elektroenergiebedarf zur Umwälzung signifikant auswirkt. Mit höheren Glykolanteilen sinkt das Vermögen zur Wärmeübertragung im Vergleich zu Wasser (Abb. 5.5). Des Weiteren ist beim Einsatz von organischen Stoffen die Brand- und Explosionsgefahr zu beachten [37].

Korrosion wird vor allem durch Sauerstoff, Fremdionen und Änderungen des pH-Wertes hervorgerufen. Zur Vermeidung setzen die Hersteller Inhibitoren[7], Puffersubstanzen, Sorptionsstoffe usw. den Fluiden zu [177]. Die Verträglichkeit mit den Konstruktionswerkstoffen (Rohre, Wärmeübertrager, Dichtungen usw.) ist deswegen zu

[5] Die Wasser-Gemische [19], die in der Kältetechnik als Kälteträger verwendet werden, bezeichnet man oft als *Sole* oder *Kühlsole*. Dies ist auf den frühen Einsatz von Salzen in Wasser zurückzuführen.

[6] In vielen Publikationen werden die Begriffe *Frostsicherheit* oder *Eisflockpunkt* verwendet.

[7] Bei Glykolen und organischen Salzen wird die Korrosionsneigung mit Inhibitoren (Schutzstoffe) kompensiert [92]. Dabei ist der Einsatz mehrerer Schutzstoffe für das jeweilige Metall bzw. die jeweilige Legierung notwendig. Es bildet sich z. B. ein Schutzfilm an der Oberfläche.

Tab. 5.2: technische Kälteträger, Wasser-Gemische [1]

Zusatzstoff	Konzentration [Masse-%]	Erstarrungstemperatur [°C]	niedrigste Betriebstemperatur [°C]
Salze			
Natriumchlorid $NaCl$	23,1	–21,2	–13
Magnesiumchlorid $MgCl_2$	20,6	–33,6	–25
Kalziumchlorid $CaCl_2$	29,9	–55,0	–38
organische Stoffe			
Methanol CH_3OH	60	–57	–50
Ethanol C_2H_5OH	80	–57	–50
Ethylenglykol $C_2H_4\,(OH)_2$	62	–47	–38
Propylenglykol $C_3H_6\,(OH)_2$	60	–57	–46
Glyzerin $C_3H_5\,(OH)_3$	65	–40	–32

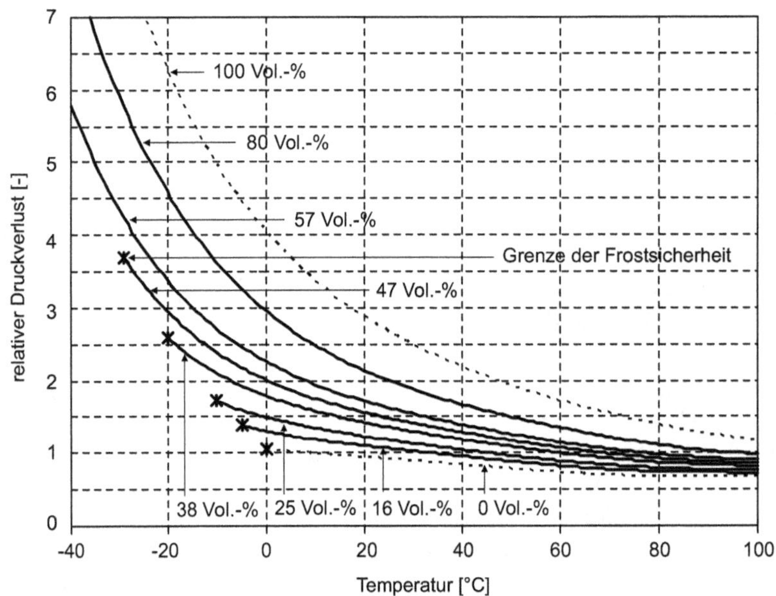

Abb. 5.4: relativer Druckverlust in Abhängigkeit der Temperatur für Wasser-Gemische mit unterschiedlichen Gehalten an Antifrogen L (Basis: 1,2-Propylenglykol), Bezug auf reines Wasser (0 Vol.-% Antifrogen L) und eine turbulente Strömung mit 10 °C, Fa. Clariant [96]

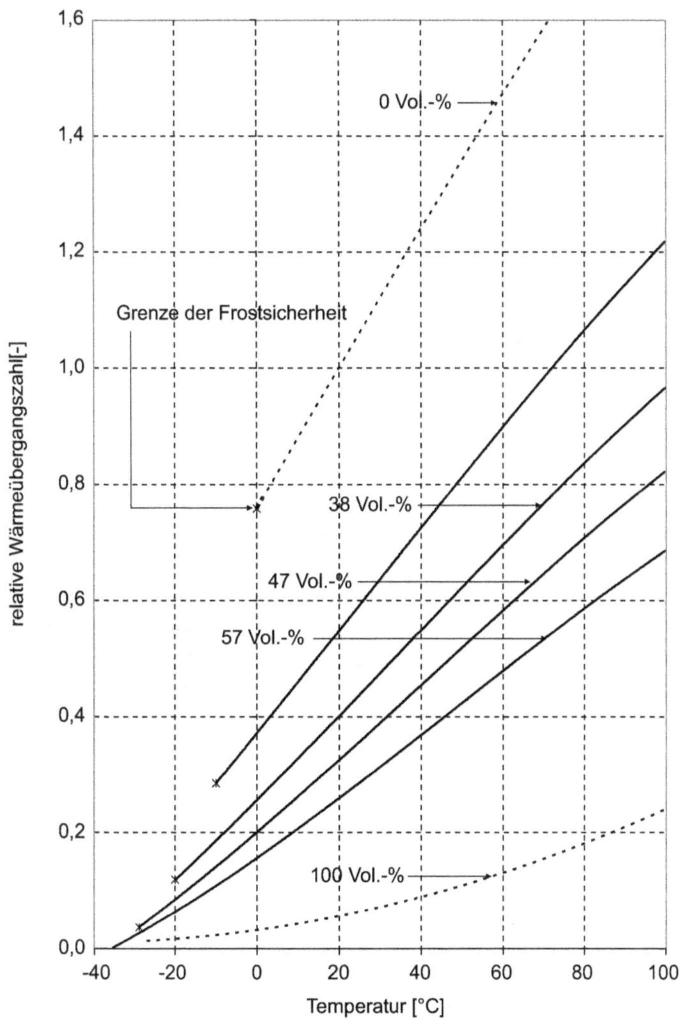

Abb. 5.5: relative Wärmeübergangszahl in Abhängigkeit der Temperatur für Wasser-Gemische mit unterschiedlichen Gehalten an Antifrogen L (Basis: 1,2-Propylenglykol), Bezug auf reines Wasser (0 Vol.-% Antifrogen L) und eine turbulente Strömung mit 20 °C, Fa. Clariant [96]

prüfen. Weiterhin sind die Anlagen geschlossen auszuführen, um einen Sauerstoffeintrag zu vermeiden.

Für den praktischen Einsatz eignen sich deswegen nur *technische Kälteträger* (*Low Temperature Fluid* LTF). Die Hersteller [93] (z. B. Tyfoxit), [94] (z. B. Antifrogen), [95] (z. B. Glykosol) stellen Informationen (Stoffdaten, Anwendung, Sicherheit usw.) zu den komplexen chemischen Produkten zur Verfügung.

Bei der Verwendung von technischen Kälteträgern ist besonders auf die korrekte Einstellung der Konzentration zu achten. Oft kommt es zu einer unbeabsichtigten Verdünnung, weil sich nach dem Spülen der Anlage oder einer Druckprobe Restwasser in der Anlage befindet. Weiterhin können Sauerstoffeinträge und das Überschreiten der maximal zulässigen Temperatur (bei Kälteträgern weniger wahrscheinlich) zur stofflichen Veränderung führen. Im Anlagenbetrieb sollte deswegen die stoffliche Zusammensetzung regelmäßig kontrolliert werden (Entnahme einer Probe). Eine chemische Analyse des Herstellers gibt dann Auskunft zu dem noch vorhandenen Korrosionsschutz und zu möglichen Kompensationsmaßnahmen.

Aufgrund der niedrigeren Erstarrungstemperaturen im Vergleich zu Wasser kann die Vorlauf-Temperatur gesenkt werden, ohne dass die Wasser-Gemische einen Phasenwechsel vollziehen. Es steigt die Temperaturdifferenz zwischen Vorlauf und Rücklauf (Spreizung). Damit lassen sich wiederum der Energietransport bei konstantem Massenstrom und die Speicherkapazität bei gleichem Speichervolumen erhöhen. Da große Versorgungssysteme sehr hohe Füllvolumina besitzen, ist der Vorteil einer Kapazitätserhöhung mit dem kostenseitigen Mehraufwand für den technischen Kälteträger zu vergleichen.

Werden Wassergemische mit Kalziumchlorid, Natriumchlorid, Glykol, Natriumnitrit oder Natriumnitrat in Speichern eingesetzt [9], kann man die Dichtefunktion des Fluides so beeinflussen, dass keine Dichteinversion bei 4 °C im Vergleich zu reinem Wasser vorliegt.

5.3.2 Konstruktionswerk- und Baustoffe

Tab. 5.3 gibt eine Übersicht zu wichtigen thermodynamischen Stoffgrößen von Speicherstoffen und Konstruktionswerkstoffen, die häufig angewandt werden oder infrage kommen. Die Speicherkapazität von Großspeichern vergleicht man häufig mithilfe des Wasseräquivalentes. Tab. 5.4 liefert einen Überblick zu den wichtigsten Großspeichertypen.

Des Weiteren sind oft poröse Stoffsysteme anzutreffen. Die Permeabilitätswerte in Abb. 5.6 zeigen einen starken Schwankungsbereich. Dieser Bereich lässt sich auf variable Partikeldurchmesser bzw. veränderliche Zusammensetzungen zurückführen.

Tab. 5.3: Übersicht zu thermodynamischen Stoffwerten von Speicherkomponeten

Stoff	ρ [kg/m^3]	c [kJ/(kg K)]	ρc [MJ/(m^3 K)]	λ [W/(m K)]	Quelle
apparateseitig					
Wasser (5 °C)	999,97	4,203	4,20	0,5705	[86]
Eis (0 °C)	917	2,04	1,87	2,25	[86]
Luft (0 °C), trocken	1,275	1,006	0,0013	0,024	[86]
Eisen	7870	0,45	3,54	83	[97]
V2A-Stahl	7900	0,50	3,95	15	[97]
Kupfer	8960	0,381	3,41	401	[97]
Aluminium	2702	0,9	2,43	236	[97]
Polyethylen	900...1000	2,5	2,38	0,35...0,5	[97]
Schaumstoff	20...30	1,3...1,7	0,04	0,035...0,040	[97]
Polyvinylchlorid	1200...1500	1,3...2,1	2,30	0,16...0,17	[97]
baulich, geologisch					
Beton, lufttrocken	1500...2400	0,84	1,64	0,7...1,2	[97]
Sand, trocken	1650	0,80	1,32	0,27	[86]
Sand, feucht	1750	1,00	1,75	0,85	[86]
Erdreich, natürlich, trocken	1300...2000			0,6...1,2	[97]
Ton, 10 % feucht	1800...2200	0,88	1,76	1,2...1,3	[97]
Kies-Wasser	ca. 1970	ca. 1,47	2,52...2,98	1,88...2,49	[98]
Erdreich	1700...2400	1,23...1,84	1,2...3,7	0,52...2,9	[98]

Tab. 5.4: Speicherkapazitäten in Abhängigkeit des Speichertyps nach [99]

Speicher	Wasser-	Kies-Wasser-	Erdsonden-	Aquifer-
Stoff	Wasser	gesättigte Kies-Wasser-Schüttung	ober-flächennahes Erdreich	wasser-gesättigtes Erdreich
Speicherkonstruktion	Abs. 7.3	Abs. 7.4	Abs. 9.3	Abs. 9.2
vol. Speicher-kapazität [kJ/m³]	60...80	30...50	15...30	30...40
Speichervolumen [m³] für $V_{Sp,W} = 1\,\mathrm{m}^3$ (WÄ)	1	1,3...2	3...5	2...3

5.4 Phasenwechselstoffe

Der Phasenwechsel von Stoffen ist mit relativ hohen Energieumsätzen verbunden. Aufgrund der Temperaturen bei Kälteversorgungssystemen liegt in diesem Abschnitt der Schwerpunkt bei der Änderung des Aggregatzustandes zwischen fest und flüssig. Änderungen in der kristallinen Struktur, also Zustandsänderungen im Bereich fest-fest, sind in diesem Temperaturbereich auch möglich, aber wegen niedriger Energieumsätze nicht interessant.

Aus technischer Sicht lässt sich eine Grobeinteilung vornehmen:

- Stoffsysteme mit Wasser (Abs. 5.4.2, Abs. 5.4.3, Abs. 5.4.4) und
- Nicht-Wasser-Phasenwechsel-Stoffsysteme (Abs. 5.4.5, Abs. 5.4.6, Abs. 5.4.7, Abs. 5.4.8, Phase Change Materials, PCMs)[8].

Die Stoffeigenschaften haben Auswirkungen auf die Verarbeitung, die Speicherkonstruktion, den Einsatz usw. Im Bereich der Nicht-Wasser-Phasenwechsel-Stoffsysteme konzentrieren sich die Forschungsaktivitäten auf die Untersuchung der Stoffe und ihrer Parameter sowie auf die Verarbeitung und den optimalen Einsatz. Das Verständnis der physikalischen und chemischen Vorgänge nimmt eine Schlüsselrolle ein.

5.4.1 Erstarrungs- und Schmelzverhalten

5.4.1.1 Unterkühlung und Kristallisation

Bisher wurden die energetischen Verhältnisse und die Zustandsgrößen (z. B. Temperatur) beim Phasenwechsel fest-flüssig betrachtet. Die Vorgänge insbesondere beim Erstarren bzw. bei der *Kristallbildung* sind aber komplexer [75] und entziehen sich einer einfachen Beschreibung.

Im Folgenden wird speziell die Abkühlung einer Salzschmelze betrachtet. Findet die Kristallbildung in der reinen Substanz statt, spricht man von einer *homogenen Kristallbildung*. Sind weitere Stoffe bzw. Fremdstoffe (z. B. Schmutzpartikel, Behälterwand aus einem anderen Material) beteiligt, liegt eine *heterogene Kristallbildung* vor.

[8] Bei allen PCMs müssen die Sicherheitsdatenblätter usw. beachtet werden.

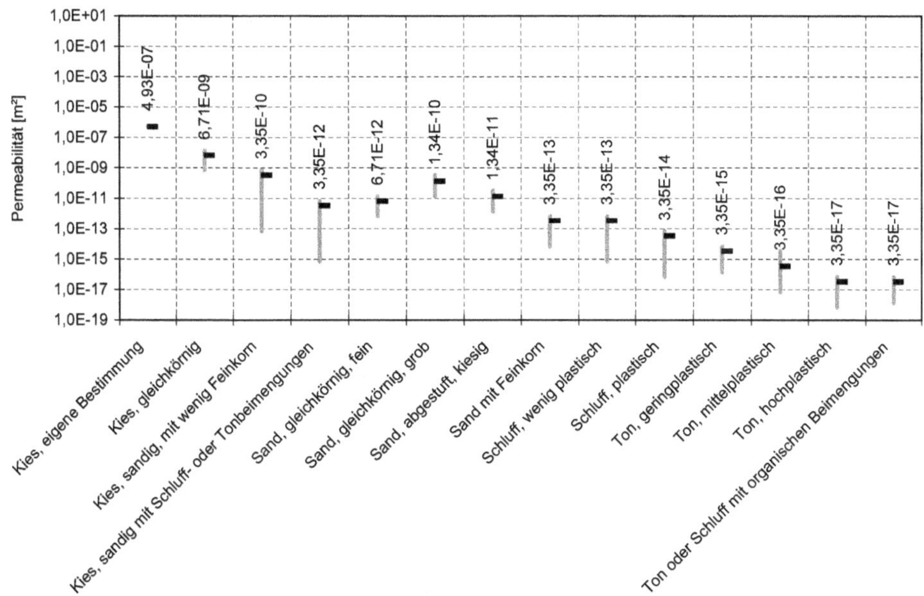

Abb. 5.6: Übersicht zu Permeabilitätswerten für verschiedene Baustoff- und Bodenarten nach *Schröder* [100] und eigene Bestimmung für Kies (16/32)

Die Vorgänge laufen im molekularen Bereich ab. Verschiedene Modelle beschreiben die komplexen physikalischen Vorgänge der Kristallbildung (z. B. *Kossel-Stranskische* Wachstumstheorie, Spiralwachstum nach *Frank* [75]). An dieser Stelle werden nur wesentliche Phänomene beschrieben, die den Unterschied zu anderen Vorgängen verdeutlichen sollen. Eine detaillierte Beschreibung zum Verhalten von PCMs ist in [101], [102] zu finden.

In dem folgenden Beispielprozess erreicht das flüssige Salz die Temperatur für den Phasenwechsel flüssig-fest. Der Phasenwechsel tritt jedoch nicht ein und die Salzschmelze wird in diesem Fall unter die eigentliche Phasenwechseltemperatur gekühlt (Abb. 5.7). Diesen Vorgang nennt man *Unterkühlung* (*subcooling*). Nach [75] handelt es sich um einen metastabilen thermodynamischen Zustand. Dieser Effekt wird auf das Fehlen von Kristallisationskeimen zurückgeführt. Hierbei ist zu beachten, dass allgemein die Bildung der Kristallisationskeime und das weitere Wachstum (*Kristallisation*) dem Systembestreben nach einem Zustand mit minimaler Energie unterliegt.

Das Kristallwachstum ist durch Oberflächeneffekte gekennzeichnet (Anlagerung der Moleküle, Transport an der Oberfläche, Moleküleinbau in das Kristall), die dafür Energie benötigen. Der volumetrische Gitteraufbau liefert hingegen Energie (*Kristallisationswärme*). Das Kristall wächst nur dann, wenn effektiv Energie freigesetzt wird. Das führt dazu, dass kleine Keime unter einer bestimmten Größe wieder zerfallen. Erst nach dem Überschreiten einer Grenze (*Thomson-Gibbs*-Gleichung) ist ein Wachstum möglich.

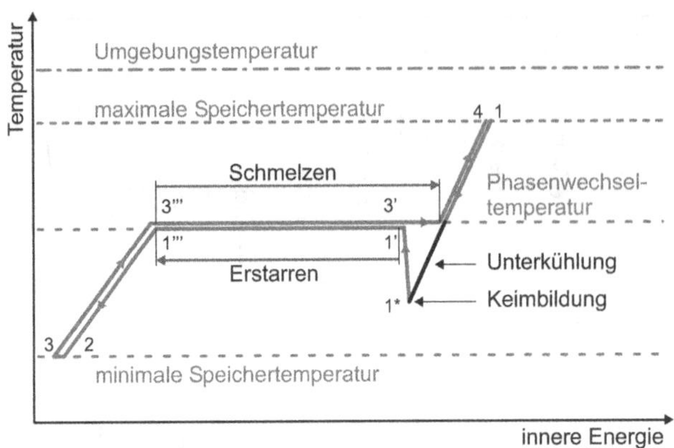

Abb. 5.7: Kältespeicherprozess (vgl. mit Abb. 5.2) mit Unterkühlung

Die räumliche Energieverteilung schwankt prinzipiell in derartigen Systemen. Dort wo die notwendige Aktivierungsenergie vorliegt, können *Keime* entstehen. Oberhalb der Phasenwechseltemperatur zerfallen diese wieder. Erst nach einer Unterkühlung und einer ausreichenden Aktivierungsenergie kann das Kristallwachstum beginnen. Durch die Volumenzunahme muss die feste Phase weiterhin gegen den Widerstand der flüssigen Phase aufkommen (*Kristallisationskraft*).

Die Wärmeübertragung besitzt ebenfalls einen Einfluss auf den Kristallisationsprozess. Eine Ableitung in das Kristall kann zur lokalen Auflösung der Gitterstruktur (Rückbildung) führen. Bei einer Unterkühlung kann die Temperaturdifferenz zwischen Kristall und Schmelze höher sein, ohne dass die Phasenwechseltemperatur überschritten wird. Diese Temperaturdifferenz ermöglicht im Vergleich zu näherungsweise isothermen Verhältnissen eine bessere Übertragung der Kristallisationswärme in die Schmelze. Das Kristall wächst demzufolge schneller.

Die Unterkühlung ist bei bestimmten Speicherstoffen ein Problem, weil der Phasenwechsel verzögert oder nicht eintritt. Bei Kältespeichern können zu hohe Temperaturdifferenzen bis zum Einsetzen der Kristallisation oder eine niedrige Kristallisationsgeschwindigkeit die Beladung behindern (Abb. 5.7). Deswegen ergreift man Maßnahmen zur gezielten Keimbildung oder zur Vermeidung bzw. Verminderung der Unterkühlung (Abs. 5.4.10.4).

Der Schmelzvorgang ist nicht zum Erstarrungsvorgang identisch. Die feste und flüssige Phase stehen an der Phasengrenzfläche im Gleichgewicht. Eine Überhitzung ist nicht möglich (Abb. 5.7).

5.4.1.2 System mit einer Komponente

Der Stoff oder das Stoffsystem besitzt einen Einfluss auf den Erstarrungs- und Schmelzvorgang. Beim Vorliegen einer Komponente (z. B. Wasser) findet der Schmelz- und Erstarrungsvorgang an der *Schmelzlinie* statt. Es liegen dann zwei Phasen im thermodynamischen Gleichgewicht bei einer konstanten Temperatur und einem konstanten

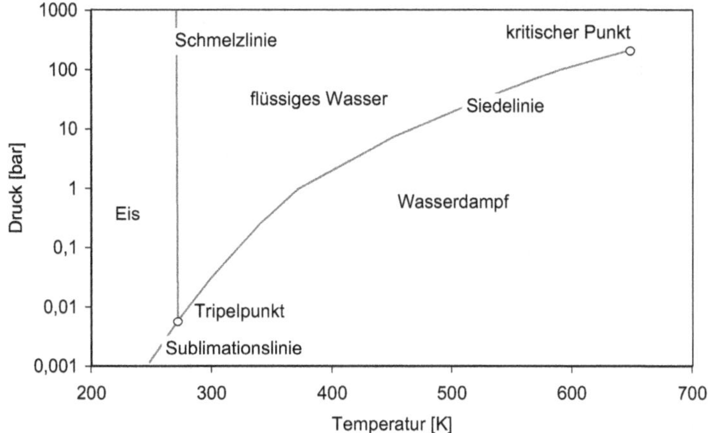

Abb. 5.8: Phasendiagramm für Wasser, schematische Darstellung

Druck vor (Abb. 5.8). Man bezeichnet diesen Vorgang als *kongruentes Schmelzen*. Änderungen der stofflichen Zusammensetzung, wie sie im folgenden Abs. 5.4.1.3 beschrieben werden, treten nicht auf.

5.4.1.3 System mit mehreren Komponenten

Systeme mit mehreren Komponenten, die wiederum unterschiedliche Stoffwerte besitzen, zeigen oft ein vielfältiges und komplexes Verhalten (siehe [101], [103], [104]). Die hier betrachteten Stoffsysteme sind in vielen Fällen im flüssigen Zustand homogen. Die Effekte beim Erstarren beruhen auf einer begrenzten „Mischbarkeit" oder einer „Nichtmischbarkeit" im festen Zustand, was wiederum durch den molekularen Aufbau begründet ist.

Als Beispiel wird eine *eutektische Sole* betrachtet (Abb. 5.9). Die Komponenten der Salzlösung sind im flüssigen Zustand vollständig mischbar. Bei Konzentrationen außerhalb des eutektischen Punktes beginnt beim Erstarren jeweils eine Komponente mit dem Phasenwechsel (Eiskristalle oder Salzkristalle) bis die eutektische Konzentration erreicht ist. Dann liegen Eiskristalle sowie das Eutektikum bei Konzentrationen unterhalb vom eutektischen Punkt vor. Bei Konzentrationen oberhalb des eutektischen Punktes besteht das Stoffsystem aus dem Eutektikum und Salzkristallen.

Das *Eutektikum* ist ein Gemisch aus zwei oder mehreren Stoffkomponenten mit der stoffcharakteristischen Konzentration des eutektischen Punktes. Am eutektischen Punkt zeigt das Mehrkomponentensystem in der Regel ein einphasiges Schmelz- und Erstarrungsverhalten; außerhalb ein typisches mehrphasiges Verhalten. Die Beschreibung erfolgt z. B. mit Schmelzdiagrammen (Abb. 5.9). In der Regel besitzt der eutektische Punkt die niedrigste Schmelztemperatur. Der Schmelzvorgang muss nicht auf die gleiche Weise verlaufen.

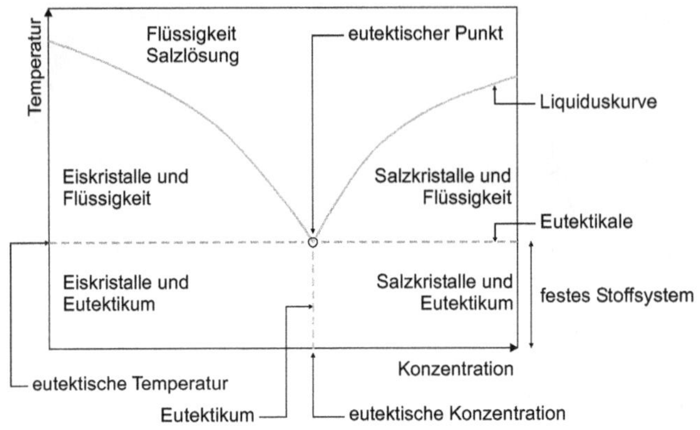

Abb. 5.9: Schmelzdiagramm einer eutektischen Sole [1]

5.4.1.4 Phasentrennung

Das Vorliegen von zwei Phasen kann zu *Entmischungserscheinungen* führen (z. B. Absetzen der Salzkristalle am Boden). Dabei ändert sich die chemische Zusammensetzung in den Phasen. Diffusive Vorgänge im Feststoff oder in der Flüssigkeit laufen im Vergleich zu anderen Prozessen weniger intensiv ab. Stellt sich der Ausgangszustand wieder ein (langsam), spricht man vom *semikongruenten Schmelzen.* Beim *inkongruenten Schmelzen* bleiben Anteile dauerhaft getrennt. Die Änderung der stofflichen Zusammensetzung temporär oder dauerhaft führt zur Reduktion der Energiedichte und damit zur Minderung der Speicherkapazität.

Weil bei der eutektischen Zusammensetzung diese Vorgänge theoretisch nicht vorkommen, sind Eutektika prinzipiell für Speicheranwendungen interessant [104].

Zur Vermeidung der Phasentrennung kommen *Eindicken* und *Einlagern* (z. B. Gelstrukturen, Mikrokapseln) infrage [101], [104]. Durch den fein dispergierten Zustand mit großer Oberfläche und geringen Abständen können diffusive Vorgänge besser ablaufen. *Mischen* (mechanische Agitation) wird im Allgemeinen als zu aufwendig und nicht praktikabel angesehen.

5.4.2 Wassereis

Eis (exakt Wassereis) ist der feste Aggregatzustand des Wassers. Nach der Entstehung kann man Natureis (Abs. 2.4.3 S. 64) und Kunsteis (Abb. 8.1 S. 281) unterscheiden. Tatsächlich kann Eis in verschiedenen kristallinen Strukturen auftreten [105]. Bei Umgebungsdruck liegt aber nur Eis vom Typ *Ih* mit hexagonaler Gitterstruktur vor. In der Natur und Technik ist sehr häufig eine Zusammensetzung aus Eiskristallen mit eingeschlossener Luft, Partikeln, Salzkristallen usw. anzutreffen. Zum Teil starke Abweichungen der Stoffwerte können die Folge sein, z. B. Zunahme der Wärmekapazität mit steigender Salzkonzentration bei Seewasser [106]. Wassereis mit 0 °C besitzt folgende Stoffwerte:

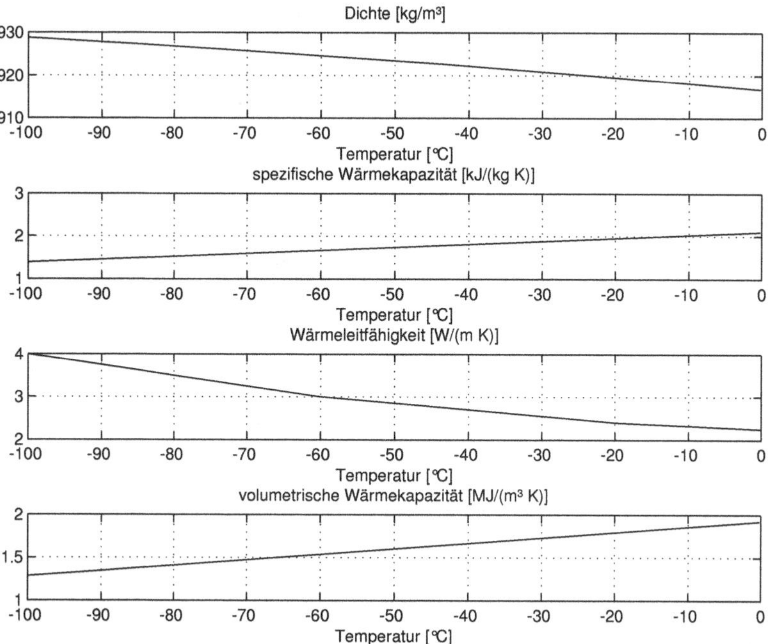

Abb. 5.10: Dichte [107], spezifische Wärmekapazität [107], Wärmeleitfähigkeit [97] und volumetrische Wärmekapazität von Wassereis in Abhängigkeit der Temperatur

- Gefrierpunkt bei 0 °C bei einem Druck von 101,3 kPa [76],
- Dichte von 917 kg/m^3 (vgl. mit Abb. 5.10), bei Lufteinschlüssen 860... 920 kg/m^3 je nach Luftgehalt [76],
- spezifische Wärmekapazität 2,04 kJ/(kg K) [86] (vgl. mit Abb. 5.10),
- volumetrische Wärmekapazität von 1,87 MJ/(m^3 K) (vgl. mit Abb. 5.10),
- Wärmeleitfähigkeit 2,25 W/(m K) [97] (Zunahme mit sinkender Temperatur, bis zu ca. 13 W/(m K) bei –200 °C [105], vgl. mit Abb. 5.10),
- Schmelzenthalpie von 333,6 kJ/kg [105].

5.4.3 Schnee

Schnee besteht aus Wassereis-Kristallen. Die Stoffwerte von Schnee bzw. des Stoffsystems aus Eis, Luft, Wasser und ggf. weiteren Stoffen (z. B. Verschmutzungen) hängen stark von der Stoffstruktur ab (z. B. Verdichtung). Diese wird z. B. von der Temperatur, der Luftfeuchte, vom Druck durch Wind oder durch das eigene Gewicht beeinflusst. Die komplexen Prozesse werden zum Teil mathematisch modelliert. Andere Arbeiten beschreiben die Stoffwertezusammenhänge empirisch.

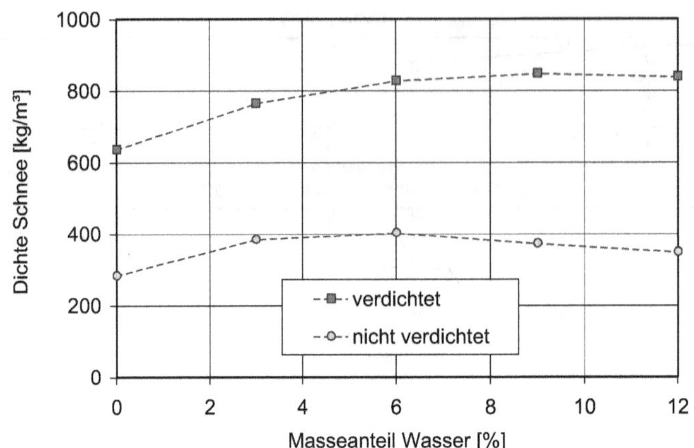

Abb. 5.11: mittlere Dichte von Schnee in Abhängigkeit der Wasserzugabe für den unverdichteten und verdichteten Zustand, Mittelwerte der Untersuchungen [110]

In [97] wird der Dichtebereich mit 200...800 kg/m^3 und die Wärmeleitfähigkeit mit 0,15...1,1 W/(m K) angegeben.

Skogsberg [108] gibt für natürlichen Schnee eine Dichte von 30...400 kg/m^3 an. In eigenen Experimenten [108] werden Schneeproben für gelagerten Schnee mit einer Dichte zwischen 400...600 kg/m^3 untersucht. Der Maximalwert beträgt ca. 650 kg/m^3. Für Schnee in einem Speicher (Abs. 8.3 S. 315) unter realen Betriebsbedingungen ermittelt *Skogsberg* einen Bereich von 593...735 kg/m^3 (Mittel 670 kg/m^3) [109], was offensichtlich auf einen hohen Feuchteanteil zurückzuführen ist. Diese Aussage wird durch die Arbeit von *Gameda* et al. [110] unterstützt. Die Autoren untersuchen die künstliche Verdichtung von Schnee. Durch die Zugabe von Wasser wird die mechanische Verdichtungsarbeit reduziert. Das Verhalten der Dichte in Abhängigkeit der Wasserzugabe zeigt Abb. 5.11.

Man muss bei den Stoffwerten zwischen Schnee in der Natur und Schnee, der sich durch technische Prozesse (Wasserzufuhr, Verdichtung, Gegenwart von gefrierpunktsenkenden Stoffen) verändert hat, unterscheiden. In diesem Fall sollten Proben untersucht werden. Die Anwendung von Gleichungen zu Mehrstoffsystemen bzw. Mehrphasensystemen (Abs. 5.1) erscheint sinnvoll. Es müssten die Anteile des Eises, des Wassers und Luft berücksichtigt werden.

Ling und *Zhang* [111] verwenden für Berechnungen zur Wärmeübertragung an Schneeoberflächen in Alaska (natürlicher Schnee) folgende Werte. Die Dichte liegt bei 253... 434 kg/m^3 und besitzt eine Wärmeleitfähigkeit zwischen 0,09...0,31 W/(m K) sowie eine volumetrische Wärmekapazität von 0,53...0,91 MJ/(m^3 K). Hingegen hat windverpresster Schnee mit einer Partikelgröße zwischen 0,5...1,0 mm einen Wertebereich von 400...500 kg/m^3 für die Dichte.

Die Autoren [111] verwenden für die volumetrische Wärmekapazität eine zugeschnittene Größengleichung nach *Goodrich* (Gl. 5.18). Die Werte für Wärmeleitfähigkeit liefert die zugeschnittene Größengleichung nach *Sturm* et al. (Gl. 5.19).

$$(\rho c)_{Sc}\left[\mathrm{kJ}/\left(\mathrm{m}^3\mathrm{K}\right)\right] = 2,09 \cdot \rho_{Sc}\left[\mathrm{kg}/\mathrm{m}^3\right] \tag{5.18}$$

$$\lambda_{eff,Sc}\left[\mathrm{W}/\left(\mathrm{mK}\right)\right] =$$
$$\begin{cases} 0,138 - 1,01\rho_{Sc}/1000 + 3,233\left(\rho_{Sc}/1000\right)^2 & \ldots \quad 156 < \rho_{Sc}\left[\mathrm{kg}/\mathrm{m}^3\right] < 600 \\ 0,023 + 0234\rho_{Sc}/1000 & \ldots \quad \rho_{Sc}\left[\mathrm{kg}/\mathrm{m}^3\right] \leq 156 \end{cases} \tag{5.19}$$

5.4.4 Eisbrei

Eisbrei (*Ice slurry*) ist eine wässrige Suspension mit kleinsten Eispartikeln [112], [113], [114], [115], [116], [117], [119]. Die Partikel sind kleiner als 1 mm bzw. oft auch kleiner als 0,1 mm. Im Stoffsystem können weitere Additive zur Senkung des Erstarrungspunktes vorhanden sein [19] (vgl. mit Abs. 5.3.1.2):

- anorganische Stoffe (Natriumchlorid, Magnesiumchlorid, Kalziumchlorid, Magnesiumchlorid, Kaliumkarbonat),
- organische Stoffe (Ethanol, Methanol, Ethylenglykol, Propylenglykol).

Die Verwendung dieser Stoffe in Wasser-Gemischen stellt einen relativ umweltfreundlichen Kälteträger zur Verfügung, der nicht giftig und brennbar ist.

Die Eispartikel werden mit verschiedenen Verfahren erzeugt (weitere Erläuterungen in Abs. 8.1.5 S. 286). Das Stoffsystem zeigt bei der Bildung der Eiskristalle ein eutektisches Verhalten.

Der Eisbrei verhält sich strömungsseitig wegen einer Fließgrenze nicht-newtonsch. Die Strömung des *Bingham*-Fluids [112], [113] setzt erst beim Überschreiten einer bestimmten Schubspannung ein. Erkenntnisse zu den speziellen Eigenschaften sind in [117], [118], [120], [121], [122] dargestellt.

Nach *Dötsch* liegt die minimale Temperatur unter technischen und wirtschaftlichen Gesichtspunkten bei –10...–15 °C. Bis zu einem Eisanteil von ca. 40 % ist der Eisbrei pumpfähig. Aufgrund des relativ hohen Eisanteils zeichnet sich das Stoffsystem gegenüber Kaltwasser-Systemen durch eine hohe Speicherkapazität bzw. hohe Transportkapazität aus. Die Energiedichte ist unter Berücksichtigung der Schmelzenthalpie ca. 4...9-fach größer als die eines Kaltwassersystems mit einer Temperaturdifferenz von 6 K.

5.4.5 Paraffine und -gemische

Paraffine sind Kohlenwasserstoff-Verbindungen (Alkane) mit einer Kohlenstoffanzahl von C12 bis C40 und besitzen eine wachsartige Konsistenz [123]. Die chemische Struktur lässt sich mit der Formel C_nH_{2n+2} beschreiben. Mit steigender Anzahl der Kohlenstoffatome nimmt die Schmelztemperatur zu (Abb. 5.13). Allgemein lassen sich der Paraffin-Stoffgruppe folgende Merkmale zuordnen:

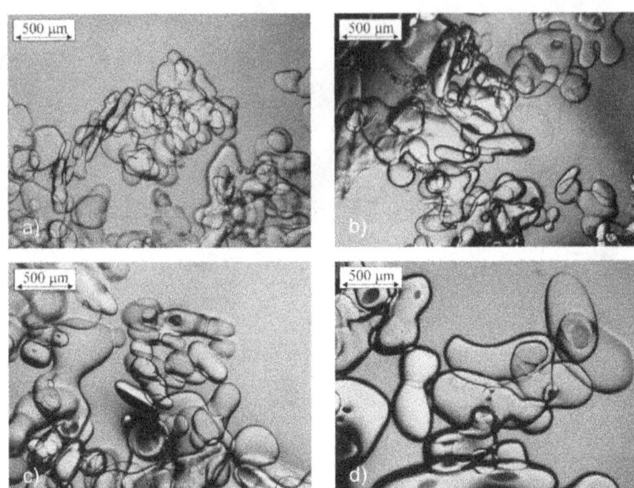

Abb. 5.12: Eisbrei, Eiskristalle in einer wässrigen Lösung, Darstellung der Veränderung in Abhängigkeit der Zeit a) unmittelbar nach der Herstellung, b) 2 h nach der Herstellung, c) 6 h nach der Herstellung, d) 22 h nach der Herstellung [124]

- Schmelztemperatur von –9,6...80 °C [31], [123],
- Schmelzwärmen im Bereich von 39...46 kWh/m^3 (20...70 °C) [133],
- keine oder niedrige Unterkühlungsneigung.

Reinparaffine sehr teuer und nicht zwingend für Speicherzwecke notwendig. Der Schmelzbereich bei Paraffingemischen kann bis zu 20 K betragen. Die Kosten für Paraffingemische können im Vergleich zu anderen Phasenwechselstoffen relativ niedrig ausfallen.

Bei Kältespeichern werden Paraffine mit einer geringen Kohlenstoffanzahl im Molekül verwendet (Tab. 5.5, Tab. 5.6, Tab. 5.7[9]). Folgende Merkmale sind für diese Paraffine zutreffend:

- niedrige Wärmeleitfähigkeit,
- Volumenkontraktion beim Erstarren (ca. 10 % [104]),
- in der Regel keine stofflichen Veränderungen beim Speichereinsatz,
- toxikologisch unbedenklich,
- Schutzmaßnahmen beachten (z. B. kein Hautkontakt, kein Einatmen der Aerosole),
- leicht wassergefährdend,

[9] Die Quellen geben zum Teil verschiedene Stoffdaten an.

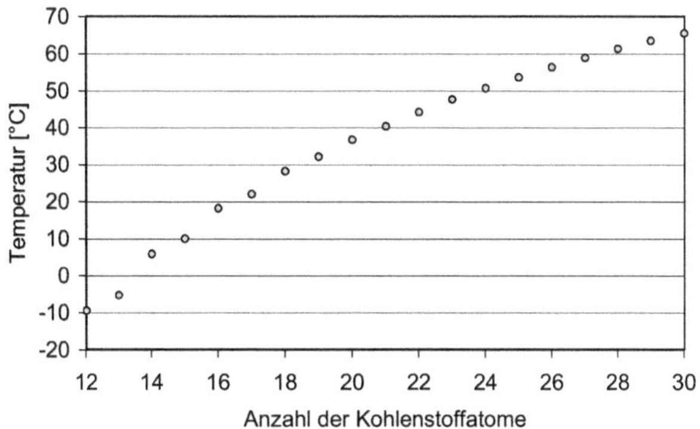

Abb. 5.13: Abhängigkeit der Schmelztemperatur von der Kohlenstoffanzahl bei Paraffinen [125]

Tab. 5.5: Paraffine, chemische Einordnung, Schmelztemperatur, Produzenten [125]

Name	Formel	$T_{schmelz}$ [°C]	Hersteller	Quelle
Dodecan	$C_{12}H_{26}$	–9,6	1, 2, 3, 4, 5, 6	[126], [127], [128]
Tridecan	$C_{13}H_{28}$	–5,4	1,6	[128], [134]
Tetradecan	$C_{14}H_{30}$	5,8	1, 3, 4	[126], [127], [128]
Pentadecan	$C_{15}H_{32}$	9,9	1	[126], [127], [128]
Hexadecan	$C_{16}H_{34}$	18,1	1, 2, 3, 4	[126], [127], [128]
Heptadecane	$C_{17}H_{36}$	21,9	1, 3	[126], [127], [128]

1 Fischer	2 Mallinckrodt	3 Aldrich-Sigma
4 Chem Service	5 Petrolab	6 Merck

- im Allgemeinen keine Korrosionsgefahr,
- Aufweichen von Kunststoffbehältern in geringem Maße möglich, ggf. Entstehen einer Gasdurchlässigkeit,
- Preis von ca. 70...600 €/kg [125].

5.4.6 Salzhydrate und -gemische

Die chemische Struktur von Salzhydraten kann man mit der Summenformel $M \cdot n\,H_2O$[10] beschreiben. Im interessanten Temperaturbereich existieren viele Stoffe (Tab. 5.8, Tab. 5.9) und Stoffmischungen[11] (Tab. 5.10). Durch das Mischen ist die Herstellung von Stoffsystemen mit gewünschter Schmelztemperatur möglich. Salzhydrate besitzen folgende Eigenschaften:

[10] M steht für ein metallisches Element.

[11] Bei vielen kommerziellen Produkten konnte die genaue Zusammensetzung auf der Grundlage von Recherchen und Firmenanfragen nicht ermittelt werden.

Tab. 5.6: Paraffingemische, Produktbezeichnung, Schmelztemperatur, Produzenten [125]

Name	$T_{schmelz}$ [°C]	Hersteller	Quelle
RT 4	–3,0	Rubitherm	[129], [130]
A4	4,0	EPS Ldt.	[130], [132]
RT 2	6,0	Rubitherm	[129], [130]
RT 5	7,0	Rubitherm	[129], [130]
A8	8,0	EPS Ldt.	[130], [132]
RT 6	8,0	Rubitherm	[129], [130]
RT 20	20,0	Rubitherm	[129], [130]

Tab. 5.7: Reinparaffine, thermische Stoffdaten [31]

Stoff Formel	$T_{schmelz}$ [°C]	$\Delta h_{schmelz}$ [kJ/kg]	ρ_{fl} [kg/m^3]	c_{fl} [kJ/(kg K)]	λ_{fl} [W/(m K)]
Dodekan (0 °C)	–9,6	216,3	759,7	2,145	0,141
Tridekan (0 °C)	–5,4	154,6	768,1	2,148	0,143
Tetradekan (20 °C)	5,9	227,2	760,1	2,174	0,139
Pentadekan (20 °C)	9,9	162,8	765,3	2,181	0,142
Hexadekan (20 °C)	18,2	235,6	769,8	2,168	0,143
Heptadekan (50 °C)	22,0	167,0	755,3	2,277	0,138

- starke Unterkühlungsneigung (Einsatz von Keimbildnern),
- inkongruentes Schmelzen bzw. Entmischungsneigung (ggf. Abnahme der Speicherkapazität nach wenigen Betriebszyklen [131]),
- Schmelzwärmen[12] von 60... 170 kWh/m^3 (10... 116 °C) [133], ca. das Zweifache im Vergleich zu den Paraffinen und Fettsäuren [123] [13],
- z. T. stark korrosive Wirkung z. B. gegenüber Metall,
- breites Spektrum der toxikologischen Wirkungen,
  - relativ unbedenklich: z. B. Glaubersalz bei höheren Schmelztemperaturen,
  - äußerst toxisch: z. B. Kaliumfluorid,
  - i.A. Augen- und Hautirritationen,
- relativ preiswert, ca. 20... 200 €/kg [125].

[12] Die Schmelzenthalpie setzt sich exakterweise aus den Enthalpien des Umwandlungs- und Lösungsprozesses zusammen [133].

[13] Dies bewirkt die höhere Masse im Vergleich zu den anderen Stoffen [104].

Tab. 5.8: Salzhydrate, chemische Einordnung, Schmelztemperatur, Produzenten [125]

Name	Formel	$T_{schmelz}$ [°C]	Hersteller	Quelle
Lithiumchlorat	$LiClO_3 \cdot 3H_2O$	8,1	Merck	[130], [134]
Zinkchlorid	$ZnCl_2 \cdot 6H_2O$	10	Merck	[130], [134]
Dikaliumphosphat	$K_2HPO_4 \cdot 6H_2O$	13	Merck	[130], [134]
Kaliumfluorid	$KF \cdot 4H_2O$	18,5	Merck	[126], [127], [128], [130]

Tab. 5.9: Salzhydrate, thermische Stoffdaten

Stoff Formel	$T_{schmelz}$ [°C]	$\Delta h_{schmelz}$ [kJ/kg]	ρ_{fl} [kg/m^3]	ρ_{fest} [kg/m^3]	Quelle
$LiClO_3 \cdot 3H_2O$	8,1	253	1530	1720	[104], [135]
$H_2SO_4 \cdot H_2O$	8,5	164	–	–	[136]
$ZnCl_2 \cdot 6H_2O$	10	–	–	–	[130]
$K_2HPO_4 \cdot 6H_2O$	13	109	–	–	[136]
$NaOH \cdot 1,5H_2O$	15	–	–	–	[135]
$Na_2CrO_4 \cdot 10H_2O$	16	172	–	–	[136]
$KF \cdot 4H_2O$	18,5	231	1447	1455	[123]

5.4.7 Mehrwertige Alkohole

Die Anwendung von mehrwertigen Alkoholen als gefrierpunktsenkender Stoff (Ethylenglykol, Propylenglykol, Abs. 5.3.1.2) wurde bereits erläutert. Alkohole sind prinzipiell für die Kältespeicherung geeignet. Zurzeit liegen aber keine Angaben zum Einsatz als reiner Phasenwechselstoff vor. Dennoch soll diese Stoffgruppe (Tab. 5.11, Tab. 5.12) kurz beschrieben werden. Folgende Eigenschaften sind bei mehrwertigen Alkoholen zu beachten:

- toxikologisch sehr bedenklich,
  - Ethylenglykol: z. B. bei Kontakt Augen- und Hautirritationen, narkotische Wirkung, Schädigung innerer Organe,
  - Diethylenglykol: sehr giftig,
- geringe Korrosion bei Metallbehältern möglich,
- Preis zwischen ca. 10...50 €/kg [125].

5.4.8 Fettsäuren

Fettsäuren (Tab. 5.13, Tab. 5.14) sind Carbonsäuren, die mit Glycerin Fette und Öle bilden. Die chemische Struktur folgt der Summenformel $CH_3(CH_2)_{2n}COOH$. Fettsäuren besitzen ähnliche Eigenschaften wie die Paraffine und kommen in Tier- und Pflanzenfetten vor. Ein Vertreter ist die Essigsäure.

Zur Verwendung in Kältespeichern liegen keine Hinweise vor. Diese Merkmale sind bei dieser Stoffgruppe zu beachten:

Tab. 5.10: Salzhydrat-Gemische, Eutektika [125]

Formel/Name	$T_{schmelz}$ [°C]	Hersteller	Quelle
IN.10	–10,4	7	[137]
E 10	–10,0	5	[130], [132]
TH 10	–10,0	4	[138], [130]
E 6	–6,0	5	[130], [132]
IN.06	–5,5	7	[137]
E 4	–4,0	5	[130], [132]
TH 4	–4,0	4	[130], [138]
E 3	–3,0	5	[130], [132]
IN.03	–2,6	7	[137]
E 2	–2,0	5	[130], [132]
IC.00	0,0	7	[137]
AC.00	0,0	7	[137]
TH 0	0,0	4	[130], [138]
TH 7	7,0	4	[130], [138]
E 7	7,0	5	[130], [132]
Climsel C7	7,0	6	[130], [148]
$Na_2SO_4 \cdot 10H_2O/NH_4Cl/KCl$	8,0	1	[126], [127]
E 8	8,0	5	[130], [132]
E 10	10,0	5	[130], [132]
$Na_2SO_4 \cdot 10H_2O/NH_4Cl/NaCl$	13,0	2	[126], [127]
$CaCl_2 \cdot 6H_2O/Ca(NO_3)_2 \cdot 4H_2O$	13,0	3	[128], [130]
E 13	13,0	5	[130], [132]
$CaBr_2 \cdot 6H_2O/CaCl_2 \cdot 6H_2O$	15,0	3	[126], [130]
E 15	15,0	5	[130], [132]
$Cu(NO_3)_3 \cdot 6H_2O/LiNO_3 \cdot 3H_2O$	16,5	–	[79]
E 17	17,0	5	[130], [132]
$LiNO_3 \cdot 3H_2O/Zn(NO_3)_2 \cdot 6H_2O$	17,2	–	[79]
$Na_2SO_4 \cdot 10H_2O/NaCl$	18,0	3	[126], [130]
$LiNO_3 \cdot 3H_2O/Ca(NO_3)_2 \cdot 4H_2O/LiNO_3$	18,0	3	[134]
E 19	19,0	5	[130], [132]
$LiNO_3 \cdot 3H_2O/Ca(NO_3)_2 \cdot 6H_2O/LiNO_3$	20,0	3	[134]

1 Calor	2 DOW	3 Merk
4 TEAP Energy	5 EPS Ldt.	6 Climator
7 Cristopia		

- Schmelzwärmen im Bereich von 36...53 kWh/m^3 (16...70 °C) [133],
- keine Unterkühlungserscheinungen [104],
- unterschiedliche toxikologische Wirkung,
  - meisten Fettsäuren schwach ätzend bis schwach reizend,
  - Ameisensäure bei Einnahme stark giftig,

Tab. 5.11: mehrwertige Alkohole, chemische Einordnung, Schmelztemperatur, Produzenten [125]

Name	Formel	$T_{schmelz}$ [°C]	Hersteller	Quelle
Diethylenglykol	$C_4H_{10}O_3$	-6,0	1, 2, 3	[127], [139], [140]
–	$HO(C_2H_4O)_8C_2H_4OH$	7,0	2	[126]
Ethylenglykol	$C_2H_6O_2$	11,5	1, 2, 3	[127], [139], [140]
Nitrilotriethanol	$C_6H_{15}NO_3$	21,0	1, 2	[139], [140]
–	$HO(C_2H_4O)_{12}C_2H_4OH$	23,0	2	[126]
1 Fischer	2 Mallinckrodt	3 Aldrich-Sigma		

Tab. 5.12: mehrwertige Alkohole, thermische Stoffdaten [31]

Name Formel	$T_{schmelz}$ [°C]	$\Delta h_{schmelz}$ [kJ/kg]	ρ_{fl} [kg/m^3]	c_{fl} [kJ/(kg K)]	λ_{fl} [W/(m K)]
Ethylenglykol (0 °C) $C_2H_6O_2$	–13	160,4	1124,7	2,285	0,249
Glycerin (20 °C) $C_3H_8O_3$	18,2	198,5	1257,3	(2,539)	0,291

- ggf. Explosionsgefahr,
- leicht bis stark wassergefährdend,
- wenig Erkenntnisse zur Korrosion,
- fettlösende Wirkung,
- relativ hohe Kosten zwischen 20...7000 €/kg [125], zwei- bis dreifach im Vergleich zu den Paraffinen, 10...100 mal größer im Vergleich zu anorganischen Substanzen.

5.4.9 Besonderheiten

Es existieren viele potenzielle Stoffe zu Kältespeicherung, die den betrachteten Temperaturbereich gut abdecken. Bei vielen Phasenwechselstoffen müssen jedoch die speziellen Eigenschaften beachtet werden:

- Volumenänderung beim Phasenwechsel,
- Unterkühlungsneigung,
- Entmischungsverhalten,
- niedrige Wärmeleitfähigkeit,
- Werkstoffverträglichkeit,

Tab. 5.13: Fettsäuren, chemische Einordnung, Schmelztemperatur, Produzenten [125]

Säurename	Formel	$T_{schmelz}$ [°C]	Hersteller	Quelle
Linolen-	$C_{17}H_{29}-COOH$	-11,0	1, 4	[127], [140]
Heptan-	$C_6H_{13}-COOH$	-10,0	1, 4, 6	[127], [140]
Butter-	C_3H_7-COOH	-6,0	1, 2, 6	[127], [140]
Linol-	$C_{17}H_{31}-COOH$	-5,0	1	[127], [140]
Hexan-	$C_5H_{11}-COOH$	-4,0	1, 2, 3, 4, 6	[127], [140]
Palmitolein-	$C_{15}H_{29}-COOH$	1,0	6	[127], [140]
Ameisen-	$H-COOH$	8,0	1, 2, 3, 4	[127], [140]
Pelargon-	$C_8H_{17}-COOH$	12,0	6	[127], [140]
Tubercolostearin-	$C_{18}H_{37}-COOH$	13,0	-	[127], [140]
Acryl-	C_2H_3-COOH	13,0	1, 2, 3, 4, 6	[127], [140]
Öl-	$C_{17}H_{33}-COOH$	13,4	1, 2, 4	[127], [140]
Oktan-	$C_7H_{15}-COOH$	16,5	1, 2, 3	[127], [140], [141]
Essig-	CH_3-COOH	17,0	2, 6	[127], [140]
1 Fischer	2 Mallinckrodt	3 Aldrich-Sigma		
4 Chem Service	5 Petrolab	6 Merck		

Tab. 5.14: Fettsäuren, thermische Stoffdaten [31]

Name Formel	$T_{schmelz}$ [°C]	$\Delta h_{schmelz}$ [kJ/kg]	ρ_{fl} [kg/m³]	c_{fl} [kJ/(kg K)]	λ_{fl} [W/(m K)]
Buttersäure (0 °C) $C_4H_8O_2$	-5,2	131,5	969,9	1,998	0,147
Hexansäure (0 °C) $C_6H_{12}O_2$	-3,9	132,5	943,5	1,956	0,146
Ameisensäure (20 °C) CH_2O_2	8,4	275,9	1216,2	2,152	0,270
Dichloressigsäure (20 °C) $C_2H_2Cl_2O_2$	13,4	95,7	1554,0	1,425	0,188
Essigsäure (20 °C) $C_2H_4O_2$	16,7	195,3	1043,5	2,028	0,160

- physiologische und ökologische Merkmale,
- höhere Kosten im Vergleich zu Wasser.

Um diverse Probleme zu vermeiden und die Vorteile der PCMs auszunutzen, sind weitere Maßnahmen notwendig. Der folgende Abs. 5.4.10 widmet sich dieser Problematik.

5.4.10 Verarbeitung von PCMs

Die Eigenschaften von PCMs und die Einsatzbedingungen erfordern in den meisten Fällen eine weitere Verarbeitung. D. h., die PCMs können nicht als reiner Rohstoff verwendet werden. Grundlegende Ziele der Verarbeitung bestehen in der stofflichen Trennung und der Verbesserung des Wärmeübergangs.

Mehling beschreibt in [104], [142], [143] die Verarbeitung von PCMs aufgrund ihrer speziellen Eigenschaften. Der direkte PCM-Einsatz führte vor allem in den vergangenen Jahren zu speziellen Produkten bzw. singulären technischen Lösungen (z. B. spezielle Speichertypen). Eine Übertragbarkeit des Wissens und der Erfahrungen war nicht ausgeprägt. Aus diesem Grund konzentrieren sich neuere Forschungsvorhaben auf die PCM-Verarbeitung und die Herstellung von PCM-Zwischenprodukten. Dieses stellt einen zusätzlichen Aufwand dar, hat aber den wesentlichen Vorteil, dass die PCMs leichter anwendbar werden.

5.4.10.1 Verkapselung

Die primäre Aufgabe der Verkapselung besteht in der stofflichen Trennung des PCMs vom umgebenden Stoff. Das ist in vielen Fällen der Kälteträger.

Man unterscheidet zwischen Mikro- und Makroverkapselung. Die Verkapselung muss auf das Phasenwechselmaterial abgestimmt werden (z. B. Diffusionsdichtheit der Hülle, Wärmeübergang zum Energieträger, mechanische Stabilität). Diese Eigenschaften haben wiederum Einfluss auf die Speicherkonstruktion und -funktionsweise.

Mikroverkapselung

Bei der *Mikroverkapselung* [104], [143], [144] werden Flüssigkeiten oder Feststoffe mit einer Partikelgröße zwischen 1... 1000 µm vollständig mit einer festen Schicht umschlossen (Abb. 5.14). Verschiedene physikalische und chemische Verfahren sind dafür bekannt (siehe [104]).

Zur Anwendung kommen häufig Paraffine und ähnliche organische Stoffmischungen. Für diese Stoffsysteme werden folgende Eigenschaften genannt:

- hoher Volumenanteil des PCMs mit 70... 90 % bezogen auf das Partikelvolumen,
- Druckfestigkeit des Partikels, stabiler Wandaufbau der Kapsel,
- gute Kompensation der Volumenänderung,
- relativ hohe Dichtheit der Kapselwände,
- einfachere Weiterverarbeitung (z. B. PCM-Pulver) im Vergleich zum reinen PCM,
- Verwendung ökologisch unbedenklicher Kapselmaterialien,
- hohe Zyklenstabilität der Kapseln.

Aufgrund der sehr feinen Verteilung bzw. der sehr großen spezifischen Oberfläche und der dünnen Kapselschichten können hohe Wärmeübergänge realisiert werden. Im Gegensatz zu großen Kapseln oder Bauteilen sind nur niedrige Temperaturgradienten zwischen den Mikrokapseln und deren Umgebung für die Be- und Entladung notwendig.

Neuere Arbeiten [102] beschäftigen sich mit der Mikroverkapselung von Salzhydraten, die vorher nicht möglich war. Es ist gelungen, mehrere Verfahren erfolgreich zu testen.

Abb. 5.14: mikroverkapseltes Paraffin zur Weiterverwendung in Baustoffen, Fa. Ecoba [145]

Jedoch ist die Sperrwirkung gegenüber Wasserdampfdiffusion der Kapsel noch nicht ausreichend. Weiterhin muss die Volumenänderung noch besser kompensiert werden (z. B. mit einem Puffervolumen in der Kapsel).

Aufgrund der Größe lassen sich die mikroverkapselten PCMs als Zusatzstoffe in Baumaterial (z. B. Gips), in Geweben (z. B. Funktionsbekleidung) usw. einsetzen. Zukünftig will man die genannten Eigenschaften nicht nur in Verbindung mit Feststoffen, sondern auch in technischen Flüssigkeiten nutzen. Mikroverkapselter *PCM Slurry* auf Wasserbasis wird in Abs. 5.4.10.7, S. 182 beschrieben.

Makroverkapselung

Unter *Makroverkapselung* versteht man die Lagerung eines PCMs in kleinen Behältern. Als Kapselmaterial werden verschiedene Kunststoffe, Metalle oder Verbundmaterial eingesetzt. Die verschiedenen Behälter oder Verpackungen sind nur bedingt mechanisch stabil. PE-HD-Kugeln können beispielsweise ohne nennenswerte Verformung die thermische Expansion des PCMs aufnehmen. Auf die Auslaufsicherheit ist in Abhängigkeit von der Anwendung zu achten. Anpassungen sind vor allem bei der Form und dem Kapselwerkstoff möglich. Folgende Formen sind bekannt:

- Kugeln und kugelförmige Makroverkapselungen aus Kunststoff,
  - Fa. Cristopia, verschweißte Kugelschalen aus PE-HD nach [146], 77/95 mm Durchmesser oder Extrusions-Blasverfahren mit modifizierten Polyolefinen[14] nach [137], 77/78/98 mm Durchmesser (Abb. 5.15 a),
  - Fa. Cryogel (Abb. 5.15 c), Kugeln mit Vertiefungen aus Stabilitäts- bzw. Verformungsgründen [147], Durchmesser 103 mm,

[14] Sammelbegriff für Kohlenwasserstoff-Polymere mit einer Doppelbindung, die der Summenformel C_nH_{2n} genügen. Wichtige Vertreter sind Polyethylen und Polypropylen.

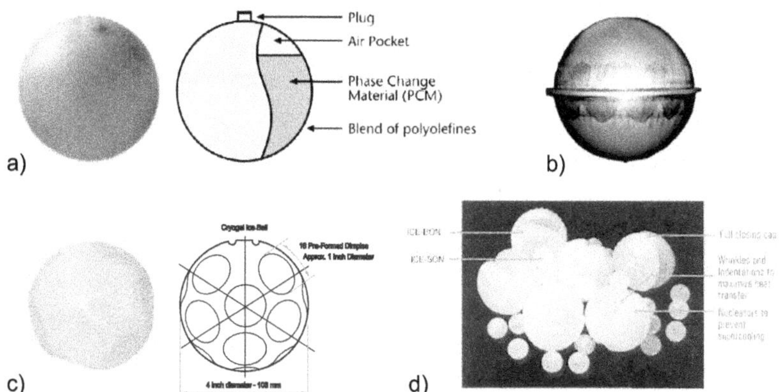

Abb. 5.15: kugelförmige Makroverkapselungen zur Anwendung in Speichern, a) Fa. Cristopia [137], b) Fa. EPS [132], c) Fa. Cryogel [147], d) Fa. Finetex EnE [152]

  - der sogenannte *Ice-Bon* (Abb. 5.15 d) mit Mulden für eine bessere Wärmeübertragung,

- Kugeln aus Metall (Abb. 5.15 b),
- flache Behälter aus Kunststoff oder Metall (Abb. 5.16 a, c), z. B. Kühlakkus für den Haushalt, die Medizin, den Transport [148], [149],
- Rohre aus Kunststoff (Abb. 5.16 b) oder Metall,
- tiefgezogene Kunststofffolie mit Abdeckfolie (z. B. Bauprodukte [138]),
- Foliebeutel (Abb. 5.16 d), z. B. Kühlakkus, Bauprodukte [148], [150].

Nach *Voigt* [151] lassen sich auch poröse Strukturen als inneres Trägermaterial (Durchmesser 1...16 mm) anwenden (*chemische Makroverkapselung*). Diese werden mit dem PCM gefüllt. Danach erfolgt zuerst eine Beschichtung mit einem Kunststoff und danach mit einem Metall zur Gewährleistung höherer Sicherheiten gegen Stofftransport über die Partikeloberfläche.

Im Gegensatz zur Mikroverkapselung können Salzhydrate eher in relativ diffusionsdichten Kunststoff-Behältern eingesetzt werden [104]. Bei dieser Materialkombination liegt kein Korrosionspotenzial vor.

5.4.10.2 Einlagerung

PCMs können in Verbundstrukturen eingelagert werden. Das primäre Ziel ist die „Bindung" des PCMs an ein Trägermaterial bzw. die Verhinderung des Austritts aus der Trägerstruktur.

Die Verbundstrukturen bestehen aus Metall, Grafit, mineralischen Stoffen, Zellulose oder Kunststoff und bilden eine offene oder geschlossene Feststoffmatrix bzw. eine

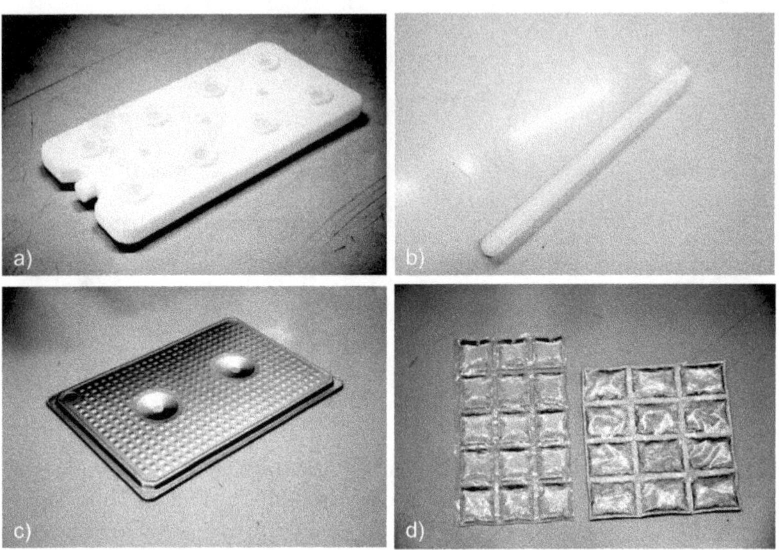

Abb. 5.16: Makroverkapselung der Fa. EPS und der Fa. Rubitherm zur Anwendung in Speichern, a) flacher, stapelbarer Tank [132], b) Rohr [132], c) Metallkassette [129], d) mehrzelliger Beutel [132]

Netzstruktur. Das Trägermaterial verhindert die Konvektion des PCMs. Die Wärmeübertragung basiert auf der Wärmeleitung.

Weitere Vorteile können in Abhängigkeit vom Stoffsystem auftreten. Generell strebt man eine hohe Porosität des Trägermaterials und eine hohe effektive Wärmeleitfähigkeit des Verbundwerkstoffes an. Aus fertigungstechnischen Gründen ist eine einfache und leichte Infiltration des PCMs wichtig.

Öttinger stellt in [153] beispielhaft PCM-Grafitverbund-Produkte (Hochleistungs-Wärmespeicher) vor. Natürlicher Grafit wird mit einer chemischen Reaktion expandiert. Es entsteht mikroporöser Grafitschaum mit einer sehr hohen Porosität. Dieser Matrixwerkstoff bietet folgende Vorteile:

- hohe Wärmeleitfähigkeit (aber anisotrop),
- hohe Porosität,
- chemische Verträglichkeit des Grafits mit den üblichen PCMs,
- gute Benetzbarkeit,
- niedriger Preis.

Zwei Stoffsysteme werden in [153], [104] beschieben:

- PCM-Grafit-Granulat (Abb. 5.17 a),

Abb. 5.17: PCM-Graphit-Verbunde der Fa. SGL Carbon Group, a) PCM/Graphit-Granulat, b) PCM/Graphit-Verbundplatten [153]

  - Herstellung: *Compoundieren*[15] von expandiertem Grafit, relativ kostengünstig,
  - Volumenanteile: 10 % Grafit, 80 % PCM, 10 % Luft,
  - Steigerung der effektiven Wärmeleitfähigkeit: 4...5 W/(m K) (isotrop),
  - Weiterverwendung als Schüttgut,

- PCM-Grafit-Verbundplatten (Abb. 5.17 b),
  - Herstellung: Schmelzinfiltration des PCMs, Verwendung von vorgefertigten Platten aus expandiertem Grafit (sog. Grafitschwamm-Platten),
  - Volumenanteile: ca. 10 % Grafit, 80...90 % PCM, 10 % Luft,
  - Steigerung der effektiven Wärmeleitfähigkeit: senkrecht 5...8 W/(m K) und parallel 20...25 W/(m K),
  - Weiterverwendung als formstabiles Plattenmaterial.

Satger, *Eska* und *Ziegler* berichten in [155], dass bei Kältespeichern die Unterkühlungsneigung abnimmt. Weiterhin kann man die Volumenexpansion gut kompensieren. Kleine Gas- oder Dampfblasen in der Struktur nehmen z.T. die Ausdehnung auf.

5.4.10.3 Verbesserung des inneren Wärmeübergangs

Stoffe mit hohen Energiedichten besitzen weitestgehend eine schlechte Wärmeleitfähigkeit. Bei der indirekten Beladung vermindert die schlechte Wärmeleitfähigkeit die maximale Be- und Entladeleistung. Zur Verbesserung der effektiven Wärmeleitfähigkeit nutzt man folgende Konstruktionen:

- Rohr-Rippe-Geometrien, z. B. nach *Beckert* [156] (Beispiel in Abs. 5.4.12.1),
- fein strukturierte Wärmeübertrager (Kapillarrohre), z. B. nach *Freitag* [157] (Salzhydrate),

[15] Compound (Verbundwerkstoff) ist ein Begriff aus der Kunststofftechnik, der ein Gemisch von geschmolzenen Polymeren mit anderen Stoffen [154] (z. B. Keimbildnern) beschreibt.

Tab. 5.15: Porositäten von Komponenten bei der Wärmeübertragung in Speichern

Material	Porosität	Quelle
Kohlefaser-Bürsten	>99 %	[159]
Metall- und PUR-Schäume	98 %	[87]
Metallschäume	90. . . 98 %	[159]
dünne Metallstreifen	98. . . 99 %	[159]
Grafit-Verbunde	ca. 90 %	[153]
Grafit-Verbunde	40. . . 90 %	[159]
Drahtgeflecht	68. . . 76 %	[87]
Raschig-Ringe	56. . . 65 %	[87]
poröse Metalle	ca. 40 %	[159]
Kugelschüttungen, gut verdichtet	36. . . 43 %	[87]

Abb. 5.18: offenporiger Metallschaum, Fa. m-pore [161]

- Metallschäume (Abb. 5.18), z. B. nach *Hackeschmidt* et al. [158] (Paraffine),
- PCM-Grafit-Verbunde, z. B. nach SGL Technologies [153] (Abs. 5.4.10.2),
- Kohlefaser-Bürsten (carbon-fiber brushes, sternförmige Anordnung der Fasern um ein Wärmübertragerrohr) nach *Fukai* u. a. [159], [160].

Tab. 5.15 zeigt vielfältige Komponenten zur Verbesserung der Wärmeübertragung und die dazugehörigen Porositätswerte. Mit dem Einsatz von weiteren Komponenten wird der Raum für den eigentlichen Speicherstoff reduziert. Der Speicher ist hinsichtlich der Kapazität, der Wärmeübertragung und der Konstruktion zu optimieren.

5.4.10.4 Vermeidung von Unterkühlung

Ein Problem einiger PCMs (insbesondere Salzhydrate) ist die Unterkühlungsneigung. Beim Unterschreiten der Schmelztemperatur tritt das Erstarren stark verzögert oder nicht ein (Abs. 5.4.1.1). Technisch verfolgt man zwei Strategien: die Auslösung der

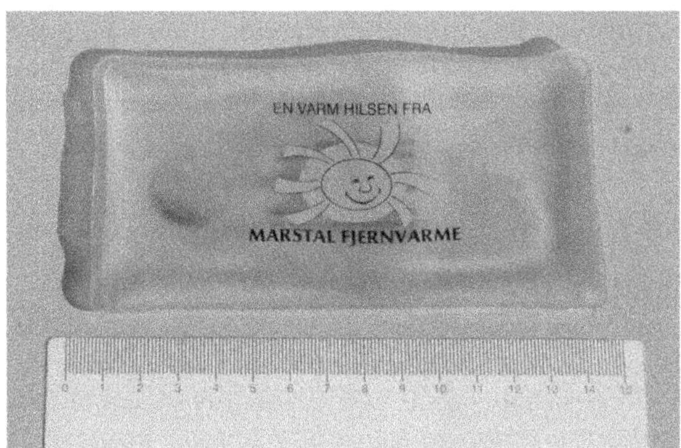

Abb. 5.19: Handwärmer mit unterkühlter Salzschmelze, Einsatz eines biegbaren Bleches zur Auslösung der Kristallisation

Keimbildung und die Senkung der Unterkühlungseigenschaft. Die Keimbildung kann durch folgende Effekte ausgelöst werden [75], [102]:

- Einsatz eines Impfkristalls,
- gezielte lokale Unterkühlung (z. B. Peltier-Element),
- mechanische Beanspruchung[16] (Erschütterung, Druckwellen, Ultraschall),
- elektrische Aktivierung usw.

Es ist jedoch zu beachten, dass die Stoffsysteme unterschiedlich auf die oben genannten Maßnahmen reagieren. Deswegen gibt es zurzeit keine allgemeine Methode. Der Kristallisationsprozess und der offensichtliche Einfluss des Stoffes ist zurzeit nicht vollständig erklärbar [102], [162].

Weiterhin versucht man mit *Keimbildnern* der Unterkühlungsneigung entgegenzuwirken. Es wird eine chemische Initialisierung in der Nähe des Schmelzpunktes versucht. Aussichtsreiche Keimbildner besitzen eine Ähnlichkeit im Kristallaufbau bzw. in der chemischen Struktur (Epitaxiebeziehung) [102]. Auch hier sind eine weitergehende naturwissenschaftliche Aufklärung und eine systematische Untersuchung der Stoffe notwendig.

5.4.10.5 Mischung verschiedener PCMs

Paraffine sind gut mischbar. Über die Anteile lässt sich der Schmelzbereich einstellen. Weiterhin können die Kosten gegenüber der Anwendung von teuren Reinparaffinen vermieden werden. So untersuchte *He* [163] z. B. die Mischungen aus den kurzkettigen Paraffinen C14 und C16.

[16]Metallblättchen in Handwärmern (Abb. 5.19) lösen offensichtlich nicht mit Druckwellen die Kristallisation aus [157].

Auch die Mischung verschiedenartiger PCMs, z. B. Paraffine und Salzhydrate, ist möglich. Es wird versucht, ein eutektisches Verhalten zu erreichen, um Entmischungserscheinungen auszuschließen. Die Recherchen [125] konnten allerdings nur wenige Informationen zur Zusammensetzung liefern (Tab. 5.10).

5.4.10.6 Direkter Kontakt mit Wärme- und Kälteträger

Eine weitere Möglichkeit mit vielen Vorteilen besteht darin, dass der Wärme- oder Kälteträger mit dem Phasenwechselstoff direkt in Kontakt steht. Es findet also keine Trennung der Stoffe durch eine Wärmeübertrager- oder Kapselwand statt. Weil allerdings die meisten Untersuchungen im Bereich Wärmespeicher stattfanden, orientiert sich dieser Abschnitt ausnahmsweise an Verfahren zur Wärmespeicherung.

Lindner-Verfahren
Das Verfahren nach *Lindner* [164] setzt ein mit dem Speicherstoff nicht mischbares Fluid (Wärme- oder Kälteträger) voraus. Dies ist für die stoffliche Trennung wichtig. Der Wärmeträger wird zur direkten Be- und Entladung durch den Speicher gepumpt (Abb. 5.20) und steht mit dem Speicherstoff direkt in Kontakt.

Lindner und *Tamme* [131], [133] widmen sich der Wärmespeicherung mit Salzhydraten (z. B. Glaubersalz $Na_2SO_4 \cdot 10\,H_2O$, $T_{schmelz} = 32\,°C$, $c^*_{Sp} = 60\,kWh/(m^3K)$ oder Natriumacetat $CH_3COONa \cdot 8\,H_2O$, $T_{schmelz} = 58\,°C$, $c^*_{Sp} = 66\,kWh/(m^3K)$), weil mit diesen Stoffen die höchsten Schmelzenthalpien in diesem Temperaturbereich verbunden sind. Als technisches Problem wird u. a. die Kristallisation am Wärmeübertrager (kälteste Stelle) mit einem niedrigen Wärmeübergang genannt. Konstante Temperaturen sind mit derartigen Konstruktionen nicht erreichbar (vgl. mit Abb. 5.2, S. 147). Weiterhin bleiben die bereits erläuterten Probleme (Abs. 5.4.9), die insbesondere für Salzhydrate zu treffen, existent.

Durch den Einsatz von Öl als Wärmträger (nicht giftig, ökologisch unbedenklich) werden viele der genannten Probleme umgangen (Abb. 5.20). Das Öl besitzt eine geringere Dichte als das Speichermaterial und deswegen können die Tropfen im Speicherraum aufsteigen. Diese bilden eine große Oberfläche zur Wärmeübertragung. Gleichzeitig sind die Temperaturdifferenzen zwischen Tropfen und Speichermaterial gering.

Durch die Konvektion wird das Speichermaterial bei der Be- und Entladung gut gemischt und es entsteht ein „Matsch“. Im Gegensatz zu anderen Verfahren können abgesetzte Bestandteile (Entmischungsvorgänge, semikongruentes Schmelzen) wieder vollständig aufgelöst werden. Additive sorgen weiterhin dafür, dass das Salz (PCM) zu keinem festen Block erstarrt.

Nach einer längeren Stillstandszeit entsteht ein verdichteter Bodensatz. Mit diesem Verfahren kann auch dieser Bodensatz aufgelöst werden. Speicherkapazität und Übertragungsleistung bleiben erhalten. Im oberen Speicherbereich trennt sich das Öl vom Speicherstoff und wird dem externen Wärmeübertrager wieder zugeführt.

Speicher mit diesem Verfahren und verschiedenen Stoffen bzw. Temperaturen sind kommerziell verfügbar (Fa. Transheat [166]).

Fieback und *Gutberlet* [167] wenden das Verfahren mit Paraffinen und Wasser als Wärmeträger an. Das Wasser muss im Speicherraum versprüht werden. Die weitere

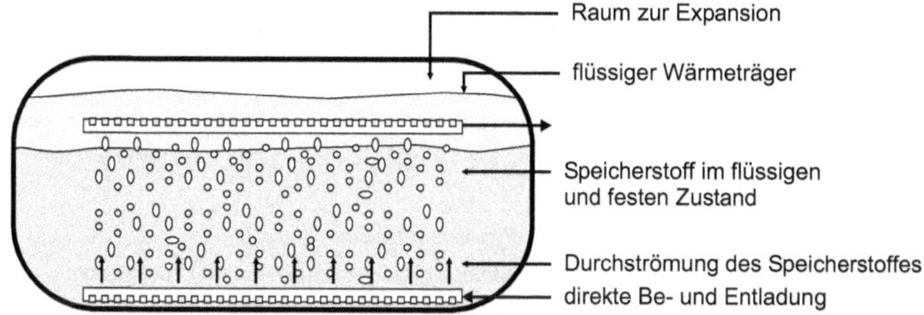

Abb. 5.20: Latentwärmespeicher nach *Lindner*, schematische Darstellung [164]

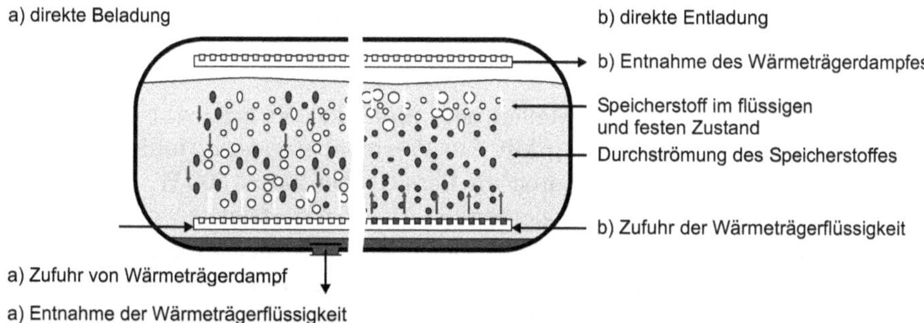

Abb. 5.21: Wärmespeicher nach dem *Galisol*-Prinzip mit externen Wärmeübertragern

Bewegung der Wassertropfen bewirkt der Dichteunterschied. Heißes Wasser dringt bei der direkten Beladung in das Paraffin ein. Bei der Entladung mit kälterem Wasser bildet sich um den Wassertropfen eine Paraffinhülle. So entsteht ein Stoffsystem mit einer gut durchströmbaren Struktur.

Galisol-Prinzip

Im Unterschied zum Verfahren nach *Lindner* findet ein Phasenwechsel des Wärme- oder Kälteträgers statt. Die direkte Be- und Entladung setzt ein Fluid voraus. Aus diesem Grund vollzieht der Wärmeträger den Phasenwechsel gasförmig-flüssig, während das Speichermaterial den flüssigen oder festen Aggregatzustand annimmt.

Bei der Wärmespeicherung (Abb. 5.21) kommt zur direkten Beladung z. B. der dampfförmige Wärmeträger Ethanol infrage, welcher mit einem externen Wärmeübertrager (Dampferzeuger) erhitzt wird [165]. Beim Eintritt und dem intensiven Kontakt (Auftrieb durch Dichteunterschied) mit dem Speichermaterial kondensiert dieser und sammelt sich je nach Dichteunterschied unten oder oben. Die flüssige Phase kann man dem Wärmeübertrager wieder zuführen.

Zur direkten Entladung wird der flüssige Wärmeträger eingeleitet. Dieser nimmt die Phasenwechselenergie des Speicherstoffes auf und es entsteht Dampf, wobei sich ein thermodynamisches Gleichgewicht einstellt. Dieser Dampf steigt auf. Man kann diesen oben entnehmen und einem externen Wärmeübertrager (Kondensator) zuführen.

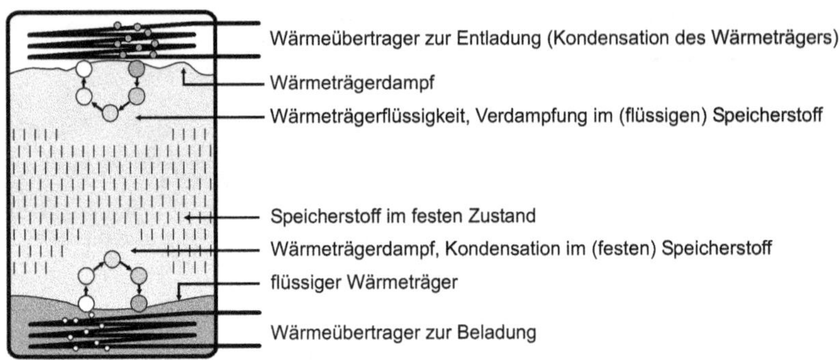

Abb. 5.22: Wärmespeicher nach dem *Galisol*-Prinzip mit innen liegenden Wärmeübertragern

Ahrens und *Eildermann* [168] stellen eine Modifikation mit zwei innen liegenden Wärmeübertragern vor (Abb. 5.22). Mit den Wärmeübertragern (indirekte Beladung) können Wärmedurchgangskoeffizienten im Bereich von 200...900 W/(m^{2}K) realisiert werden. Die Wärmeübergangskoeffizienten des Wärmeübertragers zur Entladung weisen ungefähr die doppelten Werte im Vergleich zum Wärmeübertrager zur Beladung aus. Der Effekt lässt sich offensichtlich auf die Kondensation zurückführen. Ungefähr 65 % des Speichervolumens nimmt der Speicherstoff ein. Bei Salzhydraten sind Speicherkapazitäten von ca. 70 kWh/(m^{3}K) möglich.

Weitere Varianten

Das *AquaSOL*-Verfahren [165] ist eine spezielle Variante des *Galisol*-Prinzips. Das Hydratwasser des Salzhydrates wird in diesem Fall als Wärmeträgerfluid verwendet [165].

Sengupta modifiziert den *Galisol*-Speicher mit vertikalen Ausgleichsrohren [169]. Im Speicher (vertikaler Zylinder mit Paraffin) wird die Wärmeübertragung verbessert.

Das Verfahren mit einem kondensierenden oder verdampfenden Wärmeträger kann man auch mit gekapselten Speicherstoffen kombinieren [165].

Im Bereich der Kältespeicher wurde in den USA ein R12-Clathart-Speicher entwickelt [133]. Eine ähnliche Entwicklung gibt es von der TU Bergakademie Freiberg. Dort wurde ein FKW mit höherer Dichte als das Speichermaterial eingesetzt [164].

Um den Phasenwechsel flüssig-dampfförmig bei höheren Drücken zu realisieren, ist der Einsatz von Kältemitteln (Abs. 2.3.3.3) zunächst naheliegend. Der Einsatz von ökologisch bedenklichen Kältemitteln sollte aber vermieden werden. Deswegen erscheint das Verfahren nach *Lindner* aussichtsreicher zu sein. Entsprechende Kälteträger sind verfügbar (Abs. 5.3.1.2). Die Injektortechnik (Abs. 8.1.5) zur Herstellung von Eisbrei nutzt beispielsweise dieses Prinzip.

5.4.10.7 Fluide Stoffsysteme mit Phasenwechselstoffen

Fluide Stoffsysteme mit Phasenwechselmaterial bezeichnet man als *Phase Change Slurry* (PCS) oder *PCM Slurry*[17]. Dabei nimmt ein Trägerfluid fein verteiltes Phasenwech-

[17] Oft wird auch slurries (Plural) verwendet.

selmaterial als feste Partikel (Suspension) oder als Tropfen (Emulsion) auf. Die Partikel oder Tropfen[18] bzw. das Trägerfluid können weitere Stoffe enthalten.

Das primäre Ziel besteht in der Erhöhung der thermischen Kapazität eines pumpfähigen Kälteträgers (Energietransport in Rohrleitungen), der gleichzeitig zur Speicherung in Behältern und zur Wärmeübertragung herangezogen werden kann. Analog zu den Systemen mit Eisbrei versucht man, eine Reduktion der Speichergröße, der Rohrleitungsquerschnitte, der Speicherverluste, der Antriebsenergie für die Kältemaschinen sowie der Hilfsenergie zu erreichen. Wie bereits beim statischen Einsatz von PCMs bzw. von Eisbrei nutzt man dafür

- die hohe Schmelzenthalpie bei kleinen Temperaturdifferenzen,
- den einstellbaren Temperaturbereich durch die Auswahl der Stoffe und dere Zusammensetzung,
- die Modifikation der Eigenschaften durch Zugabe weiterer Stoffe,
- die Vorteile, die mit kleinen Partikeln bzw. kleinen Tröpfchen in fluiden Phasen verbunden sind (z. B. die gute Wärmeübertragung),
- die Möglichkeiten der Verarbeitung (z. B. Massenproduktion in der chemischen Industrie) usw.

Aber auch die bisher beschriebenen Nachteile (z. B. Unterkühlungsneigung) bleiben existent. Im Unterschied zum *Ice Slurry* können die Partikel nicht im Kälteversorgungsprozess hergestellt werden. Die PCS müssen deswegen die technischen Anforderungen[19] des Anlagenbetriebs über eine lange Zeit erfüllen.

Ice slurry deckt den Anwendungsbereich unter 0 °C gut ab. Mit den hier vorgestellten PCS soll der andere wichtige Bereich zwischen 0. . . 20 °C erschlossen werden. Insgesamt räumt man den PCS aber hohe Potenziale ein [170], [171].

Ohne auf die komplexen physikalischen und chemischen Zusammenhänge einzugehen, werden die zurzeit untersuchten PCS nach *Schossig* und *Gschwander* [170] vorgestellt:

- PCM-Emulsionen: Als PCM wird zurzeit Paraffin[20] als fein dispergierte Tropfen in einer wässerigen Lösung eingesetzt. Bei der Verwendung von Reinparaffinen

[18] Das eingesetzte PCM vollzieht den Phasenwechsel zwischen dem festen und flüssigen Aggregatzustand. Begrifflich wird diese Änderung aber nicht berücksichtigt. Außerdem setzt man weitere Stoffe oder Strukturen ein, sodass komplexe Stoffsysteme vorliegen können. In diesem Zusammenhang wird der Begriff *Partikel* vereinfacht angewandt.

[19] In der Literatur werden aufgrund der notwendigen Forschungs- und Entwicklungsarbeiten die Potenziale und grundlegenden Eigenschaften diskutiert. Die technischen Anforderungen (z. B. ausreichender Widerstand gegen strömungsmechanische Beanspruchung, Vermeidung von Ablagerung, sichere Handhabung) gelangen aber immer mehr in den Vordergrund, weil die Entwicklung soweit fortgeschritten ist, dass die Anzahl praktischer Tests steigt. Eine weitere wichtige Anforderung ist die ökologische Herstellung und Entsorgung.

[20] Die Untersuchung [170] setzt verschiedene Parameter voraus, die im Folgenden übernommen werden. Reines Paraffin besitzt eine Schmelzenthalpie von 230 kJ/kg und ist schwer verfügbar und teuer. Für die deutlich preiswerten Paraffingemische kann man eine Schmelzenthalpie von 180 kJ/kg annehmen. Im Unterschied zu den Reinparaffinen findet der Phasenwechsel in einem Temperaturbereich von ca. 4 K und größer statt.

Abb. 5.23: a) Phasenwechselfluid, b) Suspension mit mikroverkapseltem Paraffin, c) emulgiertes Paraffin, Quelle: Fraunhofer Institut Solare Energiesysteme [172]

lassen sich Emulsionen mit einer Schmelzenthalpie von bis zu 120 kJ/kg erzeugen. Dann liegt der Masseanteil der Partikel bei 50 %. Die Viskosität ist dann noch in einem akzeptablen Bereich. Zur Stabilisierung (Erhalt der Partikelgröße und der Verteilung im Fluid) des dispergierten Paraffins setzt man Emulgatoren ein. Weitere Additive können den Erstarrungspunkt senken.

- Mikroverkapseltes PCM: Paraffin[20] wird in Mikrokapseln (Abs. 5.4.10.1) mit einer Größe von 1...20 µm eingeschlossen. Die feste Hülle besteht aus Melaninharz[21] oder Polymethylmethacrylat (PMMA)[22].
- Gel-Partikel: In diesem Fall lagert man das Paraffin in eine Matrixstruktur bestehend aus Gel[23] (z. B. Gelatine) ein (*Gel slurry*). Aus dieser Substanz werden dann die Partikel hergestellt, die sich im Trägerfluid befinden. Für diese Anwendung als PCS liegen nur sehr wenig Informationen vor.
- Hydrate: Tetra Butyl Ammonium Bromide (TBAB) bildet Hydrate[24], die als Kristalle bei Umgebungsdruck im Wasser vorliegen [173]. Bis zu 120 kJ/kg können beim Phasenwechsel mit einer 20 %-igen Lösung erreicht werden (*Hydrate slurry*).

In [170] sind die unterschiedlichen Eigenschaften und ihre Auswirkungen für Paraffin-Emulsionen und für PCMs mit mikroverkapseltem Paraffin ausführlich erläutert. Die Autoren kommen zu folgenden wesentlichen Schlüssen: Paraffin-Emulsionen besitzen aufgrund der niedrigeren Viskosität[25] und der preiswerten Produktion ein größeres Potenzial im Vergleich zu mikroverkapseltem Paraffin. Das mikroverkapselte Paraffin ist aber mechanisch stabiler und eignet sich zurzeit besser für den technischen Einsatz.

[21] Gruppe der Aminoplaste, Duroplaste [76]

[22] Polymethacrylate: Thermoplaste, organisches Glas, Acrylglas [76]

[23] Gel ist ein kolloiddisperses Stoffsystem. Detaillierte Erläuterungen sind unter [76] zu finden.

[24] Clathrate sind Einschluss- oder Käfigverbindungen [76], bei denen Atome oder Moleküle (Gastmoleküle) in der Hohlraumstruktur eines weiteren Stoffes (Wirtsgitter) eingelagert vorliegen, ohne dass eine chemische Bindung besteht (clathrates). Wird Wasser gebunden, verwendet man den Begriff Hydrate.

[25] Eine niedrige Viskosität führt nicht automatisch zu einer hohen Systemeffizienz. Der Übergang von der laminaren zur turbulenten Strömung und die transportierte Energie müssen beachtet werden.

Tab. 5.16: Vergleich der Enthalpieänderung von $CryoSol^{plus}$ im Vergleich zu Wasser in bestimmten Temperaturbereichen [171]

	Temperaturbereich des Phasenwechsels [°C]	Änderung der Enthalpie [kJ/kg]	relative Änderung zu Wasser [%]
Wasser bei 6 K		25	
$CryoSol^{plus}$ 6	2...8	75	298
$CryoSol^{plus}$ 10	6...12	50	199
$CryoSol^{plus}$ 20	16...22	44	175

Weiterhin werden folgende allgemeine Tendenzen festgestellt:

- Emulgatoren und Additive besitzen einen Einfluss auf die mechanische Stabilität, das Fließverhalten, die Partikelgröße, die Viskosität, die Kristallisation und die Separation [174]. Die Partikelgröße wirkt sich ebenfalls auf die genannten Eigenschaften aus.
- Der Einsatz von kleinen Partikeln führt zu einer höheren Viskosität [174], da es sich um nicht-newtonsche Fluide handelt.
- Kleinere Partikel und eine Größenverteilung in einem engen Bereich führen zu stabileren Stoffsystemen [175].
- Die Neigung zur Unterkühlung nimmt mit sinkender Partikelgröße zu [176].

Huang, *Pollerberg* und *Dötsch* stellen in [171] die Eigenentwicklung $CryoSol^{plus}$ mit drei verschiedenen PCS vor. Sie verwenden kommerzielles Paraffin der Fa. Rubitherm (RT 6, RT 10 und RT 20 mit jeweils 30 % Masseanteil im PCS) in einer wässrigen Emulsion. Die Partikelgröße beträgt 1...10 µm. Zusätzlich werden Substanzen an der Partikeloberfläche (Stabilisierung der Emulsion), Additive zur Keimbildung (Unterdrückung der Unterkühlungsneigung) und ein Verdickungsmittel (Behinderung der Separation aufgrund der geringeren Dichte von Paraffin) eingesetzt. Im Vergleich zu Wasser mit einer Temperaturdifferenz von 6 K erreichen diese PCS eine höhere Energiedichte im Bereich von 175...298 % (Tab. 5.16).

Abb. 5.24 zeigt die abgegebene und aufgenommene Energie beim Erstarren und Schmelzen. Der Unterkühlungseffekt ist relativ schwach ausgeprägt (ca. 3...4 K). RT 6 besitzt gegenüber der 30%-igen RT 6-Emulsion eine höhere Speicherdichte. Die Emulsion profitiert aber von der höheren spezifischen Wärmekapazität des Wassers. Abb. 5.25 bildet die spezifische Wärmekapazität für die drei $CryoSol^{plus}$-Stoffsysteme und Wasser ab, wobei die Phasenwechselenthalpie über die scheinbare Änderung der spezifischen Wärmekapazität abgebildet wird.

$CryoSol^{plus}$ zeigt ein nicht-newtonsches Verhalten. Bei kleinen Schubspannungen ist die Viskosität sehr hoch. Diese nimmt mit steigenden Schubspannungen stark ab, bis ein Grenzwert erreicht ist.

Im Vergleich zu Wasser mit einer niedrigen Viskosität von $1{,}79 \cdot 10^{-6} \ldots 0{,}89 \cdot 10^{-6}\ m^2/s$ (0...30 °C) weisen die drei Emulsionen maximale Viskositäten im Bereich von $20 \cdot 10^{-3} \ldots$

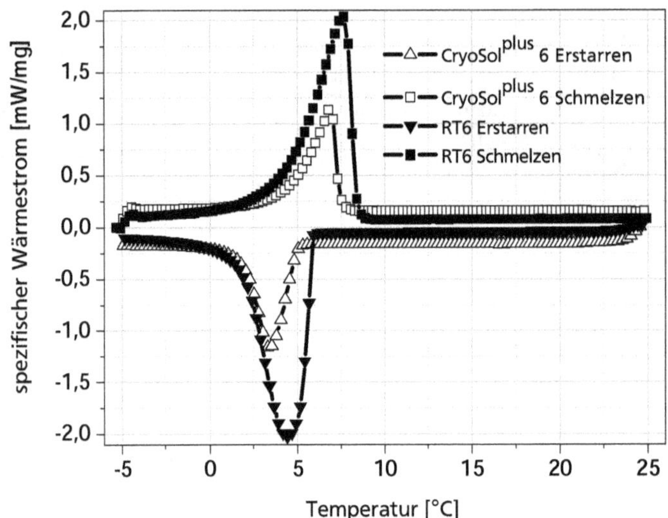

Abb. 5.24: Erstarrungs- und Schmelzkurven bei einer dynamischen Differenzkalorimetrie-Messung (spezifischer Wärmestrom als Funktion der Temperatur) für RT 6 und CryoSol^{plus} 6, Quelle: Fraunhofer Institut UMSICHT [171]

$40*10^{-3}$ m^2/s bei 0 °C auf (Abb. 5.26). Der starke Anstieg in den drei Kurven korreliert stark mit dem Bereich der Phasenumwandlung (vgl. mit Abb. 5.25).

5.4.11 Kältemischungen

Sog. *Kältemischungen* [1], [37], [76], [177] nutzen negative Lösungsenthalpien. Wasser und Salze (Tab. 5.17) kann man zur Herstellung tiefer Temperaturen heranziehen. Es handelt sich dabei um endotherme Vorgänge, die durch die Schmelzenthalphie von Wasser weiter verstärkt werden. Eine spezielle Apparatur ist nicht notwendig. Vorzugsweise verwendet man Mischungsverhältnisse am eutektischen Punkt.

Vor der Markteinführung der Kältemaschinen spielte diese Kälteerzeugung eine wesentliche Rolle bei der Speiseeisherstellung und bei Kühltransporten mit der Eisenbahn oder Kraftfahrzeugen. Heute ist die (einmalige) Anwendung der Kältemischung auf das Experimentalwesen beschränkt. Kältemischungen [47], [76] mit Trockeneis unter Nutzung der Sublimation zeigt Tab. 5.18.

5.4.12 Beispiele

Wasser beim Einsatz in Eisspeichern wird in Abs. 8 behandelt. Dieser Abschnitt beschäftigt sich mit der technischen Anwendung aller Nicht-Wasser-PCMs.

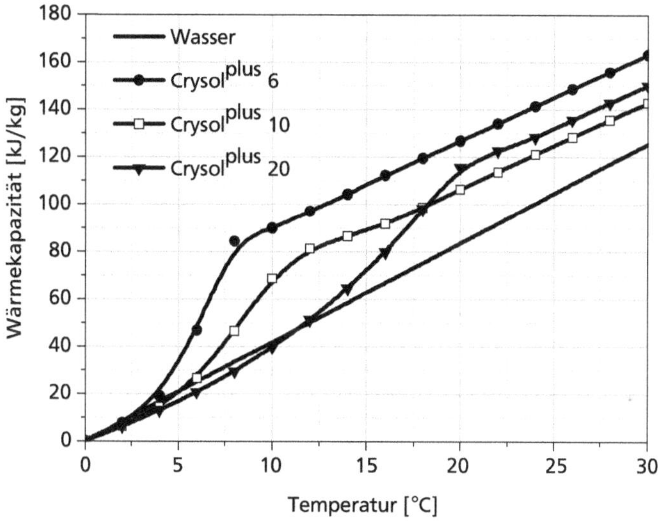

Abb. 5.25: spezifische Wärmekapazität für CryoSol^{plus} 6, 10, 20 und Wasser in Abhängigkeit von der Temperatur, Fraunhofer Institut UMSICHT [171]

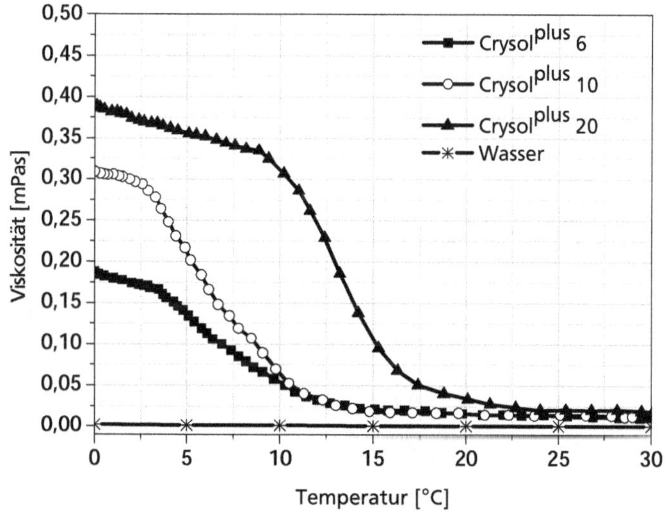

Abb. 5.26: dynamische Viskosität für CryoSol^{plus} 6, 10, 20 und Wasser in Abhängigkeit von der Temperatur, Fraunhofer Institut UMSICHT [171]

Tab. 5.17: Kältemischungen auf der Basis von Wasser und Salzen

Stoff	eutektische Konzentration [%]	eutektische Temperatur [°C]	Schmelz-enthalpie [kJ/kg]	Quelle
wässrige Lösungen				
KCl	19,7	–11,1	302	[177]
K_2CrO_4	35,5	–11,4	206	[177]
NH_4Cl	18,7	–15,8	311	[177]
$NaNO_3$	36,9	–18,5	244	[177]
NaCl	22,4	–21,2	235	[177]
$CaCl_2$	39,8	–55	155	[177]
Mischungen mit Wassereis				
NaCl	31	–21		[76]
$MgCl_2 \cdot 6H_2O$	84	–34		[76]
$CaCl_2 \cdot 6H_2O$	143	–55		[76]

Tab. 5.18: Kältemischungen auf der Basis von Trockeneis und organischen Stoffen

Stoff	Formel	erreichbare Temperatur [°C]	Quelle
Methanol	CH_3OH	–70 °C	[47]
Aceton	$CH_3 - OH - CH_3$	–80 °C	[47]
Diethylether	$CH_3 - CH_2 - O - CH_2 - CH_3$	–90 °C	[47]

5.4.12.1 Paraffin-Kühlenergiespeicher mit innen liegendem Wärmeübertrager

Beckert et al. [156] entwickelten und testeten einen Pilotspeicher mit Paraffin als PCM im kleinen Leistungsbereich. Das Ziel bestand in der Nutzung niedriger Außentemperaturen in der Nacht (natürliche Kältequelle). Zur Speicherbeladung wurde ein Kühlturm (feuchte Kühlung) eingesetzt. Die Entladung realisierte man mit Klimageräten über einen Kaltwasserkreislauf. Der Kurzzeit-Speicher (Abb. 5.27) besitzt folgende Merkmale:

- 1,36 m^3 Stahltank mit Deckel, innenliegende Trennwand zum Aufbau von zwei Speichereinheiten,
- innen liegender Rippe-Rohr-Wärmeübertrager,
  - Lamellenbauart, 12 Einzelapparate,
  - niedriger Abstand der Lamellen wegen der geringen Wärmeleitfähigkeit des Paraffingemisches,
  - gegenläufige Stoffstromführung zur gleichmäßigen Temperaturverteilung,
- Füllung
  - Mischung aus den Paraffingemischen C14–C17 und C18–C20,

Abb. 5.27: Paraffin-Kühlenergiespeicher nach *Beckert*, Paraffin in den zwei Speicherkammern, links: erstarrt, rechts: geschmolzen, Quelle: *Beckert*

- PCM-Volumenanteil 84...88 %,
- kein Zusammensacken der Füllung (siehe Abb. 5.27).

Aus Kostengründen wurden Paraffingemische verwendet, die einen Temperaturbereich für den Phasenwechsel von ca. 12 K hatten. Ein derartiger Schmelzbereich ist bei dieser Anwendung mit geringen Temperaturdifferenzen zwischen der Kältequelle und dem Verbraucher nachteilig. Weiterhin muss man beachten, dass der Wärmeübertrager relativ hohe Kosten verursacht. Trotz der genannten Optimierungspotenziale wurde mit diesen Arbeiten ein funktionsfähiger Kurzzeit-Speicher vorgestellt.

5.4.12.2 Speicher mit makroverkapselten PCMs

Bei Speichern mit Makrokapseln werden nach [9] eutektische Salze (anorganische Salze, Wasser, Stabilisatoren, Keimbildner) als PCMs verwendet.

Bei einer Speichernachrüstung sind keine oder minimale Änderungen bei den Kältemaschinen notwendig. Ein wesentlicher Nachteil der Makroverkapselung besteht darin, dass die Speicher-Ausgangstemperatur bei der Entladung näherungsweise linear mit abnehmendem PCM-Feststoffgehalt ansteigt. Ursache dafür ist der Wärmeübergang an der Makrokapsel (weitere Informationen in Abs. 8.2.4 S. 306).

Die Kapseln werden in stehende oder liegende Tanks aus z. B. Stahl oder in rechteckige Stahlbetonbecken gefüllt. Wasser kommt bei Temperaturen über 0 °C als Kälteträger infrage. Aufgrund der höheren Dichte der eutektischen Salze kommt es nicht zum Aufschwimmen der Kapseln. Beim Erstarren dehnen sich eutektische Salze nicht aus. Die Druckbeanspruchung ist demzufolge geringer als bei makroverkapseltem Wasser.

Die Fa. Cristopia [137] fertigt zwei verschiedene Speichertypen:

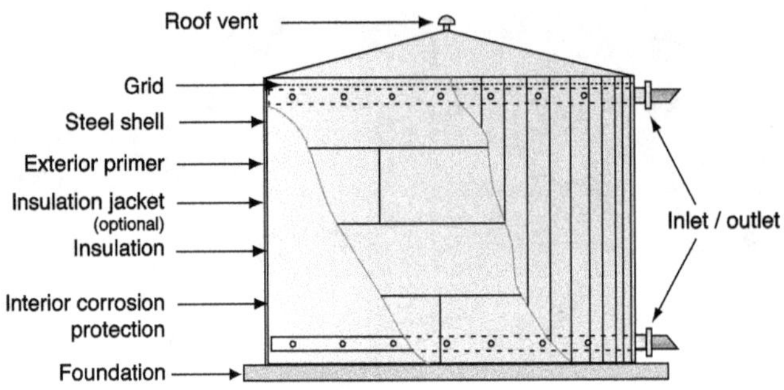

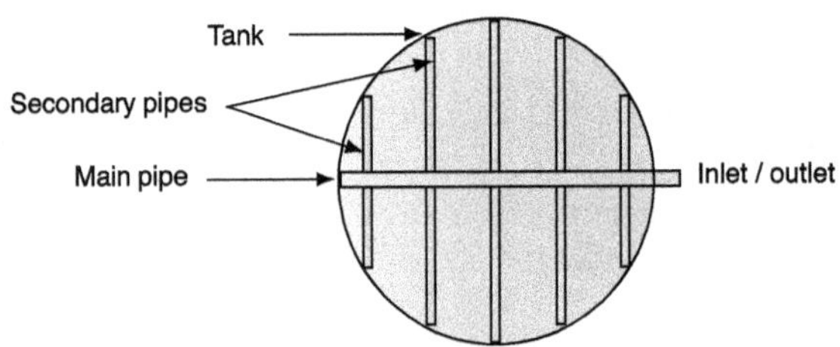

Abb. 5.28: Tankspeicher für makroverkapselte PCMs auf Umgebungsniveau, Fa. Cristopia [137]

- Speicherdruck auf Umgebungsniveau (Abb. 5.28),
  - Schmelztemperatur von ca. 0 °C,
  - Anwendungen im Bereich der Klimatisierung,
  - Makrokapseln mit einem Durchmesser von 98 mm,
  - stehende Tankspeicher mit einem Volumen von 25... 4.818 m^3,
- Speicherdruck über dem Umgebungsniveau (Abb. 5.29),
  - Schmelztemperatur von –33... 27 °C,
  - u. a. Tieftemperatur-Anwendung,
  - Makrokapseln mit einem Durchmesser von 77/78/98 mm,
  - liegende Tankspeicher mit einem Volumen von 3... 191 m^3.

5.5 Sorptive Stoffsysteme

Die Prozesse mit Adsorption wurden schon in Verbindung mit den Kältemaschinen vorgestellt (Abs. 2.3.5 S. 37). Dieser Abschnitt behandelt die Zusammenhänge, die mit der sorptiven Kälteerzeugung und der indirekten Speicherung in Verbindung stehen. Die

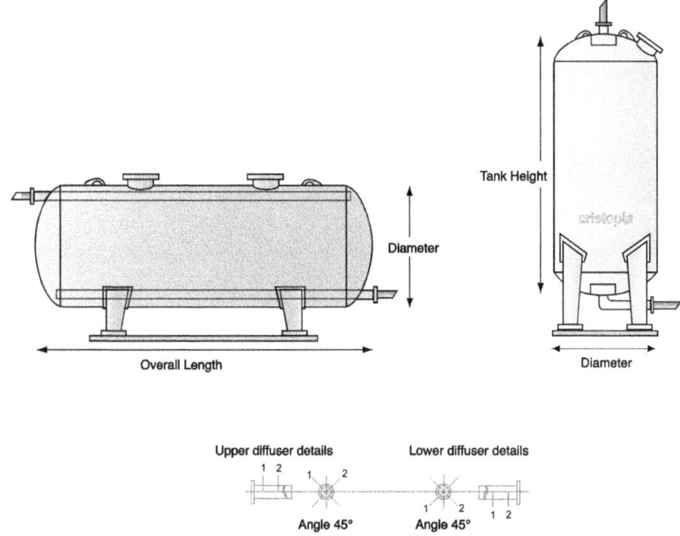

Abb. 5.29: Tankspeicher für makroverkapselte PCMs mit einem Druck über dem Umgebungsniveau, Fa. Cristopia [137]

Motivation für sogenannte *thermophysikalische* Speicher[26] ist der Einsatz von Wärme zur Speicherbeladung und das Potenzial einer verlustarmen Speicherung[27].

5.5.1 Feste Sorbenzien

Die folgenden Erläuterungen beschäftigen sich nur mit festen Sorbenzien, die zur Adsorption herangezogen werden. Weiterhin gibt es flüssige Sorbenzien (z. B. Lithiumchlorid in einer wässrigen Lösung). Diese werden in Sorptionsanlagen (Lüftungs- und Klimatechnik) zur Entfeuchtung mittels Absorption eingesetzt (siehe [7]). Man versprüht dazu die Flüssigkeit im Luftstrom (Flüssigsorptionsanlagen) oder lagert diese beispielsweise in Zellulose ein (Sorptionsräder).

5.5.1.1 Zeolithe

Zeolithe (gr. kochender Stein, Siedestein, Abb. 5.30 a) besitzen für die Speicherung momentan die größte Bedeutung [36], [73], [179], [180], [182], [183], [184]. Sie zählen zur Stoffgruppe der Metall-Alumosilikate. Es gibt ca. 40 natürliche und ca. 100 künstliche Zeolithe[28]. Das Mineral ist regelmäßig aufgebaut (Abb. 5.30 b) und der Umbau der

[26]Es wird auch der Begriff „thermochemischer Speicher“ verwendet, der aber nicht exakt ist. Bei den Prozessen handelt es sich um Physisorption.

[27]Die verlustarme Wärmespeicherung besitzt eine sehr große Bedeutung [178]. Es müssen z. B. für Heizzwecke längere Perioden zum Ausgleich saisonaler Schwankungen überbrückt werden. Bei Wärmespeichern können außerdem höhere Energiedichten (ca. 130. . . 500 kWh/m^3) im Vergleich zu den PCMs erreicht werden.

[28]Die industrielle Produktion beträgt in der Welt ca. 1.200.000 t/a [185].

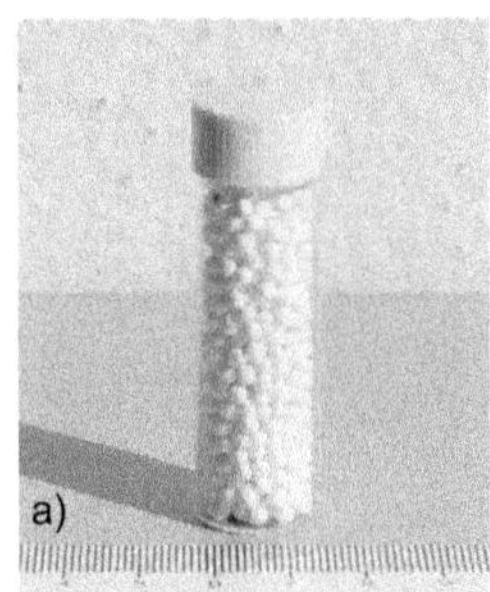

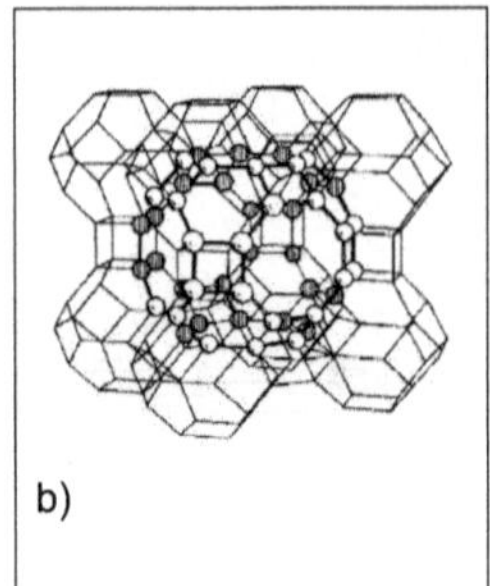

Abb. 5.30: Zeolith, a) in Granulatform, b) Struktur des Kristalls vom Typ A [73]

molekularen Struktur ermöglicht eine Änderung der Eigenschaften. Eine Besonderheit liegt in der hohen Adsorptionsfähigkeit von Wasser (*hydrophil*) und der reversiblen Desorption. Eine Ursache dafür ist die sehr hohe Porosität bzw. innere Oberfläche der Stoffstruktur. Zeolithe besitzen weiterhin folgende Eigenschaften:

- nicht giftig, ökologisch unbedenklich, nicht brennbar, nicht explosiv,
- temperaturstabil bis über 800 °C[29],
- Schüttgutdichte von 700... 750 kg/m^3 [73],
- relativ geringe Wärmeleitfähigkeit (ca. 0,58 W/(m K) [73]),
- innere Oberfläche mit 800... 1000 m^2/g [73],
- relativ hoher Preis[30].

5.5.1.2 Silikagel

Silikagel (Kieselgel, Abb. 5.31 a) besteht zu 99 % aus Siliziumoxid [73]. Trockenes Silikagel besitzt einen amorphen Aufbau (ungeordnetes Netz aus Silizium- und Sauerstoff-Atomen mit einzelnen Hydroxidgruppen, Abb. 5.31 b). Jedes Silizium-Atom bindet vier Sauerstoff-Atome. Damit bilden die Sauerstoffatome Brücken zwischen benachbarten Siliziumatomen. Es entsteht eine Struktur aus SiO_4-Tetraedern.

Aufgrund des molekularen Aufbaus entsteht ein poröses Stoffsystem mit einer sehr großen inneren Oberfläche. Je nach Herstellung kann man zwischen weitporigem und engporigem Silikagel unterscheiden (Tab. 5.19). Weitere stoffliche und strukturelle Modifikationen sind möglich.

Im Vergleich zu Zeolithen besitzt Silikagel größere Poren [186]. Die elektrischen Ladungen im Stoffsystem sind niedriger, was sich in einer geringeren Hydrophilie äußert.

[29] Bei hohen Temperaturen und Drücken wandeln sich Zeolithe in andere Zeolithe um. Es kommt zum Verlust der gewünschten Speichereigenschaft.

[30] Die Kosten für Waschmittelzeolithe liegen bei 0,50... 4,00 €/kg [184]. Spezielle Zeolithe sind i.d.R. teurer.

Tab. 5.19: Stoffeigenschaften von Silikagel [73]

Silikagel	weite Poren	enge Poren
innere Oberfläche [m^2/g]	300...500	600...800
spezifische Wärmekapazität [kJ/(kg K)]	0,92...1,0	0,92...1,1
Wärmeleitfähigkeit [W/(m K)]	0,14...0,2	0,14...0,3
Schüttdichte [kg/m^3]	450	750

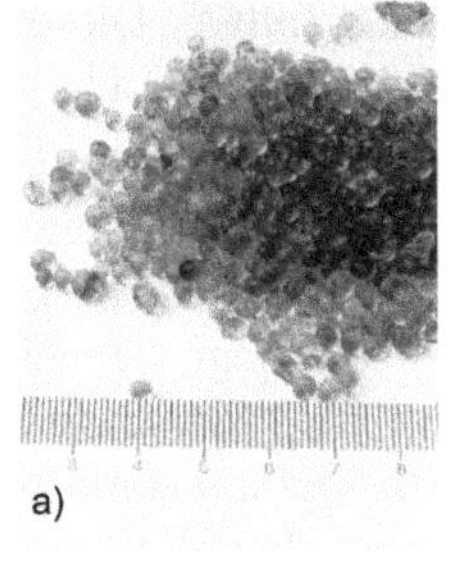

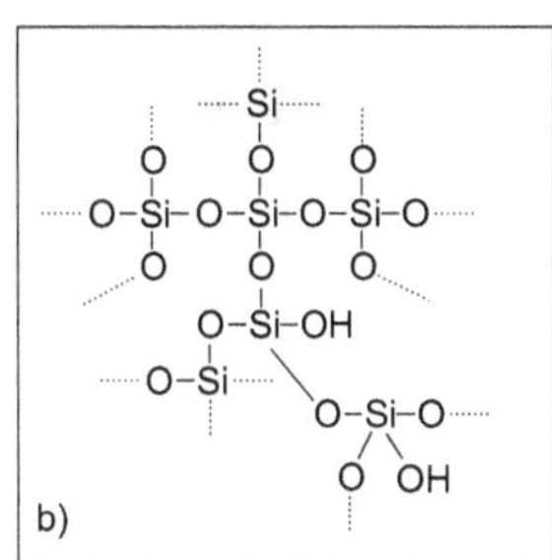

Abb. 5.31: Silikagel, a) in Granulatform (glasartige Substanz), b) Struktur des Stoffes [73]

Aber auch die Temperaturen zur Desorption sind deswegen niedriger (Tab. 5.20 S. 198). Weiterhin stellen *Nunez* et al. [186] eine signifikante Abhängigkeit der Wärmeleitfähigkeit 0,078...0,157 W/(m K) vom Druck 1...42 mbar bzw. von der Gas- oder Dampffüllung fest.

5.5.2 Physisorption von Wasser

Adsorption und Desorption fassen jeweils mehrere einzelne Prozesse auf molekularer Ebene zusammen [75]. Diese unterscheiden sich für bestimmte Adsorbens-Adsorptiv-Kombinationen. In diesem Abschnitt sollen nur wesentliche Merkmale, die für das Verständnis der Speichertechnik notwendig sind, beschrieben werden. Weitere wichtige Details beschreibt z. B. *Hauer* [73].

Bei der Adsorption gelangt der Wasserdampf zunächst in den Hohlräumen einer Granulatschüttung an das poröse Adsorbens. Für die Beschreibung des Transports innerhalb dieser porösen Struktur nutzt man oft ein Poren- oder Kapillarmodell. Die Porenweite beeinflusst (analog zu Trocknungsvorgängen) den Wasserdampftransport im Stoffsystem.

Die Kräfte zwischen dem polaren Wassermolekül und dem Adsorbens (elektrische Felder) führen zur Anlagerung (Bindung). Bei den vorgestellten (hydrophilen) Adsorbenzien sind diese Eigenschaften aufgrund des molekularen Aufbaus besonders ausgeprägt. Diese Anlagerung setzt die Adsorptionsenthalpie frei. Vereinfacht setzt sich diese aus den Anteilen der physikalischen Bindung und der Kondensation zusammen[31].

In der ersten Phase belegen die Wassermoleküle alle freien Stellen auf der inne-

[31] Eine detaillierte Herleitung ist in [73] zu finden.

ren Oberfläche. Es bildet sich eine *Monoschicht* aus. Danach folgt die Anlagerung in mehreren Schichten, die die *van der Waals*-Kräfte bewirken. Es kommt jetzt auch zu Wechselwirkungen zwischen den angelagerten Molekülen.

Mit sinkendem Porendurchmesser steigt die spezifische innere Oberfläche und es können mehr Wassermoleküle in der Monoschicht angelagert werden, was zu einer Erhöhung der Adsorptionsenergie des jeweiligen Stoffes führt.

Gleichzeitig verursacht ein kleiner werdender Porenradius eine Dampfdrucksenkung, weil die Oberflächenspannung der Kapillarflüssigkeit fällt[32]. Diese *Kapillarkondensation* setzt ebenfalls Kondensationswärme im Bereich höherer Beladungen frei.

Die Adsorption und Desorption unterliegt einem thermodynamischen Gleichgewicht. Das Gleichgewicht wird durch die angelagerte Menge (Beladung x), die Temperatur und den Druck[33] bestimmt $x = f(T, p)$. Demzufolge erreicht man die Desorption (bei Speichern) durch höhere Temperaturen. Das Gleichgewicht verschiebt sich zu einer geringeren Beladung. Die Energiezufuhr ermöglicht die Verdampfung in den Kapillaren und das Lösen der Bindungen. Die Wassermoleküle können somit die Plätze in der Matrix verlassen. Das Stoffsystem beeinflusst wiederum den Wärme- und Stofftransport.

Die Reversibilität der Desorption und Adsorption wurde bereits in Abs. 4.3.2.3 besprochen (Gl. 4.33 S. 125). Gl. 5.20 beschreibt vereinfacht die additive Zusammensetzung der spezifischen differenziellen Adsorptionsenthalpie aus den Anteilen der Kondensation mit $h_{C,W} = f(T)$ und der Bindungsenergie $h_{Ads,Bind} = f(x, T)$ [73].

$$h_{Ads} = h_{C,W} + h_{Ads,Bind} \tag{5.20}$$

Abb. 5.32 zeigt die Adsorptionsenthalpie in Abhängigkeit der Beladung und verdeutlicht die oben beschriebenen Zusammenhänge. Die Verdampfungsenthalpie wird als konstant angenommen. Deutlich ist der Einfluss der Bindungsenthalpie bei vollständiger Entladung $x = 0$ ersichtlich, der bis zu 63 % beim Zeolith und bis zu 49 % beim Silikagel betragen kann. Mit steigender Beladung (Bildung der Monoschicht) fällt der Wert stark, wobei das Silikagel eher den Grenzwert erreicht. Weiterhin wird deutlich, dass die Adsorbenzien eine maximale Beladegrenze x_{max} besitzen (Tab. 5.20 S. 198). Daraus ergibt sich die sog. Beladungsbreite (Gl. 5.21), die für technische Anwendungen von Interesse ist. Für diesen Beladungsbereich sind in Abb. 5.32 die integralen Adsorptionsenthalpien eingezeichnet.

$$\Delta x_{Ads,Bel} = x_{max} - x_{min} \tag{5.21}$$

[32] In Stoffsystemen mit sehr kleinen Poren (Mikroporen $d < 3\,nm$) tritt dieser Effekt nicht auf.

[33] Die Gleichgewichte werden mit Adsorptionsisothermen, Adsorptionsisobaren und Adsorptionsisosteren beschrieben (siehe Abb. 2.25 S. 39). Die unterschiedlichen Adsorptionseffekte bestimmt man experimentell. Danach erfolgt eine Beurteilung der Adsorbenzien hinsichtlich der Einzeleffekte und der Stoffwerte.

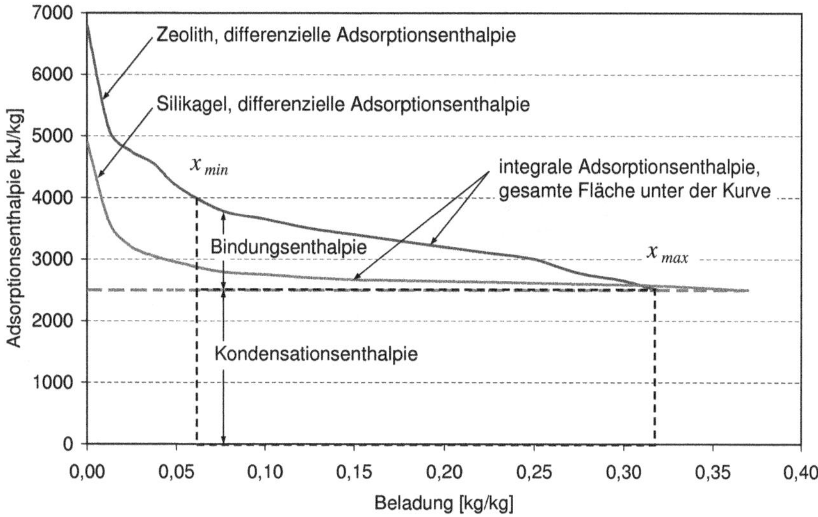

Abb. 5.32: schematische Darstellung der differenziellen Adsorptionsenthalpie bei einer konstanten Temperatur für ein Zeolith und ein Silikagel [73] als Funktion der Wasserbeladung, Bindungs- und Kondensationsenthalpie zwischen x_{min} und x_{max} (integrale Adsorptionsenthalpie)

5.5.3 Indirekte Speicherung mit Adsorption

In diesem Unterabschnitt werden nur geschlossene Verfahren behandelt[34]. Der Prozess der Kältespeicherung ist mit den Teilprozessen einer Adsorptionskältemaschine (Abb. 2.25 S. 39) vergleichbar. Deswegen wird auf die Darstellung in Abs. 2.3.5 zurückgegriffen. Im Folgenden ist nur die Beladung (Abb. 5.33 a) und Entladung (Abb. 5.33 b) dargestellt. Stillstand, Aufwärm- und Abkühlphase werden nicht betrachtet.

- Desorption und Kondensation (Abb. 5.33 a): Wärmezufuhr zur Desorption des Wassers $\dot{Q}_{zu} = \dot{Q}_{Des}$ von der minimalen bis zur maximalen Desorptionstemperatur $T_{Des,min} \rightarrow T_{Des,max}$ beim Kondensationsdruck p_C, Trocknung des Adsorbens $x_{max} \rightarrow x_{min}$, gleichzeitige Kondensation des Wassers im anderen Teilsystem, Abfuhr der Kondensationswärme $\dot{Q}_{ab} = \dot{Q}_C$.

- Adsorption und Verdampfung (Abb. 5.33 b): Verdampfung des Wassers (Kühlaufgabe) beim Verdampfungsdruck p_0 unter Energieaufnahme $\dot{Q}_{zu} = \dot{Q}_0$, Adsorption des Wassers von der minimalen bis zur maximalen Beladung $x_{min} \rightarrow x_{max}$, Abfall der Adsorptionstemperatur von $T_{Ads,max} \rightarrow T_{Ads,min}$, Abfuhr der Adsorptionswärme $\dot{Q}_{ab} = \dot{Q}_{Ads}$ in anderem Teilsystem.

[34] Offene Verfahren nutzen die direkte Be- und Entladung mit Luft (Durchströmung des porösen Stoffsystems). Heiße Luft trocknet das Adsorbens. Zur Entladung verwendet man feuchte Luft. Zur Heizung kann die gesamte Adsorptionsenthalpie genutzt werden.

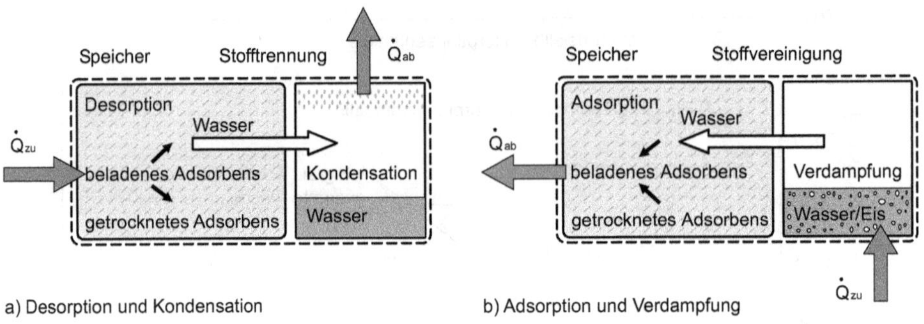

Abb. 5.33: indirekte Speicherung thermischer Energie mittels Adsorption und Desorption, geschlossene Prozessführung

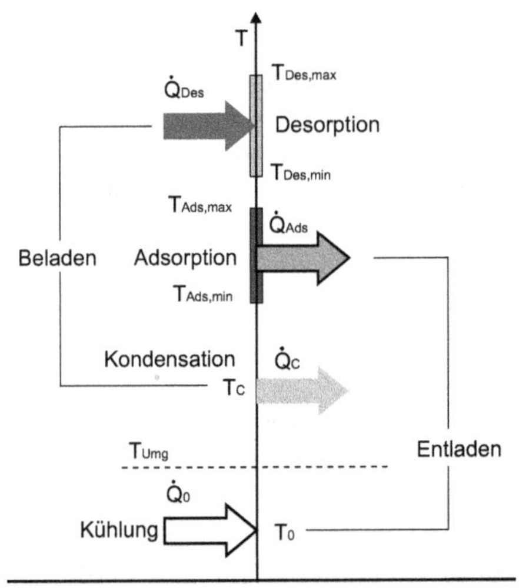

Abb. 5.34: Schema zu den Temperaturniveaus

Es sind weitere Prozessführungen denkbar. Der hier dargestellte Prozess ist diskontinuierlich. Die Be- und Entladung verläuft zeitlich getrennt. Die stoffliche Trennung der Teilsysteme ermöglicht theoretisch eine verlustfreie Speicherung.

Die Abb. 5.34 verdeutlicht noch einmal, dass es sich bei dieser indirekten Speicherung um eine sog. „chemische Wärmepumpe" handelt. Der gesamte Prozess lässt sich mit vier Temperaturbereichen für die Desorption, die Adsorption, die Kondensation und die Verdampfung beschreiben.

Der Wärmestrom zur Desorption muss aufgebracht werden. Die drei anderen Wärmeströme können theoretisch genutzt werden. Die indirekte Speicherung zur Kühlung unterscheidet sich in diesem Punkt erheblich von Wärmepumpen und Wärmespeichern. Die Kondensationswärme bei der Speicherbeladung und die Adsorptionswärme bei der Speicherentladung dienen lediglich zur Entropieentsorgung (vgl. mit Abb. 4.2 S. 112).

Da in diesem Fall nur die Kühlung $\dot{Q}_0$ von Interesse ist, liegen die Wärmeverhältnisse und die Energiespeicherdichte der Kälteerzeugung unter denen für Heizzwecke (Beispiele s. u.).

Damit gibt die Beladebreite des Adsorbens die maximale Wasseraufnahme bzw. die maximale Desorption (Speicherbeladung) $x_{max} \rightarrow x_{min}$ vor. Die differenzielle Adsorptionsenthalpie ist während der Speicherbeladung aufzubringen (Gl. 5.22). Für den gesamten Speicherbeladeprozess benötigt man die integrale Adsorptionsenthalpie (Gl. 5.23). Der Wärme- und Stofftransport im Adsorbens besitzt einen wesentlichen Einfluss auf die Trocknungsgeschwindigkeit (Kinetik).

$$\dot{Q}_{Sp,bel} = \dot{Q}_{Des} = f\left(h_{Ads}\right) \tag{5.22}$$

mit

$$h_{Ads} = (x, \text{Adsorbens}) \quad \text{und} \quad x = f(T, p, \text{Adsorbens})$$

$$Q_{Des} = \left|Q_{Ads}\right| = \left|\int\limits_{x_{\min}}^{x_{\max}} h_{Ads} dx\right| \tag{5.23}$$

Die mögliche Wasseraufnahme von $x_{min} \rightarrow x_{max}$ bestimmt vorherige Desorption (Gl. 5.23). Der Nutzwärmestrom $\dot{Q}_0$ wird maßgeblich durch die Verdampfungsenthalpie des Wassers und die Adsorptionsgeschwindigkeit (Wärme- und Stofftransport im Adsorbens) bestimmt (Gl. 5.24).

$$\left|\dot{Q}_{Sp,ent}\right| = \dot{Q}_0 = f\left(h_{0,W}, \dot{m}_W\right) \tag{5.24}$$

Die Verdampfungstemperatur kann über den Druck beeinflusst werden bzw. aufgrund des Gleichgewichtes $x = f(T, p)$ kommt es zu einer Druckänderung. Weiterhin ist die Verdampfungswärme auch über $\dot{Q}_0 = \dot{S} \cdot T_0$ ausdrückbar. Demzufolge fließt ein bestimmter Entropiestrom in den Speicher, wobei die Bedingungen der *Clausius-Claperon*-Gleichung (analog zu Gl. 4.31 S. 123) erfüllt sein müssen. Im Unterschied zur direkten Speicherung liegt eine gewisse Anpassbarkeit (des Wärmepumpenprozesses) vor.

Man muss beachten, dass Kälteerzeugung und Speicherung in einem System stattfinden. Deswegen verlieren bestimmte Bewertungsgrößen für Speicher die Sinnhaftigkeit (z. B. Speichernutzungsgrad). Aus diesem Grund wird z. B. das *mittlere Wärmeverhältnis* (Gl. 5.25) für derartige Speicher verwendet.

$$\zeta_{m,Sp,Ads} = \frac{\left|Q_{Sp,ent}\right|}{Q_{Sp,bel}} = \frac{\left|Q_0\right|}{Q_{Des}} \tag{5.25}$$

Für die Desorption im Bereich niedriger Beladungen sind hohe Temperaturen notwendig und es muss mehr Energie aufgewendet werden (Abb. 5.32), was ein Sinken des Wärmeverhältnisses (Gl. 5.25) zur Folge hat. Technische Anwendungen sehen deswegen keine vollkommene Trocknung vor und arbeiten innerhalb einer gewissen Beladebreite. Obwohl Silikagel in Abb. 5.32 eine niedrigere Bindungsenthalpie ausweist, kann eine höhere integrale Adsorptionsenthalpie durch eine größere Beladungsbreite erreicht werden (vgl. mit Tab. 5.20).

Tab. 5.20: Prozesstemperatur, Dichte und Energiedichte (Bezug auf die Wärmespeicherung) für Adsorptionsspeicher, ausgewählte Materialien

	T_{Des} [°C]	ρ [kg/m^3]	c^*_{Sp} [MJ/m^3]	x_{max} [kg/kg]	Quelle
Zeolith	100...300	700...750	446...552 (619)[1]	0,32	[73], [187]
Silikagel	40...100	450...750	468...540 (900)[2]	0,37	[186], [187]

[a]1: Angabe für Zeolith 13X, praktisch und experimentell erreichter Wertebereich, theoretischer Wert in Klammern

[b]2: Angabe für Silikagel Grace 127B, praktisch und experimentell erreichter Wertebereich, theoretischer Wert in Klammern

Der Ladezustand des Speichers kann über die Beladung x oder die desorbierte Wassermenge bestimmt werden. Zur indirekten Bestimmung von x müssen die Stoffeigenschaften sowie Druck und Temperatur bekannt sein.

5.5.4 Speicher mit Zeolithen

Im Bereich der Adsorptionsspeicher für Kühlzwecke liegen nur wenige Arbeiten vor [36], [184], [185], [188] (Getränkekühler, mobile Speicher). Im Gegensatz zu Adsorptionskältemaschinen spielt Silikagel trotz der höheren Beladebreite eine untergeordnete Rolle. Tab. 5.20 gibt einen Überblick zu wichtigen Parametern der besprochenen Stoffsysteme. Dabei ist zu beachten, dass diese Parameter aus Arbeiten mit Wärmespeichern stammen.

Das energetische Verhalten ist analog zu den Kältemaschinen vom technischen System abhängig (Desorptions- und Rückkühltemperaturen) [183]. Das maximale Wärmeverhältnis beträgt theoretisch 0,55 [36]. Praktisch kann man Werte zwischen 0,30...0,35 erreichen.

Beim Einsatz von Zeolithen wurden folgende Prozesse realisiert (Abb. 5.33) [184], [185]:

- Desorption mit T_{Des} = 150...300 °C und Rückkühlung (Kondensation) mit T_C = 30...80 °C bei p_C = 150 mbar,
- Adsorption bei T_{Ads} = 50...130 °C und einer Kälteerzeugung (Verdampfung) mit T_0 = –20...20 °C[35] bei p_0 = 6 mbar.

Die Speicherenergiedichte bei Kühlzwecken beträgt dann ca. 100 Wh/kg. Im Vergleich zu den Energiespeicherdichten für Wärmeanwendungen (Tab. 5.20) ist der Wert mit 75 kWh/m^3 (270 MJ/m^3) aufgrund der oben beschriebenen Zusammenhänge niedriger. Ein weiterer Erfahrungswert sagt aus, dass mit 1 kg desorbiertem Zeolith ca. 1 kg Eis erzeugt werden kann. Die spezifische Leistungsdichte eines kleinen Speichers lag bei ca. 1 kW/kg [36].

[35]Die Kälteerzeugung ist mit Wasser bis zu –20 °C möglich. Es ist der Einsatz von gefrierpunktsenkenden Stoffen notwendig.

Aus konstruktiver Sicht stellt das geschlossene Verfahren zwei wesentliche Forderungen: eine gute Energieübertragung zum Adsorbens und ein dauerhafter Erhalt des Unterdruckes.

Bei der Wärmeübertragung wirkt sich die niedrige Wärmeleitfähigkeit der sorptiven Stoffsysteme ungünstig aus. Deswegen nimmt die Gestaltung des Wärmeübertragers eine Schlüsselrolle ein [179], [180][36].

Einerseits kann man Zeolith in Form einer Granulatschüttung einsetzen. Schüttungen bieten viele Vorteile (z. B. Durchströmbarkeit). Wird Zeolith als Pulver angewandt, sinkt die Permeabilität des Stoffsystems und es ergeben sich Probleme durch einen zu niedrigen Wärme- und Stofftransport. Zeolith kann auch als Schicht auf einen Wärmeübertrager aufgebracht werden. Die Beschichtung einer Metalloberfläche ist schwierig, aber möglich. Zurzeit stellt die mechanische Haltbarkeit aufgrund unterschiedlicher thermischer Ausdehnungskoeffizienten ein Problem dar. Der Einsatz von Bindemitteln für bessere lokale Wärmeübergänge vermindert das Adsorptionsvermögen. Die besten Ergebnisse zeigen einlagige Schichten aus Granulat an einem Wärmeübertrager ohne Bindemittel.

Die Speicher werden bei sehr niedrigen Drücken betrieben. Eine sehr hohe Dichtheit ist notwendig, was eine Herausforderung aus fertigungstechnischer Sicht ist. Alternativ kann man eine Vakuumpumpe periodisch einsetzen.

[36] Die vorgestellten Ergebnisse wurden an Zeolith-Heizgeräten gewonnen.

6 Systemaspekte

Die Versorgungsaufgabe liefert stets die Anforderungen an die Lösung mit oder ohne Speicher, unabhängig davon, ob das Kälteversorgungssystem neu gebaut oder erweitert wird. Das schließt auch die Randbedingungen der vorgelagerten Energieversorgung ein.

Die funktionalen und betriebstechnischen Anforderungen an den Speicher bilden die Grundlage für die Speicherauswahl und -auslegung. Im Anschluss werden die Systemlösungen bewertet und optimiert.

Dieser Abschnitt stellt deswegen Systemaspekte *unabhängig* von der Speicherkonstruktion vor. Bewertungsansätze und Beispiele ergänzen die Thematik. Weiterhin werden in diesem Abschnitt Aspekte erläutert, die beim Entwurf, bei Variantenuntersuchungen und bei der Planung zu berücksichtigen sind.

6.1 Bewertungsgrößen für Erzeuger, Speicher und Lasten

Für die Beurteilung von Netzlasten, Wärmelieferungen, elektrischen Leistungen, Wasserverbräuchen oder die Bewertung des Einsatzes von Kältemaschinen sowie Speichern bieten sich

- integrale Größen (z. B. Wärmemengen bilanziert für ein Jahr),
- Spitzenwerte (z. B. maximale Leistungen der Kompressionskältemaschinen),
- Mittelwerte (z. B. mittlere Leistungen),
- Volllaststunden und
- spezifische Werte (z. B. Leistungs- und Deckungsanteile)

an. Zur Erläuterung wird die geordnete Jahres-Lastganglinie eines Kälteversorgungssystems herangezogen (Abb. 6.1). Die *maximale Last* oder die *maximalen Leistungen* kann man direkt ablesen. Der Flächeninhalt unter der Kurve repräsentiert den jährlichen Verbrauch oder die jährliche Lieferung.

Die *Volllaststunden* geben dabei die Zeit an, in der die gesamte Jahreslieferung bzw. der gesamte Jahresverbrauch bei maximaler Last bzw. Leistung erbracht würde (Gl. 6.1[1]). Die Beziehung ist anwendbar auf Kältemaschinen, Speicher und Netzanschlüsse und kann zur Beurteilung der Auslastung herangezogen werden.

$$VLS = \frac{Q_{Jahr}}{\dot{Q}_{max}} \quad . \tag{6.1}$$

[1]Die Gleichung bezieht sich auf energetische Größen. Man kann die Beziehungen auch für den Wasserverbrauch (z. B. offene Verdunstungskühltürme) aufstellen.

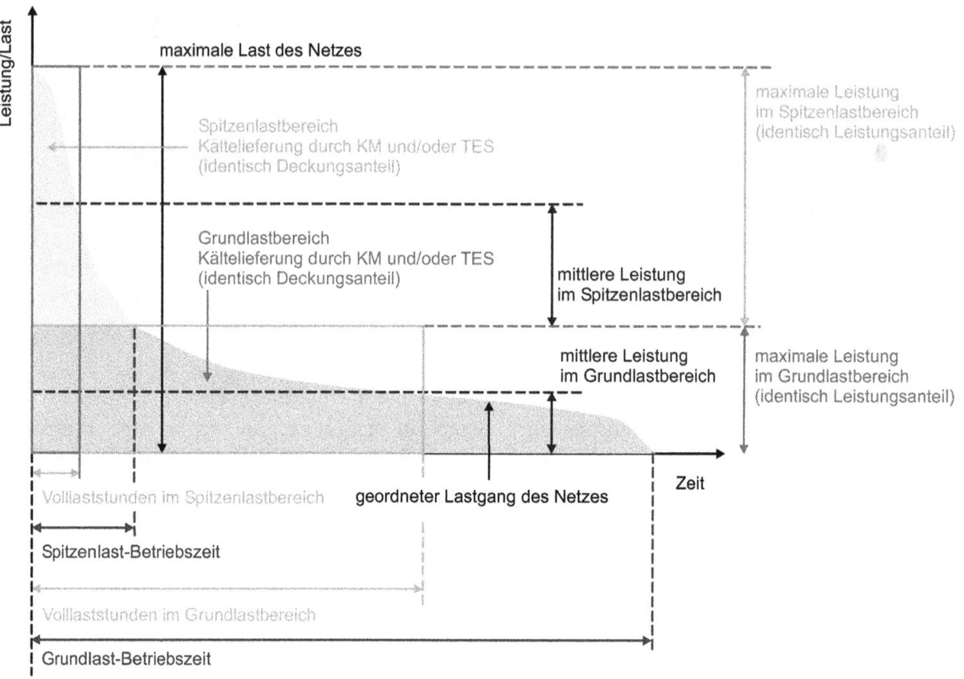

Abb. 6.1: schematische Darstellung eines geordneten Netz-Lastgangs für ein Jahr mit einem Spitzen- und Grundlastbereich und entsprechenden Bewertungsgrößen

Wird der jährliche Verbrauch ins Verhältnis zur Betriebszeit in dieser Periode gesetzt, erhält man die *mittlere Leistung* (Gl. 6.2). Ein Vergleich mit der maximalen Leistung oder Last lässt oft Rückschlüsse auf die leistungsseitige Auslastung zu.

$$\dot{Q}_m = \frac{Q_{Jahr}}{t_{Betrieb,Jahr}} \tag{6.2}$$

Weiterhin können folgende relative Kenngrößen aufgestellt werden. Der *Leistungsanteil* beschreibt, wie hoch die Leistung einer Kältemaschine oder eines Speicher an der gesamten Lieferung ist (Gl. 6.3). Dabei muss beachtet werden, dass z. B. die maximale Leistung zu einer bestimmten Zeit niedriger sein kann (z. B. Kältemaschinenbetrieb bei ungünstigen Rückkühlbedingungen).

$$LA_{KM/Sp} = \frac{\dot{Q}_{KM/Sp,max}}{\dot{Q}_{Netz,max}} \tag{6.3}$$

Der *Deckungsanteil* bezieht sich auf z. B. die jährliche Lieferung bzw. Last und gibt Auskunft, wie hoch der jeweilige Anteil an der gesamten Lieferung oder Last war (Gl. 6.4). Der Deckungsanteil kann zur Beurteilung der Auslastung herangezogen werden.

$$DA_{KM/Sp} = \frac{Q_{KM/Sp,Jahr}}{Q_{Netz,Jahr}} \tag{6.4}$$

6.2 Einteilung von Leistungs- und Lastbereichen

Für die Einteilung der Leistungs- und Lastbereiche bei zentralen Kälteerzeugungsanlagen (siehe auch Abs. B) existieren keine Regeln. Aufgrund der Lastgänge, welche bei vielen Anlagen durch die Klimatisierungslasten stark beeinflusst sind, wird oft ein *Grund-* und *Spitzenlastbereich* definiert (Abb. 6.1). Es gibt aber auch Ansätze, bei denen man zusätzlich einen *Mittellastbereich* einführt.

Grundlegend orientiert sich die Einteilung an folgenden Punkten:

- **Verteilung der gesamten Last:** Grundsätzlich kann man einen geordneten Netzlastgang nach den Anteilen der notwendigen Kältelieferung analysieren. Im Beispiel (Abb. C.1 S. 398) liegen 10 % der Kältelieferung im Spitzenlastbereich und 90 % im Grundlastbereich. Daraus ergibt sich eine Aufteilung der Leistungsanteile von 63 % und 37 % für den Spitzen- und Grundlastbereich.

- **Priorität des Einsatzes:** Welche Erzeuger (Kältemaschinen, ggf. gesamte Energieversorgungssysteme) oder Quellen können besonders günstig (wirtschaftlich, ökologisch, technisch) betrieben werden? Diese übernehmen dann als Erste die Kältelieferung und gehen als Letzte außer Betrieb. Aufgrund der typischen Lastverläufe erreichen z. B. diese Kältemaschinen relativ hohe Volllaststunden. Die Priorität kann sich auch zeitlich ändern (z. B. Begrenzung des Stromverbrauches in der Peakload-Zeit, in Abhängigkeit des Ladezustands eines Langzeitspeichers).

- **Leistung aller Grundlasteinheiten:** Ein weiterer wichtiger Punkt ist die gesamte Leistung, die seitens der Grundlasteinheiten zur Verfügung steht. Diese Grenze legt den Beginn des Spitzenlastbereiches fest. Alle übrigen Einheiten werden hier vereinfacht dem Spitzenlastbereich zugeordnet.

- **Speichereinsatz:** Je nach Speicherkonzeption (z. B. Kurzzeit- oder Langzeit-Einsatz) oder Betriebsweise fällt die Speicherentladung bzw. der Kältemaschinenbetrieb zur Beladung in einen bestimmten Leistungsbereich. Es sind gesonderte Betrachtungen notwendig.

6.3 Kurzzeit-Speicher-Einsatz

Die meisten Kältespeicher werden heute für den Kurzzeit-Bereich vorgesehen. Typische Schwankungen entstehen durch den Tag-Nacht-Zyklus. Deren Ursache ist auf der einen Seite das Wetter (solare Einstrahlung, Außentemperatur usw.) und auf der anderen Seite die menschliche Aktivität, die sich wiederum auf z. B. die Betriebszeiten von Klimaanlagen und auf die Auslastung der gesamten Energieversorgung auswirkt.

Des Weiteren zählen zum Kurzzeit-Bereich Schwankungen, die durch das Wochenende hervorgerufen werden. Die erläuterten Zusammenhänge beziehen sich im Folgenden

Abb. 6.2: Kälteerzeugung mit Speicher, vorgelagerte Energieversorgung (links), Kälteversorgung (rechts), stark vereinfachte Darstellung

nur auf den Tag-Nacht-Zyklus. Die Erkenntnisse können aber auf andere Kurzzeit-Bereiche übertragen werden.

6.3.1 Betriebsstrategien

Die Sinnhaftigkeit eines Speichereinsatzes ist stark an Last- und Leistungsschwankungen geknüpft (Abb. 4.6 S. 121). Diese können bei der Kälteversorgung (Abb. 6.2) auf der Antriebsseite (vorgelagerte Energieversorgung) und auf der Verbrauchsseite (Netz) auftreten. Bei der vorgelagerten Energieversorgung (Abs. 3) sind folgende Situationen typisch:

- überschüssige Wärme im Sommer aus der Kraft-Wärme-Kopplung,
- hohe Erträge mit großen Schwankungen seitens der Solarthermie im Sommer,
- unterschiedliche Auslastung der elektrischen Energieversorgung (Tag-Nacht-Unterschied, *Peak load* und *Base load*) mit Auswirkungen auf den Strompreis,
- schwankendes Angebot durch die Windverstromung und Fotovoltaik.

Die schwankenden Lasten in Kältenetzen wurden in Abs. 2.5.2 vorgestellt. In Abhängigkeit der Kälteerzeugung können nun verschiedene Ziele formuliert werden:

- maximaler Einsatz von Wärme zur Kälteerzeugung,
- Reduktion der Kosten für Elektroenergie,
- Nutzung von energetischen Überschüssen usw.

Nach diesen grundlegenden Vorgaben erfolgt die Auswahl der Grundlastmaschinen und des Speicherbetriebs, der im folgenden Abschnitt beschrieben wird.

Eine weitere Strategie besteht im Vorhalten einer *Notreserve*. Systeme mit hohen Sicherheitsanforderungen (z. B. wegen hohen Produktionsausfallkosten) können eine redundante Versorgung mit Kältemaschinen oder Speichern erfordern.

6.3.2 Betriebsweisen

Die Betriebsstrategie gibt bestimmte Ziele vor. Die Betriebsweise des Speichers muss nach diesen Vorgaben gewählt und später optimiert werden. Die Literatur [23] nennt folgende Betriebsweisen für Kurzzeit-Kältespeicher[2]:

- *Partial storage operation strategy* (Speicher-Teillastdeckung): Kältemaschinen und Speicher übernehmen gemeinsam die Versorgung in der Spitzenlastzeit.
  - *Load-levelling* (Lastausgleich): Die Kältemaschinen laufen zur Spitzenlastzeit auf Volllast mit näherungsweise konstanter Kälteleistung. Der Speicher übernimmt die Deckung des Spitzenlastbereiches (Abb. 6.3)[3] mit einer variablen Leistung.
  - *Demand-limiting* (Bedarfsbegrenzung): Die Kältemaschinen arbeiten während der Spitzenlastperiode mit reduzierter Leistung, während der Speicher die restliche Leistung zur Verfügung stellt (Abb. 6.4). Die maximale elektrische Last könnte z. B. vertraglich vereinbart sein.
- *Full storage operation strategy* (Speicher-Volllastdeckung): Der Speicher übernimmt in der Spitzenlastzeit 100 % der Versorgung (Abb. 6.5).

Grundsätzlich ist die maximale Leistung aller Kältemaschinen kleiner als die maximale Netzlast. Bei Änderung der Betriebsweise steigt die benötigte Kältemaschinen-Leistung (vgl. Abb. 6.3, Abb. 6.4, Abb. 6.5). Die Größe des Speichers nimmt analog zu, weil sich die Versorgung durch den Speicher erhöht (vgl. Flächen für die Be- und Entladung in Abb. 6.3, Abb. 6.4, Abb. 6.5).

Bei den gezeigten Betriebsweisen handelt es sich eigentlich um eine Verschiebung der zulässigen Kältemaschinen-Leistung während der Spitzenlastperiode. Die Grenzfälle sind dann in Abb. 6.5 (0 % Kältemaschinen-Leistung) und Abb. 6.3 (100 % Kältemaschinen-Leistung) dargestellt.

6.3.3 Auswirkungen

Durch die Festlegung der Betriebsstrategie und der Betriebsweise können verschiedene Vorteile erschlossen werden:

- energetisch,
  - Abbau der elektrischen Lastspitze in der Hochlastzeit (tagsüber),
    - Reduktion der vorzuhaltenden elektrischen Anschluss- und Kältemaschinenleistung,

[2] Es werden die englischen Bezeichnungen aufgeführt, da in der deutschen Literatur keine Entsprechungen existieren. Diese Bezeichnungen werden in der internationalen Literatur im Allgemeinen verwendet. Weiterhin liegt eine unterschiedliche Verwendung der Begriffe *strategy* und *Betriebsstrategie* vor.

[3] Die kurzzeitige Absenkung der Kältemaschinenleistung vor dem Beginn der Spitzenlastperiode deutet an, dass der Speicher fast vollständig beladen ist. Aus Gründen des Kältemaschinenbetriebs wird die Leistung etwas reduziert. Mit Beginn der Spitzenlastperiode laufen die Kältemaschinen wieder mit maximaler Leistung.

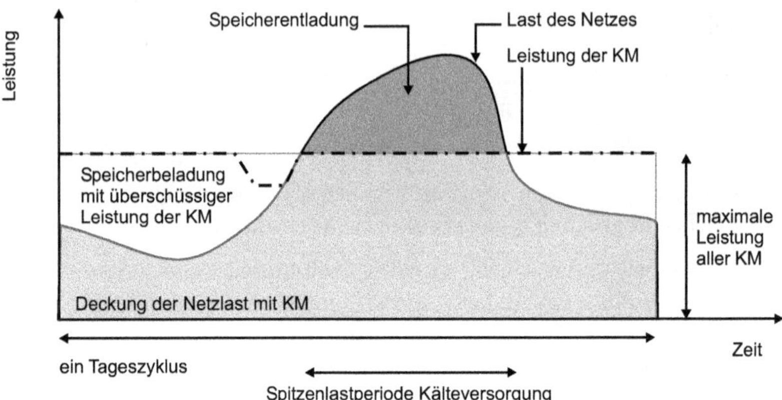

Abb. 6.3: Speicher-Teillastdeckung in der Spitzenlastperiode, *load-levelling thermal storage operation* [9]

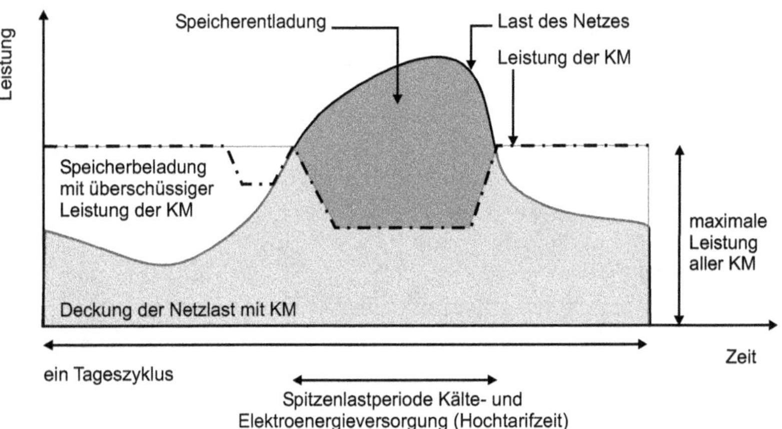

Abb. 6.4: Speicher-Teillastdeckung mit Begrenzung der Kältemaschinen-Antriebsleistung in der Spitzenlastperiode, *demand-limiting thermal storage operation* [9]

  * ggf. geringere vorzuhaltende Kraftwerksleistung,
  * Reduktion des Einkaufs von Strom in der Hochlastzeit (aus Sicht des Energieversorgungsunternehmens),
- stärkere Verlagerung des Kältemaschinenbetriebs in die Nachtzeit (Speicherbeladung, abhängig vom Konzept),
  * Nutzung von preiswerten Nachtstromüberschüssen (aus Sicht des Kunden),
  * Betrieb der Kältemaschinen am Auslegungspunkt, bessere Wirkungs- und Nutzungsgrade (starke Reduktion des Teillastbetriebs), hohe Aus-

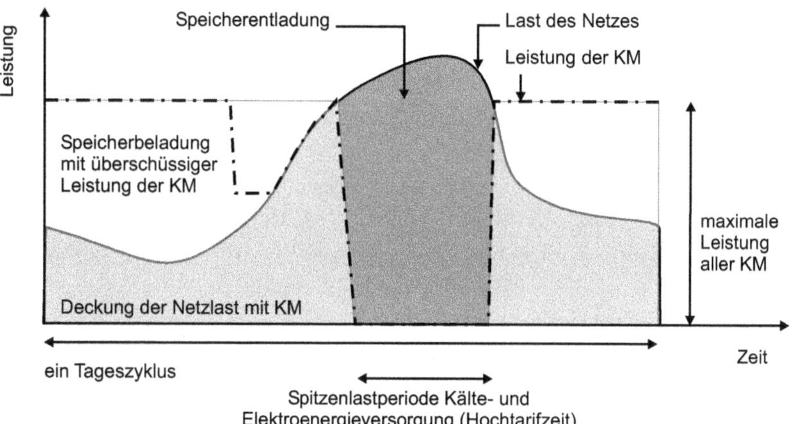

Abb. 6.5: Speicher-Volllastdeckung in der Spitzenlastperiode, *full load-shifting thermal storage operation* [9]

lastung der Kältemaschinen,

* wärmetechnisch günstigerer Nachtbetrieb der Kühltürme,
* in der Regel hohe Gesamteffizienz wegen der Kurzzeit-Speicherung mit geringen Verlusten,

- ökonomisch,
  - Investitionskosten: Systemlösung mit Speicher oftmals günstiger als der Einsatz von schwach ausgelasteten Kompressionskältemaschinen zur Spitzenlastdeckung,
  - verbrauchsgebundene Kosten: Nutzung der Differenz zwischen Hoch- und Niedrigtarifen,
- technisch,
  - sehr flexible Betriebsweisen der Systeme,
  - auch nachträglich nachrüstbar, u.U. modular,
  - in der Regel keine hohen Anforderungen an die Technik im Bestand,
  - ideale Anpassung an das System möglich,
  - höhere Versorgungssicherheit in Zeiten ohne Spitzenlast[4],
  - Speicher z. B. als hydraulische Weiche, Verbesserung der Systembetriebsweise,
  - gleichzeitige Verwendung als Löschwasser-Reserve.

[4]Der Speicher kann die teilweise bis vollständige Versorgung über eine kurze Zeit übernehmen, z. B. Notversorgung.

Diese Vorteile hängen stark von den jeweiligen Randbedingungen und der Auslegung ab. In Abs. C wird ein Beispiel mit einer Parametervariation bezüglich der Speichergröße gezeigt.

Neben der *Spitzenlastdeckung* (Abb. 6.3, Abb. 6.4, Abb. 6.5) kann der Speicher auch zur *Betriebsoptimierung* eingesetzt werden.

Die wirtschaftlichen Vorteile kann man über die Speicherinvestition und dem Speicherbetrieb erreichen. Mit einem effizienteren Betrieb der Kälteerzeugung bzw. des gesamten Versorgungssystems ist eine ökologische Optimierung möglich.

6.3.4 Betrachtung zu Engpässen

Aus der bisherigen Darstellung (z. B. Abb. 6.3) lassen sich wichtige Zusammenhänge ableiten, die zunächst mit Abb. 6.6 veranschaulicht werden. Die Abb. zeigt eine Beladung (z. B. nachts, Gl. 6.5) und eine Entladung (z. B. am folgenden Tag, Gl. 6.6), wobei in diesem Fall die Beladezeit t_{Bel} (Gl. 6.7) gleich der Entladezeit t_{Ent} (Gl. 6.8) ist.

$$Q_{Bel} = \int_{t_0}^{t_1} \dot{Q}_{Bel} dt \tag{6.5}$$

$$Q_{Ent} = \int_{t_1}^{t_2} \dot{Q}_{Ent} dt \tag{6.6}$$

$$t_{Bel} = t_1 - t_0 \tag{6.7}$$

$$t_{Ent} = t_2 - t_1 \tag{6.8}$$

Weiterhin liegt ein symmetrischer Lastgang vor. Die Kältemaschinen laufen durchgängig mit voller Leistung $\dot{Q}_{KM,max} = konst.$ Dies führt zu einer vollständigen Be- und Entladung. Der Ladezustand steigt von t_0 zu t_1 auf 100 % und fällt von t_1 zu t_2 wieder auf 0 %. Speicher und Kältemaschinen werden maximal genutzt. Über die Wärmemengen der Be- und Entladung kann man eine theoretische Speicherkapazität für die *Engpasssituation* (Gl. 6.9) bestimmen.

$$|Q_{Bel}| = Q_{Ent} = C_{Sp,EP} \tag{6.9}$$

Aus dieser Bilanzierung der Be- und Entladung ohne Beachtung von Verlusten ergibt sich die *Engpassleistung* für die Kältemaschinen (Gl. 6.10). Diese Engpassleistung liefert die maximale Erzeugerleistung, bei der die Netzlastdeckung mit dem Speicher gerade noch gewährleistet ist. Deshalb muss man die Engpassleistung als *Systemkenngröße* und nicht als *Speicherkenngröße* auffassen.

$$|Q_{Bel}| = Q_{Ent} \rightarrow \dot{Q}_{KM,EP} \tag{6.10}$$

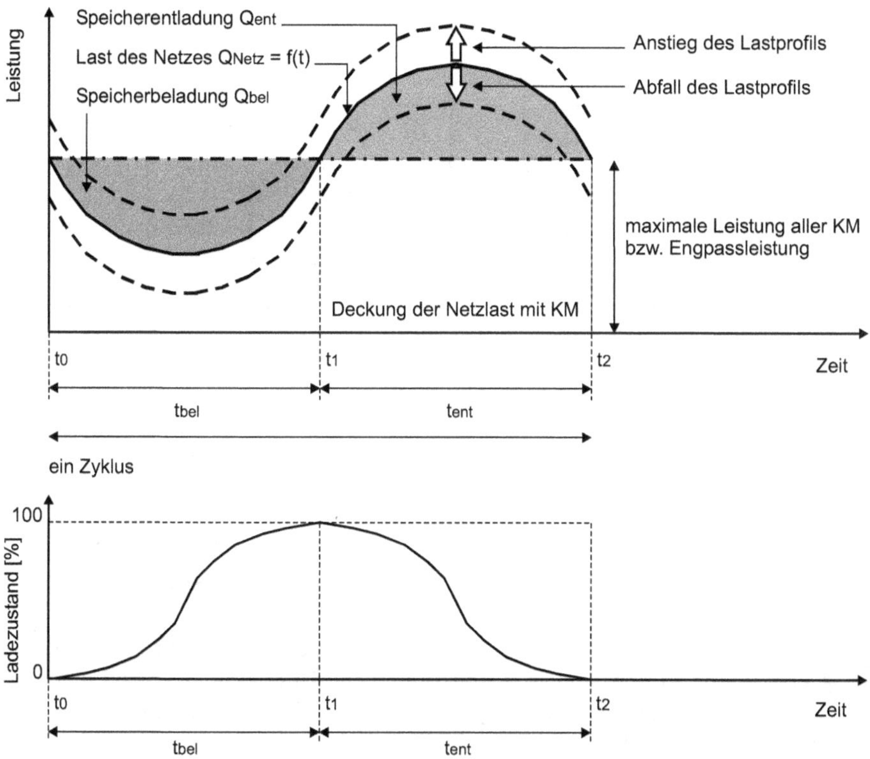

Abb. 6.6: schematische Darstellung zur Kältemaschinen-Engpassleistung im Kurzzeit-Bereich (Nacht-Tag-Zyklus) mit Lastausgleichsbetrieb

Ein steigendes Lastprofil (Abb. 6.6) führt zu einer höheren Deckung der Netzlast durch die Kältemaschinen. Damit sinkt nachts die Kapazität zur Speicherbeladung, die am folgenden Tag zur Spitzenlastdeckung fehlt. Gleichzeitig steigt der Bedarf im Spitzenlastbereich. Der Anstieg wirkt sich demzufolge zweifach negativ aus. Es kommt gleichzeitig zur Verschiebung der Zeiten t_0, t_1 und t_2. Die Last muss durch zusätzliche Erzeuger (Spitzenlastmaschinen) gedeckt werden.

Sinkt das Lastprofil von der Engpassleistung ausgehend (Abb. 6.6), nimmt parallel die Be- und Entladung ab. Es entsteht eine Reservekapazität zur Beladung. Der Speicher wird nicht vollständig genutzt.

Eine sinkende Kältemaschinenleistung kann zu den gleichen Effekten führen. Weiterhin kann der Effekt auch bei anderen Betriebsweisen auftreten. In Abs. C wird u. a. gezeigt, wie sich dieser Effekt unter realistischen Randbedingungen auswirkt.

Das oben beschriebene Vorgehen kann gut zur Optimierung der Kältemaschinenleistung und der Speicherkapazität angewandt werden (z. B. durch systematische Variation der Parameter). Die vorangegangene Herleitung orientierte sich an der Kältemaschinenleistung. Analog dazu kann eine *Engpass-Speicherkapazität* definiert werden. Für ein

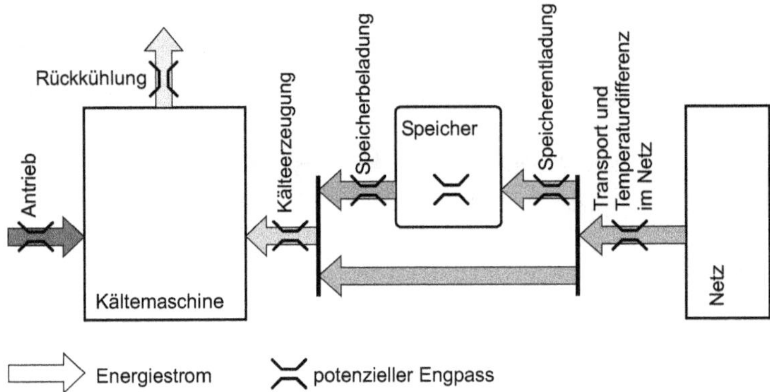

Abb. 6.7: schematische Darstellung zu möglichen Engpässen beim Einsatz von Kältemaschinen und eines Kurzzeit-Speichers

und denselben Lastgang können verschiedene Parameterkombinationen für $\dot{Q}_{KM,EP}$ und $C_{Sp,EP}$ vorliegen. Eine besonders wichtige Voraussetzung ist eine genaue Prognose des Lastgangs (Abs. 6.5.3).

Bisher wurde davon ausgegangen, dass alle anderen Komponenten die notwendige Leistung erbringen. Abb. 6.7 zeigt weitere mögliche Engpässe, die zur Funktionsminderung des Systems führen können. Das sind außer den oben genannten Engpässen die Be- und Entladeleistung des Speichers, die Rückkühlung der Kältemaschinen (z. B. bei extremen Wetterbedingungen), der Antrieb der Kältemaschinen (vgl. mit Abb. 6.4) sowie die Verteilung im Netz. Die Verteilung in einem Kaltwassernetz liefert ein gutes Beispiel. Ein Leistungsengpass kann durch einen unzureichenden Volumenstrom oder eine zu geringe Temperaturdifferenz entstehen.

6.3.5 Lastprognose und Anpassung der Beladung

In diesem Unterabschnitt soll ein einfaches Prinzip zur Lastprognose vorgestellt werden. Diese Prognose bildet die Grundlage für den nächtlichen Kältemaschinenbetrieb zur Speicherbeladung.

Eine Prognose der Last benötigt Zusammenhänge, welche beispielsweise durch Messungen gewonnen werden (Abs. 2.5.2.4 S. 78). Abb. 6.8 zeigt einen einfachen aber unstetigen Verlauf einer Last von der Außentemperatur (vgl. mit Abb. 2.53 b) S. 79).

Die folgende Betrachtung beschränkt sich auf die Betrachtung der Spitzenlastdeckung. Für den folgenden Tag muss der Verlauf der Außentemperatur geschätzt werden. Hierfür können typische Verläufe (Abb. 2.54 S. 80) verwendet werden. Der Maximalwert ist z. B. aus der Wettervorhersage zu beziehen.

Über die Lastfunktion, die für verschiedene Tage oder Jahreszeiten abweichen kann, werden die Lastwerte z. B. stündlich abgelesen und über die Spitzenlastperiode (hier $t_{ent} = t_2 - t_1$) summiert (vgl. mit Abb. 6.9). Das Ergebnis repräsentiert die Entladeenergie $Q_{Sp,ent}$. Gl. 6.11 liefert dann den dazugehörigen Soll-Ladezustand für die Zeit

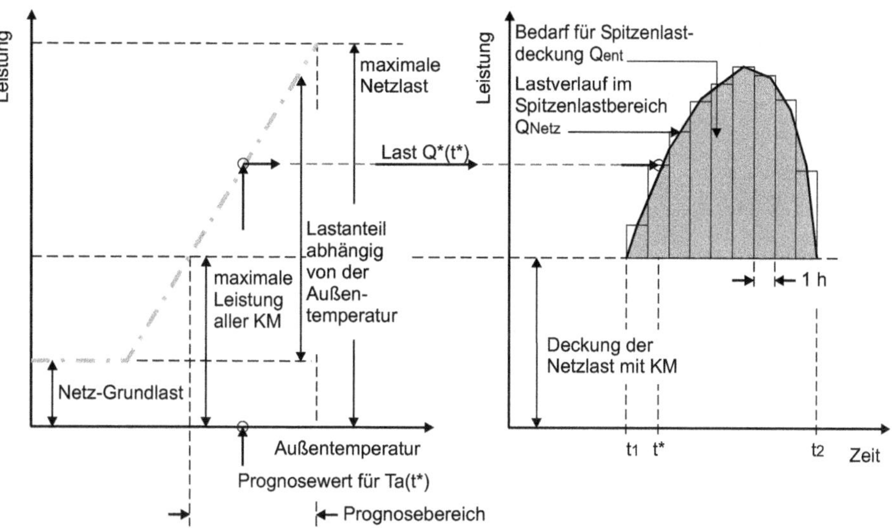

Abb. 6.8: Lastprognose in Abhängigkeit der Außentemperatur und einer tagabhängigen Kurve

t_1. Diese Bestimmung ist vor der Beladephase durchzuführen. Es wird davon ausgegangen, dass die Temperaturen für eine Entladung ausreichen $T_{Sp,aus} \leq T_{Netz,VL,Soll}$.

$$LZ_{en,Soll} = \frac{Q_{Sp,ent}}{C_{Sp}} \tag{6.11}$$

Beim Übergang von der Entladung zur Beladung wird angenommen, dass eine bestimmte Anzahl von Kältemaschinen in Betrieb bleibt. Die Last sinkt weiter und erreicht einen relativ konstanten Wert (vgl. mit Abb. 2.54 S. 80). Bei einer derartigen Situation kann man eine mittlere Beladeleistung $\dot{Q}_{Sp,bel,m}$ bestimmen (Gl. 6.12, z. B. mit einem zeitlich gleitenden Mittelwert). Über die restliche Zeit der Beladung $t_1 - t$ ergibt sich die Belademenge ohne eine Änderung des Kältemaschinenbetriebs (Gl. 6.13).

$$\dot{Q}_{Sp,bel,m} = \dot{Q}_{KM,m} - \dot{Q}_{Netz,m} \tag{6.12}$$

$$Q_{Sp,bel,Ist} = \dot{Q}_{Sp,bel,m} \cdot (t_1 - t) \tag{6.13}$$

Zum Vergleich benötigt man die Soll-Belademenge (Gl. 6.14). Der Soll-Ladezustand $LZ_{en,Soll}$ gibt das Ziel für die Beladephase vor. Der Vergleich zwischen dem erreichbaren Ladezustand $LZ_{en,Ist}$ und dem geforderten Ladezustand $LZ_{en,Soll}$ liefert die Vorgabe für eine Leistungserhöhung[5] oder -absenkung der mittleren Beladeleistung. Diese sollte verzögert erfolgen (z. B. Nutzung einer Hysterese), um einen taktenden Kältemaschinenbetrieb zu vermeiden (Abb. 6.9).

[5]Ggf. können Spitzlastmaschinen in der Niedrigtarif-Zeit eingesetzt werden.

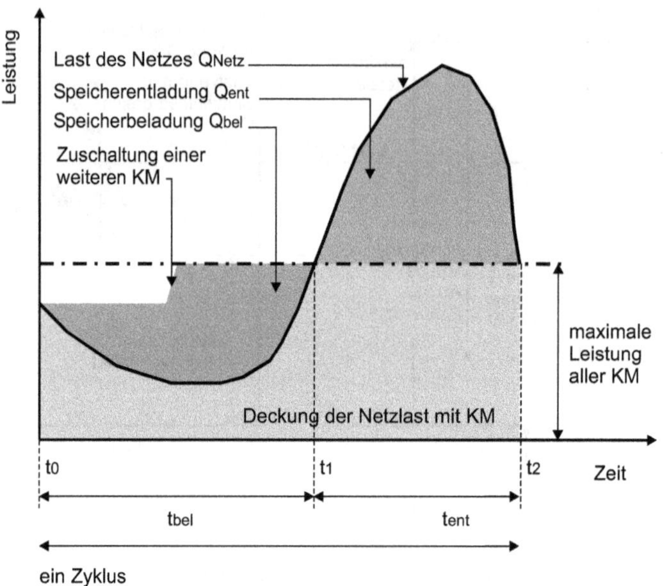

Abb. 6.9: Anpassung der Ladeleistung in Abhängigkeit der Lastprognose

$$Q_{Sp,bel,Soll} = (LZ_{en,Soll} - LZ_{en,Ist}) \cdot C_{Sp} \tag{6.14}$$

mit

$$Q_{Sp,bel,Ist} < Q_{Sp,bel,Soll} \rightarrow \dot{Q}_{KM} \uparrow \text{Ladeleistung erhöhen}$$
$$Q_{Sp,bel,Ist} > Q_{Sp,bel,Soll} \rightarrow \dot{Q}_{KM} \downarrow \text{Ladeleistung absenken}$$

6.4 Langzeit-Speicher-Einsatz

6.4.1 Grundlegende Merkmale

Langzeit-Speicher überbrücken saisonale Schwankungen zwischen verfügbarer Kälte und dem Bedarf (Abb. 6.10). Diese großen Speicher besitzen deswegen niedrige Zyklenzahlen. In der Regel erfolgen nur eine Beladung und eine Entladung in einer einjährigen Periode. Das wirkt sich wiederum auf die Kältebereitstellung und auf den Speichertyp aus. Beide müssen niedrige Kosten ausweisen. Deshalb ist die Nutzung von Kältequellen naheliegend (Abs. 2.4). Weiterhin kommen nur bestimmte Großspeichertypen mit relativ niedrigen Errichtungskosten infrage (Abs. 8.3, Abs. 9.2). Die Betriebsweise und die Auswirkungen hängen stark vom Anlagenkonzept ab. Mit der Nutzung von Kältequellen will man generell hohe Arbeitszahlen (Beachtung der Hilfsenergie) für das gesamte System erreichen.

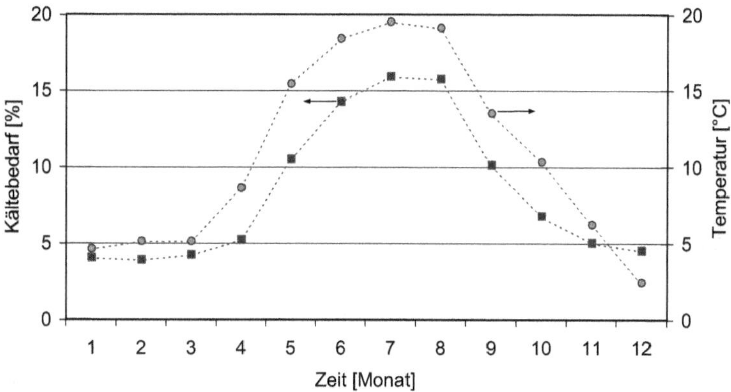

Abb. 6.10: Beispiel für die anteilige Last des Fernkältesystems der Stadtwerke Chemnitz [32], [34] (saisonale Lastverteilung) und Außentemperatur für das Jahr 2008, Monatsmittelwerte

6.4.2 Kombinierte Kälte- und Wärmespeicherung

Ein weiteres Konzept besteht darin, dass ein Speicher als Wärme- und Kältespeicher genutzt wird. In der Regel verwendet man reversible Wärmepumpen zum Heizen und Kühlen. Die Wärmepumpe kühlt den Speicher im Winterhalbjahr ab (Wärmequelle für Heizung). Mit Beginn der Kühllastperiode kann der (Kälte-)Speicher ohne Wärmepumpe entladen werden. Danach nutzt die Wärmepumpe den Speicher zur Rückkühlung. Wiederum kommen Großspeichertechniken zum Einsatz (Abs. 9.2, Abs. 9.3, Abs. 9.5).

Es ist jedoch zu beachten, dass die Raumheizlasten in Deutschland höher als die Klimakältelasten sind. Abb. 6.11 verdeutlicht das anhand der Gradstunden für die Kühlung (Gl. 6.15) und Heizung (Gl. 6.16)[6]. Auch bei der kombinierten Nutzung entscheidet das Anlagenkonzept über die konkrete Betriebsweise und die Auswirkungen. Analog zur Nutzung von Kältequellen sollen hohe Arbeitszahlen erreicht werden.

$$G_K = \sum (T_{Umg,m} - T_{zu}) \cdot t \tag{6.15}$$

$$G_H = \sum (T_L - T_{Umg,m}) \cdot t \tag{6.16}$$

[6] Der Abbildung liegt folgende vereinfachte Berechnung zugrunde. Bei der Auswertung der stündlichen Mittelwerte ($t = 1\,\mathrm{h}$) der Umgebungstemperatur T_{Umg} wurde der Betrieb der Klima- und Heizungsanlage nicht berücksichtigt (z. B. Nachtabsenkung, Betrieb an Sonn- und Feiertagen). Die Kühlung (Gl. 6.15) der Raumluft mittels Klimaanlage setzt in diesem Fall eine Zulufttemperatur T_{zu} von 14 °C und eine Umgebungstemperatur T_{Umg} größer 14 °C voraus. Diesen Grenzwert kann man aus der Abb. 2.53 b) mit einer gewissen Toleranz ablesen (Schnittpunkt des Trends an Werktagen mit der technologischen Last). Die Betrachtung der Heizung (Gl. 6.16) setzt eine Heizgrenztemperatur von $T_{Umg} = 12\,°\mathrm{C}$ voraus. Die Raumlufttemperatur wird mit $T_L = 20\,°\mathrm{C}$ angenommen. Für das Jahr 2008 und den Ort Chemnitz liegen die Kühlgradstunden G_K bei 15.877 Kh und die Heizgradstunden G_H bei 75.349 Kh. Das Verhältnis G_K/G_H beträgt 21 %.

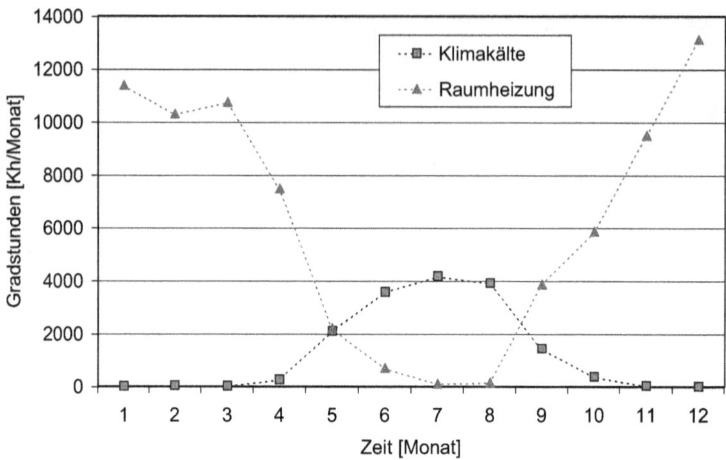

Abb. 6.11: monatliche Gradstunden für die Kühlung und Heizung in Chemnitz im Jahr 2008

6.5 Entwurf, Untersuchung, Planung großer Systeme

In den folgenden Abschnitten werden wichtige Aspekte für eine Projektabwicklung bei größeren Systemen bis hin zur Ausführung vorgestellt. Diese Abwicklung besitzt einen hohen Einfluss auf den Erfolg der (Speicher-)Lösung. Als Beispiele sind die richtige Auswahl, Dimensionierung und Integration des Speichers zu nennen.

6.5.1 Vorgehen

Grundsätzlich steht die Gesamtlösung im Mittelpunkt. Der Speicher ist nur eine Komponente des Systems. Um die optimale Lösung zu finden, wird folgende Vorgehensweise vorgeschlagen:

- Entwurf mehrerer Konzepte (Varianten) zur Kälteversorgung,
- qualitative Untersuchung der Varianten sowie technische, wirtschaftliche und ökologische Bewertung[7],
- ggf. Optimierung von aussichtsreichen Varianten (iterativer Prozess),
- Darstellung der Voruntersuchungsergebnisse zur Entscheidungsfindung und für weitere Beteiligte (z. B. Bereitstellung finanzieller Mittel),
- Übergang zur technischen Planung.

[7] In Abs. B werden grundlegende Betrachtungsweisen vorgestellt. Dort findet man auch Berechnungsansätze zum Verbrauch und zu den Kosten.

6.5.2 Anforderungen, Randbedingungen

Viele Aspekte aus dem Abs. 2, Abs. 3 und Abs. 4 müssen bei der Planung des Kälteversorgungssystems berücksichtigt werden. Folgende grundlegende Punkte sind bereits in frühen Planungsphasen zu beachten:

- Anforderungen der Versorgung,
  - Temperaturen,
  - Leistungen,
  - Bedarf,
  - Sicherheit (Redundanz bei $\varphi_{KE,Netz} < 1$, Gl. 6.17 Verhältnis der gesamten Erzeugerleistung zur maximalen Netzlast) und Versorgungsqualität,

$$\varphi_{KE,Netz} = \frac{\dot{Q}_{KM,KaW,ges} + \dot{Q}_{KQ,max} + \dot{Q}_{Sp,ent,max}}{\dot{Q}_{Netz,max}} \tag{6.17}$$

- geplante Ausbaustufen und Reserveleistungen,
- vorgelagerte Energieversorgung (Verbundnetz, Abwärme usw.) und Energiequellen bzw. zur Verfügung stehende Energieformen zum Antrieb der Kältemaschinen (Elektroenergie, Heißwasser, Dampf),
- Betriebsstrategie des Speichers,
- topologische und räumliche Verhältnisse,
- Eignung des Betreibers hinsichtlich komplexer Versorgungsaufgaben (z. B. Facility Management),
- rechtliche Verhältnisse (z. B. Erschließungsrechte).

Mit fortschreitender Planung gewinnen folgende allgemeine Punkte und technische Details an Bedeutung:

- tägliche Lastverläufe, saisonale Lastverteilung,
- Abstimmung der Systemtemperaturen und Leistungen (Erzeugung, Speicherung, Übertragung, Anwendung),
- Bestimmung möglicher Engpasssituationen und anderer Grenzen,
- Ermittlung der wichtigsten Speicherparameter,
  - Kapazität,
  - Be- und Entladeleistung,
  - Verluste,

- Beachtung des Teillastverhaltens der Komponenten (Kältemaschinen, Speicher, Netz),
- hydraulisches Konzept,
- funktionale, konstruktive, betriebstechnische und allgemeine Anforderungen an Speicher (Abs. 7.1 S. 219),
- bauliche Gegebenheiten (Standorte für Kältemaschinen [181], Speicher usw.),
- MSR-Technik, Leittechnik, Facility Management,
  - Messung wichtiger Größen (z. B. Temperaturen, Volumenströme, Druck, Füllstand) und Übermittlung an die Leittechnik,
  - Berechnung (z. B. Leistung, Ladezustand),
  - Speicherbetrieb (z. B. Regelung und Steuerung),
  - Speichereinsatzplanung über Leitwarte (z. B. über Wetterprognose, *Demand side management*),
- Emissionen (z. B. durch Kühltürme).

Die *Speicherintegration* umfasst die wechselseitige Abstimmung des Systems und des Speichers. In Abs. 7, Abs. 8 und Abs. 9 werden die speziellen technischen Lösungen vorgestellt.

6.5.3 Lastbestimmung

Weiterhin ist die genaue Ermittlung der Lasten wichtig, weil sich diese Größe besonders stark auf die Investition der Kälteerzeugungsanlagen, Netze und Speicher auswirkt[8]. Deshalb sollten folgende Methoden in Erwägung gezogen werden:

- Lastberechnung (z. B. Überlagerung der einzelnen Lasten) oder -simulation (z. B. Kühllastberechnung),
- Anwendung empirischer Zusammenhänge (z. B. Abb. 2.53, Bestimmung von Auslastungsfaktoren), Berücksichtigung der Art des Verbrauchers, maximale Leistung, Betriebszeiten usw.
- Lastmessungen in vorhandenen Systemen.

[8]Lasten werden in der ersten Phase oft zu hoch angesetzt (z. B. bei der Abfrage von benötigten Kälteleistungen). Eine kritische Prüfung ist deswegen sinnvoll. Weiterhin sollte nach Möglichkeiten des Lastausgleiches gesucht werden (z. B. die Verschiebung von Versuchen bei Forschungseinrichtungen in die Zeit mit niedrigen Lasten).

6.5.4 Anlagensimulation

Insbesondere bei den Voruntersuchungen sollten Anlagensimulationen eingesetzt werden. Die Anlagensimulation ermöglicht die Abbildung des Betriebs (z. B. Speichertemperaturen) sowie die energetische und stoffliche Bilanzierung (z. B. Verbrauch an Elektroenergie). Durch das Ändern von Parametern (systematisch, mit einem genetischen Algorithmus usw.) kann man in akzeptabler Zeit viele Varianten berechnen und auswerten. Darüber ist es möglich, eine optimale Lösung zu finden. Ein Beispiel liefert der Abs. C.

Weiterhin ist zu beachten, dass das thermische (zeitabhängige) Verhalten von Speichern erst durch den Einsatz von Speichermodellen realistisch abgebildet werden kann. Der zeitabhängige Speicherzustand wirkt sich wiederum auf das Systemverhalten und die Speicherverluste aus. Ein Speichermodell wird in Abs. D detailliert vorgestellt.

7 Kaltwasserspeicher

7.1 Anforderungen

Ein Speicher muss viele Anforderungen erfüllen bzw. es sind viele Randbedingungen zu berücksichtigen. Weiterhin bestehen zwischen verschiedenen Anforderungen Wechselwirkungen. Am Beispiel von Kaltwasserspeichern werden die vielfältigen Anforderungen vorgestellt.

7.1.1 Funktion

Aus der Systemlösung lassen sich funktionale Speicheranforderungen (Abb. 7.1) ableiten. Diese Anforderungen sind zum größten Teil maximale Grenzwerte. Gleichzeitig muss auch das Teillastverhalten beachtet werden. In frühen Planungsphasen liefert z. B. eine Voruntersuchung die notwendigen Parameter, die mit dem Planungsfortschritt weiter präzisiert werden.

Diese Werte bilden eine wesentliche Grundlage für die Speicherauswahl. Der Speichertyp wird in diesem Fall durch die Konstruktion festgelegt.

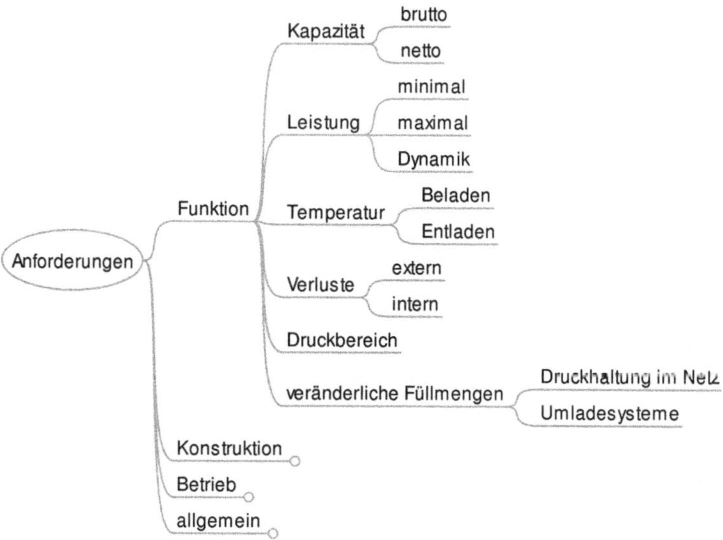

Abb. 7.1: Übersicht zu funktionalen Anforderungen an Kaltwasserspeicher

7.1.2 Konstruktion

Anforderungen an die Speicherkonstruktion beziehen sich zunächt auf die Speicherhülle. Bei verschiedenen Sachverhalten muss auch die Speicherfüllung beachtet werden. *Hampe* definiert für Flüssigkeitsbehälter vier grundlegende Funktionen, die auch für Kaltwasserspeicher zutreffen: *Tragen*, *Dichten*, *Dämmen*, *Schützen* (Abb. 7.2). Der Wandaufbau ist aus mehreren Schichten aufgebaut, wobei eine Schicht mehrere Funktionen übernehmen kann (z. B. Stahlwand als Tragwerk und Abdichtung).

Die Funktion *Tragen* beschreibt die Aufnahme der mechanischen Lasten und deren Eintrag in das Erdreich oder ein anderes Bauwerk. Die Standsicherheit muss in allen Phasen (Bau, Betrieb, Stillstandszeiten, Rückbau) gewährleistet sein.

Das Tragwerk ist wegen der Dichtfunktion ein Flächentragwerk (z. B. Zylinderwand). Es bestehen priniziell Wechselwirkungen zwischen der Behälterform, den Werkstoffen und der Technologie.

Dämmschichten sind in der Regel eigenständige Schichten im Wandaufbau. Oft wird die Wärmedämmschicht außen montiert. Bei speziellen Konstruktionen kann man ferner die Dämmschicht im Wandaufbau oder innen anordnen. Auch in diesem Fall können verschiedene Stoffe mit speziellen Technologien verarbeitet werden.

Als wichtigste Anforderung ist die Vermeidung der Durchfeuchtung zu nennen (Schutzfunktion). Im Bodenbereich muss die Wärmedämmung druckbeständig sein.

Weitere besonders wichtige *Schutzfunktionen* sind die Vermeidung der Bauteilkorrosion und der Erhalt einer bestimmten Wasserqualität.

Es ist eine detaillierte Planung notwendig, die alle Anforderungen und Wechselwirkungen zwischen den Komponenten berücksichtigt.

7.1.3 Betrieb

Der Speicher muss im Betrieb seine Funktion erfüllen. Unabhängig davon kann man Forderungen aufstellen, die für den Betrieb erforderlich sind (Abb. 7.3). Das betrifft den geplanten Einsatz und die messtechnische Überwachung. Es ist aber auch zu beachten, dass der Speicher z. B. bei einer Revision außer Betrieb genommen werden muss[1]. Der Speicher sollte außerdem für Reparaturmaßnahmen zugänglich sein (z. B. Einbringen von Gerüsten). Des Weiteren sind die Maßnahmen zur Wiederinbetriebnahme zu beachten (Befüllung und Entlüftung).

7.1.4 Allgemein

Weiterhin sind Anforderungen zu beachten, die der Funktion, der Konstruktion oder dem Betrieb nicht zugeordnet werden können. Abb. 7.4 zeigt allgemeine Anforderungen.

[1]Eine Inspektion des Innenraums erfordert eine Entleerung und eine gleichzeitige Belüftung. Man muss bei verschiedenen Speichertypen die Auswirkungen auf das Tragwerk beachten. Die Maßnahme ist mit einer Befahrerlaubnis (z. B. Erlaubnisschein für Arbeiten in Behältern und engen Räumen) zu genehmigen. Eine entsprechende Objektsicherung und weitere Maßnahmen sind vorzusehen: natürliche oder technische Belüftung, Beleuchtung, Luftanalyse (insbesondere Sauerstoffgehalt), Einsatz von persönlicher Schutzausrüstung (z. B. Absturzsicherung), Betrieb der elektrischen Geräte mit Trenntrafo, Sicherungsposten. Bei einer Reinigung von großen Speichern können z. B. Feuerwehrschläuche mit Strahlrohr und Nasssauger für verschmutztes Wasser eingesetzt werden.

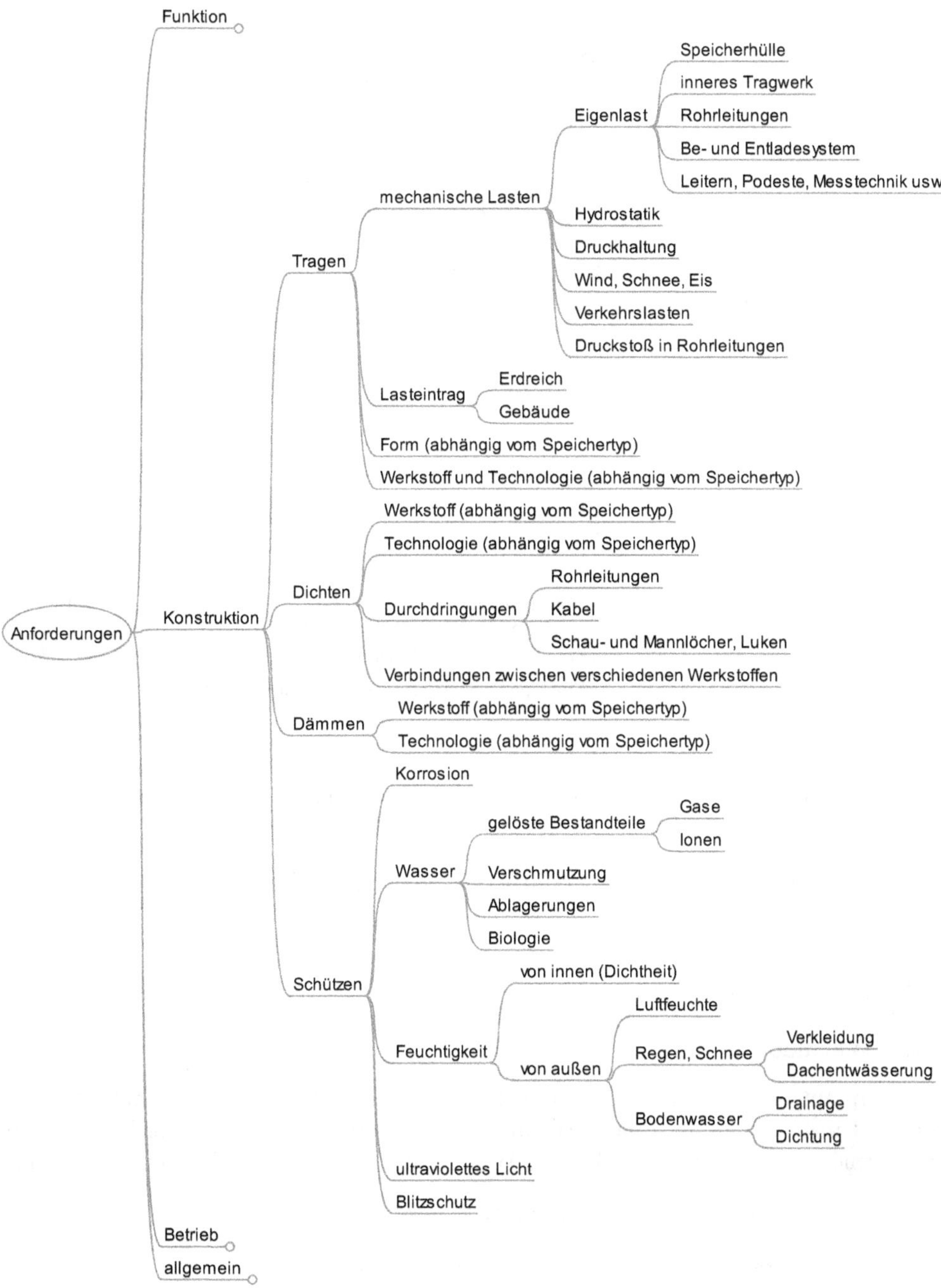

Abb. 7.2: Übersicht zu konstruktiven Anforderungen an Kaltwasserspeicher

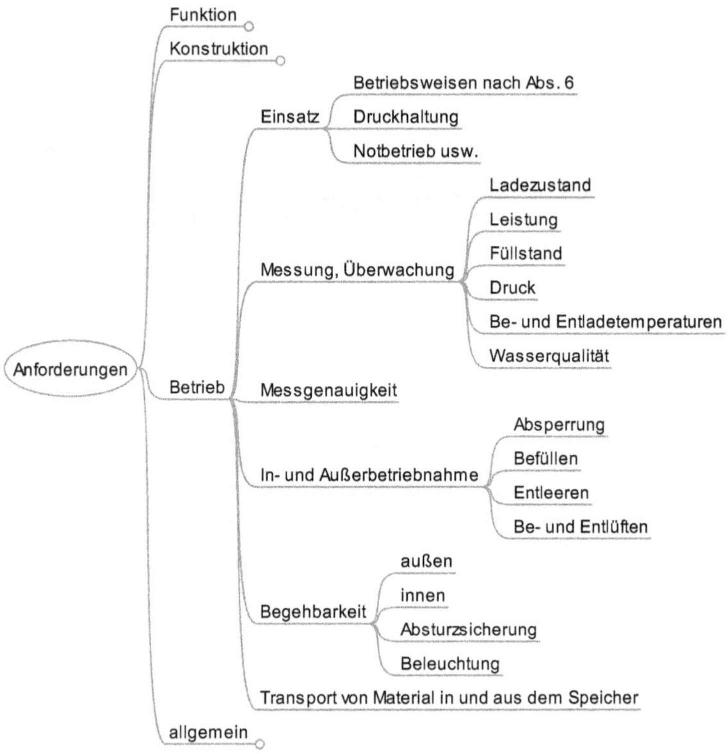

Abb. 7.3: Übersicht zu betriebstechnischen Anforderungen an Kaltwasserspeicher

Die Anzahl der Speicher und die jeweiligen Standorte geben aber wichtige Bedingungen für die Konstruktion vor.

7.2 Konstruktive Aspekte

7.2.1 Wärmedämmung

Die Hauptaufgabe der Wärmedämmung ist die Unterdrückung der Wärmeübertragung von der Umgebung an das Speichermedium (Minderung der äußeren Speicherverluste). Die wärmedämmende Schicht kann im Wandaufbau verschieden positioniert werden:

- an der Außenseite (Abb. 7.5 a, b, d),
- in der Mitte (Abb. 7.5 c, z. B. als Sandwich-Konstruktion),
- an der Innenseite (Abb. 7.5 e).

In Abhängigkeit des Speichertyps und der -anwendung müssen Forderungen an die Wärmedämmung formuliert bzw. verschiedene Aspekte beachtet werden:

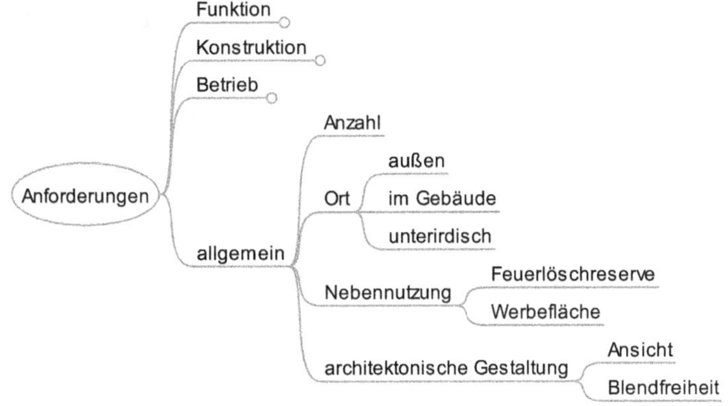

Abb. 7.4: Übersicht zu allgemeinen Anforderungen an Kaltwasserspeicher

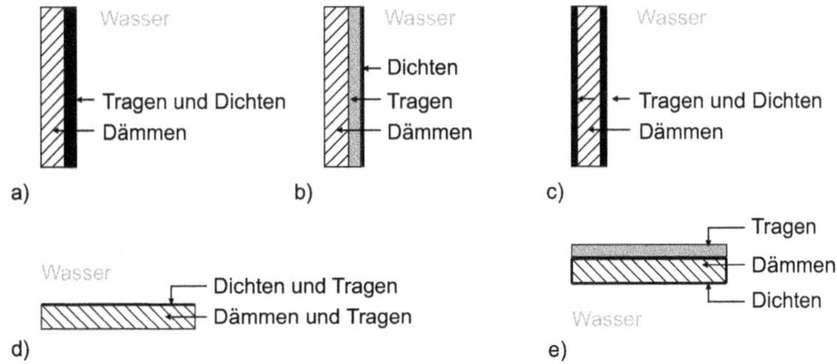

Abb. 7.5: typische Funktionsverteilungen im Wandaufbau bei Tank- und Beckenspeichern

- Stärke der Wärmedämmung, Wärmeleitfähigkeit,
- minimal und maximal zulässige Temperatur,
- Druckfestigkeit (z. B. Dämmung im Erdreich oder des Fundaments)[2],
- thermische Dehnung,
- Widerstand gegen Wasserdampf-Diffusion[3], ggf. zusätzlicher Einsatz von Dampfsperren und -bremsen (Abs. 7.2.2.1),
- maximale Wasseraufnahme,

[2] Nach *Hampe* [189], [190] kann man folgende Fälle unterscheiden: nicht tragend, selbst tragend, lastabtragend.

[3] Der Diffusionswiderstand von Baustoffen gegenüber der Wasserdampfdiffusion wird mit der dimensionslosen Diffusionswiderstandszahl μ angegeben. Für ruhende Luft wird $\mu = 1$ definiert. Viele Baustoffe besitzen einen höheren Diffusionswiderstand. μ gibt dann an, um wieviel der Diffusionsstrom im Vergleich zur Diffusion in einer ruhenden Luftschicht kleiner ist. $\mu \to \infty$ beschreibt einen diffusionsdichten Stoff.

- mögliche Entfernung von Wasser aus dem Dämmmaterial (z. B. Drainage),
- Brandverhalten,
- Verarbeitung (Montage von Plattenmaterial, Vorort-Schaum, Schüttungen),
- Verwendung weiterer Stoffe (z. B. Kleber), Stoffverträglichkeit,
- Korrosionsverhalten im Bereich der Speicherwand,
- Haltbarkeit, technische Nutzungsdauer,
- Kosten.

Die Wärmeleitfähigkeit von Wärmedämmstoffen steigt im Allgemeinen moderat mit der Temperatur. Ist Feuchtigkeit (Wasser oder Wasserdampf) im Wärmedämmmaterial, kommt es zu einer starken Erhöhung der Wärmeleitfähigkeit. Ursachen für eine Durchfeuchtung sind z. B.

- flüssiges Wasser (Niederschläge, Grundwasser, Kontakt zum Speicherwasser z. B. bei einer innenliegenden Wärmedämmung),
- Wasserdampf (feuchte Luft, feuchtes Erdreich),
- Taupunktunterschreitung der Luft in der Wärmedämmung.

Aufgrund der kalten Oberflächen sind bei Kältespeichern Dämmkonstuktionen aus dem Bereich der Kältetechnik (auch Kältedämmung) vorzusehen [191], [192]. Diese Konstruktionen vermeiden das Austauen der Luftfeuchte durch diffusonsdichte Dämmstoffe oder diffusionsdichte Schichten.

Im Anlagenbau werden häufig geschlossenzellige, elastische Weichschaum-Formteile (Platten, Schläuche) auf der Basis eines synthetischen Kautschuks (z. B. Ethylen-Propylen-Dien-Terpolymer, EPDM) eingesetzt [193] (Tab. 7.1). Die Haut auf der Oberfläche erhöht den Diffusionswiderstand. Die Platten müssen vollflächig auf die Behälteroberfläche aufgeklebt werden. Die Fugen sind dicht miteinander zu verkleben.

Im Bereich der Bautechnik gibt es weiterhin Dämmlösungen für erdreichberührte Bauteile (Perimeterdämmung), die feuchtigkeitsbeständig sind (Tab. 7.1). Offenporige Dämmstoffe (z. B. Mineralwolle, Schüttungen) können nur eingesetzt werden, wenn diese durch eine diffussiondichte Schicht dauerhaft geschützt sind. In Abhängigkeit des Dämmstoffs können weitere Schutzmaßnahmen notwendig sein (z. B. Dehnungsfugen).

Innerhalb der Planung ist der rechnerische Nachweis zu erbringen, dass *keine Taupunktunterschreitung* vorliegt. Konstruktive und stoffbedingte *Wärmebrücken* sollten vermieden werden.

7.2.2 Abdichtung

Die *hydraulische Abdichtung* verhindert die Strömung durch eine bestimmte Schicht (z. B. Leckage). *Diffussionssperren* schließen außerdem die Diffusion durch die entsprechende Schicht aus. In den betrachteten Fällen handelt es sich um Wasserdampfdiffusion. In der Bautechnik sind die Begriffe *Dampfsperre* und *Dampfbremse* gebräuchlich. Eine Dampfsperre besitzt einen sehr hohen Diffusionswiderstand, der im Idealfall unendlich hoch ist (Tab. 7.1). Der Begriff Dampfbremse umschreibt einen hohen Diffusionwiderstand, der aber eine geringfügige Diffusion zulässt. Durch diese Schichten soll vor allem eine Durchfeuchtung der Wärmedämmung und ggf. Korrosion vermeiden werden.

7.2.2.1 Flächen

Die Abdichtung befindet sich in der Regel an der Speicherinnenseite und steht in direktem Kontakt mit dem Wasser. Folgende Fälle sind bei Tank- und Erdbeckenspeichern typisch:

- tragende Wand mit Dichtfunktion (z. B. Stahltank, Abb. 7.5 a; Tank aus glasfaserverstärktem Kunststoff Abb. 7.5 c),
- tragende Wand mit Beschichtung (z. B. Beton mit Anstrich, Abb. 7.5 b),
- Einsatz von Folien aus Metall (z. B. im Betontank, Abb. 7.5 b) oder Kunststoff (z. B. in Erdbecken, Abb. 7.5 d),
- innenliegende Wärmedämmung mit Dichtungsschicht (z. B. am Tragwerk befestigt, Abb. 7.5 e).

Der Einsatz von dichten Wänden, Folien und Beschichtungen basiert stets auf einer stoffschlüssigen Verbindung (z. B. Schweißen von Folien). Analog zur Wärmedämmung sind wiederum Parameter zur Erfüllung der Funktion einzuhalten und spezielle Aspekte zu beachten:

- Widerstand gegen Wasserdampf-Diffusion,
- minimal und maximal zulässige Temperatur,
- Widerstand gegen mechanische Beanspruchung,
- thermische Dehnung (z. B. Kunststofffolie bei Sonneneinstrahlung),
- Korrosionsbeständigkeit,
- Haltbarkeit, technische Nutzungsdauer,
- Randbedingungen bei der Verarbeitung (Temperatur, Feuchtigkeit, Bedingungen auf der Baustelle usw.)
- Verwendung weiterer Stoffe (z. B. Beschichtungen), Stoffverträglichkeit,
- Kontrolle der Dichtheit (z. B. Füllstandsmessungen kombiniert mit einer Temperaturmessung zur Korrektur der Dichteänderung),
- Kosten.

Tab. 7.1: Stoffwerte für Kältedämmmaterialien [191], [193], [194], [195]

Stoff	Rohdichte [kg/m³]	Wärmeleitfähigkeit bei 0 °C [W/(mK)]	spezifische Wärmekapazität [kJ/(kgK)]	Wasserdampf-Diffusionswiderstandskoeffizient [–]	Wasseraufnahme [Vol.-%]	Anwendungstemperatur [°C]	zulässige Druckspannung [N/mm²]
extrudiertes Polystyrol	25...35	0,028	1,5	80...250	3...5 mit Haut < 0,5	-180...80	0,13...0,24
Polyurethan							
Hartschaum	35...60	0,030	1,2	30...100	1...4	-180...100	
Ortschaum	45...65	0,033	1,2	30...100	1...4	-180...100	
Weichschaum	40...100	0,040...0,044		< 5000		-40...105	
Schaumglas Platten	100...160	0,034...0,046	0,84	∞		< 260...430	0,16...0,38
Kork	80...120	0,031...0,053	0,84...1,38	5...10	2,0...9,4	-180...100	

Tab. 7.2: Wasserdampf-Diffusionswiderstandskoeffizienten für verschiedene Speicherbaustoffe nach [21]

Stoff	Rohdichte [kg/m^3]	Diffusionswiderstandszahl [–]
Zementmörtel, -estrich	2000	15...35
Normalbeton	2400	70...150
Beton, porig	1000...2000	70...151
Leichtbeton	1600...2000	3...10
Leichtbeton mit porigem Zuschlag	600...2000	5...15
PUR-Schaum	$\geq$ 37	30...100
Korkdämmplatten	80...500	5...10
Polystrol (PS)	$\geq$ 15	20...50
PS-Partikelschaum	$\geq$ 30	40...100
PS-Extruderschaum	$\geq$ 25	80...300
PUR-Hartschaum	$\geq$ 30	30...100
Phenolharzschaum	$\geq$ 30	10...50
Schaumglas	100...150	∞
Polyethylenfolie, größer 1 mm		100000
Aluminiumfolie, größer 0,05 mm		∞
Heißbitumenantrich, doppelt, 0,6 mm		50000...150000
PVC-Beläge, Gummi 1,0...5,0 mm		∞

Prinzipiell sind metallische Werkstoffe (z. B. Metallfolien) vollkommen dicht, während andere Baustoffe (z. B. Kunststofffolien, Anstriche, Beschichtungen) verschiedene Durchlässigkeiten besitzen (Tab. 7.2). Es muss beachtet werden, dass selbst bei relativ hohen Diffusionswiderständen über längere Zeit Wasser in den Wandaufbau gelangt und entsprechende Wirkungen hervorruft. Der Diffusionswiderstand sinkt mit zunehmender Temperatur. Bei Kältespeichern ist dieses Verhalten im Vergleich zu Wärmespeichern mit $T_{Sp} = 60 \ldots 95\,^{\circ}\mathrm{C}$ eher unkritisch.

7.2.2.2 Fugen

Im Speicherbau entstehen Fugen durch zusammentreffende Bauteile (z. B. Boden und Wand, Mannloch mit Deckel). So genannte Dehnungsfugen werden weiterhin in der Bautechnik zur Aufnahme der thermischen Ausdehnung eingesetzt. In diesen Bereichen muss ebenfalls eine Dichtheit gewährleistet sein. Im Unterschied zur flächigen Dichtung mit vorwiegend stoffschlüssigen Verbindungen sind bei den Fugen außerdem kraftschlüssige Verbindungen (z. B. Quetschdichtung für Kabeldurchführung, Mannloch mit Flachdichtung) und ggf. formschlüssige Verbindungen anzutreffen.

Viele auftragbare Dichtstoffe bzw. komplexe Dichtsysteme nutzen physikalische und chemische Effekte zur stoffschlüssigen Verbindung. Neben den oben genannten Anforderungen sind folgende Schwerpunkte besonders zu beachten.

- Materialverträglichkeit: Der Dichtstoff muss sich mit den vorher ausgewählten Werkstoffen (Tragwerk, Wärmedämmung, flächige Abdichtung) vertragen. Dazu zählen auch die Eigenschaften der Haftoberfläche. Vor der Verarbeitung ist ggf. eine Vorbehandlung der Flächen durchzuführen.

- Rückstellvermögen: Die Speicherwandkonstruktion bewegt sich geringfügig in Abhängigkeit der mechanischen Beanspruchung und thermische Ausdehnung. Derartige Bewegungen muss der Dichtstoff aufnehmen. Deswegen müssen Dichtungsfugen in bestimmten Grenzen elastisch sein und ein gewisses Rückstellvermögen besitzen.

Für Kaltwasserspeicher eignen sich prinzipiell folgende Dichtstoffe. Bitumenhaltige Dichtstoffe besitzen viele Vorteile. Ein wesentlicher Nachteil dieser Stoffe ist die Unverträglichkeit mit vielen anderen Dicht- und Dämmstoffen. Polyurethan-Dichtstoffe besitzen gute Haft-, Aushärtungs- und Verarbeitungseigenschaften und sind als Dichtstoff für eine dauerhafte Wasserbeaufschlagung geeignet.

7.2.3 Einsatz von Wasser-Gemischen

Durch den Einsatz von Wasser mit Zusatzstoffen kann der Gefrierpunkt gesenkt und die Dichteinversion von Wasser bei 4 °C unterdrückt werden (Tankspeicher mit direkter Be- und Entladung). Mit dieser Methode kann man die effektive Kapazität gegenüber einem Speicher mit reinem Wasser erhöhen. Die Temperaturdifferenz steigt durch die Absenkung der Vorlauf-Temperatur. Entsprechend sinken die Massenströme im Netz. Weiterhin wäre bei einem Einsatz zu prüfen, ob der primäre Vorteil der Kapazitätserhöhung folgende Nachteile ausgleicht [9]:

- zusätzlichen Kosten für das technische Fluid (siehe [93]),
- sinkende Leistungszahlen (niedrigere Vorlauf-Temperaturen),
- höhere Viskosität (Druckverlust, Verschlechterung des Wärmeübergangs),
- zusätzliche Sicherheitseinrichtungen auf der Abnehmerseite im Netz gegen die Unterkühlung des Wassers auf der Sekundärseite des Wärmeübertragers.

7.3 Tankspeicher

7.3.1 Einordnung

Tankspeicher besitzen feste Wände, die die Funktionen Tragen, Dichten, Dämmen, Schützen übernehmen. Die verschiedenen Konstruktionen unterscheiden sich im Werkstoffeinsatz, in der Form und der Technologie.

Große Speicher werden speziell geplant und zum größten Teil vor Ort gefertigt. Kleine Speicher können Serienprodukte oder Anfertigungen nach Kundenwunsch sein. Die Herstellung findet zum größten Teil in der Fabrik statt.

In diesem Abschnitt wird vorwiegend Wasser als Speichermedium sowie zur direkten Be- und Entladung verwendet. Tankspeicher setzt man häufig auch bei anderen Speicherstoffen (Eis, PCMs, Sorbenzien usw.) ein.

Die Tankspeicher kann man oberirdisch, im Gebäude oder unterirdisch positionieren. Diese werden vorwiegend als Kurzzeit-Speicher mit hohen Be- und Entladeleistungen eingesetzt, welche eine direkte Be- und Entladung gewährleistet.

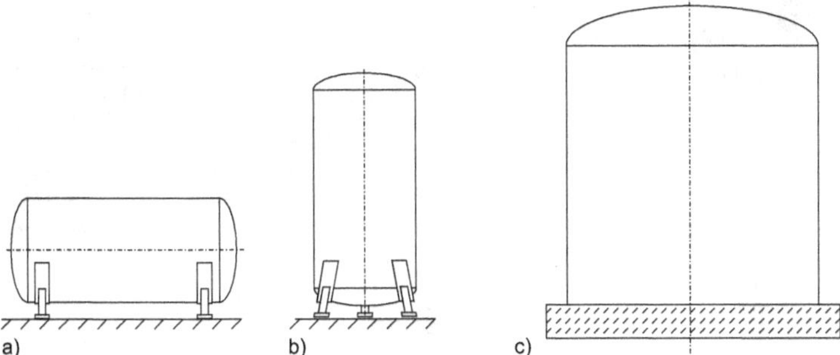

Abb. 7.6: Speicherformen, Speicherbauarten von Stahltanks, a) liegender Druckbehälter b) stehender Druckbehälter c) Flachbodentank

7.3.2 Stahl-Tankspeicher

7.3.2.1 Allgemeines

Der Einsatz von Stahl beim Behälter- und Apparateabau ist weitverbreitet (Lagerung von Gasen, Flüssigkeiten und Feststoffen[4]; Apparate zur Wärme- und Stoffübertragung; Reaktoren usw.) und kann auf folgende Vorteile zurückgeführt werden. Stahl besitzt eine hohe mechanische Beachspruchbarkeit zur Aufnahme von Zug- und Druckspannungen. Der diffussionsdichte Werkstoff ist umformbar und schweißbar. Weiterhin besteht eine Materialverträglichkeit mit vielen anderen Werkstoffen, wobei Dicht- und Beschichtungsstoffe hier besonders wichtig sind. In vielen Fällen muss ein Korrosionsschutz (Sauerstoffkorrosion) vorgesehen werden. Beim Bau von Kaltwasserspeichern sind (einfache) kaltzähe Feinkornstähle in der Regel ausreichend. Damit kann eine Stahlwand die Funktion Tragen und Dichten übernehmen.

Die Form von Tankspeichern wird überwiegend von der mechanischen Beanspruchung und der Fertigung beeinflusst. Die Speicherwand als dünnwandige Schale bildet ein Flächentragwerk. Rotationssymmetrische Flächentragwerke (Kugeln[5], Zylinder, Ellipsoide, Kegel, Freiformflächenkörper) können den inneren Druck, das eigene Gewicht und äußere Kräfte gut aufnehmen. In vielen Fällen liefert ein Zylinder die Grundform (Abb. 7.6).

Kaltwasserspeicher besitzen ein relativ geringes Gefahrenpotential (z. B. im Vergleich zur Lagerung brennbarer Flüssigkeiten). Umfangreiche Normen regeln die Konstruktion, die Fertigung, den Werkstoffeinsatz und die Prüfung.

Die rechtliche Einordnung umfasst mehrere Quellen und verschiedene Fälle. Hier soll nur ein wichtiger Aspekt hervorgehoben werden. Aus rechtlicher Sicht ist der Speicherdruck von primärem Interesse. Wird der maximal zulässige Druck von 0,5 bar (im Gasraum über dem Wasserspiegel) nicht überschritten, müssen die Forderungen der

[4]Hier ist der Begriff *Silo* zu verwenden.

[5]Speicher mit Kugelform sind z. B. bei Gasspeichern (Abb. 2.46 S. 68) anzutreffen. Die Herstellung ist komplizierter und bei Kaltwasserspeichern nicht notwendig. Weitere Speicherbauformen zeigt *Hampe* in [189], [190].

Abb. 7.7: Beispiele zum Speicherbau von kleinen bis mittelgroßen Stahltanks, Fa. Feuron [198] und Fa. Diem-Werke [199] a) Klöpperböden, b) Speicherwand, c) stehender Tank bei der Auslieferung mit Einzelfüßen, d) stehender Tank bei der Auslieferung mit Ringfuß

Druckgeräterichtlinie [196] nicht erfüllt werden. Eine Einhaltung der anerkannten Regeln der Technik sieht man im Allgemeinen als ausreichend an (einschlägige nationale Normen und technische Regeln).

7.3.2.2 Druckbehälter

Druckbehälter[6] können liegend und stehend angeordnet werden (Abb. 7.6 a, b). Für den Lastabtrag in den Boden oder das Fundament (außen oder in Gebäuden) gibt es verschiedene Tragelemente (Sattellager, Tragpratzen, Tragmäntel, Tragringe, Tragfüße, Tragzapfen, Tragösen, Konsolen [30]). Derartige Behälter können aber auch unterirdisch eingesetzt werden.

Zum Speicher gehören weitere Bestandteile: Rohrdurchdringungen bzw. Anschlüsse für das Be- und Entladesystem, für Entlüftung, Entleerung, Sicherheitsventile sowie Fühler, Hand- und Mannlöcher zur Revision usw. Diese Behälter werden im Werk gefertigt und sind für kleine bis mittelgroße Speicher (0,1 bis ca. 200 m^3) geeignet.

Kleinere Speicher (Abb. 7.7) werden aus einem Zylinder, zwei Böden und weiteren Schweißteilen hergestellt. Zur Herstellung des Zylinders walzt man ein Blech (Walzrunden) und verschweißt die Längsfuge. Anschließend werden die Böden an den Zylinder angeschweißt. Flache Böden sind aus Gründen der Innendruckaufnahme ungünstig.

Kleinere Wärme- und Kältespeicher bestückt und montiert man vollständig im Werk (z. B. Wärmedämmung aus Weichschaum, Verkleidung aus Glattblech). Größere Speicher (Abb. 7.8) werden oft vor Ort vollständig ausgerüstet. Mögliche Ursachen hierfür

[6] Der Begriff sagt aus, dass ein signifikanter Überdruck im Behälter gegenüber der Umgebung herrscht. Die DIN EN 13445 (unbefeuerte Druckbehälter) [197] liefert die normative Einordnung.

Abb. 7.8: Beispiele zum Speicherbau von mittelgroßen Stahltanks, Fa. Liebers [200] a) Umformen von Wandsegmenten mit einer Dreiwalzenrundmaschine, b) großer Klöpperboden, c) Schwerlast-Transport eines liegenden Tanks

sind eine schwiergere Einbringung und Montage sowie der Schutz der Wärmedämmung.

Weiterhin stellt der Transport eine limiterende Größe für den Durchmesser (Breite Schwerlasttransport, Durchfahrthöhe) und die Länge dar. Alternativ könnten Zylindersegmente hergestellt werden, die man vor Ort montiert.

7.3.2.3 Flachbodentank

Flachbodentanks (Abb. 7.6 c) unterscheiden sich von den oben genannten Druckbehältern durch den prinzipiell stehenden Zylinder mit flachem Boden. Die Wand bzw. der Boden leitet die Kräfte in das darunter liegende Fundament. Das Dach kann konstruktiv unterschiedlich ausgebildet sein (siehe Abs. 7.3.2.6 S. 237). Der Speicherbau erfolgt prinzipiell vor Ort und eignet sich für mittelgroße bis sehr große Speicher (mit technischer Druckhaltung bis 22.800 m^3 [201], ohne technische Druckhaltung bis 45.700 m^3 [201]).

Bei vielen Behälterbautechniken im Bereich großer Volumina besitzt die Zerlegung der Oberflächen aus Platzgründen eine grundlegende Bedeutung. Fügeverfahren (Schweißen, Schrauben usw.) setzen die große Behälterfläche aus einzelnen Bauteilen vor Ort zusammen. Die Bauteilgröße wird wiederum durch den Transport stark eingeschränkt. Am Beispiel einer zylindrischen Wandfläche soll die Zerlegung gezeigt werden:

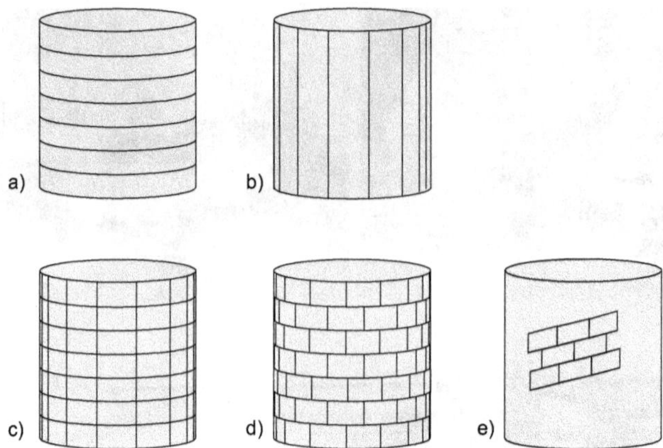

Abb. 7.9: Zerlegung einer Zylinderwand in Segmente, a) Ringe, b) durchgängig vertikale Kreissegmente, c) Kreissegmente nicht versetzt, d) Kreissegmente versetzt, e) rombenförmige Wandsegmente (Spiralverfahren)

- Ringe (Abb. 7.9 a),
- Ringsegmente nicht versetzt (Abb. 7.9 b, c) oder versetzt (Abb. 7.9 d),
- rombenförmige Wandsegmente (Abb. 7.9 e).

Die Vorort-Fertigung und Behältergröße bedingen spezielle Bauabläufe. Typischerweise wird ein Boden aus einzelnen Stahlblechen zusammengeschweißt[7]. Die Behälterwand kann nach folgenden Prinzipien errichtet werden [189].

- Die (schussweise) Montage der gerundeten Wandsegmente (Abb. 7.9 c, d) findet unten statt (Abb. 7.10 a). Der Zylinder wächst nach oben. Das *Hubverfahren* benötigt eine temporäre Einrichtung zur Halterung und zum ringweisen Hub des Zylinders. Es bestehen Vorteile hinsichtlich des Arbeitsschutzes und einer einfachen Logistik am Boden (z. B. ohne Gerüst).

  Bei kleineren Speichern lassen sich auch komplette Ringe (Abb. 7.9 a) im Bodenbereich montieren (siehe Abs. 7.3.3.2).

  Eine Sonderform ist das *Spiralverfahren*. Die Wand wird gleichzeitig gehoben und gedreht. Die rombenförmige Segmente bilden eine Spirale (Abb. 7.9 e).

- Bei der Montage der gerundeten Wandsegmente von unten nach oben (Abb. 7.10 b) läuft die Fertigung entlang des obersten Rings. Nach Vollendung eines Rings wandert die Fertigung einen Schuss nach oben.

[7] Es besteht auch die Möglichkeit, dass die Zylinderwand direkt auf dem Betonfundament steht. Dann ist eine Abdichtung zwischen Wand und Fundament notwendig. Weiterhin ist zu beachten, dass das Fundament Lage- und Ebenheitstoleranzen erfüllen muss.

Abb. 7.10: Bereiche bei der Wandfertigung und Technologien, a) Montage am Boden, Verschrauben von Wandsegmenten einschließliche Eindichtung, Hubverfahren, Kaltwasserspeicher Chemnitz [32], [34], b) automatisches und manuelles Verschweißen der Wandbleche (siehe Pfeil), schussweiser Aufbau der Wand von unten nach oben, Kaltwasserspeicher in Biberach an der Riß [202]

- Weiterhin kann man Wandsegmente (Abb. 7.9 b), die über die gesamte Wandhöhe reichen, aufstellen und verbinden (siehe Abs. 7.3.3.2). Dafür ist eine Montagehilfe notwendig.
- Bei einem weiteren Verfahren stellt man einen aufgerolltes Wandblech (coil) auf und rollt es aus, so dass die Speicherwand entsteht.

Die zwei ersten Verfahren besitzen in dieser Arbeit die größte Bedeutung. Das Dach kann beim Hubverfahren nach Fertigstellung des ersten Rings aufgesetzt werden. Das ist möglich, wenn keine großen Bauteile über die obere Öffnung in den Behälter transportiert werden müssen. Andernfalls kann man das Dach am Boden montieren und auf den Traufring an der oberen Zylinderkante mittels Kran heben. Weiterhin besteht die Möglichkeit, das Dach auf dem Speicher zu montieren. Details zu Dachkonstruktion sind in Abs. 7.3.2.6 erläutert.

Aus Sicht der Fertigung kann man zwei Verfahren unterscheiden, die sich wiederum in der normativen Behandung widerspiegeln.

- Geschweißte Flachboden-Stahltanks nach DIN EN 14015 [203] (stoffschlüssige Verbindung, Abb. 7.11): Schweißnähte besitzen aus praktischer Sicht den Vorteil, dass diese dauerhaft dicht sind. Allerdings müssen Beschichtungsmaßnahmen im Nachgang (auf der Baustelle) durchgeführt werden [204]. Weiterhin erfordert das Schweißverfahren eine Mindeststärke, die u. U. größer als die erforderliche Wandstärke aus der statischen Auslegung ist. Auf der glatten Außenseite lässt sich eine Wärmedämmung mit Plattenmaterial gut aufbringen.
- Geschraubte dünnwandige Rundsilos aus Stahl nach DIN 18914 [205] (kraftschlüssige Verbindung, Abb. 7.12): Durch miteinander verschraubte Wandsegmente lässt sich die Wandstärke gegenüber von Schweißkonstruktionen verringern. Es

Abb. 7.11: geschweißter Tank, Kaltwasserspeicher Biberach an der Riß [202] (vgl. mit Abb. 7.10 b), a) Innenansicht des zylindischen Wandaufbaus, innenliegende Ringanker zur Aussteifung, b) Detail zum Bodenaufbau, verschweißte Bodenbleche und Stütze des inneren Tragwerks

ist der Einsatz eines zusätzlichen Dichtstoffes (z. B. auf einer Basis von Polyurethan). Außerdem können die Platten im Werk mit Emaille beschichtet werden. Eine mehrfache Emaillebeschichtung bietet einen guten Korrosionsschutz, eine chemisch Resistens bei einer relativ hohen mechanischen Stabilität. Kunststoff-Formteile an den Schraubverbindungen sorgen für eine Lastverteilung an den überlappenden Wandsegmenten. Zusätzlich werden horizontale Ringanker zur Aufnahme der Zugbeanspruchung und Aussteifung eingesetzt. Der zylindische Wandaufbau ist in der Bodenplatte verankert und abgedichtet. Die Schraubenköpfe, Ringanker und Abstandshalter für das Verkleidungsblech erschweren etwas die Montage von Wärmedämmplatten. Diese Konstruktion ermöglicht einen Ausbau durch Ansetzen weiterer Ringe. Die Wandsegmente können auch demontiert und wieder verwendet werden. Hersteller: [206], [207].

7.3.2.4 Wandaufbau

Bisher wurden die Funktionen Tragen und Dichten besprochen. Die konstruktive Ausführung der Speicherhülle bei Flachbodentanks unterscheidet sich nach dem Ort (Wand, Boden, Dach). Es müssen unterschiedliche Randbedingungen für die Funktionen Dämmen und Schützen berücksichtigt werden. Für den runden Wandaufbau mit Unebenheiten (z. B. Schweißnähte, Schrauben, Halterungen) eignen sich prinzipiell zwei Verfahren.

- Ausschäumen des Zwischenraums (Abb. 7.13 a): Auf der Stahlwand wird ein Verkleidungsblech montiert, welches den gesamten Wandaufbau von Regen, solarer Einstrahlung usw. schützt. Mit einer mobilen Anlage erzeut man den Dämmschaum und bringt diesen in den Zwischenraum ein (Ortschaum). Der Schaum nimmt bei einer guten Ausführung den gesamten Raum ein. Die innere und äußere Schicht sind zuvor entsprechend behandelt worden. Der Blechmantel erfüllt gleichzeitig die Funktion der Dampfsperre.

Abb. 7.12: geschraubter Tank, Kaltwasserspeicher Chemnitz [32], [34], a) Gesamtansicht des zylindischen Wandaufbaus ohne Wärmedämmung und Verkleidung, b) Detail zum Wandaufbau an der Außenseite

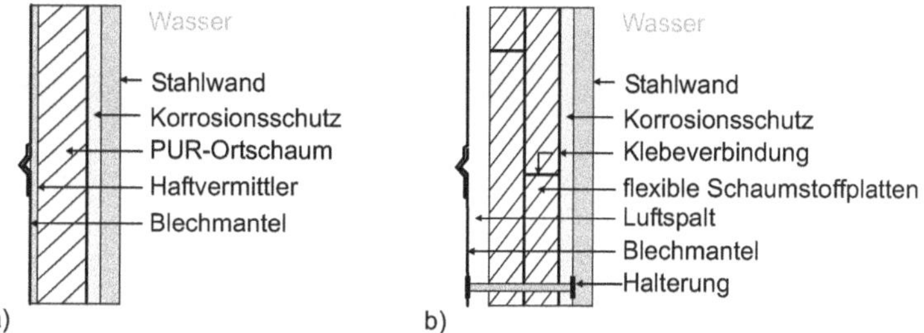

Abb. 7.13: Beispiele zum Wandaufbau bei Flachbodentanks, Wärmedämmung mit a) Ortschaum, b) Platten nach [191]

- Montage von Dämmplatten (Abb. 7.13 b): Flexibles Plattenmaterial eignet sich ebenfalls für die leicht runde Speicherwand mit Absätzen und anderen Unebenheiten. Das Plattenmaterial muss in diesem Fall den Diffusionswiderstand aufbringen (z. B. Schaumstoff mit Haut). Um eine dichte Hüllfläche herzustellen, sind alle Fugen zu verkleben (z. B. mit Kleber, Klebeband). Hinter dem Verkleidungsblech mit den oben genannten Schutzfunktionen entsteht eine hinterlüftete Schicht, die die Wärme (insbesondere bei direkter Sonneneinstrahlung) gut abführen kann. Damit wird der Dämmstoff thermisch weniger beansprucht und es sinken die Verluste.

Als Verkleidung kommt Glatt-[8] oder Trapezblech aus Aluminium bzw. Stahl infrage. Weiß oder helle Farben bewirken eine gute Reflexion der solaren Einstrahlung. In

[8] Unebenheiten sind bei Glattblechverkleidungen leichter zu erkennen.

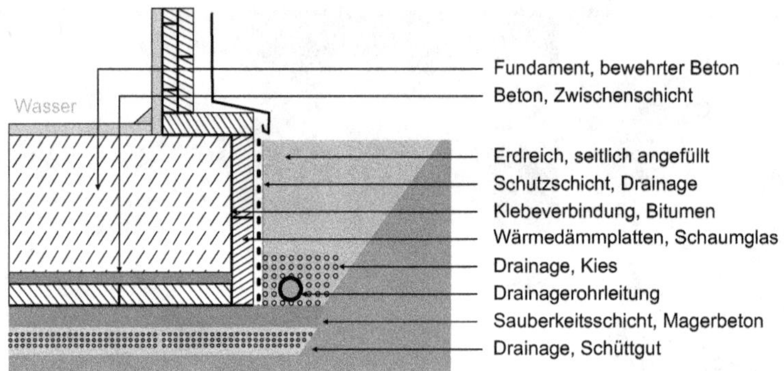

Abb. 7.14: Beispiel zum Aufbau des Bodens bei Tankspeichern unter Verwendung von Schaumglasplatten

Gebäuden kann eine Verkleidung aus Kostengründen entfallen.

Im Wandbereich sind weiterhin folgende Komponenten einzuplanen: Rohrdurchführungen, Leitern, Podeste, Temperaturmessung, Kabeldurchführungen, Kabelkanäle, Mannlöcher, Schaugläser.

7.3.2.5 Bodenaufbau

Zum Umfang von Flachbodentanks zählt auch das Fundament, welches in diesem Abschnitt erläutert wird.

Die Dämmung im Bodenbereich (Abb. 7.14) [189], [190], [194] wird vor allem druckseitig höher beansprucht. Geeignet sind Dämmplatten aus extrudiertem Polystyrol-Hartschaum (XPS) und Schaumglas. Die druck- und feuchtigkeitsbeständigen Platten sind relativ starr. Entsprechende Klebefugen müssen dicht und etwas flexibel sein.

Schaumglasplatten werden mit einem bitumösen Dichtstoff vollflächig verklebt und damit eingedichtet. Der Einsatz von XPS-Platten (Abb. 7.15) erfordert einen speziellen Kleber. Ein zusätzliches Vlies (Geotextil) schützt die Platten vor mechanischer Beanspruchung.

Zur Auflage der Wärmedämmung unter der Fundamentplatte (Abb. 7.14) wird vorher eine Sauberkeitsschicht betoniert (Abb. 7.14, Abb. 7.15 a). Nach dem Bau der Fundamentplatte kann der seitliche Wandaufbau hergestellt werden (Abb. 7.15 b). Die Dämmplatten sichert man gegen Auftrieb.

Bautechnisch sind diese Perimeterdämmplatten weiterhin resistent gegenüber Feuchtigkeit, Verrottung, Frost usw. Es ist dennoch auf den Schutz vor Regenwasser und Grundwasser zu achten[9]. Eine Drainage (Abb. 7.14) führt anfallendes Wasser ab.

Im Bodenbereich ordnet man weiterhin eine Leitung zur Befüllung und Entleerung sowie einen Fundamenterder an. Die Be- und Entladeeinrichtung (Abs. 7.5) in der unteren Ebene wird direkt auf der Bodenplatte montiert.

[9]Auch bei geschlossenporigen Stoffen können die Art und Weise sowie die Dauer der Feuchtelast zu unterschiedlichen Werten der maximalen Wasseraufnahme führen (vergleiche mit [98]).

Abb. 7.15: Wärmedämmung des Bodens, Kaltwasserspeicher in Chemnitz [32], [34], Verwendung von XPS-Platten, a) Unterseite, lose Verlegung, Einsatz von Vlies zum mechanischen Schutz, b) Wandbereich der Bodenplatte, Wärmedämmung verklebt und abgedichtet

7.3.2.6 Dachbereich

Auch bei der Dachkonstruktion müssen wiederum die Funktionen Tragen, Dichten, Dämmen und Schützen beachtet werden. Abb. 7.16 zeigt hierzu eine Übersicht.

Bei Flachbodentanks werden verschiedene Dachkonstruktionen [189] mit unterschiedlichen Formen und Werkstoffen eingesetzt.

- *Festdachkonstruktionen* (Abb. 7.17 a) können aus einer glatten Kuppel (Abb. 7.18), einem Rippengewölbe (Abb. 7.19) oder einem Kegelstumpfdach (Abb. 7.20) bestehen.
- *Schwimmdächer* (flache Konstruktionen, Abb. 7.17 b) liegen auf dem Wasserspiegel auf und bewegen sich mit dem Füllstand nach oben und unten. Eine Hilfskonstruktion, die an der Behälterwand befestigt ist, kann ein unzulässiges Absinken verhindern.
- *Membrandächer* (Abb. 7.17 c) bestehen aus einer flexiblen Schicht, die aufgehangen oder mit einem geringen Überdruck aufgeblasen wird (Einsatz eines Ventilators, vgl. mit Abb. 7.21, dort Überdruck des Biogases).

Fest- und Membrandächer werden an der Traufkante der Zylinderwand befestigt. Feste Schwimmdachkonstruktionen besitzen eine flexible Abdichtung zum Rand, welche eine vertikale Bewegung zulässt.

Im Dachbereich müssen weiterhin folgende Einrichtungen vorgesehen werden: Dachentwässerung, Blitzschutz, Zugangsöffnung, Füllstandsmessung, Druckmessung, Sicherheitsventil gegen Über- und Unterdruck.

Bei Fest- oder Membrandächern entsteht ein Gasraum über dem Wasserspiegel. Ein Sauerstoffeintrag in das Speicher- bzw. Anlagenwasser muss in den meisten Fällen aus Korrosionsschutzgründen vermieden werden. Dies kann man mit folgenden Varianten realisieren:

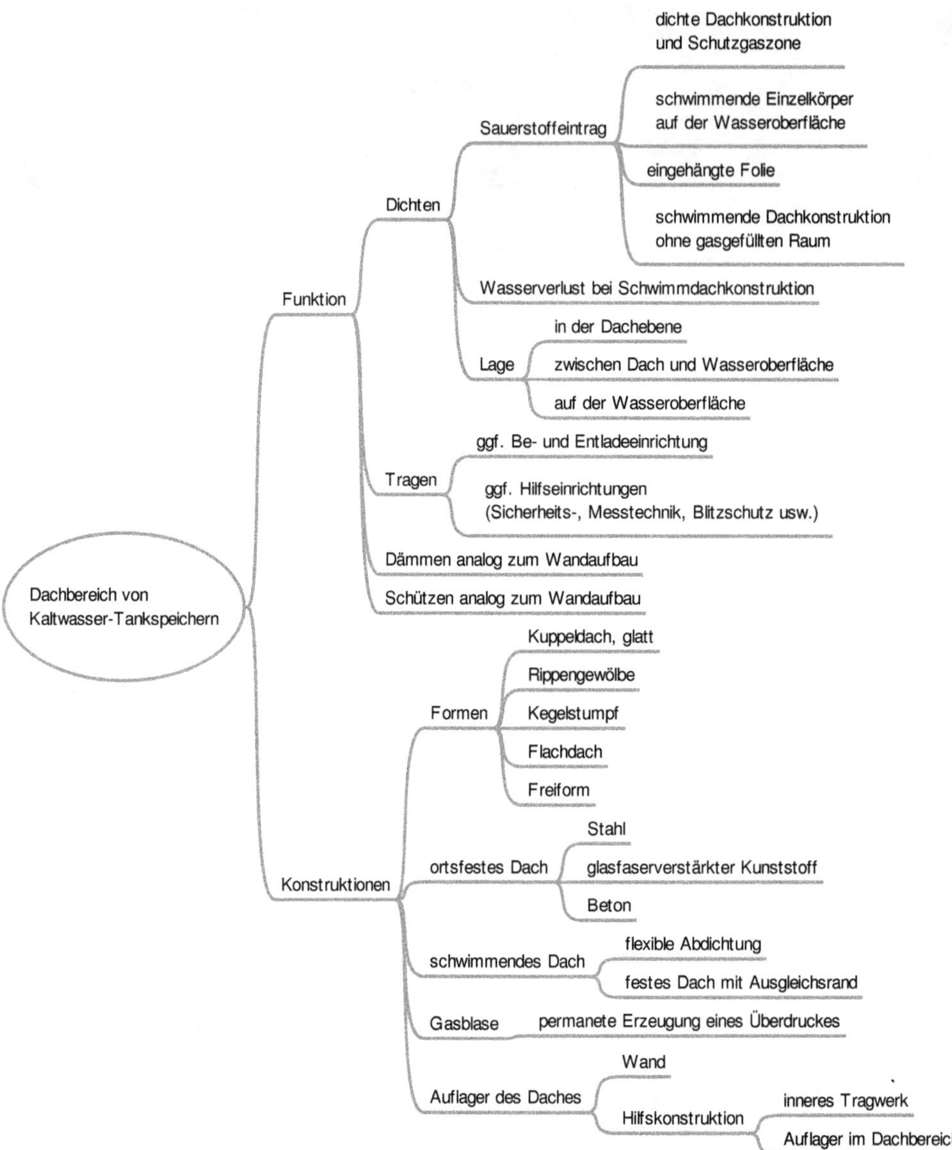

Abb. 7.16: Übersicht zu technischen Lösungen im Dachbereich bei Kaltwasser-Tankspeichern

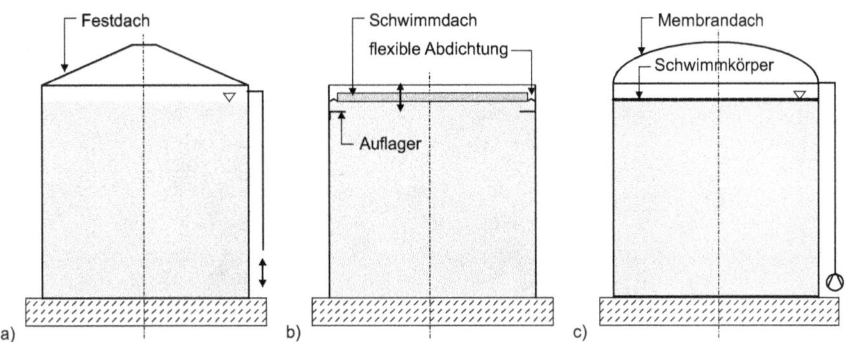

Abb. 7.17: prinzipielle Dachkonstruktionen für Kaltwasserspeicher, a) Festdach mit Schutzgasfüllung, b) starres Schwimmdach, c) Membrandach mit Überdruck, außen befestigt, Einsatz von Schwimmkörper

Abb. 7.18: Heizölspeicher in Chemnitz [32], glattes Kuppeldach, Stahl geschweißt

Abb. 7.19: Kältespeicher Chemnitz [32], [34], Rippengewölbedach, GFK mit teilweise innenliegender Wärmedämmung, verschraubt und abgedichtet, Montage am Boden

Abb. 7.20: Rapsölspeicher in der Nähe von Brand-Erbisdorf, kegelförmiges Festdach, Sparrenkonstruktion, montiert und eingedichtet

Abb. 7.21: Biogasanlage bei Trebisbach, Biogasspeicher (links) mit Membrandach

Abb. 7.22: Schwimmelement, Fa. Hexa-Cover [208]

- Bei einem dichten Festdach (Abb. 7.16 a) wird der Gasraum mit einem Schutzgas (z. B. Stickstoff, beachte die Aufnahme der Feuchtigkeit über die Wasseroberfläche ins Gas) gefüllt. Die Füllung, die Volumenänderung aufgrund von Temperaturschwankungen im Dachraum und ggf. die Nachspeisung übernimmt eine Anlagentechnik (technische Gase in Flaschen, Ausdehnungsgefäße, Stickstofferzeuger usw.). Dabei darf der maximale und minimale Druck nicht über- bzw. unterschritten werden (Dachstatik, Absicherung durch zusätzliches Sicherheitsventil).

- Bei Fest- oder Membrandachkonstruktionen kann auch eine dichte Schicht im Dachraum eingebracht werden. Das können Folien sein, die auf der Wasseroberfläche aufliegen oder in den Gasraum eingehängt sind. Die Folie ist schlaff und Volumenänderung führen zu keinen signifikanten Druckänderungen.

  Nicht vollständig dicht sind Lösungen mit Schwimmkörpern (Abb. 7.22). Diese ordnen sich selbständig auf der Wasseroberfläche an und decken diese zum größten Teil ab. In vorliegenden Fall kann man auch Luft zum Tragen eines Membrandaches einsetzen.

Bei Schwimmdächern existiert kein Gasraum. Die dichtende Schicht liegt direkt auf der Wasseroberfläche. Eine aufwändige Schutzgaslösung ist deswegen nicht notwendig. Es wird aber ein Auflager für das Schwimmdach benötigt, welches das weitere Absinken verhindert. Das Be- und Entladesystems kann man an einer starren Schwimmkonstruktion befestigen. Ein flexibler Rohrleitungsanschluss gewährleistet die vertikale Bewegung.

Die Dämmfunktion des Daches ist aus energetischer Sicht unkritisch, da sich die warme Zone oben befindet und der Wärmeübergang vom Gasraum relativ gering ist. Die Erwärmung des Gases (Abb. 7.23) führt aber zu einer beachtlichen Expansion, die bei einem dichten Festdach aufgefangen werden muss.

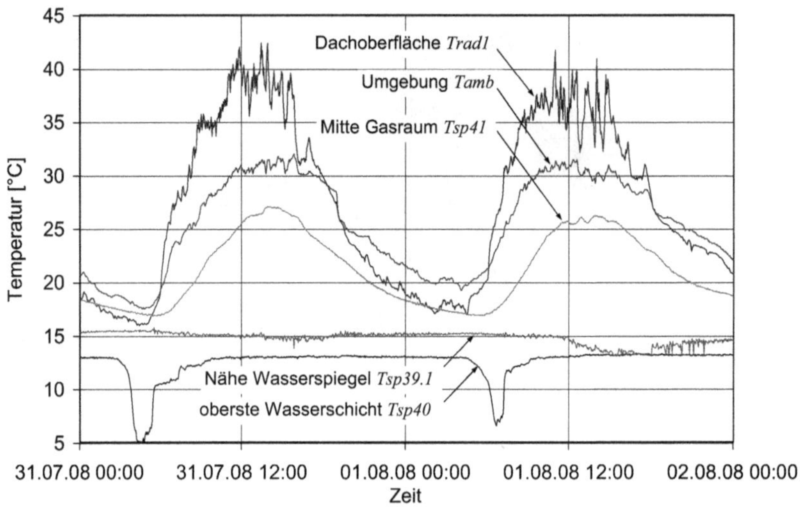

Abb. 7.23: Temperatur im Gasraum und die Randbedingungen in der Umgebung, am Dach und in der Nähe des Wasserspiegels, T_{rad1} Ersatztemperatur für die Dachoberfläche (vgl. mit Abs. D)

7.3.2.7 Inneres Tragwerk

Bei Flachbodentanks kann die obere Be- und Entladeeinrichtung (Abs. 7.5 S. 256), die u. U. mehrere Tonnen wiegt, aus statischen Gründen nicht immer am Dach oder an der Wand befestigt werden. In diesem Fall setzt man ein *inneres Tragwerk* ein (Abb. 7.24). Dieses wird im Boden (z. B. Fundamentplatte aus bewehrtem Beton) verankert. Ein senkrechtes Tragwerk (z. B. Fachwerkträger, Gitterrohrträger) nimmt die Rohrleitungen auf. Ein horizontales Tragwerk im oberen Speicherbereich dient zur Aufnahme der Be- und Entladeeinrichtung (Abb. 7.25). Damit entstehen zwei entkoppelte Tragwerke auf der Bodenplatte: Wand und Dach (äußere Tragwerk) sowie das innere Tragwerk.

Ein Gitterrohrträger lässt sich mit einem quadratischen Grundriss gut fertigen. Deswegen ist es günstig, dass das horizontale Tragwerk (im Unterschied zu Abb. 7.25) ebenfalls eine rechteckige Struktur bzw. Trägerlagen besitzt (Abb. 7.26). Dadurch vereinfacht sich die Verbindung zwischen vertikalem und horizontalem Tragwerk. Rechte Winkel in der Grundstruktur des Tragwerks sind aus konstruktiver und technologischer Sicht prinzipiell vorzuziehen.

Das innere Tragwerk muss auf die Be- und Entladeeinrichtung abgestimmt werden. Das betrifft die Halterung der Be- und Entladeeinrichtung sowie der dazugehörigen Rohre. Das Tragwerk sollte die Ausbildung der Schichtung bzw. die horizontale Strömung in Bodennähe oder unter dem Flüssigkeitsspiel nicht stören (vgl. mit Abs. E.2).

Am vertikalen Tragwerk können weiterhin eine Leiter, Podeste, die Temperaturmessung, die Beleuchtung usw. montiert werden.

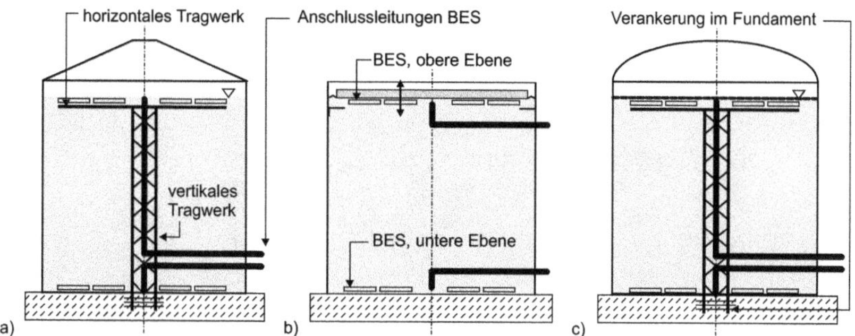

Abb. 7.24: Befestigung der Be- und Entladeeinrichtung bei Speichern mit verschiedenen Dachkonstruktionen, a) Speicher mit Festdach und innerem Tragwerk, b) Speicher mit Schwimmdach ohne inneres Tragwerk, c) Speicher mit Membrandach mit innerem Tragwerk

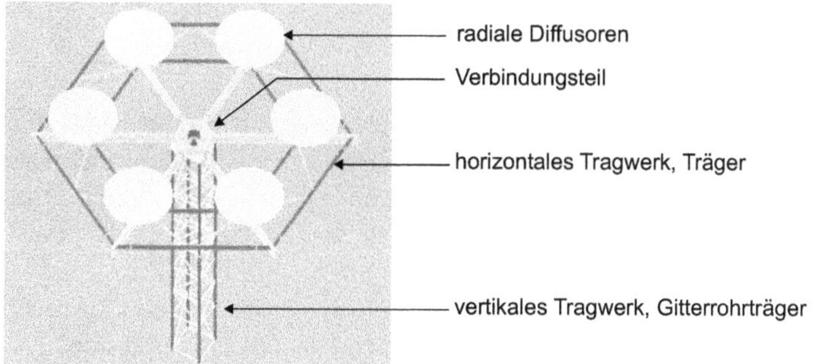

Abb. 7.25: inneres Tragwerke für sechs radiale Diffusoren (ohne Anschluss- und Verteilrohre) [209]

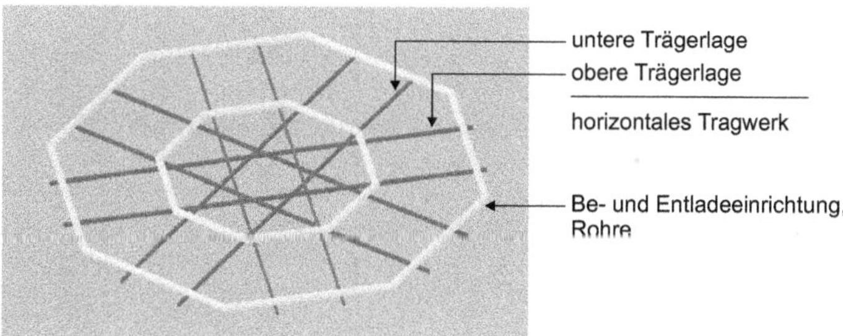

Abb. 7.26: horizontales Tragwerke für ein Be- und Entladesystem mit Rohren (ohne Darstellung der Anschluss- und Verteilrohrleitungen), Anpassung an ein vertikales Tragwerk mit quadrtischem Querschnitt (z. B. Gitterrohrträger) [209]

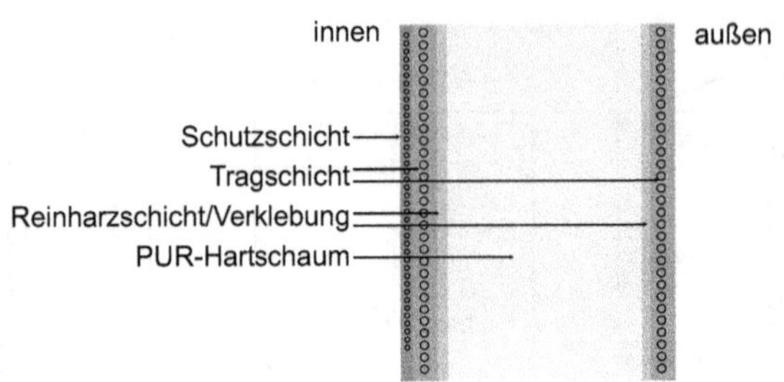

Abb. 7.27: Sandwich-Wandkonstruktion beim GFK-Tank-Speicher [210]

7.3.3 GFK-Tankspeicher

7.3.3.1 Werkstoffe, Wandaufbau

Der GFK-Tankspeicher [210], [211], [212], [213] wird nach dem glasfaserverstärkten Kunststoff (GFK), einem Bestandteil der Sandwich-Wandkonstruktion (Abb. 7.27), bezeichnet. GFK (siehe [154], [214], [215]) ist ein „Werkstoff nach Maß". Zur Herstellung stehen verschiedene Verfahren (Handlaminieren, Faser-Harz-Spritzen, Wickeln, Vakuum-Injektionsverfahren, Kalt- oder Heißpressen) zur Verfügung. GFK kann relativ gut auf die mechanischen, thermischen und stofflichen Beanspruchungen eingestellt werden. Dieser Faserverbundwerkstoff kommt für die Trag- und Schutzschichten zum Einsatz. Die verwendeten Werkstoffe sind spezielle Glassorten (jeweils als Matte, Gewebe, Komplexmatte) sowie ungesättigte Polyesterharze und Vinylharze (Abb. 7.28). Die integrierte Wärmedämmung besteht aus Polyurethan-Hartschaum (PUR). Aber auch Styrodur und Steinwolle werden bei Wärmespeichern verwendet [216]. Aus der Sandwich-Wandkonstruktion ergeben sich folgende Vorteile:

- hohe Wärmedämmwerte,
- geringe vertikale Wärmeleitung im Wandaufbau,
- Temperaturbeständigkeit bis ca. 90 °C (stoffabhängig),
- relativ hohe Dichtheit im Vergleich zu anderen Kunststoffen,
- keine bzw. äußerst geringe Durchfeuchtung,
- relativ geringe Dichte der Wandkonstruktion,
- UV-Licht-, korrosionsbeständige, chemisch weitgehend resistente, physiologisch unbedenkliche Werkstoffe,
- bestätigte Langzeitstabilität im Tankbau [217], [220].

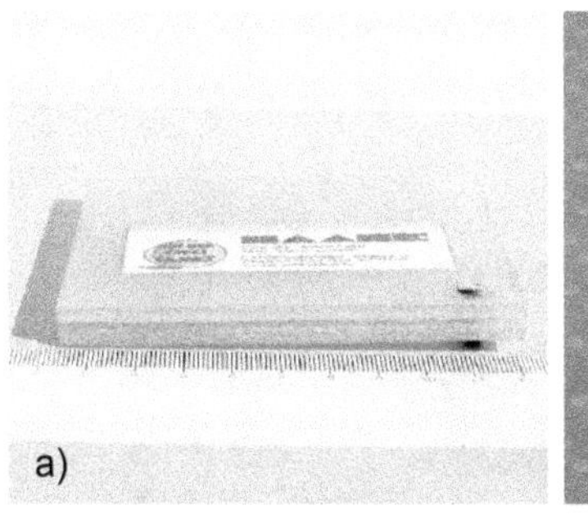

Abb. 7.28: Materialproben, a) GFK-Tragschicht, b) Matte aus Glasfaser (Vordergrund), GFK-Tragschicht (Hintergrund), Fa. Haase [216]

7.3.3.2 Speicher in Segmentbauweise

Bei der Errichtung von großen Flachbodentanks[10] verwendet man zurzeit Segmente, die im Werk vorgefertigt werden. Die Segmente können eine unterschiedliche Form besitzen:

- Ringe (Abb. 7.29), vgl. mit Abb. 7.9 a),
- Ringsegmente mit vertikaler Teilung (Abb. 7.30, ein Segment über der gesamten Höhe[11]), vgl. mit Abb. 7.9 b),
- Ringsegmente mit vertikaler und horizontaler Teilung (ein Ring bestehend aus mehreren Segmenten), vgl. mit Abb. 7.9 c), d).

Die Beschreibung der Errichtung erfolgt exemplarisch an einem oberirdischen Flachbodentank mit durchgängig vertikalen Ringsegmenten (Abb. 7.30, Verfahren der Fa. Haase). Auf eine wärmegedämmte Bodenplatte aus Beton wird eine Hilfskonstruktion zur Fixierung der Wandelemente und eines Karussels montiert. Nach der Montage der Wandsegmente kann man mithilfe des Karussels weitere Schichten (z. B. umlaufende Glasfasern zur Aufnahme der Zugspannung) auf die Wandsegmente laminieren. Durchdringungen dieses Wandaufbaus (z. B. für Rohre) sind ungünstig, weil die umlaufenden Fasern (wesentlicher Bestandteil des Tragwerks) unterbrochen werden. Anschlüsse usw. sind alternativ im Bodenbereich vorzusehen. Als Dach kommen Festdächer (z. B. aus GFK-Segmenten) oder Foliedächer mit geringem Überdruck infrage.

Der Wandaufbau bzw. die eingesetzten Werkstoffe beschränken den Speicherdruck, sodass derartige Speicher ohne anlagenseitigen Überdruck konzipiert werden. Höhere

[10] Für kleine Speicher existieren verschiedene Fertigungsverfahren (z. B. Wickeltechnik). Speicher können im Werk vollständig gefertigt werden. Die Fa. Haase [216] entwickelte ein weiteres Konzept für Wärmespeicher. Der Speicher wird in Einzelteilen (ein Boden, ein Deckel, ein aufgerollter Wandaufbau) mit guter Einbringmöglichkeit zum Aufstellungsort gebracht und dort montiert (z. B. Ausrollen der Wand, Isolation, Verbindung mit Überlaminieren).

[11] Es müssen die Transportmaße beachtet werden.

Abb. 7.29: Speicherbau mit GFK-Verbundelementen, Wärmespeicher mit ca. 125 m^3 (Höhe ca. 10 m, Durchmesser ca. 4 m) der Fa. Haase [216], a) Speicher mit 6 Ringelementen, b) Hubvorrichtung, c) Bodenplatte als ungedämmtes GFK-Bodenelement

Abb. 7.30: Speicherbau mit GFK-Verbundelementen, Wärmespeicher mit ca. 1500 m^3 der Fa. Haase, a) Bodenplatte aus Beton mit Hilfsvorrichtung zur Aufnahme der Wandelemente und des Karussels (links), b) gestapelte Wandelemente, Rahmenkonstruktion mit innenliegender Wärmedämmung (Länge ca. 12 m, Breite ca. 3 m), c) Detailaufnahme von Wandelementen

Drücke haben einen einen steigenden Materialeinsatz zur Folge, der zurzeit unwirtschaftlich erscheint. Bisher konnten Tankvolumen bis ca. 1.500 m^3 realisiert werden [216], [218]. Konzeptstudien sehen Volumina bis 6.000 m^3 vor.

7.3.4 Beton-Tankspeicher

Betonbehälter werden bei Trinkwasser-, Abwasser- und Wärmespeichern[12] eingesetzt. Betonfundamente wurden bereits bei Stahl-Tankspeichern (Abs. 7.3.2) und GFK-Tankspeichern (Abs. 7.3.3) erwähnt. Eine nähere Erläuterung erfolgt in diesem Abschnitt.

7.3.4.1 Werkstoffe

Beton bzw. Stahlbeton (Erläuterung des Verbundwerkstoffes, siehe unten) ist, genau wie GFK, ein „Merkstoff nach Maß“. Wiederum muss man die speziellen Eigenschaften und Fertigungsverfahren beachten.

Beton wird aus Zement (Bindemittel, z. B. Portlandzement), Wasser, Zuschlagstoffen (z. B. Sand) und ggf. weiteren Zusatzstoffen hergestellt. Zement und Wasser reagieren unter Wärmeabgabe zu einem festen, wasserbeständigen Bindebaustoff [76]. Die Eigenschaften, insbesondere die Dichtfunktion und die Festigkeit, hängen stark

- vom Bindemittel,
- von der Größe und Form der Zuschlagstoffe (Partikel, Fasern),
- der Herstellung, dem Transport, der Verarbeitung vor Ort (Verdichten usw.)

ab [189]. Eine hydraulische Dichtfunktion kann über die oben genannte Auswahl geeigneter Verfahren und Stoffe erreicht werden (z. B. Vermeidung von Poren). Zur Verhinderung der Diffusion sind Beschichtungen, Zuschlagstoffe oder der Einsatz von innen liegenden Folien notwendig.

Der Beton nimmt sehr gut eine Druckspannung auf. Jedoch kann Beton nur mit einer sehr kleinen Zugspannung beansprucht werden. Deswegen setzt man in sehr vielen Fällen *Stahlbeton* als Verbundwerkstoff ein. Die Stahlbewehrung (Abb. 7.31) nimmt die Zugspannung sehr gut auf (z. B. profilierte Stahlstäbe mit direktem Kontakt zum Beton). Der Beton übernimmt gegenüber dem Stahl eine Schutzfunktion (Korrosion, Brand usw.).

Beim *Spannbeton* wird die Bewehrung zusätzlich gespannt. Das kann vor der Bauteilfertigung oder während der Montage von Betonsegmenten sein. Über diese zusätzliche Spannung wird der Beton zusammengedrückt. Dadurch erreicht man die Reduktion der Risse, die sonst im Stahlbeton entstehen. So können auch Behälter für (geringe) Überdrücke hergestellt werden.

Risse entstehen durch lokale Zugspannungen aufgrund von mechanischen und thermischen Ursachen sowie Schwindvorgängen bei der Erhärtung. Die Begrenzung der

[12] Die Speicherentwicklung bei den saisonalen Wärmespeichern erfolgte in Verbindung mit solaren Nahwärmesystemen [99], [219], [221], [222], [223], [224], [225], [226], [227].

Abb. 7.31: Stahlbewehrung (orthogonal, mehrlagig, schlaff) und Beton während des Einbringvorgangs der Betonmischung, Bodenplatte eines Speichers

Rissbreite spielt bei der Auslegung eine wichtige Rolle. Geringfügige Bewegungen können aber auch durch Dehnungsfugen kompensiert werden.

Bei saisonalen Wärmespeichern bestand ein Problem in der thermisch-mechanischen Beanspruchung durch den geschichteten Betrieb mit hohen Temperaturgradienten in der Seitenwand: radial (lokal –11...17 K über den Wandaufbau) und vertikal (lokal bis zu 32 K über 1 m Wandhöhe) [227]. Durch verschiedene Maßnahmen, wie z. B. Bewehrung und neue stoffliche Modifikationen, sind die Probleme gelöst worden. Bei den neueren Betonarten, wie z. B. dem hochfesten Beton (HFB) und dem ultrahochfesten Faserbeton (UHFFB) [229], soll der Beton zusätzlich die Abdichtfunktion mit einem hohen Diffusionswiderstand übernehmen. Nach *Reineck* et al. [227] besitzt UHFFB

- 6-mal größere Dichtheit als HFB,
- 13-mal größere Dichtheit als WU-Beton,
- 40-mal größere Dichtheit als Normalbeton.

Bei Kältespeichern sind vor allem die vertikalen Temperaturgradienten (lokal, maximal 20 K aber typisch 9 K über 1 m Wandhöhe) geringer. Weiterhin sind verschiedene Beschichtungssysteme (bauchemische Produkte) am Markt verfügbar. Die baukonstruktive Aufgabe ist deswegen einfacher im Vergleich zu den Wärmespeichern.

7.3.4.2 Konstruktion und Technologie

Der Aufbau des Speichers kann wiederum in Boden, Wand, und Decke eingeteilt werden[13]. Die verschiedenen Behälterformen zeigt Abb. 7.32 [189]. Die Form steht in Zusammenhang mit der Position (vollständig oder teilweise unterirdisch, oberirdisch) und

[13]Prinzipiell können Betonwände als Freiformflächen ausgebildet werden (z. B. keine Unterteilung in Dach, Wand, Boden). Die Schalung (siehe unten) bzw. die Fertigung kann jedoch aufwendiger ausfallen. Vorteile können ein steiger Lastabtrag in der Wand und die Vermeidung von Fugen sein. Dieser Abschnitt beschränkt sich auf einfache Konstruktionen.

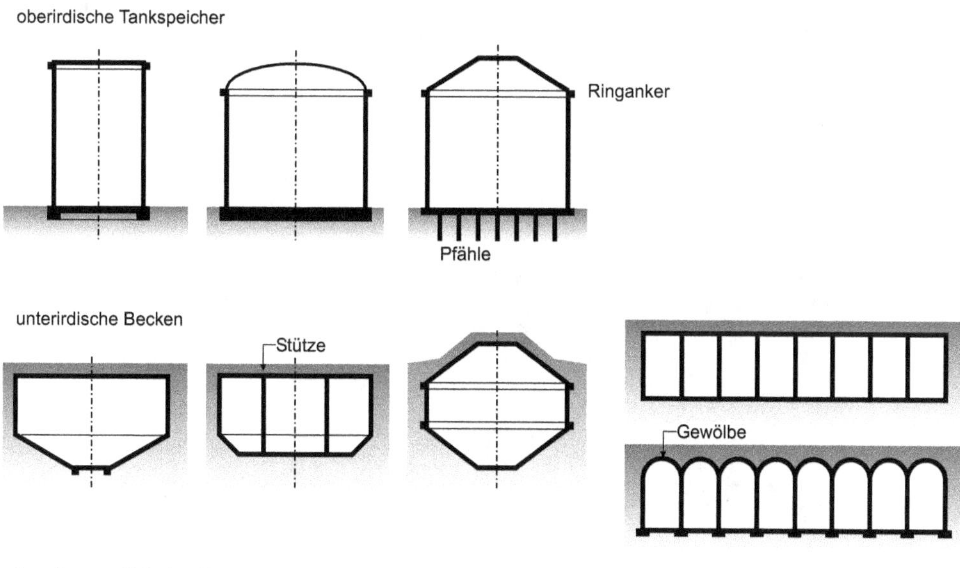

Abb. 7.32: typische Grundformen für Tanks und Becken mit einer Wandkonstruktion aus Beton eingeteilt nach einer ober- und unterirdischen Anordnung, vgl. mit *Hampe* [189], [190]

der Bautechnologie. Bei unterirdischen Tanks kommt es inhaltlich zur Überschneidung mit dem Begriff *Becken* (Abb. 7.4 S. 252).

Der Aushub der Baugrube ist mit zusätzlichen Kosten gegenüber oberirdischen Tanks verbunden. Die Konstruktion muss den sog. Erddruck aufnehmen können und gegen Auftrieb gesichert sein. Das Fundament kann als Platte oder Kegelschale ausgeführt werden. Ringförmige Fundamentstreifen oder Fundamente mit Pfählen kann man zusätzlich zum Lastabtrag in das Erdreich heranziehen. Der Wandaufbau besteht typischerweise aus zwei Lagen Bewehrung [189]. Durchdringungen (z. B. Rohrleitungen) stören stets die Bewehrung. Mit weiteren Maßnahmen (z. B. Stahlkonstruktionen) müssen die Spannungen aufgenommen und verteilt werden. Dachkonstruktionen können prinzipiell aus Stahlbeton bestehen. Ein wesentlicher Nachteil ist die hohe Masse der Konstruktion, die durch eine Mindeststärke und die Dichte der Werkstoffe hervorgerufen wird. Die materialintensive Konstruktion trägt dabei die hohe Eigenlast und ggf. eine weitere Erdüberdeckung. Es sollte deswegen überprüft werden, ob ein oberirdischer Tank (vgl. mit Abb. 7.33) mit einer Dachkonstruktion nach Abs. 7.3.2.6 geeigneter ist.

Zum Lastabtrag zwischen den Bauteilen sind Anschlüsse auszubilden (z. B. Verankerung des Bewehrungsstahls, Auflager für Betonbauteile, Abdichtung mit Fugen). Im Speicherinneren ist auch der Einsatz von Stützen und Wänden denkbar. Man bevorzugt aber Speicher ohne innere Tragwerke, weil z. B. beim Einsatz einer Dichtfolie viele komplizierte Kanten und Ecken entstehen, die schwierig einzudichten sind und potenzielle Schwachstellen darstellen.

Abb. 7.33: oberirdischer Betonbehälter mit zylindischer Wand ohne Verkleidung, landwirtschaftliche Nutzung als Silage-Silos, Clausnitz

Die Fertigung vor Ort kann in eine monolithische Bauweise (Erhärtung des Betons vor Ort) oder eine Montage von Bauteilen bzw. Wandsegmenten (Erhärtung des Beton in der Fabrik) einteilen. Folgende Fertigungsschritte sind bei der monolithischen Bauweise anzutreffen: Aufbau der Schalung, Flechten der Bewehrung, Montage weiterer Stahlanker, Einbringen und Verdicheten des Betons, Demontage der Schalung nach der Aushärtung des Betons, Nachbehandlung des Betons (z. B. Glätten, Beschichten). Dabei können verschiedene Schalungsarten eingesetzt werden: eine Standschalung (Abb. 7.34) oder eine bewegliche Schalung (Segmentschalung, Wanderschalung, Kletterschalung, Gleitschalung) [189]. Für bewegliche Schalungen setzt man Zug- oder Hubeinrichtungen ein.

Bei der Montage von vorgefertigten Betonbauteilen beginnt der Fertigungsprozess mit der Aufstellung und Verbindung der Segmente, gefolgt von Maßnahmen zur Abdichtung und Verspannung. Der Spannbeton nimmt vor allem die Kräfte auf, die durch die Füllung und ggf. durch den Erddruck entstehen (Abb. 7.35).

Der Wandaufbau folgt dem Schema nach Abb. 7.5 a) und b). Es muss der Wassertransport und die Wasserdampfdiffusion von innen vermieden werden (vgl. mit Tab. 7.2), was bei Wärmespeichern mit hohen Temperaturen noch signifikanter ist[14].

[14]Im Bereich der solaren Nahwärme mit Langzeit-Speicherung wurden Speicher mit einem Volumen von bis zu 12.000 m^3 realisiert. Die maximale Temperatur beträgt in der Regel 95 °C und der Druck liegt auf dem Umgebungsniveau. Die ersten Speicher wurden mit Edelstahl- und Kunststofffolie ausgekleidert. Die neuen Betone ermöglichen auch die Dichtfunktion der Wand (Abs. 7.3.4.1).

Abb. 7.34: Standschalung zur Fertigung der Wand, Wärmespeicher Hannover-Kronsberg $2750\,m^3$, unterirdisches Becken nach Abb. 7.32 mit Erdüberdeckung, Quelle: *Bodmann* [228]

Abb. 7.35: Speicher mit seitlich fertiggestellter Wärmedämmung, Einsatz verspannter dünnwandiger Betonbauteile, Spannelemente innen liegend, Wärmespeicher München $5700\,m^3$, Becken nach Abb. 7.32 mit Erdüberdeckung

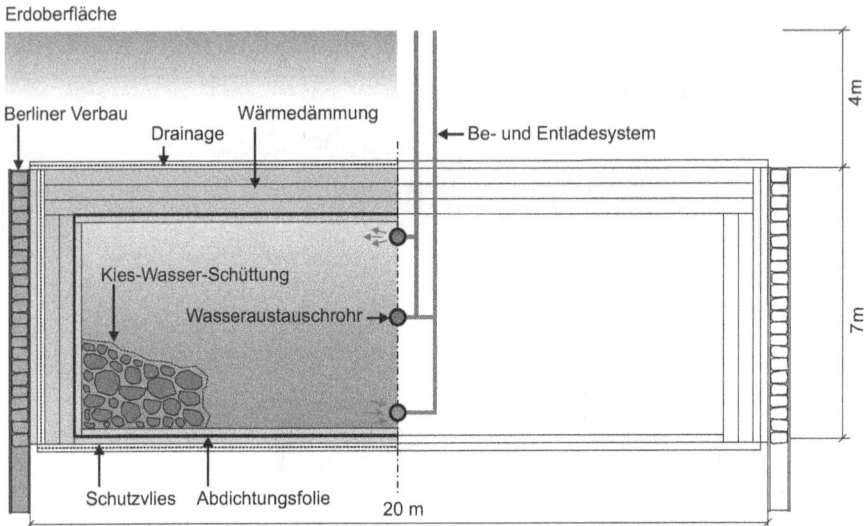

Abb. 7.36: Aufbau des Kies-Wasser-Speichers in Chemnitz, 8000 m³, solare Nahwärme, Quaderform (58 m × 20 m × 7 m) unterirdisch, direkte Be- und Entladung, mit Hilfskonstruktion (Berliner Verbau)

7.4 Beckenspeicher

7.4.1 Konstruktion und Bautechnik

Der Begriff *Beckenspeicher* oder *Erdbeckenspeicher* orientiert sich an der Konstruktion und Herstellung[15]. Eine beispielhafte Konstruktion zeigt Abb. 7.36. Der prinzipielle Bauablauf ist bei diesen Speichern ähnlich:

- bautechnisches Herstellen einer Grube (Abb. 7.37 a),
- Einbringen des Boden- und des Wandaufbaus (Abb. 7.37 b, Abb. 7.38),
- Einfüllen des Speichermediums (Abb. 7.39 a),
- parallele Montage der Be- und Entladeeinrichtung und weiterer Bauteile,
- Schließen der Speicherkonstruktion durch den Deckenaufbau (Abb. 7.39 b),
- ggf. weiteres Verfüllen der Baugrube mit Erdreich.

[15]Dieser Abschnitt basiert auf folgenden Quellen: [98], [99], [219], [221], [224], [226], [230], [231], [232], [233], [234], [235], [236], [237], [238], [239], [240], [241], [242], [243], [244], [245], [246]. In den letzten Jahren wurden in Deutschland einige Erdbeckenspeicher in Verbindung mit solaren Nahwärmesystemen errichet (Langzeit-Speicher): Stuttgart 1000 m³, Chemnitz 8000 m³, Augsburg 6000 m³, Steinfurt 1500 m³, Eggenstein 4500 m³.

Abb. 7.37: Herstellung des Kies-Wasser-Speichers nach Abb. 7.36, a) Aushub der Baugrube bei gleichzeitigem Verbau, Abtransport und Zwischenlagerung des Aushubmaterials b) Montage der Wärmedämmung, Einbau der Kunststoff-Folie und weiterer Schutzschichten (Vlies, Geotextil)

Ein wesentlicher Gedanke besteht darin, dass man keine oder wenige tragende Bauteile im Vergleich zu den Tankspeichern verwendet, weil die tragende Speicherhülle relativ kostenintensiv ist. Man nutzt deswegen eine einfache Beckenkonstruktionen und selbsttragende Schüttungen (Abb. 7.40). Erdbeckenspeicher besitzen deshalb folgende Merkmale.

Die unterirdische Position erfordert den Einsatz druckfester Baustoffe (Dichtung, Wärmedämmung). Weiterhin darf kein Grundwasser vorliegen bzw. die Bodenfeuchte sollte gering sein. Der Aushub der Grube verursacht signifikante Kosten.

Die Speicherform (Abb. 7.40) kann ein umgekehrter Kegelstumpf, ein umgekehrter Pyramidenstumpf oder ein quaderförmiges Becken sein. Die Speicherhöhe wird oft durch eine wirtschaftliche Aushubtiefe begrenzt.

Hinsichtlich der Abdeckung (Abb. 7.40 a) sind schwimmende, auf dem Schüttgut aufliegende oder überbrückende Konstruktionen möglich. Die Seitenwände (Abb. 7.40 b) werden entsprechend des Konzeptes geböscht ausgeführt. Der Böschungswinkel ist von den geologischen Verhältnissen abhängig. Bei ungünstigen geologischen Verhältnissen oder in der Nähe anderer Bauwerke können auch Hilfskonstruktionen (z. B. Berliner Verbau, Kies-Wasser-Speicher in Chemnitz oder eine Vernadelung bei steilen Böschungswinkeln, Experimentalspeicher am ITW der Uni Stuttgart) eingesetzt werden. Je nach Konzept[16] verwendet man eine Wärmedämmung im seitlichen Bereich und am Boden (beachte Druckbelastung und Durchfeuchtung).

Als Speichermedium kommen Kies-Wasser (Abb. 7.36), Sand-Wasser und Wasser infrage. Durch den Einsatz von mineralischen Schüttgütern sinkt aber die volumetrischen Wärmekapazität (Tab. 5.4). In der Höhe des Wasserspiegels befindet sich das Speicherwasser auf Umgebungsdruck. Im Speicher liegt eine hydrostatische Druckver-

[16] Beim Einsatz einer reversiblen Wärmepumpe zur kombinierten Nutzung als Wärme- und Kältespeicher kann das umliegende Erdreich zur Speicherung herangezogen werden.

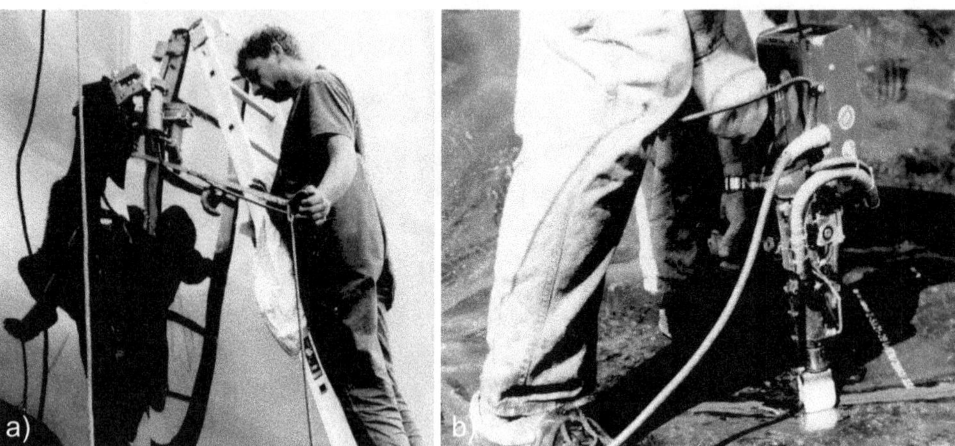

Abb. 7.38: Herstellung des Kies-Wasser-Speichers nach Abb. 7.36, a) Verschweißen der PE-Folie mit einem Heißluftgerät im Wandbereich, b) Extruderschweißverfahren im Bodenbereich

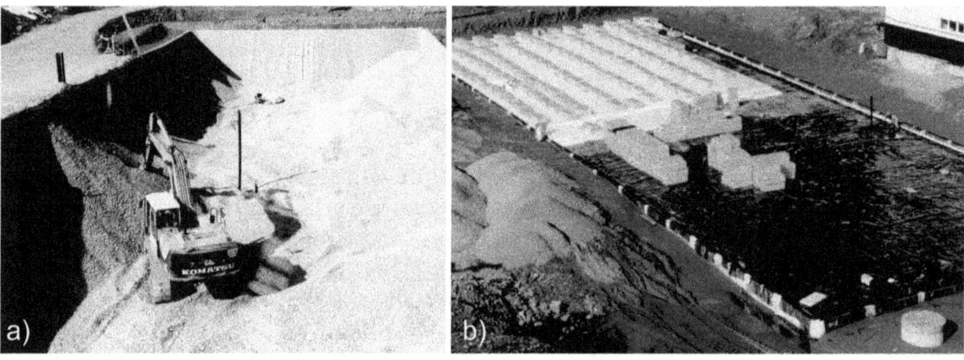

Abb. 7.39: Herstellung des Kies-Wasser-Speichers nach Abb. 7.36, a) Verteilung des Kieses mit einem Bagger im Speicher, b) Deckenaufbau mit einer vollkommen verschweißten Folie, Auflegen der XPS-Wärmedämmplatten

teilung des Wassers vor. D. h., Erdbecken werden aufgrund der Speicherkonstruktion nicht für einen Betrieb im Überdruckbereich konzipiert.

Im Unterschied zu Tankspeichern ist neben einer direkten auch eine indirekte Be- und Entladung (Abb. 7.40 c) üblich[17].

- Direkte Be- und Entladung: Die Pumpen müssen zur Vermeidung der Kavitation unterhalb der Wasseroberfläche installiert werden. Aufgrund der Speicherposition

[17]Die gemischte Anwendung der direkten und indirekten Variante ist möglich, besitzt aber heute keine praktische Bedeutung.

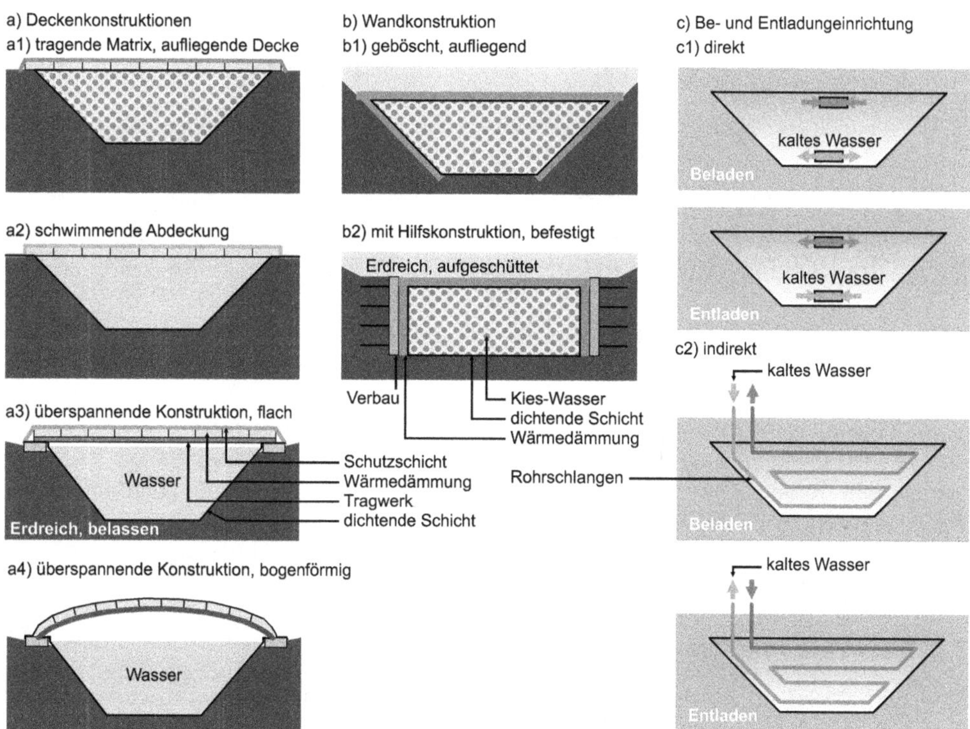

Abb. 7.40: Konstruktionen und -funktionen von Erdbeckenspeichern

sind die Pumpen in einem Schacht (mit relativ hohen Kosten) oder direkt im Speicher (Tauchpumpen) anzuordnen.

- Indirekte Be- und Entladung: Der Einsatz eines kostenintensiven Wärmeübertragers (z. B. Rohrschlagen) wird bei Problemen mit der Wasserchemie (z. B. Kalkauswaschung) erforderlich. Dadurch kann man bei kleinen Speichern den Pumpenschacht einsparen.

  Ein Nachteil besteht jedoch darin, dass keine so gute thermische Schichtung aufgebaut wird. Allerdings kann man durch den Einsatz von Frostschutzgemischen im Beladesystem das Wasser vereisen und die Speicherkapazität signifikant erhöhen.

  Weil der Wärmeübergang vom Rohr zum Speichermedium und umgekehrt stark begrenzt ist, erhöht der Einsatz eines zusätzlichen Pufferspeichers die Auslastung der Be- und Entladeeinrichtung.

Die maximale Temperatur, die Druckbeständigkeit usw. bestimmen die Werkstoffwahl der dichtenden Schicht und der Wärmedämmung[18]. Im Vergleich zu Wärmespeichern ist dies bei Kältespeichern weniger kritisch.

Beckenspeicher lassen sich im Vergleich zu Tankspeichern erst ab großen Volumina (ca. 5000 m^3) kostengünstig errichten. Die Ursache liegt u. a. in einem hohen Fixkostenanteil für die bauliche Errichtung (vgl. mit Abb. B.4 S. 395).

7.5 Direkte Be- und Entladung

Mit der direkten Be- und Entladung können hohe Leistungen und relativ konstante Entladetemperaturen realisiert werden. Deswegen besitzt diese Variante eine besondere Bedeutung bei großen Kaltwasserspeichern.

Im Folgenden werden Prinzipien, mathematischen Beschreibungen, technische Lösungen und Optimierungsmöglichkeiten vorgestellt, die mit der direkten Be- und Entladung von Tankspeichern zusammenhängen. Die Aussagen sind z.T. auch auf andere Speichertypen (z. B. Erdbeckenspeicher) zutreffend.

7.5.1 Prinzipien

7.5.1.1 Verdrängungs- und Umladespeicher

Das Verhältnis von Zu- und Abfluss wurde bereits in Abs. 4.3.4 besprochen. Bei der direkten Be- und Entladung und gleichem Zufluss und Abfluss ist der Begriff *Verdrängungspeicher* üblich.

Bei *Umladesystemen*[19] ist für einen Speicher entweder ein effektiver Zufluss oder ein effektiver Abfluss zu verzeichnen. Abb. 7.41 zeigt ein Kälteversorgungssystem mit drei Speichern im Vergleich zu Abb. 4.9 mit zwei Speichern. Nach [9] ist auch der Begriff *Leertank-System* üblich.

Bei der Beladung wird die warme Speicherfüllung mit den Kältemaschinen gekühlt und in den leeren Tank geleitet. Zur Entladung kann man eine kalte Speicherfüllung nutzen. Das warme Wasser aus dem Netz-Rücklauf gelangt dann in einen leeren Tank.

Speicher-Umladesysteme nach z. B. Abb. 7.41 benötigen insgesamt mehr Speichervolumen wegen des zusätzlichen Leertanks, was mit höheren Investitionskosten verbunden ist.

Bei Umladesystemen muss auch die hohe Volumenänderung der Wasserfüllung in jedem Speicher beachtet werden. Hierfür kommen bei dem variablen Speichervolumen Schwimmdecken oder ähnliche Konstruktionen infrage. Bei konstantem Speichervolumen könnte beispielsweise eine Schutzgasatmosphäre die Korrosion durch Luftkontakt vermeiden. Im Vergleich zu den Verdrängungsspeichern ist der technische Aufwand höher einzuschätzen. In dieser Arbeit wird der Schwerpunkt deswegen auf die Verdrängungsspeicher gelegt.

[18] Bei Wärmespeichern sind viele Kunststoffe (Folie, ggf. Wärmedämmung) oft nur bis ca. 70 C° verwendbar, obwohl eine Notwendigkeit bis 95 °C besteht. Der Markt für solche speziellen Speicherprodukte ist noch viel zu gering, was sich wiederum auf die Verfügbarkeit auswirkt.

[19] In [201] wird für diesen Speicherbetrieb der Begriff *Entleerungsspeicher* eingeführt. Dieser Begriff

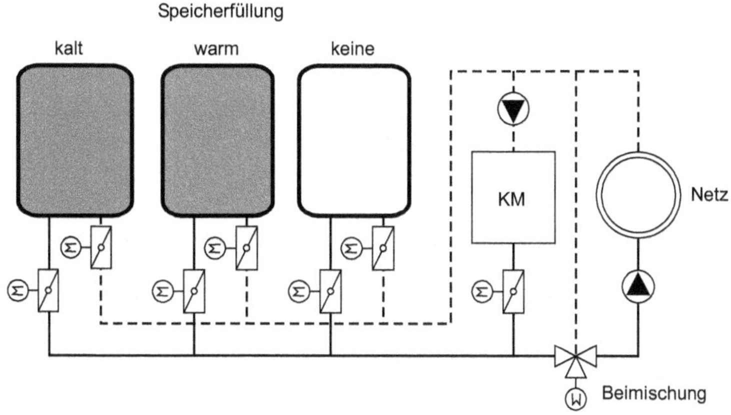

Abb. 7.41: Kälteversorgungssystem mit drei Speichern, Speicherumladesystem [9]

7.5.1.2 Stromführung

Unabhängig von der direkten und indirekten Be- und Entladung können Speicher in *Parallel-* und *Serienschaltung* (Abb. 7.42) *extern* verbunden werden. Kombinationen aus beiden Schaltungsarten sind außerdem möglich. Während ein System mit mehreren Speichern eine externe hydraulische Verbindung (Abb. 7.42 a, b1, b2) benötigt, kann man einen Speicher auch räumlich *intern* unterteilen (z. B. mit Kammern, Bezeichnung auch als Labyrinth, Abb. 7.42 c1, c2) [9]. Diese Speicherzonen lassen sich analog zu den externen Verbindungen einteilen. Üblicherweise wird eine Serienschaltung zur Vergrößerung der *effektiven Speicherhöhe* aufgrund der thermischen Schichtung angewendet. Zwei Verbindungsarten sind charakteristisch:

- oben-zu-unten: Diese Verbindungsart ermöglicht eine bessere thermische Schichtung in allen Speichern und Speicherzonen (Abb. 7.42 b1, c1).
- oben-zu-oben[20]: Es entstehen Speicher oder Zonen mit freier Konvektion (Abb. 7.42 b2, c2). Bei einer hohen Anzahl an Zonen kann eine effektive Schichtung durch die vielen hintereinander geschalteten Zonen erreicht werden.

7.5.1.3 Trennung der Zonen

Die Trennung der kalten und warmen Zone ist ein wesentliches Merkmal von Kaltwasserspeichern. Das kann im Speicher *mit* oder *ohne* stofflicher Trennung stattfinden.

Bei Verdrängungsspeichern nach Abb. 7.42 findet zwischen der kalten und warmen Zone keine stoffliche Trennung statt. Die thermische Schichtung basiert auf dem temperaturabhängigen Dichteunterschied. Eine bestimmte Be- und Entladestrategie sowie

charakterisiert jedoch die Betriebsstrategie nur unzureichend.

[20]Bei einer Beladung ist entscheidend, wie die Stromführung nach dem ersten Speicher oder der ersten Zone erfolgt.

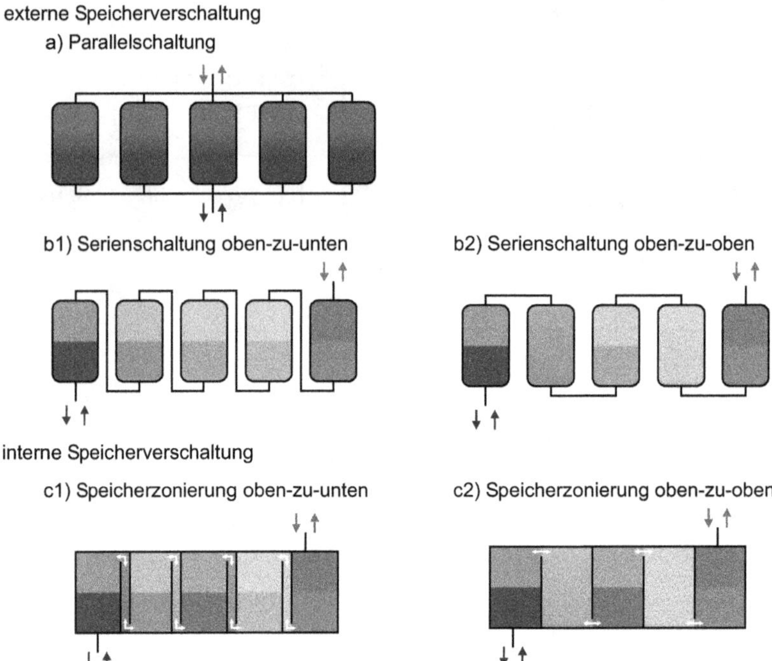

Abb. 7.42: hydraulische Stromführung bei Speichern am Beispiel der direkten Be- und Entladung

speziell ausgebildete Be- und Entladeeinrichtungen stellen einen geschichteten Betrieb sicher.

Im Falle einer stofflichen Trennung liegen mehrere Möglichkeiten vor:

- Speicher-Umladesysteme (Abb. 7.41) trennen die Zonen mit mehreren Speichern.
- Verdängungsspeicher können mit beweglichen Wänden, Membranen usw. ausgerüstet werden. Die Membran bewegt sich dann mit der Be- und Entladung[21].

7.5.1.4 Speichergestaltung

Die *Verdrängungsspeicher mit Schichtungsbetrieb* besitzen im Vergleich zu den anderen Varianten viele Vorteile (z. B. relativ kleines Speichervolumen, keine kostenintensiven und störanfälligen Einbauten). Ein einzelner Speicher ist wegen des Oberflächen-Volumen-Verhältnisses und dem minimalen peripheren Aufwand vorzuziehen.

[21] Der Einsatz von beweglichen Wänden, Membranen usw. wird insbesondere bei großen Speichern als schwierig angesehen. Diese beweglichen Bauteile sind eine zusätzliche Fehlerquelle. Speicherienbauten dürfen weiterhin die Bewegung nicht stören. Die Vor- und Nachteile müssen separat untersucht werden.

Die *Erzeugung* und die *Aufrechterhaltung* einer thermischen Schichtung nimmt dabei eine Schlüsselrolle ein. Die Problematik soll zunächst vereinfacht erläutert werden (vgl. mit Abs. E.2). Folgende Einflussfaktoren sind zu beachten.

- Speicherform: Schlanke Speicher besitzen eine kleine vertikale Querschnittsfläche zur vertikalen Wärmeübertragung. Der Wandabstand zur Be- und Entladeeinrichtung hat einen Einfluss auf die Strömung.
- Wärmeleitung im Speicher: Speicherstoffe, Einbauten, Speicherwandung usw. bestimmen mit den jeweiligen Wärmeleitkoeffizienten die Wärmeleitung im Speicher. Durch eine lang anhaltende vertikale Wärmeleitung kann die Schichtung abgebaut werden. Mit steigender Speichergröße nimmt der Einfluss der Einbauten und der Wand ab.
- Freie Konvektion: Dichteinversionen durch eine ungünstige direkte Beladung oder durch Wärmeübergänge an Einbauten oder Speicherwänden können speicherinterne Strömungen verursachen, die die Schichtung abbauen.
- Erzwungene Konvektion: Zu hohe Geschwindigkeiten führen insbesondere an den Ein- und Austritten (direkte Be- und Entladung) zu Mischungen, die einen Schichtungsabbau bewirken.

Liegende oder flache Speicher

Eine Begrenzung durch Bau- oder Raumhöhen führt in verschiedenen Fällen zur Beschränkung der Speicherhöhe, welche wiederum für die thermische Schichtung wichtig ist (Details in Abs. E, z. B. Tab. E.1). Eine Möglichkeit, die effektive Höhe zu vergrößern, besteht in der Reihenschaltung von Speichern (Abb. 7.42 b, c). Das umfasst auch die Ausbildung von Kammern in flachen Räumen (z. B. Kellerräume als Betonspeicher) und liegende Stahltanks (Abb. 7.8).

Die Durchströmung der hydraulischen Verbindung zwischen den Kammern verursacht eine Vergrößerung der Übergangszone (Abs. 7.5.2.4) bzw. einen stärkeren Abbau der Schichtung. Dieser Schichtungsabbau wird durch das mehrfache Ausströmen und Ansaugen im gesamten Speicher hervorgerufen (vgl. mit Abs. E.2). Dabei sinkt u. a. die Temperaturdifferenz, die für das Einschichten wichtig ist.

Aus konstruktiver Sicht muss auch beachtet werden, dass der Zutritt zu jeder Kammer gewährleistet sein muss (z. B. Prüfung, Wartung, Reparatur).

Aus den oben genannten Gründen sollte man Speicher ohne eine Ausbildung von Kammern mit einer entsprechenden Mindesthöhe favorisieren. Aus projekttechnischer Sicht sind frühzeitig Aufstellflächen oder Räume mit einer Mindesthöhe zu reservieren.

7.5.2 Schichtungsbetrieb

Der Speicherbetrieb mit thermischer Schichtung ist eine einfache und kostengünstige Möglichkeit zur Trennung der kalten und warmen Zone. Es müssen aber diverse Zusammenhänge berücksichtigt werden.

Im Unterschied zu Wärmespeichern sind die Dichtedifferenzen (Abb. 5.3 S. 151) aufgrund der Temperaturen im Kaltwassersystem (Abs. 2.5 S. 68, z. B. 6/12 °C) sehr gering. Weiterhin setzt man Kaltwasserspeicher im Kurzzeit-Bereich ein. Damit sind hohe Ladewechsel verbunden. Der Austausch der gesamten Wasserfüllung kann in typischerweise 5...6 h erfolgen, was sehr hohe Volumenströme zur Folge hat. Spezielle Be- und Entladeeinrichtungen (Abs. 7.5.3 S. 265) müssen demzufolge den Fluidimpuls stark abbauen.

Der Speicheraufbau, die Systembetriebsweise sowie das Be- und Entladesystem beeinflussen die Ausbildung einer thermischen Schichtung und deren zeitliche Entwicklung. Um Rückschlüsse auf die genannten Einflussfaktoren zu ziehen, muss man den Schichtungsbetrieb bewerten. In den folgenden Unterabschnitten werden verschiedene Kenngrößen, die mit dem Schichtungsbetrieb in Verbindung stehen, diskutiert.

7.5.2.1 Schichtenmodellansatz und Kenngrößen

Eine vertikale Temperaturverteilung $T_{Sp} = f(h,t)$ legt die Verwendung eines Schichtenmodells (Abb. 7.43) nahe[22] [247]. Die kalte Zone umfasst bei Kältespeichern das nutzbare Volumen V_{Nutz} mit der dazugehörigen Höhe $h_{Nutz} = f(T_{Sp}, T_{Sp,ent,Grenz})$. Die Bestimmung erfolgt mit einer Grenztemperatur $T_{Sp,ent,Grenz}$. Die darüber liegende Übergangszone und die warme Zone können nicht zur Entladung herangezogen werden.

Bezüglich des Schichtenmodells kann man folgende typische Größen formulieren: die Anzahl der Schichten (Gl. 7.1), die Temperaturdifferenz über die gesamte Speicherhöhe (Gl. 7.2), die mittlere Speichertemperatur (Gl. 7.3), die innere Energie des Speichers (Gl. 7.4), die Be- und Entladeleistung (Gl. 7.5).

$$h_{Sch} = \frac{h_{Sp}}{n_{Sch}} \tag{7.1}$$

$$\Delta T_{Sp} = T_{Sp,n_{Sch}} - T_{Sp,1} \tag{7.2}$$

$$T_{Sp,m} = \frac{1}{n_{Sch}} \sum_{i=1}^{n_{Sch}} T_{Sp,i} \tag{7.3}$$

$$U_{Sp} = (\rho c)_W \cdot V_{Sp} \cdot T_{Sp,m} \tag{7.4}$$

$$\dot{Q}_{BES} = (\rho c)_W \cdot \dot{V}_{BES} \cdot (T_{BES1} - T_{BES2}) \tag{7.5}$$

mit

$$\begin{aligned} &\text{Beladen} \rightarrow T_{Sp,ein} = T_{BES1} < T_{Sp,aus} = T_{BES2} \rightarrow \dot{Q}_{BES} = \dot{Q}_{Sp,bel} < 0 \\ &\text{Entladen} \rightarrow T_{Sp,aus} = T_{BES1} < T_{Sp,ein} = T_{BES2} \rightarrow \dot{Q}_{BES} = \dot{Q}_{Sp,ent} > 0 \end{aligned}$$

[22] Beim Schichtenmodell treten keine horizontalen Temperaturdifferenzen auf. Jede Schicht besitzt eine Temperatur, die durch den jeweiligen Mess- oder Simulationswert bestimmt wird. In Abs. D sind weitere Informationen zu einem Simulationsmodell auf der Basis des Schichtenansatzes zu finden.

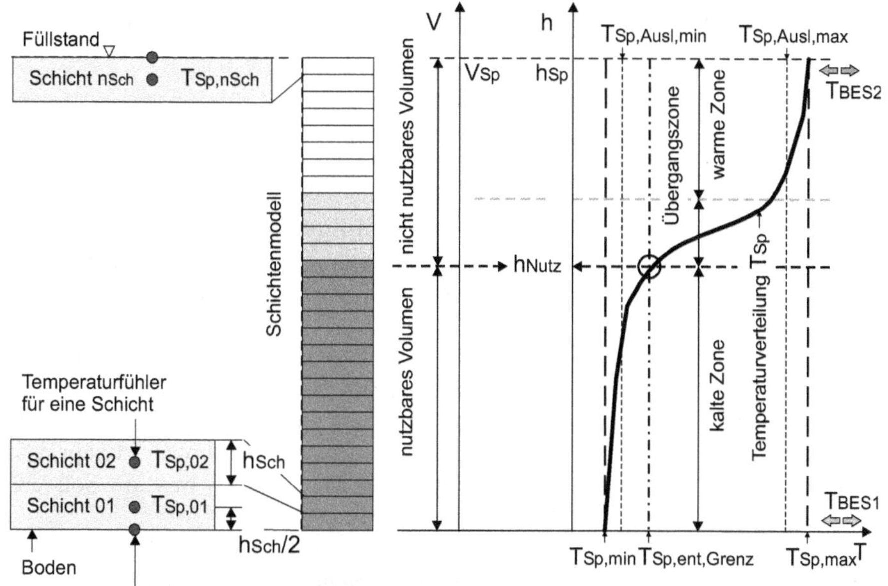

Abb. 7.43: schematische Darstellung des Schichtenmodellansatzes und zur Temperaturverteilung mit Definitionen

Es ist besonders zu beachten, dass die Be- und Entladeleistung sowie die Speicherkapazität mit sinkender Temperaturdifferenz ΔT_{Sp} fallen. Ein guter Schichtungsbetrieb führt stets zu maximal zulässigen Werten von ΔT_{Sp}.

7.5.2.2 Ladezustand

Die Ladezustände können im Unterschied zu Gl. 4.7 (S. 115) über die Temperaturen bestimmt werden [247]. Das ist unter der Annahme $(\rho c)_W = konst.$ möglich, wobei kein Phasenwechsel vorliegt. Der *energetisch-statische Ladezustand* $LZ_{Sp,en,stat}$ (Gl. 7.6) bezieht sich auf die Auslegungstemperaturen $T_{Sp,Ausl,min}$ und $T_{Sp,Ausl,max}$ (Abb. 7.43)[23].

$$LZ_{Sp,en,stat} = \left(1 - \frac{T_{Sp,m} - T_{Sp,Ausl,min}}{T_{Sp,Ausl,max} - T_{Sp,Ausl,min}}\right) \cdot 100\,\% \tag{7.6}$$

Weil die minimale Speichertemperatur $T_{Sp,min}$ und die maximale Speichertemperatur $T_{Sp,max}$ von der Auslegung abweichen können (z. B. Teillastbetrieb), ist es in verschiedenen Situationen sinnvoll, den *energetisch-dynamischen Ladezustand* $LZ_{Sp,en,dyn}$ (Gl. 7.7) zu verwenden. Dieser bezieht sich auf die tatsächlich auftretende minimale und

[23]Die Auslegungstemperaturen werden durch die Systemplanung bestimmt.

maximale Temperatur $T_{Sp,min}$ und $T_{Sp,max}$. Allerdings liefert $LZ_{Sp,en,dyn}$ bei einem näherungsweise voll beladenen oder voll entladenen Speicher keine sinnvollen Werte, weil $T_{Sp,max} - T_{Sp,min}$ gegen Null geht.

$$LZ_{Sp,en,dyn} = \left(1 - \frac{T_{Sp,m} - T_{Sp,min}}{T_{Sp,max} - T_{Sp,min}}\right) \cdot 100\,\% \tag{7.7}$$

Beide Ladezustände bewerten den energetischen Zustand des Speichers. Eine Nutzbarkeit des Speichers ist aus den Größen nicht zwingend ableitbar. Der Speicher könnte beispielsweise eine Mischtemperatur besitzen, die über der Entladegrenze $T_{Sp,aus,ent} < T_{Sp,ent,Grenz}$ liegt.

Der *volumetrische Ladezustand* $LZ_{Sp,vol}$ (Gl. 7.8) ist eine praktikable und robuste Kenngröße. Es wird das nutzbare Volumen, welches sich unter einer bestimmten Grenztemperatur liegt, bestimmt und ins Verhältnis zum gesamten Volumen gesetzt. Die Wahl der Grenztemperatur beeinflusst den Ladezustand erheblich. Aus praktischer Sicht sollte die Grenztemperatur für die Entladung $T_{Sp,ent,Grenz}$ bzw. die Soll-Vorlauf-Temperatur des Versorgungssystems gewählt werden.

Dieser Ladezustand gibt Auskunft zu einer möglichen Nutzung. Die energetischen Verhältnisse werden allerdings nur ungenau wiedergegeben. Deswegen ist eine parallele Anwendung der Ladezustände sinnvoll. Beispiele sind in Abs. F (Abb. F.4 S. 460, Abb. F.11 S. 465) zu finden.

$$LZ_{Sp,vol} = \left(\frac{1}{V_{Sp}} \sum_{i=1}^{n_{Sch}} V_{Sch,i}\left(T_{Sp,i} < T_{Sp,ent,Grenz}\right)\right) \cdot 100\,\% \tag{7.8}$$

7.5.2.3 Temperaturgradient

Der Temperaturgradient $gradT_{Sp}$ (Gl. 7.9) bezieht sich auf die vertikale Temperaturverteilung im Speicher. Der maximale Temperaturgradient $(gradT_{Sp})_{max}$ befindet sich in der Übergangsschicht (Abb. 7.44 b). Hohe Werte von $(gradT_{Sp})_{max}$ zeigen eine gute Schichtung an. Deswegen wird der maximale Temperaturgradient zur Schichtungsbewertung herangezogen. In Abs. F sind hierzu zwei Beispiele erläutert.

$$gradT_{Sp} = \frac{\partial T_{Sp}}{\partial h_{Sp}} \tag{7.9}$$

7.5.2.4 Höhe der Übergangszone

Die Übergangszone oder -schicht liegt zwischen der kalten und der warmen Zone. In Abb. 7.43 wird nur die untere Grenze mit $T_{Sp,ent,Grenze}$ festgelegt. Abb. 7.44 liefert hingegen zwei Bestimmungsmethoden für die Höhe der Übergangsschicht.

- Die *90 %/10 %-Methode* (Abb. 7.44 a) [248] verwendet zur Höhenbestimmung (Gl. 7.10) zwei Grenztemperaturen $T_{Sp,Grenz,min}$ und $T_{Sp,Grenz,max}$, die 10 % über der minimalen Temperatur $T_{Sp,min}$ bzw. 10 % unter der maximalen $T_{Sp,max}$

liegen und damit die Temperaturdifferenz der Übergangsschicht festlegen (Gl. 7.11).

$$h_{ÜS,GT} = h_{Sp}(T_{Sp,Grenz,max}) - h_{Sp}(T_{Sp,Grenz,min}) \tag{7.10}$$

$$\Delta T_{ÜS,GT} = T_{Sp,Grenz,max} - T_{Sp,Grenz,min} = 0,8 \cdot (T_{Sp,max} - T_{Sp,min}) \tag{7.11}$$

mit

$$T_{Sp,Grenz,min} = T_{Sp,\min} + 0,1 \cdot (T_{Sp,\max} - T_{Sp,\min})$$
$$T_{Sp,Grenz,max} = T_{Sp,\max} - 0,1 \cdot (T_{Sp,\max} - T_{Sp,\min})$$

- Bei der *Gradientenmethode* [248] wird der maximale Gradient bestimmt. Über die Schnittpunkte mit der minimalen und maximalen Speichertemperatur kann man die Höhe der Übergangsschicht bestimmen (Gl. 7.12).

$$h_{ÜS,mG} = \frac{T_{Sp,max} - T_{Sp,min}}{(gradT_{Sp})_{max}} \tag{7.12}$$

Das Ziel einer guten Schichtung ist mit einer geringen Höhe der Übergangsschicht verbunden. Es muss jedoch beachtet werden, dass die vertikale Temperaturverteilung oft von einer zentralsymmetrischen Form abweicht (weitere Erläuterungen in Abs. E.2) und dass der mittlere Temperaturanstieg in der Übergangszone kleiner als der maximale Gradient ist:

$$\frac{\Delta T_{ÜS,GT}}{\Delta h_{ÜS,GT}} < (gradT_{Sp})_{\max} .$$

7.5.2.5 Bestimmung der Temperaturverteilung

Die Bestimmung der Temperaturverteilung in Speichern kann auf zwei verschiedene Weisen erfolgen [247]. Das Schichtenmodell (Abb. 7.43) wurde bereits vorgestellt und basiert auf ortsfesten Temperaturfühlern. Zusätzliche Temperaturfühler am Boden und unmittelbar unter dem Flüssigkeitspiegel verbessern den Temperaturverlauf in den Randgebieten. Für jede Zeit ist die Bestimmung einer Temperaturverteilung möglich. Bei einer ausreichend hohen Anzahl an Fühlern kann der Temperaturverlauf zwischen den einzelnen Fühlern linear interpoliert und der Temperaturgradient nach Gl. 7.13 bestimmt werden. Analog zur vorangegangenen Beschreibung ist zu beachten, dass der reale Wert des maximalen Temperaturgradienten im Vergleich zur beschriebenen Methode höher sein kann. Beispiele werden in Abs. F vorgestellt.

$$gradT_{Sp,i} \stackrel{!}{=} \frac{\Delta T_{Sch}}{h_{Sch}} = \frac{T_{Sp,i+1} - T_{Sp,i}}{h_{Sch}} \tag{7.13}$$

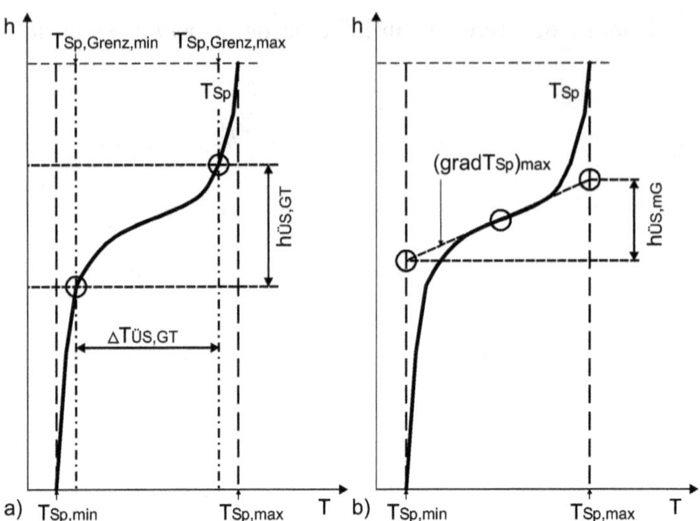

Abb. 7.44: Bestimmung der Höhe der Übergangsschicht, a) mit Grenztemperaturen, b) mit dem maximalen Temperaturgradient

Ist ein Speicher nur mit wenigen Fühlern ausgerüstet, kann demzufolge die oben beschriebene Methode nicht angewandt werden. Es ist aber möglich, die Temperaturverteilung mit dem *bewegten* Speicherwasser zu bestimmen, welches am Fühler $T_{Sp,i}$ vorbeiströmt. Man nimmt an, dass ein Pfropfenstrom vorherrscht.

Folgendes Beispiel (Abb. 7.45) bezieht sich auf die Bestimmung des Temperaturanstiegs in einer bewegten Übergangsschicht (Gl. 7.14). Wird eine Grenztemperatur $T_{Sp,Grenz,max}$ unterschritten, beginnt die Aufzeichnung des Volumenstroms $\dot{V}_{BES,j}$ (Messung mit konstanten Zeitschritten). Nach Unterschreitung einer weiteren Grenztemperatur $T_{Sp,Grenz,min}$ endet die Prozedur. Über den summierten Volumenstrom, die Speicherquerschnittsfläche, die Zeit- und Temperaturdifferenz lässt sich der Temperaturanstieg in der Übergangschicht bestimmen. Die Methode ist der 90 %/10 %-Methode ähnlich. Die Grenztemperaturen können abweichend festgelegt werden. Man nimmt weiterhin an, dass sich die Übergangsschicht in der Messzeit nicht ausdehnt. Für gute Messungen sollte ein Mindestvolumenstrom $\dot{V}_{BES,min}$ nicht unterschritten werden. In der Messperiode darf es außerdem nicht zur Richtungsänderung des Volumenstroms kommen.

$$\frac{\Delta T_{\ddot{U}S,PS}}{\Delta h_{\ddot{U}S,PS}} = \frac{\left| T_{Sp,i}^{t_{Start}} - T_{Sp,i}^{t_{Stop}} \right|}{\left(\sum\limits_{t=t_{Start}}^{t_{Stop}} \dot{V}_{BES,j} \right) (t_{Stop} - t_{Start}) \Big/ A_{Sp}} \leq (gradT_{Sp})_{\max} \tag{7.14}$$

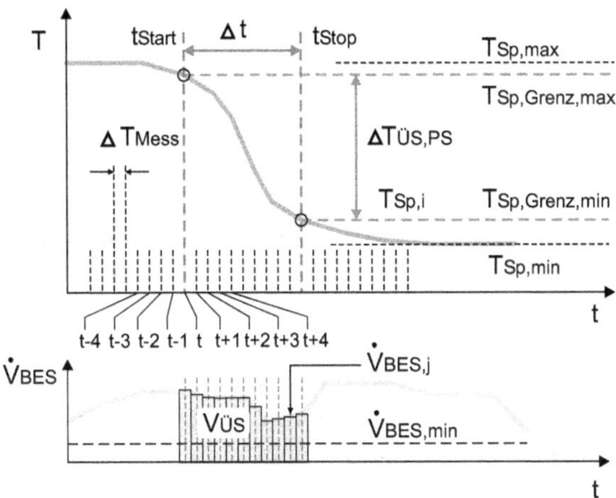

Abb. 7.45: schematische Darstellung zur messtechnischen Bestimmung des Temperaturgradienten einer sich bewegenden Übergangsschicht

mit

$$\begin{aligned} &\dot{V}_{BES,j} > \dot{V}_{BES,\min} \\ &T_{Sp,i}^{t_{Start}} \leq T_{Sp,Grenz,\max} \\ &T_{Sp,i}^{t_{Stop}} \geq T_{Sp,Grenz,\min} \\ &\Delta T_{ÜS,PS} = T_{Sp,i}^{t_{Start}} - T_{Sp,i}^{t_{Stop}} \end{aligned}$$

7.5.2.6 Mittlere Temperatur in der kalten Zone

Mit der Grenztemperatur der Entladung $T_{Sp,ent,Grenz}$ wird die Ausdehnung der kalten Zone festgelegt (Abb. 7.43). In dieser kalten Zone liegt je nach Wahl der Grenztemperatur, der Auswertezeit und der vorangegangenen Strömungsvorgänge eine andere Temperaturverteilung vor. Über den Temperaturmittelwert in der kalten Zone $T_{Sp,nutz,m}$ (Gl. 7.15) kann man das Schichtungsverhalten beurteilen. $T_{Sp,i} < T_{Sp,ent,Grenz}$ und n (Anzahl der Schichten in der kalten Zone) berücksichtigen, dass der Mittelwert nur für die kalte Zone aufgestellt wird. Ein ausführliches Beispiel und weitere Zusammenhänge liefert Abs. E.2 (S. 435).

$$T_{Sp,nutz,m} = \frac{1}{n} \sum_{i=1}^{n} T_{Sp,i} \tag{7.15}$$

mit

$$T_{Sp,i} < T_{Sp,ent,Grenz}$$

7.5.3 Be- und Entladeeinrichtung

Ein Be- und Entladesystem besteht aus mehreren Bauteilen: Diffusoren, Rohrleitungen zum Anschluss und zur Verteilung, Pumpen und Ventilen, MSR-Technik usw. Dieses

System übernimmt entsprechend der Bezeichnung die Be- und Entladung des Speichers. Hydraulische Schaltungen und der Betrieb werden im folgenden Abs. 7.6 (Systemintegration) vorgestellt.

7.5.3.1 Diffusoren

Diffusoren[24] oder die Be- und Entladeeinrichtung werden eingesetzt, um die Strömung so zu beeinflussen, dass eine bestmögliche Schichtung entsteht. Diese besitzen feste Positionen im Speicher (Abb. 7.24 S. 243). Die obere Einheit ist am inneren Tragwerk oder an der Decke befestigt[25]. Die untere Einheit wird auf dem Boden montiert.

Aufgrund der festen Position lässt sich die erste Anforderung ableiten. Um eine Schichtung aufrecht zuerhalten, müssen die Eintrittstemperaturen näherungsweise konstant sein $T_{Sp,ein} \cong konst.$ Bei einer Abweichung kann eine Dichteinversion im Speicher auftreten. Wenn beispielsweise zu kaltes Wasser über die obere Ebene eingespeist wird, kommt es zu einer starken Abwärtsströmung. Dabei erzeugt die Strömung große Wirbel bzw. eine Durchmischung. Erst wenn keine Dichtedifferenz zwischen dem Strahl und der Umgebung mehr vorliegt, endet die Durchströmung des Speichers (Abs. E.3).

Der Erhalt einer thermische Schichtung erfordert weiterhin einen vertikalen Pfropfenstrom im Speichergebiet. Dieser lässt sich insbesondere bei großen Speichern mit der Be- und Entladeeinrichtung nicht vollkommen realisieren. In der Nähe der Diffusoren entstehen dreidimensionale Strömungsfelder (Abs. E.2). Deswegen sind folgende Forderungen zu erfüllen.

- Eintritt des Fluids in den Speicher: Die Diffusoren müssen die Fluidgeschwindigkeit so weit wie möglich abbauen. Mit einem hohen Geschwindigkeitsabbau ist auch eine gute Verteilung über die Mündung der Diffusoren verbunden. Nach dem Verlassen sollte die Strömung so ablaufen, dass sich das eintretende Fluid gleichmäßig und ohne Vermischung unter dem Fluid (Beladung, Eintritt des kalten Wassers unten) bzw. über dem Fluid (Entladung, Eintritt des warmen Wassers oben) einlagert.

- Entnahme des Fluids aus dem Speicher: Beim Ansaugen wäre eine vollständige Entnahme aus der untersten oder obersten Speicherschicht ideal, was sich aus physikalischen Gründen nur schwer realisieren lässt. Bei isothermen Verhältnissen entstehen Strömungen, die einer Potenzialströmung ähnlich sind[26]. Deshalb ist es wichtig, dass die Ansaugflächen gut über der Grundfläche verteilt werden.

[24] Diffusoren sind Bauteile mit verschiedenen Formen zum Geschwindigkeitsabbau. Die hier vorgestellten Diffusoren müssen weitere Funktionen erfüllen (z. B. Ansaugen des Speicherwassers). Der Geschwindigkeitsabbau findet auch außerhalb des Diffusors statt. Trotz dieser Schwierigkeit wird der Begriff verwendet.

[25] Die obere Be- und Entladeeinheit wird unter dem Wasserspiegel befestigt. Der Wasserspiegel kann je nach Betriebsweise schwanken. Über die Anordnung der Diffusoren sollten Todzonen vermieden werden. Das nutzbare Volumen des Speichers (Netto-Speicherkapazität) liegt näherungsweise zwischen der unteren und oberen Ebene.

[26] Es ist zu beachten, dass die Strömungsvorgänge beim Eintrag und beim Absaugen unterschiedlich ablaufen.

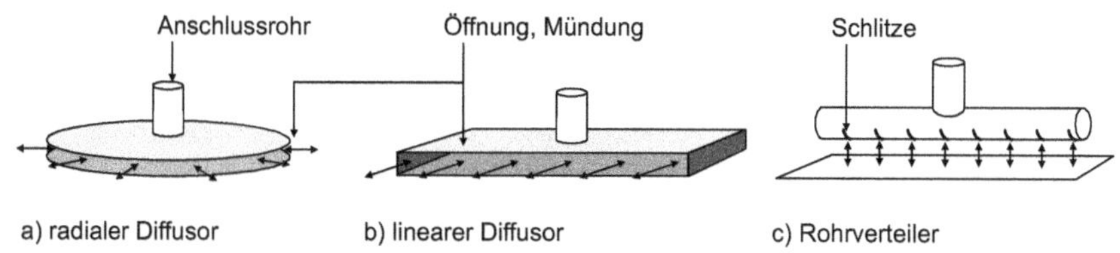

Abb. 7.46: grundlegende Konstruktionen für Be- und Entladesysteme

Radiale Diffusoren, lineare Diffusoren und Rohrverteilsysteme (Abb. 7.46) sind Be- und Entladeeinrichtungen, die in einer bestimmten Speicherhöhe eingesetzt werden und für relativ hohe Volumenströme mit einem Schwankungsbereich geeignet sind[27]. Die gezeigten Konstruktionen lassen sich optimieren und anpassen.

Bei Kaltwasserspeichern können alle drei Grundformen eingesetzt werden. Bei Kies-Wasser-Speichern (Abb. 7.36 S. 252) oder Sand-Wasser-Speichern setzt man vorzugsweise Rohrverteiler ein. Ein zusätzlicher Schutz (z. B. Gewebe) verhindert den Eintrag von Partikeln ins Rohrleitungssystem.

Radiale Diffusoren

Die Konstruktion bewirkt bei einer Strömung in den Speicher einen Geschwindigkeitsabbau, der auf einer radialen Querschnittserweiterung beruht (Abb. 7.46 a). Dieser Geschwindigkeitsabbau setzt sich auch im Speicher fort, sofern kein Hindernis (z. B. Wand) oder eine andere Strömung die Strömung beeinflusst.

Eine typische Anordnung zeigt Abb. 7.47 a1). Es können aber auch Speicherwände (Abb. 7.47 a2) als Gegenplatte genutzt werden.

Zwei typische Maße sind der Diffusorradius r_D und die -höhe h_D. Weiterhin verwendet man Kennzahlen zur Auslegung (Abs. E). Mithilfe der numerischen Strömungssimulation können die Strömungsvorgänge gut abgebildet werden. Der Einsatz ist besonders bei neuen Entwicklungen und zur Kontrolle empfehlenswert. In Abs. E werden viele Aspekte, die in Zusammenhang mit radialen Diffusoren stehen, erläutert. Abs. F zeigt ergänzend das reale Speicherverhalten.

Lineare Diffusoren

Als lineare Diffusoren bezeichnet man einzelne Diffusoren mit rechteckiger Öffnung (Abb. 7.46 b). Diese werden analog zu den radialen Diffusoren im Speicher angeordnet. Weiterhin zählen zu den linearen Diffusoren rechteckige Ein- und Auslässe in der Speicherwand.

Im Unterschied zu den radialen Diffusoren ist durch die Form kein starker Geschwindigkeitsabbau beim Einströmen gegeben. Oft sorgen weitere Bauteile für eine Verteilung des Volumenstroms über der Länge. Dies führt zu *gemischten Konstruktionen* (siehe unten).

[27]Im Unterschied zu Solar- oder Wärmespeichern werden keine Schichtenladeeinrichtungen (z. B. mit selbstständiger Einschichtung) und keine Lader, die sich vertikal bewegen, eingesetzt. Bei großen Speichern kann die Masse der Diffusoren mehrere Hundert Kilogramm betragen.

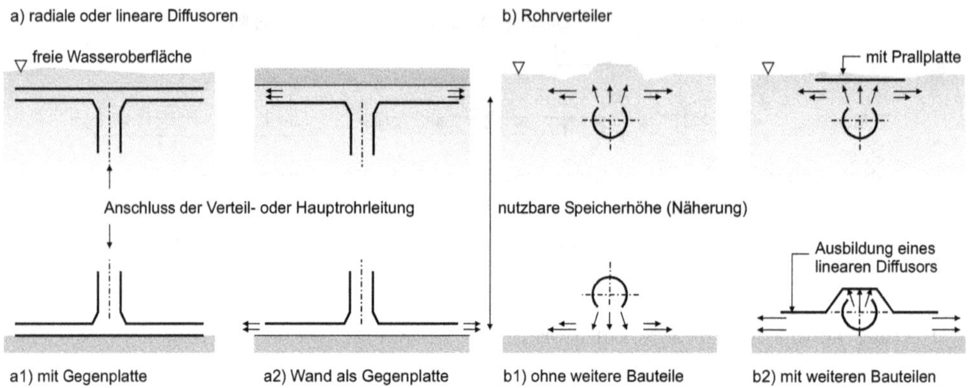

Abb. 7.47: Anordnung von Diffusoren (Schnittdarstellung) und Beispiele zur konstruktiven Anpassung

Typische Maße sind die Höhe h_D und die Länge l_D. Kennzahlen, die in Abs. E genannt werden, lassen sich oft auf lineare Diffusoren übertragen.

Rohrverteilsysteme

Rohrverteilsysteme sind einfache Rohrkonstruktionen mit Schlitzen oder Löchern (Abb. 7.46 c). Aus diesen Öffnungen strömt das Fluid in der Form eines Frei- bzw. Prallstrahls (Abb. 7.47 b1) mit relativ hoher Mischung an der Strahlaußenseite und im Sekundärströmungsgebiet. Damit unterscheidet sich die Austrittsströmung wesentlich von den radialen und linearen Diffusoren (vgl. mit Abs. E). Die Kennzahlen, die für diese Diffusoren ermittelt wurden, sind *nicht* oder *nur bedingt* auf die Rohrverteiler übertragbar.

Ein Vorteil dieser Konstruktion liegt darin, dass über die Rohrnennweite, die Schlitzmaße und -anzahl die Fluidverteilung entlang des Rohres gut eingestellt werden kann. Die Fluidverteilung ist dann relativ unabhängig vom Volumenstrom[28] [249].

Diese Rohrverteiler können durch den Einsatz zusätzlicher Bauteile optimiert werden (Abb. 7.47 b2). Eine freie Wasseroberfläche bildet Wellen aus und kann zu schlechteren Schichtungsergebnissen führen. Ein Prallblech bewirkt eine Strömungsumlenkung. Durch die Ausbildung einer Kassette (linearer Diffusor) kann eine Begrenzung der Mischzone in der Diffusornähe erreicht werden. In diesem Fall werden zwei Grundformen kombiniert. Weitere Möglichkeiten bestehen in der Ausbildung von Rohr-in-Rohr-Konstruktionen sowie dem Einsatz von Leit- und Prallblechen (Abb. 7.47).

Gemischte Konstruktionen

Wie bereits erläutert, besteht bei linearen Diffusoren die Problematik der Volumenstromverteilung über die gesamte Länge. Aufgrund der schlanken Ausbildung können

[28] Die Formwiderstände einer Verrohrung verursachen im turbulenten Bereich den quadratischen Anstieg des Druckverlustes bei einer linearen Erhöhung des Volumenstroms. Be- und Entladesysteme legt man im ersten Schritt für den Nennvolumenstrom aus. Im Teillastbereich sinkt dieser Druckverlust stark. Um eine daraus resultierend Ungleichverteilung zu vermeiden, müssen die Strömungswiderstände entsprechend angepasst werden.

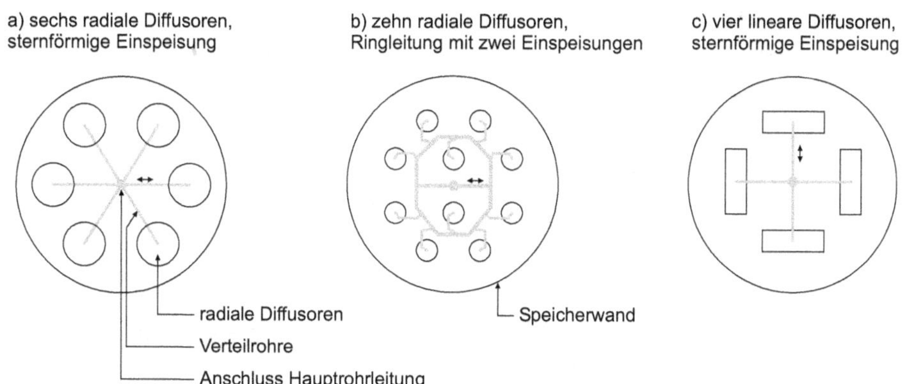

Abb. 7.48: Anordnung von radialen und linearen Diffusoren, Verteil- und Anschlussleitungen, typische Beispiele

lineare Diffusoren und Rohrverteiler gut kombiniert werden. Durch die Kombination können die Vorteile beider Konstruktionen erschlossen werden: Ausströmverhalten mit wenig Mischung, eine gute Verteilung über eine große Mündungsfläche, gute Transportmaße, einfache Anbindung am inneren Tragwerk.

7.5.3.2 Anordnung und Verrohrung

Die einfachste Lösung ist die Verwendung eines einzelnen radialen Diffusors pro Ebene. Aufgrund des hohen Fluidimpulses in der Anschlussrohrleitung muss dieser über eine große Austrittsfläche stark abgebaut und verteilt werden. Gleichzeitig darf der Abstand zur Wand wegen der Strahlumlenkung nicht zu gering ausfallen. Außerdem kann die Diffusorhöhe nicht beliebig erhöht werden, weil es sonst zu Rezirkulationsströmungen im Diffusor kommt [250]. Weiterhin bildet sich bei Umkehr der Strömungsrichtung ein ringförmiger Ansaugbereich aus.

Das beschriebene Problem tritt bei der Planung oftmals auf. Über die Änderung der Diffusorgeometrie kann das Problem nicht gelöst werden. Deswegen setzt man in vielen Fällen mehrere Diffusoren ein. Die Anzahl der Diffusoren ist ein weiterer freier Parameter. Allerdings muss nun eine zusätzliche Verrohrung die Verteilung des gesamten Volumenstroms sicherstellen. Über die Anordnung (ein weiterer Freiheitsgrad) sollte die Grundfläche gleichmäßig erschlossen werden. Eine gute Positionierung führt zu großen Abständen zwischen der Mündung und der Wand. Die verschiedenen Strömungen sollten sich gegenseitig so wenig wie möglich beeinflussen. Allgemein ist ein gutes Abströmen (Ausbreitung am Boden oder an der Decke) ohne Hindernisse im Abstromgebiet zu ermöglichen.

Abb. 7.48 zeigt drei typische Beispiele. Die Verteilung des gesamten Volumenstroms kann sternförmig aus einem zentralen Punkt erfolgen. Eine weitere Möglichkeit bietet eine Ringleitung, die einen Volumenstromausgleich im Ring ermöglicht.

Auch bei den Rohrverteilsystemen kann man die Anordnung und die Rohrlänge

a) ringförmige Ausbildung der Rohrdiffusoren

a1) ein rechteckiger Ring mit vier Einspeisungen

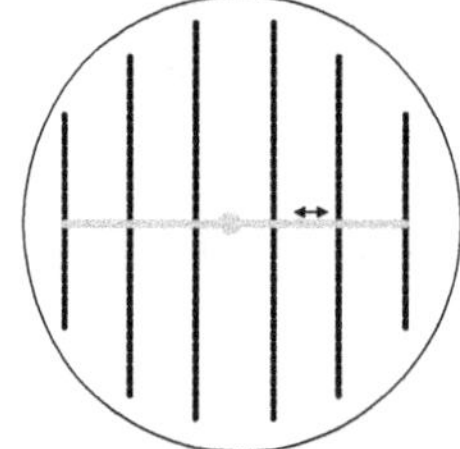

a2) zwei oktagonale Ringe mit vier Einspeisungen*

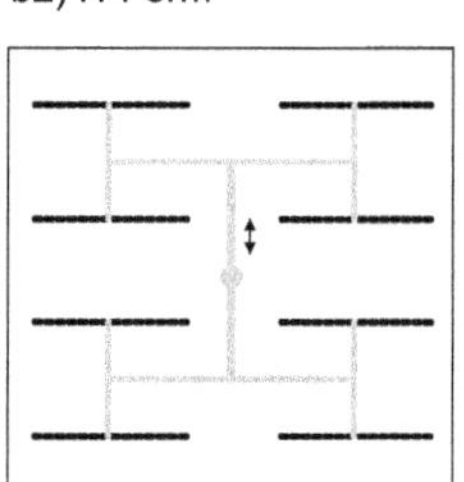

b) Ausbildung einzelner Rohrdiffusorstrecken

b1) durchgehend parallele Rohre

b2) H-Form*

Abb. 7.49: Ausbildung von Rohrdiffusoren, Verteil- und Anschlussleitungen *[251], typische Beispiele

anpassen. Wiederum können ringförmige und verzweigte Konstruktionen eingesetzt werden (Abb. 7.49).

Bei der Planung bzw. dem Betrieb sind weiterhin folgende Punkte zu beachten:

- Entlüftung und Entleerung der Be- und Entladeeinrichtung,
- unterschiedliche Auftriebs- bzw. Gewichtskräfte bei einem teilgefüllten Speicher oder einem teilgefüllten Be- und Entladesystem,
- Maße für den Transport (vorzugsweise keine Überschreitung der zulässigen Maße für einen Schwerlasttransport),
- Montage der Baugruppen.

Beispiele

Folgende Beispiele sollen die vorher erläuterten Sachverhalte illustrieren:

- Kaltwasserspeicher in Chemnitz (Abb. 7.50) [32], [34]: radiale Diffusoren nach Abs. E.1 (Abb. 7.46 a), Anordnung nach Abb. 7.47 a1), Verrohrung nach Abb. 7.48 a).

Abb. 7.50: Be- und Entladeeinrichtung, Kaltwasserspeicher Chemnitz [32], [34], obere Ebene, sechs radiale Diffusoren mit sternförmiger Einspeisung, Vormontage am Boden

Abb. 7.51: Be- und Entladeeinrichtung, Kaltwasserspeicher Biberach [202], obere Ebene, zehn radiale Diffusoren mit Ringleitung zur Verteilung, Vormontage am Boden

- Kaltwasserspeicher in Biberach (Abb. 7.51) [202]: radiale Diffusoren nach Abs. E.1 (Abb. 7.46 a), Anordnung nach Abb. 7.47 a1), Verrohrung nach Abb. 7.48 b).

- Kaltwasserspeicher in Berlin (Abb. 7.52) [252]: lineare Diffusoren mit innen liegenden Rohrverteilern (Abb. 7.46 b und c), Mischkonstruktion nach Abb. 7.47 b2), Verrohrung nach Abb. 7.48 c).

Abb. 7.52: Be- und Entladeeinrichtung, Kaltwasserspeicher Berlin [252], a) Rohrverteiler, b) linearer Diffusor, sternförmige zur Verteilung, Vormontage in der Fabrik, Quelle: Farmatic [206]

7.6 Systemintegration

Beim praktischen Einsatz von Kaltwasserspeichern sind viele technische Lösungen denkbar. Um diese Vielfalt einzuschränken, werden in diesem Abschnitt stehende Speicher mit Schichtungsbetrieb behandelt. Diese sind als Verdrängungsspeicher mit einer direkten Be- und Entladung vorgesehen und befinden sich an der zentralen Kälteerzeugung (ZKE) eines Kaltwassersystems (Abb. 4.11 S. 133). Hydraulisch wird der Speicher mit einer Parallelschaltung (vgl. mit Abb. 4.10 S. 132) eingebunden.

Über die Systemintegration erfolgt die optimale Abstimmung des Kaltwasserspeichers auf das Kaltwassersystem bzw. umgekehrt. Für den Systembetrieb sind die Leistungsanpassung und die Einhaltung der Temperaturen von besonderem Interesse.

7.6.1 Schaltungen

Kaltwasserspeicher werden wegen des Schichtungs-, des Netz- und des Kältemaschinenbetriebs vorzugsweise in einer Parallelschaltung zum Netz angeordnet (Abb. 7.53). Die Auslegung erfolgt mit konstanten oder gleitenden Temperaturen für den Vor- und Rücklauf (Abs. 2.5). Zur Vereinfachung werden hier konstante Temperaturen im Vor- und Rücklauf angenommen (Gl. 7.16, Gl. 7.17).

$$T_{KM,VL,Ausl} = T_{Sp,Ausl,\min} = T_{Netz,VL,Ausl} \tag{7.16}$$

$$T_{Netz,RL,Ausl} = T_{Sp,Ausl,\max} = T_{KM,RL,Ausl} \tag{7.17}$$

In Abs. 7.6.1.1 werden die Speicher direkt und ohne Druckentkopplung eingebunden. Die folgenden Abschnitte behandeln Speicher mit einer Druckentkopplung.

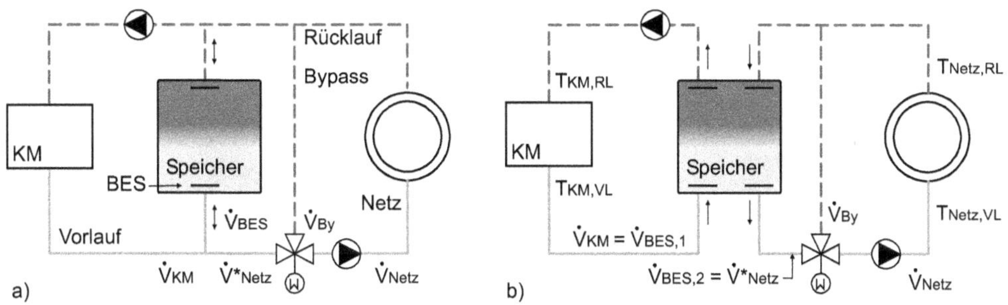

Abb. 7.53: Schaltung für einen Speicher als hydraulische Weiche auf Anlagendruck in einem Kaltwassersystem, a) angegliederter Speicher, Zwei-Leiter-Anschluss, b) Speicher als zentrales Element, Vier-Leiter-Anschluss

7.6.1.1 Speicher ohne Druckentkopplung

Durch die Konstruktion des Speichers ist der maximal zulässige Speicherdruck festgelegt. Liegt der Speicherdruck unter dem Netzdruck, muss der Speicher druckseitig vom System entkoppelt werden. Dafür sind zusätzlichen Einrichtungen zur Druckerhöhung und -minderung notwendig. Kann man den Speicher mit dem Systemdruck beaufschlagen, vereinfacht sich die hydraulische Einbindung. Abb. 7.53 zeigt hierzu zwei Varianten. Der Speicher fungiert als hydraulische Weiche. Die Volumenströme zur Be- und Entladung stellen sich selbstständig (ohne zusätzliche Einrichtung) ein.

Das Kaltwassernetz besitzt einen Bypass zur Regelung der Soll-Vorlauf-Temperatur. Die Bilanz am Dreiwegeventil beschreibt Gl. 7.18. In Abb. 7.53 a) findet die Stromtrennung und -vereinigung außerhalb des Speichers statt (Gl. 7.19). Deswegen wird nur ein Beladesystem (Zwei-Leiter-Anschluss des Speichers) benötigt und die Volumenströme sind relativ gering, was für die Ausbildung der Schichtung günstig ist.

$$\dot{V}_{Netz} = \dot{V}^*_{Netz} + \dot{V}_{By} \tag{7.18}$$

$$\dot{V}^*_{Netz} = \dot{V}_{KM} + \dot{V}_{BES} \tag{7.19}$$

Abb. 7.53 b) stellt einen Vier-Leiter-Anschluss des Speichers vor. Der gesamte Volumenstrom der Kältemaschinen und der reduzierte Netz-Volumenstrom $\dot{V}^*_{Netz}$ müssen von dem Speicher aufgenommen und abgegeben werden, was nicht nur aus Sicht des Schichtungsaufbaus ungünstig ist, sondern man muss auch zwei Beladesysteme vorhalten. Die Stromtrennung und -vereinigung findet jetzt im Speicher statt. Den effektiven Volumenstrom zur Be- oder Entladung beschreibt Gl. 7.20 [29].

$$\dot{V}_{Sp,eff} = \dot{V}_{BES,1} - \dot{V}_{BES,2} = \dot{V}_{KM} - \dot{V}^*_{Netz} \tag{7.20}$$

[29] *Glück* stellt in [253] die Dimensionierung eines Pufferspeichers vor. Es werden die Schalthäufigkeit der Erzeuger und weitere Aspekte für verschiedene Volumenströme diskutiert.

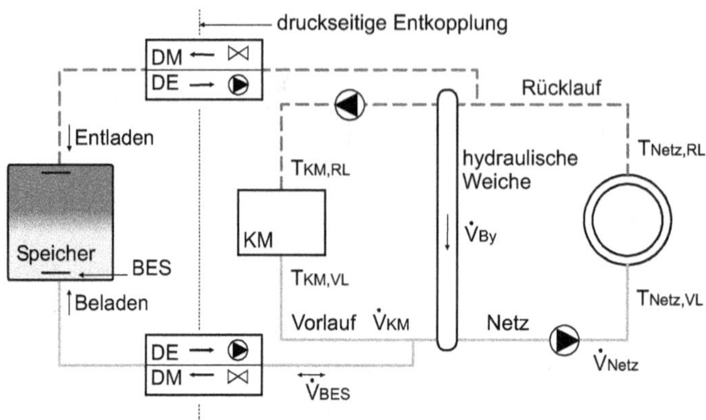

Abb. 7.54: Schaltung für einen angegliederten Speicher mit Entkopplung des Druckes in einem Kaltwassersystem mit Zwei-Leiter-Anschluss (Einbindung an der hydraulischen Weiche nach *Thümmler* [254]), Pumpen und Motorventile in Kaskadenschaltung, Überströmpfad zur Anlagenabsicherung

Bei einer Schaltung nach Abb. 7.53 b) kann der Speicher bzw. das Be- und Entladesystem die Versorgung blockieren. Die Variante mit angegliedertem Speicher lässt auch eine Versorgung ohne Speicher zu.

7.6.1.2 Speicher mit Druckerhöhung und -minderung

Der Einsatz eines Speichers, bei dem der Druck unter dem Systemdruck liegt, erfordert eine druckseitige Entkopplung (Abb. 7.54). Eine Druckminderung (DM) reduziert den Druck des Wasserstroms vom System in den Speicher. Zur Förderung des Wassers aus dem Speicher ins System ist eine Druckerhöhung (DE) notwendig. Diese Einrichtungen müssen den geforderten Volumenstrom auf beiden Seiten (BES, oben und unten) bei Einhaltung der Druckverhältnisse erfüllen.

Zur Druckentkopplung mit drehzahlgeregelten Pumpen (P) und (motor)gesteuerten Ventilen (MV) werden zwei Varianten vorgestellt. Diese Varianten können in die Schaltung nach Abb. 7.54 implementiert werden.

- Die Schaltung in Abb. 7.55 zeigt einen Pfad zur Druckerhöhung (Volumenstrom vom Speicher ins System) und einen Pfad zur Druckminderung (Volumenstrom vom System in den Speicher). Aufgrund der Richtungsumkehr bei der Zwei-Leiter-Schaltung werden acht Motorklappen (MK) benötigt. Das Be- und Entladesystem muss in einem großen Bereich arbeiten, deshalb ist es u. U. hilfreich, eine entsprechende Kaskadenschaltung vorzusehen. Die Regelung sollte eine hohe Dynamik besitzen, um Schwankungen, die durch das Netz verursacht werden, auszugleichen. Weiterhin sorgt ein Überströmventil dafür, dass zu hohe Systemdrücke durch Ablassen in den Speicher verhindert werden können. Der Speicher kann auch als Vorlagegefäß für eine dynamische Netzdruckhaltung dienen, was in der Abb. nicht dargestellt ist.

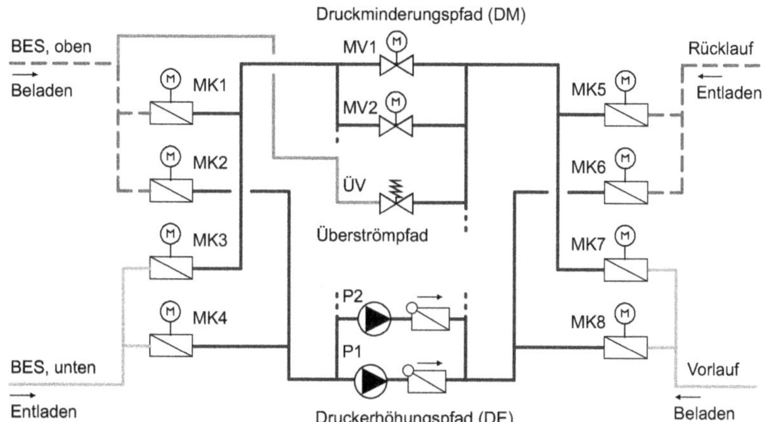

	P1/P2	MV1/MV2	MK1	MK2	MK3	MK4	MK5	MK6	MK7	MK8
Speicher beladen	Regelung	Regelung	ZU	AUF	AUF	ZU	ZU	AUF	AUF	ZU
Speicher entladen	Regelung	Regelung	AUF	ZU	ZU	AUF	AUF	ZU	ZU	AUF
kein Speicherbetrieb	AUS	ZU	ZU	ZU	ZU	ZU	ZU	ZU	ZU	ZU

Abb. 7.55: Einheit zur Druckerhöhung und Druckminderung sowie Umschaltung der Stromrichtung für eine Zwei-Leiter-Speicheranbindung [195], [254], [255]

- Abb. 7.56 zeigt eine einfachere Schaltung zur Zwei-Leiter-Anbindung des Speichers mit vier Motorklappen. Deswegen sind zwei Pfade zur Druckminderung notwendig. Das Netz besitzt eine eigenständige Druckhaltung und Sicherheitstechnik.

Diese technischen Lösungen sind in vielen Fällen mit niedrigeren Kosten verbunden [195]. Große Speicher, die für hohe Drücke ausgelegt sind, weisen höhere Kosten aus als die Kosten, die durch den zusätzlichen Antriebsstrom verursacht werden.

7.6.1.3 Speicher mit Wärmeübertragern

Zur Trennung der Kälteträger und zur Druckentkopplung kann auch ein externer Wärmeübertrager eingesetzt werden (Abb. 7.57). Die Forderung nach konstanten Temperaturen (Gl. 7.16, Gl. 7.17) ist dann nicht mehr erfüllbar. Der Wärmeübertrager erhöht zweimal die Temperatur beim Beladen und Entladen[30]. Demzufolge kann die Netz-Vorlauf-Temperatur nur weit über der Kältemaschinen-Vorlauf-Temperatur liegen $T_{Netz,VL,Soll} > T_{KM,VL}$. Die Temperaturerhöhung bei diesem Speicherprozess steht im

[30]Ein weiterer Nachteil ist die Auslegung des Wärmeübertragers auf hohe Volumenströme (hohe Lastspitzen) bei einer geringen mittleren Temperaturdifferenz, was im Vergleich zu anderen Lösungen zusätzliche Kosten nach sich zieht. Bei einem gut ausgelegten Plattenwärmeübertrager mit einer mittleren Temperaturdifferenz $\Delta T_m = 5\,\text{K}$ führt das zu $\Delta T_{m,ges} \approx 10\,\text{K}$. Bei einer minimalen Vorlauf-Temperatur der Kältemaschinen von $T_{KM,VL} \approx 4\,°\text{C}$ liegt die minimale Netz-Vorlauf-Temperatur bei $T_{Netz,VL} \approx 14\,°\text{C}$.

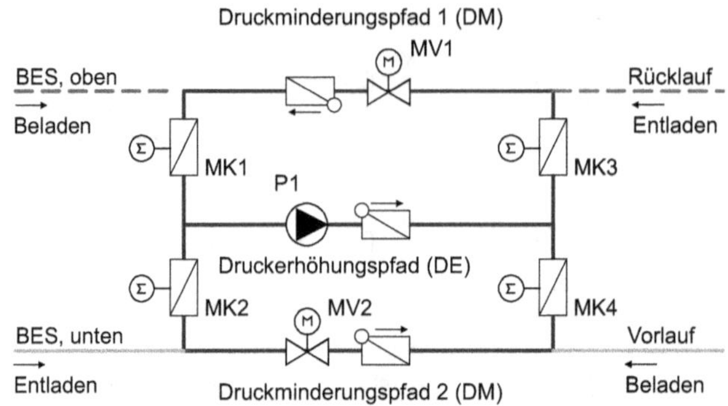

	P1	MV1	MV2	MK1	MK2	MK3	MK4
Speicher beladen	Regelung	ZU	Regelung	AUF	ZU	AUF	ZU
Speicher entladen	Regelung	Regelung	ZU	ZU	AUF	ZU	AUF
kein Speicherbetrieb	AUS	ZU	ZU	ZU	ZU	ZU	ZU

Abb. 7.56: Einheit zur Druckerhöhung mit Umschaltung der Pumpe und Druckminderung mit zwei Abströmpfaden für eine Zwei-Leiter-Speicheranbindung [255], ohne Druckhaltung und Sicherheitstechnik

Widerspruch zur energetischen Sinnhaftigkeit der Kälteerzeugung. Die vorgestellte Variante besitzt deswegen Beispielcharakter.

7.6.2 Betrieb

7.6.2.1 Übergabe von Messwerten

Zum Speicherbetrieb ist die Übergabe von Informationen zum Speicherzustand, zum Be- und Entladeprozess sowie zu sicherheitsrelevanten Sachverhalten notwendig (vgl. mit Abs. 2.5.3, Abs. 7.1.3) [256]:

- Ladezustand (nutzbares Volumen, volumetrischer Ladezustand, Abs. 7.5.2.2),
- Temperaturverteilung im Speicher,
- Leistung und/oder Volumenstrom des Beladesystems (Gl. 7.5),
- Be- und Entladetemperaturen $T_{Sp,ein}$, $T_{Sp,aus}$,
- Füllstand,
- Druck,
- Informationen zum automatischen oder manuellen Betrieb, Störmeldungen, Außerbetriebnahme usw.

Weitere Berechnungen erfolgen in der Automationsebene der MSR-Technik oder in einer speziellen Technik zum Monitoring der Anlage. Eine besondere Bedeutung besitzt

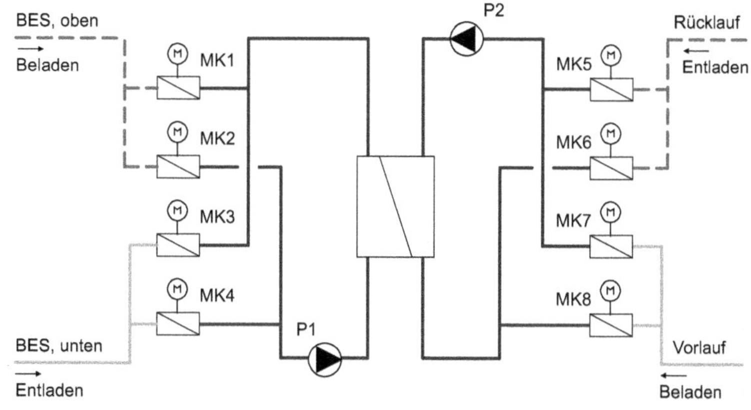

	P1	P2	MK1	MK2	MK3	MK4	MK5	MK6	MK7	MK8
Speicher beladen	Regelung	Regelung	ZU	AUF	AUF	ZU	ZU	AUF	AUF	ZU
Speicher entladen	Regelung	Regelung	AUF	ZU	ZU	AUF	AUF	ZU	ZU	AUF
kein Speicherbetrieb	AUS	AUS	ZU	ZU	ZU	ZU	ZU	ZU	ZU	ZU

Abb. 7.57: Einheit mit Wärmeübertrager zur Druckentkopplung und Umschaltung der Stromrichtung für eine Zwei-Leiter-Speicheranbindung [255]

die Messung der vertikalen Temperaturverteilung im Speicher. Diese Thematik zum Schichtenmodell wurde bereits in Abs. 7.5.2.1 erläutert. Insbesondere hängen die Bestimmungen des nutzbaren Volumens bzw. des volumetrischen Ladezustandes davon ab.

Bei großen Kaltwasserspeichern ist der Einsatz von mehreren Temperaturfühlern sehr zu empfehlen. Die Anzahl der Schichten bestimmt die Genauigkeit einiger Berechnungsgrößen. Geht man von einer schichtenweisen Bestimmung des nutzbaren Volumens aus (keine lineare Regression des Temperaturverlaufs zwischen den Temperaturfühlern), liegt die Auflösung bei $1/n_{Sch}$. Ein Anhaltswert für kompakte Speicher liegt bei 20...40 Schichten.

Ist die Speicherform flach bis kompakt, kann man auch einen anderen Ansatz wählen. Im ersten Schritt wird die Höhe der Übergangsschicht abgeschätzt (z. B. über den maximalen Temperaturgradienten, Abs. F.3). Die minimale Höhe der Übergangsschicht gibt dann den Abstand der Temperaturfühler vor (Gl. 7.21). Die Temperaturfühler können im Speicher an einer Temperaturmesslanze oder im Wandaufbau mit Tauchhülsen installiert werden.

$$h_{Sch,Mess} \leq h_{\ddot{U}S} \cong \frac{T_{Sp,\max} - T_{Sp,\min}}{grad\left(T_{Sp}\right)_{\max}} \tag{7.21}$$

7.6.2.2 Ansätze auf Basis der Volumenströme

In diesem Abschnitt werden Systeme nach Abs. 7.6.1.1 und Abs. 7.6.1.2 betrachtet. Die Vorgabe oder Annahme einer minimalen Temperatur bzw. konstanten Vorlauf-

Temperatur lieferte bereits Gl. 7.16. Diese steht in Zusammenhang mit rechtlichen Aspekten (Abs. 2.5.4), wie beispielsweise der Garantie einer bestimmten Vorlauf-Temperatur an der Übergabestation im Netz. Im Gegensatz dazu stellt sich die Netz-Rücklauf-Temperaturen z. B. in Abhängigkeit der Netzlast ein (Abs. F S. 457) und beeinflusst so die resultierenden Leistungen der Kältemaschinen sowie des Speichers.

Große Temperaturdifferenzen und ein stabiler Systembetrieb sind deswegen für eine hohe Gesamteffizienz notwendig. Das Netz mit den Übergabestationen besitzt dabei einen signifikanten Einfluss auf diese Faktoren.

Volumenstrombilanz

Im Unterschied zu Abs. 4 ist hier auch eine Betrachtung des Volumenstroms als Ersatz für die Leistungen und Lasten möglich (Beladen Gl. 7.22, Entladen Gl. 7.23, Netzversorgung ohne Speicher Gl. 7.24).

$$\dot{V}_{KM} = \dot{V}_{Netz} + \dot{V}_{Sp,bel} \tag{7.22}$$

$$\dot{V}_{Netz} = \dot{V}_{KM} + \dot{V}_{Sp,ent} \tag{7.23}$$

$$\dot{V}_{Netz} \leq \dot{V}_{KM} \tag{7.24}$$

Für die Fälle mit Speicherbetrieb (Gl. 7.22, Gl. 7.23) übernimmt der Speicher den Volumenstromausgleich zwischen Kälteerzeugung und Netzlast. Eine Beimischung ist bei dieser Betrachtung nicht vorhanden $\dot{V}_{By} = 0$, was sich im realen Betrieb nicht realisieren lässt, aber aufgrund der Temperaturbetrachtung die wichtige Vorgabe $\dot{V}_{By} \rightarrow 0$ liefert[31].

Versorgen die Kältemaschinen mit jeweils einem konstanten Volumenstrom die Netzlast ohne einen Speicherbetrieb (nur bei Systemen nach Abb. 7.54 möglich), erfolgt die Volumenstromanpassung über die hydraulische Weiche (Gl. 7.24).

Die gespeicherte Kälte entspricht dann dem Volumen in der kalten Zone V_{Nutz}. Der hier anzuwendende volumetrische Ladezustand (Gl. 7.8) wurde bereits eingeführt.

Die Volumenstrombilanz kann man auch zur überschlägigen Auslegung des Speichers verwenden. Dafür müssen eine maximale Lastsituation und eine bestimmte Speicherbetriebsweise gegeben sein. Nach Abs. 6.3.4 und Abb. 6.6 wird der Volumenstrom über die Beladephase (Gl. 7.25) und Entladephase (Gl. 7.26) integriert. Das maximale Volumen der Beladung oder der Entladung liefert den Wert für das nutzbare Volumen der kalten Zone (Gl. 7.27), wobei das tatsächliche Speichervolumen über diesem Wert liegt. Bei dieser Methode werden der Schichtungsbetrieb und externe Verluste vernachlässigt. Anlagensimulationen liefern genauere Ergebnisse (Abs. C, Abs. D).

$$V_{Sp,bel} = \int_{t_0}^{t_1} \dot{V}_{Sp,bel} dt \tag{7.25}$$

[31] Aus thermodynamischer Sicht verursacht die Mischung in der hydraulischen Weiche eine Entropieproduktion. Mit dieser Mischung sind auch niedrige Kaltwasser-Zulauf-Temperaturen zur Kältemaschine verbunden, die sich ungünstig auf den Betrieb auswirken (Abweichen von der Auslegung, vgl. mit Abb. 2.23 S. 37).

$$V_{Sp,ent} = \int_{t_1}^{t_2} \dot{V}_{Sp,ent} dt \tag{7.26}$$

$$V_{Sp} \geq V_{Sp,Nutz} = \max\left(V_{Sp,bel}, V_{Sp,bel}\right) \tag{7.27}$$

Aus betriebstechnischer Sicht ist die Volumenstrombetrachtung anschaulicher und sollte deswegen in die MSR-Technik und in die Leittechnik implementiert werden.

Prognose des Ladevolumens
Die oben beschriebene Vorgehensweise kann auch zur Prognose der notwendigen Beladung (Gl. 7.28) herangezogen werden. Nach Abs. 6.3.5 (energetische Bilanzierung) ist mit $V_{Sp,ent} = V_{Sp,12}$ der Bedarf in der nächsten Entladephase gegeben. Die Last, hängt wie bereits beschrieben, von mehreren Faktoren ab und die Lastfunktion bzw. -funktionen müssen hierfür vorliegen. Weiterhin wird das noch vorhandene Volumen der kalten Zone $V_{Sp,0}$ bzw. der volumetrische Ladezustand $LZ_{vol,Ist}$ berücksichtigt. Mit Gl. 7.28 kann man dann die Wassermenge für die Beladephase $V_{Sp,bel} = V_{Sp,01}$ bestimmen.

$$V_{Sp,01} = V_{Sp,12} - V_{Sp,0} \tag{7.28}$$

Regelung des Ladevolumens
Der Ladevolumenstrom kann analog zu Abs. 6.3.5 stufig angepasst werden (Zu- oder Abschalten einer Kältemaschine). Die Einhaltung der Temperaturbedingung (Gl. 7.16) mit einer bestimmten Toleranz (siehe unten) ist bei diesem volumetrischen Ansatz wichtig.

Modifikation der Soll-Vorlauf-Temperaturen
Im realen Betrieb können die Soll-Vorlauf-Temperaturen auch leicht angepasst werden (Abweichung von Gl. 7.16). Eine höhere Speichernutzung kann mit niedrigeren Kältemaschinen-Vorlauf-Temperaturen im Speicherbeladebetrieb erreicht werden. Die Anhebung der Netz-Vorlauf-Temperatur beim Entladebetrieb ermöglicht ebenfalls eine Steigerung der Speichernutzung. Diese Maßnahme (z. B. auch bei niedrigen Lasten) kann auch zur Erhöhung des COPs der Kältemaschinen beitragen.

8 Eis- und Schneespeicher

Eis- und Schneespeicher nutzen die hohe Energiedichte von Wasser beim Phasenwechsel flüssig-fest. Wasser ist dabei ökologisch unbedenklich und kostengünstig verfügbar. Es können aber auch Wassergemische und Suspensionen eingesetzt werden. Die Eis- oder Schneeherstellung kann künstlich oder natürlich erfolgen. Damit ist Eis und Schnee ein interessantes Phasenwechselmaterial für Kälteanwendungen.

8.1 Herstellung und Transport von Eis

Eisformen

Die physikalischen Eigenschaften von Wassereis wurden in Abs. 5.4.2 beschrieben. Aus technischer Sicht unterscheidet man zwischen folgenden Eisformen bzw. Stoffsystemen [193]:

- *Blockeis* (massive Blöcke),
- *Platteneis* (*Plate ice*),
- *Röhreneis* (massive Stangen, *Tubular ice*),
- *Stückeis* (kleine Stücke mit verschiedenen Formen, z. B. Ringe, Bruchstücke),
- *Scherbeneis* bzw. *Schuppeneis* (kleinteilige Eisstücke, unregelmäßige Form, abhängig vom Herstellungsverfahren, *Flake ice*),
- Eisbrei (wässrige Suspension mit sehr kleinen Eispartikeln, Abs. 5.4.4),
- Schnee (Abs. 5.4.3).

Entsprechend der optischen Eigenschaften kann man eine Einteilung zwischen *Klareis* und *Trübeis* vornehmen. Für die Trübung des Eises sind eingeschlossene Gase beim Erstarrungsvorgang oder Verunreinigungen des eingefrorenen Wassers verantwortlich.

Merkmale von Eiserzeugern

Im Gegensatz zur Wasserkühlung arbeiten die Kältemaschinen wegen des Gefrierpunktes von Wasser oder Wassermischungen unter 0 °C. Dadurch sinkt die Leistungszahl der häufig eingesetzten Kompressionskältemaschinen deutlich. Der Vorteil hoher Energiedichten wird durch diesen Nachteil kompensiert.

Die Eisform ist vom Herstellungsverfahren bzw. von der Eismaschinen-Konstruktion abhängig, die unten beschrieben werden. Die Eismaschinen unterscheiden sich in folgenden Merkmalen:

Abb. 8.1:
Garnelen, gelagert auf kleinen Eisstücken

- kontinuierliche oder diskontinuierliche Produktion,
- Automatisierungsgrad,
- Form des Eises und weitere Eigenschaften (z. B. Trübung),
- Entfernung des Eises aus der Maschine,
- offener oder geschlossener Wasserkreislauf,
- Einsatz weiterer Zusatzeinrichtungen zum Transport, zur Zerkleinerung usw.,
- Eignung zum Einsatz in Verbindung mit Speichertechniken,
- Betrieb der Kältemaschine (thermisch, energetisch),
- Leistung und
- Größe der Eismaschine.

Anwendungen
Die Eisherstellung, -lagerung, -verteilung und -anwendung besitzt in der Lebensmittelindustrie eine sehr große Bedeutung (z. B. Kühlkette im Fischfang und dem nachgelagerten Transport, Abb. 8.1). Aber auch im Baugewerbe wird Eis in verschiedenen Formen zur Betonkühlung eingesetzt. Des Weiteren gibt es viele Prozesse (z. B. im chemischen Labor) die auf die Vorteile einer eisbasierten Kühlung zurückgreifen. Deswegen werden die typische Herstellungsverfahren und Eismaschinen unabhängig von der Eisspeichertechnik beschrieben.

8.1.1 Blockeis

Zur Blockeisherstellung [1] verwendet man große *Solekühler* mit eingehängten wassergefüllten Blechzellen (Abb. 8.2). Der Verdampfer befindet sich ebenfalls im Kälteträgerbad. Ein Rührwerk sorgt für eine intensive Zirkulation des Kälteträgers (–10… –8 °C) im Bad. Die diskontinuierliche Produktion liefert Eiszellen mit einem Volumen

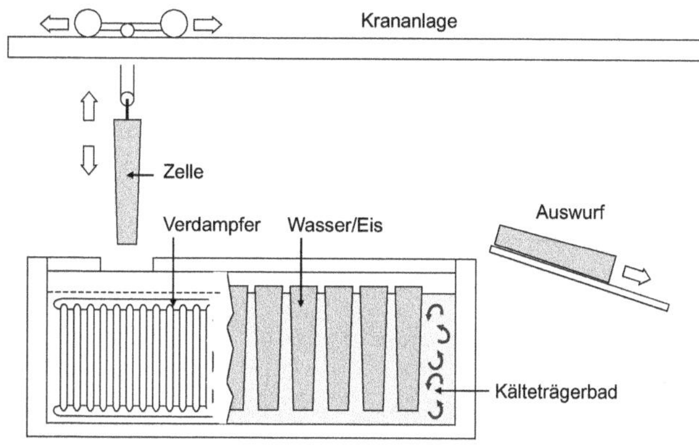

Abb. 8.2: schematischer Aufbau einer Anlage zur Blockeiserzeugung [1]

von z. B. 12,5 l oder 25,0 l. Der Gefriervorgang dauert 9...20 h. Danach hebt eine Krananlage mehrere Zellen aus dem Kälteträgerbad und transportiert diese zu einem Antauprozess, um die Eisblöcke (Trübeis) aus den Blechzellen mit z. B. verjüngter Form zu lösen. Der energetische Aufwand beträgt ca. 500 kJ/kg Eis. Die Fa. NEMA Netschkau realisierte Anlagen mit einer Kapazität von 6...60 t Eis pro Tag. Als nachteilig müssen folgende Faktoren eingeschätzt werden:

- lange Eisbildungszeit,
- aufwändiger Transport,
- indirekte Kühlung mit zusätzlicher Temperaturdifferenz,
- u. U. nachgeschaltete aufwändige Zerkleinerung.

Daraus resultieren Bestrebungen zum Bau von Eiserzeugern

- mit höherer Automation bzw. besserer Handhabung,
- mit einer besseren Anpassung der Lieferleistung an den Verbrauch bzw. mit einer Steigerung der Kontinuität,
- mit einer schnelleren Betriebsbereitschaft.

8.1.2 Röhreneis

Zur Röhreneisherstellung [23] wird ein Rohrbündel-Wärmeübertrager mit einer relativ hohen und schmalen Bauweise eingesetzt (Abb. 8.3). Entweder befindet sich der Wasserrieselfilm an der Rohrinnenseite oder -außenseite. Das Kältemittel ist jeweils auf der anderen Seite des Rohres. Die diskontinuierliche Eisproduktion hängt weiterhin vom Rohrdurchmesser ab[1].

- Gefriervorgang an der Rohraußenseite: Der Eisaufbau mit einer Stärke von 5...13 mm dauert ca. 8...15 min. Zu Beginn des Vorgangs besitzt das Kältemittel eine Temperatur von –4 °C und sinkt dann auf –26...–12 °C. Zum Antauen wird heißes Kältemittel (Heißgaseinleitung) ca. 30 s zugeführt. Die Eisstücke gleiten an herab und eine mechanische Einrichtung (z. B. Messer) übernimmt die Zerkleinerung.

- Gefriervorgang an der Rohrinnenseite: An der Rohrinnenseite (20...50 mm) benötigt der Eisaufbau ca. 13...26 min. Dabei findet ein stetiger Temperaturabfall des Kältemittels von –4 °C auf –20...–7 °C statt. Am Ende dieses Prozesses wird die Wasserzufuhr unterbrochen und heißes Kältemittelgas eingeleitet (Abb. 8.3). Die Eisstangen (Klareis) fallen aus dem Wärmeübertrager und werden durch eine mechanische Einrichtungen (z. B. rotierendes Messer [1]) zu Scherben oder Stücken (bis 40 mm Länge) verarbeitet. Die Maschinen können nach [1] in 30 min betriebsbereit sein.

Die Eistemperatur ist höher als bei Maschinen zur Schuppeneisherstellung (siehe unten). Eine Vorkühlung des Wassers sollte ggf. einbezogen werden. Bei einer Vorkühlung von 21 °C auf 4 °C kann man eine Reduktion von ca. 18 % der Energie seitens der Eisproduktion erreichen.

8.1.3 Platteneis

Die Platteneisbildung [23] findet an vertikalen Flächen bzw. Konstruktionen statt (Abb. 8.4). Die Platten einer Maschine werden oben mit Wasser beaufschlagt und es bildet sich ein Rieselfilm über der gesamten Fläche aus. Je nach Konzept ist die Nutzung einer Plattenseite oder beider Plattenseiten möglich. In der Plattenkonstruktion zirkuliert das Kältemittel mit einer Temperatur von –21...–7 °C. Die Plattenhöhe bzw. Lauflänge für das Wasser besitzen einen Einfluss auf die Eisbildung, wobei die Stärke der Eisplatten und die Zeiten für den Eisaufbau variieren. Durch den Rieselfilm und die Möglichkeit zur Gasabscheidung aus dem Wasser entsteht Klareis. Das überschüssige Wasser wird aufgefangen, in einen Behälter eingeleitet und der Plattenbeaufschlagung wieder zugeführt. Zur Eisentfernung von den Platten wendet man zwei Verfahren an:

- Heißgaseinleitung: Wie oben beschrieben, ist auch hier die Einleitung von heißem Kältemittel möglich. Dann können beide Seiten zur Eisproduktion herangezogen werden.

- Zufuhr von warmem Wasser: Bei der einseitigen Plattennutzung kann man die jeweilige Rückseite zur Wärmeübertragung (durch die kältemittelgefüllte Platten-

[1] In Abhängigkeit der Wasserqualität des eingespeisten Wassers (Härtegrad und Verunreinigung) können sich Ablagerungen auf den Oberflächen der Wärmeübertrager bilden [23]. Das führt u. U. zu Anhafteffekten des Eises in der Phase der Entfernung. Weiterhin verschlechtert sich die Wärmeübertragung. Das betrifft insbesondere Eismaschinen mit einer ständigen Zufuhr von Frischwasser. Diese neigen zur Aufkonzentration von löslichen Stoffen im Wasserkreislauf.

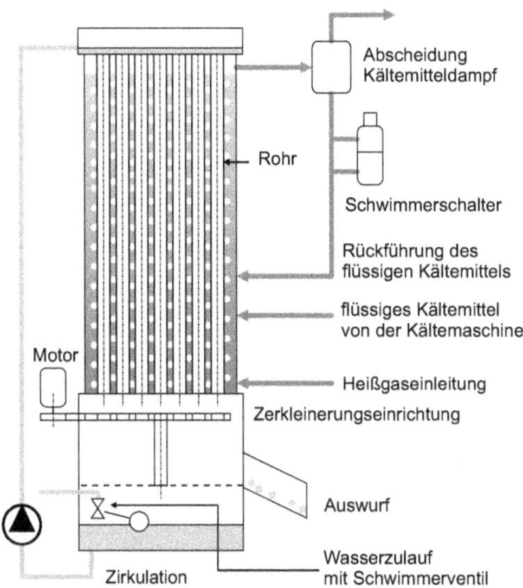

Abb. 8.3: schematischer Aufbau einer Maschine zur Röhreneisproduktion mit einer Eisbildung an der Rohrinnenseite [23]

konstruktion) für den Abtauvorgang nutzen (Abb. 8.4). Über die obere Verteileinrichtung wird warmes Wasser (z. B. Trinkwasser) über die Rückseite geleitet, an der Plattenunterseite aufgefangen und im Vorlagebehälter für die nächste Eisproduktion gesammelt. Bei einer Temperaturänderung des zugeführten Wassers treten gegenläufige Effekte auf. Niedrige Wassertemperaturen haben ein schlechtes Abtauen und einen geringeren Kühlbedarf im folgenden Eisaufbauzyklus zur Folge. Hohe Temperaturen ermöglichen einen schnellen Abtauvorgang, verursachen aber einen höherer Kühlbedarf. In der Regel sollte das Wasser eine Temperatur über 18 °C besitzen.

Aufgrund der nicht definierten Form der gelösten Eisplattenfragmente wird ein Zerkleinerung nachgeschaltet.

Im Vergleich zur Scherbeneisproduktion (siehe unten) ist eine höhere Kälteleistung pro produziertes Eis notwendig. Wegen der höheren Verdampfertemperaturen liegt die Leistungszahl etwas über denen der Scherbeneismaschinen. Eine Leistungsanpassung bei großen Maschinen kann man über die Abschaltung von Platten oder Plattengruppen erreichen.

8.1.4 Scherben- und Schuppeneis

Zur Produktion von Scherben- oder Schuppeneis [1], [23] nutzt man horizontal oder vertikal rotierende Trommeln oder Scheiben (Abb. 8.5). Diese kühlt das innen verdampfende Kältemittel (z. B. NH_3 mit –12. . . –5 °C). Die äußere Oberfläche wird permanent mit Wasser durch Düsen oder ein Bad benetzt. Der dünne Wasserfilm erstarrt

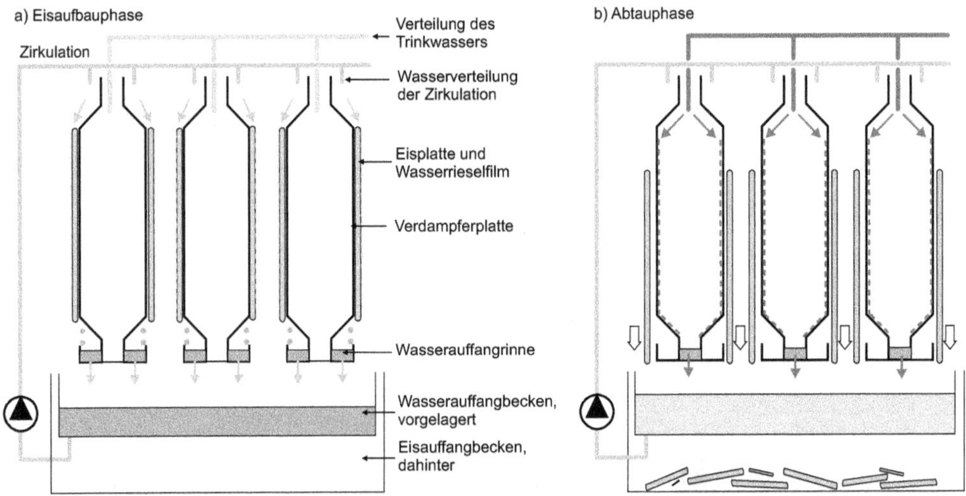

Abb. 8.4: schematischer Aufbau einer Platteneismaschine, einseitige Nutzung der Platte, a) Eisaufbau, b) Entfernung mit warmem Wasser [23]

schnell und ein Messer, ein Kratzer oder eine Walze entfernt die unterkühlte Eisschicht. Diese trockenen Scherben oder Schuppen mit einer Stärke von ca. 1,0. . . 4,5 mm fallen in einen Behälter oder Speicher. Diese kontinuierliche Produktion kann durch die Verdampfertemperatur oder den Wasservolumenstrom angepasst werden.

Es existieren weitere Konstruktionen mit z. B. feststehendem Zylinder und rotierender Benetzungs- und Eisentfernereinheit. Eine weitere Möglichkeit besteht in der Nutzung einer rotierenden Schnecke, die in einem gekühlten Zylinder das Eis von der Wand entfernt und aus dem *Eismacher* transportiert. Die Produktion von kleinstückigem Eis zeichnet sich allgemein durch eine bessere Automatisierung und schnellere Betriebsbereitschaft aus.

8.1.5 Eisbrei

Die Verwendung von festem Eis ist mit diversen Nachteilen (z. B. Transport, vgl. mit Abs. 8.1.6) verbunden. Ein anderer Ansatz besteht in der Herstellung von Eisbrei, der die hohe Energiedichte von Wassereis mit den Vorteilen eines pumpbaren Fluids vereint.

Die physikalischen Eigenschaften[2] beschreibt Abs. 5.4.4. Eisbrei ist eine flüssige Wassermischung mit Eispartikeln, die möglichst fein dispergiert sind. Nach [23] beträgt der Eisanteil ca. 50 % und in Extremfällen bis max. 80 %, was als sehr hoch eingeschätzt wird (vgl. mit Abs. 5.4.4). Additive (vgl. mit Abs. 5.3.1.2) können die Bildung der Eispartikel und den Erhalt der Breikonsistenz unterstützen, die wiederum für die

[2]Die Quellen geben unterschiedliche Informationen zu Eisbrei an. Offensichtlich resultieren die unterschiedlichen Angaben aus den verschiedenen Möglichkeiten der Herstellung und dem Einsatz von Additiven.

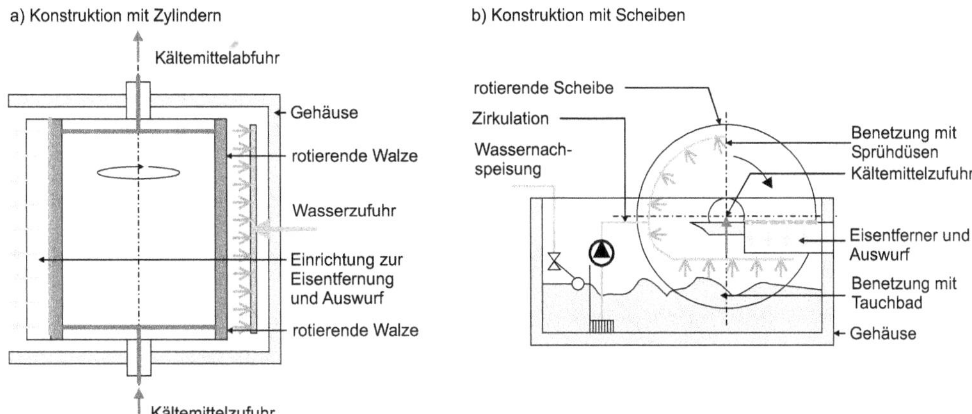

Abb. 8.5: schematischer Aufbau von Maschinen zur Scherbeneisproduktion, a) Einsatz von Zylindern, b) Verwendung von Scheiben [1], [23]

Pumpfähigkeit entscheidend sind. Die technische Grenze der Förderung liegt bei 250 m und man kann einen Massestrom von 15 kg/s pro Leitung realisieren. Die Herstellung von Eisbrei kann mit mehreren Verfahren durchgeführt werden [6], [257], [258]:

- Schabetechnik: Ein gekühltes Rohr wird mit einer Wassermischung (Einsatz von Additiven) vollkommen beaufschlagt (Abb. 8.6 a). Das Kältemittel befindet sich außen. An der Innenseite bildet sich Eis. Ein Eiskratzer rotiert im Rohr, entfernt das Eis von der Innenfläche und mischt es in den axialen Strom. Im Vergleich zu Abs. 8.1.2 und zu Abs. 8.1.4 entsteht Eisbrei (z. B. FLO-ICE, siehe unten).

- Rieselfilmtechnik: In einem vertikalen Rohrbündel-Wärmeübertrager (vgl. mit Abs. 8.1.2, Verdampfung des Kältemittels im Mantelraum) rieselt in den Rohren ein unterkühltes Wassergemisch (Einsatz von Additiven) nach unten (Abb. 8.6 b). Eine Stange rotiert in jedem Rohr, entfernt das Eis von der Innenfläche des Rohres (z. B. MaximICE, siehe unten) und verhindert eine Blockade.

- Unterkühlungstechnik: Wasser oder ein Wassergemisch strömt „ungestört“ (z. B. ohne Wirbel) durch das innere Rohr eines Doppelrohr-Wärmeübertragers und wird durch das Kältemittel, welches im Mantelraum verdampft, langsam abgekühlt (Abb. 8.6 c). Bei dieser Prozessführung nutzt man den thermophysikalischen Effekt der verzögerten Erstarrung (Unterkühlung). Diese tritt im Wesentlichen erst nach dem Verlassen des Wärmeübertragers auf. Die Konzentration des Eises im austretenden Strahl ist aufgrund des Verfahrens begrenzt.

- Injektortechnik: Für dieses Verfahren benötigt man Wasser und eine Flüssigkeit, die sich mit Wasser nicht mischt und eine höhere Dichte besitzt (Abb. 8.6 d). Diese Flüssigkeit setzt sich in einem Tank unten ab. Von dort wird sie angesaugt und mit einer Kältemaschine abgekühlt. Danach gelangt die Flüssigkeit in den Injektor (Strahlpumpe) und saugt Wasser aus dem Tank an. Im Injektor finden die Dispersion des Wassers zu kleinen Tröpfchen und die gleichzeitige Wärmeübertragung zur Herstellung der Eispartikel statt. Der Stoffstrom tritt in den Tank ein, wo eine Trennung beider Phasen möglich ist. Die Eispartikel schwimmen aufgrund des Dichteunterschiedes nach oben und das andere Fluid setzt sich ab.

- Vakuumtechnik: Im Gegensatz zu den vorher beschriebenen Verfahren (Abb. 8.6 e) findet die Eisbildung mit einem Prozess statt, bei dem das Wasser oder die Wassermischung das Kältemittel ist (z. B. VacuumICE, siehe unten). Wasser wird in einem Verdampfer durch einen Verdichter (mechanisch oder thermomechanisch mit Dampfstahlprozessen) und durch eine zusätzliche Vakuumpumpe auf den Tripelpunkt-Zustand (0,01 °C, 6 mbar) gebracht. Durch den niedrigen Druck verdampft das Wasser. Die notwendige Verdampfungsenthalpie liefert zunächst die flüssige Phase (vgl. mit Dampfstrahlverdichter, Abs. 2.3.6). Am Tripelpunkt liegen jedoch alle drei Aggregatzustände vor, so dass eine Eisbildung durch die Verdampfung ohne Druck- und Temperaturänderung initiiert wird. Aufgrund des Verhältnisses von Verdampfungsenthalpie (ca. 2500 kJ/kg) zur Erstarrungsenthalpie (ca. 334 kJ/kg) ist durch die Direktverdampfung von einem 1,00 kg Wasser die Herstellung von 7,49 kg Eis möglich. Ein Verflüssiger (Oberflächen- oder Mischkondensator) kühlt den Wasserdampf zurück. Nach einer Entspannung kann das Wasser dem Verdampfer wieder zugeführt werden. Des Weiteren muss man dem Verdampfer ständig Wasser bzw. eine Wassermischung zuführen, weil gleichzeitig eine kontinuierliche Eisbrei-Entnahme aus dem Verdampfer stattfindet. Diese stellt den notwendigen Unterdruck her und führt Inertgas aus dem Prozess ab. Werden Additive verwendet, die bei diesem Prozess nicht unbedingt notwendig sind, verschiebt sich der Betriebspunkt zu niedrigeren Temperaturen und Drücken.

Nach [116], [119], [259], [260] sind die Begriffe für Eisbrei (*Ice slurry*, auch: *Slurry ice*, *Slush ice*), verwandte Stoffe, Verfahren usw. wie folgt eingeführt. Diese stehen in Zusammenhang mit den eingesetzten Stoffen und Herstellungsverfahren:

Binäreis®: generischer Name für flüssiges, pumpfähiges Eis, eingetragener Markenname Fa. Integral [119].

FLO-ICE®: registrierter Markenname der Fa. Solmecs FLO-ICE Systems Ltd. (Großbritannien) [119], Herstellungsverfahren von Binäreis®, Eignung für kleine bis mittlere Leistungen (verfügbare Einzelmaschinen 4...315 kW), Einsatz der Wassersuspension als Transport- und Speichermittel (indirekte Kühlung, -40...-1 °C), Erzeuger: Wärmeübertrager mit zwei koaxialen Rohren (Doppelrohr-Eiserzeuger), innenliegender rotierender Schabemechanismus zur Eisentfernung.

MaximICE®: Markenname der Fa. Paul Mueller (USA) [261], Herstellungsverfahren von Binäreis®, Eignung für mittlere bis große Leistungen (verfügbare Einzelmaschinen 90...5600 kW), Einsatz der Wassersuspension als Transport-

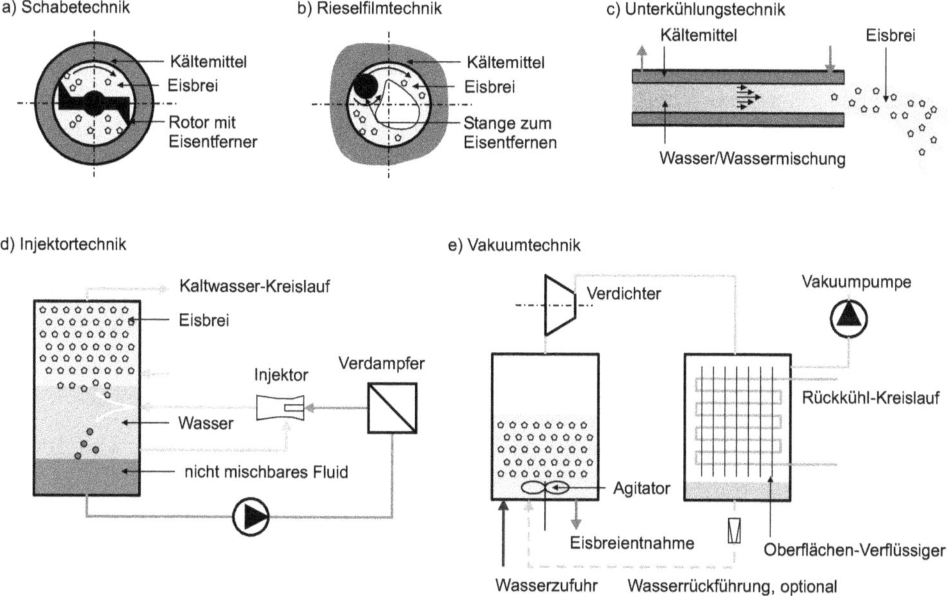

Abb. 8.6: schematische Darstellung verschiedener Techniken zur Eisbreiherstellung

und Speichermittel (indirekte Kühlung, –4...–2 °C), Erzeuger: Rohrbündel-Wärmeübertrager, Rieselfilm der Wassersuspension in den vertikalen Rohren, rotierende Schleuderstangen zur Verhinderung der Vereisung.

VacuumICE®: auch Vakuumeis, Herstellungsverfahren für Binäreis® [119], Eignung für mittlere bis sehr großer Leistung (verfügbare Einzelmaschinen 620... 25000 kW), Einsatz der Wassersuspension als Kältemittel (direkte Kühlung, –4,0... –0,5 °C), Verwendung z. B. von Calciumchlorid als Additiv, Erzeuger: Kältemaschine mit Axialverdichter.

TALIN®: Abkürzung für *Technical Alcohol Integral* [119], u. a. Ethanol mit 7... 15 %, CORIN zur Korrosionsinhibierung, Einsalz in geschlossenen Systemen außer bei VacuumICE® wegen der Verdampfung.

CORIN®: Abkürzung für *Corrosion Inhibitor*, Produkt der Fa. Integral [119].

Binärschnee®: Produkt der Fa. Integral [119].

Cryosol®: Fraunhofer Institut Umwelt-, Sicherheit- und Energietechnik UMSICHT [259], [260], u. a. Einsatz in Verbindung mit Lebensmitteln möglich, Verwendung von Lebensmittelzusätzen wie z. B. Salz, Zucker, Hirschhornsalz, Natriumhydrogenkarbonat, Kaliumnitrat usw., bis zu einem Eisgehalt von 35 % pumpbar und bis 50 % speicherbar, Herstellung: Schabetechnik.

8.1.6 Transport von kleinen Eisstücken

Die Anwendung von kleinen Eisstücken erfordert in vielen Fällen und unabhängig von thermischen Energiespeichern Fördersysteme, um das Eis vom Erzeuger zu entfernten Verbrauchern zu transportieren [23]. Zur Förderung kommen Schrauben, Bänder oder pneumatische Systeme infrage.

In vielen Fällen verursachen der Feinstkornanteil bzw. Schnee, die durch die Erzeugung, Bewegung und Zerkleinerung entstehen, Probleme (z. B. Zufrieren, Blockierungen der mechanischen Bauteile). Bei der Installation von Förderanlagen im Freien sollten zur Verhinderung des Antauens ggf. eine Wärmedämmung und ein Schutz vor Regen vorgesehen werden. Die Gefahr des Zusammenfrierens von Eispartikeln oder -stücken besteht bei trockenem Eis grundsätzlich nicht.

Folgende Bauarten werden typischerweise eingesetzt.

- Rohrschneckenförderer: Die Schrauben besitzen einen Durchmesser von 100... 300 mm und größer. Anpassungen an bestimmte Förderleistung und Neigungen der Rohre werden über verschiedene Schaubenganghöhen und Gewindesteigungen realisiert.

- Gurtbandförderer: Bänder kann man auch bei feuchtem Eis und Eis mit hohem Feinkornanteil einsetzten. Bänder mit Maschen (z. B. Einsatz von Edelstahl, verzinktem Stahl, HDPE) trennen den Feinkornanteil ab.

- Pneumatischer Transport in Rohrsystemen: Diese Art ist nicht für alle Partikelgrößen und feuchtes Eis geeignet. Eine Kompressoranlage liefert Luft, die vorher abgekühlt wurde. Der Luftstrom (Druckverlust ca. 30... 70 kPa) transportiert das Eis (2,5... 10 kg/s) nach einer zentralen Zugabe durch die Rohre (bis zu 180... 300 m) mit einem Durchmesser von 100... 200 mm. Zur Bedienung von mehreren Verbrauchern werden diverse Hosenstücke und Ventile eingesetzt. Am Ende der Strecke setzt man flexible Schläuche und Zyklone zur Partikelabscheidung ein.

8.1.7 Lagerung von kleinstückigem Eis

Bei großen Lagern für kleinstückiges Eis (*Ice bin*) sind zwei Konstruktionen typisch [23]:

- Eislager in Kombination mit Rechensystem und Stahlrahmen sowie Platten, komplett installiert in einem Kühlraum,

- isolierter Raum um Eislager und Rechensystem, z. B. in Gebäuden, Eiserzeuger außerhalb des kalten Raumes.

Zur Bewegung des Eises im Becken sind mechanische Einrichtungen notwendig (Abb. 8.7). Eisrechensysteme [23] werden bei großen und vollautomatisierten Speichern (10... 300 t/h Eis pro Recheneinheit) eingesetzt.

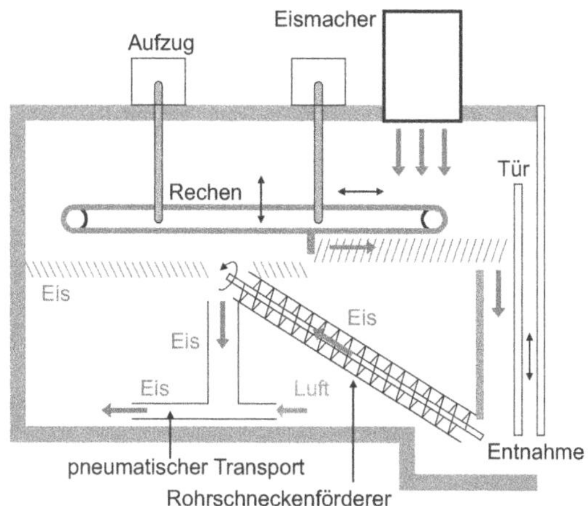

Abb. 8.7: schematischer Aufbau von großen Eislagern mit Förder- und Verteilanlagen [23]

Ein Rechen arbeitet mit Hilfe einer automatischen Höhenverstellung an der Oberfläche. Dieser verteilt und entfernt das Eis nach Bedarf. Trockenes Eis ist für einen leichten Transport von Vorteil. Deswegen werden große Speicher zusätzlich gekühlt.

Schraubenförderer und pneumatische Systeme setzt man zur Umwälzung bzw. Verteilung des Eises im Speicher ein. Damit soll eine Eisklumpenbildung und eine unvollständige Nutzung des Volumens (Totzonen mit hohen Verweilzeiten) vermieden werden.

8.2 Speicherung und Anwendung von künstlichem Eis

8.2.1 Systematisierung

Im Bereich der Eisspeicher existieren viele technische Lösungen. Diese sind mit diversen Vor- und Nachteilen verbunden. Weiterhin unterscheiden sich die Eisspeicher im Leistungsbereich und den Temperaturen. Abb. 8.8 liefert einen Überblick, wobei folgende Kriterien herangezogen wurden.

- Ort der Eisbildung bzw. Eisbewegung: Der Begriff *statisch* zeigt an, dass das Eis am Ort seiner Entstehung bleibt. Wird das Eis über die Systemgrenze des Speichers transportiert (Be- oder Entladung), verwendet man die Bezeichnung *dynamisch*.

- Maschineneinsatz: Zur Eisproduktion kann man Kältemaschinen oder Kältemaschinen mit Eiserzeugern heranziehen.

  - Beim Einsatz von Kältemaschinen wird der Speicher *indirekt beladen* (stoffliche Trennung mit einer Wärmeübertragerwand). Es ist weiter zwischen einer *direkten* und *indirekten Kühlung* zu unterscheiden (Abs. 2.3.8, S. 57).

  - Eiserzeuger liefern das Eis über die Systemgrenze des Speichers, was einer *direkten Beladung* des Speichers entspricht.

- Eisform: Bei der Eisbildung im Speicher, entsteht das Eis an der Wärmeübertragerwand. Umgebende Wände begrenzen das Wachstum. Theoretisch kann das gesamte Wasser zu einem kompakten Block oder zu makroverkapselten Bereichen gefroren werden. Beim Einsatz von Eiserzeugern hängt die Eisform vom jeweiligen Verfahren ab.

- Wärmeübertragung im Speicher: Die Verwendung von Wärmeübertragern oder einer Makroverkapselung ist mit der indirekten Wärmeübertragung verbunden. Bei der direkten Wärmeübertragung stehen das Wasser (Kälteträger) und das Eis in direktem Kontakt.

- Entladung: Wird das Eis mit einem Wärmeübertrager abgeschmolzen (indirekte Entladung), verwendet man den Begriff der *internen Schmelze*. Die *externe Schmelze* setzt die direkte Entladung des Speichers mit Wasser voraus. Die Konvektion des Wassers im Speicher schmilzt das Eis an der äußeren Oberfläche ab. Beide Vorgänge unterscheiden sich in der Bewegung der Schmelzfront (Abb. 8.9). Die *hybride Schmelze* ist die Kombination aus interner und externer Schmelze.

- Bauform des Speichers: In Abhängigkeit der eingesetzten Verfahren, der Größe und der mechanischen Beanspruchung kommen verschiedene Konstruktionen zum Einsatz.

Bei den Eisspeichertechniken [9], [262] sind verschiedene Begriffe gebräuchlich. Die Einteilung im englischen und deutschen Sprachraum ist z.T. unterschiedlich:

- *Ice builder* (*Eisbauer*, verschiedene Wärmeübertrager mit Rohrschlangen oder Platten im Speicher, keine Eisentnahme),

- *Ice on coil* (vereiste Rohrschlange, Wärmeübertrager im Speicher),
  - *external melt* / *externe Schmelze*, direkte Eisspeicher-Systeme,
  - *internal melt* / *interne Schmelze*, indirekte Eisspeicher-Systeme,

- *Ice harvesting systems* (Systeme mit *Eiserntemaschinen*, Abs. 8.1.2, Abs. 8.1.3, Abs. 8.1.4) / direkte Eisspeicher-Systeme,

- *Encapsulated ice* (gekapseltes Eis) / Eiskugelsystem,

- *Ice slurry* (*Eisbrei*, Abs. 8.1.5).

8.2.2 Systeme mit innenliegendem Wärmeübertrager

Eingesetzt werden wassergefüllte Behälter (offen, ohne technische Druckhaltung) mit Wärmeübertragern (z. B. Rohrbündel-, Rohrschlangen-, Plattenwärmeübertrager) [9], [262], [263]. Diese Wärmeübertrager sind entweder der Verdampfer einer Kältemaschine

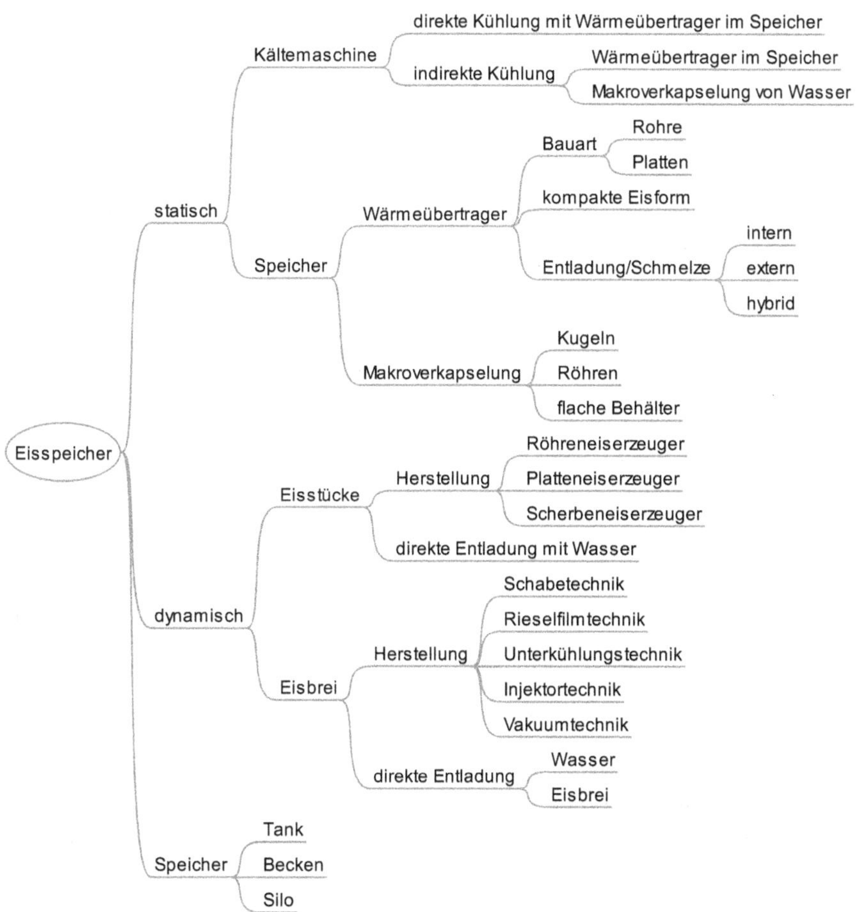

Abb. 8.8: Systematisierung von Techniken, Verfahren und Konstruktionsmerkmalen der Eisspeicher

(direkte Kühlung, thermodynamisch effektiver, vorzugsweise bei industriellen Anwendungen) oder an einen sekundären Kältekreislauf (indirekte Kühlung[3], in der Regel einfacher, weniger Kältemittel, vorzugsweise bei der Gebäudetechnik, siehe Abb. 8.12) angeschlossen. Dann muss man wegen der niedrigen Temperaturen, Frostschutzgemische als Kälteträger (Abs. 5.3.1.2) einsetzten. Bei dieser indirekten Beladung werden für Eisdicken von 40 mm Temperaturen zwischen –7...–3 °C und von 65 mm Temperaturen zwischen –12...–9 °C benötigt. Eine Luftblasenströmung im Speicher soll eine gleichmäßige Eisbildung und -rückbildung sowie eine Speicherdurchströmung fördern. Hohe Leistungen und gleichmäßige Temperaturen werden damit angestrebt. Ungünstig wirkt sich z. B. die sog. *Brückenbildung* zwischen zwei benachbarten Wärmeübertra-

[3] Bei einer Temperaturdifferenz von 5 K werden 15...20 % mehr Antriebsenergie benötigt [264].

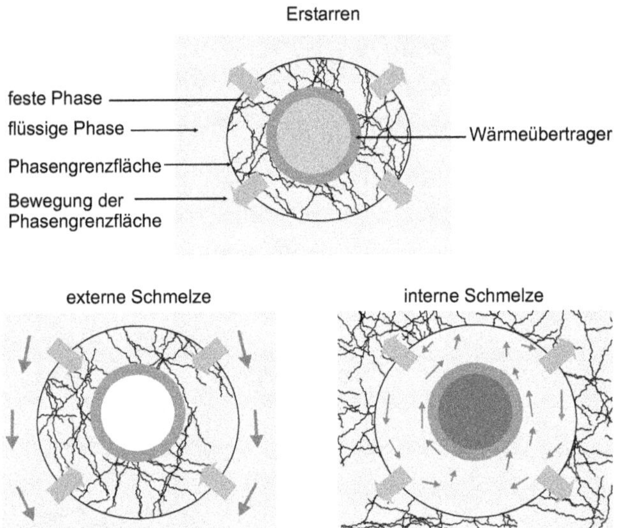

Abb. 8.9: Schematische Darstellung zur externen und internen Schmelze

gerrohren oder die sog. *Eisblockbildung* aus.

Das Prinzip ist bei großen Speichern nur bedingt handhabbar (Beschränkung einer gleichmäßigen Konvektion nur in relativ kleinen Speicherbereichen, Einschränkung bei den Längen der Wärmeübertragerrohre aus thermodynamischen Gründen). Typischerweise werden deswegen mehrere Speicher parallel geschaltet.

Zur Kontrolle des Ladezustands werden folgende Verfahren eingesetzt:

- Eisdickenmessung (Messung an einer repräsentativen Stelle),
- Füllstandmessung (Nutzung der Dichtefunktion von Wasser),
- Druckmessung (Einsatz einer flüssigkeitsgefüllten Messzelle).

Im Vergleich zu Kaltwasserspeichern benötigt diese Bauart ca. 15...20 % höhere Kosten. Das Speichervolumen liegt aber nur bei 17...25 % eines Wasserspeichers. Der Energieverbrauch ist wegen der Speicherung ca. 25 % höher. Die Betriebs- und Wartungskosten fallen hingegen niedrig aus.

Das Prinzip kann durch die Parallelschaltung auch bei großen Systemen eingesetzt werden. Realisierte Speicherkapazitäten betragen bis zu 440 MWh (USA). Die indirekte Kühlung (stoffliche Trennung) kommt vorzugsweise in Nah- und Fernkältesystemen zur Anwendung. Folgende Werkstoffe werden beim Speicherbau eingesetzt.

- Rohrschlangen: Polyethylen, Polypropylen, Metalle und Legierungen;
- Behälter: geschweißte und beschichtete Stahltanks, Edelstahl, GFK-Tanks, Beton-Tanks (bauseitig bei großen Speichern hergestellt).

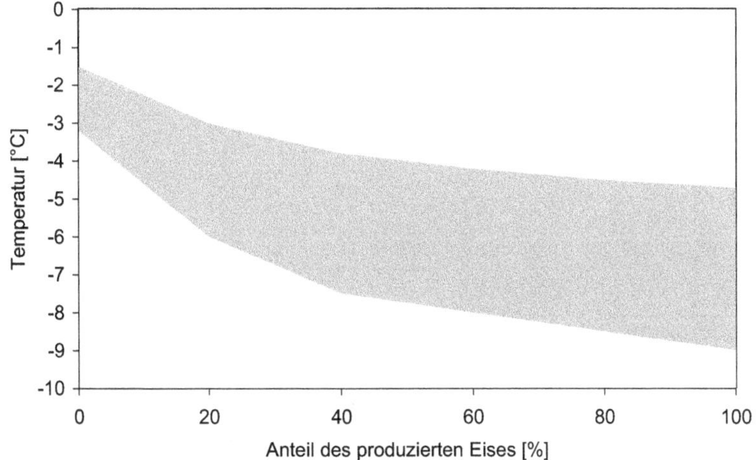

Abb. 8.10: Eisspeicher mit innenliegendem Wärmeübertrager (*Ice on coil*), externe Schmelze, Temperatur des Kälteträgers bei der Beladung in Abhängigkeit des hergestellten Eises, reproduzierte Darstellung eines typischen Trends [251]

8.2.2.1 Externe Schmelze

Abb. 8.10 zeigt einen typischen Temperaturbereich des Beladefluids beim Eisaufbau im Speicher. Die direkte Entladung wird mit einer Wasserströmung im Speicher realisiert, wobei das um den Wärmeübertrager gebildete Eis von außen abschmilzt (siehe Abb. 8.9). Bei einer guten Durchströmung der Eismatrix lassen sich hohe Entladeleistungen und Vorlauftemperaturen von 1...2 °C erzielen (Abb. 8.11). Ist der Speicher weitgehend vereist (hoher Ladezustand), wird eine Konvektion durch den Speicherraum bzw. um die Rohre erschwert oder ist überhaupt nicht möglich. Vorzugsweise setzt man diese Speicherbauweise bei Systemen zur Prozesskühlung und bei Nahkältesystemen ein (Abb. 8.12), weil bei diesen Anwendungen kein Einsatz von Additiven zum Korrosionsschutz usw. erfolgt.

Ein typischer Vertreter ist das *Eisbauer-System* (Abb. 8.13) mit direkter Kühlung des Speichers (Direktverdampfung) [263], [265], [266], [267]. Diese Speicher besitzen oft eine rechteckige Grundfläche bzw. eine containerartige Konstruktion der Speicherhülle. Die Turmbauweise [268], [269][4] ist aber auch anzutreffen.

Nach [9] und [262] ergeben sich folgende Vor- und Nachteile:

- Vorteile,
  - hohe Entladeleistungen,
  - lange Aufrechterhaltung niedriger Temperaturen (ca. 1 °C),
- Nachteile,

[4] Im Gegensatz zu den klassischen Eisbauer-Speichern wird eine indirekte Kühlung mit einer Glykol-Wasser-Mischung angewandt. Weiterhin wendet die Fa. Witt ein modulares Konzept an.

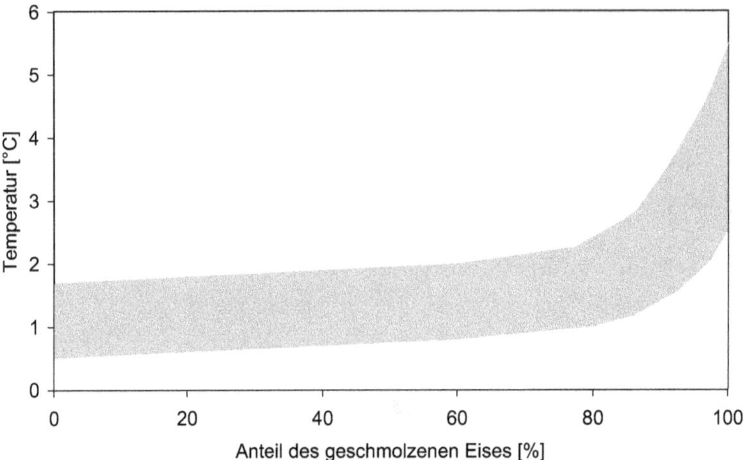

Abb. 8.11: Eisspeicher mit innenliegendem Wärmeübertrager (*Ice on coil*), externe Schmelze, Temperatur des Kälteträgers bei der Entladung in Abhängigkeit des geschmolzenen Eises, reproduzierte Darstellung eines typischen Trends [251]

- Korrosionspotenzial[5],
- Maßnahmen zur Vermeidung von Eisbrücken
  * vollständiges Abtauen einmal pro Woche,
  * Entladen mit hoher Priorität nach der Lastspitze,
  * Teilbeladung des Speichers bei prognostizierter Teillast,
  * Einsatz aufwändiger Messverfahren.

8.2.2.2 Interne Schmelze

Das Abschmelzen erfolgt in der Regel über den gleichen Wärmeübertrager (indirekte Entladung, siehe Abb. 8.9). Für die Beladung sind Temperaturen zwischen -6...-3 °C typisch (Abb. 8.14). Im Unterschied zu Speichern mit externer Schmelze kann der Speicher theoretisch vollständig vereist werden, weil die Entladung über den Wärmeübertrager erfolgt und nicht an eine Durchströmung des Speichers gebunden ist. Es bilden sich ringförmige Wasserräume um die Wärmeübertragerrohre. Eine weitere Entladung kann zum Brechen und Aufschwimmen der Eispartikel führen. Die Effekte im Speicher beeinflussen wiederum die Temperatur bei der Entladung (Abb. 8.15). Im Gegensatz zu anderen Eisspeichern steigt die Temperatur koninuierlich. Auch hier kann durch Einblasen von Luft die Entladeleistung erhöht werden [9], [262].

[5]Mit dem Einsatz von externen Wärmeübertragern können Korrosionsprobleme, vor allem im Netz, ausgeschlossen werden. Dann ist auch der Einsatz von Korrosionsschutzmitteln im Netz möglich. Die Netztemperaturen müssen aber über 1 °C liegen.

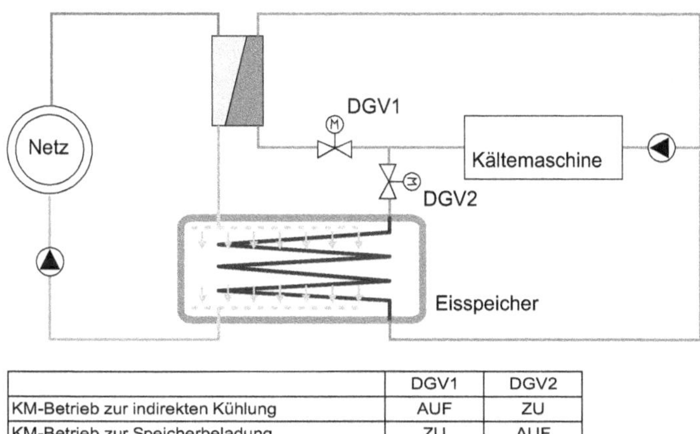

	DGV1	DGV2
KM-Betrieb zur indirekten Kühlung	AUF	ZU
KM-Betrieb zur Speicherbeladung	ZU	AUF

Abb. 8.12: Anlagenschema für Eisspeicher mit innenliegendem Wärmeübertrager (Ice on coil), externe Schmelze, indirekte Kühlung [251]

Abb. 8.13: Eisbauer-Speicher der Fa. BAC, 1) beschichtete Stahlkonstruktion, ausgesteift, 2) Wärmedämmung aus extrudiertem Polystyren, 3) korrosionsgeschützte externe Verkleidung, Dampfsperre, 4) Ventilator zur inneren Belüftung, 5) wärmegedämmte Abdeckung für die Sektionen, 6) Rohrschlange aus galvanisiertem Stahl in innerem Stahlrahmen, 7) elektronische Eisdickenmessung, 8) innere Luftverteilung, perforierte PVC-Rohre [270]

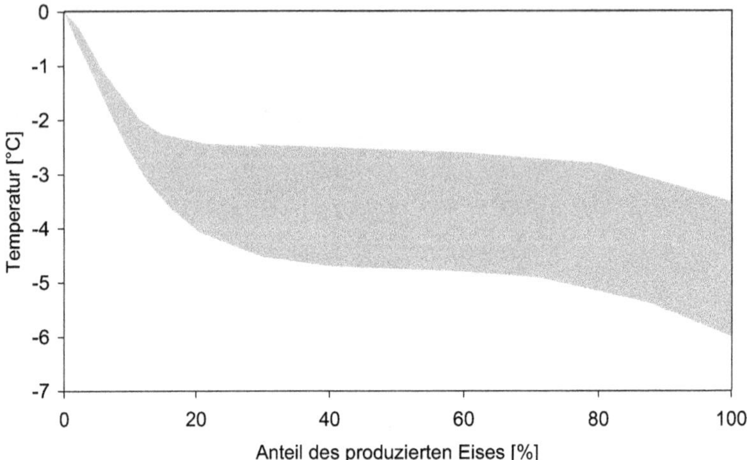

Abb. 8.14: Eisspeicher mit innenliegendem Wärmeübertrager (*Ice on coil*), interne Schmelze, Temperatur des Kälteträgers bei der Beladung in Abhängigkeit des hergestellten Eises, reproduzierte Darstellung eines typischen Trends [251]

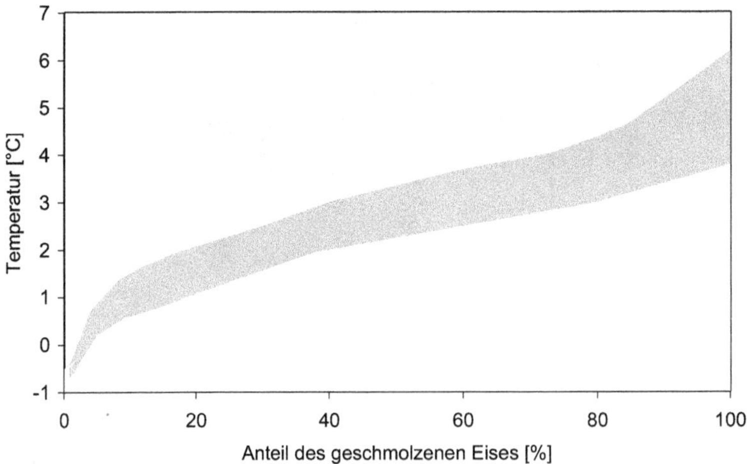

Abb. 8.15: Eisspeicher mit innenliegendem Wärmeübertrager (*Ice on coil*), interne Schmelze, Temperatur des Kälteträgers bei der Entladung in Abhängigkeit des geschmolzenen Eises, reproduzierte Darstellung eines typischen Trends [251]

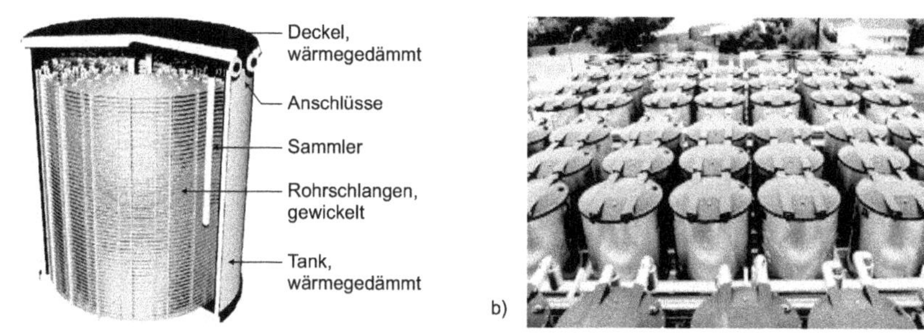

Abb. 8.16: a) schematische Darstellung eines Speichers mit innenliegendem Wärmeübertrager (*Ice on coil*) und interner Schmelze, Fa. Calmac (USA) [271]; b) Außenaufstellung des Speichers, Parallelschaltung von Speichern [272]

Abb. 8.17: a) schematische Darstellung eines Speichers mit innenliegendem Wärmeübertrager (*Ice on coil*) und interner Schmelze, Fa. Hangzhou Huaddian Huayan Environment Engineering (China); b) Wärmeübertrager mit Rohrschlangen aus modifiziertem Kunststoff mit relativ hoher Wärmeleitfähigkeit (1,7...2,0 W/(m K)) [273], [274]

Eine typische Konstruktion ist der so genannte *Eisbankspeicher*. Die Speicher besitzen entweder eine kreisförmige Grundfläche (Abb. 8.16) oder eine rechteckige Grundfläche (Abb. 8.17). Der Einsatz von Kunststoff bringt gegenüber Edelstahl oder verzinktem Stahl Kosten- sowie Gewichtsvorteile. Außerdem wird die Korrosion im Speicher verhindert.

Folgende Vor- und Nachteile kennzeichnen diesen Speichertyp:

- Vorteile,
  - sehr hohe Beladung wegen zulässiger Eisblockbildung,
  - unproblematisches Speichermanagement im gesamten Bereich des Ladezustandes,
  - geringeres Korrosionspotenzial,
- Nachteile,
  - Abnahme der Entladeleistung,

- Zunahme der Vorlauftemperatur,
- begrenzte Entladeleistung.

Diese Speichersysteme kommen vorwiegend bei der Gebäudeklimatisierung zum Einsatz. Kältemaschine und Speicher werden oft in Reihe geschaltet. Demzufolge sind zwei Schaltungen möglich.

- Vorgeschaltete Kältemaschine (Vorkühlung) und nachgeschalteter Speicher (Nachkühlung): Aufgrund der relativ hohen Eintrittstemperatur ergeben sich hohe Leistungszahlen der Kältemaschine. Damit sinken die Eintrittstemperaturen am Speicher und die Speicherkapazität kann nur begrenzt genutzt werden (Abb. 8.18).
- Vorgeschalteter Speicher (Vorkühlung) und nachgeschaltete Kältemaschine (Nachkühlung): Die relativ hohen Rücklauftemperaturen des Netzes ermöglichen eine gute Ausnutzung der Speicherkapazität. In diesem Fall sinken aber die Eintrittstemperaturen an der Kältemaschine, was niedrige Leistungszahlen bewirkt (Abb. 8.19).

Weiterhin existieren Systeme mit folgenden Schaltungen:

- Zur direkten Wasserkühlung des Netzes (Vorlauftemperatur größer 4 °C) und zur Speicherbeladung (Vorlauftemperatur kleiner –4 °C) werden getrennte Kältemaschinen verwendet.
- Eine Gruppe von Kältemaschinen ist nur für die Wasserkühlung des Netzes (Vorlauftemperatur größer 4 °C) zuständig. Eine weitere Gruppe von Kältemaschinen kann wahlweise für die direkte Anwendung sowie für die Speicherbeladung (verschiedene Betriebsmodi mit Vorlauftemperaturen größer 4 °C oder kleiner –4 °C) eingesetzt werden.

8.2.2.3 Hybride Konzepte

Nach *Schmid* [262] lassen sich die Vorteile der externen und internen Schmelze mit dem Hybrid-Eisspeicher nach dem DELROC-Konzept [275] vereinen (Abb. 8.20). Als *hybrid* gilt die gleichzeitige Entladung mit einem Glykol-Wasser-Kreislauf (interne Schmelze) und mit einem Wasser-Kreislauf (externe Schmelze). Über den innenliegenden Wärmeübertrager kann ein Eisblock bei vollständiger Beladung angeschmolzen werden. Es entsteht schnell eine durchströmbare Matrix, die für die direkte Speicherentladung Voraussetzung ist. Über den Einsatz von zwei externen Wärmeübertragern können sehr niedrige Temperaturen, hohe Entladeleistungen und der Korrosionsschutz gewährleistet werden. Dieser Speichertyp ist nicht nur auf vorgefertigte kompakte Typenspeicher beschränkt. Auch der Einsatz in Betontanks oder Becken wird als möglich angesehen.

8.2.3 Systeme mit Eiserntemaschinen

Bei diesen Systemen (Abb. 8.21) werden vorgefertigte Eismacher (vorwiegend Röhreneis Abs. 8.1.2, Platteneis Abs. 8.1.3) eingesetzt, die man in diesem Zusammenhang auch

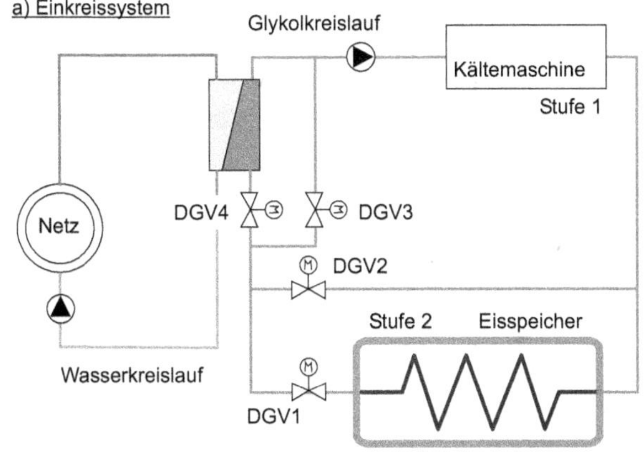

	DGV1	DGV2	DGV3	DGV4
kein Netzbetrieb, Speicher laden	AUF	ZU	AUF	ZU
Netzbetrieb, nur Speicher entladen	Regelung	Regelung	Regelung	Regelung
Netzbetrieb, nur KM-Betrieb	ZU	AUF	Regelung	Regelung
Netzbetrieb, KM-Betrieb und Speicher entladen	Regelung	Regelung	Regelung	Regelung

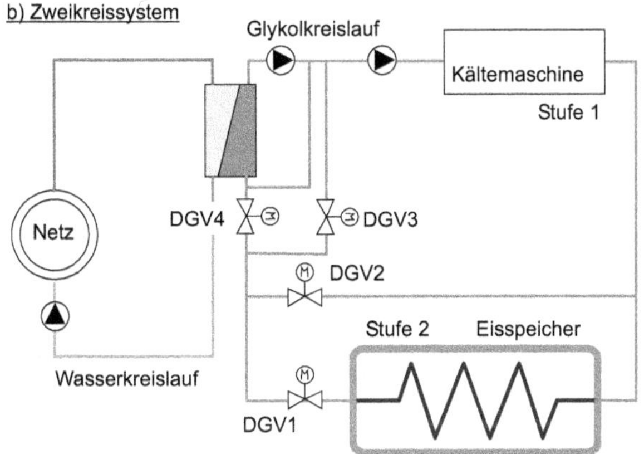

	DGV1	DGV2	DGV3	DGV4
kein Netzbetrieb, Speicher laden	AUF	ZU	AUF	ZU
Netzbetrieb, nur Speicher entladen	Regelung	Regelung	Regelung	Regelung
Netzbetrieb, nur KM-Betrieb	ZU	AUF	Regelung	Regelung
Netzbetrieb, KM-Betrieb und Speicher entladen	Regelung	Regelung	Regelung	Regelung
Netzbetrieb, Speicher laden	AUF	ZU	Regelung	Regelung

Abb. 8.18: Anlagenschemata für Eisspeicher mit innenliegendem Wärmeübertrager (*Ice on coil*), interne Schmelze, indirekte Kühlung, vorgeschaltete Kältemaschine (*chiller upstream*), Einsatz von Durchgangsventilen, a) Einkreissystem für Anlagen ohne Netzlast (nachts, off-peak period) während der Speicherbeladung, b) Zweikreissystem für Anlagen mit ständiger Netzlast, Anpassung der Speicherbeladung und Netzlastdeckung mit zwei Pumpen im Glykolkreislauf [273]

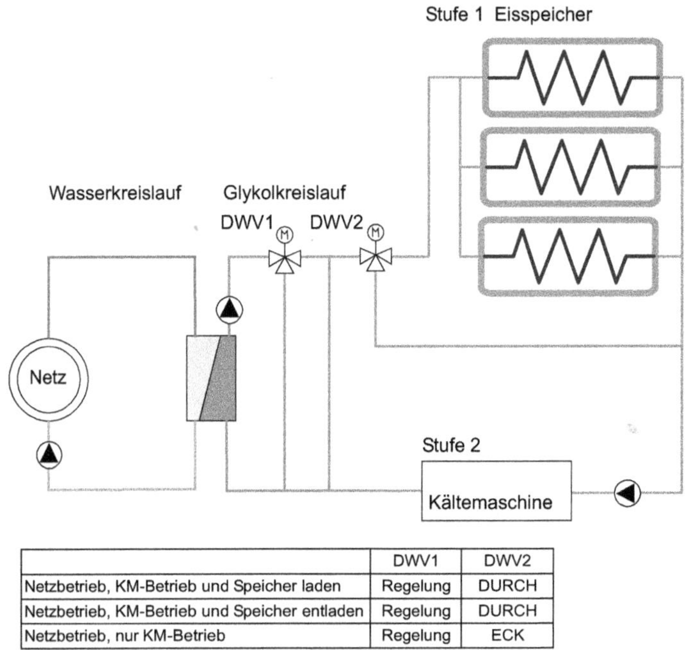

	DWV1	DWV2
Netzbetrieb, KM-Betrieb und Speicher laden	Regelung	DURCH
Netzbetrieb, KM-Betrieb und Speicher entladen	Regelung	DURCH
Netzbetrieb, nur KM-Betrieb	Regelung	ECK

Abb. 8.19: Anlagenschema für Eisspeicher mit innenliegendem Wärmeübertrager (*Ice on coil*), interne Schmelze, indirekte Kühlung, nachgeschaltete Kältemaschine (*chiller downstream*), Einsatz von Dreiwegeventilen, Zweikreissystem für Anlagen mit ständiger Netzlast, Anpassung der Speicherbeladung und Netzlastdeckung mit zwei Pumpen im Glykolkreislauf, parallele Speicherverschaltung nach *Tichelmann* [251]

als Eiserntemaschinen (*Ice harvester*) bezeichnet. Die Eiserntemaschinen sind über einem Tank bzw. Becken [9], [276] oder im oberen Bereich eines Turmes (*Eisturm* [264], [277]) angeordnet. Das Eis fällt nach dessen Entfernung von der Wärmeübertragerfläche in den Speicher. Zur Speicherentladung wird Wasser am Speicherboden entnommen, der Anwendung zugeführt und anschließend über der Speicherfüllung verteilt. Dieser Speicherbehälter mit Eiseintrag und Wasserdurchströmung zählt damit zu den direkten Eisspeichersystemen.

Bei einer guten Eisverteilung im Speicher sind niedrige Temperaturen von 1…2 °C über eine vollständige Speicherentladung erreichbar (Abb. 8.22). Mit dem Versprühen des Rücklaufwassers über dem Eisvorrat soll eine gute Benetzung und Durchströmung erreichen werden. Im Unterschied zu *Ice on coil* mit externer Schmelze gibt es zunächst keine Probleme hinsichtlich der Eisblockbildung und den notwendigen Maßnahmen. Bei diesem Verfahren kann das Eis unabhängig von der Speicherung produziert und die maximale Speicherkapazität genutzt werden.

Die Beladeleistung bleibt im Gegensatz zu *Ice on coil* relativ konstant, weil eine bestimmte Eis-Schichtdicke am Wärmeübertrager nicht überschritten wird. Nach [9] dauert ein Eisbildungszyklus 10…30 min und ein Abtauzyklus 20…90 s, während in [264]

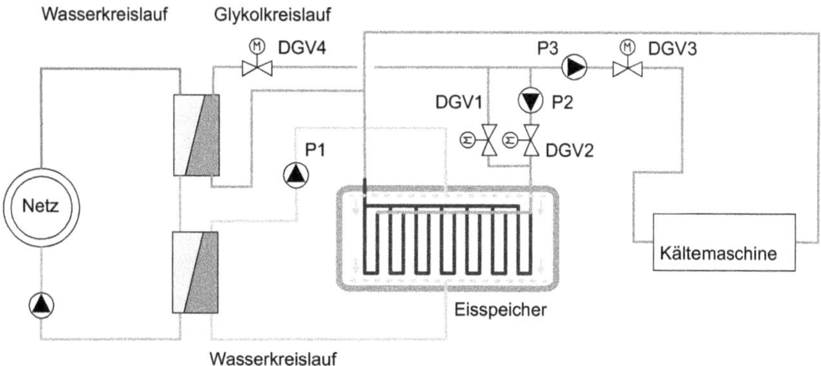

	P1	P2	P3	DGV1	DGV2	DGV3	DGV4
Speicherbeladung		AUS	EIN	AUF	ZU	AUF	ZU
direkte Entladung	EIN						
indirekte Entladung		EIN	AUS	ZU	AUF	ZU	AUF
KM-Betrieb zur indirekten Kühlung		AUS	EIN	ZU	ZU	AUF	AUF

Abb. 8.20: Anlagenschema für Eisspeicher mit innenliegendem Wärmeübertrager, hybride Schmelze [262]

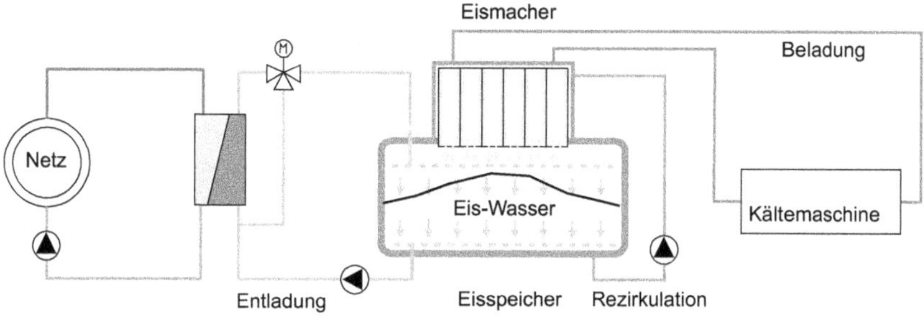

Abb. 8.21: Anlagenschema für Eisspeicher mit Eiserntemaschinen

ca. 8 min für das Eiswachstum, 70 s für Heißgaseinleitung und 10 s für das Absprengen angegeben werden[6]. Der Speicherbeladezyklus kann relativ lang dauern, jedoch sind sehr kurze Entladezeiten im Bereich von 30 min möglich.

Der *Ice harvester* kann als Eismacher oder Wasserkühler arbeiten, was von der Wassertemperatur im Entlade- und im Rezirkulationskreislauf bzw. von der Ansteuerung abhängt. Bei annähernd 0 °C arbeitet die Maschine im Eismodus mit Verdampfertemperaturen zwischen –9. . . –3 °C. Im Wasserkühlmodus liegen die Temperaturen darüber und die Kälteleistung sowie die Leistungszahl steigen deutlich an.

Als Speicher kommen verschiedene Konstruktionen infrage: einfache, rechteckige Be-

[6]Die Heißgaseinleitung und die Dauer der Eisbildung bzw. die Stärke der gebildeten Eisschicht wirkt sich stark auf die Arbeitszahl der Eismacher aus. Deswegen muss man diesen Prozess (Betriebsweise) in Abhängigkeit des Verfahrens optimieren.

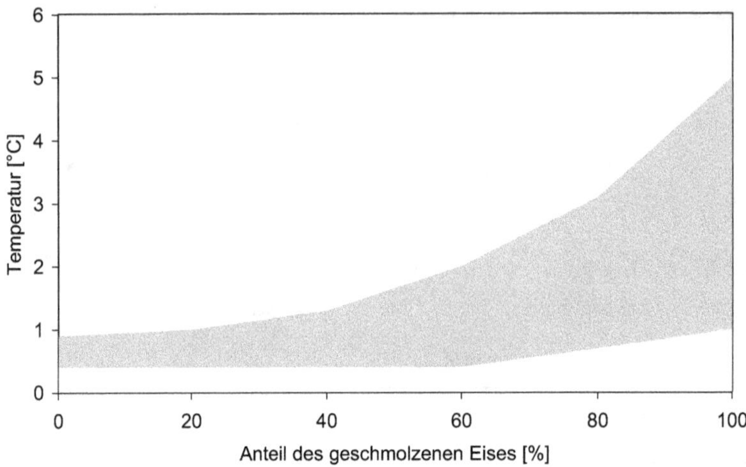

Abb. 8.22: Speicher mit Eiserntemaschine, Temperatur des Kälteträgers bei der Entladung in Abhängigkeit vom geschmolzenen Eis, reproduzierte Darstellung eines typischen Trends [251]

cken oder zylindrische, turmartig Tankkonstruktionen. Diese können aus Beton, Stahl oder GFK gefertigt werden. Eistürme bzw. Eissilos kann man segmentweise aufbauen. An der Außenseite befindet sich eine Wärmedämmung. Die Speicher werden ohne eine technische Druckhaltung betrieben.

Der Kontakt des Wassers mit der Luft und den Bauteilen verursacht Kesselsteinablagerungen, Wachstum von Mikroorganismen und die Korrosion metallischer Werkstoffe. Demzufolge sind Korrosionsschutzmaßnahmen bzw. der Einsatz korrosionsbeständiger Werkstoffe und eine Wassserbehandlung notwendig [251], [255]. Insbesondere sollte die Verschmutzung auf der Verdampferoberfläche des Eismachers vermieden werden. Eine stoffliche Trennung zu den Verbrauchern realisiert man mit Wärmeübertragern im Entladekreislauf.

Folgende Hersteller bieten *Ice harvester* an: [261], [278], [279], [280]. In den USA existieren Eissilos mit einer Beladeleistung von bis zu 3.851 kW. Die Eismacher-Ausrüstung ist relativ kostenintensiv, während der Speicher geringere Investitionskosten aufweist. Dieses wirkt sich bei Systemen günstig aus, die eine hohe Speicherkapazität benötigen und mit einer relativ niedrigen Kältemaschinen-Leistung auskommen (z. B. Notkühlung).

Einen erheblichen Einfluss auf Entladetemperatur und die Nutzung des Speichervolumens hat die Eisverteilung im Speicher [251]. Deswegen sollte das Eis bei der Beladung möglichst gut über die gesamte Grundfläche verteilt werden. Folgende Punkte besitzen einen Einfluss:

- das Höhe-Breite-Verhältnis des Beckens[7],
- die untere Öffnungen der Eiserzeuger[8],
- der Schüttwinkel[9],
- der Druck des Eises im Schüttkegel über dem Wasserspiegel[10],
- die Wasserfüllmenge bzw. der Flüssigkeitsstand am Anfang.

Die Verteilung des Rücklauf-Wassers über dem Beckeninhalt beeinflusst ebenfalls die Eisstruktur. Mit rotierenden Wasserdüsen und hohen Strahlgeschwindigkeiten versucht man, eine über der Grundfläche gleichmäßige Verteilung zu erzielen, weil die Ausbildung von Kanälen zu einer nicht gleichmäßigen Durchströmung der Eis-Wasser-Schüttung (ggf. Eisblockbildung) führt. Diese kurzschlussartige Durchströmung verursacht dann zu hohe Austrittstemperaturen im Entladekreislauf. Das Absaugen des Wassers am Boden sollte demzufolge auch gleichmäßig erfolgen. Die Verrohrung ist außerdem vor einer mechanischen Belastung und dem Zufrieren zu schützen. Generell sollten keine oder so wenig wie möglich Einbauteile im Bereich des Eises vorgesehen werden.

Der Speicher kann alle drei Betriebsweisen (Abs. 6.3.2 S. 205, *full storage operation strategy*, *partial storage operation strategy* mit *load-levelling* oder *demand-limiting*) realisieren [251]. Dabei ist die relativ geringe Kältemaschinenleistung bei der üblichen Auslegung zu beachten. Eine gute Speicherbewirtschaftung setzt eine Prognose der Lasten und die vorausschauende Festlegung der Betriebsweise voraus. Die Eismacher werden dann in der Niedrigtarif-Zeit oder kontinuierlich betrieben. Das hängt davon ab, ob Grundlast-Kältemaschinen, die nicht zur Speicherbeladung zur Verfügung stehen, vorhanden sind oder ob das Eiserntesystem allein für die Deckung der Kältelast verantwortlich ist.

Eine Überproduktion von Eis sollte vermieden werden. Außerdem kann bei niedrigen Lasten von der Eisproduktion auf Wasserkühlung umgeschaltet werden, um bessere Leistungszahlen zu erreichen.

Eine weitere Reduktion der elektrischen Antriebsleistung lässt sich über die kaskadenweise Zu- oder Abschaltung von Eiserzeugern sowie die Leistungsanpassung erreichen. Diese wirkt sich auf die Laufzeit der jeweiligen Eismacher aus.

Die Entladungleistung wird über die Volumenstromanpassung am Wärmeübertrager geregelt. Deswegen ist bei vielen Systemen eine zusätzliche Rezirkulation zur Eisproduktion notwendig.

---

[7] Schlanke Speicher (z. B. Turmkonstruktionen) sind günstiger. Der Eiserzeuger verteilt das Eis über die relativ kleine Grundfläche.

[8] Das bezieht sich auf die absolute Fläche und die Verteilung der Eiserzeuger über die Grundfläche des Speichers.

[9] Dieser ist wiederum von der Form der Eispartikel abhängig. Flache Eisstücke verteilen sich horizontal besser.

[10] Dieser bewirkt ein Abrutschen des Eisberges.

8.2.4 Systeme mit gekapseltem Eis

Im Unterschied zu den oben beschriebenen Eisspeichern setzt man Wasser *statisch* in einer Makrokapsel (Abs. 5.4.10.1, *Encapsulated ice* [9], [251]). Die wassergefüllten Behälter können in einen Tank oder in ein Becken (Abb. 8.23) eingebracht werden. Im Speicher befindet sich außerdem ein Frostschutzgemisch als Kälteträger (z. B. Glykol-Wasser-Mischung), der gleichzeitig das Speichermedium ist und die Wärmeübertragung zum verkapselten Material bzw. die direkte Be- und Entladung realisiert. Die Wasser-Glykol-Mischung kühlt wiederum eine Kältemaschine ab. Die stoffliche Trennung zwischen dem Glykolkreis und dem Verbrauchersystem übernimmt ein Wärmeübertrager.

Als Makrokapseln werden Kugeln bzw. kugelförmige Behälter nach Abb. 5.15 (ca. 75...103 mm Durchmesser [132], [137], [147], [152]), flache Behälter nach Abb. 5.16 (4,2 l oder 17 l [132]) sowie Rohre[11] nach Abb. 5.16 eingesetzt. Größere kompakte Behälter eignen sich aufgrund des Wärmeübergangs nicht. Die Kapseln werden im Werk mit demineralisiertem Wasser und keimbildenden Additiven zur Vermeidung der Unterkühlung gefüllt. Es lassen sich Speicherdichten bei Tanks mit Umgebungsdruck von ca. 52,6 kWh/m^3 bei Tanks mit Anlagendruck von ca. 45,5 kWh/m^3 erreichen (weitere Abhängigkeit der eingesetzten Makroverkapselung).

Den Erstarrungs- und Schmelzvorgang zeigt Abb. 8.24. Für die Beladung bzw. die Eisbildung in den Behältern sind Temperaturen zwischen –6...–3 °C (Abb. 8.25) notwendig. Das Eis wächst von der Behälterinnenseite zum Zentrum des Behälters. Das gekapselte Wasser neigt zur Unterkühlung, vorausgesetzt im Behälter befindet sich nur Fluid. In diesem Fall sinken die Speicheraustrittstemperaturen unter die geplanten Werte, was durch die Zugabe von Keimbildnern vermindert werden soll. Bei der Entladung tritt typischerweise eine Separation des Eises auf. Die kleineren Kontaktflächen zwischen dem Eis und der Behälterinnenseite haben dann vergleichsweise geringe Entladeleistungen zur Folge. Dieses Phänomen spiegelt sich in steigenden Temperaturen bei einer kontinuierlichen Entladung wieder (Abb. 8.26). Die Austrittstemperaturen sind am Ende eines Schmelzvorganges bei einer kontinuierlichen Entladung mit ca. 7...8 °C aufgrund der konstruktiven Nähe zu *Ice on coil* mit interner Schmelze[12] ungefähr gleich groß. Dieser Speichertyp eignet sich eher für längere Entladephasen (8...16 h).

Die hydraulische Einbindung des Speichers kann analog zu Eisspeichern des Typs *Ice on coil* mit interner Schmelze (vorgeschaltete Kältemaschine Abb. 8.18, nachgeschaltete Kältemaschine Abb. 8.19) erfolgen. Daraus ergeben sich die gleichen Vor- und Nachteile hinsichtlich der Nutzung der Speicherkapazität und der Effizienz des Kältemaschinenbetriebs.

In diesem Abschnitt wird die Parallelschaltung von Kältemaschine und Speicher (Abb. 8.23) vorgestellt. Diese fällt vergleichsweise aufwändiger aus, besitzt aber entscheidende Vorteile gegenüber den in der Literatur vorgestellten Lösungen *chiller upstream* und *chiller downstream*. Das sind beispielsweise

[11] Bei der Verwendung von Rohren werden ggf. zusätzliche Halter, Leitbleiche usw. eingesetzt.

[12] Dieses Verfahren ist identisch zu *Ice on coil* mit interne Schmelze. Nach den eingeführten Definitionen liegt aber eine direkte Be- und Entladung vor.

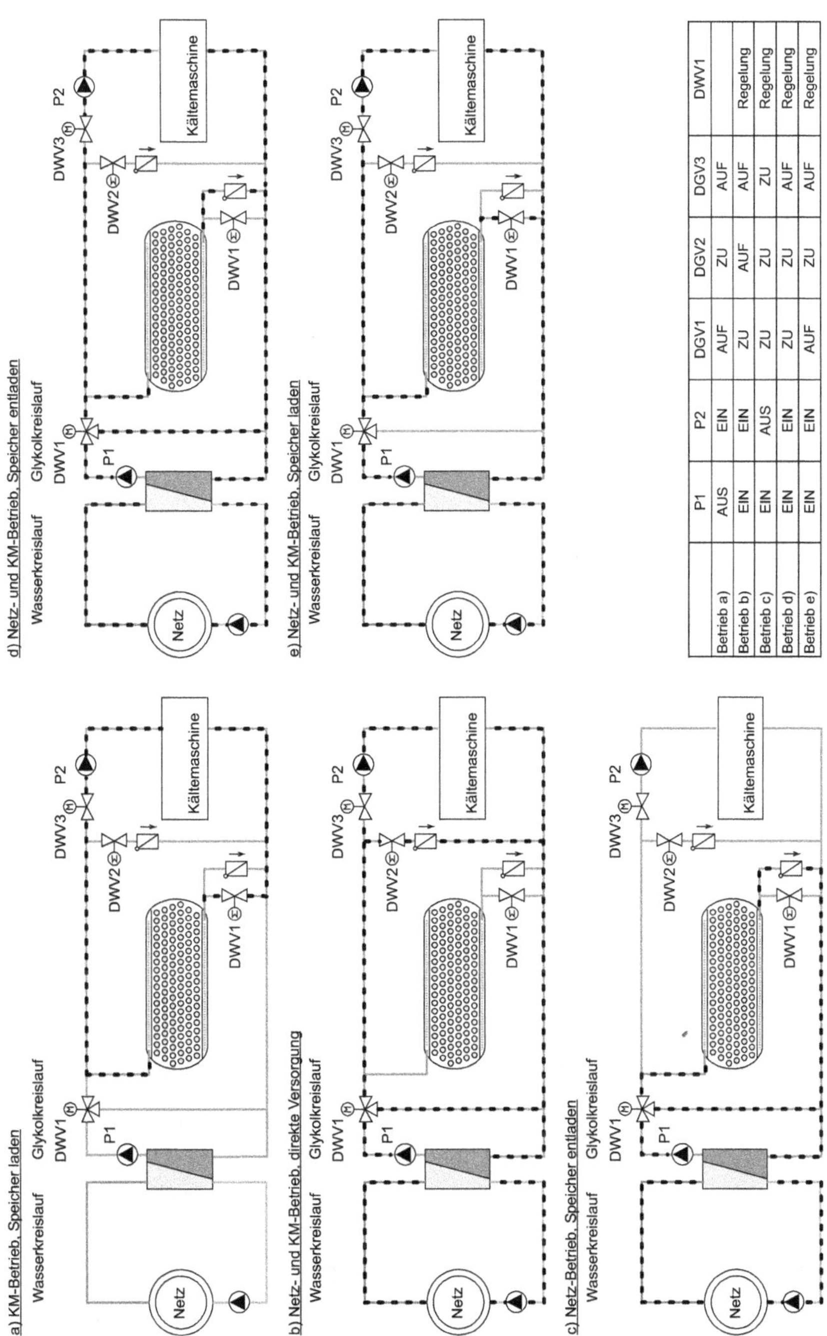

	P1	P2	DGV1	DGV2	DGV3	DWV1
Betrieb a)	AUS	EIN	AUF	ZU	AUF	
Betrieb b)	EIN	EIN	ZU	AUF	AUF	Regelung
Betrieb c)	EIN	AUS	ZU	ZU	ZU	Regelung
Betrieb d)	EIN	EIN	ZU	ZU	AUF	Regelung
Betrieb e)	EIN	EIN	AUF	ZU	AUF	Regelung

Abb. 8.23: Anlagenschema für Eisspeicher mit makroverkapseltem Eis, Parallelschaltung des Speichers [281]

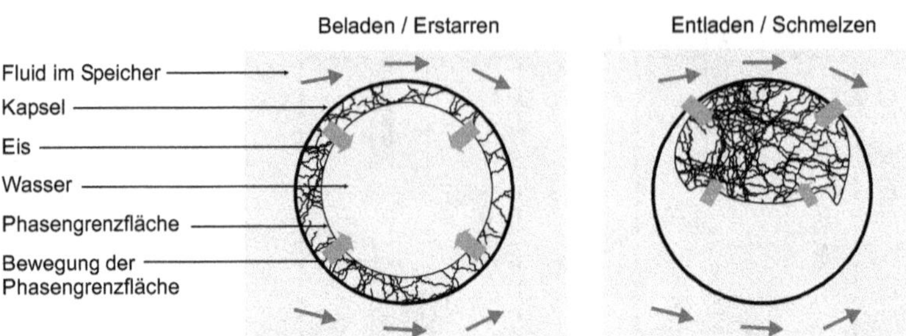

Abb. 8.24: schematische Darstellung zum Erstarrungs- und Schmelzvorgang bei makroverkapseltem Wasser [251]

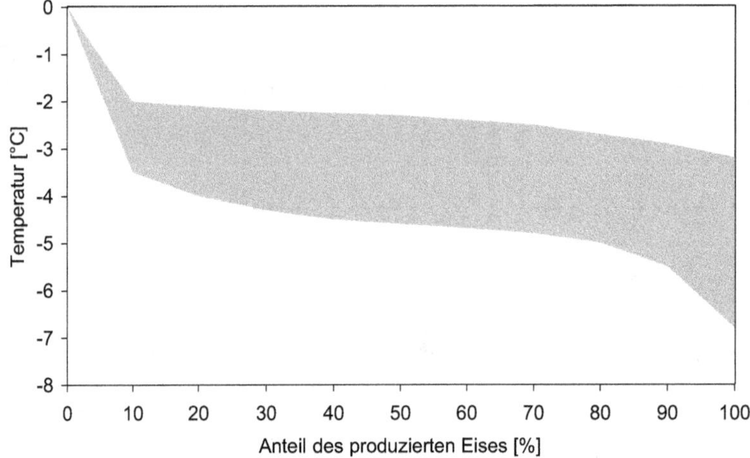

Abb. 8.25: Speicher mit makroverkapseltem Eis, Temperatur des Kälteträgers bei der Beladung in Abhängigkeit des hergestellten Eises, reproduzierte Darstellung eines typischen Trends [251]

- die Möglichkeit zur Speicherbeladung auch bei Netzlasten in der Nacht,
- die Anpassung der Vorlauftemperatur (Primärseite des Wärmeübertragers zum Netz) insbesondere zur Vermeidung der Vereisung auf der Sekundärseite,
- das ständige Anliegen niedriger Temperaturen an der unteren Beladeeinrichtung,
- der Betrieb ohne aufwändige Lastprognose,
- keine Minderung der Speicherkapazität aufgrund niedriger Temperaturdifferenzen (Vorkühlung durch die Kältemaschine, vgl. mit Abb. 8.18),
- keine Leistungsbegrenzung der Kältemaschine durch sinkende Temperaturdifferenzen (Nachkühlung durch die Kältemaschine, vgl. mit Abb. 8.19).

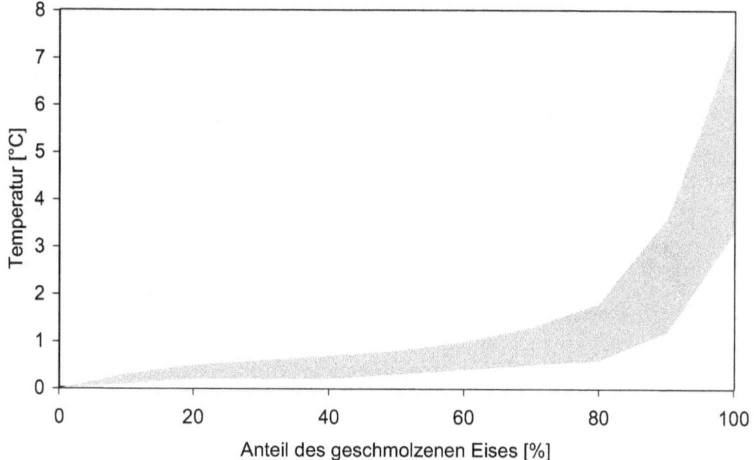

Abb. 8.26: Speicher mit makroverkapseltem Eis, Temperatur des Kälteträgers bei der Entladung in Abhängigkeit des geschmolzenen Eises, reproduzierte Darstellung eines typischen Trends [251]

Bei allen Schaltungen (parallel oder in Reihe) kann man die drei Betriebsweisen nach Abs. 6.3.2, S. 205 realisieren. Die Kältemaschine muss bei der Speicherbeladung auf niedrige Vorlauftemperaturen geregelt werden. Im Entladebetrieb sind höher Temperaturen möglich.

Die Messung des Ladezustandes kann prinzipiell über die Expansion des Eises, die Speichertemperatur oder die Integration der Be- und Entladeleistungen bewerkstelligt werden. Die Expansionsmethode lässt sich in zwei Verfahren unterteilen. Bei Tanks mit Umgebungsdruck und freier Flüssigkeitsoberfläche kann ein Drucksensor zur Bestimmung des Füllstandes eingesetzt werden. Tanks mit Anlagendruck sind mit einer Druckhaltung verbunden. Der Füllstand in der Druckhaltung kann auf den Ladezustand des Speichers kalibriert werden. Allerdings sind beide Ansätze mit Unsicherheiten behaftet. Zum einen besitzen die Kapselform und das -material einen Einfluss auf die Volumenänderung der Kapsel. Zum anderen ist die thermische Ausdehnung des Kälteträgers im Speicher und in der Anlage zu beachten.

Hinsichtlich der Speicherkonstruktion setzt man Stahltanks (Zylinder stehend oder liegend Abb. 8.27 a, b) ein, die innen (z. B. mehrere liegende Tanks in Parallelschaltung in Kellergeschossen) oder außen (oberirdische stehende Tanks, liegende vergrabene Tanks) angeordnet sind. Weiterhin können auch rechteckige Betonbecken (Abb. 8.27 c) verwendet werden. Diese befinden sich oft im Untergeschoss von Gebäuden.

Die Tankfüllung befinden sich auf Umgebungs- oder Anlagendruck. Die Wärmedämmung ist üblicherweise außen angebracht. Ein Rückhaltegitter im oberen Speicherbereich sorgt dafür, dass bei einer freien Flüssigkeitsoberfläche die Kapseln nicht aufschwimmen. Die Volumenänderung durch den Phasenwechsel bewirkt eine Verformung der Kapseln. Dadurch kann Betonabrieb an unbeschichteten Beckenwänden entstehen.

Abb. 8.27: Tanks für gekapseltes Eis, a) frei stehender Tank, b) Tankaufstellung im Gebäude, c) unterirdischer Betontank, Fa. Cryogel [147]

In vielen Fällen werden aber die Innenflächen beschichtet (z. B. Einsatz von Kunststoffen).

Die Be- und Entladeeinrichtung muss eine relativ gleichmäßige vertikale Durchströmung der Speicher sicherstellen. Die Speicherfüllung mit Kugeln besitzt eine hohe hydraulische Durchlässigkeit. Deswegen besteht die Gefahr von Kurzschlussströmen, die es zu vermeiden gilt. Die Auswahl der Be- und Entladeeinrichtung erfolgt in erster Linie nach der Speicherform: liegender Zylinder (z. B. Einsatz eines perforierten Rohrverteilers, vgl. mit Abb. 5.29 S. 191), stehender Zylinder (z. B. Einsatz eines Rohrverteilers mit vielen perforierten Rohrabgängen, vgl. mit Abb. 5.28, S. 190). Werden flache Behälter als Makroverkapselung eingesetzt, bevorzugt man die horizontale Durchströmung. Dies ermöglicht der höhere hydraulische Widerstand im Vergleich zu den kugelförmigen Kapseln. Weiterhin können Leiteinrichtungen (vergleichbar mit den Leitblechen bei Rohrbündel-Wärmeübertagern) eingesetzt werden.

8.2.5 Systeme mit Eisbrei

Die Stoffeigenschaften von Eisbrei sind in Abs. 5.4.4 beschrieben. Angaben zur Herstellung von Eisbrei liefert Abs. 8.1.5.

Aufgrund der Schmelzenthalpie von Wassereis und der relativ hohen Konzentration des Eises in der Suspension ergeben sich aus technischer Sicht hohe spezifische Kälteleistungen beim Transport[13] [115]. Ein weiterer technologischer Vorteil ist, dass aus dem Ausgangsfluid (Wassergemisch) die Eispartikel im eigenen Prozess ständig neu gebildet werden können, was z. B. bei den PCS (Abs. 5.4.10.7) nicht der Fall ist. Damit entfallen viele potentielle Probleme, die in Zusammenhang mit den PCS diskutiert wurden.

Folgende Vorteile ergeben sich gegenüber anderen Stoffsystemen und Verfahren:

- Pumpfähigkeit des Eisbreies (Transport auch über relativ weite Strecken), Abb. 8.28,

[13] Eine Optimierung ist hinsichtlich des Transportes (Bingham-Fluid), der Speicherung und der Wärmeübertragung notwendig.

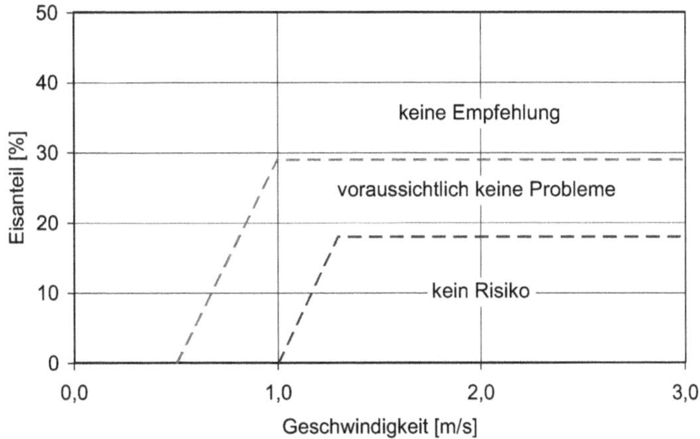

Abb. 8.28: Richtlinie für den Eisbrei-Transport, Eisanteil in Abhängigkeit der Geschwindigkeit, [282]

- Speicherung in einfachen Tanks, auch zusammen mit der vollkommen flüssigen Phase,
- gute Wärmeübertragung in Apparaten,
- sehr hoher Wärmeübergang vom Fluid zum Partikel, sehr schneller Phasenwechsel des Partikels,
- geringere Neigung zum Verklumpen, Eisblockbildung oder ähnlichen Phänomenen[14],
- großer Anwendungstemperaturbereich in Abhängigkeit der Additive,
- relativ geringe Konzentration der Additive,
- Möglichkeit zum Einsatz von ökologisch unbedenklichen Stoffe.

Der Systemaufbau ist in Abb. 8.29 schematisch dargestellt. Der Eisbrei-Generator (Abs. 8.1.5) befindet sich analog zu den Eiserntemaschinen-Anlagen über dem Tank. Eispartikel und Wassergemisch nimmt das Becken oder der Tank auf. Der Eisbrei bzw. das Wassergemisch kann aus dem Tank gepumpt und den Verbrauchern zugeführt werden. Eine Rücklaufleitung im oberen Speicherbereich verteilt anschließend das Wassergemisch über der Speicherfüllung (Abb. 8.30).

Die Messung der Eiskonzentration ist zur Bestimmung des Ladezustandes und der transportierten Energie sowie zur Abrechnung von großem Interesse. Die verschiedenen Messverfahren (Kalorimetermessung, Messung der Dichte, der Konzentration, der Viskosität, der Temperatur, der elektrischen Leitfähigkeit, des pH-Wertes, der Schalldurchlässigkeit usw.) sind in [19] beschrieben.

[14] Ggf. werden Gegenmaßnahmen wie z. B. Rühren oder Umwälzen mit Pumpen angewandt.

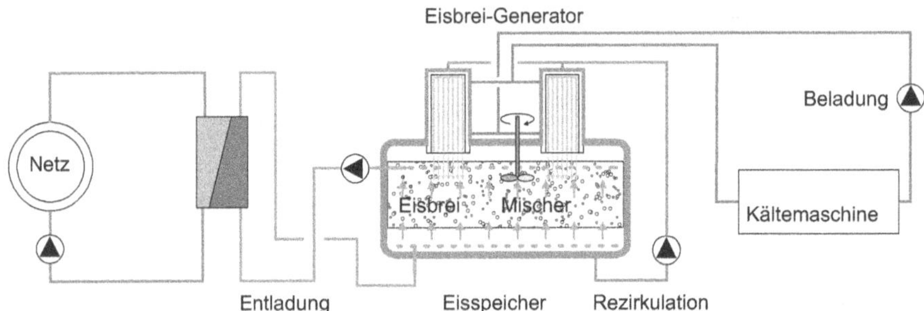

Abb. 8.29: Anlagenschema für ein einfaches Eisbrei-System mit Eisgeneratoren nach Abb. 8.6 a), b), c)

Die hydraulischen Eigenschaften des Eisbreis müssen bei der Gestaltung der Rohrleitungen (z. B. strömungsgünstige Installation) und der Auswahl der Wärmeübertrager und Pumpen beachtet werden [19]. Bei der Auslegung der Wärmeübertrager verwendet man die *maximale Abschmelzrate.*

Eine Nutzung in Nahkälte- oder Fernkältesystemen liegt noch nicht vor [9], besitzt aber ein hohes Potential wegen der relativ hohen Speicherdichte von 41,3... 49,5 kWh/m^3 (Abb. 8.31). Die Investitionskosten für die Tanks können im Vergleich zu Kaltwassersystemen bis zu 60 % reduziert werden.

Generell sind zwei Systemtypen für Nah- und Fernkältesysteme denkbar [9]:

- System mit dezentralen Speichern (Abb. 8.32 a): Der Eisbrei wird zentral erzeugt, zu den dezentralen Speichern (z. B. in den Hausübergabestationen) transportiert und dort gespeichert. In diesen Speichern sammeln sich die Eispartikel durch den Auftrieb zuerst im oberen Speicherbereich. Der Kühlkreislauf zur Versorgung der angeschlossenen Gebäudetechnik ist eisfrei. Beide Kreisläufe werden durch den Pufferspeicher entkoppelt. Während die Eisbreierzeugung und -verteilung auf den Tagesmittelwert der maximalen Tageslastfunktion ausgelegt werden sollte, ist der Gebäude-Kühlkreislauf nach der Spitzenlast zu dimensionieren. D. h., in der Hochlastperiode läuft die Eisproduktion ständig auf Volllast.

- System mit einem zentralen Speicher (Abb. 8.32 b): Im Gegensatz zur vorher beschriebenen Variante muss das Netz eine hohe Transportkapazität besitzen, um gleichzeitig auftretende Spitzenlasten der einzelnen Verbraucher abdecken zu können. Hier tritt keine Entkopplung von Last und Transport im Netz auf. Das Netz muss entsprechend der momentanen Last betrieben werden. Dabei sind folgende Strategien möglich:
  - Das Eis wird nur zentral gespeichert und nicht im Netz transportiert. Dann übernimmt der Speicher die Kühlung des Transportmediums.
  - Das Eis wird zentral gespeichert und auch im Netz transportiert.

Eisbrei kann man im Unterschied zu den anderen Eisformen und -techniken vielseitig anwenden. Es sind drei große Anwendungsfelder erkennbar [6]:

Abb. 8.30: a) Eisbrei-Generator mit einer Leistung von 500 t/h, b) vier Einzelgeneratoren, c) Fall des Eisbreis in den Tank, 50 t/h-Generator, d) Tank für 4095 m^3 Wasser-Glykol-Mischung, oben liegende Rücklaufleitungen mit Sprühdüsen, Fa. Paul Müller [261], [283]

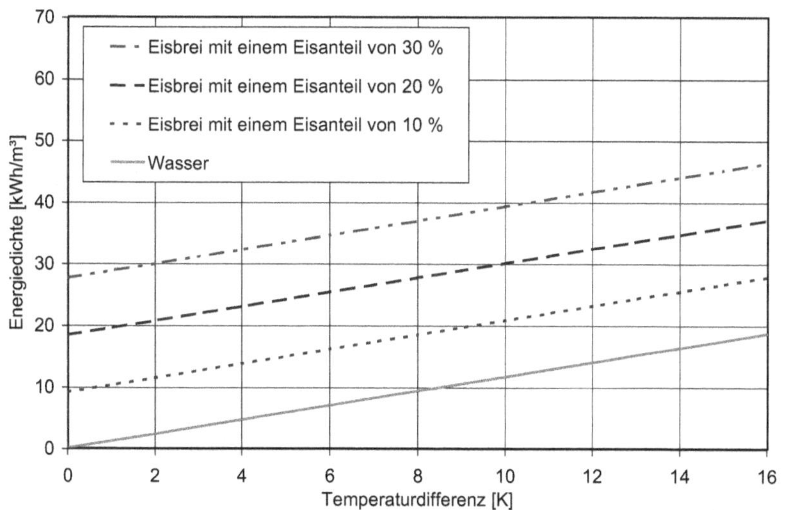

Abb. 8.31: volumetrische Wärmekapazität für Wasser und Eisbrei in Abhängigkeit der Temperaturdifferenz, Ergebnisse einer vereinfachten Berechnung

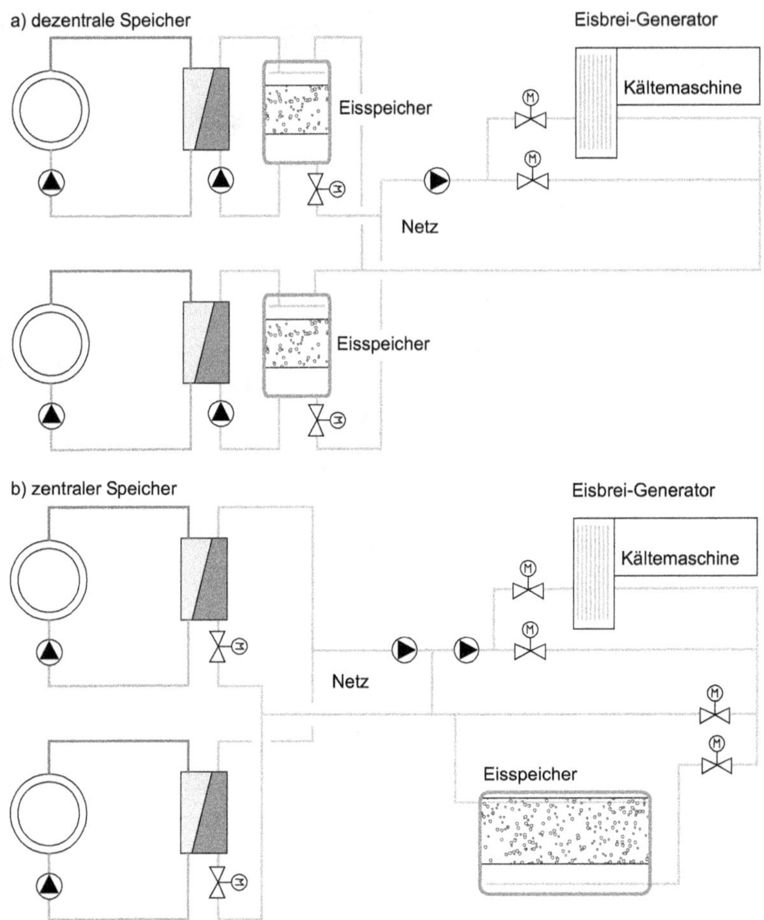

Abb. 8.32: Prinzipskizze zu Eisbrei-Systemen a) mit dezentralen Speichern und b) mit zentralem Speicher im Netz, nach [9], [261]

- Klimatisierung,
- Kühllagerung und Schnellgefrierverfahren insbesondere von Lebensmitteln (Fisch, Obst, Gemüse, Milchprodukte, Wurst usw.),
- Prozesskühlung bei der Betonverarbeitung, in der chemischen Industrie usw.

Im Unterschied zur Kühlung mit geschlossenen Anlagen ist auch eine direkte Anwendung ohne Wärmeübertrager möglich (z. B. Beimischung in den Beton). Beim Einsatz von lebensmittelunbedenklichen Zusatzstoffen im Eisbrei eröffnen sich gute Einsatzmöglichkeiten in der Lebensmittelindustrie. Durch den direkten Kontakt können hohe Leistungen realisiert werden.

8.3 Nutzung von natürlichem und künstlichem Schnee

8.3.1 Historische Entwicklung

Vor dem Einsatz von Kältemaschinen im gewerblichen und privaten Bereich war die Langzeit-Speicherung von Eis und Schnee z. B. für die Konservierung von Lebensmitteln von außerordentlicher Bedeutung. Als Eisquelle dienten Oberflächengewässer. Die Lagerung erfolgte in Bergwerkstollen, Gruben, Kavernen, Kellern, Kasematten, kleinen oder großen Häusern (Abs. 2.4.3 S. 64). Mit der Verfügbarkeit von preiswerter Kältetechnik (z. B. Kühlschränke) wurde die aufwändige Eisspeicherung und -anwendung vollkommen verdrängt.

Der Abschnitt beschäftigt sich im Unterschied zu Abs. 8.2 mit Speichertechniken ohne Kältemaschineneinsatz. Es werden natürliche Kältequellen genutzt. Im Gegensatz zu den alten Eisabbau-Techniken (Abs. 2.4.3 S. 64) steht bei den heutigen Projekten die Nutzung von Schnee zu Klimatisierungszwecken im Vordergrund[15].

8.3.2 Motivation und Voraussetzungen

Die Nutzung natürlicher Kältequellen bietet den primären Vorteil, dass Kälte mit hohen Arbeitszahlen bereitgestellt werden kann. Diese Anlagen benötigen beim Betrieb nur für den Schneetransport, die Umwälzung von Wasser, die Schneeerzeugung usw. Energie. Verschiedene Projekte profitieren von speziellen Randbedingungen, die mit der Entsorgung von Schnee verbunden sind (weitere Erläutung an Beispielen, siehe unten). Der sinnvolle Einsatz der Schneespeicherung ist an folgende Bedingungen gekoppelt:

- Winterperiode mit hohem Schneeanfall,
- lange Zeit mit niedrigen Außentemperaturen (niedrige Speicherverluste, künstliche Herstellung von Schnee mit hoher Ausnutzung der Schneekanonen),
- relativ kurze Winter-Sommer-Übergangsperioden (niedrige Speicherverluste),
- niedriger spezifischer Kühlbedarf (Vermeidung von Kälteversorgungssystemen mit hohen Leistungen).

8.3.3 Aufbau und Funktion

Zur Schneespeicherung kommen Lagerstätten an der Erdoberfläche (einfache Lagerplätze, Becken), im Untergrund (Kavernen, Schächte, Tunnel) und in Gebäuden (Becken in Kellergeschossen, Schächte) infrage (Abb. 8.33).

Diese Speicher werden direkt beladen. Dafür nutzt man in vielen Fällen die sowieso notwendige Schneeberäumung und den -transport (Schneefräsen, Schneeschleudern, Nutzfahrzeuge). Der Schnee aus Kanonen oder Lanzen (Abs. 2.4.1 S. 60) kann aber

[15] Eine Ausnahme ist der *Eisteich* (*Ice pond*). In einem großen Becken wird Wasser durch die kalte Umgebungsluft abgekühlt (ggf. durch Versprühen über der Beckenoberfläche), bis sich ein kompakter Eisblock bildet. Der Eisblock kann analog zu den Eisserntesystemen (Abs. 8.2.3 S. 300) mit einem Kaltwasser-Kreislauf abgetaut werden.

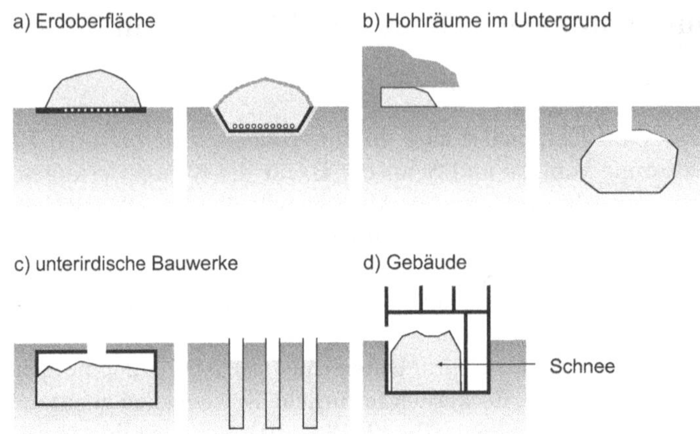

Abb. 8.33: Orte zur Schneespeicherung

auch direkt in den Speicher fallen. Eine Erhöhung der volumetrischen Wärmekapazität ist über eine Verdichtung des Schnees bzw. eine Befeuchtung möglich (Abs. 5.4.3 S. 163).

Die Speicherentladung ist auf direkte und indirekte Weise möglich. Bei der direkten Entladung kann der Wassereintrag zum Abtauen unten oder oben (analog zu Eiserntemaschinen, Abs. 8.2.3 S. 300) erfolgen. Wird Luft eingesetzt, ist ebenfalls das Durch- und Überströmen des Schneehaufens möglich. Für die indirekte Entladung kommen Wärmeübertrager am Speicher (z. B. Bodenplatte mit Rohrschlagen) oder im Speicher[16] zum Einsatz. Weiterhin kann man die Systeme danach unterscheiden, ob ein geschlossener oder offener Systembetrieb stattfindet.

Die Energieeinträge durch das Erdreich und die Atmosphäre (insbesondere Solarstrahlung, Regen, Wind) verursachen Speicherverluste. Je nach Speicherkonstruktion verfolgt man unterschiedliche Konzepte zur Verlustminimierung.

- Erdoberfläche: Ebenerdig können einfache Lagerflächen eingerichtet werden. Moderne Speicher sind als Becken ausgeführt und besitzen Einrichtungen zur Be- und Entladung. Für die Abdichtung nach unten kann man dichte Baustoffe oder Folien verwenden. Durch eine Wärmedämmschicht lassen sich die Verluste zum Erdreich minimieren. Die Wärmedämmung an der Haufenoberfläche besitzt einen größeren Einfluss. Zum Einsatz kommen loses Schüttgut (z. B. Holzspäne, -schnipsel, Reststoffe aus der Landwirtschaft) oder in Säcke abgefülltes Schüttgut (z. B. Stroh). Planen oder ein Überbau tragen zur Senkung des Regeneintrages und der Solarstrahlung bei. Über die Standortwahl sind weitere Verbesserungen hinsichtlich der Verschattung möglich.

[16]Hier besteht das gleiche Problem der mechanischen Beanspruchung wie bei den Becken mit einer Füllung aus kleinstückigem Eis.

- Untergrund: Kavernen, Tunnel usw. werden zurzeit selten genutzt. Der Einsatz einer Wärmedämmung ist aufgrund der niedrigen Erdreichtemperaturen und des Aufwand-Nutzen-Verhältnisses von untergeordneter Bedeutung.

- Unterirdische Bauwerke: Viele kleine oder große Speicher werden als Tanks bzw. Becken mit Wärmedämmung unter der Erdoberfläche errichtet.

- Gebäude: Die Lagerung von Schnee in Gebäuden hängt stark vom Nutzungskonzept ab. Aufgrund der mechanischen Lasten und der Beckenkonstruktion bieten sich Kellerräume an. Es werden aber auch schlanke Speicher in Schächten diskutiert. In jedem Fall sollten die bauphysikalischen Anforderungen Beachtung finden (vgl. mit Kühl- oder Eislagern in Gebäuden, Abs. 8.1.7 S. 290).

8.3.4 Beispiele

Aktivitäten sind in Japan, China, Schweden, Kanada und den USA nachweisbar. Im Folgenden sollen typische Konstruktionen und Betriebsweisen vorgestellt werden.

8.3.4.1 Beckenspeicher in Sundsvall (Schweden)

Neuere Arbeiten gehen u. a. auf *Skogsberg* [108], [109] zurück. Versorgt wird ein Krankenhaus mit einer Kälteanschlussleistung von 2,0 MW und einem Kältebedarf von 1,0...1,5 GWh/a.

Der Schneespeicher (Abb. 8.34) mit einer rechteckigen Grundfläche (140 m × 60 m) fasst 60.000 m^3 Schnee (40.000 t). Der Beckenaufbau besteht aus folgendem Schichtenaufbau: wasserdichter Asphalt, 0,5 m Kies, 0,1 m Wärmedämmung, 0,8 m Sand.

Die Beladung des Erdbeckens erfolgt mit natürlichem Schnee (Räumdienst) oder künstlichem Schnee (Schneekanonen[17]). Nach der Beladung wird der Schneehaufen mit einer Schüttschicht aus Holzschnitzeln gedämmt. Die Zufuhr des warmen Rücklaufwassers an der Beckenunterseite entlädt den Speicher. Der Schneehaufen taut dann an der Unterseite ab. Das Schmelzwasser (2...5 °C) wird mit einem Grob- und Feinfilter gereinigt und den Wärmeübertragern (2000 kW), der den Speicherkreislauf (306 m^3/h) und das Kälteversorgungssystem trennt, zugeführt.

Der Betrieb erfüllt seit 2000 weitgehend die Erwartungen. Die Jahresarbeitszahl für den Betrieb liegt bei 14,7...26,6. Wird die gesamte Energie (Errichtung, Schneetransport usw.) einbezogen, sinkt die Jahresarbeitszahl auf 10,7...19,4. Der energetische Aufwand einer konventionellen Kältebereitstellung wäre um ein Vielfaches höher.

Störungen wurden durch starken Regen hervorgerufen. Infolge dessen kam es zur Beeinträchtigung der Wärmedämmung (höhere Verluste), einem teilweise Absinken von Holzschnitzeln und der Infiltration von Regenwasser. Am Boden bildeten sich Kanäle aus, die Kurzschlussströme verursachten und zu einer Erhöhung der Vorlauftemperatur führten. Des Weiteren wurde Algenwachstum und eine Verschmutzung durch Luftschadstoffe beobachtet.

[17] Eine Schneekanone produziert 4...40 t/h Schnee. Das entspricht einer Beladeleistung von 0,4...4,0 MW. Für den elektrischen Antrieb werden 20...50 kW benötigt.

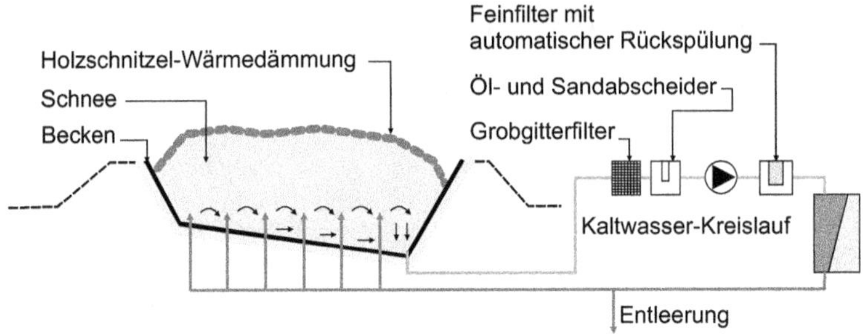

Abb. 8.34: Schneespeicher in Sundsvall (Schweden) [108]

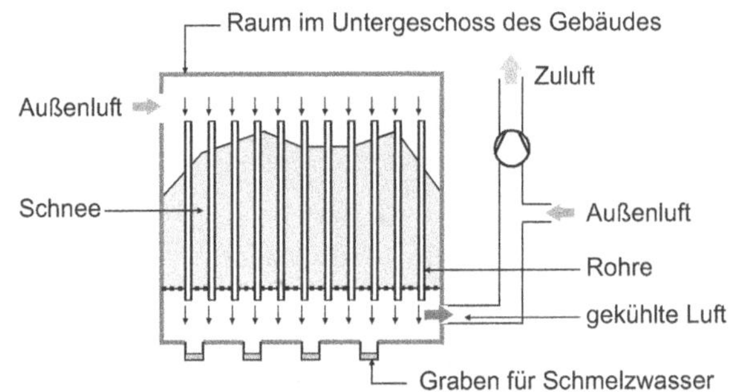

Abb. 8.35: großer Schneespeicher im Gebäude mit Luftwärmeübertrager [284]

8.3.4.2 Schneeanwendungen in Japan

Der nördliche Teil von Japan ist sehr schneereich. Aufgrund der Platzverhältnisse müssen die Komunen den Schnee aus den bebauten Gebieten transportieren und auf Halden lagern. Diese Schnee-Entsorgung ist kostenintensiv und einem hohen Energieeinsatz verbunden. Es können demzufolge viele Aktivitäten in Japan beobachtet werden.

Der Speicher des Pressezentrums Hokkaido-Toya Gipfelsee (Abb. 8.35) kann 15.000 m^3 Schnee (7.000 t) im Kellergeschoss des Gebäudes (11.000 m^2) aufnehmen. 1000 senkrechte Rohre mit einer Höhe von 5,5 m bilden einen Wärmeübertrager im Speicher aus. Die angesaugte Luft strömt durch diese Rohre und kühlt diese auf ca. 4...15 °C ab. Danach erfolgt eine Mischung, um den Zustand der Zuluft zu erreichen [284].

Andere Anlagen nutzen kleinere Räume in Gebäuden oder unterirdische Becken außerhalb des Gebäudes. Die Luft wird direkt über oder durch den Schnee geblasen und danach der Klimaanlage zugeführt [285]. *Hamada* et al. nutzt zusätzlich das Schmelzwasser zur Kühlung (Abb. 8.36).

Die Fa. Takenaka [286] entwickelte ein „Multifunktionssystem“. Neben der Schneespeicherung wird ein großes unterirdisches Becken (z. B. 20.000 m^3) zum Schneeschmelzen mittels Abwärme genutzt. Erst am Ende des Winters findet die Schneebeladung für Kühlzwecke statt. Dann steht Schmelzwasser mit einer Temperatur von ca. 5 °C

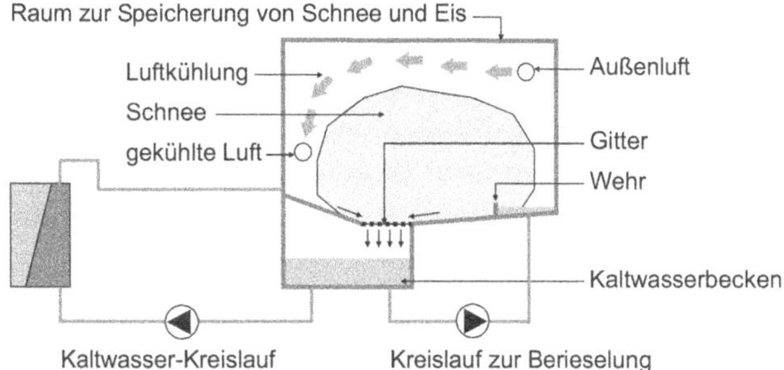

Abb. 8.36: kleiner Schneespeicher in Gebäuden oder in einem unterirdischen Becken mit direktem Luftkontakt und Nutzung des Schmelzwassers [285]

zur Klimatisierung zur Verfügung. Das Wasser kann weiterhin zur Bewässerung von Grünanlagen eingesetzt werden. Am Ende der Entleerung folgt eine Beckenreinigung.

Takeda et al. [287] stellen einen schlanken vertikalen Tank im Boden, vergleichbar mit einer Erdsonde, vor. Zum Schmelzen des Schnees wird die Energie des umgebenden Erdreiches genutzt. Ein besseres Schmelzen will man mit dem Rühren der Füllung erreichen.

8.3.4.3 Schneeentsorgung Flughafen Arlanda (Schweden)

Ähnliche Schneeentsorgungsprobleme bestehen auch in Skandinavien (Flughafen Arlanda, Nähe Stockholm). Auf dem Flughafen müssen die Verkehrswege geräumt werden. Den Schnee lagert man auf speziellen Halden. Weil der Schnee bzw. das Schmelzwasser verschmutzt ist, wird dieses in einer Kläranlage aufbereitet. Im Frühjahr beginnt der Schnee zu schmelzen und es entstehen Spitzenlasten für die Kläranlage, was für den Betrieb sehr ungünstig ist.

Hägg und *Anderson* [288] schlagen ein kontinuierliches Abtauen in einem Becken (vgl. mit Abs. 8.3.4.1) während der Winterperiode vor. Dazu wird ein Erdsondenspeicher als Energiequelle genutzt. Rohrschlangen im Wandaufbau des Beckens dienen als Wärmeübertrager. Diese Beckenoberfläche kann man im Sommer zur Regeneration des Erdsondenspeichers verwenden. Die Autoren stellen jedoch fest, dass diese Energie insbesondere in harten Wintern nicht ausreicht und andere Energiequellen (Zusatzheizung) einbezogen werden müssen.

9 Speicher im Untergrund

Dieser Abschnitt stellt Speicher vor, die sich im Untergrund befinden[1]. Man muss dabei zwei Ansätze unterscheiden:

- Verschiedene Speichertypen nutzen das Erdreich als Speichermasse.
- Weiterhin können sich Speicher im Untergrund befinden, ohne dass eine thermische Nutzung des Untergrundes vorliegt.

Zunächst werden spezielle Aspekte zur speichertechnischen Nutzung des Erdreiches beschrieben. Im Anschluss erfolgt die Erläuterung der verschiedenen Speichertypen[2].

9.1 Thermische Nutzung des Untergrundes

Mit dem Begriff *Untergrund* wird der Bereich unter der Erdoberfläche bzw. unter bebauten Flächen beschrieben. Die natürliche Zusammensetzung des Erdreiches beinhaltet Gesteine, Böden mit Mineralien und organischen Substanzen. Dazu zählen auch die Hohlräume, die mit Luft, Wasser bzw. Lösungen gefüllt sein können.

Die Unterscheidung zwischen der oberflächennahen Geothermie und der Tiefengeothermie lieferte der Abs. 2.4.2 (S. 63). Es wurde die Wärmeübertragung besprochen. Der Abs. 5.3.2 (S. 156) ergänzt wichtige Stoffdaten.

Eine *thermische Nutzung des Untergrundes* liegt vor, wenn Wärme entzogen (z. B. Wärmequellenanlage für eine Wärmepumpenheizung) oder eingetragen (z. B. Nutzung des Erdreiches zur Kühlung eines Kreislaufes) wird. Bei der Speicherung treten beide Vorgänge auf. Es kann sich dabei um eine direkte oder indirekte Be- sowie Entladung handeln.

9.1.1 Motivation und Konzept

Die Nutzung des Erdreiches zu Speicherzwecken ist ein wichtiges Konzept [289], [290], [291]. Die grundlegende Idee besteht darin, dass eine vorhandene und preiswerte Speichermasse genutzt wird. Hierzu ist allerdings eine kostenrelevante Erschließung (Be- und Entladesystem und weitere Komponenten) erforderlich. Die technische Umsetzung

[1] Eine Ausnahme sind die Erdbeckenspeicher (Abs. 7.4), die ebenfalls im Untergrund angeordnet werden. Aufgrund der ähnlichen Merkmale im Vergleich zu Tankspeichern ist dieser Speichertyp bei den Kaltwasserspeichern eingeordnet. Weiterhin kann man Eis und Schnee im Untergrund speichern (Abs. 8.3).

[2] Folgende Begriffe bzw. Einteilung ist im englischen Sprachraum üblich. *Underground Thermal Energy Storage* (UTES) ist der übergeordnete Begriff für alle unterirdischen Speicher. Zu dieser Gruppe zählen: *Aquifer Thermal Energy Storage* (ATES, Aquiferspeicher), *Borehole Thermal Energy Storage* (BTES, Erdsondenspeicher) und *Cavern Thermal Energy Storage* (CTES, Kavernenspeicher).

erfolgt mit Aquiferspeichern (Abs. 9.2) und Erdsondenspeichern (Abs. 9.3). Das Erdreich besitzt eine moderate Speicherkapazität von 1,2...3,7 MJ/(m^3 K) und eine Wärmeleitfähigkeit im Bereich von 0,52...2,9 W/(m K).

Weil sich in vielen Fällen keine Wärmedämmung des Speichers realisieren lässt, sind verschiedene Speicher erst ab einer Mindestgröße mit einem niedrigen Oberflächen-Volumen-Verhältnis sinnvoll. Weiterhin besitzt die Temperaturdifferenz zwischen dem Speicher und dem umgebenden Erdreich einen Einfluss. Bei Kältespeichern ist diese Differenz im Vergleich zu Wärmespeichern niedriger. Deswegen fallen die externen Speicherverluste moderat aus, was zu Vorteilen der Kälte- gegenüber der Wärmespeicherung führt[3]. Weiterhin sind mit dem niedrigen Temperaturniveau weniger Material- bzw. Werkstoffprobleme vorhanden. Alle Speichertypen zeigen eine gute Eignung für die Kältespeicherung.

Diese großen Speicher sind in der Mehrzahl Langzeit-Speicher mit einer geringen Zyklenanzahl (Abs. 6.4). Im Vergleich zu den Kaltwasserspeichern können diese Speichertypen eher zur Deckung der Grund- und Mittellast herangezogen werden.

Aus Sicht des energetischen Konzeptes muss man beim Langzeit-Speicher-Einsatz zwischen folgenden typischen Fällen unterscheiden:

- Nutzung von natürlichen Kältequellen zur Speicherbeladung,
- Einsatz als Wärme- und Kältespeicher unter Verwendung einer reversiblen Wärmepumpe.

Weiterhin werden Anforderungen an die Geologie gestellt (z. B. Beschaffenheit des Bodens, thermische Stoffwerte, kein strömendes Grundwasser oder niedrige Geschwindigkeiten des Grundwassers).

9.1.2 Rechtliche Aspekte

Die Nutzung des Untergrundes unterliegt in Deutschland verschiedenen Gesetzen [292] und Vorschriften. Im Folgenden wird das *Bergrecht* und *Wasserrecht* kurz erläutert.

Bergrecht

Nach dem Bundesberggesetz (BBergG) [293] ist „Erdwärme“ bzw. die „gewonnene Energie“ ein *bergfreier Bodenschatz*. Bergfreie Bodenschätze sind nicht an die Eigentumsrechte eines Grundstückes gebunden. Das Aufsuchen von bergfreien Bodenschätzen erfordert prinzipiell eine bergrechtliche Erlaubnis. Die Gewinnung setzt eine bergrechtliche Bewilligung oder das Bergwerkseigentum (z. B. das eigene Grundstück) voraus. Nach der VDI 4640 [292] wird folgende Vorgehensweise vorgeschlagen:

- Teufen[4] bis 100 m: keine Anwendung des BBergG für das Aufsuchen und Gewinnen (z. B. Errichtung weniger Erdsonden mit Bohrtechnik für kleinere Anlagen),

[3] Es handelt sich hierbei um eine vereinfachte Betrachtung. Die Temperatur besitzt in vielen Fällen eine Verteilung, die vom Ort und der Zeit abhängt.

[4] *Teufe* wird im Bergbau als Tiefe verwendet. Diese bestimmt man durch die senkrechte Messung von einem Punkt an der Erdoberfläche.

- Teufen größer 100 m: Anwendung des BBergG wie oben beschrieben (z. B. Einsatz größerer Bohrtechnik zur Errichtung von Brunnen für Aquiferspeicher).

Wasserrecht

Das Wasserrecht umfasst das Wasserhaushaltsgesetz (WHG) [294] des Bundes, Ländergesetze und weitere Vorschriften [295]. Im Mittelpunkt dieses Abschnittes steht der Schutz des Grundwassers. Es dürfen keine signifikanten oder dauerhaften chemischen, physikalischen und biologischen Veränderungen des Grundwassers bzw. Untergrundes auftreten. Diese können ggf. durch den Einbau der Be- und Entladeeinrichtung (Erdsonden, Brunnen von Aquiferspeichern) und den Betrieb entstehen:

- Aufschluss und Durchdringung des Erdreiches mit Maschinentechnik sowie der Einsatz von Spülmitteln,
- Einsatz von Werkstoffen (Rohre, Verpressmaterialien), Wärme- oder Kälteträger,
- Entnahme von Grundwasser und Wiedereinleitung (Wiederverpressen) bei Aquiferspeichern,
- künstliche Grundwasserumwälzung bei Aquiferspeichern,
- Wärmeübertragung, Temperaturerhöhung oder -absenkung.

Zu den potenziellen Gefahren zählen:

- Leckage (z. B. durch Korrosion),
- Einsatz von gefährlichen Stoffen (Leckage von Kältemitteln bei Sonden mit Direktverdampfung, Kältemaschinenöle),
- Einbringen von Schadstoffen beim Errichten (z. B. Bohren, Bohrlochverfüllung),
- Durchbruch von Grundwasserstockwerken.

Es sind verschiedene Genehmigungen und Anzeigen notwendig, die sich in den Bundesländern unterscheiden können (z. B. Interpretation der Beeinträchtigung durch die Temperaturänderung). Diese hängen von der Anlagengröße, von der Art der Nutzung und ggf. von der Schutzzone (Wasser- und Quellenschutzgebiet) ab. Hinweise geben beispielsweise Landesbehörden oder spezielle Leitfäden für Erdwärmesonden (z. B. [296], [297]). Geografische Karten weisen Wasserschutzgebiete, Hohlräume im Untergrund (z. B. Erzgebirge [298]) oder spezifische Entzugsleistungen aus (z. B. [299]). Zum Teil werden auch technische Details gefordert (z. B. nach der VDI 4640), die vorwiegend einer Qualitätssicherung (z. B. dichter Verschluss des Bohrloches oder der -wand) dienen. Die Leitfäden geben außerdem Auskunft zum Genehmigungsverfahren.

Berechnungen oder Simulationen werden zur Abschätzung der Auswirkungen (z. B. *Thermalfahne*) eingesetzt. Eine messtechnische Langzeitüberwachung dient bei größeren Anlagen zum Nachweis des Betriebs.

9.2 Aquiferspeicher

Für die Kältespeicherung in Aquiferen liegen Arbeiten von *Sanner* et al. [300], [301], von *Bakema* et al. [291], von *Kabus* et al. [302], von *Schmidt* et al. [290] und von *Reuss* et al. [292] vor. Im Bereich der Wärmespeicher bzw. der tiefen Geothermie sind folgende Quellen zu nennen [99], [303], [304], [305], [306], [307].

9.2.1 Begriffe

Aquifer: Ein Aquifer ist ein *Grundwasserleiter*. In den Hohlräumen von lockerem oder festem Gestein mit verschiedener Form und Größe (Poren, Klüfte) kann sich das gespeicherte Wasser bewegen (*Grundwasserströmung*, Wasserströmung in einem durchlässigen Stoffsystem). Nach der geologischen Struktur wird folgende Einteilung getroffen: *Poren*-Grundwasserleiter (z. B. Sande, Kiese), *Kluft*-Grundwasserleiter (z. B. Sand-, Kalkstein, Basalt), *Karst*-Grundwasserleiter (Kalkgestein). Nach dem Druck unterscheidet man zwischen *gespannten* und *ungespannten* Aquiferen. Der Aquifer wird unten und ggf. oben von einem Aquitard oder Aquiclud begrenzt.

Aquitard: Ein Aquitard ist im Sinne der Grundwasserströmung ein *Geringleiter* (z. B. Sand-Schluff-Gemische, Geschiebemergel, sandige Tone).

Aquiclud: Ein Aquiclud ist im Sinne der Grundwasserströmung ein *Nichtleiter* (z. B. Tone).

gespannter Aquifer: Der Aquifer wird an der Ober- und Unterseite durch einen Aquitard oder Aquiclud begrenzt. Der Aquifer kann deswegen einen Überdruck im Vergleich zur hydrostatischen Druckverteilung besitzen (vgl. mit Abb. 9.8 b).

nicht gespannter Aquifer: Nur an der Unterseite befindet sich ein Aquitard oder Aquiclud. Das Wasser kann verschiedene Höhen in einem Gebiet besitzen. Die Höhe des Grundwasserspiegels ist dann die *Standrohrspiegelhöhe*. Die Druckverteilung bestimmt der hydrostatische Druck (vgl. mit Abb. 9.8 a).

Mächtigkeit: Die vertikale Ausdehnung h_{Aqu} eines Aquifers wird auch als *Mächtigkeit* bezeichnet.

9.2.2 Aufbau und Funktion

9.2.2.1 Prinzip, Einordnung, Standorte

An der Ober- und Unterseite begrenzt den Aquifer ein Aquiclud oder ein Aquitard (Abb. 9.1). Aus Sicht der Strömung sollte der Aquifer eine möglichst gleichmäßige Porenstruktur und eine mittlere bis hohe Permeabilität (z. B. Sand-, Kiesschichten, Sandstein, Kalkstein) besitzen. Nach *Sanner* [303] sollte die Permeabilität größer $6{,}7 \cdot 10^{-13}\,m^2$ sein (vgl. mit Abb. 5.6 S. 159, z. B. Wert für feinen Sand).

Weiterhin darf aus Gründen des Speicherverlustes keine oder nur eine sehr geringe natürliche Grundwasserströmung vorhanden sein. Laut *van Loon* sollte die natürliche

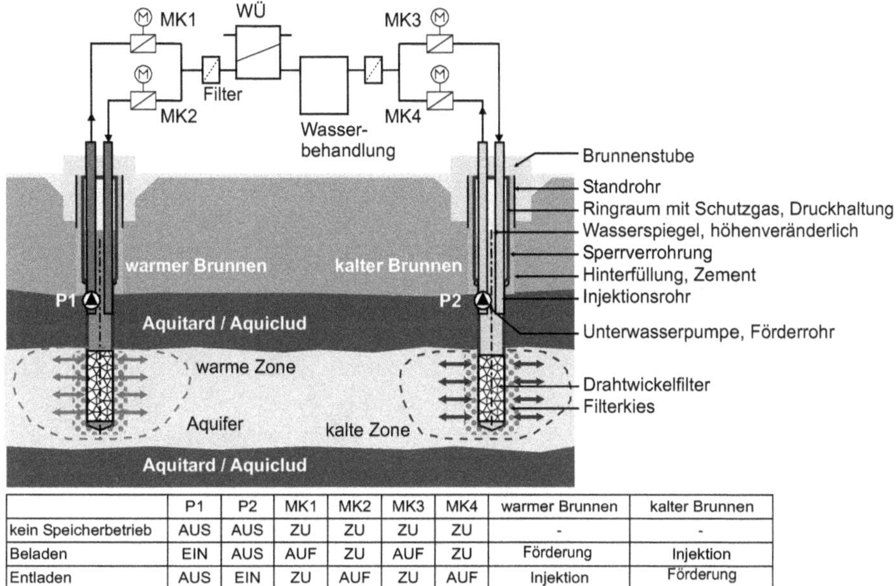

	P1	P2	MK1	MK2	MK3	MK4	warmer Brunnen	kalter Brunnen
kein Speicherbetrieb	AUS	AUS	ZU	ZU	ZU	ZU	-	-
Beladen	EIN	AUS	AUF	ZU	AUF	ZU	Förderung	Injektion
Entladen	AUS	EIN	ZU	AUF	ZU	AUF	Injektion	Förderung

Abb. 9.1: schematischer und beispielhafter Aufbau und Funktion eines Aquiferspeichers für Kühlzwecke nach dem Wechselprinzip (vgl. mit Abb. 9.4), gespannter Aquifer

Grundwasserbewegung (mittlere Geschwindigkeit w) bei kleinen Speichern geringer als 3 cm je Tag und bei großen Speichern kleiner als 11 cm je Tag sein [303].

Eine geeignete Geologie ist demzufolge eine grundlegende Voraussetzung. Potenzielle Gebiete in Deutschland weist Abb. 9.2 aus. Nach *Sanner* sind die Gebiete mit *Jungen Sedimenten* (waagerecht schraffiert) geeignet. Eine bedingte Eignung besitzen die Bereiche des *Mesozoikums* (weiße Flächen). Flächen des *Kristallins* (kariert) sind i.d.R. nicht geeignet. Insbesondere in Norddeutschland und Alpenvorland findet man geeignete Standorte. Nach *Kabus* et al. reichen die Aquifere in eine Tiefe von bis zu 150 m.

Das Speichermedium, wassergesättigtes Erdreich mit einer Porosität von ca. 20...25 % [307], wird mit großer Bohrtechnik über *Brunnen* (*Untertagetechnik*) erschlossen, was bis 200 m, ggf. bis maximal 500 m technisch sinnvoll ist. Es erfolgt eine direkte Be- und Entladung mit Grundwasser. Weitere Parameter liefert Tab. 9.1.

Die Bohrung und die Brunnen besitzen einen hohen Fixkostenanteil. Es kann aber ein großes Speichervolumen (15.000...3.500.000 m^3) erschlossen werden. Weiterhin ist es nicht möglich, den Speicher zu dämmen. Deswegen eignen sich Aquiferspeicher für große bis sehr große Kapazitäten (größer ca. 5000 m^3 WÄ).

Außerdem ist *Übertagetechnik* für die Wärmeübertragung, Filterung, Druckhaltung, die chemische Wasseraufbereitung notwendig (Abb. 9.1). Von der oder den Brunnenstuben (Abb. 9.3) werden Rohrleitungen in eine Zentrale mit dieser Technik verlegt.

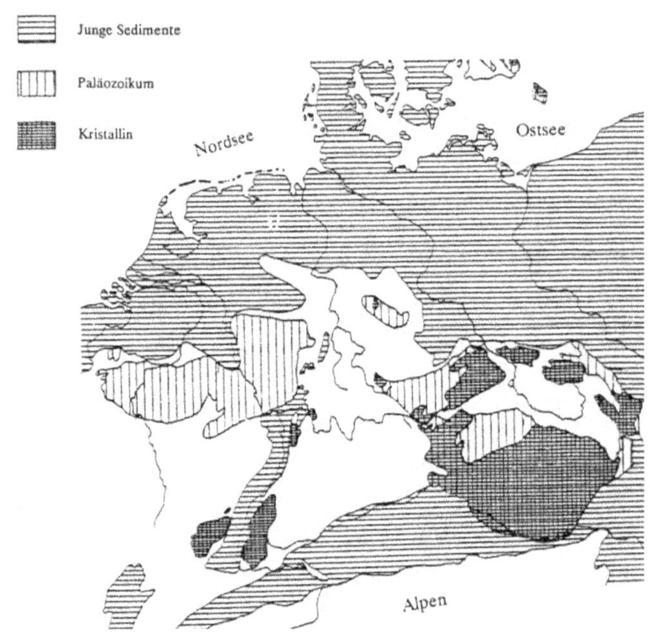

Abb. 9.2: vereinfachte Darstellung der geologischen Verhältnisse in Bezug auf die Nutzung des Untergrundes für Aquiferspeicher nach *Sanner* [303]

Tab. 9.1: typische Kennwerte für Aquiferspeicher [290]

Fördervolumenstrom je Rohr [m^3/h]	20...100
Injektionsvolumenstrom je Rohr [m^3/h]	15...75
Tiefe der Bohrung [m]	10...100
Abstand zwischen den Brunnen oder -gruppen [m]	10...50
minimale Temperatur bei Injektion [°C]	3
maximale Temperatur bei Injektion [°C]	30
typische Jahresarbeitszahl des Systems im Kühlbetrieb [-]	30...50

9.2.2.2 Schaltungen, Anordnungen

Bei der Kältespeicherung können verschiedene Varianten realisiert werden:

- Einsatz von zwei Brunnen (auch als *Dublettenlösung* bezeichnet) nach dem *Wechselprinzip* (Abb. 9.4) oder nach dem *Durchflussprinzip* (Abb. 9.5[5]) mit einem horizontalen Abstand zwischen den Filtern,
- Verwendung von mehreren Brunnen (Prinzip analog zu den oben genannten Methoden) zur Erschließung eines größeren Gebiets (Begrenzung der Volumenströme pro Rohr, siehe Tab. 9.1),

[5] Diese Variante findet bei Wärmespeichern keine Anwendung.

Abb. 9.3: Brunnenkopf mit Stand-, Förder- und Injektionsrohr in einer Brunnenstube, Berlin

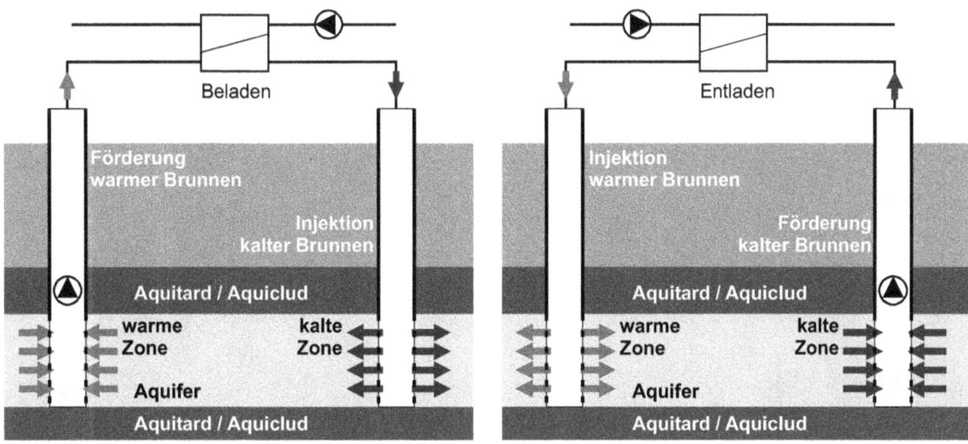

Abb. 9.4: Funktion eines Aquiferspeichers zur Kältespeicherung, Wechselprinzip in einem Aquifer mit zwei Brunnen [291]

- Einsatz von einem Brunnen mit einem warmen und kalten Rohr (Vermeidung einer zweiten kostenintensiven Bohrung), Anwendung in einem Aquifer mit großer vertikaler Ausdehnung (Abb. 9.6) oder Anwendung in zwei übereinander liegenden Aquiferen (Abb. 9.7) mit einem vertikalen Abstand zwischen den Filtern.

Beim Wechselprinzip gibt es einen warmen und einen kalten Brunnen. Entsprechend dieser Bezeichnung bildet sich eine warme und kalte Zone im Erdreich aus (Abb. 9.1). In Abhängigkeit der Be- und Entladung wechselt die Strömungsrichtung.

Im Gegensatz dazu bleibt beim Durchflussprinzip die Durchflussrichtung gleich. Dem Grundwasser wird Wärme zugeführt oder entzogen, was wiederum von der Temperaturverteilung im Aquifer abhängt.

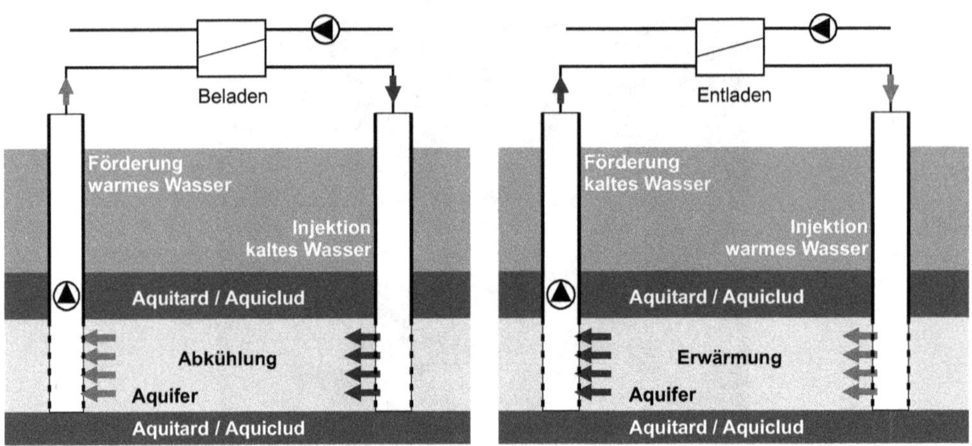

Abb. 9.5: Funktion eines Aquiferspeichers zur Kältespeicherung, Durchflussprinzip in einem Aquifer mit zwei Brunnen [291]

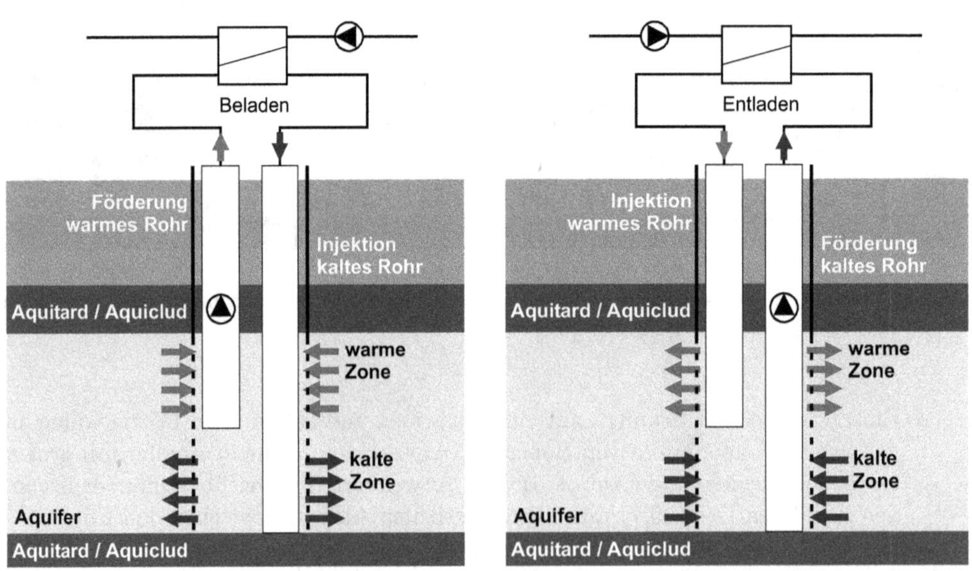

Abb. 9.6: Funktion eines Aquiferspeichers zur Kältespeicherung, Wechselprinzip in einem mächtigen Aquifer mit einem Brunnen [291]

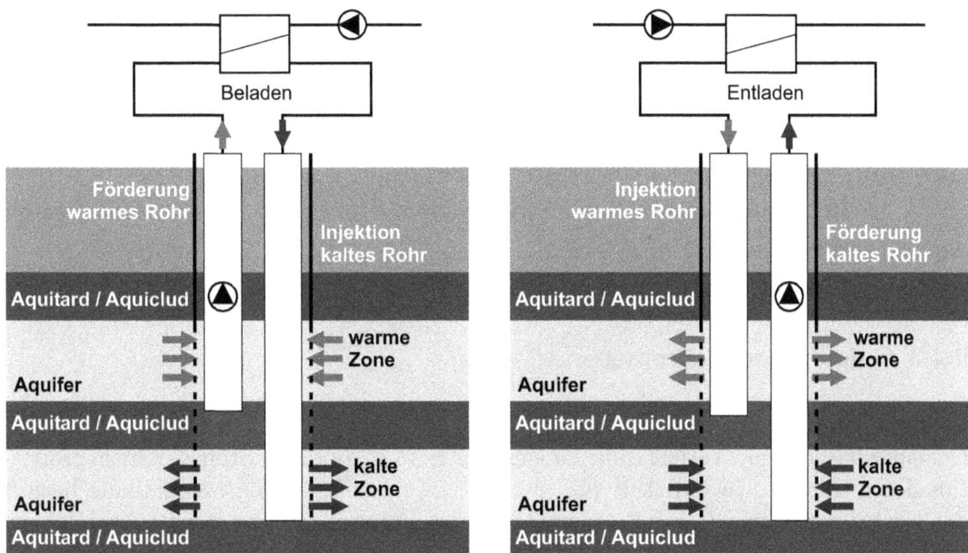

Abb. 9.7: Funktion eines Aquiferspeichers zur Kältespeicherung, Wechselprinzip in zwei übereinander liegenden Aquiferen mit einem Brunnen [291]

9.2.2.3 Spezielle Anforderungen

Verschiedene umweltrechtliche und technische Aspekte wurden bereits angesprochen. Es sind diese speziellen Anforderungen zu beachten:

- keine Beeinträchtigung von Trinkwasserreserven (höherrangige Nutzung),
- kein Stofftransport zwischen den Aquiferen,
- keine Minderung der hydraulischen Durchlässigkeit des Aquifers (z. B. durch Ausfällungen),
- Vermeidung hydraulischer „Kurzschlüsse" im Aquifer,
- Vermeidung von Ablagerungen (z. B. Kalk), Korrosion bei der Anlagentechnik.

Diese Forderung haben vielfältige technische Maßnahmen zur Folge (vgl. mit Abb. 9.1):

- Einsatz eines Wärmeübertragers zur stofflichen Trennung, Ausbildung eines geschlossenen Kreislaufes,
- Druckhaltung zur Unterbindung der Entgasung,
- Druckhaltung mit Schutzgasen zur Vermeidung von Eisen- und Manganausfällungen,

- Wasseraufbereitung zur Vermeidung von Kalkausfällungen (Ionenaustausch, Zugabe von Säuren, Wirbelbett-Wärmeübertrager),
- Filter am Rohrende, Einsatz von Schmutzfängern in der Zentrale,
- Korrosionsschutz durch Werkstoffauswahl,
  - Rohre aus Kunststoff, GFK, verzinktem oder beschichtetem Stahl, Einsatz von hoch legierten Stählen,
  - Wickeldrahtfilter aus hoch legiertem Stahl.

9.2.3 Grundwasserströmung

Gesetz von *Darcy*

Der spezifische Druckverlust mit Längenbezug ist in porösen Stoffsystemen proportional zur Filtergeschwindigkeit (Gl. 9.1 S. 330). Auf diesem Zusammenhang basiert das Gesetz von *Darcy* (Gl. 9.2, vektorielle Formulierung). Der k_F-Wert beschreibt die *hydraulische Durchlässigkeit* als Stoffparameter. Gl. 9.3 stellt den Zusammenhang zur Permeabilität her. Weiterhin unterscheidet sich Gl. 9.2 zu Gl. 5.6 (S. 145) durch die Verwendung der *Standrohrspiegelhöhe* h_{WS} (Gl. 9.4). In der Grundwasserhydraulik wird anstelle des Druckes oft die *piezometrische Höhe* verwendet. Diese setzt sich aus der Druckhöhe und der geodätischen Höhe zusammen.

Das Gesetz von *Darcy* ist nur für eine laminare, schleichende Grundwasserströmung mit $Re_P < 1$ gültig. In diesem Bereich sind die viskosen Kräfte dominant. Der Ansatz lässt sich gut auf feindisperse Stoffsysteme (z. B. Sandschüttungen und feiner) anwenden.

$$\frac{\Delta p_V}{l} \sim w_f = \frac{\dot{V}}{A} \tag{9.1}$$

$$\vec{w}_f = -k_f \nabla h_{WS} \tag{9.2}$$

$$k_f = \frac{\rho_W g}{\eta_W} k \tag{9.3}$$

$$h_{WS} = \frac{p}{\rho_W g} + h \tag{9.4}$$

Kenngrößen für Aquiferen

Die *Transmissivität* (Gl. 9.5) ist das Produkt aus der Höhe eines Aquifers und dem k_f-Wert [100]. Die Kenngröße wird u. a. zur Beurteilung von Brunnen in gespannten Aquiferen verwendet.

$$T_{Aqu} = h_{Aqu} \cdot k_f \tag{9.5}$$

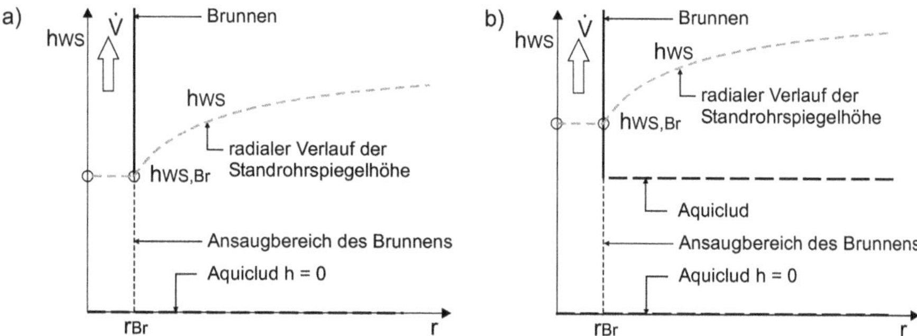

Abb. 9.8: radialer Verlauf der Standrohrspiegelhöhe h_{WS} für einen einzelnen Brunnen [100], schematische Darstellung, a) nicht gespannter Aquifer mit freiem Zustrom, b) gespannter Aquifer mit Brunnen, homogene und isotrope Stoffeigenschaften

In vielen Fällen ist für die Förderung und Injektion bei Einzelbrunnen die Druckverteilung (hier Standrohrspiegelhöhe) von Interesse. Man muss dabei zwischen nicht gespannten Aquiferen (Gl. 9.6, Anwendung von k_f) und gespannten Aquiferen (Gl. 9.7, Anwendung von T_{Aqu}) unterscheiden (*Brunnenformeln* [100]). Den symmetrischen Druckverlauf um die Brunnen stellt Abb. 9.8 dar.

$$h_{WS}^2\left(r\right) - h_{WS,Br}^2 = f\left(r\right) = \frac{\dot{V}_{Br}}{\pi k_f} \ln \frac{r}{r_{Br}} \tag{9.6}$$

$$h_{WS}\left(r\right) - h_{WS,Br} = f\left(r\right) = \frac{\dot{V}_{Br}}{2\pi T_{Aqu}} \ln \frac{r}{r_{Br}} \tag{9.7}$$

Diese Zusammenhänge werden u. a. zur Bestimmung von k_f und T_{Aqu} verwendet. Hierzu führt man Pumpversuche an einem Brunnen durch. Über denselben oder andere Messbrunnen wird $h_{WS}(r)$ bzw. $h_{WS}(x, y)$ gemessen.

Beispiel zur analytischen Berechnung

In folgendem Beispiel wird bei einem Aquifer über den Injektionsbrunnen $\dot{V}_W = 40\,\mathrm{m^3/h}$ verpresst und der gleiche Volumenstrom an einem Förderbrunnen entnommen. Der einseitige Abstand zu $x = 0$ beträgt $x_0 = 15\,\mathrm{m}$. Weil Gl. 9.8 (Anwendung von Gl. 9.2, Gl. 9.7) für nur für $x > 0$ Gültigkeit besitzt, ist die Lösung in Abb. 9.9 für $x < 0$ zweimal gespiegelt.

Der gespannte Aquifer besitzt in diesem Fall eine Mächtigkeit von $h_{Aqu} = 10\,\mathrm{m}$ und einen Durchlässigkeitsbeiwert von $k_f = 3{*}10^{-4}\,\mathrm{m/s}$. Unter der Voraussetzung von homogenen und isotropen Stoffeigenschaften kann die Strömung für stationäre Verhältnisse analytisch (Gl. 9.8) in der Ebene berechnet werden [308]. Dabei liegen x, y in der Ebene.

$$h_{WS}\left(x,y\right) - h_{WS,ungest} = \frac{\dot{V}_{Br}}{4\pi T_{Aqu}} \ln \left(\left(\left(x-x_0\right)^2+y^2\right)\Big/\left(\left(x+x_0\right)^2+y^2\right)\right) \tag{9.8}$$

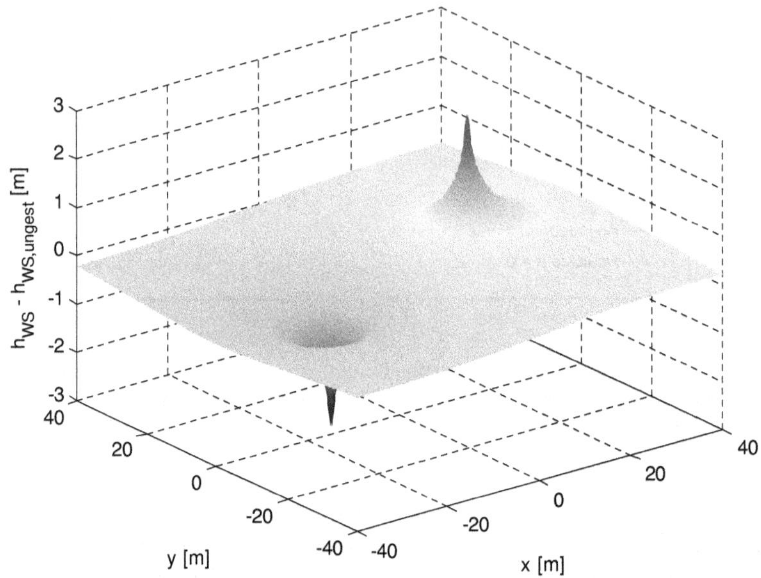

Abb. 9.9: Standrohrspiegelhöhen für das Beispiel, Darstellung als Differenz nach Gl. 9.8, Förderbrunnen links, Injektionsbrunnen rechts

Abb. 9.9 zeigt die Verteilung der Standrohrspiegelhöhe für den gespannten Aquifer. Um die Brunnen bauen sich große trichterförmige Funktionsverläufe auf, die hohe Druckgradienten in Brunnennähe ausweisen. Ursache hierfür sind die relativ hohen Strömungsgeschwindigkeiten. In Abb. 9.10 erkennt man weiterhin, dass die Vektoren der Strömungsgeschwindigkeit senkrecht zu den Potenziallinien (Linien mit gleicher Standrohrspiegelhöhe) verlaufen. Das Gleiche trifft für die Stromlinien zu (Potenzialströmung), die hier nicht dargestellt sind.

Numerische Simulation
Zur Berechnung und Simulation der Strömung werden heute numerische Lösungsverfahren (vorwiegend die Finite-Elemente-Methode, z. B. [309], [310]) herangezogen. Es können örtlich unterschiedliche Stoffwerte (insbesondere die hydraulische Durchlässigkeit), dispersive Phänomene (hydrodynamisch und thermisch) und anisotrope Effekte berücksichtigt werden. Weiterhin kann man Aufgabenstellungen mit Wärmeübertragung, freier Konvektion und Schadstoffausbreitung [311] berechnen.

9.2.4 Stand der Technik

Mit der beschriebenen Technik wurden bereits viele Projekte (z. B. in den Niederlanden) realisiert. Der Reichstag in Berlin [302] besitzt einen Aquiferspeicher zur Kühlung. Oft wird auch die kombinierte Nutzung als Wärme- und Kältespeicher mit einer reversiblen Wärmepumpe angewandt.

Die Planung beinhaltet eine aufwendige Erkundung (Ermittlung der stofflichen Zu-

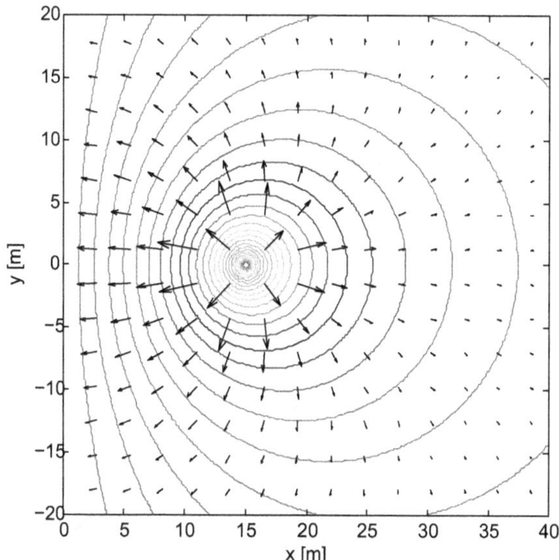

Abb. 9.10: Potenziallinien und Vektoren der Strömungsgeschwindigkeit für das Beispiel, Ausschnitt des Injektionsbrunnens, vgl. mit Abb. 9.9

sammensetzung des Untergrundes und der Aquiferlage, Testbohrungen, hydrologische Feldversuche, Analysen zur Wasserchemie usw.). Simulationen zur Wärme- und Stoffübertragung im Aquifer liefern wichtige Aussagen zur Entwicklung der Temperaturfelder im Untergrund und zum Ertrag. In der Regel sind umweltrechtliche Genehmigungen notwendig. Begleitend zum Betrieb liefert ein Monitoringprogramm alle Daten zur Beweissicherung. Spezialfirmen planen und errichten derartige Speicher (z. B. [313]).

9.3 Erdsondenspeicher

Arbeiten zur thermischen Nutzung des Untergrundes mit Erdsonden liegen z. B. von *Sanner* et al. [289], [300], [301], [305], [312][6], *Schmidt* et al. [290], [292] und *Fisch* et al. [99] vor.

Diesen Speichertyp kann man auch wie den Aquiferspeicher als Wärme- oder Kältespeicher einsetzen. Die kombinierte Verwendung zu Heiz- und Kühlzwecken mit einer reversiblen Wärmepumpe zählt ebenfalls zu den typischen Anwendungsfällen.

Die *Erdsonde* (borehole heat exchanger) dient als Wärmeübertrager zur indirekten Be- und Entladung des Erdreichs (Abb. 9.11). Im Rohr strömt Wasser oder ein Frostschutzgemisch.

Eine weitere Möglichkeit ist die *Direktverdampfung* eines Kältemittels in der Sonde.

[6] Für hohe Temperaturen sind beispielsweise die Arbeiten von *Seiwald* und *Reuss* [219], [226] zu nennen. Der größte Erdsonden-Wärmespeicher befindet sich in Neckarsulm und besitzt ein Speichervolumen von zurzeit 63.000 m^3.

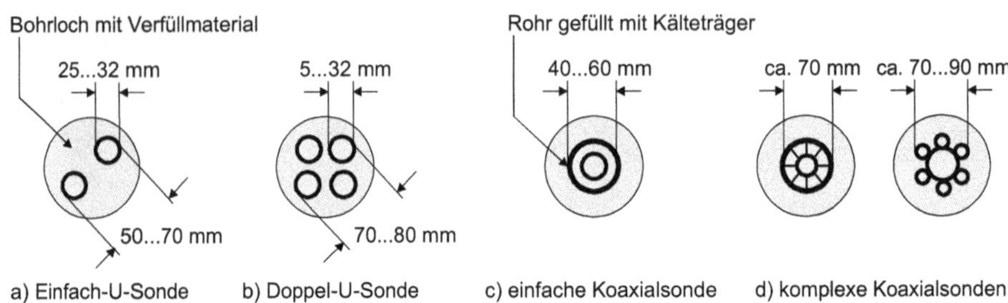

Abb. 9.11: Aufbau von Sonden nach *Sanner*, Querschnitte [303]

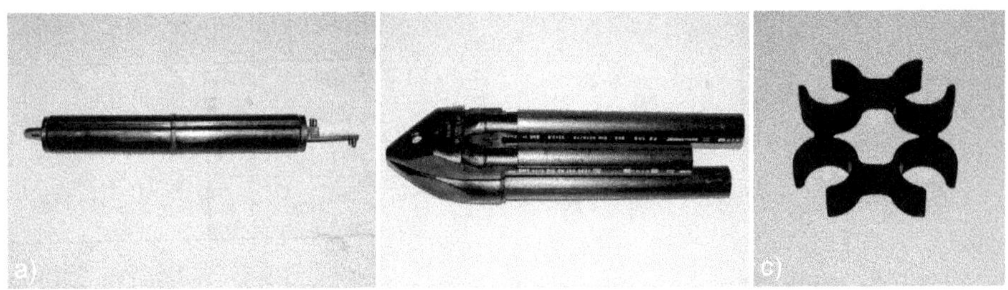

Abb. 9.12: a) Gewicht zum Absenken der Sonde im Bohrloch, b) Kopf einer Doppel-U-Sonde aus Kunststoff, c) Rohrabstandshalter für eine Doppel-U-Rohrsonde

In diesem Fall müssen ökologische Aspekte beachtet werden. Außerdem können diverse technische Probleme auftreten (z. B. Verschleppung von Kältemaschinenöl). Eine andere Variante ist die Ausbildung eines Wärmerohrs im Erdreich. Der Verflüssiger befindet sich dann übertage.

In diesem Abschnitt werden nur Erdsonden mit Kälteträgern ohne Phasenwechsel betrachtet.

9.3.1 Aufbau von vertikalen Erdsonden, Technologie

Das Rohr (Abb. 9.11, Abb. 9.12) besteht aus Polyethylen hoher Dichte (PE-HD), vernetztem Polyethylen (PEX), Polybuten (PB), Polypropylen (PP), Polyvinylidenfluorid (PVDF) oder Stahl. Dieses Rohr bringt man in ein Bohrloch z. B. mit einem Gewicht ein. Abstandshalter fixieren die einzelnen Rohrleitungen.

Die Grundtechniken zum Abteufen sind *Rammen*, *Spülen* und *Bohren* (Abb. 9.13). Bei Speichern wird oft eine senkrechte Anordnung der Bohrlöcher gewählt[7]. Das Bohrloch besitzt einen Durchmesser von 100. . . 150 mm. Die Bohrtiefe reicht typischerweise bis 30 m. Die Grenze für eine derartige Ausführung liegt bei ca. 200 m.

[7]Weiterhin können die Bohrungen mit spezieller Technik schräg eingebracht werden (z. B. Stahlrohre). Eine waagerechte Anordnung von Rohren ist ebenfalls mit sog. Erd- oder Grabenkollektoren möglich. Diese werden als Wärmeübertrager für Wärmequellenanlagen von kleinen bis mittelgroßen Wärmepumpen eingesetzt. Der Aushub des Erdreiches und die Wiederverfüllung sind relativ aufwendig und verursachen signifikante Kosten.

Abb. 9.13: Langzeit-Speicher für solare Wärme in Crailsheim, a) Bohrgerät mit Bohrgestänge, vertikale Bohrung, b) Bohrkopf, c) nicht verfülltes Bohrloch mit eingebrachtem Kunststoffrohr (PEX), Doppel-U-Sonde

Zur Sondenherstellung bzw. zur Verrohrung kommen je nach Material *Stumpf-*, *Heizwendelschweißen* oder *Pressverbindungen* zur Anwendung. Eine Sondenvorfertigung in der Fabrik mit einer Qualitätskontrolle (Dichtheit) und dem Nachweis mit Zeugnissen ist im Vergleich zu einer Vorortfertigung mit Baustellenbedingungen vorteilhaft. Auf der Baustelle muss man die Erdsonden gesondert kontrollieren (Sichtkontrolle, Suche nach mechanischen Beschädigungen, z. B. Knicke; Druckprobe).

Der thermische Widerstand vom Fluid zum angrenzenden Erdreich sollte so gering wie möglich sein. Deswegen wird nach der Sondeninstallation das Bohrloch vollständig verfüllt. Die Verfüllung verhindert gleichzeitig einen vertikalen Stofftransport und soll die Sonde im geplanten Zustand fixieren (Abb. 9.11). Zur Wiederverfüllung setzt man Baustoffe (z. B. Mischungen mit Sand, Bentonit und Zement) ein. Die Suspension wird mit einem Schlauch in das Bohrloch gefüllt. Um Hohlräume zu vermeiden, beginnt man die Füllung unten und zieht den Schlauch nach oben.

Seit einigen Jahren sind speziell auf diese Anwendung abgestimmte Produkte verfügbar. Neuere Entwicklungen haben die Wärmeleitfähigkeit des Verfüllmaterials erhöht.

Die Strömung im Rohr sollte wegen der Wärmeübertragung turbulent sein (Strömungsgeschwindigkeit 0,5... 1,0 m/s [290]). Der Wärmeübergang vom Rohr zum Verfüllmaterial beruht auf Wärmeleitung. Es ist zu beachten, dass bei jeder Sonde eine

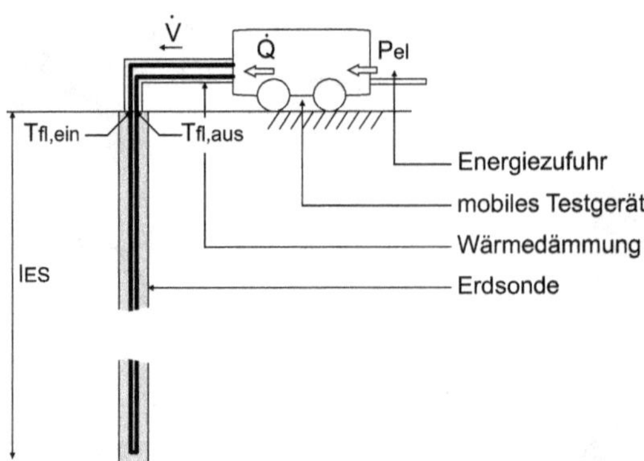

Abb. 9.14: Prinzipskizze zum Aufbau eines Thermal Response Test

Wärmeübertragung zwischen dem eintretenden und dem austretenden Fluid stattfindet, was die Temperaturdifferenz an einer Erdsonde verringert (Abb. 9.15)[8].

Die physikalischen Vorgänge im sondennahen Erdreich sind komplex. Neben der Wärmeleitung können diffusive Vorgänge (z. B. Wasserdampf-Transport) und Phasenwechsel (Gefrieren und Austauen des Wasserdampfes) auftreten. Außerdem ist es möglich, dass eine Grundwasserströmung einen konvektiven Energietransport verursacht. Oft treten konvektive Effekte in bestimmten Schichten auf (z. B. Gestein mit Klüften). Der Sondenaufbau, die Stoffwerte des Erdreichs und der komplexe Wärmeübergang bestimmen maßgeblich die effektive Sondenleistung.

9.3.2 Thermal Response Test

Motivation und Beschreibung

Aufgrund der oben genannten Wärmeübergangsproblematik, die wiederum von der Struktur des Untergrundes abhängt und in vielen Fällen nicht hinreichend genau bekannt ist, wurde der sog. *Thermal Response Test* (TRT) eingeführt [314]. Dazu baut man eine Testsonde ein oder nutzt eine vorhandene Sonde (Abb. 9.14). Die Testsonde kann einen Aufbau besitzen, der mit dem geplanten Sondenaufbau übereinstimmt. Eine spezielle, mobile Ausrüstung heizt oder kühlt ggf. die Sonde nach einem Testprogramm (Abb. 9.15 a, b). Temperaturen, Volumenströme, Leistungen, Betriebszeiten usw. werden beim Test aufgezeichnet. Diese Informationen muss man im Nachgang ausgewerten, um die relevanten Parameter zu erhalten. Folgende Parameter sind von Interesse.

Untergrundtemperatur: Beim Einbau der Sonde einschließlich der Befüllung sollte das Erdreich eine möglichst geringe thermische Störung erfahren. Nach einer Stillstandszeit zum thermischen Ausgleich kann eine Umwälzung des Fluides erfolgen. Eine hoch auflösende Messung bestimmt die Temperatur des verdrängten

[8] Es gibt Ansätze, die eine wärmedämmende Schicht in der Bohrlochmitte bei Einfach- und Doppel-U-Rohrsonden vorsehen.

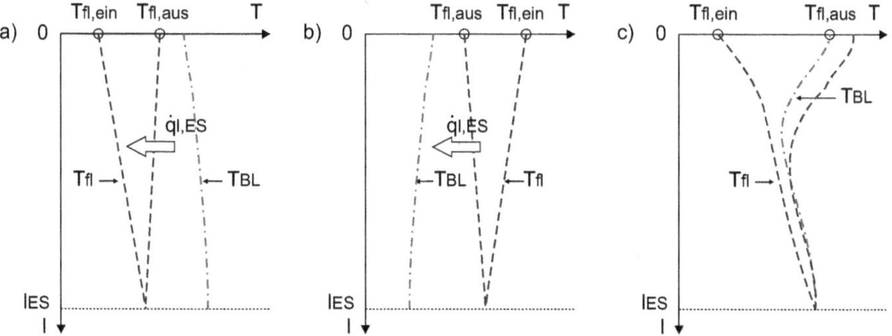

Abb. 9.15: Wärmeübertragung in der Erdsonde, typische Fälle nach *Glück* zum Temperaturverlauf des Fluides T_{fl} und zur Temperatur an der Bohrlochwand T_{BL} [315], a) Energieentzug durch Sonde, b) Energiezufuhr durch Sonde, c) Energieentzug durch Sonde mit stark ausgeprägtem instationären Verhalten im oberen Sondenbereich

Wasserpfropfens, der Aufschluss über die vertikale Bodentemperatur $T_{Unt,ungest}$ bzw. Sondentemperatur gibt. Die oben beschriebene Wärmeübertragung im Sondenaufbau (Abb. 9.11) ist zu beachten. Bei einer permanenten Umwälzung lässt sich nur eine mittlere Sondentemperatur $T_{fl,m}$ bestimmen. Die Dissipationswärme der Pumpe und weitere Einflüsse sind zu beachten.

Sondenlänge: Dem Fluid kann eine kurze Temperaturänderung aufgeprägt werden. Misst man die Verweilzeit für einen Umlauf in der Sonde, ist bei bekanntem Volumenstrom und Rohrdurchmesser die Bestimmung der Sondenlänge l_{ES} möglich.

Sondenleistung: Die Sondenleistung $\dot{Q}_{ES}$ beschreibt den Wärmeübergang durch die indirekte Be- und Entladung (Gl. 9.9) integral. Eine wichtige Größe ist die spezifische Sondenleistung. Den Wärmestrom, der sich auf die Länge bezieht, liefert Gl. 9.10.

$$\dot{Q}_{ES} = (\rho c)_{fl} \dot{V} \left(T_{fl,ein} - T_{fl,aus}\right) \tag{9.9}$$

$$\dot{q}_{l,ES} = \frac{\dot{Q}_{ES}}{l_{ES}} \tag{9.10}$$

Mit einem aufwendigeren Sondenaufbau (Abb. 9.11) kann man die spezifische Sondenleistung erhöhen. Ein Bohrloch wird dadurch besser genutzt. Dieser Sachverhalt ist in vielen Fällen auch kostenrelevant (z. B. Einsatz von Doppel-U-Rohrsonden statt Einfach-U-Rohrsonden).

Weiterhin ist zu beachten, dass die spezifische Sondenleistung mit zunehmender Nutzungsdauer aufgrund der Wärmeübertragung sinkt (Tab. 9.2). Außerdem können sich Sonden gegenseitig thermisch beeinflussen. Ein Extremfall ist die

Tab. 9.2: allgemeine Richtwerte für spezifische Sondenleistungen nach VDI 4640 [292] für den Wärmeentzug mit Wärmepumpen (alleinstehende Einzelanlagen, keine Speicher) für $l_{ES} = 40 \ldots 100\,\text{m}$, Mindestabstand zwischen zwei Sonden größer 5 m für $l_{ES} = 40 \ldots 50\,\text{m}$, größer 6 m für $l_{ES} = 50 \ldots 100\,\text{m}$, Doppel-U-Rohrsonden mit DN 20/25/32 oder Koaxialsonden mit $d_{ES} > 60\,\text{mm}$

jährliche Betriebsstunden [h/a]	1800	2400
spezifische Sondenleistung [W/m]		
schlechter Untergrund, $\lambda_{Unt} < 1,5\,\text{W/(m K)}$ (z. B. trockenes Sediment)	25	20
normaler Untergrund mit Festgestein oder mit wassergesättigtem Sediment, $\lambda_{Unt} = 1,5 \ldots 3,0\,\text{W/(m K)}$	60	50
Festgestein mit hoher Wärmeleitfähigkeit, $\lambda_{Unt} > 3,0\,\text{W/(m K)}$	84	70

thermische Erschöpfung des Untergrundes ($q_{l,ES} \to 0$, z. B. sehr viele Wärmepumpenanlagen mit vertikalen Sonden auf einer kleinen Grundfläche).

Das System mit einer bestimmten Eintrittstemperatur $T_{fl,ein}$ besitzt ebenfalls einen Einfluss auf die erreichbare Sondenleistung. Wärmepumpen können beispielsweise in einem bestimmten Bereich $T_{fl,ein}$ senken, was zu höheren Werten führt.

Bohrlochwiderstand: Dieser thermische Widerstand R_{BW} (Gl. 9.11) beschreibt vereinfacht die Wärmeübertagungsverhältnisse vom Fluid über den Sondenaufbau an das Erdreich (Abb. 9.16). Aufgrund der Messmethode besitzt diese Kenngröße für die Sonde einen integralen Charakter (vgl. mit Abb. 9.15). Ein zu hoher Wert könnte z. B. auf eine schlechte Verfüllung (schlechte lokale thermische Anbindung) hinweisen. Im nächsten Abschnitt wird eine Möglichkeit zur Bestimmung vorgestellt.

$$R_{BL} = \frac{T_{fl,m} - T_{BLW,m}}{\dot{q}_{l,ES}} \tag{9.11}$$

Effektive Wärmeleitfähigkeit: Üblicherweise erfolgt beim TRT das Aufheizen mit konstanter Leistung (48. . . 72 h). Das führt zur instationären Erwärmung der Sonden und des Umfeldes. Mit zunehmender Heizdauer nehmen die Speichereffekte ab. Die Wärmeübertragung nähert sich stationären Verhältnissen, wobei die effektive Wärmeleitfähigkeit einen signifikanten Einfluss besitzt. Eine weitere Erläuterung zur Bestimmung folgt im nächsten Abschnitt.

Anwendung der Linienquellen-Theorie

Zur Auswertung der Messdaten des TRTs benötigt man ein Modell. Der einfachste Ansatz ist die Anwendung der Linienquellen-Theorie, die *Morgensen* erstmals zur Parameteridentifikation der effektiven Wärmeleitfähigkeit anwendete [314]. Die Theorie

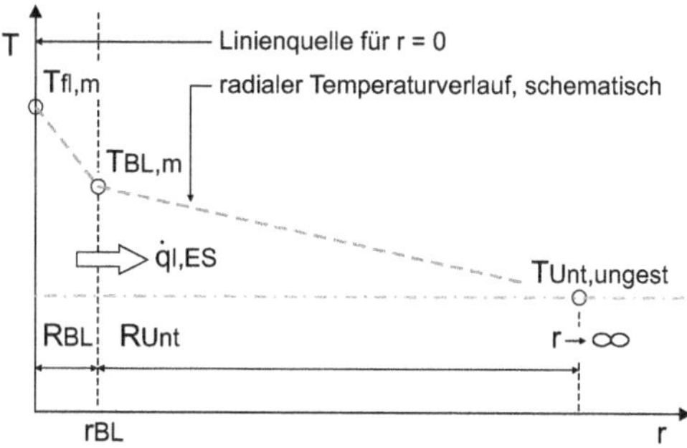

Abb. 9.16: schematische Darstellung zur radialen Wärmeleitung an einer Erdsonde unter Verwendung der Linienquellen-Theorie

setzt voraus, dass die Temperatur über der gesamten Sondenlänge – hier eine Linie – konstant ist, was für viele praktische Anwendungen zulässig erscheint (Abb. 9.16). Das tatsächlich dreidimensionale Problem mit der Wärmeübertragung an der Erdoberfläche und am Sondenfuß sowie im Sondenaufbau wird auf ein zweidimensionales Problem reduziert[9].

Die radiale Temperaturverteilung (Trichterform) in Abhängigkeit der Zeit beschreibt dann Gl. 9.12[10]. Es wird eine konstante Heiz- oder Kühlleistung vorausgesetzt, welche der TRT einhalten muss. Abb. 9.17 gibt hierzu ein Beispiel mit einer relativ hohen Sondenleistung. Im praktischen Betrieb stellen sich die Sondenleistungen in Abhängigkeit der Eintrittstemperatur ein. Gl. 9.13 ist eine Näherung für Gl. 9.12[11]. Allerdings gibt diese Gleichung nicht den vollständigen Temperaturverlauf wieder.

$$T_{Unt} - T_{Unt,ungest} = f(r,t) = \frac{\dot{q}_{l,ES}}{4\pi\lambda_{Unt}} \int\limits_{r^2/4a_{Unt}t}^{\infty} \frac{e^{-\beta}}{\beta} d\beta \tag{9.12}$$

$$T_{Unt} - T_{Unt,ungest} = f(r,t) = \frac{\dot{q}_{l,ES}}{4\pi\lambda_{Unt}} \left(\ln \frac{4a_{Unt}t}{r^2} - \gamma \right) \tag{9.13}$$

$$\text{mit } t \geq \frac{5r^2}{a_{Unt}}, \gamma = 0,5772$$

[9] Die Verwendung anderer Modelle ist auch möglich: analytische Lösungen der Wärmeleitung für Zylinderschalen und numerische Modelle (z. B. [315]). Numerische Modelle besitzen den Vorteil, dass der Sondenaufbau diskretisiert und zusätzliche Effekte (z. B. Grundwasserströmung) implementiert werden können. Es ist weiterhin zu beachten, dass Fälle nach Abb. 9.15 auftreten können. Auch dann ist die Anwendung von numerischen Modellen sinnvoll.

[10] Setzt man in Gl. 9.12 für das Integral die Größe E_1 ein, so ist E_1 die Stammfunktion des exponentiellen Integrals und β die Integrationsvariable, die in diesem Fall keinen Einfluss auf die Lösung besitzt.

[11] Der maximale Fehler für $a_{Unt}t/r^2 \geq 20$ liegt bei 2,5 % und für $a_{Unt}t/r^2 \geq 5$ bei 10 % [314].

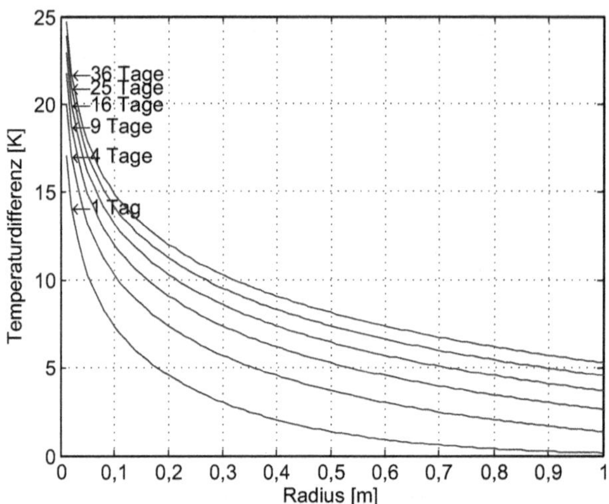

Abb. 9.17: Berechnung der Temperaturverteilung im Erdreich nach Gl. 9.12, Orientierung an einem TRT nach *Gehlin* [314], Sondenleistung 97 W/m, Wärmeleitfähigkeit Erdreich 3,65 W/(m K), volumetrische Wärmekapazität 2216 kJ/(m³ K)

Auf Basis der Linienquellen-Theorie kann man auch die mittlere Fluidtemperatur $T_{fl,m}$ bestimmen (Gl. 9.14, Reihenschaltung von zwei thermischen Widerständen). Es fließen der thermische Widerstand des Erdreiches (vgl. mit Gl. 9.13, $r \rightarrow r_{BL}$) und der Bohrlochradius ein (Abb. 9.16). Abb. 9.18 zeigt Berechnungsergebnisse für verschiedene Bohrlochwiderstände.

$$T_{fl,m} - T_{Unt,ungest} = f(t) = \frac{\dot{q}_{l,ES}}{4\pi\lambda_{Unt}} \left(\ln \left(\frac{4a_{Unt}t}{r_{BL}^2} \right) - \gamma \right) + \dot{q}_{l,ES} \cdot R_{BL} \qquad (9.14)$$

gültig für $t \geq \frac{5r_{BL}^2}{a}$,
mit $T_{fl,m} = \frac{T_{fl,ein} - T_{fl,aus}}{2}, \gamma = 0,5772.$

Über eine Variation der Parameter λ_{Unt}, R_{BL} kann man den Verlauf von $T_{fl,m}$ an die Messergebnisse $(T_{fl,ein} + T_{fl,aus})/2$ anpassen. Gl. 9.14 besitzt folgende Form:

$$T_{fl,m} - T_{Unt,ungest} = f(t) = k \cdot \ln(t) + m.$$

k ist proportional zur Wärmeleitfähigkeit λ_{Unt} und bestimmt den Anstieg von $T_{fl,m}$ im zweiten Bereich der Aufheiz- oder Abkühlphase (Abb. 9.19). Ist λ_{Unt} bekannt, kann Gl. 9.14 zur Parameteridentifikation von R_{BL} herangezogen werden. Weitere Details sind in [314] zu finden[12].

[12]Zurzeit ist keine Ermittlung der spezifischen bzw. volumetrischen Wärmekapazität möglich. Hier können Bodenproben weitere Stoffwerte liefern.

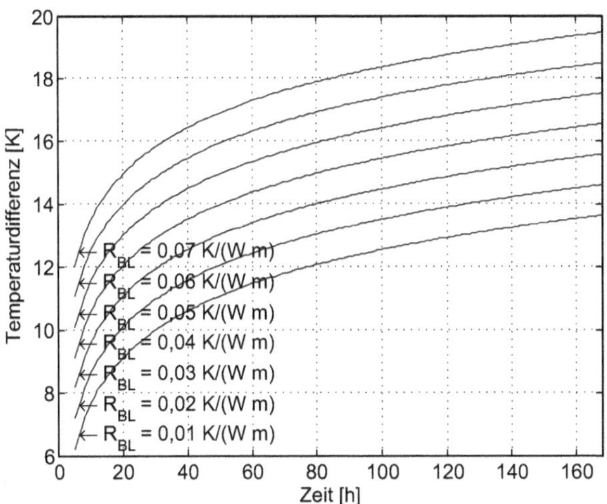

Abb. 9.18: Berechnung der mittleren Fluidtemperatur nach Gl. 9.14 für verschiedene Bohrlochwiderstände R_{BL}, Orientierung an einem TRT nach *Gehlin* [314], Sondenleistung 97 W/m, Wärmeleitfähigkeit Erdreich 3,65 W/(m K), volumetrische Wärmekapazität 2216 kJ/(m^3 K)

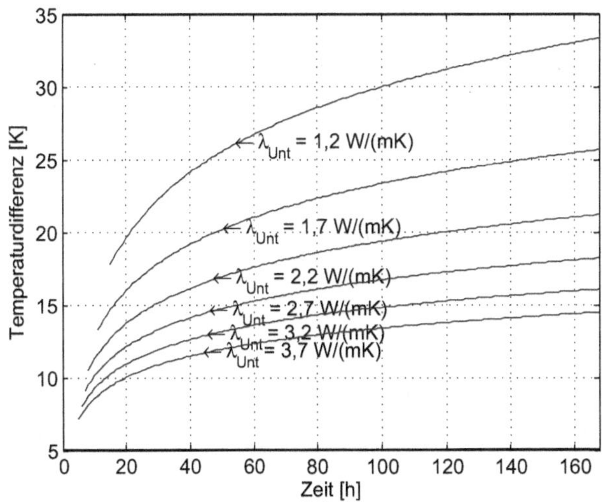

Abb. 9.19: Berechnung der mittleren Fluidtemperatur nach Gl. 9.14 für verschiedene Wärmeleitfähigkeitswerte des Untergrundes λ_{Unt}, Orientierung an einem TRT nach *Gehlin* [314], Sondenleistung 97 W/m, Bohrlochwiderstand R_{BL} =0,02 K/(W m), volumetrische Wärmekapazität 2216 kJ/(m^3 K)

Einschätzung und Anwendung

Die Ermittlung zum Wärmeübergang an der Sonde basiert auf einem integralen Ansatz. Lokale Effekte (z. B. ein niedriger Wärmeübergang wegen einer schlechten Verfüllung) gehen in die effektiven Kenngrößen ein. Detaillierte Informationen können mit diesem schwer oder nicht ermittelt werden.

Die ermittelten Parameter werden zur Berechnung und zur Simulation des thermischen Verhaltens, zur Qualitätssicherung usw. verwendet. Deswegen nimmt diese Methode in der Auslegung[13] und Erforschung eine wichtige Rolle ein.

9.3.3 Sondenfelder, Speicher

9.3.3.1 Aufbau, Funktion, Integration

Im Mittelpunkt der bisherigen Betrachtung stand die Erdsonde, die lediglich zur indirekten Wärmeübertragung eingesetzt werden kann. Um einen „echten" Speicher aufzubauen, muss mit vielen Sonden ein Gebiet bzw. die Speichermasse erschlossen werden. Mit einer kompakten Form und steigender Größe sinkt das Oberflächen-Volumen-Verhältnis, was zur Reduzierung der externen Verluste beiträgt.

Die Sondenabstände liegen zwischen 1,5... 12 m. Das Sondenraster kann quadratisch (typisch) oder dreieckig sein. Weiterhin können die Sonden radial um einen Schacht verteilt sein.

Ein Speicher kann aus mehreren Teilfeldern (Abb. 9.20) aufgebaut sein. Die Feldverrohrung wird an einem Verteiler (z. B. in einem Schacht) angeschlossen und hydraulisch abgeglichen. Ist der Strömungswiderstand im Strang vergleichsweise hoch, kann man auf Abgleichventile verzichten.

Nach [290] liegt bei Kältespeicheranwendungen die mittlere spezifische Sondenleistung bei 20... 30 W/m (vgl. mit Tab. 9.2). Die Jahresarbeitszahl beträgt für derartige Anwendungen typischerweise 20... 30.

Der Wärmeübergang an der Sonde begrenzt grundsätzlich die Be- und Entladeleistung eines Erdsondenspeichers. Die Kombination mit einem Kurzzeit-Speicher (vgl. mit Abs. 7.3 S. 228) kann diesen Nachteil kompensieren. Die Sonden werden dann höher ausgelastet [316].

9.3.3.2 Einordnung

Mit Erdsonden können große Erdreichmassen zur Speicherung herangezogen werden. Die Herstellungskosten hängen in erster Linie von der gesamten Sondenlänge ab. Damit besteht auch ein näherungsweiser linearer Zusammenhang zur Beladeleistung. Weiterhin können schwierige Untergründe und große Tiefen kostenrelevant sein.

Der Speichertyp ist durch den Zubau weiterer Sondenfelder erweiterbar. Bei Havarien lassen sich einzelne Stränge absperren, ohne dass der gesamte Speicher ausfällt. Damit eignet sich dieser Speichertyp zur Langzeit-Speicherung.

[13] Bei kleinen Anlagen z. B. für Einfamilienhäuser sollte das Aufwand-Nutzen-Verhältnis überprüft werden. Bei großen Anlagen ist der Aufwand relativ gering und bildet eine wichtige Grundlage für eine optimale Auslegung.

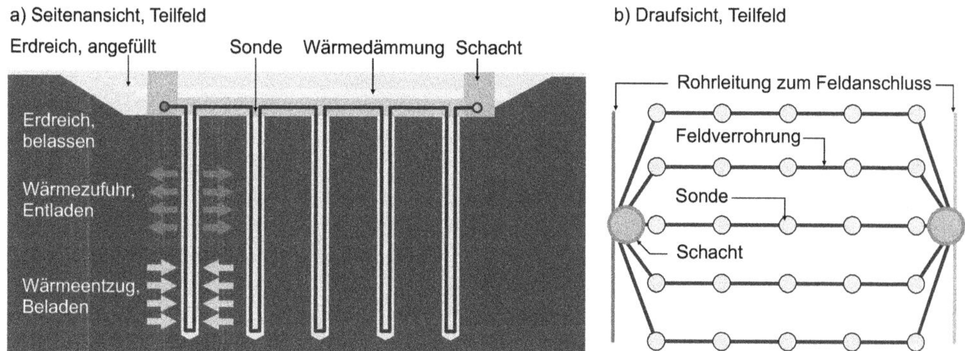

Abb. 9.20: Aufbau und Funktion eines Erdsondenspeichers

Die Speicherkapazität ist im Vergleich zu Wasser niedriger (Tab. 5.3, Tab. 5.4). Ein hoher Wasseranteil führt zur Steigerung der spezifischen Wärmekapazität (Tab. 5.3).

Für die Speicheranwendung muss eine geeignete Geologie vorliegen. Es sind nur sehr niedrige Grundwassergeschwindigkeiten zulässig. Eine niedrige Permeabilität (Tab. 5.6) bei Sedimenten (z. B. Ton, Tonschiefer, Mergel, u. U. auch Sandstein, Kalkstein) unterdrückt prinzipiell eine Strömung. Erdsondenspeicher werden auch in Fels (z. B. magmatische Gesteine: Granit, Gabbro, u. U. auch metamorphe Gesteine wie z. B. Gneis) eingebaut. Die höhere Wärmeleitfähigkeit hat eine höhere effektive Sondenleistung zur Folge. Eine Grundwasserströmung in Klüften sollte nicht vorhanden sein. Eine Wärmedämmung kann man nur an der Oberseite installieren[14].

9.4 Kavernenspeicher

9.4.1 Begriffe und Einordnung

Kaverne: Als Kaverne bezeichnet man unterirdische Hohlräume, die künstlich hergestellt wurden (z. B. Bergbau: Erzabbau, Salzgewinnung) oder natürlich entstanden sind (z. B. durch Auswaschungen). Laut BergG [293] handelt es sich um eine *behälterlose* Speicherung im Untergrund.

In den letzten Jahren wurden nur wenige Kavernen- bzw. Grubenspeicher gebaut [291], [305]. *Schaberg* et al. [317], [318] und *Eikmeier* et al. [319] (siehe auch [226]) haben die Nutzung von ausgedienten Bergwerksstollen untersucht. Dabei beziehen sich die Literaturquellen fast ausschließlich auf Wärmespeicher oder die Gewinnung von Grubenwasser als Wärmequelle für Wärmepumpen.

[14] Bei Wärmespeichern besitzt die Wärmedämmung aufgrund höherer Temperaturdifferenzen eine größere Bedeutung.

9.4.2 Aufbau und Funktion

Kavernen existieren im Fels oder in Salzstöcken[15]. Nach der Auffassung von *Sanner* kommen nur Felskavernen mit einer hohen Stabilität für thermische Energiespeicher infrage (Gneis, Granit, magmatische Gesteine, Sedimente mit hoher Festigkeit). Aufgrund dieser Forderung kann man einige Pilotprojekte in Skandinavien finden.

Die Kaverne ist mit Wasser gefüllt. Die direkte Be- und Entladung lässt deswegen auch eine Einordnung in die Gruppe der Kaltwasserspeicher (Abs. 7) zu.

Bei den bisherigen Projekten wurde auch bei Wärmespeichern auf eine (innen liegende) Wärmedämmung und künstliche Abdichtung verzichtet. Das Risiko seitens der Geologie besteht hinsichtlich der Dichtheit (z. B. Risse) und Auswaschungen.

Der Untergrund in der Speicherumgebung übernimmt in diesen Fällen eine Speicherfunktion. Bei Wärmespeichern mit hohen Temperaturdifferenzen zur Umgebung kann eine lange Zeit vergehen, bis sich eine quasistationäre Betriebsweise einstellt. Weiterhin ist zu beachten, dass bei zunehmender Tiefe die Temperatur ansteigt.

Kavernenspeicher können als Langzeit- sowie als Kurzzeit-Speicher (z. B. Kurzzeit-Wärmespeicherung in Avesta, Schweden [305]) eingesetzt werden. Der Speichertyp eignet sich prinzipiell für große Speicher, weil der Aufwand zur Erschließung bzw. zur Herstellung mit hohen Fixkosten verbunden ist.

9.4.3 Beispiel

In Skandinavien (z. B. Stockholm, Helsinki) ist die Nutzung von Seewasser (Ostsee) als Kältequelle für Fernkältesysteme etabliert. Im Hornsberg-Projekt [320] setzt man eine Seewasserkühlung zur direkten Kaltwassererzeugung und gleichzeitig zur Rückkühlung der Kältemaschinen ein. Um eine hohe Nutzung der Kältequelle zu erreichen, wurde ein Kavernenspeicher (125 m lang, 16 m breit, 22 m hoch, Volumen ca. 45.000 m^3) im Untergrund (Fels, Granit) errichtet (Abb. 9.21). Die Kaltwasserkreisläufe sind mit Wärmeübertragern getrennt. Die Beladung findet mit ca. 5 °C statt. Der maximale Beladevolumenstrom beträgt 3500 m^3/h und der Entladevolumenstrom 5159 m^3/h (maximal 80 MW bei 3 °C).

9.5 Fundamentspeicher

9.5.1 Aufbau und Funktion

Ein Bauwerk im Gründungsbereich kann als Wärmeübertrager zum umgebenden Erdreich hin genutzt werden [99], [321], [322][16]. Zur indirekten Be- und Entladung baut man z. B. in den bewehrten Beton Rohre ein. Es können die gleichen Kunststoffrohre

[15] Diese Kavernen werden künstlich hergestellt (z. B. Bergbau). Ein typisches Anwendungsgebiet ist die Untertage-Erdgas-Speicherung. Diese Speicher stellt man z. B. mittels *Soltechnik* her. Der Einsatz von Wasser dient zur kontrollierten Auflösung des festen Salzes in der Formation. Die Sole fällt in sehr großen Mengen an. Der Solprozess kann mehrere Jahre dauern.

[16] In Abhängigkeit der Tragfähigkeit des Untergrundes werden Flach- und Tiefgründungen verwendet. Ist der Untergrund weniger tragfähig, kommen Pfahlgründungen zum Einsatz (Fertigrammpfähle, Ortbetonpfähle). Die Bautechniken verwenden dabei Bohren und Rammen. Des Weiteren können Baugrubenumschließungen (z. B. Bohrpfahlwand) als Wärmeübertrager eingesetzt werden.

Abb. 9.21: Kavernenspeicher mit Kaltwasser in Hornsberg (Schweden), Herstellung mit Bohrtechnik [320]

wie bei U-Rohr-Erdsonden eingesetzt werden. Die vorwiegend flexiblen Rohre befestigt man z. B. mit Kabelbindern[17] an der Bewehrung (Abb. 9.22 a). Die Rohre dürfen dabei keine hohe mechanische Belastung erfahren. Die Verrohrungsarten unterscheiden sich von der Ausbildung des Tragwerks:

- Pfahlgründungen oder -sicherungsbauwerke (sog. *Energiepfähle*, *energy piles*), Verrohrung analog zu vertikalen Erdsonden (Abs. 9.3, Abb. 9.23 a, b, c, d), in der Regel mehrere U-Rohrsonden an einem Bewehrungskorb (Abb. 9.22 b)[18],
- Bodenplatte (sog. Fundamentabsorber), Einsatz von vertikal verlegten Rohrschlangen oder Rohrregistern (Abb. 9.23 e),
- Schlitzwand (Abb. 9.23 f).

Die Anforderungen an ein Gründungsbauwerk bestimmt primär die Tragwerksplanung. Demzufolge sind die Wärmeübertragungsflächen festgelegt bzw. begrenzt. Weiterhin ist die spezifische Leistung (Tab. 9.5.1) aufgrund der baulichen Konstruktion relativ niedrig. Im Unterschied zu nicht überbauten Erdsondenfeldern (Abs. 9.3.3 S. 342) findet keine Wärmeübertragung bzw. Regeneration mit der darüber liegenden Erdoberfläche statt.

Die Speichermasse setzt sich aus den Bauteilen und dem umgebenden Erdreich zusammen. Die Gestaltung entscheidet darüber, ob die Wärmeübertragung oder Speicherung dominant ist[19].

[17]Eine Befestigung mit Draht lieferte schlechte Erfahrungen. Der Draht drang schleichend in den Kunststoff der Rohrwand ein und führte zum Ausfall.

[18]Ein Sonderfall ist der Stahlrohrpfahl. Der Pfahl ist aus zwei koaxialen Rohren analog zu Abb. 9.11 c) aufgebaut.

[19]Die Kosten der Bauwerksgründung fallen den Baukosten zu. Ein Tragwerk ist unabhängig von der thermischen Nutzung notwendig. Hier liegt ein entscheidenter Vorteil dieser Lösungen, weil die Speicherkosten bzw. Kosten des Be- und Entladesystems nur durch die Verrohrung bestimmt werden.

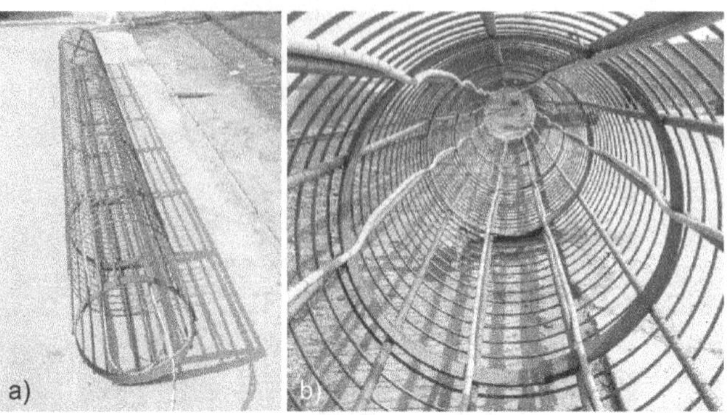

Abb. 9.22: Bewehrungskorb für einen Pfahl mit innen liegenden Kunststoffrohren, Vormontagezustand, a) Ansicht von außen, b) Ansicht von innen, Fa. Rehau [323]

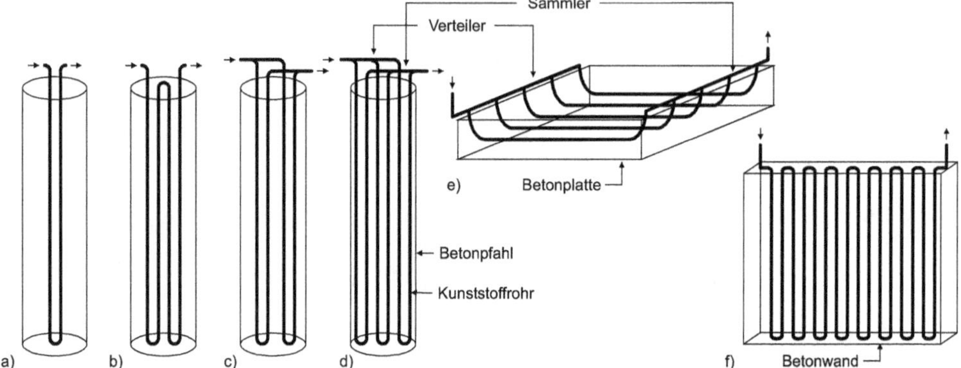

Abb. 9.23: thermisch aktivierte Bauteile im Untergrund, Pfähle a) mit einem einfachen U-Rohr, b) mit einem einfachen W-Rohr, c) mit einem doppelten U-Rohr, d) mit dreifachem U-Rohr [324], e) Betonplatte, Parallelschaltung der Rohre, Verrohrung nach *Tichelmann*, f) Betonwand, einzelne Rohrschlange

Der Wärmeübertrager ist Bestandteil des Gebäudes und kann dem Versorgungssystem des Gebäudes zugeordnet werden. Die Anlagen sind analog zu den Systemen mit Erdsonden aufgebaut (z. B. Einsatz von reversiblen Wärmepumpen, u. a. Betrieb mit freier Kühlung, Kombination mit einer Bauteilaktivierung in den Obergeschossen). Dann schwanken die Temperaturen im Erdreich typischerweise zwischen 4... 20 °C.

9.5.2 Beispiel

In den letzten Jahren wurden mehrere Bürogebäude mit Erdsonden, Energiepfählen und Fundamentabsorber in Deutschland untersucht (Wärme- und Kältespeicherung im Gründungsbereich energieeffizienter Bürogebäude – WKSP) [228], [325].

Der *Seasonal Performance Factor* $SPF_{H,Kälte}$ für den Heiz- und Kühlbetrieb (Gl.

Tab. 9.3: spezifische Übertragungsleistungen bei erdreichberührten Konstruktionen [99]

reversibele Wärmepumpe	Sonde/Pfahl mit Ø < 60 cm [W/m] [1]	Pfahl mit Ø > 60 cm [W/m²] [2]	Bodenplatte [W/m²] [3]
mit	40...80	30...70	20...50
ohne	20...60	20...50	10...30

[a]1: Bezug auf die Sonden- oder Pfahllänge
[b]2: Bezug auf die Pfahloberfläche
[c]3: Bezug auf die Fläche der Bodenplatte

Tab. 9.4: Bereich von spezifischen Wärmemengen und Leistungen für Erdsonden und thermisch aktivierte Bauteile, Ergebnisse aus dem Monitoring des WKSP-Projektes [325]

	Erdsonden	Energiepfähle	Fundamentabsorber
spezifische Wärmemenge			
Entzug	20...105 kWh/(m a)	5...75 kWh/(m a)	5...20 kWh/(m² a)
Einspeisung	40...75 kWh/(m a)	5...45 kWh/(m a)	< 25 kWh/(m² a)
spezifische Leistung			
Entzug	5...30 W/m	0...30 W/m	5 W/m²
Einspeisung	20...35 W/m	5...35 W/m	–

9.15) liegt in der Praxis mit Optimierungspotenzialen bei 3...7[20]. Ein $SPF_{H,Kälte}$ von 10 wird als machbar eingeschätzt. Bezieht man den SPF nur auf die freie Kühlung (Gl. 9.16), geben die Autoren einen Bereich von 20...35 an. Tab. 9.4 zeigt ergänzend die Bereiche für den Wärmeentzug und die -einspeisung, welche sich auf die oben erwähnten Praxisbeispiele beziehen.

$$SPF_{H,Kälte} = \frac{Q_{H,Jahr} + Q_{Kälte,Jahr}}{W_{el,Jahr}} \tag{9.15}$$

$$SPF_{Kälte} = \frac{Q_{Kälte,Jahr}}{W_{el,Jahr}} \tag{9.16}$$

9.6 Hybride Konzepte

9.6.1 Kopplung von Speichern

Jeder Speichertyp besitzt Vor- und Nachteile. Das betrifft insbesondere die spezifische Be- und Entladeleistung sowie die spezifische Kapazität. Weiterhin hängen die spezifischen Verluste und die spezifischen Kosten stark von der Speichergröße ab. Durch die Kopplung von zwei verschiedenen Speichern lassen sich diverse Nachteile kompensieren.

[20] Der SPF wird analog zur Arbeitszahl (Gl. 2.40) für ein Jahr definiert. Beim SPF betrachtet man das gesamte System (hier die gesamte Heiz- und Kühltechnik eines dezentralen Bürogebäudes). Außerdem werden Heizung und Kühlung in der Gl. 9.15 zusammengefasst.

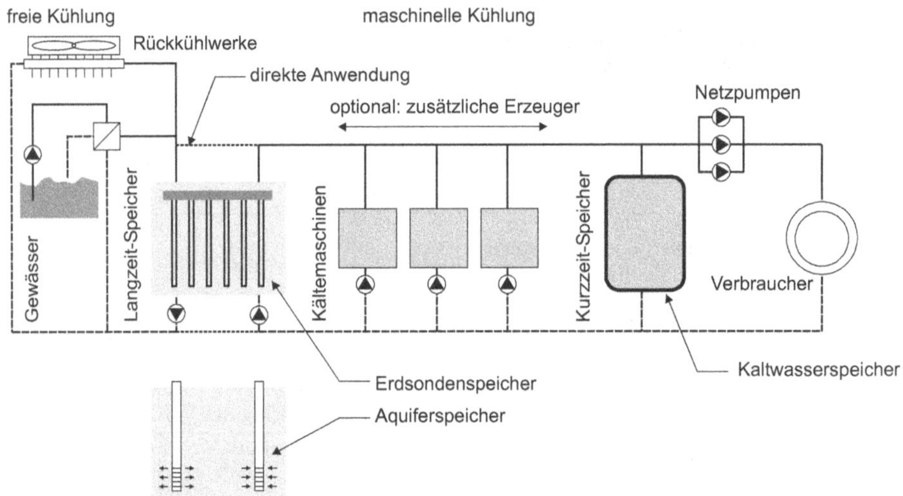

Abb. 9.24: Beispiel für eine Kopplung von Speichern, Nutzung von Kältequellen zur Beladung von Langzeit-Speichern (Erdsonden- oder Aquiferspeicher), Kaltwasserspeicher zur Spitzenlastdeckung

Die Klimatisierung von Gebäuden verursacht hohen Lastspitzen (Abs. 2.5.2.4 S. 78). So kann beispielsweise die begrenzte Be- und Entladeleistung bei Erdsondenspeichern, Erdbeckenspeichern mit indirekter Be- und Entladung (z. B. Sand-Wasser-Speicher) oder Aquiferspeichern mit einem Kaltwasserspeicher ausgeglichen werden (Abb. 9.24) [316]. Der Langzeit- und der Kurzzeit-Speicher sind räumlich getrennt und nur über die Anlage gekoppelt.

9.6.2 Hybrider Speicheraufbau

Bei *Hybridspeichern*, die bisher nur bei Wärmespeichern anzutreffen sind, liegt eine konstruktive Kombination von mindestens zwei Speichertypen (Mischkonstruktionen) vor. Der Begriff und die Arbeiten gehen auf *Reuss* und *Müller* zurück [226], [326]. Die Autoren schlagen für die saisonale Wärmespeicherung einen ungedämmten, unterirdischen Beton-Wasser-Tank mit umgebenden Erdsondenfeld vor (Abb. 9.25, Abb. 9.26). Der Betrieb setzt eine Wärmepumpe voraus. Über eine optimierte Auslegung und über ein optimiertes Betriebsregime können folgende Vorteile erschlossen werden.

- Es entfallen verschiedene konstruktive Probleme, die mit hohen Temperaturen verbunden sind (z. B. die Wärmedämmung und eine zusätzliche Abdichtung des Tanks). Über den Wegfall beider Funktionsschichten lassen sich die Errichtungskosten senken.
- Der nicht gedämmte Tank besitzt Wärmeverluste, die bei einer langen Speicherzeit besonders hoch ausfallen. Die Verluste des Tankspeichers erwärmen die Speicherumgebung mit dem Erdsondenfeld. Das Erdsondenfeld ist wiederum die Wär-

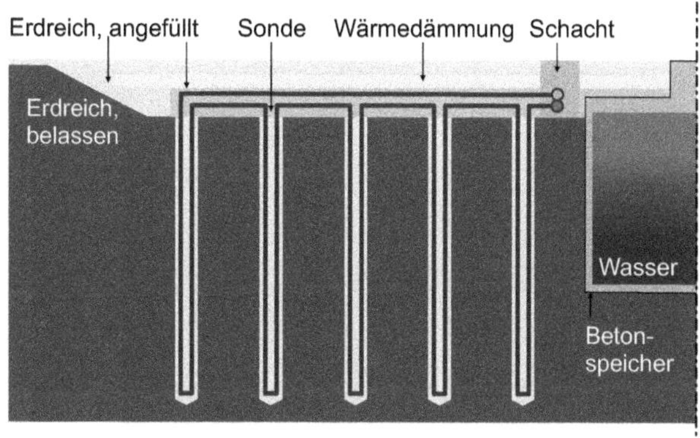

Abb. 9.25: Aufbau eines Hybridspeichers

Abb. 9.26: Hybridspeicher in Attenkirchen

mequellenanlage einer Wärmepumpe, die zum gleichen System gehört. Mithilfe der Wärmepumpe kann man die Wärmeverluste des Tankspeichers zum Teil nutzen.

- Der Tankspeicher übernimmt die Funktion des Bereitschaftsteils mit hohen Temperaturen.
- Analog zu Abs. 9.6.2 kann man mit dem Tankspeicher hohe Be- und Entladeleistungen durch direkte Be- und Entladung realisieren.
- Weiterhin steigt die Auslastung des Erdsondenspeichers durch den Pufferspeicher.
- Außerdem kann man die Speicher wechselseitig umladen.

Quellenverzeichnis

[1] Dress, H.; Zwicker, A.: Kühlanlagen. Berlin: Verlag Technik, 1992. - ISBN 3-341-00935-3

[2] Franzke, U.: Klima- und Kältetechnik in der Prozessanwendung. KI Luft- und Kältetechnik Jg. 41 (2005) H. 7. - ISSN 0945-0459

[3] Deutscher Kälte- und Klimatechnischer Verein (Hrsg.): Energiebedarf bei der technischen Erzeugung von Kälte in der Bundesrepublik Deutschland. Statusbericht des Deutschen Kälte- und Klimatechnischen Vereins, Nr. 22, Stuttgart. - ISBN 2-932-715-06-3

[4] Miller, J.: Kälte aus Fernwärme im Aufwind. Blickpunkt AGFW aktuell 09/05.

[5] Richtlinie VDI 2078: Berechnung der Kühllast klimatisierter Räume. Juli 1996.

[6] Cube, H. L. von (Hrsg.); u. a.: Lehrbuch der Kältetechnik. 4. Aufl. Karlsruhe: C. F. Müller, Bd. 1 und 2, 1997. - ISBN 3-7880-7509-0

[7] Henning, H.-M.; Urbaneck, T.; Morgenstern, A.; Nunez, T.; Wiemken, E.; Thümmler, E.; Uhlig, U.: Kühlen und Klimatisieren mit Wärme. Fachinformationszentrum Karlsruhe, Gesellschaft für Wissenschaftlich-Technische Information mbH (Hrsg.), Berlin: Solarpraxis 2008. - ISBN 978-3-934595-81-1

[8] Haider, M.; Luedking, G.: Auslegung und Wirtschaftlichkeit von KWKK-Anlagen Teil 1. KI Luft- und Kältetechnik Jg. 41 (2005) H. 7 S. 267-271. - ISSN 0945-0459

[9] Novem (Hrsg.): Optimization of Cool Thermal Storage and Distribution. Netherlands Agency for Energy and the Environment, Sittard (Netherlands), 2002. - ISBN 90 5748 025 5

[10] Schönberg, I.; Noeres, P.: Kraft-Wärme-Kälte-Kopplung. BINE-Informationsdienst, Fachinformationszentrum Karlsruhe, 1998. - ISSN 1436-2066

[11] Feddeck, P.: Neue Anwendungen der Dampfstrahlkältemaschinen. BINE-Informationsdienst, Fachinformationszentrum Karlsruhe, 2002. - ISSN 0937-8367

[12] Biffar, B.: Betriebserfahrungen der Boehringer Ingelheim Pharma, Standort Biberach. In: 13. WAW-Erfahrungsaustausch Wärme aus Kälte, 2005, Weinheim, Tagungsunterlagen

[13] Vornorm DIN V 18599-7: Energetische Bewertung von Gebäuden - Berechnung des Nutz-, End- und Primärenergiebedarfs für Heizung, Kühlung, Lüftung, Trinkwarmwasser und Beleuchtung - Teil 7: Endenergiebedarf von Raumlufttechnik- und Klimakältesystemen für den Nichtwohnungsbau. Februar 2007

[14] Fa. Gea Grasso: `http://www.grasso.nl`. 2008.

[15] Bartholomeus, T. M. C.: Zweistufige Hubkolbenverdichter mit individueller Zylinderabschaltung. KI Luft- und Kältetechnik Jg. 42 (2006) H. 07/08 S. 312-315. - ISSN 0945-0459

[16] Fa. McQuay: `http://www.mcquayeurope.com`. 2008.

[17] Fa. Bitzer: `http://www.bitzer.de`. 2009.

[18] Fa. Danfoss Turbocor Compressors: `http://www.turbocor.com`. 2008.

[19] IKET (Hrsg.): Pohlmann-Taschenbuch der Kältetechnik. 18. Aufl. Heidelberg: Müller, 2005. - ISBN 3-7880-7544-9

[20] Norm DIN EN 378-1: Kälteanlagen und Wärmepumpen - Sicherheitstechnische Anforderungen - Teil 1: Grundlegende Anforderungen, Definitionen, Klassifikationen und Auswahlkriterien. September 2000.

[21] Taschenbuch für Heizung und Klimatechnik: einschließlich Warmwasser- und Kältetechnik. Ernst-Rudolf Schramek (Hrsg.), München, Wien: Oldenbourg, 2005. - ISBN 3-486-26534-2

[22] Lucas, K.; Gebhardt, M.; Kohl, H.; Steinrötter, T.: Preisatlas, Ableitung von Kostenfunktionen für Komponenten der rationellen Energienutzung. Stiftung Industrieforschung Forschungsvorhaben Nr. S 511, Institut für Energie- und Umwelttechnik e.V., Duisburg-Rheinhausen, 2002

[23] American Society of Heating, Refrigerating and Air Conditioning Engineers: The ASHRAE handbook CD: the complete set of I-P and SI ed. with supplemental and interactive features; 2006 Refrigeration; 2005 Fundamentals; 2004 HVAC Systems and Equipment; 2003 HVAC Applications. Atlanta, Ga.: ASHRAE, 2006. - ISBN 1-931862-89-3

[24] Albring, P.; Burandt, B.; Schenk, J.; Wobst, E.: Wasserdampfverdichtung - Anwendung und Ausblick. KI Luft- und Kältetechnik Jg. 38 (2002) H. 6 S. 276-281. - ISSN 0945-0459

[25] König, H.: Teillastverhalten und Energieeffizienz von Flüssigkeitskühlern mit ölfreiem Turboverdichter. KI Luft- und Kältetechnik Jg. 41 (2005) H. 7 S. 255-258. - ISSN 0945-0459

[26] Fredstedt, J.; Juel, O.: Leistungsregelung von Verdichtern und Verflüssigerlüftern. KI Luft- und Kältetechnik Jg. 40 (2004) H. 10 S. 402-404. - ISSN 0945-0459

[27] Fredrich, O.; Mosemann, D.: Untersuchung an drehzahlgeregelten Schraubenverdichtern. KI Luft- und Kältetechnik Jg. 39 (2003) H. 8 S. 349-352. - ISSN 0945-0459

[28] Kaltwassersätze - Blick in den Markt. KI Luft- und Kältetechnik Jg. 44 (2008) H. 4 S. 36-39. - ISSN 0945-0459

[29] Mörsel, H. (Hrsg.): Taschenbuch Kälteanlagen. Berlin: Verlag Technik, 1963.

[30] Häußler, W. (Hrsg.): Taschenbuch Maschinenbau Band 2 Energieumformung und Verfahrenstechnik. Berlin: Verlag der Technik, 1967.

[31] Verein Deutscher Ingenieure (Hrsg.): VDI-Wärmeatlas. 10. Aufl. Berlin, 2006. - ISBN 3-540-25504-4

[32] Fa. Stadtwerke Chemnitz: `http://www.swc.de`. 2009.

[33] Urbaneck, T.; Platzer, B.; Schirmer, U.; Uhlig, U.; Göschel, T.; Baumgart, G.; Fiedler, G.; Zimmermann, D.; Wittchen, F.; Schönfelder, V.: Pilotprojekt zur Optimierung von großen Versorgungssystemen auf Basis der Kraft-Wärme-Kälte-Kopplung mittels Kältespeicherung. Abschlussbericht, BMWi-Vorhaben, Identifikation 0327357B/C, Technische Universität Chemnitz, Fakultät für Maschinenbau (Hrsg.), Stadtwerke Chemnitz AG (Hrsg.), Chemnitz, 2010. - ISBN 3-9811424-4-6 `http://archiv.tu-chemnitz.de`

[34] Urbaneck, T.: `http://www-user.tu-chemnitz.de/~tur/ks2/pilotpr_ks.htm`. 2005-2009.

[35] Urbaneck, T.; Barthel, U.; Uhlig, U.; Göschel, T.: Fernkältesystem Chemnitz, Analyse des Systembetriebs (Teil 2). Kälte Klima Aktuell Jg. 28 (2009) H. 5 S. 38-42. - ISSN 0722-4605 `http://www.kka-online.info`

[36] Schwarz, J.: Sorptionstechnik - Alternative zu den Alternativen. KI Klima-Kälte Heizung Jg. 27 (1991) H. 3 S.127-132. - ISSN 0945-0459

[37] Jungnickel, H.; Agsten, R.; Kraus, W. E.: Grundlagen der Kältetechnik. 3. Aufl. Berlin: Verlag Technik, 1990. - ISBN 3-341-00806-3

[38] Richtlinie VDI 2047: Kühltürme - Begriffe und Definitionen. Juli 1992.

[39] Glück, B.: Atmosphärische Luft als Wärmesenke für die thermische Bauteilaktivierung. KI Luft- und Kältetechnik Jg. 38 (2002) H. 6 S. 285-293. - ISSN 0945-0459

[40] Richtlinie VDI 3803: Raumlufttechnische Anlagen - Bauliche und technische Anforderungen. Oktober 2002.

[41] Richtlinie VDI 6022 Blatt 1: Hygiene-Anforderungen an Raumlufttechnische Anlagen und Geräte. April 2006.

[42] Richtlinie VDI 6022 Blatt 2: Hygiene-Anforderungen an Raumlufttechnische Anlagen und Geräte - Messverfahren und Untersuchungen bei Hygienekontrollen und Hygenieinspektionen. Juli 2007.

[43] Norm DIN 4710: Statistiken meteorologischer Daten zur Berechnung des Energiebedarfs von heiz- und raumlufttechnischen Anlagen in Deutschland. Januar 2003.

[44] Richtlinie VDI 3734 Blatt 2: Emissionskennwerte technischer Schallquellen - Rückkühlanlagen Kühlwerke. Oktober 2002.

[45] Arndt, U.: Untersuchung an luftdurchströmten Erdwärmeübertragern. TU Karl-Marx-Stadt, Diss., 1989.

[46] Stieber, R.; Reichel, M.: Materialeigenschaften und Eingabegrößen für die Simulation von Schotterspeichern. HLH Lüftung/Klima, Heizung/Sanitär, Gebäudetechnik Jg. 60 (2009) H. 2 S. 24-29. - ISSN 1436-5103

[47] Wikipedia: `http://www.wikipedia.org`. 2010.

[48] Albers, K.-J.: Untersuchungen zur Auslegung von Erdwärmeaustauschern für die Konditionierung der Zuluft von Wohngebäuden. Universität Dortmund, Diss., 1991.

[49] Barthel, R.: Der Einsatz von Geoinformationssystemen (GIS) zur geologischen Standortbewertung, zur Analyse des regionalen Potentials und als Planungshilfsmittel für die thermische Nutzung des flachen Untergrundes bis 200 m Tiefe als Wärmequelle und Wärmespeicher in Unterfranken/Bayern. Universität Würzburg, Diss., 2000.

[50] Cruickshanks, F.; Boyle, J.; Stewart, D.: Alderney 5 Complex ACES Demonstration Project. IEA ECES Annex 20 4th Meeting, Beijing (China), April 2007.

[51] `http://www.usgennet.org/usa/ny/county/allegany/IceHarvesting\&History/Ice-HOMEPAGE.htm`. 2009.

[52] `http://www.iceharvestingusa.com/iceharvestingusa.html`. 2009.

[53] `http://berliner-unterwelten.de/eiskeller.826.0.html#Eiswerke`. 2009.

[54] Ahrens, W.: Latentkältespeicher. KI Luft- und Kältetechnik Jg. 32 (1996) H. 9 S. 398-402. - ISSN 0945-0459

[55] Ahrens, W.: Latente Speicherung im Bereich der Kältetechnik. In: Energiespeicher, Glaubitz, Fördergesellschaft Erneuerbare Energien e.V., 1998, Tagungsband S. 14-37.

[56] Glück, B.: Heizwassernetze. 1. Aufl. Berlin: Verlag für Bauwesen, 1985.

[57] Richtlinie VDI 3814: Gebäudeautomation (GA). 2003-2007.

[58] Schnell, G.; Wiedemann, B.: Bussysteme in der Automatisierungs- und Prozesstechnik. 6. Aufl. Wiesbaden: Vieweg, 2006. - ISBN 3-8348-0045-7

[59] BDEW Bundesverband der Energie- und Wasserwirtschaft e.V.: `http://www.bdew.de`. 2008.

[60] Verordnung über Allgemeine Bedingungen für die Versorgung mit Fernwärme. 2004

[61] Bundesministerium für Umwelt, Naturschutz und Reaktorsicherheit: Erneuerbare Energien in Zahlen. Juni 2008.

[62] Kretschmer, R.; Dittmann, J.: Alternative für Spitzenlast und Regelenergie - Kostensenkung und verbesserte Netzstabilität durch Druckluftspeicher?. ew Jg. 104 (2005), H. 9 S. 44-47.

[63] Thielemann, U.: Planung der Anlagentechnik für die Speicherung von Druckluft in Kavernen und deren energietechnische Nutzung. Diplomarbeit TU Chemnitz, W. Hiller, 2005.

[64] Fa. NGK Insulators (Japan): NAS Sodium Sulfur Battery. Firmenschrift, 2009.

[65] Konstantin, P.: Praxisbuch Energiewirtschaft. Berlin: Springer, 2007. - ISBN-13 978-3-540-35377-5

[66] Milles, U.: Geothermische Stromerzeugung in Neustadt-Glewe. BINE-Informationsdienst, Fachinformationszentrum Karlsruhe, 2003. - ISSN 0937 -8367

[67] Karl, J.: Dezentrale Energiesysteme. München: Oldenbourg, 2004. - ISBN 3-486-27505-4

[68] Joos, F.: Technische Verbrennung. Berlin: Springer, 2006. - ISBN: 978-3-540-34333-2

[69] Niespor, R.: Chancen und Grenzen der Absorptionstechnologie in Fernwärmenetzen. In: Kälte aus Wärme, Osnabrück, 2008, Tagungsunterlagen.

[70] Biffar, B.: Kraft-Wärme-Kälte-Kopplung in der Industrie am Beispiel des Standorts Biberach. In: Internationales Fachforum für Energie, Chemnitz, 2008, Tagungsunterlagen.

[71] DEBRIV Deutscher Braunkohlen-Industrie-Verein e.V.: `http://www.braunkohle.de`. 2008

[72] Arbeitsgemeinschaft für Wärme und Heizkraftwirtschaft - AGFW - e. V. (Hrsg.): Hauptbericht der Fernwärmeversorgung 2006.

[73] Hauer, A.: Beurteilung fester Adsorbentien in offenen Sorptionssystemen für energetische Anwendungen. TU Berlin, Diss., 2002.

[74] Herwig, H.: Technische Thermodynamik A-Z: systematische und ausführliche Erläuterung wichtiger Größen und Konzepte. Hamburg: TuTech Innovation, 2008. - ISBN 978-3-930400-85-0

[75] Lenk, R.; Gellert, W. (Hrsg.): Brockhaus ABC Physik. 2. Aufl. Leipzig: Brockhaus, Bd. 1 und 2, 1989. ISBN 3-325-00191-2, ISBN 3-325-00192-0

[76] Jabubke, H.-D.; Jeschkeit, H.: Chemie Brockhaus ABC. Leipzig: Brockhaus, Bd. 1 und 2, 1987. - ISBN 3-325-00098-3, ISBN 3-325-00099-1

[77] Jaworski, B. M.; Detlaf, A. A.: Physik griffbereit. Berlin: Akademie-Verlag, 1972.

[78] Rebhan, E. (Hrsg.): Energiehandbuch. Berlin: Springer, 2002. - ISBN 3-450-41259-X

[79] Hadorn, J. C. (Editor): Thermal energy storage for solar and low energy buildings. State of the art by the IEA Solar Heating and Cooling Task 32, 2005. - 84-8409-877-X.

[80] Milles, U.: Solarthermische Kraftwerke werden Praxis. BINE-Informationsdienst, Fachinformationszentrum Karlsruhe, 2008. - ISSN 0937-8367

[81] Deutsches Zentrum für Luft- und Raumfahrt (DLR), Institut für Technische Thermodynamik, Thermische Prozesstechnik, Stuttgart: `http://www.dlr.de/tt/`. 2009

[82] Laing, D.; Steinmann, W.; Tamme, R.; Richter, C.: Solid media thermal storage for parabolic trough power plants. Solar Energy Jg. 80 (2006) S. 1283-1289.

[83] Steinmann, W.; Eck, M.: Buffer storage for direct steam generation. Solar Energy Jg. 80 (2006) S. 1277-1282.

[84] Hirn, G.; Meyer, F.: Latentwärmespeicher liefert Prozessdampf. BINE-Informationsdienst, Fachinformationszentrum Karlsruhe, 2008. - ISSN 0937-8367

[85] Zehner, P.; Schlünder, E. U.: Wärmeleitfähigkeit von Schüttungen bei mäßigen Temperaturen. Chemie-Ingenieur-Technik Jg. 42 (1970) H. 41 S. 933-941

[86] Baehr, H. D.; Stephan, K.: Wärme- und Stoffübertragung. 4. Aufl. Berlin: Springer, 2004. - ISBN 3-540-40130-X

[87] Kaviany, M.: Principles of heat transfer in porous media. Second Edition, New York: Springer, 1999. - ISBN 0-387-94550-4

[88] Wagner, P. W.: Strömungsverläufe in porösen Medien. Fakultät für Maschinenwesen, TU München, Diss., 1990

[89] Glück, B.: Zustands- und Stoffwerte Wasser Dampf Luft Verbrennungsrechnung. Berlin: Verlag für Bauwesen, 1986. - VLN 152-905/76/86

[90] Elsner, N.; Fischer, S.; Klinger, J.: Thermophysikalische Stoffeigenschaften von Wasser. 1. Aufl. Leipzig: VEB Deutscher Verlag für Grundstoffindustrie, 1982. - VLN 152-915/74/82, LSV 1144

[91] Sonntag, D.; Heinze, D.: Sättigungsdampfdruck- und Sättigungsdichtetafeln für Wasser und Eis. 1. Aufl. Leipzig: VEB Deutscher Verlag für Grundstoffindustrie, 1982. - VLN 152-915/73/82

[92] Hillerns, F.: Thermophysikalische Eigenschaften und Korrosionsverhalten von Kälteträgern. Die Kälte & Klimatechnik 10/1999, S. 110-114

[93] Fa. Tyforop: `http://www.tyfo.de`. 2009.

[94] Fa. Clariant Antifrogen: `http://www.antifrogen.de`. 2009.

[95] Fa. Pro Kühlsole: `http://www.prokuehlsole.de`. 2009.

[96] Fa. Clariant Antifrogen: Antifrogen L. Produktbeschreibung, 2009.

[97] Kohlrausch, F.: Praktische Physik. 24. Aufl. Klose, V.; Wagner, S. (Hrsg.), Stuttgart: Teubner, 1996. - ISBN 3-519-23000-3

[98] Urbaneck, T.: Berechnung des thermischen Verhaltens von Kies-Wasser-Speichern. TU Chemnitz, Diss., 2004 zugl. Aachen: Shaker, 2004. - ISBN 3-8322-2762-8

[99] Fisch, N.; Bodmann, M.; Kühl, L.; Sasse, C.; Schnürer, H.: Wärmespeicher. Fachinformationszentrum Karlsruhe, Gesellschaft für Wissenschaftlich-Technische Information mbH (Hrsg.), 4. Aufl. Köln: TÜV-Verlag, 2005. - ISBN 3-8249-0853-0

[100] Schröder, R.: Technische Hydraulik, Kompendium für den Wasserbau. Berlin: Springer, 1994. - ISBN 3-540-57990-7

[101] Lane, G. A.: Solar heat storage: Latent heat materials. Vol. II: Technology. Boca Raton (Florida, USA): CRC Press Inc., 1986. - ISBN 0-8493-6586-4

[102] Ebert, H.-P. u. a.: LWSNet Netzwerk zur Überwindung grundlegender Probleme bei der Entwicklung hocheffizienter Latentwärmespeicher auf der Basis anorganischer Speichermaterialien. Schlussbericht BMBF-Forschungsvorhaben, Identifikation 03SF0307A-G, Würzburg: ZAE Bayern, 2008. - ISBN 978-3-00-024699-9.

[103] Bosnjakovic, F.: Technische Thermodynamik. II. Teil Wärmelehre und Wärmewirtschaft in Einzeldarstellungen, Bd. 12, Dresden: Steinkopff 1965.

[104] Mehling, H.; Cabeza, L. F.: Heat and cold storage with PCM: An up to date introduction into basics and applications. Berlin: Springer, 2008. ISBN 978-3-540-68557-9

[105] Miller, H.: Landolt-Börnstein - Group V Geophysics. Volume 1, Subvolume B, Springer, 1982. - ISSN: 1616-9565

[106] Koslowski, G.: Landolt-Börnstein - Group V Geophysics. Volume 3, Subvolume C, Springer, 1986 . - ISSN 1616-9565

[107] Feistel, R.; Wagner, W.: A New Equation of State for H_2O Ice Ih. J. Phys. Chem. Ref. Data Vol. 35 (2006) No. 2.

[108] Skogsberg, K.: Seasonal Snow Storage for Cooling Application. Lulea University of Technology (Sweden), Diss., 2001. - ISSN 1402-1757

[109] Skogsberg, K.: The Sundsvall regional hospital snow cooling plant - results from operation. In: Futurestock, 9th International Conference on Thermal Energy Storage. Warschau (Polen), 2003, Proceedings S. 641-646. - ISBN 83-7207-435-6

[110] Gaméda, S.; Vigneault, C.; Vijaya Raghavan, G. S.: Snow behaviour under compaction for the production of ice. Energy Jg. 21 (1996) S. 15-20.

[111] Ling, F.; Zhang, T.: Sensitivity of ground thermal regime and surface energy fluxes to tundra snow density in northern Alaska. Cold Regions Science and Technology Jg. 44 (2006) S. 121-130.

[112] Egolf, P. W.; u. a.: Stoffwerte von Flo-Ice. KI Luft- und Kältetechnik Jg. 32 (1996) H. 7 S. 298-301. - ISSN 0945-0459

[113] Egolf, P. W.; u. a.: Strömungsdynamik von Flo-Ice. KI Luft- und Kältetechnik Jg. 32 (1996) H. 9 S. 389-392. - ISSN 0945-0459

[114] Paul, J.: Wasser als Kältemittel. KI Luft- und Kältetechnik Jg. 30 (1994) H. 5 S. 223-227. - ISSN 0945-0459

[115] Paul. J.: Auslegung von Kälteanlagen mit Binäreis (FLO-ICE) als Kühlmittel. KI Luft- und Kältetechnik Jg. 32 (1996) H. 2 S. 63-68. - ISSN 0945-0459

[116] Paul, J.: Binäreis - Anwendungserfahrungen in der Supermarktkälte. KI Luft- und Kältetechnik Jg. 33 (1997) H. 5 S. 209-213. - ISSN 0945-0459

[117] Dötsch, C.: Experimentelle Untersuchung und Modellierung des rheologischen Verhaltens von Ice-Slurries. UMSICHT-Schriftenreihe Bd. 35, 2002. - ISBN 3-8167-6093-7

[118] Kitanovski, A.; Vuarnoz, D.; Egolf, P. W.; Sari, O.: Ice Slurry Fluid Dynamics of Homogenous and Heterogenous Flows. In: Phase Change Material & Slurry. Yverdon-les-Bains (Schweiz), Tagungsunterlagen, 2003.

[119] Fa. Integral Energietechnik GmbH, Flensburg: `http://www.energ-ice.com`. 2005.

[120] Frei, B.: Plate Heat Exchanger operating with Ice Slurry. In: Phase Change Material & Slurry. Yverdon-les-Bains (Schweiz), Tagungsunterlagen, 2003.

[121] Ata-Caesar, D.; Sletta, J.; Egolf, P. W.; Sari, O.: Slurry Generation by direct Injektion of Refrigerant into Water.

[122] Egolf, P. W.; Sari, O.; Vuarnoz, D.; Ata-Caesar, D.; Sletta, J.: Review from Physical Properties of Ice Slurry to Industrial Applications. In: Phase Change Material & Slurry. Yverdon-les-Bains (Schweiz), Tagungsunterlagen, 2003.

[123] Abhat, A.: Low temperature latent heat thermal energy storage: Heat storage materials. Solar Energy Jg. 30 (1983) S. 313-332.

[124] Pronk, P.; Hansen, T.; Ferreira, C. I.; Witkamp, G.: Time-dependent behavior of different ice slurries during storage. International Journal of Refrigeration, Ice Slurries Jg. 28 (2005) S. 27-36.

[125] Feuerhack, A.: Analyse von Stoffen in Verbindung mit physikalischen Vorgängen und chemischen Reaktionen zur Kältespeicherung. Studienarbeit TU Chemnitz, T. Urbaneck, U. Schirmer, 2005.

[126] Lane, G. A.: Solar heat storage: Latent heat materials. Vol. I: Background and Scientific Principles. Boca Raton (Florida, USA): CRC Press Inc., 1983. - ISBN 0-8493-6585-6

[127] RÖMPP Online: `http://www.roempp.com`. 2005.

[128] Fa. VWR International GmbH: `http://www.vwr.de`. 2005.

[129] Fa. Rubitherm: `http://www.rubitherm.de`. 2005

[130] Fa. Fredrik Setterwall Konsult AB: `http://www.fskab.com`. 2005.

[131] Lindner, F.: Latentwärmespeicher Teil I: Physikalisch-technische Grundlagen. BWK Jg. 36 (1984) S. 323-326.

[132] Fa. Environmental Process Systems Limited (UK): `http://www.epsltd.co.uk`. 2005.

[133] Tamme, R.: Latentwärmespeicher, Teil II: Verfahrenstechnik und Speichermedien. BWK Jg. 36 (1984) S. 463-465.

[134] Fa. Merck KGaA: `http://www.merck.de`. 2005.

[135] Zalba, B.; Marín, J. M.; Cabeza, L. F.; Mehling, H.: Review on thermal energy storage with phase change: materials, heat transfer analysis and applications. Applied Thermal Engineering Jg. 23 (2003) S. 251-283.

[136] Guion, J.; Sauzade, J. D.; Laügt, M.: Critical examination and experimental determination of melting enthalpies and entropies of salt hydrates. Thermochimica Acta Jg. 67 (1983) S. 167-179.

[137] Fa. Cristopia (Frankreich): `http://www.cristopia.com`. 2005.

[138] Fa. TEAP Energy: `http://www.teappcm.com`. 2005.

[139] Fa. Digitalverlag: `http://www.chemlin.de`. 2005.

[140] Fa. BuyerGuideChem: `http://www.buyersguidechem.de`. 2005.

[141] Scheffknecht, G.: Ein Beitrag zur Dynamik des Latentwärmespeichers. VDI Fortschrittsberichte, Reihe 19, Nr. 26, Düsseldorf: VDI-Verlag, 1988. - ISBN 3-18142619-9

[142] Mehling, H.: Latentwärmespeicherung: „Neue Materialien und Materialkonzepte“. In: Workshop Wärmespeicherung. Milow, B.; Stadermann, G. (Hrsg.), Tagungsunterlagen Köln, 2001.

[143] Mehling, H.: Latentwärmespeicher. BINE-Informationsdienst, Fachinformationszentrum Karlsruhe (Hrsg.), 2002. - ISSN 1610-8302

[144] Jahns, E.: Mikroverkapselte PCM: Herstellung, Eigenschaften, Anwendungsgebiete. In: ZAE-Symposium, Garching, 2004, Tagungsunterlagen.

[145] Fa. Ecoba GmbH Energiesparhandel: `http://www.ecoba.de`. 2005.

[146] STL Produktinformation, ca. 1995

[147] Fa. Cryogel (USA): `http://www.cryogel.com`. 2005.

[148] Fa. Climator (Schweden): `http://www.climator.com`. 2005.

[149] Fa. Kissmann: `http://www.kissmann.net`. 2005.

[150] Fa. Dörken: `http://www.doerken.de`. 2005.

[151] Voigt, W.: Chemische Makroverkapselung PCMs. In: ZAE-Symposium, Garching, 2004, Tagungsunterlagen.

[152] Fa. Finetex EnE Inc. (Korea): `http://www.enesystem.co.kr`. 2009.

[153] Öttinger, O.: PCM/Graphitverbund-Produkte für Hochleistungswärmespeicher. In: ZAE-Symposium, Garching, 2004, Tagungsunterlagen.

[154] Pabst, F.; u. a.: Kunststofftaschenbuch. 29. Aufl. München, Wien: Carl Hanser, 2004. - ISBN 3-446-22670-2

[155] Satzger, P.; Eska, B.; Ziegler, F.: Matrix-Heat-Exchanger for a Latent-Heat Cold-Store. In: Megastock 7th International Conference on Thermal Energy Storage, Proceedings Vol. 1, Sapporo (Japan), 1997.

[156] Beckert, K.; Rosenfeld, K.: Kühlenergiespeicherung aus der Umgebungsluft mittels Phasenwechselmaterial (PCM) in Rippenrohrblöcken.

[157] Freitag, T.: Entwicklung eines Natriumacetat-Trihydrat-Latentwärmespeichers mit einem Wärmeübertrager aus Kunststoffmetallverbund-Kapillarrohr. TU Chemnitz, Diss., 2005.

[158] Hackeschmidt, K.; Khelifa, N.; Girlich, D.: Verbesserung der nutzbaren Wärmeleitung in Latentspeichern durch offenporiger Metallschäume. KI Luft- und Kältetechnik Jg. 43 (2007) H. 11 S. 33-37. - ISSN 0945-0459

[159] Fukai, J.; Hamada, Y.; Morozumi, Y.; Miyatake, O.: Effect of carbon-fiber brushes on conductive heat transfer in phase change materials. International Journal of Heat and Mass Transfer Jg. 45 (2002) S. 4781-4792.

[160] Fukai, J.; Hamada, Y.; Morozumi, Y.; Miyatake, O.: Improvement of thermal characteristics of latent heat energy storage using carbon-fiber brushes: experiments and modeling. International Journal of Heat and Mass Transfer Jg. 46 (2003) S. 4513-4525.

[161] Fa. m-pore: `http://www.m-pore.de`. 2009.

[162] Glausch, R.: Neue PCM-Materialien und Keimbildner. In: ZAE-Symposium, Garching, 2004, Tagungsunterlagen.

[163] He, B.: High-Capacity Cool Thermal Energy Storage for Peak Saving. Department of Chemical Engineering and Technology, KTH Stockholm, Diss., 2004. - ISBN 91-7283-751-9

[164] Lindner, F.: Wärmespeicherung mit Salzen und Salzhydraten. KI Luft- und Kältetechnik Jg. 32 (1996) H. 10 S. 462-467. - ISSN 0945-0459

[165] Oswald, J.; Meyer, F.: Latentwärmespeicher, Entwicklung neuartiger Verfahren. BINE-Informationsdienst, Fachinformationszentrum Karlsruhe, 1996. - ISSN 0937-8367

[166] Fa. Transheat: `http://www.transheat.de`. 2009.

[167] Fieback, K.; Gutberlet, H.: Ein universelles Latentspeichermaterial - Paraffine in der Wärmetechnik. Wärmetechnik 7/1997.

[168] Ahrens, W.; Eildermann, C.: Latentwärme-Speicherverfahren GALISOL*. KI Klima-Kälte Heizung Jg. 27 (1991) H. 11 S. 472-476 - ISSN 0945-0459

[169] Sengupta, P.: Untersuchung zur Latentwärmespeicherung nach dem GALISOL-Prinzip. TU Chemnitz, Diss., 1999.

[170] Gschwander, S.; Schossig, P.: Phase change slurries as heat transfer and storage fluids for cooling applications. In: Effstock, 11th International Conference on Thermal Energy Storage, Stockholm (Schweden), 2009. - ISBN 978-91-976271-3-9

[171] Huang, L.; Pollerberg, C.; Doetsch, C.: Paraffin in water emulsion as heat transfer and storage medium. In: Effstock, 11th International Conference on Thermal Energy Storage, Stockholm (Schweden), 2009. - ISBN 978-91-976271-3-9

[172] Schossig, P.: TES Material Development for Building Application. In: ZAE-Symposium, Bad Tölz, 2008, Tagungsunterlagen.

[173] Chatti, I.; Delahaye, A.; Fournaison, L.; Petitet, J.: Benefits and drawbacks of clathrate hydrates: a review of their areas of interest. Energy Conversion and Management Jg. 46 (2005) S. 1333-1343.

[174] Schossig, P.; Gschwander, S.: Kältespeicher mit Phasenwechselfluiden. ECES-Workshop, Bonn, 2009.

[175] Dötsch, C.; Huang, L.: PCM Slurries als Hochleistungs-Kältespeicher / Kälteträger. In: Statusseminar Thermische Energiespeicherung, Freiburg, Projektträger Jülich, Fraunhofer Gesellschaft, 2006, Tagungsband S. 181-189.

[176] Schmid, T.; Günther, E.; Mehling, H.; Hiebler, S.; Huang, L.: Subcooling in hexadecane emulsions. In: Effstock, 11th International Conference on Thermal Energy Storage, Stockholm (Schweden), 2009. - ISBN 978-91-976271-3-9

[177] Cube, H. L. von (Hrsg.); u. a.: Lehrbuch der Kältetechnik. 3. Aufl. Karlsruhe: C. F. Mueller, Bd. 1 und 2, 1981. - ISBN 3-7880-7136-2

[178] Kerskes, H.; Heidemann, W.; Müller-Steinhagen, H.: MonoSorp - ein weiterer Schritt auf dem Weg zur vollständig solarthermischen Gebäudeheizung. In: 14. Symposium Thermische Solarenergie, Staffelstein, Ostbayerisches Technologie Transfer Institut e.V. (Hrsg.), Regensburg, 2004, Tagungsband S. 169-173. - ISBN 3-934681-33-6

[179] Lang, R.; Marx, U.: Das Zeolith-Wasser-Heizgerät. `http://www.bine.org`, 2005.

[180] Feddeck, P.; Meyer, F.: Heizen mit Zeolith-Heizgerät. BINE-Informationsdienst, Fachinformationszentrum Karlsruhe, 2005. - ISSN 0937-8367

[181] Richtlinie VDI 2050: Anforderungen an Technikzentralen, Technische Grundlagen für Planung und Ausführung. Dezember 2006.

[182] Feddeck, P.: Thermochemische Speicher. BINE-Informationsdienst, Fachinformationszentrum Karlsruhe, 2001. - ISSN 0937-8367

[183] Eichengrün, S.; Winter, E.: Zeolith/Wasser-Adsorptionskälteaggregate. KI Luft- und Kältetechnik Jg. 30 (1994) H. 3 S. 112-116. - ISSN 0945-0459

[184] Schwarz, J.: Transportkühlung von Lebensmitteln mit Wasser/Zeolith-Adsorptionssystemen. KI Luft- und Kältetechnik Jg. 30 (1994) H. 11 S. 536-540. - ISSN 0945-0459

[185] Maier-Laxhuber, P.; Schmidt, R.; Becky, A.; Wörz, R.: Die Anwendung der Zeolith/Wasser-Technologie zur Bierkühlung. KI Luft- und Kältetechnik Jg. 38 (2002) H. 8 S. 368-370. - ISSN 0945-0459

[186] Nunez, T.; Henning, H.-M.; Mittelbach, W.: High energy density heat storage system - achievements and future work. In: Futurestock, 9th International Conference on Thermal Energy Storage, Warsaw (Poland), 2003, Proceedings S.173-178.

[187] Hauer, A.: Thermochemical Energy Storage in Open Systems-Temperature Lift, Coefficient of Performance and Energy Density. In: Terrastock, 8th International Conference on Thermal Energy, Stuttgart, 2000, Proceedings S. 391-396.

[188] Fa. Zeo-Tech GmbH: `http://www.zeo-tech.de`. 2005.

[189] Hampe, E.: Flüssigkeitsbehälter. Bd. 1 Grundlagen, Berlin: Verlag für Bauwesen, 1979.

[190] Hampe, E.: Flüssigkeitsbehälter. Bd. 2 Bauwerke, Berlin: Verlag für Bauwesen, 1982. - ISBN 3-433-00877-9

[191] Norm DIN 4140: Dämmarbeiten an betriebs- und haustechnischen Anlagen, Ausführung von Wärme- und Kältedämmung. November 1996.

[192] Richtlinie VDI 2055: Wärme- und Kälteschutz für betriebs- und haustechnische Anlagen, Berechnungen, Gewährleistungen, Meß- und Prüfverfahren, Gütesicherung, Lieferbedingungen. Juli 1994.

[193] IKET (Hrsg.): Pohlmann-Taschenbuch der Kältetechnik. 19. Aufl. Heidelberg: C. F. Müller, 2008. - ISBN 978-3-7880-7824-9

[194] Cziesielski, E. (Hrsg.): Lufsky Bauwerksabdichtung. 6. Aufl. Wiesbaden: Teubner, 2006. - ISBN 3-519-45226-X

[195] Urbaneck, T.; Uhlig, U.; Platzer, B.; Schirmer, U.; Göschel, T.; Zimmermann, D.: Machbarkeitsuntersuchung zur Stärkung der Kraft-Wärme-Kälte-Kopplung durch den Einsatz von Kältespeichern in großen Versorgungssystemen. Abschlussbericht BMWA-Forschungsvorhaben, Identifikation 0327357A, Chemnitz: Stadtwerke Chemnitz, TU Chemnitz, 2006. - ISBN 3-00-015770-0.

[196] Das Europäische Parlament und der Rat der Europäischen Union (Hrsg.): Richtlinie 97/23/EG des Europäischen Parlaments und des Rates vom 29. Mai 1997 zur Angleichung der Rechtsvorschriften der Mitgliedsstaaten über Druckgeräte (Pressure Equipment Directive).

[197] Norm DIN EN 13445: Unbefeuerte Druckgeräte. 2002-2006.

[198] Fa. Feuron (Schweiz): `http://www.feuron.com`. 2009

[199] Fa. Diem-Werke (Österreich): `http://www.diemwerke.com`. 2009

[200] Fa. Liebers: `http://www.liebers-behaelterbau.com`. 2009

[201] Winkens, H. P.: Heizkraftwirtschaft und Fernwärmeversorgung, Ein Kompendium. Frankfurt am Main: VWEW-Verlag, 1999. - ISBN 3-8022-0592-8

[202] Fa. Boehringer Ingelheim Pharma: `http://www.boehringer-ingelheim.de`. 2009.

[203] Norm DIN EN 14015: Auslegung und Herstellung standortgefertigter, oberirdischer, stehender, zylindrischer, geschweißter FlachbodenStahltanks für die Lagerung von Flüssigkeiten bei Umgebungstemperatur und höheren Temperaturen. Februar 2005.

[204] Norm DIN EN ISO 12944: Korrosionsschutz von Stahlbauten durch Beschichtungssysteme. 1998

[205] Norm DIN 18914: Dünnwandige Rundsilos aus Stahl. September 1985.

[206] Fa. Farmatic Anlagenbau: `http://www.farmatic.de`. 2009.

[207] Fa. Henze-Harvestore: `http://www.harvestore.de`. 2009.

[208] Fa. Hexa-Cover: `http://www.hexa-cover.dk`. 2009

[209] Maier, J.: Konstruktive Optimierung eines inneren Tragwerkes für große Kaltwasserspeicher. Studienarbeit TU Chemnitz, T. Urbaneck, B. Platzer, 2007.

[210] Schultheis, P.; Bühl, J.; Knauer, B.; Klein, F.: Innovation durch Werkstoffkombination und konstruktive Neulösung. TU Ilmenau, VKA Schönbrunn, ca. 1997.

[211] Friedrich, U.: Glasfaserverstärkte Kunststoffe für den Wärmespeicherbau. BINE-Informationsdienst, Fachinformationszentrum Karlsruhe, 2003. - ISSN 0937-8367

[212] Bühl, J.: Langzeitwärmespeicherung mit einem neuartigen Speicherkonzept für solargestützte Nahwärmesysteme. TU Ilmenau, Fachgebiet Thermo- und Fluiddynamik, 2000.

[213] Nilius, A.: GFK-Langzeitwärmespeicherkonzept; Weiterentwicklung zum GFK-Speicher "Neuer Technologie". TU Ilmenau, Fachgebiet Thermo- und Fluiddynamik, 2001.

[214] Carlowitz, B.: Kunststoff-Tabellen. 4. Aufl. München, Wien: Carl Hanser, 1995. - ISBN 3-446-17603-9

[215] Domining, H.: Kunststoffe und ihre Eigenschaften. 5. Aufl. Berlin: Springer, 1998. - ISBN 3-540-62659-X

[216] Fa. Haase GFK-Technik GmbH: `http://www.ichbin2.de`. 2005.

[217] Dörfler, A.; Patzelt, B.: Erfahrungen mit dem Langzeit-Verhalten von GFK im Druckbehälterbau am Beispiel eines Kugeltanks mit einer Betriebszeit von mehr als 20 Jahren. In: GFK Unlimited, Erfahrungen und neue Entwicklungen beim Einsatz von Glasfaser verstärkten Kunststoffen, 4. Tagung, München, 2004.

[218] Fa. Verbundwerkstoff- und Kunststoffanwendungstechnik GmbH: `http://www.gfk-behaelterbau.de`. 2005.

[219] Benner, M.; u. a.: Forschungsbericht zum BMBF-Vorhaben Solar unterstützte Nahwärmeversorgung mit und ohne Langzeit-Wärmespeicher. Universität Stuttgart, Institut Thermodynamik und Wärmetechnik, BMBF-Vorhaben Identifikation 0329606C. - ISBN 3-9805274-0-9

[220] Möbius, K.-H.: 30 Jahre Erfahrung mit sicherer Lagerung von Heizöl in GFK-Tanks. In: AVK-TV Tagung, Baden-Baden, 1998.

[221] Steinbeis-Transferzentrum EGS, Stuttgart (Hrsg.): Solarunterstützte Nahwärmeversorgung, saisonale Wärmespeicherung. Tagungsband Neckarsulm, 1998.

[222] Lottner, V.; Hahne, E.: Status of seasonal thermal energy storage in Germany. In: Megastock, International Conference on Thermal Energy Storage, Sapporo (Japan), 1997, Proceedings Vol. 2, S. 931-936.

[223] Lottner, V.: Status of seasonal thermal energy storage in Germany. In: Terrastock, 8th International Conference on Thermal Energy Storage, Stuttgart, 2000, Proceedings Vol. 1, S. 53-60. - ISBN 3-9805274-1-7

[224] Steinbeis-Transferzentrum EGS, Berlin (Hrsg.): Solarunterstützte Nahwärmeversorgung Statusbericht 2001. Tagungsband Neckarsulm, 2001.

[225] Mangold, D.; Benner, M.; Schmidt, T.: Langzeit-Wärmespeicher und solare Nahwärme. BINE Informationsdienst, Fachinformationszentrum Karlsruhe (Hrsg.), 2000. - ISSN 1436-2066

[226] Benner, M.; u. a.: Forschungsbericht zum BMBF/BMWA-Vorhaben Solar unterstützte Nahwärmeversorgung mit und ohne Langzeit-Wärmespeicher. Universität Stuttgart, Institut Thermodynamik und Wärmetechnik, BMBF/BMWA-Vorhaben Identifikation 0329606S. - ISBN 3-9805274-2-5

[227] Reineck, K.-H., Lichtenfels, A.; Greiner, S.: Hochfester und ultrahochfester Beton für Heißwasser-Wärmespeicher. BetonWerk International April 2004 H. 2 S. 66-80.

[228] Institut für Gebäude- und Solartechnik: `http://www.igs.bau.tu-bs.de`. 2009.

[229] Reineck, K.-H.; Greiner, S.; Reinhardt, H.-W.; Jooß, M.: Dichte Heisswasser-Wärmespeicher aus ultrahochfestem Faserfeinkornbeton. Universität Stuttgart, Abschlussbericht Forschungsvorhaben Identifikation 0329606V, 2004.

[230] Benner, M.; u. a.: Solare Nahwärme: ein Informationspaket; ein Leitfaden für die Praxis. Fachinformationszentrum Karlsruhe, Gesellschaft für Wissenschaftlich-Technische Information mbH. (Hrsg.), Köln: TÜV-Verlag, 1998. - ISBN 3-8249-0470-5

[231] Hornberger, M.: Solar unterstützte Heizung und Kühlung von Gebäuden. Universität Stuttgart, Diss., 1989 zugl. Forschungsberichte des Deutschen Kälte- und Klimatechnischen Vereins Nr. 47.

[232] Urbaneck, T.; Schirmer, U.: Central solar heating plant with gravel water storage in Chemnitz (Germany). In: Terrastock, 8th International Conference on Thermal Energy Storage, Stuttgart, 2000, Proceedings Vol. 1 S. 275-278. - ISBN 3-9805274-1-7

[233] Urbaneck, T.; Schirmer, U.: Solar unterstütztes Nahwärmesystem im Chemnitzer "solarisPark" - Erste Betriebserfahrungen. In: 11. Symposium Thermische Solarenergie, Bad Staffelstein, Ostbayerisches Technologie Transfer Institut e.V. (Hrsg.), Regensburg, 2001, Tagungsband S. 432-438. - ISBN 3-934681-05-0

[234] Urbaneck, T.; Schirmer, S.: Forschungsbericht - Solarthermie 2000 Teilprogramm 3 - Solar unterstützte Nahwärmeversorgung Pilotanlage Solaris Chemnitz. Chemnitz: Technische Universität Chemnitz, Fakultät für Maschinenbau, Professur Technische Thermodynamik, 2003 - Forschungsbericht. Forschungs- und Demonstrationsprogramm Solarthermie 2000, Projektträger Jülich, Identifikation 0329606O. - ISBN 3-00-0111851-9

[235] Giebe, R.: Ein Kies/Wasser-Wärmespeicher in Praxis und Theorie. Universität Stuttgart, Diss., 1989.

[236] Rouve, G.; Daniels, H.; Forkel, C.: Berechnung eines künstlichen Grundwasserwärmespeichers. Rheinisch-Westfälische Technische Hochschule Aachen, Lehrstuhl und Institut für Wasserbau und Wasserwirtschaft, 1992 - Schlussbericht, BMFT-Forschungsvorhaben, Identifikation 0328287C.

[237] Hausladen, G.; Pertler, H.: Landesamt für Umweltschutz (LFU) Augsburg / Germany - Solare Langzeitwärmespeicherung mittels Großkollektoranlage und Kies-Wasser-Speicher. In: 11. internationales Sonnenforum. Deutsche Gesellschaft für Sonnenenergie e.V., Köln, 1998, Tagungsband S. 568-574.

[238] Pfeil, M.; Koch, H.: Saisonaler Kies/Wasser - Wärmespeicher der 3. Generation für die Solarsiedlung Steinfurth Borghorst. In: 9. Symposium Thermische Solarenergie, Bad Staffelstein, Ostbayerisches Technologie Transfer Institut e.V. (Hrsg.), Regensburg, 1999, Tagungsband S. 59-63.

[239] Milles, U.: Solar unterstützte Nahwärme. BINE Informationsdienst, Fachinformationszentrum Karlsruhe, 2000. - ISSN 0937-8367

[240] Benner, M.; Hahne, E.: Solarsiedlung Steinfurth - Borghorst, Solare Nahwärmeversorgung mit Langzeitwärmespeicher. In: 10. Symposium Thermische Solarenergie, Bad Staffelstein, Ostbayerisches Technologie Transfer Institut e.V. (Hrsg.), Regensburg, 2000, Tagungsband S. 197-202. - ISBN 3-934681-05-0

[241] Urbaneck, T.; Schirmer, U.: Solarunterstützte Nahwärmeversorgung - Pilotanlage SOLARIS Chemnitz - Statusbericht 98. In: Statusbericht 98 Solarunterstützte Nahwärmeversorgung, saisonale Wärmespeicherung. BMBF u. a., Neckarsulm, 1998, Tagungsband S. 134-140.

[242] Holm, L.: Experiences and results from marstal district heating plant. In: International Congress Energy and the Environment 2000 - 17th Scientific Conference on Energy and Environment, Opatija (Croatia), 2000, Proceedings Vol. 1 S. 157-164. - ISBN 953-6866-00-6

[243] Fa. Marstal Fjernvarme: `http://www.solarmarstal.dk`. 2005.

[244] Fa. Pfeil & Koch Ingenieurgesellschaft: `http://www.pk-i.de`. 2009

[245] Ochs, F.; Stumpp, H.; Mangold, D.; Heidemann, W.; Müller-Steinhagen, H.: Bestimmung der feuchte- und temperaturabhängigen Wärmeleitfähigkeit von Dämmstoffen. In: 14. Symposium Thermische Solarenergie, Staffelstein, Ostbayerisches Technologie Transfer Institut e.V. (Hrsg.), Regensburg, 2004, S. 118-122. - ISBN 3-934681-33-6

[246] Ochs, F.; Koch, H.; Lichtenfels, A.; Mangold, D.; Heidemann, W.; Müller-Steinhagen, H.: Außenlaborversuche zur Entwicklung kostengünstiger Erdbecken-Wärmespeicher für Solarwärme. In: 15. Symposium Thermische Solarenergie, Ostbayerisches Technologie Transfer Institut e.V. (Hrsg.), Regensburg, 2005, S. 491-495. - ISBN 3-934681-39-5

[247] Urbaneck, T.; Uhlig, U.: Kaltwasserspeicher mit Schichtungsbetrieb - Analyse des Speicherverhaltens. KI Luft- und Kältetechnik Jg. 44 (2008) H. 07/08 S. 32-37. - ISSN 0945-0459

[248] Huhn, R.: Beitrag zur thermodynamischen Analyse und Bewertung von Wasserwärmespeichern in Energieumwandlungsketten. Fakultät für Maschinenwesen, TU Dresden, Diss., 2007. - ISBN 3-940046-32-9

[249] Held, A.; Urbaneck, T.; Platzer, B.: Untersuchung zum Ausströmverhalten aus geschlitzten Rohren. Chemie Ingenieur Technik Jg. 82 (2010) H. 3 S. 285-290 - ISSN 1522-2640

[250] Möller, H.: Analyse eines Be- und Entladesystems mit radialen Diffusoren. Projektarbeit TU Chemnitz, T. Urbaneck, B. Platzer, 2007.

[251] Dorgan, C. E.; Elleson, J. S.: Design guide for cool thermal storage. American Society of Heating, Refrigerating and Air-Conditioning Engineers, 1993. - ISBN 1-883413-07-9

[252] Airport Berlin Brandenburg International BBI: `http://www.berlin-airport.de`. 2009.

[253] Glück, B.: Bemessung eines Pufferspeichers. KI Luft- und Kältetechnik Jg. 34 (1998) H. 9 S. 412-416. - ISSN 0945-0459

[254] Thümmler, E.: unveröffentlichte Arbeit. AIC Ingenieurgesellschaft für Bauplanung Chemnitz, `http://www.aic-chemnitz.de`, 2006.

[255] Electric Power Research Institute EPRI (Hrsg.): Cool Storage Technology Guide. Technical Report TR-111874, Palo Alto (California), 2000.

[256] Reichel, H.; Ulbrich, W.; Uhlig, U.; Urbaneck, T.: Optimaler Betrieb durch gekoppelten Einsatz von Gebäudeautomation und wissenschaftlicher Messtechnik. EuroHeat&Power Jg. 37 (2008) H. 3 S. 32-37 - ISSN 0949-166X

[257] EPS Limited: Plus-Ice^{TM} - Thermal Energy Storage Design Guide. Firmenschrift

[258] EPS Limited: SlurryICE^{TM} - Thermal Energy Storage Design Guide. Firmenschrift

[259] Fraunhofer Institut Umwelt-, Sicherheit- und Energietechnik UMSICHT: `http://www.umsicht.fraunhofer.de`. 2005.

[260] Fraunhofer Institut für Umwelt-, Sicherheits- und Energietechnik UMSICHT: `http://www.cryosol.de`. 2009.

[261] Fa. Paul Müller (USA): `http://www.muel.com/products/thermalstorage/`. 2005.

[262] Schmid, W.: Hybrid-Eisspeicher für Prozeßkühlverfahren und Fernkälteanlagen. KI Luft- und Kältetechnik Jg. 34 (1998) H. 9 S. 428-431 - ISSN 0945-0459

[263] Schoofs, S.: Eisspeicher zur Gebäudeklimatisierung. BINE-Informationsdienst, Fachinformationszentrum Karlsruhe, 1995. - ISSN 093767

[264] Ganter, E.: Der Eisturm - maximale Kapazität auf kleinster Fläche. KI Luft- und Kältetechnik Jg. 31 (1995) H. 4 S. 178-181. - ISSN 0945-0459

[265] Fa. Baltimore Aircoil (USA): `http://www.baltaircoil.be`. 2005

[266] Fa. Chester-Jensen Company Inc.: `http://www.chester-jensen.com`. 2005.

[267] Fa. Applied Thermal Technologies Hydro-Miser Division: `http://www.hydromiser.com`. 2005.

[268] Fa. Reinhard Raffel Metallwarenfabrik GmbH: `http://www.rraffel.de`. 2005.

[269] Fa. Witt Kältemaschinenfabrik: Kältemittelfreies Eisspeichersilo. KI Luft- und Kältetechnik Jg. 42 (2006) H. 6 S. 254-255. - ISSN 0945-0459

[270] Fa. Baltimore Aircoil (USA): TSU Thermal Storage Products.

[271] Fa. Calmac (USA): `http://www.calmac.com`. 2005.

[272] Tarcola, A.: Fire and Ice, University of Arizona increases turbine efficiency with ice storage. Distributed Energy, March-April 2009, Photo: University of Arizona. `http://www.distributedenergy.com`.

[273] Hangzhou Huaddian Huayan Environment Engineering Co., Ldt.: Application Guide of Conductive Plastic Ice Coil. Firmenschrift, China, 2006.

[274] Xu, G.: Thermal conductive plastic ice chiller and it's application. The 4th Workshop of IEA ECES Annex 20, Beijing (China), 23.04.2007.

[275] Fa. Fafco AG (Schweiz): `http://www.fafco.ch`. 2005.

[276] U.S. Department of Energy: Federal Technology Alerts. `http://www.pln.gov`, 2005.

[277] Fa. Buco Wärmetauscher International: `http://www.buco-international.com`. 2009.

[278] Fa. Morris and Associates: `http://www.morris-associates.com`. 2005.

[279] Fa. Berg Chilling Systems Inc.: `http://www.berg-group.com`. 2005.

[280] Fa. North Star Ice Equipment Corporation: `http://www.northstarice.com`. 2005.

[281] Fa. Cristopia (Frankreich): Thermal Energy Storage. Firmenschrift, 2002.

[282] Wang, M. J.; Kusumoto, N.: Ice slurry based thermal storage in multifunctional buildings. Heat and Mass Transfer Jg. 37 (2001) S. 597-604.

[283] Kirby, P.; Nelson, P. E.: Ice Slurry Generator. Fa. Paul Mueller Company, Springfield, Missouri, IDEA Conference, San Antonio, Texas, Juni 1998.

[284] Kobiyama M.: Introduction of snow air-conditioning system used in press center of Hokkaido-Toya lake summit in 2008. In: Effstock, 11th International Conference on Thermal Energy Storage, Stockholm (Schweden), 2009. - ISBN 978-91-976271-3-9

[285] Hamada, Y.; Nakamura, M.; Kubota, H.: Field measurements and analyses for a hybrid system for snow storage/melting and air conditioning by using renewable energy. Applied Energy Jg. 84 (2007) S. 117-134.

[286] Fa. Takenaka (Japan): `http://www.takenaka.co.jp`. 2009.

[287] Takeda, S.; Nagano, K.; Katsura, T.; Ibamoto, T.; Marita, S.; Nakamura, Y.: Snow melting performance of ground snow melting tank. In: Ecostock, 10th International Conference on Thermal Energy Storage, Stockton (USA, New Jersey), 2006.

[288] Hägg, M.; Andersson, O.: BTES for snow melting - Experimental results from Arlanda Airport. In: Effstock, 11th International Conference on Thermal Energy Storage, Stockholm (Schweden), 2009. - ISBN 978-91-976271-3-9

[289] Knoblich, K.; Klugescheid, M.; Sanner, B.: Saisonale Kältespeicherung im Erdreich. In: Statusseminar Thermische Energiespeicherung, München, 1993, S. 69-77.

[290] Schmidt, T.; u. a.: Pre-Design Guide For Ground Source Cooling Systems with Thermal Energy Storage. Nordic Energy Research Programme, Rekyl Project, No. 61-02, The SAVE programme, Soil Cool project No. 4.1031/Z/02-102/2002, 2004.

[291] Bakema, G.; Snijder, A. L.; Nordell, B.: Underground Thermal Energy Storage, State of the art 1994. IF Technology bv Arnhem (Netherlands), 1995. - ISBN 90-802769-1-x

[292] Richtlinie VDI 4640: Thermische Nutzung des Untergrundes. 2000-2004.

[293] Bundesberggesetz (BBergG) 31. Juli 2009.

[294] Gesetz zur Ordnung des Wasserhaushalts (Wasserhaushaltsgesetz - WHG) 22. Dezember 2008.

[295] Walker-Hertkorn, S.: Umweltaspekte und Genehmigungsverfahren - Erdwärmesonden im Einklang mit wasserwirtschaftlichen Aspekten?. In: 8. Internationales Anwenderforum Oberflächennahe Geothermie, Grundlagen und erdgekoppelte Wärmepumpen, Bad Staffelstein, Ostbayerisches Technologie Transfer Institut e.V. (Hrsg.), Regensburg, 2008, S. 13-23.

[296] Umweltministerium Baden-Württemberg (Hrsg.): Leitfaden zur Nutzung von Erdwärme mit Erdwärmesonden. 4. Aufl. 2005.

[297] Sächsisches Landesamt für Umwelt und Geologie (Hrsg.): Leitfaden zur Nutzung von Erdwärme mit Erdwärmesonden. 2007.

[298] Sächsische Staatsministerium für Wirtschaft, Arbeit und Verkehr: `http://www.smwa.sachsen.de`. 2010.

[299] Sächsische Staatsministerium für Umwelt und Landwirtschaft: `http://www.umwelt.sachsen.de`. 2010.

[300] Sanner, B.; u. a.: Saisonale Kältespeicherung im Erdreich. Abschlussbericht, BMBF-Projekt, Identifikation 0329297A, Giessener Geologische Schriften Nr. 59. Gießen: Lenz-Verlag, 1996.

[301] Sanner, B.: Ergebnisse der IEA-Studie zur saisonalen Kältespeicherung (IEA ECES Annex 7). IZW-Bericht 1/94, Fachinformationszentrum Karlsruhe, 1994, S. 285-296.

[302] Friedrich, U.: Aquiferspeicher für das Reichstagsgebäude. BINE-Informationsdienst, Fachinformationszentrum Karlsruhe, 2003. - ISSN 0937-8367

[303] Saisonale Wärmespeicher im Aquifer: Chancen und Risiken für die Umwelt; Symposium am 19.10.1993, Stuttgart / Forschungs- und Entwicklungsinstitut für Industrie- und Siedlungswasserwirtschaft sowie Abfallwirtschaft e.V. Stuttgart, München: Oldenbourg, 1994. - ISBN 3-486-26119-3

[304] Krause, D.: Wärmespeicherung in mit Sickerschlitzen durchzogenen Aquiferen. Universität Bochum, Diss., 1994.

[305] Knoblich, K.; Sanner, B. (Hrsg.): High Temperature Underground Thermal Energy Storage, State-of-the-art and Prospects. Sanner, B. (Editor): Giessener geologische Schriften Nr. 67, 1999. - ISSN 0340-0654

[306] Seibt, P. u. a.: Die Möglichkeiten der Speicherung von Abwärme in Aquiferen an ausgewählten Standorten in Norddeutschland. Abschlussbericht BMFT-Forschungsvorhaben, Identifikation 0329332A, 1994.

[307] Kaltschmitt, M.; Streicher, W.; Wiese, A. (Hrsg.): Erneuerbare Energien Systemtechnik, Wirtschaftlichkeit, Umweltaspekte. 4. Aufl. Berlin: Springer, 2006. - ISBN-10 3-540-28204-1

[308] Bear, J.: Dynamics of fluids in porous media. New York: Dover, 1988. - ISBN 0-444-00114-X

[309] Holzbecher, E.: Modeling Density-Driven Flow in Porous Media. Berlin: Springer, 1998. - ISBN 3-540-63677-3

[310] David, J.: Grundwasserhydraulik, Strömungs- und Transportvorgänge. Braunschweig: Vieweg, 1998. - ISBN 3-528-07713-1

[311] Kobus, H.; u. a.: Schadstoffe im Grundwasser. In: Wärme- und Stofftransport im Grundwasser. Bd. 1 Weinheim: VCH, 1992. - ISBN 3-527-27131-7

[312] Schoofs, S.; Lang, J.: Saisonale Wärme- und Kältespeicherung im Erdreich. BINE-Informationsdienst, Fachinformationszentrum Karlsruhe, 1997. - ISSN 0937-8367

[313] Fa. GTN Ingenieure und Geologen: `http://www.gtn-online.de`. 2009.

[314] Gehlin, S.: Thermal response test Method Development and Evaluation. Lulea University of Technology, Division of Water Resources Engineering, Diss., 2002. - ISSN 1402-1544

[315] Glück, B.: Simulationsmodell Erdwärmesonden zur wärmetechnischen Beurteilung von Wärmequellen, Wärmesenken und Wärme-/Kältespeichern. `http://www.berndglueck.de`, 2009.

[316] Urbaneck, T.; Platzer, B.; Schirmer, U.: Optimierung von Kälteversorgungssystemen mit Erdsonden- und Aquiferspeichern durch Kaltwasserspeicher. bbr-Sonderheft 2009 Oberflächennahe Geothermie, S. 80-84. - ISSN 1611-1478, 0937-3756

[317] Schaberg, A.: Nutzung von Grubenräumen als Warmwasserspeicher - Gruben-Wärmespeicher. Informationsschrift des Energiemodells Sachsen e.V., 1995.

[318] Schaberg, A. u. a.: Nutzung von Grubenräumen zur Wärmespeicherung - Pilotversuch Himmelfahrt-Fundgrube Freiberg/Sachsen. In: Energie und Umwelt '96, Freiberg, Tagungsband S. 127-130, 1996.

[319] Eikmeier, B.: Analyse und Konzeption der saisonalen Speicherung solarer Wärme in Grubenräumen. Zusammenfassung des Abschlussberichtes, 2002.

[320] Skandinavisk Termoekonomi: Stockholm / Hornsberg projekt: Energy storage 45000 m^3. 2009.

[321] Katzenbach, R.; Knoblich, K.; Mands, E.; Rückert, A.; Sanner, B.: Energiepfähle - Verbindung von Geotechnik und Geothermie. In: 3. Symposium Erdgekoppelte Wärmepumpen Systeme zum Heizen und Kühlen. Sanner, B.; Lehmann, A. (Hrsg.), IWZ-Bericht 2/97, Gießen, 1997, S. 91-98.

[322] Wehr, W.: Geothermische Baugrundverbesserungsverfahren. In: 8. Internationales Anwenderforum Oberflächennahe Geothermie, Bad Staffelstein, Ostbayerisches Technologie Transfer Institut e.V. (Hrsg.), Regensburg, 2008, Tagungsband S. 185-189.

[323] Fa. Rehau: `http://www.rehau.de`. 2010.

[324] Gao, J.; Zhang, X.; Liu, J.; Li, K. S.; Yang, J.: Thermal performance and ground temperature of vertical pile-foundation heat exchangers: A case study. Applied Thermal Engineering Jg. 28 (2008) S. 2295-2304.

[325] Kipry, H.; Bockelmann, F.; Plesser, S.; Fisch, N.: Evaluation and Optimization of UTES Systems of Energy Efficient Office Buildings (WKSP). In: Effstock, 11th International Conference on Thermal Energy Storage, Stockholm (Schweden), 2009. - ISBN 978-91-976271-3-9

[326] Müller, J.: Bewertung eines Hybridspeichers zur saisonalen Wärmespeicherung. Universität Freising, Diss., 2001 zugl. Düsseldorf: VDI-Verlag. - ISBN 3-18-312719-9

[327] Urbaneck, T.: `http://www.tu-chemnitz.de/~tur/ks/kwkk_ks.htm`. 2004-2006.

[328] Urbaneck, T.; Schirmer, U.; Platzer, B.; Uhlig, U.; Göschel, T.; Zimmermann, D.: Optimierung der Kraft-Wärme-Kälte-Kopplung mit Kältespeichern. EuroHeat&Power Jg. 34 (2005) H. 11 S. 50-57 - ISSN 0949-166X-D9790F

[329] Urbaneck, T.; Schirmer, U.; Platzer, B.; Uhlig, U.; Göschel, T.; Zimmermann, D.: Absorptionskältemaschinen und Kaltwasser-Speicher - Eine Analyse zur Kurzzeit-Speicherung. KI Luft- und Kältetechnik Jg. 41 (2005) H. 12 S. 509-515. - ISSN 0945-0459

[330] Urbaneck, T.; Schirmer, U.; Platzer, B.; Uhlig, U.; Göschel, T.; Zimmermann, D.: Optimal design of chiller units and cold water storages for district cooling. In: Ecostock, 10th International Conference on Thermal Energy Storage, Stockton (USA, New Jersey), Richard Stockton College of New Jersey, 2006.

[331] Urbaneck, T.; Platzer, B.; Schirmer, U.; Barthel, U.; Uhlig, U.; Zimmermann, D.; Göschel, T.: Review zur Kältespeichertechnik. KI Luft- und Kältetechnik Jg. 43 (2007) H. 1/2 S. 28-31. - ISSN 0945-0459

[332] Urbaneck, T.; Schirmer, U.; Platzer, B.; Barthel, U.; Uhlig, U.; Zimmermann, D.; Göschel, T.: Kurzzeitige Kältespeicherung - Optimierung der Energieversorgung durch den Einsatz großer Kaltwasserspeicher. BWK Jg. 59 (2007) H. 6 S. 55-59. - ISSN 1618-193X

[333] Urbaneck, T.; Uhlig, U.; Göschel, T.; Baumgart, G.; Fiedler, G.: Erste Betriebserfahrungen mit Großkältespeicher. EuroHeat&Power Jg. 36 (2007) H. 12 S. 24-28 - ISSN 0949-166X

[334] Urbaneck, T.; Uhlig, U.; Göschel, T.; Baumgart, G.; Fiedler, G.: Operational Experiences with a Large-Scale Cold Storage Tank - District Cooling Network in Chemnitz. EuroHeat&Power, English Edition Vol. 5 (2008) H. 1 S. 28-32 - ISSN 0949-166X

[335] Urbaneck, T.; Barthel, U.; Uhlig, U.; Göschel, T.: Only cold water?! - The success with the first large-scale cold water store in Germany. In: Effstock, 11th International Conference on Thermal Energy Storage, Stockholm (Schweden), 2009. - ISBN 978-91-976271-3-9

[336] Urbaneck, T.; Gehrmann, J.; Lottner, V.: First large-scale Chilled Water Stores in Germany. In: Effstock, 11th International Conference on Thermal Energy Storage, Stockholm (Schweden), 2009. - ISBN 978-91-976271-3-9

[337] Urbaneck, T.; Barthel, U.; Uhlig, U.; Göschel, T.: Fernkältesystem Chemnitz, Analyse des Systembetriebs (Teil 1). Kälte Klima Aktuell Jg. 28 (2009) H. 4 S. 53-55. - ISSN 0722-4605 `http://www.kka-online.info`

[338] Urbaneck, T.; Gehrmann, J.; Lottner, V.: Large-scale Cold Storage Water Tank in Chemnitz/Germany. EuroHeat&Power, English Edition Vol. 6 (2009) H. 3 S. 26-31 - ISSN 1613-0200

[339] Eckstädt, E.; Urbaneck, T.; Platzer, B.: DC/Design - Werkzeug für die Entwurfsplanung von großen Kälteversorgungssystemen. KI Luft- und Kältetechnik Jg. 45 (2009) H. 11 S. 22-24. - ISSN 1865-5432

[340] Richtlinie VDI 2067: Wirtschaftlichkeit gebäudetechnischer Anlagen. 1993 bis 2000.

[341] Urbaneck, T.: TRNSYS-Simulation zum Betrieb der ZKV Chemnitz mit Kaltwasserspeicher. unveröffentlichte Arbeit, Chemnitz, 2004.

[342] Urbaneck, T.: Komplexe Berechnungen zum kombinierten Betrieb von Kältemaschinen und thermischen Speichern für große Kälteversorgungssysteme. unveröffentlichte Arbeit, Chemnitz, 2004.

[343] Klein, S. A. u. a.: TRNSYS - A transient system simulation program. Solar Energy Laboratory, University of Wisconsin–Madison, Madison, WI 53706 USA, 1994

[344] Drück, H.; Pauschinger, T.: MULTIPORT Store Model for TRNSYS. Institut für Thermodynamik und Wärmetechnik, Universität Stuttgart, Februar 1997.

[345] The MathWorks Inc.: Matlab. 1984-2009 - Programm

[346] Göschel, T.: Iststandsanalyse und Optimierung der Betriebsweise der Kälteerzeugung Stadtwerke Chemnitz. Diplomarbeit TU Chemnitz, T. Urbaneck; U. Schirmer; Stadtwerke Chemnitz AG, Uhlig, U., 2005.

[347] Bollrich, G. (Hrsg.) u. a.: Technische Hydromechanik. Berlin: Verlag für Bauwesen, Bd. 2, 1989. - ISBN: 3-345-00245-0

[348] Truman, C. R.; Roybal, L. G.; Wildin, M. W.: A Finite Difference Model for Stratified Chilled Water Thermal Storage Tanks. In: Enerstock, 3rd International Conference on Energy Storage for Building Heating and Cooling, Toronto (Canada), 1985, Proceedings S. 613-617.

[349] Truman, C. R.; Wildin, M. W.: Finite Difference Model for Heat Transfer in a Stratified Thermal Storage Tank with Throughflow. Numerical Heat Transfer with Personal Computers and Supercomputers, 1989, ASME HTD-Vol. 110, S. 45-55.

[350] Nelson, J. E. B.; Balakrishnan, A. R.; Murthy, S. S.: Transient analysis of energy storage in a thermally stratified water tank. International Journal Of Energy Research Jg. 22 (1998) S. 867-883.

[351] Klein, S. A. u. a.: TRNSYS - A transient system simulation program. Solar Energy Laboratory, University of Wisconsin–Madison, Madison, WI 53706 USA, 2000.

[352] Mazzarella, L.: Multi-Flow stratified thermal storage model with full-mixed layers, PdM - XST. Institut für Thermodynamik und Wärmetechnik Universität Stuttgart und Dipartimento di Energetica Politecnico di Milano. TRNSYS Version 09/1992.

[353] Eftring, B; Hellström, G.: Stratified Temperature Storage Model. Manual for Computer Code. Heat Storage in the Ground. Department of Mathematical Physics, University of Lund, Sweden. 02/1989.

[354] Hornberger, M.: ICEPIT. Simulationsprogramm für vertikal geschichteten Erdbecken-Speicher zur Wärme- und Kältespeicherung. Stuttgart, 1997.

[355] Fritzsch, S.: TRNSYS-Modell für große Kaltwasserspeicher, Diplomarbeit TU Chemnitz, T. Urbaneck, B. Platzer, 2008.

[356] Fritzsch, S.; Urbaneck, T.; Platzer, B.: TRNSYS-Model for Overground Cold Water Storages. In: Effstock, 11th International Conference on Thermal Energy Storage, Stockholm (Schweden), 2009. - ISBN 978-91-976271-3-9

[357] Möller, H.: Optimierung von Be- und Entladevorrichtungen für Kaltwasserspeicher. Diplomarbeit TU Chemnitz, T. Urbaneck, B. Platzer, 2008.

[358] Kressner, T.: Analyse des Betriebsverhaltens von Kaltwasserspeichern mit radialen Diffusoren. Studienarbeit TU Chemnitz, T. Urbaneck, B. Platzer, 2008.

[359] Urbaneck, T.; Möller, H.; Platzer, B.: Kaltwasserspeicher mit radialen Diffusoren, Teil 1: Strömung im Diffusor. HLH Lüftung/Klima Heizung/Sanitär Gebäudetechnik Jg. 59 (2008) H. 10 S. 67-72. - ISSN 1436-5103

[360] Urbaneck, T.; Möller, H.; Kressner, T.; Platzer, B.: Kaltwasserspeicher mit radialen Diffusoren, Teil 2a: Schichtungsaufbau im Nahfeld - Grundlagen, Physik, Simulation. HLH Lüftung/Klima Heizung/Sanitär Gebäudetechnik Jg. 60 (2009) H. 6 S. 32-36. - ISSN 1436-5103

[361] Urbaneck, T.; Möller, H.; Kressner, T.; Platzer, B.: Kaltwasserspeicher mit radialen Diffusoren, Teil 2b: Schichtungsaufbau im Nahfeld - Parametervariation und Bewertung HLH Lüftung/Klima Heizung/Sanitär Gebäudetechnik Jg. 60 (2009) H. 7/8 S. 36-41. - ISSN 1436-5103

[362] Mackie, E. I.; Reeves, G.: Stratified chilled-water storage design guide. EPRI EM-4852. Palo Alto, CA: Electric Power Research Institute, 1988.

[363] Wildin, M. W.; Sohn, C. W.: Flow and temperature distribution in a naturally stratified thermal storage tank. USACERL Technical Report FE-94/01, 1993.

[364] Musser, A.; Bahnfleth, W. P.: Charging inlet diffuser performance in stratified chilled water storage tanks with radial diffusers. Part 2: Dimensional analysis, parametric simulations and simplified model development. International Journal of HVAC&R Research 7 (2001) S. 51-65.

[365] Urbaneck, T.; Barthel, U.; Uhlig, U.: Be- und/oder Entladesystem und Verfahren zum Be- und/oder Entladen eines thermischen Energiespeichers mit einem Einsatz in einem Innenbereich eines Diffusors. Deutsches Patent DE102007027571.6, 2007.

[366] Urbaneck, T.; Barthel, U.; Uhlig, U.: Be- und/oder Entladesystem und Verfahren zum Be- und/oder Entladen eines thermischen Energiespeicher mit einem zwischen den Diffusorplatten vorgesehenen Einsatz. Deutsches Patent DE102007027570.8, 2007.

[367] Göppert, S.: Wärmeübergang an einer ebenen Platte bei Anströmung durch instationäre Prallstrahlen. TU Chemnitz, Diss., 2005 zugl. Aachen: Shaker. ISBN 3-8322-3877-8

[368] Göppert, S.; Lohse, R.; Urbaneck, T.; Schirmer, U.; Bühl, J.; Nilius, A.; Platzer, B.: Forschungsbericht - Solarthermie2000plus - Weiterentwicklung und Optimierung von Be- und Entladeeinrichtungen für Tank- und Erdbeckenspeicher. Technische Universität Chemnitz, Fakultät für Maschinenbau (Hrsg.), Technische Universität Ilmenau, Fakultät für Maschinenbau (Hrsg.), Chemnitz, 2009, Forschungsbericht, BMU-Förderkonzept Solarthermie2000plus, Projektträger Jülich (PTJ), Förderkennzeichen 0329271A. - ISBN 978-3-9811424-0-2 `http://archiv.tu-chemnitz.de/pub/2009/0102`

[369] Göppert, S.; Rauh, H.; Urbaneck, T.; Schirmer, U.; Lohse, R.; Platzer, B.; Kunis, C.: Untersuchungen zum Schichtungsverhalten verschiedener Be- und Entladesysteme. In: 17. Symposium Thermische Solarenergie, Staffelstein, Ostbayerisches Technologie Transfer Institut e.V. (Hrsg.), Regensburg, 2007, Tagungsband S. 51-53. - ISBN 978-3-934681-55-2

[370] Richter, S.: Untersuchung und Bewertung des Schichtungsverhaltens von Be- und Entladesystemen für thermische Speicher. Diplomarbeit TU Chemnitz, S. Göppert, Fachhochschule Mittweida, B. Steiger, 2007.

[371] Didden, N.; Maxworthy, T.: The viscous spreading of plane and axisymmetric gravity currents. Journal of Fluid Mechanics (1982) Vol. 121 S. 27-42.

[372] Wildin, M. W.; Truman, C. R.: Performance of stratified vertical cylinder thermal storage tank, Part I: Scale Model Tank. ASHRAE Transactions (1989) Vol. 95 S. 1086-1095.

[373] Homan, K. O.; Soo, S. L.: Model of the transient stratified flow into a chilled-water storage tank. International Journal of Heat and Mass Transfer (1997) Vol. 40 S. 4367-4377.

[374] Simpson, J. E.: Gravity currents in the laboratory, atmosphere, and ocean. Annual Review of Fluid Mechanics (1982) Vol. 14 S. 213-234.

[375] Nakos, J. T.: The prediction of velocity and temperature profiles in gravity currents for use in chilled water storage tanks. Journal of Fluids Engineering-Transactions of the ASME (1994) Vol. 116 S. 83-90.

[376] Härtel, C.; Meiburg, E.; Necker, F.: Analysis and direct numerical simulation of the flow at a gravity-current head. Part 1. Flow topology and front speed for slip and no-slip boundaries. Journal of Fluid Mechanics (2000) Vol. 418 S. 189-212.

[377] Musser, A.; Bahnfleth, W. P.: Parametric study of charging inlet diffuser performance in stratified chilled water storage tanks with radial diffusers: Part 1 - Model development and validation. HVAC & Research (2001) Vol. 7 S. 31-49.

[378] Oertel, H. (Hrsg.): Prandtl - Führer durch die Strömungslehre. 11. Aufl. Braunschweig: Vieweg, 2002. - ISBN 3-528-48209-5

[379] ANSYS CFX 10.0/11.0 Canonsburg (USA): ANSYS Inc., 2005-2009

A Kaltwasserspeicher – Beispielprojekt

In den vorangegangenen Abschnitten wurde die Kältespeichertechnik erläutert. Die gezeigten Beispiele sollten helfen, den jeweiligen Sachverhalt praxisnah darzustellen. Die folgenden Abschnitte basieren auf einem Beispielprojekt, welches genutzt wird, um spezielle Inhalte zu vertiefen. Die folgenden Abschnitte B, C, D, E, F liefern aber auch allgemeinere Inhalte, die in Zusammenhang mit der Kältespeicherung von Bedeutung sind. Es werden verschiedene Themen vorgestellt und diskutiert sowie Beziehungen zwischen den Themenfeldern aufgezeigt.

In den folgenden Unterabschnitten werden wichtige Grundlagen erläutert, die für das Verständnis der Abs. B, C, D, E, F wichtig sind.

A.1 Einleitung

Von 2004 bis 2005 wurde eine *Machbarkeitsuntersuchung* [195], [327] zur großtechnischen Kältespeicherung durchgeführt. Das Ziel bestand darin, mithilfe der Kurzzeitspeicherung den Einsatz von Wärme zur Kälteerzeugung zu verbessern bzw. zu fördern [328], [329], [330], [331].

Auf der Grundlage der Machbarkeitsuntersuchung folgte die Umsetzung der theoretischen Ergebnisse mit einem *Pilotprojekt* (2005–2009) [32], [34]. Mit dem ersten großen Kurzzeit-Kältespeicher in Deutschland wurden die technische Machbarkeit und weitere Vorteile der vorgeschlagenen Lösung demonstriert [7], [256], [332]. Die Betriebserfahrungen sind in [33], [35], [247], [333], [334], [335], [336], [337], [338] beschrieben.

Verschiedene Arbeiten aus dem Bereich der Forschung und Entwicklung sind z. T. in den Abs. A, B, C, E, F dargestellt.

A.2 Fernkälte in Chemnitz

A.2.1 Bestandssystem (1993-2006)

Viele Kälteverbraucher in der Chemnitzer Innenstadt (Kaufhäuser, Bürogebäude, Oper, Rechnercluster der TU Chemnitz usw.) werden mit Kaltwasser über ein erdverlegtes Fernkältenetz versorgt. Der jährliche Kälteabsatz setzt sich aus der Klimatisierung (ca. 93 %) und der technologischen Kühlung (ca. 7 %) zusammen. Die Entwicklung des jährlichen Kälteabsatzes und der Kundenanschlüsse zeigte in den letzten Jahren (bis 2009) eine stetige Zunahme und gibt damit einen allgemeinen Trend in Deutschland wieder.

Die zentrale Anlage (Abb. A.1) in der Nähe der Innenstadt erzeugt das Kaltwasser. Über ein Fernkältenetz wird das kalte Wasser zu den Verbrauchern in der Innenstadt transportiert. Die Absorptionskältemaschinen (AbKM1 und AbKM2 seit 1993, AbKM3 seit 1998) setzt man als Grundlastmaschinen ein. Zur Spitzenlastdeckung kommen

Tab. A.1: Parameter des Fernkältesystems der Stadtwerke Chemnitz AG (Stand 2008), [32], [34]

	Typ	Nennkälteleistung [kW]
AbKM1	Absorption, H_2O-LiBr, einstufig, Fa. Carrier, 16JH065-28 Antrieb: Heißwasser 120 °C [1], Rückkühlung: Kühlwasserkreislauf [2]	1800
AbKM2	Absorption, H_2O-LiBr, einstufig, Fa. Carrier, 16JH065-28 Antrieb: Heißwasser 120 °C [1], Rückkühlung: Kühlwasserkreislauf [2]	1800
AbKM3	Absorption, H_2O-LiBr, einstufig, Fa. York, YIA HW-2B1-50-A Antrieb: Heißwasser 120 °C [1], Rückkühlung: Kühlwasserkreislauf [2]	500
KoKM4	Turboverdichter, R134a, Fa. York, YK GB FB HF 5CTE Rückkühlung: Kühlwasserkreislauf [2]	3000
KoKM5	Schraubenverdichter, R407c, Fa. York, YCAS 1215FB50YF Rückkühlung: Luft (Außenaufstellung)	1242
Netz	Zweileitersystem, 5/13 °C, 4,2 km Trassenlänge	
	Auslegung	ca. 20000
	17 Übergabestationen, gesamte Vertragsleistung	ca. 13000

[a]1: Abwärme des Heizkraftwerkes, Nutzung des Fernwärmesystems, Beimischschaltung auf der Heißwasserseite

[b]2: Rückkühlsystem mit zehn offenen Verdunstungskühltürmen, 18360 kW, 28/37 °C, konstanter Volumenstrom auf der Kaltwasser- und Kühlwasserseite

Kompressionskältemaschinen (KoKM4 seit 2002 und KoKM5 seit 2004) zum Einsatz. Tab. A.2.1 liefert Informationen zum Fernkältesystem.

A.2.2 Speichernachrüstung (2007)

Der kontinuierliche Zuwachs an Fernkältekunden in Chemnitz und die extrem hohen Lasten im Sommer 2003 erforderten eine Erhöhung der Kälteleistung in der Fernkälteversorgung der Stadtwerke Chemnitz AG. Die Fragestellung der Nachrüstung ist im Rahmen der Machbarkeitsstudie untersucht worden [195], [327]. Diese Untersuchungen zeigen, dass die Nachrüstung eines großen Kaltwasserspeichers (Abb. A.1) gegenüber einem zusätzlichen Einsatz von Kompressionskältemaschinen *wirtschaftliche, energetische und ökologische Vorteile* bietet [328], [329], [330] (vgl. mit Abs. C). Die postulierten Vorteile waren Anlass für ein Pilotprojekt: den ersten großen Kaltwasserspeicher in Deutschland [256], [332]. Weitere Details folgen in Abs. A.3.

A.2.3 Energiewirtschaft und Betrieb

Eine wesentliche energiewirtschaftliche Prämisse war und ist, dass verstärkt überschüssige Wärme aus der KWK zur Kälteerzeugung eingesetzt werden soll. Diese steht am städtischen Heizkraftwerk ausreichend zur Verfügung. Die Wärme transportiert das Fernwärmenetz zur zentralen Kälteerzeugung.

Der vorgeschlagene Ansatz aus der Machbarkeitsuntersuchung sieht eine Kombination von Absorptionskältemaschinen und Speicher vor. Darüber lassen sich Vorteile in der Auslegung und dem Betrieb erschließen. Die Systemlösung bzw. der Speichereinsatz relativiert damit zwei wesentliche Probleme der Absorptionstechnik:

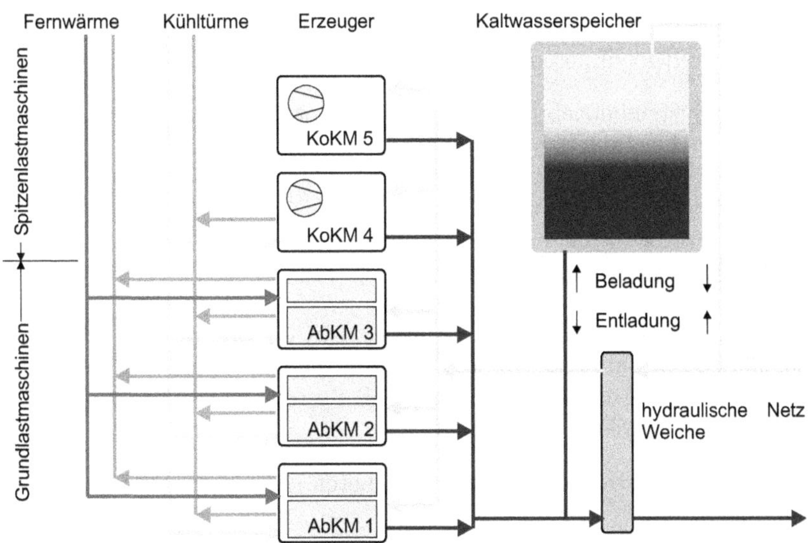

Abb. A.1: schematische Darstellung der zentralen Kälteerzeugungsanlage einschließlich der Fernwärmeeinkopplung, der Kühlkreisläufe sowie der Speicher- und Netzanbindung, Stadtwerke Chemnitz [32], [34]

- die höheren Investitionskosten der Absorptionskältemaschinen einschließlich der Rückkühltechnik und
- die höheren verbrauchsgebundenen Kosten (elektrische Hilfsenergie und Wasserverbrauch der offenen Kühltürme), die auf höhere Energieströme bei der Rückkühlung zurückzuführen sind.

Der Speichereinsatz erhöht die Betriebszeit der Absorptionskältemaschinen über eine weitgehende Entkopplung der Kälteerzeugung von den Netzlasten. Deswegen kann mehr Wärme aus der KWK (hier 2 GWh/a) zur Kälteerzeugung eingesetzt werden. Gleichzeitig sinkt im Spitzenlastbereich der Elektroenergieverbrauch zur Kälteerzeugung (hier 150 MWh/a). Dieser *Doppelvorteil* wirkt sich auf die Kälteerzeugungskosten stark aus (Abs. C). Der Einsatz dieses Kurzzeit-Kältespeichers bietet weiterhin folgende Vorteile:

- Betrieb der Kältemaschinen an optimalen Betriebspunkten,
  - Erhöhung der COPs,
  - Verlängerung der Betriebszeiten mit geringen Verlusten im Vergleich zum taktenden Betrieb (Optimierung des Maschineneinsatzes),
  - Nutzung von Niedrigtarif-Zeiten der Elektroenergiewirtschaft,
  - Reduktion der elektrischen Spitzenlast (relevant für leistungsgemessene Kunden und Kraftwerksbetreiber), ggf. Bereitstellung von Regelenergie,

- Betrieb des Rückkühlsystems bei günstigen Außenluftzuständen (z. B. Nutzung der Nacht mit niedrigeren Feuchtkugeltemperaturen im Vergleich zum Tag),
- stabilerer Systembetrieb (z. B. geringe Temperaturschwankungen) und gute Anpassung der Leistung bzw. der Volumenströme,
- Notversorgung des Kältenetzes mit wenig Elektroenergie.

A.3 Kaltwasserspeicher

Der Kaltwasserspeicher in Chemnitz (Abb. A.2) ist ein oberirdischer Flachbodentank (Abs. 7.3.2.3 S. 231). Tab. A.2 liefert die wichtigsten Parameter des Kurzzeitspeichers. Hinsichtlich der Konstruktion (Abb. A.3) und Systemeinbindung (Abb. A.1) besitzt der Speicher folgende Merkmale.

- wärmegedämmte Bodenplatte aus Stahlbeton (Abb. 7.15 S. 237) auf einer Pfahlgründung,
- Wand aus geschraubten Segmenten (Abb. 7.10 a, S. 233), emaillierte Stahlbleche mit Dichtmasse (Abb. 7.12 S. 235),
- Wärmedämmung der Wand mit flexiblen Schaumstoffplatten (synthetischer Kautschuk mit Haut, geklebt) und mit Polystyrolplatten,
- Trapezblech als Verkleidung der Wand (Abb. A.2),
- Dach aus GFK-Segmenten (Abb. 7.19 S. 239, Rippengewölbe) mit innen liegender Wärmedämmung,
- Schutzgas (Stickstoff) im Dachraum nach Abb. 7.17 a, S. 239,
- inneres Tragwerk, Stahlkonstruktion analog zu Abb. 7.25, S. 243,
- sechs radiale Diffusoren (Abb. E.1 S. 428) pro Ebene jeweils oben und unten (Abb. 7.50 S. 271),
- hydraulische Einbindung nach Abb. 7.54 S. 274.

Die jeweiligen Zusammenhänge beschreiben die vorangegangenen Abschnitte.

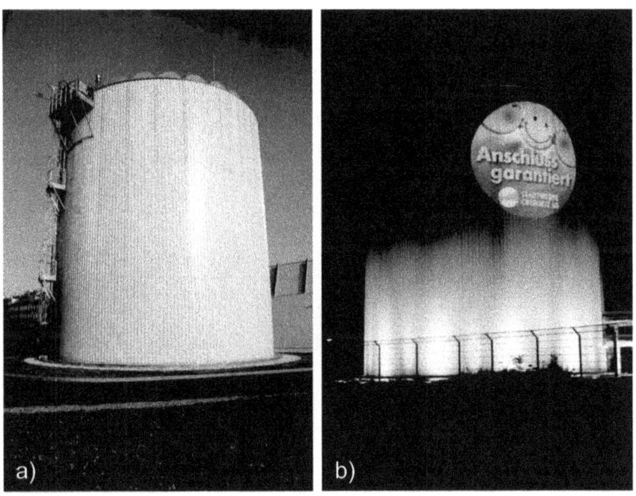

Abb. A.2: Kaltwasserspeicher in Chemnitz [32], [34], a) Ansicht mit Aufstieg und Wetterstation (links), b) Nachtaufnahme mit weiß-blauer Beleuchtung (Stadtwerkefarben) und Projektion einer Werbung der Stadtwerke Chemnitz

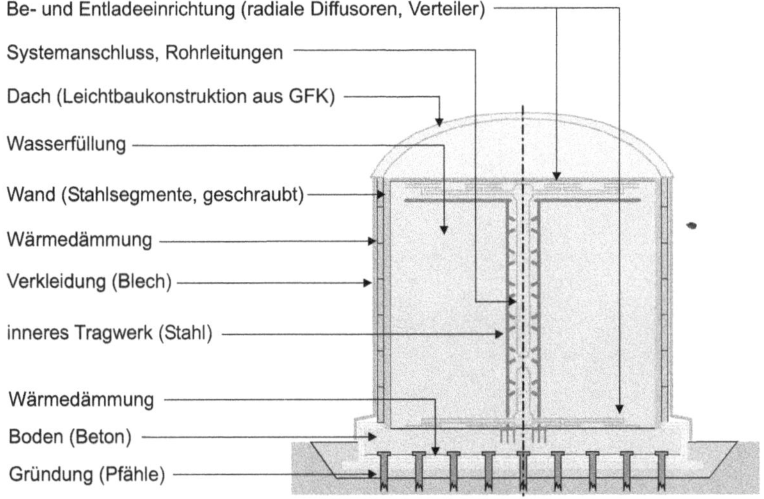

Abb. A.3: Aufbau des Kaltwasserspeichers in Chemnitz [32], [34]

Tab. A.2: Daten zum Kaltwasserspeicher in Chemnitz [32], [34]

Speicher	
Füllung V_{Sp}	3565 m^3
Füllhöhe h_{Sp}	17,25 m,
Durchmesser d_{Sp}	16,22 m,
Temperaturen $T_{Sp,Ausl,min}/T_{Sp,Ausl,max}$	5/13 °C
Kapazität C_{Sp}	33,2 MWh
Betrieb	geschichtet
Be- und Entladeeinrichtung	6 radiale Diffusoren pro Ebene
maximale Leistung $\dot{Q}_{BES,Ausl}$	5,0 MW
maximaler Volumenstrom $\dot{V}_{BES,Ausl}$	535 m^3/h
Radius r_D	1,650 m
Höhe Auslass h_D	0,100 m

B Berechnung von Nah- und Fernkältesystemen mit und ohne Speicher

In den Hauptabschnitten zur Kältebereitstellung und -speicherung wurden allgemeine und spezielle Sachverhalte erläutert. Zur Berechnung von Systemen ist die Zusammenführung der einzelnen Sachverhalte notwendig. Dabei sind folgende Punkte zu beachten:

- Zur Einschätzung der energetischen, ökologischen und wirtschaftlichen Sinnhaftigkeit ist die Berechnung des Energie- und Wasserverbrauchs sowie der Kosten notwendig.
- Viele technisch und ökologisch vorteilhafte Lösungen sind mit vergleichsweise höheren Kosten verbunden. Deswegen ist es oft notwendig, Systeme weitgehend zu optimieren, um Vorteile erschließen zu können (z. B. Einsatz von thermisch angetriebenen Kältemaschinen).
- Die DIN V 18599 Teil 7 [13] hat die energetische Bewertung von Kälteversorgungssystemen in Gebäuden (dezentrale Systeme) zum Inhalt. Nah- und Fernkältesysteme werden in der Literatur kaum beachtet. Der Betreiber von Nah- und Fernkältesystemen muss den energetischen Aufwand berechnen und dem Planer eines neuen Verbrauchersystems zur Verfügung stellen.

Es sollen deswegen wichtige Grundlagen für die Berechnung vorgestellt werden. In der Praxis sind die Systeme allerdings unterschiedlich aufgebaut und abweichende Randbedingungen beeinflussen den Betrieb, was die Darstellung in diesem Abschnitt erschwert. Es ist demzufolge notwendig, dass man insbesondere für große Systeme jeweils ein spezielles Modell bzw. einen Berechnungsansatz erstellt. Folgende Schritte (stark vereinfachter Ablauf) beschreiben die generelle Vorgehensweise und optionale Berechnungen (vgl. mit Abs. 6.5 S. 214):

- Festlegen der Teilsysteme bzw. Bilanzgrenzen,
- Bestimmung der Kältelasten,
- Berechnung der erforderlichen Kältebereitstellung,
- Ermittlung des Aufwands zur Kältebereitstellung,
- ggf. Einbindung eines Speichers,
- Bestimmung der Investition, Kostenberechnung,
- Berechnung ökologischer Kennwerte[1].

[1]Die ökologische Bewertung wird hier nicht weiter behandelt. Wichtige Eingangsgrößen sind die verbrauchte Energie und die verbrauchten Stoffe. Dabei muss berücksichtigt werden, dass die Herstellung und Entsorgung der Anlage ebenfalls energie- und stoffintensiv sein kann.

Dabei können die Schritte mehrfach durchgeführt werden, um auf das gewünschte Ergebnis zukommen[2].

B.1 Bilanzierung

Abb. B.1 zeigt mögliche Energie- und Stoffflüsse zur Kälteerzeugung. Das Schema umfasst die vorgelagerte Energieversorgung, die Kälteerzeugung, -speicherung, -verteilung sowie
-anwendung. In der vorgelagerten Energieversorgung wird zudem die KWK berücksichtigt. Die eingezeichneten Bilanzgrenzen sind für die späteren energetischen, wirtschaftlichen und ggf. ökologischen Berechnungen von besonderer Bedeutung.

Weiterhin müssen folgende Punkte beachtet werden.

- Es sind weitere Konfigurationen denkbar. Beispielsweise könnten gasbefeuerte Absorptionskältemaschinen in der zentralen Kälteerzeugung eingesetzt werden. In diesem Fall würde ein Brennstoff über die Bilanzgrenze *Kälteerzeugung* gelangen.
- Aus Gründen der Vereinfachung wird hier angenommen, dass ausschließlich Elektroenergie und Wärme (Endenergie) sowie Wasser zum Betrieb der *zentralen Kälteerzeugung* eingesetzt wird.
- Zur Nutzung regenerativer Energie (z. B. Solarthermie) ist weitere Technik (z. B. Kollektorfelder) notwendig. Diese wurde in die *vorgelagerte Energieversorgung* eingeordnet.
- Verluste sind in Abb. B.1 nicht dargestellt.
- Die Betrachtung der Lasten in Fernkältesystemen beziehen sich auf den Ausgang der *zentralen Kälteerzeugung.*
- Des Weiteren kann Elektroenergie importiert werden. Dann muss die Betrachtung auf eine weitere *vorgelagerte* Versorgungskette erweitert werden.

[2]In [339] wird ein Ansatz zur optimalen Gestaltung von Kaltwassernetzen (Nah- und Fernkälte) und die Umsetzung mit einem Programm vorgestellt. Mithilfe der Programmunterstützung kann man viele Varianten berechnen und untersuchen. Ein Schwerpunkt ist die Ausbildung des Kaltwassernetzes, welches einen signifikanten Kosteneinfluss besitzt. Verschiedene *Netzlösungen* können mit der Variante *dezentrale Kälteerzeugung* verglichen werden.

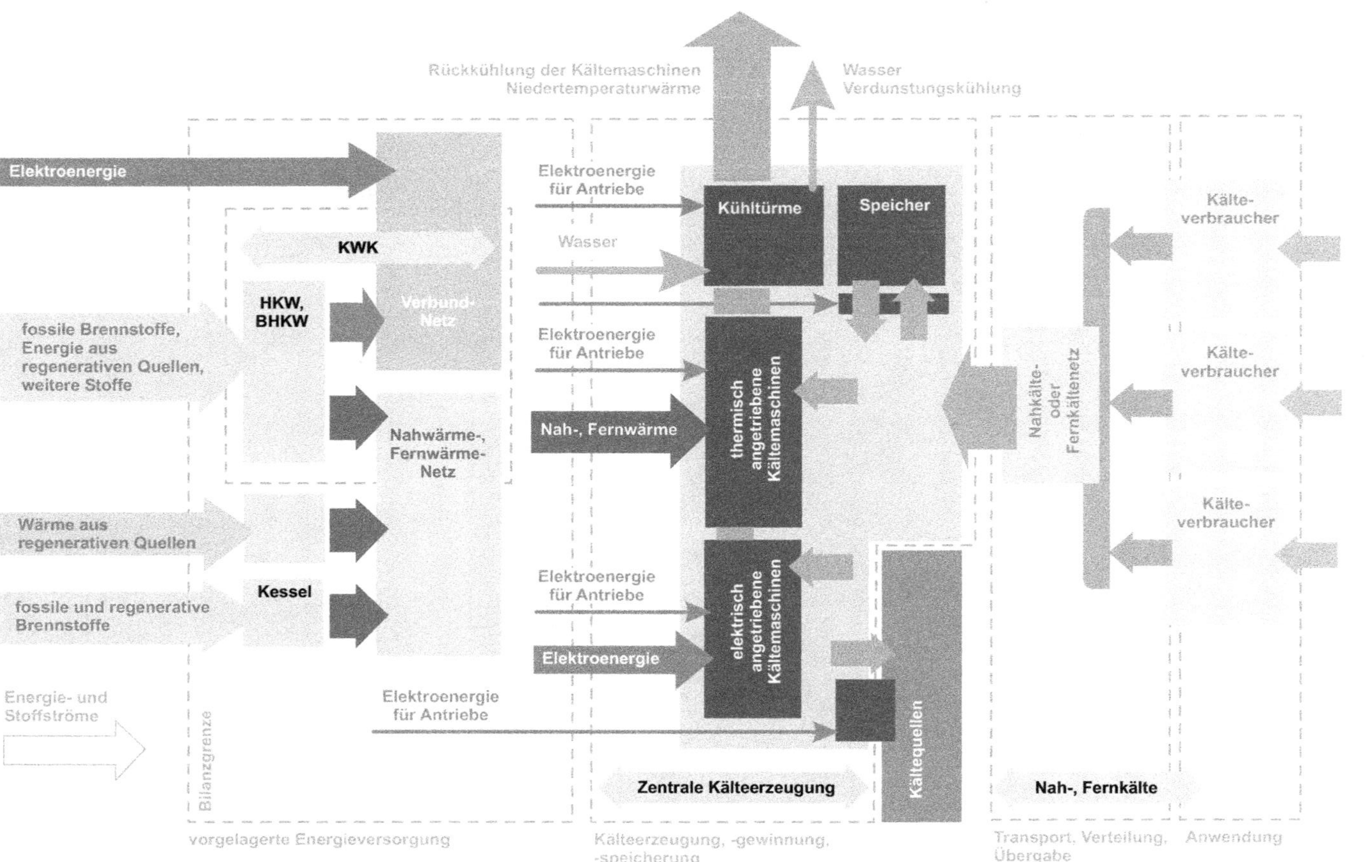

Abb. B.1: Energie- und Stoffströme bei Nah- und Fernkältesystemen, Festlegung der Bilanzgrenzen unter Beachtung wichtiger Versorgungskonzepte

B.2 Leistungen und Lasten

Dieser Abschnitt hat die energetische sowie stoffliche Bilanzierung zum Inhalt. Es erfolgt eine Beschränkung auf zwei Schwerpunkte (vgl. mit Abb. B.1, eingezeichnete Bilanzgrenzen):

- Kälteerzeugung und -speicherung,
- Transport, Verteilung und Übergabe.

Folgende Größen zur Systemauslegung müssen ermittelt werden. Die Systemauslegung bezieht sich auf den Fall mit einer maximalen Netzlast bzw. mit einem vollständigen Einsatz aller Kältemaschinen oder Kältequellen.

- Maximale Netzlast an der zentralen Kälteerzeugung (Gl. B.1):

$$\dot{Q}_{Netz,max} = \varphi_{Netz,Vert} \cdot \sum_{i=1}^{j} \dot{Q}_{ÜS,i} \text{ mit } \varphi_{Netz,Vert} < 1 \tag{B.1}$$

- Gesamte Leistung der maschinellen Kälteerzeugung (Gl. B.2, Kaltwasser):

$$\dot{Q}_{KM,KaW,ges} = \dot{Q}_{KM1,KaW,max} + \dot{Q}_{KM2,KaW,max} + \dot{Q}_{KM3,KaW,max} + \dots \tag{B.2}$$

- Leistung zur Speicherbeladung und -entladung (Abs. 6.3 S. 203);
- Aufwand zur Kälteerzeugung;
  - Gesamte elektrische Antriebsleistung der Kompressionskältemaschinen (Gl. B.3, Abs. 2.3.3 S. 14):

$$P_{el,KM,ges} = \frac{\dot{Q}_{KM1,KaW,max}}{\varepsilon_{KM1,Ausl}} + \frac{\dot{Q}_{KM2,KaW,max}}{\varepsilon_{KM2,Ausl}} + \frac{\dot{Q}_{KM3,KaW,max}}{\varepsilon_{KM3,Ausl}} + \dots \tag{B.3}$$

  - Gesamte Heizleistung für Absorptions-, Adsorptions-, Dampfstrahlkältemaschinen (Gl. B.4, Abs. 2.3.4 S. 27, Abs. 2.3.5 S. 37, Abs. 2.3.6 S. 42):

$$\begin{aligned} \dot{Q}_{H,ges} &= \dot{Q}_{KM1,H,max} + \dot{Q}_{KM2,H,max} + \dot{Q}_{KM2,H,max} + \dots \\ &= \frac{\dot{Q}_{KM1,KaW,max}}{\zeta_{KM1,Ausl}} + \frac{\dot{Q}_{KM2,KaW,max}}{\zeta_{KM2,Ausl}} + \frac{\dot{Q}_{KM3,KaW,max}}{\zeta_{KM3,Ausl}} + \dots \end{aligned} \tag{B.4}$$

  - Gesamte Leistung der Rückkühlung (Gl. B.5, Kühlwasser), mit Gl. B.6 für Kompressionskältemaschinen oder mit Gl. B.7 für Absorptions-, Adsorptions- und Dampfstrahlkältemaschinen:

$$\dot{Q}_{KM,KuW,ges} = \dot{Q}_{KM1,KuW,max} + \dot{Q}_{KM2,KuW,max} + \dot{Q}_{KM3,KuW,max} + \dots \quad (B.5)$$

$$\dot{Q}_{KMi,KuW,max} = \frac{1 + \varepsilon_{KMi,Ausl}}{\varepsilon_{KMi,Ausl}} \dot{Q}_{KMi,KaW,max} \quad (B.6)$$

$$\dot{Q}_{KMi,KuW,max} = \frac{1 + \zeta_{KMi,Ausl}}{\zeta_{KMi,Ausl}} \dot{Q}_{KMi,KaW,max} \quad (B.7)$$

- Aufwand für alle Hilfsprozesse (Elektroenergie Gl. B.8, Wasser),
  - Wassertransport bei der Kälteerzeugung oder -gewinnung (Elektroenergie, Abs. 2.4),
  - Rückkühlung (Elektroenergie, Wasser, Abs. 2.3.7)[3],
  - Wassertransport bzw. -verteilung mit Netzen (Elektroenergie, Abs. 2.5.2),
  - Wassertransport in der Zentrale (z. B. Speicher, Elektroenergie).

$$P_{el,Hilfs,ges} = P_{el,Hilfs,KM} + P_{el,Hilfs,KQ} + P_{el,Hilfs,RKS} + P_{el,Hilfs,Netz} + P_{el,Hilfs,Sp} \quad (B.8)$$

- Gesamte elektrische Leistung (Gl. B.9):

$$P_{el,ges} = P_{el,KM,ges} + P_{el,Hilfs,ges} \quad (B.9)$$

Die oben genannten Ansätze bzw. eine Auslegung des Systems basieren auf berechneten oder geschätzten Werten bzw. auf Herstellerangaben (Nennwerte) für die Leistungszahlen und Wärmeverhältnisse. Weiterhin sind die maximalen Leistungen für die Kostenrechnung (Investition, Leistungspreis) von wesentlicher Bedeutung.

B.3 Verbrauch

B.3.1 Grundlegende Aspekte zur Anwendung von Kennzahlen

Kennzahlen (z. B. Arbeitszahlen, mittlere Wärmeverhältnisse und spezifische Verbräuche) werden unterschiedlich gebildet (z. B. normativer Test von Kältemaschinen, Auswertung des realen Betriebs). Um möglichst gute Berechnungen bzw. Auswertungen durchzuführen, ist die Beachtung folgender Sachverhalte wichtig.

Als Erstes ist der Zeitbezug zu nennen. Kennzahlen, die sich auf einen längeren Betriebszeitraum (typischerweise ein Jahr) beziehen, berücksichtigen oft ein spezielles

[3] Bei der Anwendung von Kennzahlen ist darauf zu achten, welche Verbräuche berücksichtigt wurden.

Systemverhalten, welches maßgeblich durch die Lasten (z. B. Häufigkeit der Systemzustände), die Planung und die Betriebsweise beeinflusst wird. Derartige *Jahreskennzahlen* kann man nur bedingt bei neuen bzw. anderen Betriebsweisen (z. B. Kälteerzeugung mit Speicherbetrieb) sowie mit anderen Zeitbezügen (z. B. Rückkühlung bei extremen Wetterbedingungen) einsetzen. Diese Kennwerte sind allgemein für Jahresbilanzen bzw. einfache Überschlagsrechnungen geeignet[4].

Erfolgt die Mittelung bzw. Integration der berechneten oder gemessenen Werte über kürzere Zeiträume (z. B. Minuten, Stunden), müssen in der Regel weitere Abhängigkeiten (z. B. Wärmeverhältnis in Abhängigkeit von den Eintrittstemperaturen, Abb. 2.23 S. 37) berücksichtigt werden. Derartige Funktionen lassen sich gut in Zeitschrittverfahren und Simulationen implementieren.

Weiterhin erfordert die energetische Betrachtung der Prozesse den Einbeziehung der Hilfsenergie (z. B. maschinelle Kälteerzeugung mit Hilfsenergie für verschiedene Pumpen). Es ist zu klären, wie die einzelnen Komponenten berücksichtigt werden (siehe Abb. 2.47 S. 71, z. B. einzeln oder zusammengefasst).

B.3.2 Kältemaschinen

Zur energetischen Bewertung von Kälteversorgungssystemen liefert die DIN V 18599 Teil 7 [13] neue Vorgaben und Parameter[5]. Die EER- und ζ-Werte (Tab. 2.3 S. 19, Tab. 2.4 S. 20, Tab. 2.7 S. 34, Nennwerte) beziehen sich auf die Auslegung und hängen

- vom Kältemaschinentyp (Kältemittel, Verdichter),
- vom Leistungsbereich,
- von den Temperaturen auf der Kaltwasserseite und
- von den Rückkühltemperaturen (Kühlturmauswahl, Sonderverfahren)

ab. Gegenüber der Auslegung unter Nennbedingungen berücksichtigen die Jahresarbeitszahl[6] $SEER$ (Seasonal energy efficiency ratio, Gl. B.10 für Kompressionskältemaschinen) und das mittlere Jahreswärmeverhältnis ζ_m (Gl. B.11) das Verhältnis zwischen erzeugter Kälte und dem entsprechenden Aufwand bezogen auf ein Jahr. In beiden Gleichungen wird demzufolge der *mittlere Teillastfaktor* PLV_m eingeführt[7].

---

[4] Diese Werte können sich von den Auslegungskennzahlen (Leistungszahlen, Wärmeverhältnisse) unterscheiden.

[5] Die neue Normung liefert z. B. neue Begriffe. Diese Begriffe bzw. Formelzeichen sind z. T. nicht konsistent mit dieser Arbeit und anderen Literaturstellen. Es ist zu beachten, dass die Vornorm während dieser Arbeit veröffentlicht wurde. Beispielweise waren diese Angaben für die Arbeiten in Abs. C nicht verfügbar.

[6] Die Normung bezeichnet den $SEER$ als Jahres-Kälte-Leistungszahl, was aufgrund der Bildungsvorschrift (Gl. B.10) diskussionswürdig ist. Aus praktischer Sicht sind $Q_{0,Jahr}$ und $W_{el,Jahr}$ leicht bestimmbar. Auf Basis dieser Daten kann man dann den PLV für den Kältemaschinentyp und die Nutzung ermitteln.

[7] Zur normativen Bestimmung des PLV_m-Wertes müssen folgende Randbedingungen bekannt sein: der Nutzer bzw. der Gebäudetyp (z. B. Hotelzimmer), der Einsatz einer Wärmerückgewinnung, Verwendung von konstanten oder variablen Kühlwasser-Eintrittstemperaturen und der Einsatz eines Verdunstungs- oder Trockenkühlers. Dieser normative Ansatz bezieht sich mehr auf die Planung der

$$SEER = EER \cdot PLV_m = \frac{Q_{0,Jahr}}{W_{el,Jahr}} \tag{B.10}$$

$$\zeta_m = \zeta \cdot PLV_m = \frac{Q_{0,Jahr}}{Q_{H,Jahr}} \tag{B.11}$$

Der $SEER$ entspricht der hier eingeführten Arbeitszahl ε_m. Die Definition von ζ_m ist identisch zum hier verwendeten mittleren Wärmeverhältnis[8]. Der Jahresbezug wird in den folgenden Gleichungen mit dem Index *Jahr* beschrieben (z. B. $Q_{KMi,KaW,Jahr}$).

B.3.3 Hilfsenergie und -stoffe

Dieser Abschnitt bezieht sich nur auf Kaltwassersysteme (vgl. mit Abs. 2.5). Wiederum werden Kennzahlen gebildet, um die Verbräuche von Elektroenergie (Gl. B.12, z. B. für die Umwälzung des Wassers) und den Wasserverbrauch (Gl. B.13, z. B. bei offenen Verdunstungskühltürmen) zu ermitteln. Der spezifische Verbrauch bezieht sich in diesem Fall auf die gesamte Kälteerzeugung. Hinsichtlich des Elektroenergiebedarfs ist zu klären, welche Pumpen berücksichtigt werden:

- Umwälzung des Kaltwassers an der Kältemaschine,
- Umwälzung des Heißwassers an der Kältemaschine (nur thermisch angetriebene Kältemaschinen),
- Umwälzung des Wassers zur Rückkühlung,
- Umwälzung des Kaltwassers im Netz.

Ein Beispiel für die gesamte elektrische Last einer zentralen Kälteerzeugung liefert Abb. B.2 (Verteilung stündlicher Messwerte). Der spezifische Verbrauch an Elektroenergie $w_{el,spez,KaW,ges}$ auf der Grundlage der jährlichen Bilanzierung beträgt 0,134 kWh/kWh und stimmt näherungsweise mit dem Anstieg der Regressionskurve überein [33].

Bei diesem Ansatz besitzt der COP einen Einfluss. Je niedriger der COP ausfällt, desto mehr Abwärme muss das Rückkühlsystem (Abb. 2.47 S. 71) abführen. Die spezifischen Verbräuche für Elektroenergie und Wasser steigen demzufolge.

$$w_{el,spez,KaW,ges} = \frac{W_{el,Hilfs}}{Q_{KaW,ges}} \tag{B.12}$$

$$v_{W,spez,KaW,ges} = \frac{V_W}{Q_{KaW,ges}} \tag{B.13}$$

gebäudetechnischen Ausrüstung und ist weniger für Kälteerzeugungsanlagen geeignet. Bei der Bestimmung des PLV_m-Wertes mithilfe des detaillierten Verfahrens (Auswertung von Stundenwerten) werden folgende Punkte berücksichtigt: Kältemaschinentyp, Art der Rückkühlung, Teillaststufen (in diesem Fall 10 Leistungsbereiche) und die Regelung des Verdichters im Teillastbereich.

[8] Messwerte für einstufige Absorptionskältemaschinen sind unter [33] verfügbar.

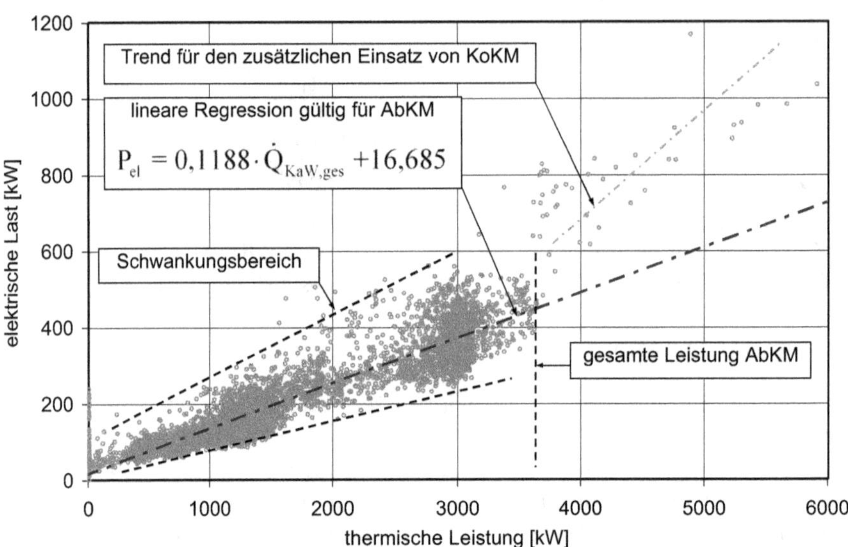

Abb. B.2: elektrische Last der zentralen Kälteerzeugung in Chemnitz mit Speicherbetrieb in Abhängigkeit der Kälteerzeugung, stündliche Messwerte für das Jahr 2008 [33]

Das Rückkühlsystem (Abb. 2.47 S. 71) kann auch separat betrachtet werden. Unter stationären Bedingungen stimmt die an den Kältemaschinen abgeführte Energie mit der Kühlturmleistung überein (Gl. B.14). Man kann diese Größe auch als Leistung des Rückkühlsystems auffassen.

$$\dot{Q}_{RKS} = \dot{Q}_{KuW,ges} = \dot{Q}_{KT,ges} \tag{B.14}$$

Der Bezug der spezifischen Verbräuche auf die abzuführende Wärme (Gl. B.14) kann ggf. günstig sein, weil dann kein *COP*-Einfluss mehr vorhanden ist. Dies erfordert die getrennte Betrachtung der Pumpen im Kühlkreis und der Kühlturmventilatoren, was unter praxisnahen Bedingungen schwierig ist, weil üblicherweise keine getrennte Messung des Elektroenergieverbrauchs durchgeführt wird.

$$w_{el,spez,RKS} = \frac{W_{el,RKS}}{Q_{RKS}} \tag{B.15}$$

$$v_{W,spez,RKS} = \frac{V_{W,RKS}}{Q_{RKS}} \tag{B.16}$$

Ein Beispiel für die Verteilung des spezifischen Kühlwasserverbrauchs $v_{W,spez,RKS}$ liefert Abb. B.3. Bezieht man den Verbrauch auf die Kälteerzeugung, so erhält man für $v_{W,spez,KaW,ges}$ 3,67 l/kWh im Jahresmittel[9].

[9]Weitere Messwerte für die Hilfsenergie und das Kühlwasser einer zentralen Kälteerzeugung sind unter [33] abrufbar.

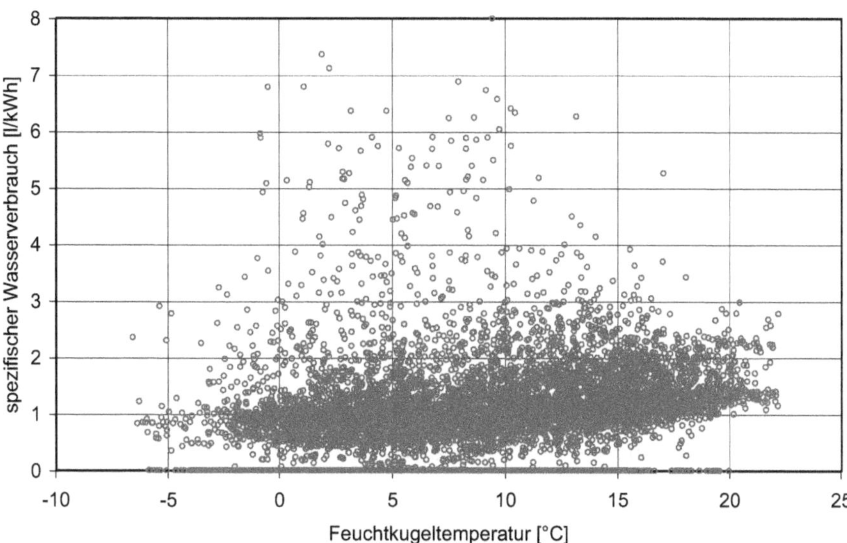

Abb. B.3: Wasserverbrauch des Rückkühlsystems $v_{W,spez,RKS}$ der zentralen Kälteerzeugung in Chemnitz in Abhängigkeit von der Feuchtkugeltemperatur, stündliche Messwerte für das Jahr 2008 [33]

B.3.4 Berechnungsansatz

In diesem Abschnitt sollen einfache Ansätze zur Berechnung des jährlichen Energieverbrauchs zur Kälteerzeugung und des jährlichen Kühlwasserverbrauchs vorgestellt werden. Es kommen dabei die Kennzahlen aus Abs. B.3.2 und Abs. B.3.3 zur Anwendung. Die ermittelten Verbräuche sind wichtige Eingangsgrößen in der Kostenrechnung.

- Jahres-Heizenergiebedarf für Absorptions-, Adsorptions- und Dampfstrahlkältemaschinen (Gl. B.17):

$$Q_{H,Jahr} = \frac{Q_{KM1,KaW,Jahr}}{\zeta_{m,KM1}} + \frac{Q_{KM2,KaW,Jahr}}{\zeta_{m,KM2}} + \frac{Q_{KM3,KaW,Jahr}}{\zeta_{m,KM3}} + \ldots \quad \text{(B.17)}$$

- Jahres-Elektroenergiebedarf (Gl. B.18) mit dem jährlichen Elektroenergiebedarf für den Antrieb der Kompressionskältemaschinen (Gl. B.19) und dem jährlichen Elektroenergiebedarf für alle Hilfsprozesse mit Bezug auf die gesamte Kälteerzeugung (Gl. B.20):

$$W_{el,Jahr} = W_{el,KM,Jahr} + W_{el,Hilfs,Jahr} \quad \text{(B.18)}$$

$$W_{el,KM,Jahr} = \frac{Q_{KM1,KaW,Jahr}}{\varepsilon_{m,KM1}} + \frac{Q_{KM2,KaW,Jahr}}{\varepsilon_{m,KM2}} + \frac{Q_{KM3,KaW,Jahr}}{\varepsilon_{m,KM3}} + \dots \tag{B.19}$$

$$W_{el,Hilfs,Jahr} = w_{el,spez,KaW,ges} \cdot Q_{KaW,ges,Jahr} \tag{B.20}$$

- Jahres-Wasserbedarf zur Rückkühlung,
  - mit Bezug auf die gesamte Kälteerzeugung (Gl. B.21):

$$V_{W,Jahr} = v_{W,spez,KaW,ges} \cdot Q_{KaW,ges,Jahr} \tag{B.21}$$

  - oder mit Bezug auf die gesamte Rückkühlung (Gl. B.22):

$$V_{W,Jahr} = v_{W,spez,KuW,ges} \cdot Q_{KuW,ges,Jahr} \tag{B.22}$$

B.4 Kostenberechnung

B.4.1 Jahres-Gesamtkosten

In *Anlehnung* an die VDI 2067 [340] werden die Jahres-Gesamtkosten (Gl. B.23) für mehrere technische Lösungen z. B. im Rahmen von Voruntersuchungen oder der Entwurfsplanung bestimmt. Die Variante mit den geringsten Jahres-Gesamtkosten wird als wirtschaftlich vorteilhaft angesehen. Die Jahres-Gesamtkosten (Gl. B.23) setzen sich aus den Kapitalkosten $K'_{Kapital}$, den verbrauchsgebundenen Kosten K'_{Verbr}, den betriebsgebundenen Kosten $K'_{Betrieb}$ und den sonstigen Kosten zusammen K'_{sonst}.

$$K'_{ges,Jahr} = K'_{Kapital,ges} + K'_{Verbr,ges} + K'_{Betrieb,ges} + K'_{sonst,ges} \tag{B.23}$$

B.4.2 Kapitalkosten

Die Berechnungsvorschrift zur Ermittlung der Kapitalkosten liefert Gl. B.24 (Teilsumme, z. B. Kältemaschinen) bzw. Gl. B.25 (Gesamtsumme, z. B. Kälteerzeugung). Über die Annuität für eine Anlage oder über die Annuitäten a' (Gl. B.27) für mehrere Baugruppen erfolgt die Umlegung der Investitionskosten[10] auf die Jahre der technischen Nutzungszeit t'_N unter Beachtung der Kapitalverzinsung über den Aufzinsfaktor q' (Gl. B.26).

$$K'_{Kapital,n} = a'_n K'_{Investition,n} \tag{B.24}$$

[10] Die Bestimmung der Investitionskosten besitzt eine besondere Bedeutung, weil finanzielle Mittel z. B. zum Projektbeginn bereitgestellt werden müssen. Über die maximale Leistung (z. B. Kältemaschine), die Kapazität (z. B. Speicher) oder andere geeignete Größen (z. B. Anzahl der Datenpunkte) können mit Funktionen für spezifische Kosten bzw. Kennzahlen, Preisanfragen usw. die Investitionskosten geschätzt werden.

$$K'_{Kapital,ges} = K'_{Kapital,1} + K'_{Kapital,2} + K'_{Kapital,3} + K'_{Kapital,4} + \dots \tag{B.25}$$

$$q' = 1 + i' \tag{B.26}$$

$$a' = \frac{i' q'^{t'_N}}{q'^{t'_N} - 1} \tag{B.27}$$

B.4.3 Verbrauchsgebundene Kosten

Alle Kosten, die in diesem Fall mit dem Verbrauch von Heizenergie (Gl. B.28), Elektroenergie (Gl. B.29) und Wasser (Gl. B.30) verbunden sind, werden in dieser Kostengruppe zusammengefasst[11]. In die Berechnung gehen die maximalen Leistungen (Abs. B.2) und die jährlichen Verbräuche (Abs. B.3.4) ein.

$$K'_{Verbr,therm,n} = P'_{Leistung,therm} \cdot \dot{Q}_{H,ges} + P'_{Arbeit,therm} \cdot Q_{H,Jahr} \tag{B.28}$$

$$K'_{Verbr,el,ges,n} = P'_{Leistung,el} \cdot P_{el,ges} + K'_{Verbr,HT,el,n} + K'_{Verbr,NT,el,n} \tag{B.29}$$

$$K'_{Verbr,W,n} = P'_W \cdot V_{W,Jahr} \tag{B.30}$$

Die Verrechnungen des Wärme- und des Elektroenergieverbrauchs erfolgen in der Regel mit einem Leistungs- bzw. Grundpreis $P'_{Leistung}$ und einem Arbeitspreis P'_{Arbeit}. Beim Wärmebezug wird nur in wenigen Fällen nach der Verbrauchszeit (z. B. Sommer- oder Winterbezug bei der Abwärmenutzung bei KWK-Systemen) unterschieden. Bei der Stromversorgung ist in diesem Fall die Abrechnung (Gl. B.29) nach der Hochtarif-Zeit (HT, 08:00 bis 22:00 Uhr, Gl. B.31) und der Niedrigtarif-Zeit (NT, 22:00 bis 08:00 Uhr, Gl. B.32) üblich. Die verbrauchsgebundenen Kosten für Wasser werden üblicherweise mit einem Preis berechnet[12] (Gl. B.30). Jeder Verbrauch (auch die Hilfsverbräuche) wird kostenmäßig einzeln ermittelt und mit Gl. B.33 zusammengefasst.

$$K'_{Verbr,el,HT,n} = P'_{Arbeit,el,HT} \cdot W_{el,HT,Jahr} \tag{B.31}$$

$$K'_{Verbr,el,NT,n} = P'_{Arbeit,el,NT} \cdot W_{el,NT,Jahr} \tag{B.32}$$

$$K'_{Verbr,ges} = K'_{Verbr,1} + K'_{Verbr,2} + K'_{Verbr,3} + \dots \tag{B.33}$$

[11] Der Brennstoffverbrauch wäre in dieser Kostengruppe ggf. zu berücksichtigen.

[12] Die Berechnung erfordert weitere Nebenrechnungen: Zusammenfassung aller fixen und variablen Teile für die Grund- und Arbeitspreise, Einbezug aller Nebenkosten, Umrechnung von monatlichen Preisen (z. B. Grundpreisen) auf jährliche Preise usw.

B.4.4 Betriebsgebundene Kosten

Kosten für die Instandsetzung, Bedienung, Reinigung, Prüfung der Sicherheitseinrichtungen, Emissionsüberwachung usw. werden in der Gruppe der betriebsgebundenen Kosten (Gl. B.34) zusammengefasst. Das Herstellen der generellen Bereitschaft bzw. Funktionstüchtigkeit der Anlage ist das Merkmal dieser Kostengruppe. Die Kosten fallen demzufolge unabhängig vom Energie- und Wasserverbrauch an. Eine überschlägige Berechnung mit Prozentsätzen (siehe [340]) bezieht sich auf die jeweiligen Kapitalkosten (Gl. B.35).

$$K'_{Betrieb,ges} = K'_{Betrieb,1} + K'_{Betrieb,2} + K'_{Betrieb,3} + \dots \tag{B.34}$$

$$K'_{Betrieb,n} = f'_{Betrieb,n} K'_{Invest,n} \tag{B.35}$$

B.4.5 Sonstige Kosten

In der Gruppe sonstige Kosten (Gl. B.36) werden alle restlichen Ausgaben berücksichtigt, die sich in den vorangegangenen Kostengruppen nicht oder schlecht einordnen lassen (z. B. Versicherung, Steuern, Abgaben, Verwaltungskosten).

Bei einer einmaligen Zahlung am Anfang der Zahlungskette ist eine Umrechnung nach Gl. B.37 (Annuität) vorzunehmen. Bei jährlichen Zahlungen ist das nicht notwendig.

$$K'_{sonst,ges} = K'_{sonst,1} + K'_{sonst,2} + K'_{sonst,3} + \dots \tag{B.36}$$

$$K'_{sonst,n} = a'_n K'_{sonst,n} \tag{B.37}$$

B.4.6 Bemerkungen

Eine Berechnung des Erlöses erfolgt hier nicht. Es handelt sich um eine reine Kostenrechnung[13].

Weiterhin können mögliche Vergütungen bezüglich der vorgelagerten Energieversorgung in Rechnung gestellt werden. Es kommen für die erläuterten Systeme folgende Punkte infrage:

- Vergütung für den Einsatz regenerativer Energiequellen,
- KWK-Bonus (Abwärmenutzung),
- Gutschrift für vermiedene Kosten am Heizkraftwerk (ggf. im Preis für die Wärme bereits berücksichtigt),
- Vergütung für die leistungsmäßige Entlastung des Rückkühlers am Heizkraftwerk,

[13] Zur Ermittlung des Gewinns muss der Preis für die Kältelieferung (ggf. Leistungs- und Arbeitspreis) einbezogen werden. Den jährlichen Ertrag kann man dann mit den Jahres-Gesamtkosten verrechnen.

- Verrechnung in Verbindung mit *Demand side management* (z. B. in Kombination mit Kompressionskältemaschinen),

- vermiedene Investitionen im Bereich der vorgelagerten Energieversorgung (z. B. Ausbau der Elektroenergieversorgung oder Fernwärme).

B.5 Speichererrichtungskosten

Dieser Abschnitt bezieht sich auf die Investitionskosten beim Bau von großen Speichern (Abs. 7, Abs. 8, Abs. 9), welche vor Ort errichtet werden (keine Serienfertigung in der Fabrik). Die Kostenschätzung, -berechnung und -analyse sind wichtige Aufgaben zur Minimierung der Speichererrichtungskosten, zur Systemoptimierung und zum Vergleich verschiedener Anlagenvarianten. Dabei muss man beachten, dass stets die Systembewertung und -optimierung Vorrang besitzt (z. B. Minimierung der Kältebereitstellungskosten, Abs. B.4.1). Eine weitere wichtige Aufgabe besteht in der Bildung von Kennzahlen. So können beispielsweise spezifische Kosten auf neue Projekte übertragen werden.

Aus der oben formulierten Motivation lassen sich für jeden Speicher folgende Kostengruppen aufstellen:

- Fixe Kosten $K'_{Sp,fix,ges}$: Diese Kosten (Gl. B.38) fallen unabhängig von einem Speicherparameter an. Näherungsweise kann man diese Kosten für ein Projekt bzw. einen Speichertyp als konstant ansehen (z. B. Baustelleneinrichtung, Bauwerke für die Technik, MSR-Technik). Fixkostenanteile werden in Angeboten usw. oft nicht ausgewiesen.

$$K'_{Sp,fix,ges} = K'_{Sp,fix,1} + K'_{Sp,fix,2} + K'_{Sp,fix,3} \cdots \tag{B.38}$$

- Variable Kosten in Abhängigkeit der Speicheroberfläche $K'_{Sp,A}$: Der Wandaufbau von Tankspeichern (Abs. 7.3 S. 228) und Erdbeckenspeichern (Abs. 7.4 S. 252) verursacht einen relativ hohen Kostenanteil (Gl. B.39). Es fließt das Material für Wand, Wärmedämmung, Dichtung, Verkleidung usw. ein. Dazu kommen der Montageaufwand und die Hilfskonstruktionen.

$$K'_{Sp,A} = k'_{Sp,A} \cdot A_{Sp} \tag{B.39}$$

- Variable Kosten in Abhängigkeit des Speichervolumens $K'_{Sp,V}$: Bei großen Speichern hängen Kosten oft vom Volumen (Gl. B.40) bzw. Raum ab (z. B. Aushub der Baugrube, Speicherfüllung, Fundament). Speicher mit gleichem Volumen können unterschiedliche Speicherkapazitäten besitzen. Diese werden durch verschiedene Speicherstoffe (z. B. Wasser oder Kies-Wasser) und voneinander abweichende Temperaturen hervorgerufen (z. B. minimal oder maximal zulässige Temperatur eines Werkstoffes).

$$K'_{Sp,V} = k'_{Sp,V} \cdot V_{Sp} \tag{B.40}$$

- Variable Kosten in Abhängigkeit der Speicherkapazität $K'_{Sp,C}$: Alternativ zum einfachen Volumenbezug kann auch die Speicherkapazität (Gl. B.41) verwendet werden. Diese Variante bietet sich an, wenn Speicher mit und ohne Phasenwechsel verglichen werden.

$$K'_{Sp,C} = k'_{Sp,C} \cdot C_{Sp} \tag{B.41}$$

- Variable Kosten in Abhängigkeit der Be- und Entladeleistung $K'_{Sp,\dot{Q}}$: Je nach Speichertyp liegt eine starke Kostenabhängigkeit (z. B. indirekte Be- und Entladung mit Erdsonden oder bei Kies-Wasser-Speichern) oder schwache Kostenabhängigkeit (z. B. direkte Be- und Entladung mit Brunnen bei Aquiferspeichern) von der Be- und Entladeleistung (Gl. B.42) vor. Im erstgenannten Fall ist eine Berücksichtigung sinnvoll.

$$K'_{Sp,\dot{Q}} = k'_{Sp,\dot{Q}} \cdot \dot{Q}_{BES,max} \tag{B.42}$$

- Sonstige Kosten $K'_{Sp,sonst,ges}$: Aus Gründen der oben genannten Zuordnung erscheint es günstig, eine weitere Kostengruppe (Gl. B.43) einzuführen, in der die projektspezifischen Kosten (z. B. schwieriger Baugrund) usw. zusammengefasst werden.

$$K'_{Sp,sonst,ges} = K'_{Sp,sonst,1} + K'_{Sp,sonst,2} + K'_{Sp,sonst,3} \cdots \tag{B.43}$$

Alle Kostengruppen werden in den Errichtungskosten für den Speicherbau zusammengefasst (Gl. B.44). Oben genannte Kosten beziehen sich auf die Speicherkonstruktion (Verwendung der tatsächlichen Speicherparameter). Die spezifischen Speichererrichtungskosten beziehen sich auf das Wasseräquivalent (Gl. B.45) oder die Speicherkapazität (Gl. B.46). Über die spezifischen Kosten kann man verschiedene Speichertypen miteinander vergleichen.

$$K'_{Sp,ges} = K'_{Sp,fix,ges} + K'_{Sp,A} + K'_{Sp,V/C} + K'_{Sp,\dot{Q}} + K'_{Sp,sonst,ges} \tag{B.44}$$

$$k'_{Sp,ges,W} = \frac{K'_{Sp,ges}}{V_{Sp,W}} \tag{B.45}$$

$$k'_{Sp,ges,C} = \frac{K'_{Sp,ges}}{C_{Sp}} \tag{B.46}$$

Die spezifischen Speichererrichtungskosten sind von der Speichergröße V_{Sp} bzw. C_{Sp} abhängig. Große Speicher profitieren von der Kostendegression der spezifischen Speichererrichtungskosten. Hierfür können folgende Effekte verantwortlich sein:

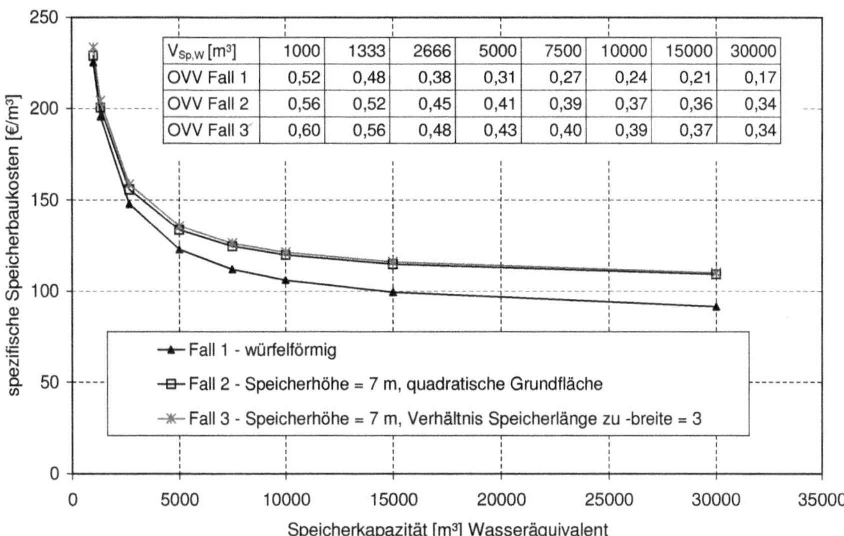

$V_{Sp,W}$ [m³]	1000	1333	2666	5000	7500	10000	15000	30000
OVV Fall 1	0,52	0,48	0,38	0,31	0,27	0,24	0,21	0,17
OVV Fall 2	0,56	0,52	0,45	0,41	0,39	0,37	0,36	0,34
OVV Fall 3	0,60	0,56	0,48	0,43	0,40	0,39	0,37	0,34

Abb. B.4: Beispiel für theoretische Kostenfunktionen auf der Basis der tatsächlichen Investitionskosten, Chemnitzer Kies-Wasser-Speichers (Preisstand 1997), Annahme eines gleichartigen Aufbaus für verschiedene Speicherformen, Angabe des Oberflächen-Volumen-Verhältnisses OVV [234]

- ein sinkendes Oberflächen-Volumen-Verhältnis (Abs. 4.3.3, Abb. B.4 gleichzeitiges Sinken der externen Verluste),
- die Auswirkung des Fixkostenanteils (Abb. B.4),
- verfügbare Speicherbauweisen bzw. Technologien ab einer bestimmten Speichergröße.

Die Überschreitung bestimmter Grenzen (z. B. Aushubtiefe, Bauhöhe) kann aber auch sprunghafte Anstiege der Kosten verursachen. In diesem Fall ist zuklären, ob der Einsatz mehrerer Speicher gleicher Bauart wirtschaftlicher ist.

C Anlagensimulation und Berechnungen für den Einsatz von Kaltwasserspeichern

Bei der Anlagensimulation werden die vielfältigen Systemzustände (z. B. Speichertemperaturen) numerisch modelliert. Dabei kann man auch komplexe Zusammenhänge (z. B. den Regelungsalgorithmus) implementieren. Weiterhin ermöglichen die Simulationsprogramme die zeitliche Integration der Energie- und Stoffflüsse (z. B. Jahresverbrauch an Elektroenergie). Parameter (z. B. Speicherkapazität) und Randbedingungen (z. B. Lastdaten) können leicht geändert werden. Allein diese wichtigen Eigenschaften der Simulation stellen wiederum für nachgelagerte Optimierungen (z. B. Suche nach Ertragsmaximum) eine wesentliche Voraussetzung dar.

Es ist demzufolge rein rechnerisch möglich, Parametereinflüsse zu untersuchen, Minima und Maxima bestimmter Größen oder optimale Konfigurationen zu ermitteln, die wiederum zur Komponenten- bzw. Systemauslegung herangezogen werden können. Die Einbindung weiterer Berechnungen (z. B. Kostenberechnung) erlaubt umfangreiche Bewertungen.

Bei der Machbarkeitsuntersuchung und Konzeptionierung zum Chemnitzer Speichereinsatz (Speichernachrüstung, Abs. A) sind derartige Methoden [341], [342] erfolgreich angewandt worden [195], [328], [329], [330]. Die gestellten Ziele

- energetisch: maximaler Wärmeeinsatz, Nutzungsgradsteigerung seitens der KWK;
- betriebstechnisch: Spitzenlastdeckung, Optimierung der Kälteerzeugung usw.;
- kostenseitig: minimale Jahresgesamtkosten usw.

konnten gut mithilfe der Anlagensimulation und weiteren Berechnungen zur optimalen Auslegung und zur Optimierung des Betriebs erreicht werden. Dieser Abschnitt zeigt ein Beispiel zum grundlegenden Vorgehen und zu möglichen Ansätzen sowie typische Ergebnisse. Die oben dargestellten Sachverhalte (insbesondere Abs. B) werden angewandt.

C.1 Randbedingungen

Das Chemnitzer Fernkältesystem bildet die Grundlage (Abs. A). In diesem Abschnitt wird angenommen, dass eine zentrale Kälteerzeugung komplett neu errichtet wird, wobei sich die oben genannte Zielstellung des oben genannten Projekts nicht ändert (z. B. Abwärmeeinsatz [195]). Folgende Randbedingungen liegen vor:

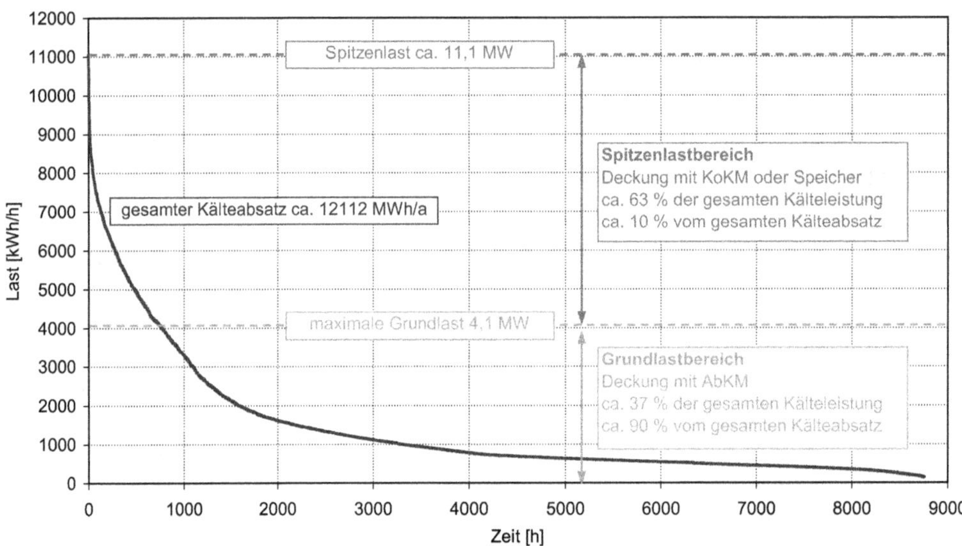

Abb. C.1: geordnete Lastganglinie für die Netzlast mit der Einteilung nach Grund- und Spitzenlast, Prognose für die Fernkälteversorgung in Chemnitz auf Grundlage der Lastdaten im Jahr 2003 [195]

Tab. C.1: Basisdaten zur energetischen Berechnung

KoKM	
mittlere Arbeitszahl ε_m [-]	4,0
mittlere spezifische Hilfsenergie [10] $w_{el,spez,KaW,ges}$ [kWh/kWh]	0,045
mittlerer spezifischer Wasserverbrauch [10] $v_{W,spez,KaW,ges}$ [m^3/kWh]	0,002
AbKM	
mittleres Wärmeverhältnis bei Teillast ζ_m [-]	0,54
Wärmeverhältnis bei Volllast ζ_{max} [-]	0,58
mittlere spezifische Hilfsenergie [10] $w_{el,spez,KaW,ges}$ [kWh/kWh]	0,070
mittlerer spezifischer Wasserverbrauch [10] $v_{W,spez,KaW,ges}$ [m^3/kWh]	0,004

- Netzlasten (Abb. C.1), Rücklauf-Temperaturen, Außentemperaturen,
- technische Parameter (Tab. C.1),
- wirtschaftliche Parameter[1] (Tab. C.2).

Es soll die Variation der Leistung der Absorptionsmaschinen (Grundlastmaschinen) und der Speicherkapazität auf energetische und technische Parameter sowie die Kosten dargestellt und analysiert werden.

[1] Die Kostenfunktionen für die Komponenten (Stand: 2004) sind hier nicht dargestellt.

Tab. C.2: Basisdaten zur wirtschaftlichen Berechnung

Zinssatz i' [%]	8,0
Nutzungsdauer t'_N	
Speicher [a]	40
Peripherie [a]	30
bauliche Anlagen [a]	50
AbKM [a]	30
KoKM [a]	15
Faktor für betriebsgebundene Kosten $f'_{Betrieb}$	
Speicher [1/a]	0,0025
Peripherie [1/a]	0,0200
bauliche Anlagen [1/a]	0,0100
AbKM [1/a]	0,0100
KoKM [1/a]	0,0100
Faktor für verbrauchsgebundene Kosten zusätzlich [€/kWh] für KoKM bezogen auf die Kälteerzeugung	0,0054
verbrauchsgebundene Kosten	
Fernwärme $P'_{Arbeit,therm}$ [€/kWh]	0,0087
Strom $P'_{Arbeit,el}$ [€/kWh]	0,1003
Wasser P'_W [€/m^3]	1,9800

C.2 Anlagensimulation

Der Speicher soll, wie oben beschrieben, zur *Spitzenlastdeckung* und zur *Optimierung der Kälteerzeugung* eingesetzt werden. Eine theoretische Übersicht zur Leistungsanpassung von Absorptionskältemaschinen und Speicher gibt Abb. C.2. Weil die Absorptionskältemaschinen hohe Wärmeverhältnisse im stationären Betrieb und im oberen Leistungsbereich erreichen, strebt man im Modell diese Betriebsweise an. Vereinfachend wird eine Volllast-Betriebsweise vorausgesetzt.

Der Speicher muss dann auch eine Leistungsanpassung im Grundlastbereich und vor allem bei sehr kleinen Lasten übernehmen. Die Betriebsweise nach Abb. C.2 d) wurde gewählt. Der resultierende MSR-Algorithmus ist in Abb. C.3 dargestellt[2]. Um die zwei Funktionen Spitzenlastdeckung und Betriebsoptimierung der Absorptionskältemaschinen zu realisieren, besitzt der Speicher vier Zonen (Abb. C.4, von oben nach unten):

- Reservezone[3] zum Überbrücken der Ausschaltzeit der Absorptionskältemaschinen,
- Zone zur Optimierung des Kältemaschinenbetriebs,

[2] Der Begriff *modulierend* beschreibt in Abb. C.3 die Leistungsanpassung durch die Regelung des Volumenstroms (Abs. 7.6.2.2 S. 277).

[3] Die Volumina der Resevezonen kann man über die Ein- bzw. Ausschaltzeiten der entsprechenden Maschinen abschätzen.

- Zone zur Spitzenlastdeckung und
- Reservezone zur Überbrückung der Einschaltzeit der Kompressionskältemaschinen.

Aufgrund der Volllast-Betriebsweise stellen die Absorptionskältemaschinen die Kälteleistung stufig zur Verfügung. Unter Nutzung der Optimierungszone gleicht der Speicher die Leistung zur Lastdeckung oder zur Lasterzeugung aus (Abb. C.4). D. h., diese Zone ist der Pufferspeicher für die Leistungsdifferenz, die durch das Zu- oder Abschalten einer Kältemaschine entstehen. Die Anzahl der Ein- und Ausschaltvorgänge soll dadurch minimiert werden. Der Speicher ist bei dieser Betriebsweise ständig in den Versorgungsbetrieb eingebunden.

Dem hier vorgestellten einfachen MSR-Algorithmus (Abb. C.3) liegt folgendes Prinzip zugrunde. Als Erstes wird geprüft, ob eine Spitzenlastsituation vorliegt: $\dot{Q}_{Netz} > \dot{Q}_{AbKM1} + \dot{Q}_{AbKM2} + \dot{Q}_{AbKM3}$. Wenn dies zutrifft, findet eine Kontrolle statt, ob der Speicher entladen werden kann $T_{Sp,u} < T_{VL,soll}$ (Abb. C.5). Die resultierende Mischtemperatur im Vorlauf muss stets die Bedingung $T_{VL2} < T_{VL,soll}$ erfüllen. Eine virtuelle Kompressionskältemaschine übernimmt die Spitzenlastdeckung, falls der Speicher entladen ist.

Wenn keine Spitzenlastsituation vorliegt und ausreichend Leistung seitens der Grundlast-Kältemaschinen zur Verfügung steht, kann der Speicher beladen werden. Die Beladung der Spitzenlastzone erfolgt mit voller Grundlastmaschinen-Leistung bei $T_{Sp,m} > 5\,°C$. Ist diese Zone beladen, geht das Programm in den Optimierungsbetrieb über (Reduktion des Maschineneinsatzes). Bei $T_{Sp,o} \approx 5\,°C$ stoppt die Beladung und der Speicher kann entladen werden. Ist die Optimierungszone entladen ($T_{Sp,m} > 5\,°C$), beginnt wiederum deren Beladung.

Abb. C.5 zeigt schematisch den Aufbau der TRNSYS-Simulation [343]. Folgende Punkte sind hinsichtlich der simulationstechnischen Umsetzung zu beachten:

- Die Kältemaschinen werden als ideale Kühler modelliert. D. h., es treten keine instationären Effekte beim Ein- und Ausschalten auf. Das reale Teillastverhalten und die Abhängigkeiten vom Betrieb des Kühl- und Kältekreislaufes werden zunächst nicht berücksichtigt.
- Die Anbindung des Speichers erfolgt als *angegliederter Speicher* mit einer 2-Leiter-Schaltung. Die programmierte 4-Leiter-Anbindung wird wie eine 2-Leiter-Anbindung betrieben. Das Speichermodell *Multiport* von *Drück* [344] kommt zum Einsatz.
- Die Netzanbindung besitzt einen Bypass. Diese Beimischschaltung übernimmt die Regelung der außentemperaturabhängigen Vorlauf-Temperatur (vgl. mit Abb. 2.49, S. 74).
- Die Kältelast basiert auf einer Lastprognose (Abb. C.1). Alle Randbedingungen werden mit einem Datensatz eingelesen (Kältelast, Außentemperatur, Rücklauf-Temperatur).

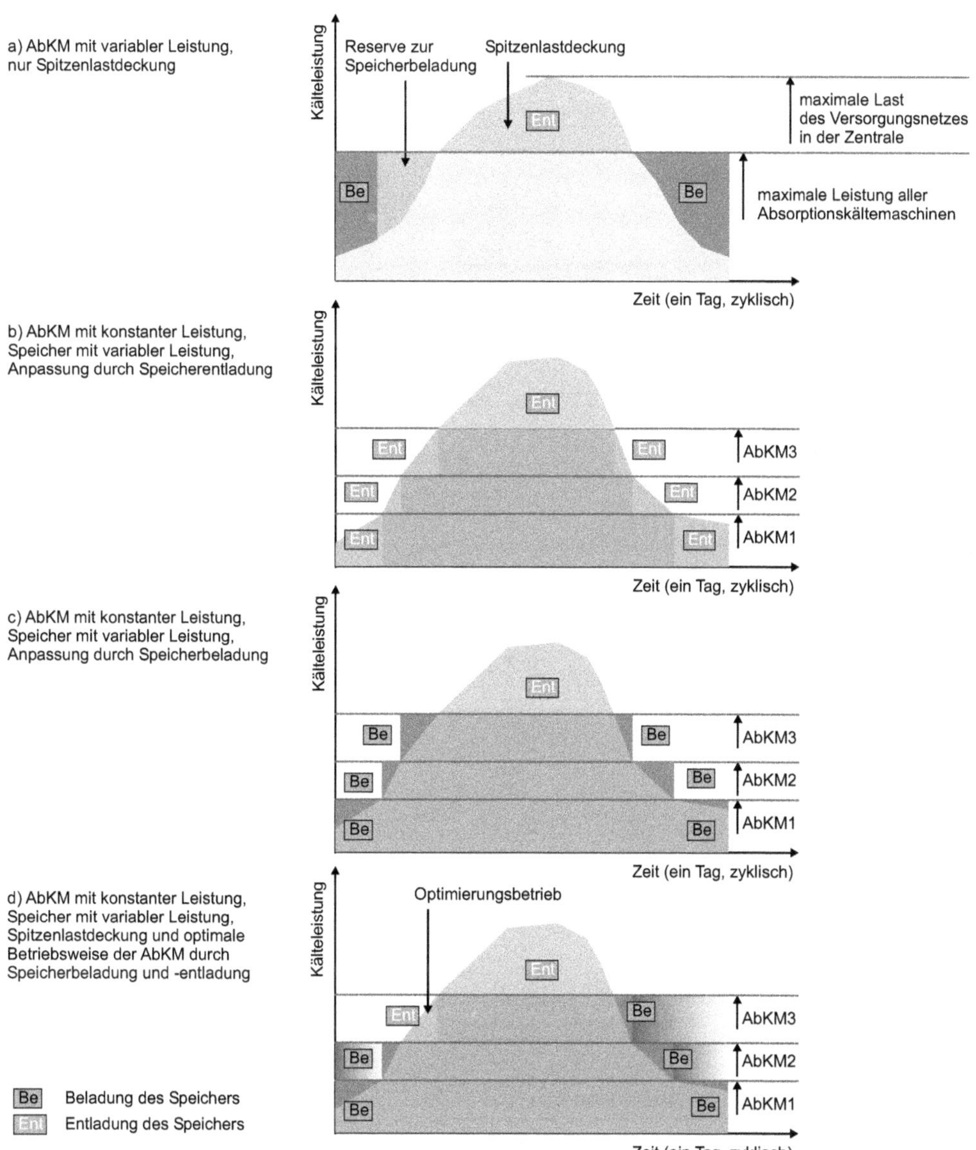

Abb. C.2: theoretische Betrachtung zur Leistungsanpassung von Kältemaschinen, Speicher und Netz

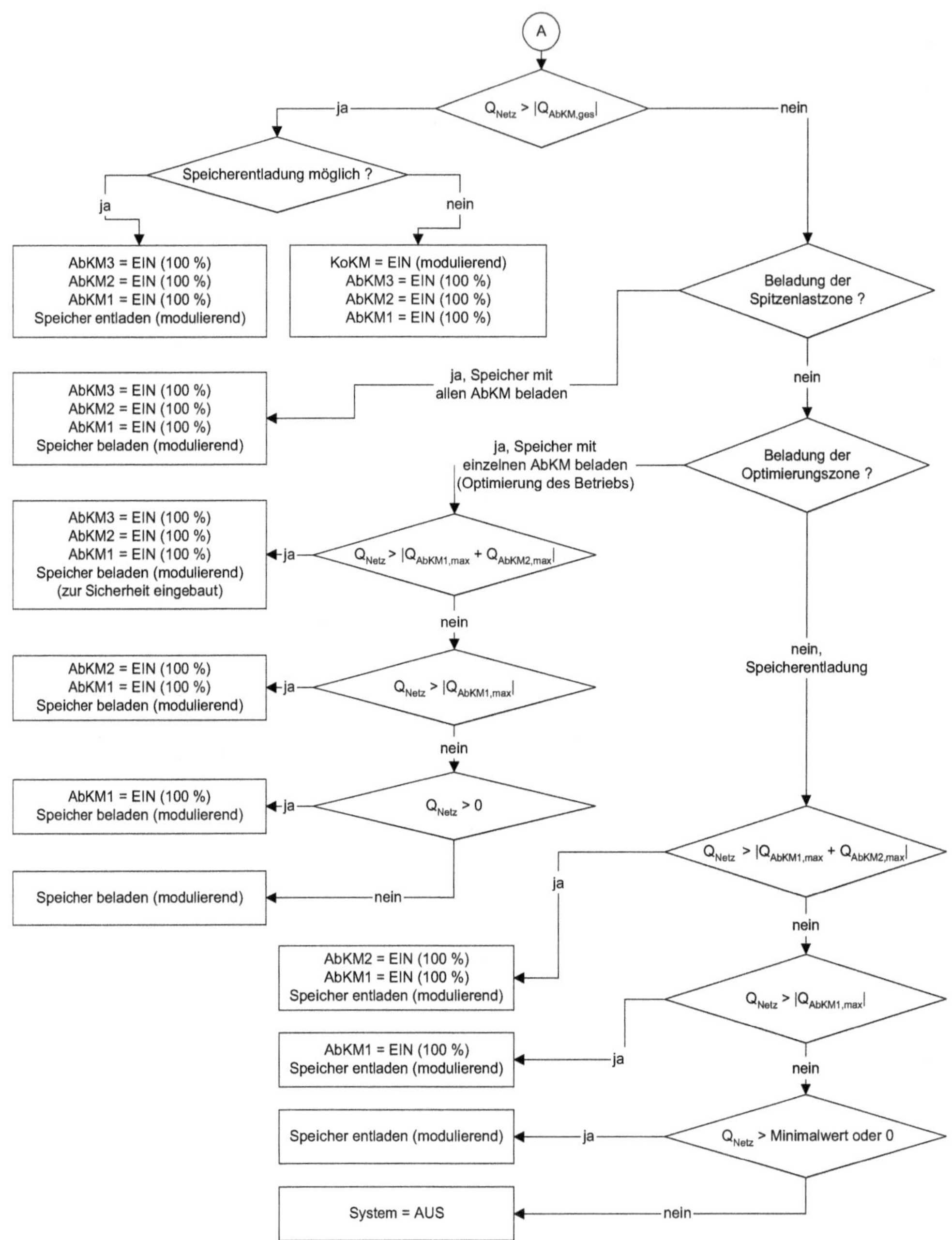

Abb. C.3: MSR-Algorithmus der TRNSYS-Simulation [341]

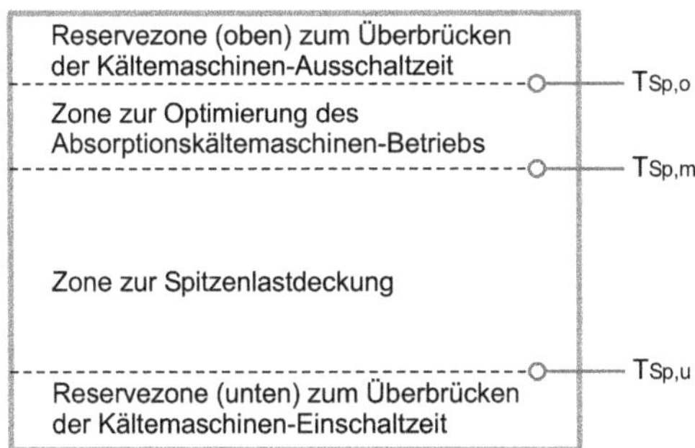

Abb. C.4: Zonierung des Speichermodells, Einsatz von Temperaturfühlern an den Grenzen der Zonen [341]

- Das MSR-Programm (Nichtstandard-TYPE[4] in TRNSYS) wurde nach den oben genannten Vorgaben (Abb. C.3) entwickelt.

C.3 Übergeordnete Berechnungen

Die eigentliche TRNSYS-Simulation ist in ein komplexes Matlab-Programm [345] eingebettet, weil vor und nach der Simulation umfangreiche Berechnungen notwendig sind. Einen Überblick zur Programmstruktur gibt Abb. C.6. Im Programmsystem werden folgende Schritte abgearbeitet:

- Definition von Szenarien,
  - technische Parameter (z. B. Wirkungsgrade),
  - ökonomische Parameter (z. B. Preise),
  - Auslegung der Anlage (z. B. Anschluss des Speichers),
- Steuerung der Berechnungsserien,
- Variation von Parametern (z. B. Speichervolumen, Speicherhöhe, Speicherzonierung, Wärmedämmung),
- Übergabe der Parameter an die TRNSYS-Simulation und Start von TRNSYS,
- Auslesen der Simulationsergebnisse,
- Berechnung der Energie- und Stoffbilanzen (Abs. B.3, mit Bezug auf Stunden, Tage, Monate und ein Jahr),
- Umsetzung der Ergebnisse auf verschiedene Speicherkonstruktionen und Einbindungsvarianten,

[4]TRNSYS bietet die Möglichkeit, eigene Komponenten usw. zu programmieren. Der Sammler und Verteiler in Abb. C.5 wurden ebenfalls als einfache Programme (Nichtstandard-TYPEs) implementiert.

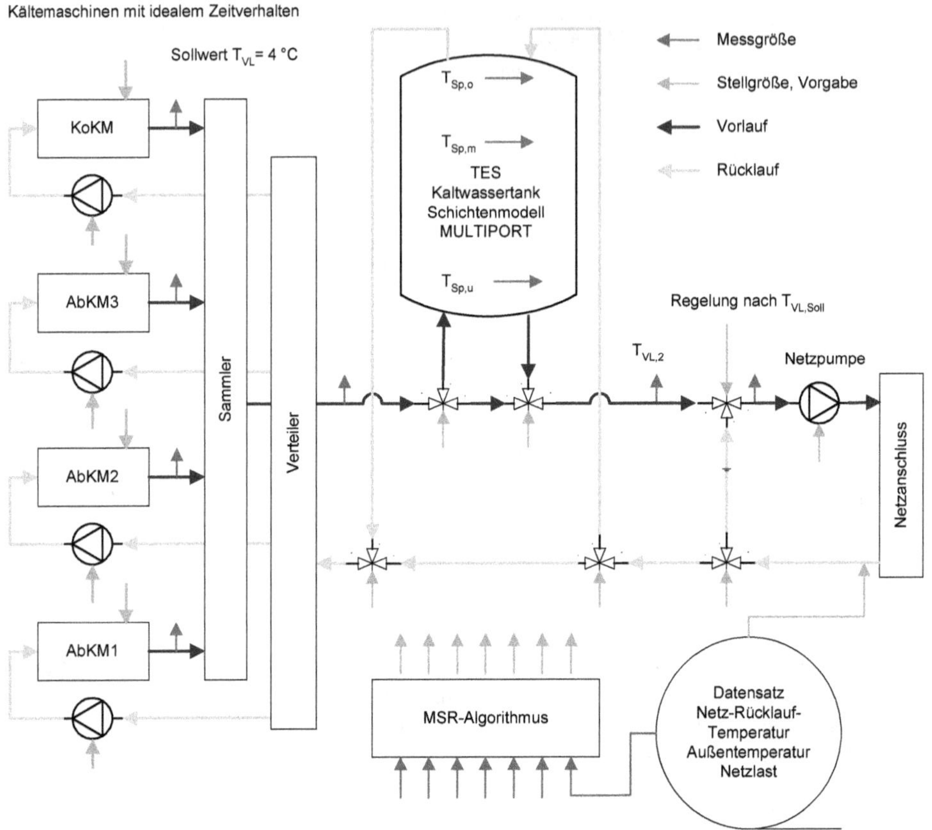

Abb. C.5: Schema zum Aufbau der zentralen Kälteerzeugung mit Speicher in der Simulation [341]

  - GFK-Speicher,
  - Stahl-Speicher,
  - Beton-Speicher,

- Berechnung der Kosten (Abs. B.4),
  - Investitionskosten,
  - Kapitalkosten,
  - verbrauchsgebundene Kosten,
  - betriebsgebundene Kosten,

- Berechnung der Referenzvarianten (wassergekühlte Kompressionskältemaschinen anstelle der Speicherlösung),

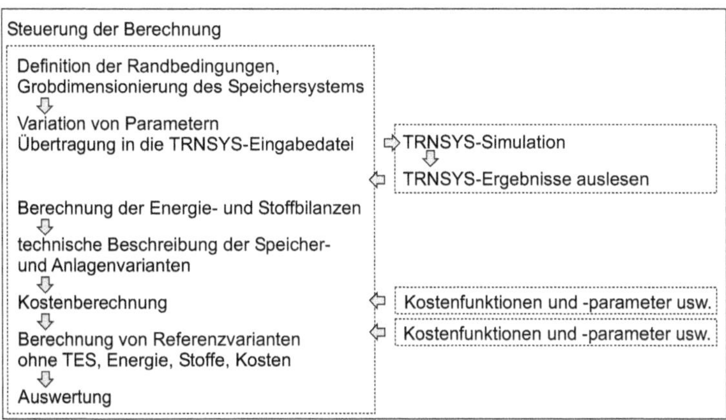

Abb. C.6: Schema zum Aufbau des Matlab-Programms „Komplexe Berechnungen zu Kältespeichern" [342]

 - Energie- und Stoffbilanzen (Abs. B.3),
 - Kosten (Abs. B.4),

- Ausgabe der Ergebnisse (Texte für Tabellen, Diagramme).

Das Programm übernimmt eine automatische Auslegung der zentralen Kälteerzeugung (ZKE). Dabei wird zwischen den verschiedenen Speichertypen unterschieden. In Abhängigkeit des Typs erfolgt die Speicherintegration (z. B. mit oder ohne Druckerhöhung bzw. -minderung). Die Kosten werden für jede Speichervariante getrennt ermittelt.

In der Simulation darf keine Unterversorgung auftreten (z. B. bei kleinen Speicherkapazitäten). Der Algorithmus stellt eine ausreichende Kompressionskältemaschinen-Leistung zur Verfügung. Nach Abschluss der Simulation ermittelt der Algorithmus die maximal angeforderte Kälteleistung aus den integralen Stundenwerten.

Die Parameter werden in sogenannten Szenarien zusammengefasst. Im Anschluss berechnet das Programm die Referenzanlagen (z. B. alleiniger Einsatz von Kompressionskältemaschinen) für Vergleichszwecke.

Außerdem lassen sich verschiedene Parametervariationen automatisch durchführen (z. B. Variation der Speicherhöhe). Dabei kann man die Parametervariation auch so organisieren, dass mehrere Parameter systematisch geändert werden. Dadurch ist die Untersuchung eines bestimmten Kennfeldes möglich. In diesem Abschnitt wird beispielhaft die Größe der Absorptionskältemaschinen und des Speichers variiert.

Voruntersuchungen

Zur Bestimmung grundlegender Zusammenhänge waren Voruntersuchungen notwendig. Folgende grundlegende Ergebnisse lieferte die Anlagensimulation:

- Eine Speichermindesthöhe von 5...10 m ist bei idealer Schichtung (Verhalten des Speichermodells) erforderlich. Werte über 14 m nutzen den Speicher maximal aus [346].

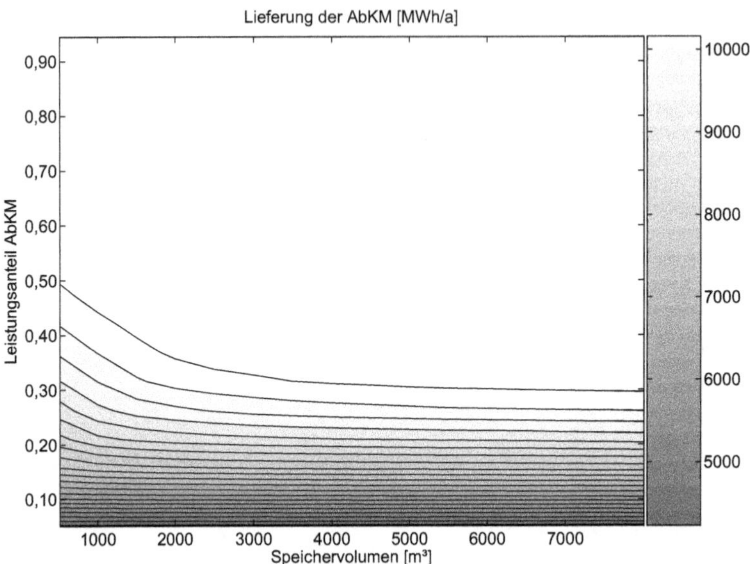

Abb. C.7: jährliche Kältelieferung der Absorptionskältemaschinen in Abhängigkeit vom Speichervolumen und dem Leistungsanteil der Absorptionskältemaschinen

- Kompakte Speicher weisen minimale Verluste aus[5].
- Bei einer optimalen Speicherzonierung liegt die Trennschicht zwischen der Zone für die Lastspitze und der Zone für den optimalen Betrieb auf einer relativen Speicherhöhe von 0,7. Die untere Reservezone besitzt ein Volumen von 410 m^3 und die obere Reservezone ein Volumen von 100 m^3 [346].

C.4 Ergebnisse und Auswertung

Die Ergebnisse (Abb. C.7 bis Abb. C.19) werden als Funktionen des Speichervolumens und des Leistungsanteiles der Absorptionskältemaschinen dargestellt[6].

Die jährliche Kältelieferung der Absorptionskältemaschinen (Abb. C.7) steigt stark mit LA_{AbKM} wegen der zunehmenden Grundlastdeckung an. Der obere Grenzwert wird mit zunehmenden V_{Sp} noch schneller erreicht. Bei großen Speichervolumina mit ca. $V_{Sp} > 2000\,\mathrm{m}^3$ sind Änderungen kaum noch sichtbar. Kleine Speichervolumina sind demzufolge energetisch schon hochwirksam.

Die jährliche Kältelieferung der Kompressionskältemaschinen (Abb. C.8) zeigt ein komplementäres Verhalten zur Kältelieferung mit Absorptionskältemaschinen (siehe

[5] Eine bessere Modellierung ist mit dem speziellen Modell nach Abs. D möglich. Dieses ist erst ab 2008 verfügbar gewesen.

[6] Der Funktionsverlauf am Rand (z. B. für kleine Speicher) konnte aus Gründen der Modellierung nicht dargestellt werden. Es ist zu überprüfen, ob Kostenminima am Rand existieren. Das könnte z. B. für den alleinigen Einsatz von Kompressionskältemaschinen zutreffen.

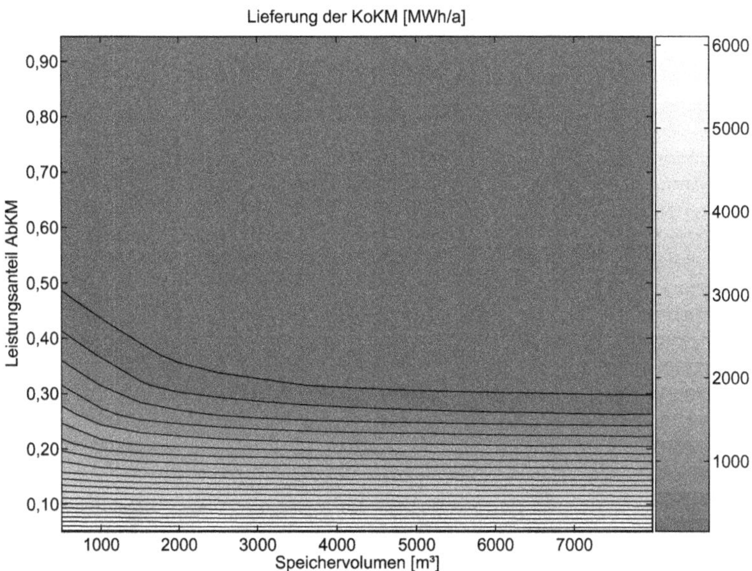

Abb. C.8: jährliche Kältelieferung der Kompressionskältemaschinen in Abhängigkeit vom Speichervolumen und dem Leistungsanteil der Absorptionskältemaschinen

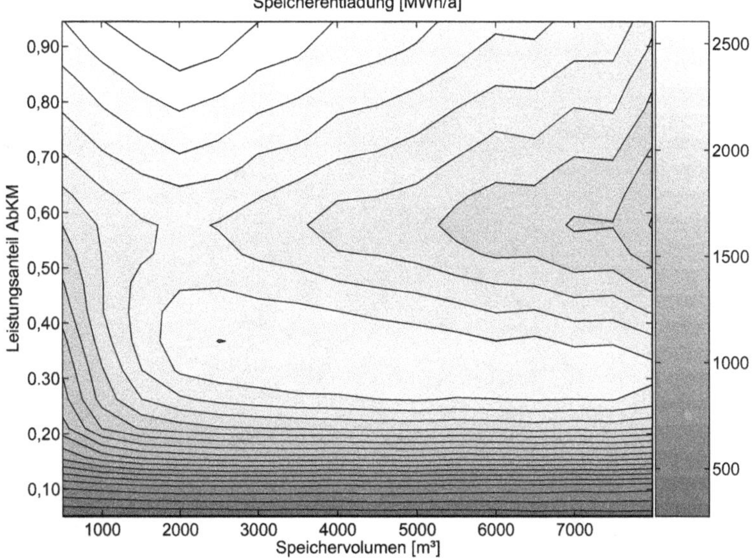

Abb. C.9: jährliche Kältelieferung der Speicherentladung in Abhängigkeit vom Speichervolumen und dem Leistungsanteil der Absorptionskältemaschinen

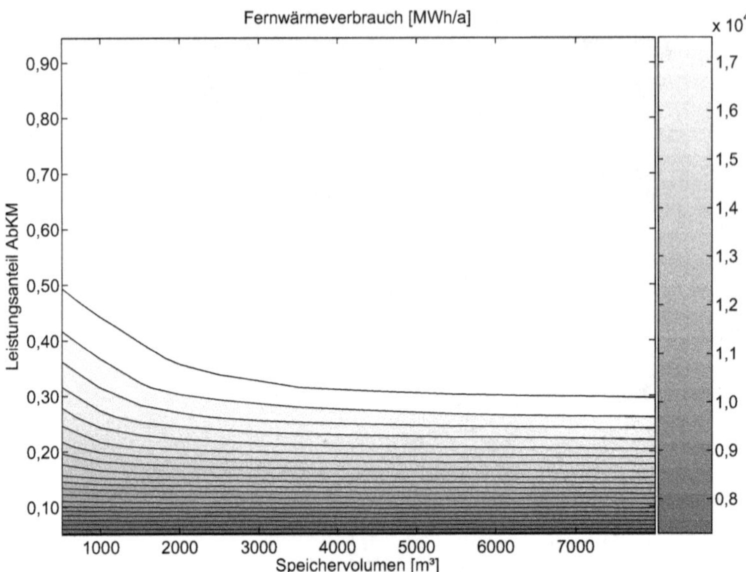

Abb. C.10: jährlicher Fernwärmeverbrauch in Abhängigkeit vom Speichervolumen und dem Leistungsanteil der Absorptionskältemaschinen

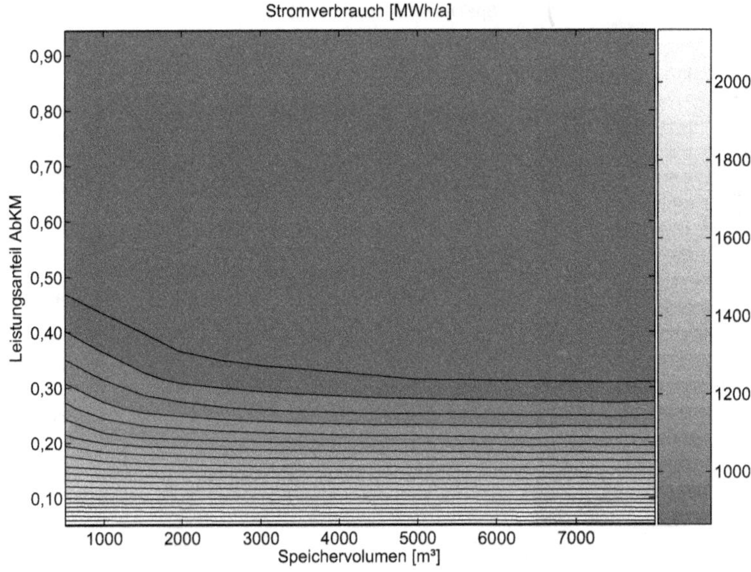

Abb. C.11: jährlicher Stromverbrauch in Abhängigkeit vom Speichervolumen und dem Leistungsanteil der Absorptionskältemaschinen

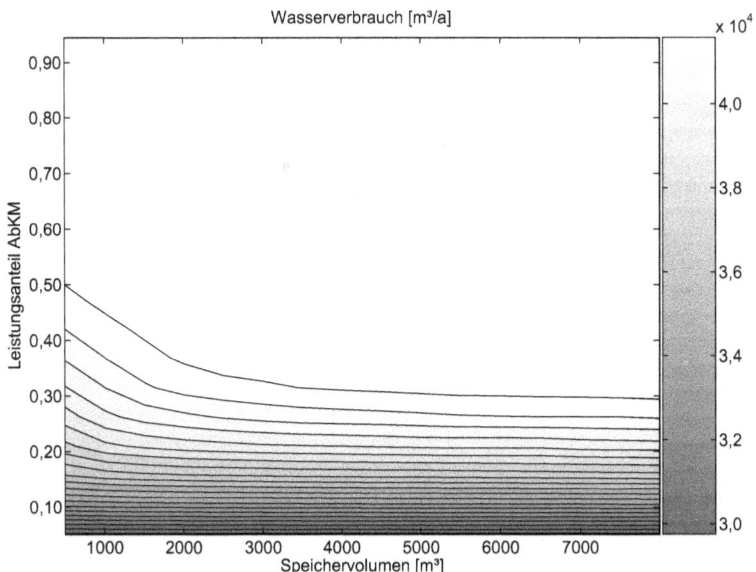

Abb. C.12: jährlicher Wasserverbrauch in Abhängigkeit vom Speichervolumen und dem Leistungsanteil der Absorptionskältemaschinen

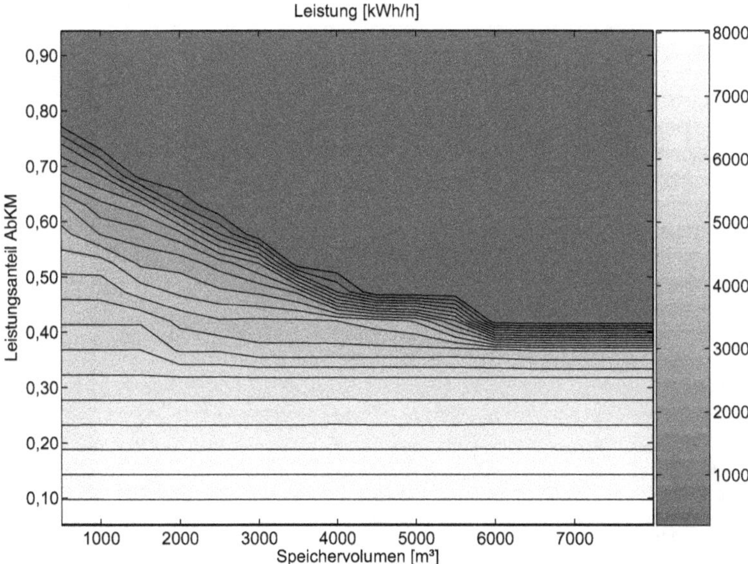

Abb. C.13: maximal angeforderte Leistung der Kompressionskältemaschinen in Abhängigkeit vom Speichervolumen und dem Leistungsanteil der Absorptionskältemaschinen

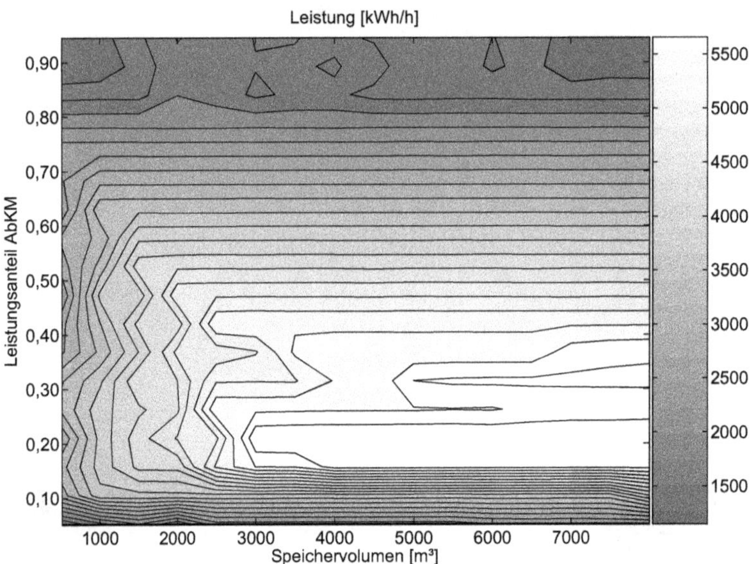

Abb. C.14: maximal angeforderte Leistung bei der Speicherentladung in Abhängigkeit vom Speichervolumen und dem Leistungsanteil der Absorptionskältemaschinen

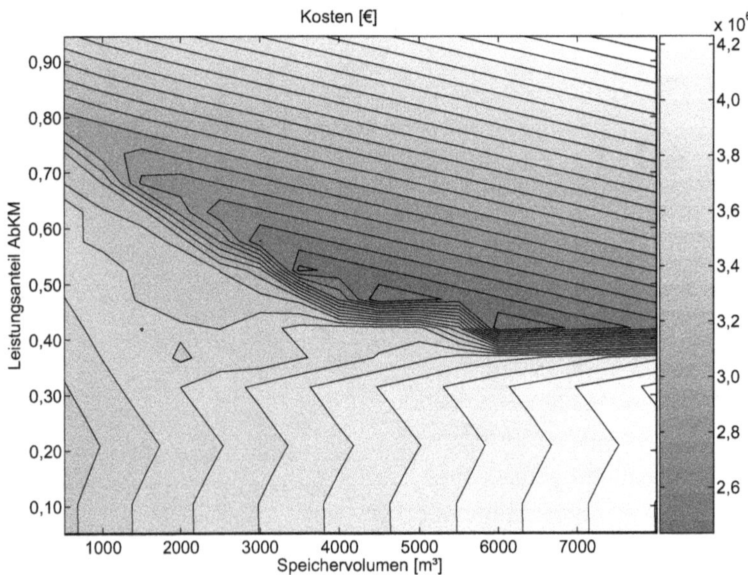

Abb. C.15: gesamte Investitionskosten in Abhängigkeit vom Speichervolumen und dem Leistungsanteil der Absorptionskältemaschinen, Betrachtung der Neuerrichtung

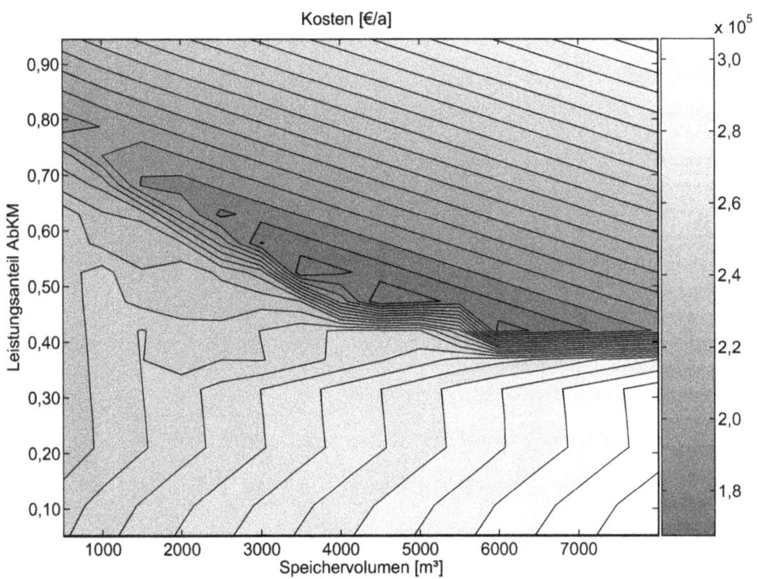

Abb. C.16: Kapitalkosten der gesamten Investition in Abhängigkeit vom Speichervolumen und dem Leistungsanteil der Absorptionskältemaschinen, Betrachtung der Neuerrichtung

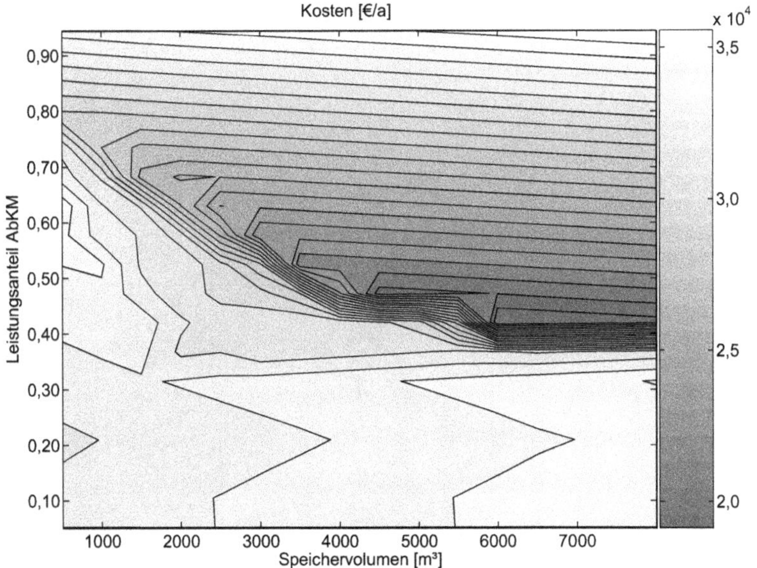

Abb. C.17: gesamte betriebsgebundene Kosten in Abhängigkeit vom Speichervolumen und dem Leistungsanteil der Absorptionskältemaschinen, Betrachtung der Neuerrichtung

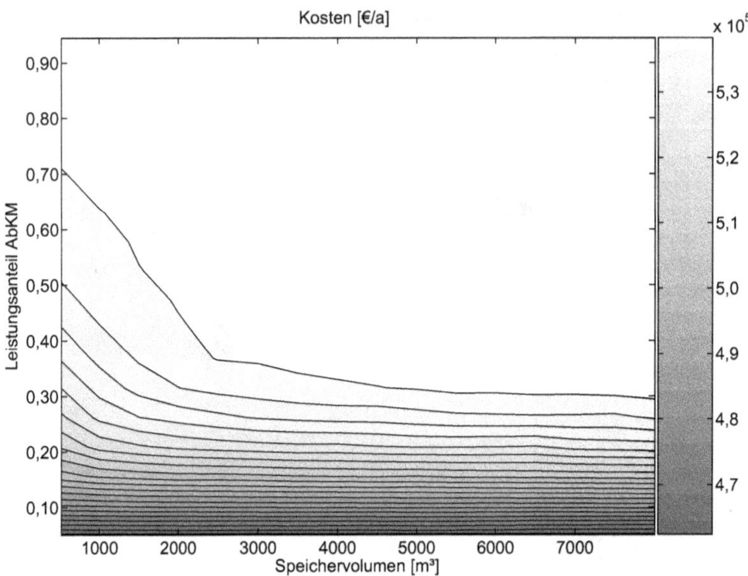

Abb. C.18: gesamte verbrauchsgebundene Kosten in Abhängigkeit vom Speichervolumen und dem Leistungsanteil der Absorptionskältemaschinen, Betrachtung der Neuerrichtung

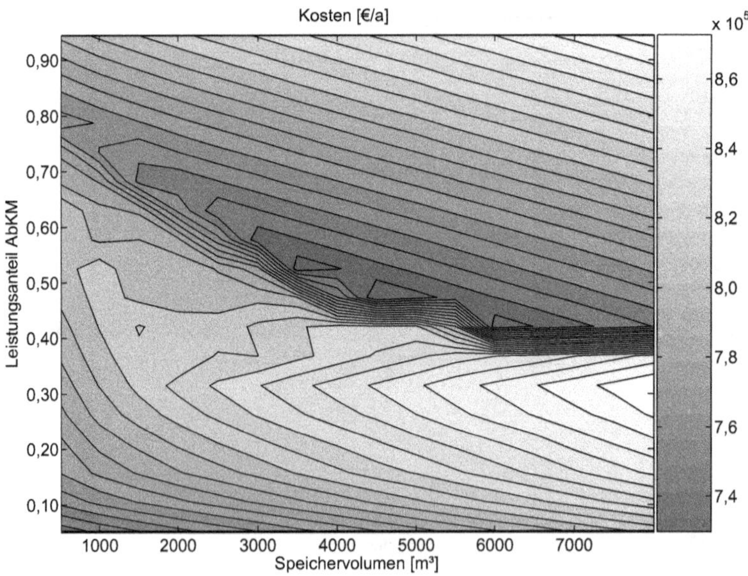

Abb. C.19: Jahresgesamtkosten in Abhängigkeit vom Speichervolumen und dem Leistungsanteil der Absorptionskältemaschinen, Betrachtung der Neuerrichtung

oben). Bei steigendem LA_{AbKM} findet zuerst ein Abbau der Mittellastdeckung und dann der Abbau der Spitzenlastabdeckung statt. Eine vollständige Substitution liegt in großen Bereichen vor (vergleiche mit Abb. C.13).

Die jährliche Kältelieferung der Speicherentladung (Abb. C.9) setzt sich aus dem Betrieb zur Spitzenlastdeckung und dem Optimierungsbetrieb zusammen. Diese Lieferung ist abhängig

- von der Speicherkapazität,
- der zur Verfügung stehenden Beladeenergie (nächtlicher Überschuss an Absorptionskältemaschinen-Leistung) und
- der täglichen Spitzenlast.

Starke Anstiege sind deshalb in dem Bereich $LA_{AbKM} < 0,25$ und $V_{Sp} < 1500\,\mathrm{m}^3$ zu erkennen. Bei $LA_{AbKM} = 0,25 \ldots 0,45$ bildet sich mit steigendem V_{Sp} ein lokales, linienförmiges Maximum aus. Die hohe Lieferung ist ein Ausdruck für eine hohe Anzahl von Beladezyklen. Das zweite Maximum bei $V_{Sp} \approx 2000\,\mathrm{m}^3$ und $LA_{AbKM} = 0,95$ kommt offensichtlich durch die Steuer- und Regelstrategie sowie die Speicherzonierung zustande. Im Bereich $LA_{AbKM} = 0,95$ verdrängen die Absorptionskältemaschinen nahezu die Kompressionskältemaschinen und übernehmen schon fast den gesamten Spitzenlastbereich. Es steht überproportional viel Leistung zur Beladung zur Verfügung. Nur in diesem Bereich stellt sich ein Maximum ein.

Der jährliche Fernwärmeverbrauch (Abb. C.10) korrespondiert mit der Kältelieferung durch die Absorptionskältemaschinen. Der jährliche Verbrauch an Elektroenergie (Abb. C.11) zeigt im Gegensatz dazu ein umgekehrtes Verhalten. Dieser steigt stark bei zunehmender Kältelieferung der Kompressionskältemaschinen, hier abnehmender LA_{AbKM}, an. Mit abnehmenden LA_{AbKM} kommt es zum asymptotischen Annähern und zum Erreichen des Grenzwertes.

Der jährliche Wasserverbrauch (Abb. C.12) korreliert vor allem mit der Kältelieferung der Absorptionskältemaschinen wegen des hohen spezifischen Wasserverbrauchs. Aber auch die Abhängigkeit von der Kälteerzeugung mit Kompressionskältemaschinen ist relevant.

Die maximal angeforderte Leistung der Kompressionskältemaschinen (Abb. C.13) zeigt eine der interessantesten Funktionen. Mit steigendem LA_{AbKM} bis ca. $LA_{AbKM} \approx 0,3$ erfolgt zunächst eine annähernd lineare Verdrängung der Kompressionskältemaschinen-Leistung aus dem Grund- bis Mittelastbereich. Mit weiter steigender Leistung der Absorptionskältemaschinen und einer ausreichenden Speicherkapazität setzt eine rapide Verdrängung der Kompressionskältemaschinen-Leistung ein. Der Bereich, wo keine Kompressionskältemaschinen mehr notwendig sind (untere Ebene), wird durch eine Kurve in der Mitte vom Bereich mit hohen Leistungen der Kompressionskältemaschinen abgegrenzt (Engpassleistung, Abs. 6.3.4 S. 208). Diese Kurve beginnt bei $LA_{AbKM} \approx 0,8$ für $V_{Sp} \approx 500\,\mathrm{m}^3$ und endet im Diagramm bei $LA_{AbKM} \approx 0,4$ für $V_{Sp} \approx 8000\,\mathrm{m}^3$. Mit zunehmender Speicherkapazität setzt die Verdrängung sprungartiger ein.

Die maximal angeforderte Leistung des Speichers (Abb. C.14) liefert weitere wichtige Zusammenhänge: Das linienförmige Maximum liegt bei $LA_{AbKM} \approx 0,2$ und beginnt bei $V_{Sp} \approx 4000\,\mathrm{m}^3$. Voraussetzungen für einen effektiven Speicherbetrieb sind, wie bereits beschrieben, eine ausreichende Speicherkapazität und Beladeenergie sowie einen signifikanten Bedarf im Spitzenlastbereich. Der starke Abfall in Richtung kleiner LA_{AbKM} weist eine nicht genügende Beladeleistung aus. Der mäßige Abfall in Richtung großer LA_{AbKM} zeigt die zunehmende Deckung der Netzlast durch die Absorptionskältemaschinen. Anhand dieser Darstellung wird die Konkurrenzsituation zwischen den Absorptionskältemaschinen und der Speicherentladeleistung besonders deutlich. Bei niedrigen V_{Sp} und bei mittleren LA_{AbKM} zeigt die Abb. hingegen ein nicht stetiges Systemverhalten.

Die gesamten Investitionskosten (Abb. C.15) setzen sich aus den Teilinvestitionen für Kältemaschinen, Speicher, Speicherperipherie und bauliche Anlagen zusammen. Es kommt zu einer Überlagerung aller Kostenfunktionen und kostenrelevanter Parameter. Bedeutsam ist das linienförmige Kostenminimum, welches maßgeblich durch die starke Minderung der Kompressionskältemaschinen-Leistung verursacht wird (vergleiche mit Abb. C.13). Keine großen Änderungen liegen im Bereich kleiner V_{Sp} vor. Hier kompensieren sich die verschiedenen Kostenfunktionen. Im Bereich kleiner LA_{AbKM} ist der kontinuierliche Anstieg der speichergebundenen Investition zu erkennen. Die schräge Ebene bei hohen LA_{AbKM} verursachen die Investitionen von Absorptionskältemaschinen und Speicher.

Auf die Kapitalkosten der gesamten Investition (Abb. C.16) haben die jeweiligen Teilinvestitionen wesentlichen Einfluss. Die unterschiedlichen technischen Nutzungszeiten bewirken eine leichte Verschiebung des Flächenprofils im Vergleich zu den Investitionskosten.

Die gesamten betriebsgebundenen Kosten (Abb. C.17) korrespondieren direkt mit den Teilinvestitionskosten. Die Funktion ist aufgrund der unterschiedlichen Betriebskostenfaktoren im Vergleich zu den gesamten Investitionskosten flacher. Hier besitzt der Speicher keinen starken Einfluss.

Die gesamten verbrauchsgebundenen Kosten (Abb. C.18) setzen sich aus den Kosten des Fernwärme-, Elektroenergie- und Wasserverbrauchs zusammen. Maßgeblich wird der Verlauf aber durch die genutzte Fernwärme und das benötigte Wasser beeinflusst. Damit unterscheidet sich diese Funktion wesentlich von den Kapitalkosten und den betriebsgebundenen Kosten.

Die Jahresgesamtkosten (Abb. C.19) sind die Summe aus Kapitalkosten, betriebsgebundenen Kosten und verbrauchsgebundenen Kosten. Es kommt zur Überlagerung der vorher gezeigten Teilfunktionen. Das dominante, talförmige Minimum wird durch die substituierte Kompressionskältemaschinen-Leistung erzeugt. Im Bereich sehr kleiner LA_{AbKM} und V_{Sp} ist ein weiteres Minimum zu suchen. Niedrige verbrauchsgebundene Kosten sind die Ursache für dieses Verhalten. Bei kleinen Speichervolumina zeigt die Abb. für $LA_{AbKM} = 0,0 \ldots 0,8$ weiterhin einen bogenförmigen Verlauf. Der energetisch hochwirksame Speicherbetrieb (z. B. bei $LA_{AbKM} \approx 0,4$ und $V_{Sp} = 2000\,\mathrm{m}^3$) fällt nicht mit einem Minimum der Jahresgesamtkosten zusammen.

Folgende Schlussfolgerungen werden gezogen:

- Die gezeigten Funktionen besitzen z. T. starke Unterschiede bei den Funktionsverläufen und ihren Einflüssen auf additive Funktionen (z. B. Jahresgesamtkosten).
- Es existieren Bereiche in denen Absorptionskältemaschinen und ein Speicher effektiv betrieben werden können.
- Weiterhin gibt es Bereiche, die Kostenminima ausweisen. Diese müssen nicht mit den Bereichen des effektiven Speicherbetriebs übereinstimmen.
- Im vorliegenden Beispiel liegen die Bereiche nicht weit auseinander. Durch eine geschickte Auslegung bzw. Änderung der Parameter kann das Minimum der Jahresgesamtkosten erreicht werden.

D TRNSYS-Modell für oberirdische Kaltwasserspeicher

D.1 Einleitung, Motivation

Um die Vorteile von großen Kaltwasserspeichern nutzen zu können, müssen diese Systeme bzw. der Speicher simuliert werden[1]. Eine derartige Simulation des Speichers kann man zur Planung, Optimierung, Analyse und Kontrolle heranziehen.

Für geschichtete Kaltwasserspeicher existieren bereits Modelle. Als Beispiele wären [348], [349] zu nennen. Das Modell wurde an Laborexperimenten und realen Speichern (bis zu 130 m^3) validiert. Eine gute Übersicht zu verfügbaren Modellen liefert z. B. [350].

Folgende Modelle zu kleinen und großen Wasserspeichern (vorwiegend Tanks, wenige Erdbecken) liegen in TRNSYS vor: TYPE 4 [351], TYPE 38 [351], TYPE 39 [351], TYPE 60 [351], TYPE 140 [344], TYPE 142 [352], [353], TYPE 143 [354]. Die meisten Speichermodelle wurden für solare Anwendungen programmiert und validiert.

In TRNSYS [351] sind demzufolge keine Speichermodelle verfügbar, die für große Kaltwasserspeicher geeignet sind. Das betrifft insbesondere den oberirdischen Wärmeübergang, die Berücksichtigung der speziellen Konstruktion (z. B. Bodenplatte, Dachraum) und die Validierung unter den speziellen Randbedingungen (z. B. hohe Volumenströme zur Be- und Entladung).

D.2 Modellierung

Das entwickelte Speichermodell (CST-Model, *Cold Storage Tank Model*, [355], [356]) für große Kaltwasserspeicher (Abb. D.1) soll eine gute Abbildung der vertikalen Temperaturverteilung im Speichergebiet bzw. der Entnahmetemperaturen und der Verluste (Boden, Wand, Dach) liefern.

Dieser Abschnitt orientiert sich konstruktiv am Kaltwasserspeicher in Chemnitz (Abs. A). Das CST-Modell kann aber auch für andere Konstruktionen und Speichermedien über die Änderung der Parameter eingesetzt werden.

Das Schichtenmodell besteht aus drei Bereichen (Fundament, Speicherfüllung, Schutzgasraum). Im vorliegenden Fall wird die Verwendung von Beton, Wasser und Stickstoff angenommen, wobei in diesen Gebieten eine eindimensionale Wärmeleitung vorliegt.

[1] Im Bereich der Anlagensimulation (z. B. TRNSYS [351], Programmsystem für Anlagen in der Energietechnik und bauphysikalische Aufgabenstellungen) findet zurzeit die Strömungssimulation keine Anwendung. Die Programmalgorithmen sind nicht für die Lösung der Navier-Stokes-Gleichung konzipiert. Die Abbildung des thermischen Speicherverhaltens mittels Strömungssimulation erfolgt in Abs. E.

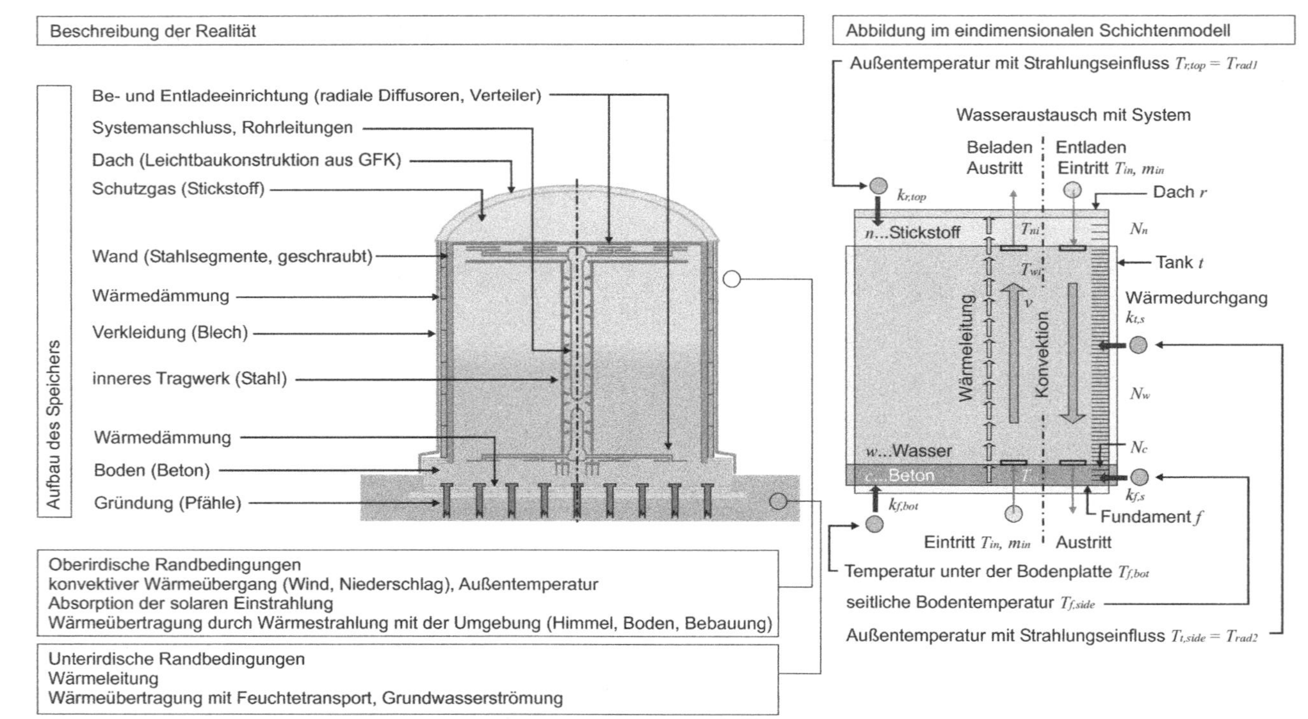

Abb. D.1: Gegenüberstellung eines typischen Speicheraufbaus (Beispiel Chemnitz) und dem CST-Modell

Im Bereich des Speichermediums wird zusätzlich die Be- und Entladung (Konvektion) mit einem vertikalen Pfropfenstrom unter Berücksichtigung der Richtung modelliert. Bei einer Dichteinversion, die in der Realität freie Konvektion hervorruft, übernimmt eine zusätzliche Routine den Temperaturausgleich im entsprechenden Gebiet mit einer Mischung von benachbarten Schichten. Weiterhin werden die thermischen Verluste über die Berandungsfläche zur Umgebung bestimmt. Für den jeweiligen Bereich (Fundamentboden, Fundamentseitenwand, Tankwand, Dach) kann man verschiedene Wärmeübergangskoeffizienten definieren. Eine Zusammenfassung in einem Wärmedurchgangskoeffizient ist erforderlich, wenn ein mehrschichtiger Aufbau oder weitere Transportprozesse vorkommen.

Um die zeitabhängigen Randbedingungen zu berücksichtigen, müssen Datensätze eingelesen werden (Nutzung von TYPE 9 [351], hier Messwerte, 3 min-Mittelwerte). Zur Beladung (Wassereintritt unten) und zur Entladung (Wassereintritt oben) werden die Wassereintritts-Temperatur und der Wassereintritts-Massenstrom eingebunden. Gleichzeitig können für die Berechnung des Wärmeübergangs an der Speicherberandungsfläche die Temperaturen an der Bodenplatte (unten und seitlich), an der seitlichen Tankwand und an der Dachoberfläche eingelesen werden (hier Messwerte, 3 min-Stichprobenwerte ohne Mittelung).

Im Gegensatz zur Bestimmung der Temperaturen im Erdreich (hier Messwerte) ist die Ermittlung der oberirdischen Randbedingungen schwieriger und möglicherweise mit höheren Unsicherheiten behaftet. Dafür sind die unterschiedlichen klimatischen Bedingungen verantwortlich (Wind, kurzwellige und langwellige Strahlung, Abb. D.2, Abb. D.3, Himmelssituation, Niederschlag usw.). Aus diesem Grund wird eine spezielle Methode vorgeschlagen. Zum Einsatz kommen Messwerte von nicht verschatteten Temperaturfühlern (Abb. D.4, Abb. D.1). Es wird angenommen, dass die gemessenen Temperaturen (Abb. D.5) annähernd mit den Oberflächentemperaturen der entsprechenden Bauteile übereinstimmen. Eine Modellierung des Wärmeübergangs von der Bauteiloberfläche zur Außenluft ist deswegen nicht notwendig. Alternativ können aber auch andere Teilmodelle für diese Berechnungen eingesetzt werden.

Weiterhin müssen die Anfangsbedingungen für die drei Bereiche des Schichtenmodells zum Start der Simulation vorliegen: eine Temperatur für das Fundament, 40 Temperaturen für das Speichermedium Wasser (Einlesen einer Datei), eine Temperatur für den Schutzgasraum.

Weitere Parameter legen die Geometrie des Speichers (Annahme Zylinder), die Stoffwerte, die Schichtenanzahl, die Wärmeübergangskoeffizienten und die logischen Einheiten (Verwendung von Dateien zur Ein- und Ausgabe) fest.

Das CST-Modell berechnet im ersten Schritt die neue Temperaturverteilung. Danach korrigiert die Mischungsroutine eine mögliche Dichteinversion zwischen den benachbarten Schichten. Auf Basis der alten und neuen Temperaturverteilung werden dann explizit die Austrittstemperatur, der Austrittsmassenstrom, die Änderung der inneren Energie, die Wärmeströme über die Speicheroberfläche (Verluste für alle beschriebenen Flächen), die inneren Wärmeströme (Fundament-Speichermedium, Speichermedium-Schutzgas) berechnet.

Abb. D.2: Kaltwasserspeicher in Chemnitz, Aufnahmen mit einer Infrarotkamera, 30.07.2008, 19 Uhr, Außentemperatur 29 °C, leicht windig, tief stehende Sonne, gesamte Speicheroberfläche mit hohen Temperaturen, linke Speicherseite mit etwas höheren Temperaturen

Abb. D.3: Kaltwasserspeicher in Chemnitz, Aufnahmen mit einer Infrarotkamera, 01.08.2008, 9 Uhr, Außentemperatur 25 °C, leicht windig, starke Bestrahlung (rechte Seite, verfälschender Einfluss der solaren Strahlung auf die Aufnahme), starke Temperaturunterschiede zwischen der bestrahlten und verschatteten Seite

D.3 Implementierung und numerische Lösung

Die Implementierung des CST-Modells erfolgte in TRNSYS 15 [351]. Das CST-Modell beinhaltet auch den vollständigen Lösungsalgorithmus für alle Differenzengleichungen auf der Basis des Finiten Differenzenverfahrens. Die Gleichungen für die Energieerhaltung jeder einzelnen Schicht (räumliche Diskretisierung) werden zeitlich mit dem Crank-Nickolson-Verfahren diskretisiert.

Eine weitere Vorgabe besteht darin, dass der Simulationszeitschritt das Vielfache einer Minute beträgt. Innerhalb eines Simulationszeitschrittes werden dann interne Zeitschritte mit einer Minute berechnet. Das ist eine wichtige Voraussetzung, um mit

Abb. D.4: Wetterstation am Kältespeicher, T_{rad1} (nach oben gerichtet, Verwendung für die Temperatur des Speicherdaches) und T_{rad2} (nach unten gerichtet, Verwendung für die Temperatur der Speicherwandverkleidung)

vielen Schichten im Gebiet des Speichermediums (bis zu 520 Schichten) arbeiten zu können. Man muss zudem das Courant-Kriterium beachten. Die Verwendung einer hohen Schichtenanzahl ist empfehlenswert, weil die konvektiven Terme mit dem Upwind-Verfahren diskretisiert werden. Im Vergleich zum Zentralen Differenzenverfahren besitzt das Upwind-Verfahren eine höhere Stabilität. Die numerische Dispersion ist gegenüber Verfahren höherer Ordnung aber größer.

Die Anzahl der Schichten des Speichermediums beträgt ein Vielfaches von 40, in diesem Fall 480. Dieses ist auf die Initialisierung mit 40 Temperaturen zurückzuführen. Die frei wählbare Schichtenanzahl (bis zu 30 Schichten) für das Fundament liegt in diesem Fall bei 16 und für den Dachraum mit Schutzgas bei 5.

Die Parameter für die Simulation des realen Speicherbetriebs stimmen mit den Stoffwerten bzw. den Planungswerten überein (keine Verwendung von korrigierten Parametern). Bei den internen Wärmeübergängen vom Fundament zum Speichermedium und vom Speichermedium zum Schutzgas wird Wärmeleitung im Modell angenommen (Gl. D.1, D.2).

Die diskretisierten Differenzengleichungen für alle drei Speicherbereiche sind mit den Gleichungen D.3 bis D.11 dargestellt. Dieses Gleichungssystem wird mit dem Thomas-Algorithmus für tridiagonale Matrizen (Vorwärts- und Rückwärtssubstitution) effizient und genau gelöst (Gl. D.12) [355].

Wärmeübergang zwischen dem Fundament und dem Speichermedium:

$$k_{cw} = \frac{1}{\frac{\Delta x_c}{2\lambda_c} + \frac{\Delta x_w}{2\lambda_w}} \tag{D.1}$$

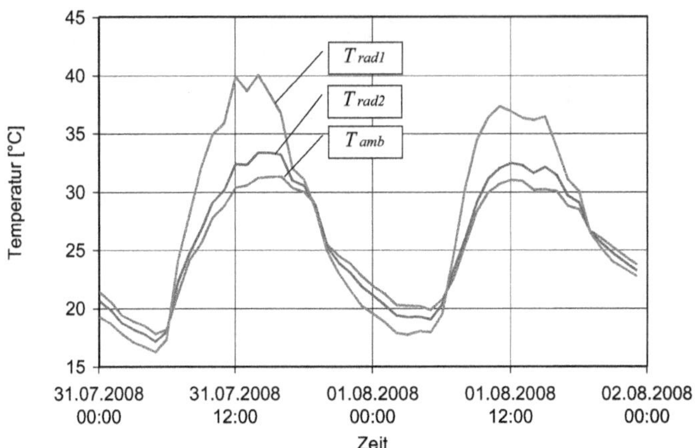

Abb. D.5: Wetterstation am Kältespeicher, Temperaturverlauf der bestrahlten Temperaturfühler (T_{rad1} , T_{rad2}) (Abb. D.4) und der Lufttemperatur der Umgebung T_{amb} (vergleiche mit Abb. D.2, Abb. D.3)

Wärmeübergang zwischen dem Speichermedium und dem Schutzgas:

$$k_{wn} = \frac{1}{\frac{\Delta x_w}{2\lambda_w} + \frac{\Delta x_n}{2\lambda_n}} \tag{D.2}$$

Fundament (Beton, untere Schicht) mit $j = 1$:

$$\begin{aligned} &T_{c1}^{t}\left(2 + \frac{k_{f,bot}}{\rho_c c_c}\frac{\Delta t}{\Delta x_c} + \frac{k_{f,s}A_{f,s}}{N_c\rho_c c_c A_{f,fp}}\frac{\Delta t}{\Delta x_c} + a_c\frac{\Delta t}{\Delta x_c^2}\right) - T_{c2}^{t}\left(a_c\frac{\Delta t}{\Delta x_c^2}\right) \\ &= T_{c1}^{t-\Delta t}\left(2 - \frac{k_{f,bot}}{\rho_c c_c}\frac{\Delta t}{\Delta x_c} - \frac{k_{f,s}A_{f,s}}{N_c\rho_c c_c A_{f,fp}}\frac{\Delta t}{\Delta x_c} - a_c\frac{\Delta t}{\Delta x_c^2}\right) \\ &+T_{c2}^{t-\Delta t}a_c\frac{\Delta t}{\Delta x_c^2} + T_{f,bot}^{t-\Delta t}\frac{2k_{f,bot}}{\rho_c c_c}\frac{\Delta t}{\Delta x_c} + T_{f,side}^{t-\Delta t}\frac{2k_{f,s}A_{f,s}}{N_c\rho_c c_c A_{f,fp}}\frac{\Delta t}{\Delta x_c} \end{aligned} \tag{D.3}$$

Fundament (Beton, mittlere Schichten) mit $j = 2 \ldots N_c - 1$:

$$\begin{aligned} &T_{ci-1}^{t}\left(-a_c\frac{\Delta t}{\Delta x_c^2}\right) + T_{ci}^{t}\left(2 + 2a_c\frac{\Delta t}{\Delta x_c^2}\right) + T_{ci+1}^{t}\left(-a_c\frac{\Delta t}{\Delta x_c^2}\right) \\ &= T_{ci-1}^{t-\Delta t}a_c\frac{\Delta t}{\Delta x_c^2} + T_{ci}^{t-\Delta t}\left(2 - 2a_c\frac{\Delta t}{\Delta x_c^2} - \frac{k_{f,s}A_{f,s}}{N_c\rho_c c_c A_{f,fp}}\frac{\Delta t}{\Delta x_c}\right) \\ &+T_{ci+1}^{t-\Delta t}a_c\frac{\Delta t}{\Delta x_c^2} + T_{f,side}^{t-\Delta t}\frac{2k_{f,s}A_{f,s}}{N_c\rho_c c_c A_{f,fp}}\frac{\Delta t}{\Delta x_c} \end{aligned} \tag{D.4}$$

Fundament (Beton, obere Schicht) mit $j = N_c$:

$$\begin{aligned} &T_{cNc-1}^{t}\left(-a_c\frac{\Delta t}{\Delta x_c^2}\right) \\ &+T_{cNc}^{t}\left(2 + a_c\frac{\Delta t}{\Delta x_c^2} + \frac{k_{cw}A_{t,fp}}{\rho_c c_c A_{f,fp}}\frac{\Delta t}{\Delta x_c} + \frac{k_{f,s}A_{f,s}}{N_c\rho_c c_c A_{f,fp}}\frac{\Delta t}{\Delta x_c}\right) \\ &+T_{w1}^{t}\left(-\frac{k_{cw}A_{t,fp}}{\rho_c c_c A_{f,fp}}\frac{\Delta t}{\Delta x_c}\right) \\ &= T_{cNc-1}^{t-\Delta t}a_c\frac{\Delta t}{\Delta x_c^2} \\ &+T_{cNc}^{t-\Delta t}\left(2 - a_c\frac{\Delta t}{\Delta x_c^2} - \frac{k_{cw}A_{t,fp}}{\rho_c c_c A_{f,fp}}\frac{\Delta t}{\Delta x_c} - \frac{k_{f,s}A_{f,s}}{N_c\rho_c c_c A_{f,fp}}\frac{\Delta t}{\Delta x_c}\right) \\ &+T_{w1}^{t-\Delta t}\frac{k_{cw}A_{t,fp}}{\rho_c c_c A_{f,fp}}\frac{\Delta t}{\Delta x_c} + T_{f,side}^{t-\Delta t}\frac{2k_{f,s}A_{f,s}}{N_c\rho_c c_c A_{f,fp}}\frac{\Delta t}{\Delta x_c} \end{aligned} \tag{D.5}$$

Speichermedium (Wasser, untere Schicht) mit $j = N_c + 1$:

$$\begin{aligned}
&T_{cNc}^{t}\left(-\frac{k_{cw}}{\rho_w c_w}\frac{\Delta t}{\Delta x_w}\right)\\
&+T_{w1}^{t}\left(2+a_w\frac{\Delta t}{\Delta x_w^2}+\frac{k_{cw}}{\rho_w c_w}\frac{\Delta t}{\Delta x_w}+v\frac{\Delta t}{\Delta x_w}+\frac{k_{t,s}A_{t,s}}{N_w\rho_w c_w A_{t,fp}}\frac{\Delta t}{\Delta x_w}\right)\\
&+T_{w2}^{t}\left(-a_w\frac{\Delta t}{\Delta x_w^2}-v\frac{\Delta t}{\Delta x_w}\left|\frac{dir-1}{2}\right|\right)\\
&=T_{cNc}^{t-\Delta t}\frac{k_{cw}}{\rho_w c_w}\frac{\Delta t}{\Delta x_w}\\
&+T_{w1}^{t-\Delta t}\left(2-a_w\frac{\Delta t}{\Delta x_w^2}-\frac{k_{cw}}{\rho_w c_w}\frac{\Delta t}{\Delta x_w}-v\frac{\Delta t}{\Delta x_w}-\frac{k_{t,s}A_{t,s}}{N_w\rho_w c_w A_{t,fp}}\frac{\Delta t}{\Delta x_w}\right)\\
&+T_{w2}^{t-\Delta t}\left(a_w\frac{\Delta t}{\Delta x_w^2}+v\frac{\Delta t}{\Delta x_w}\left|\frac{dir-1}{2}\right|\right)\\
&+T_{w,in}^{t-\Delta t}v\frac{\Delta t}{\Delta x_w}(dir+1)+T_{t,side}^{t-\Delta t}\frac{2k_{t,s}A_{t,s}}{N_w\rho_w c_w A_{t,fp}}\frac{\Delta t}{\Delta x_w}
\end{aligned} \tag{D.6}$$

Speichermedium (Wasser, mittlere Schichten) mit $j = N_c + 2 \ldots N_c + N_w - 1$:

$$\begin{aligned}
&T_{wi-1}^{t}\left(-a_w\frac{\Delta t}{\Delta x_w^2}-v\frac{\Delta t}{\Delta x_w}\frac{dir+1}{2}\right)\\
&+T_{wi}^{t}\left(2+2a_w\frac{\Delta t}{\Delta x_w^2}+v\frac{\Delta t}{\Delta x_w}+\frac{k_{t,s}A_{t,s}}{N_w\rho_w c_w A_{t,fp}}\frac{\Delta t}{\Delta x_w}\right)\\
&+T_{wi+1}^{t}\left(-a_w\frac{\Delta t}{\Delta x_w^2}-v\frac{\Delta t}{\Delta x_w}\left|\frac{dir-1}{2}\right|\right)\\
&=T_{wi-1}^{t-\Delta t}\left(a_w\frac{\Delta t}{\Delta x_w^2}+v\frac{\Delta t}{\Delta x_w}\frac{dir+1}{2}\right)\\
&+T_{wi}^{t-\Delta t}\left(2-2a_w\frac{\Delta t}{\Delta x_w^2}-v\frac{\Delta t}{\Delta x_w}-\frac{k_{t,s}A_{t,s}}{N_w\rho_w c_w A_{t,fp}}\frac{\Delta t}{\Delta x_w}\right)\\
&+T_{wi+1}^{t-\Delta t}\left(a_w\frac{\Delta t}{\Delta x_w^2}+v\frac{\Delta t}{\Delta x_w}\left|\frac{dir-1}{2}\right|\right)\\
&+T_{t,side}^{t-\Delta t}\frac{2k_{t,s}A_{t,s}}{N_w\rho_w c_w A_{t,fp}}\frac{\Delta t}{\Delta x_w}
\end{aligned} \tag{D.7}$$

Speichermedium (Wasser, obere Schicht) mit $j = N_c + N_w$:

$$\begin{aligned}
&T_{wNw-1}^{t}\left(-a_w\frac{\Delta t}{\Delta x_w^2}-v\frac{\Delta t}{\Delta x_w}\frac{dir+1}{2}\right)\\
&+T_{wNw}^{t}\cdot\left(2+a_w\frac{\Delta t}{\Delta x_w^2}+\frac{k_{wn}}{\rho_w c_w}\frac{\Delta t}{\Delta x_w}+v\frac{\Delta t}{\Delta x_w}+\frac{k_{t,s}A_{t,s}}{N_w\rho_w c_w A_{t,fp}}\frac{\Delta t}{\Delta x_w}\right)\\
&+T_{n1}^{t}\left(-\frac{k_{wn}}{\rho_w c_w}\frac{\Delta t}{\Delta x_w}\right)\\
&=T_{wNw-1}^{t-\Delta t}\left(a_w\frac{\Delta t}{\Delta x_w^2}+v\frac{\Delta t}{\Delta x_w}\frac{dir+1}{2}\right)\\
&+T_{wNw}^{t-\Delta t}\left(2-a_w\frac{\Delta t}{\Delta x_w^2}-\frac{k_{wn}}{\rho_w c_w}\frac{\Delta t}{\Delta x_w}-v\frac{\Delta t}{\Delta x_w}-\frac{k_{t,s}A_{t,s}}{N_w\rho_w c_w A_{t,fp}}\frac{\Delta t}{\Delta x_w}\right)\\
&+T_{n1}^{t-\Delta t}\frac{k_{wn}}{\rho_w c_w}\frac{\Delta t}{\Delta x_w}+T_{w,in}^{t-\Delta t}v\frac{\Delta t}{\Delta x_w}|dir-1|+T_{t,side}^{t-\Delta t}\frac{2k_{t,s}A_{t,s}}{N_w\rho_w c_w A_{t,fp}}\frac{\Delta t}{\Delta x_w}
\end{aligned} \tag{D.8}$$

Schutzgasfüllung (Stickstoff, untere Schicht) mit $j = N_c + N_w + 1$:

$$\begin{aligned}
&T_{wNw}^{t}\left(-\frac{k_{wn}}{\rho_n c_n}\frac{\Delta t}{\Delta x_n}\right)+T_{n1}^{t}\left(2+a_n\frac{\Delta t}{\Delta x_n^2}+\frac{k_{wn}}{\rho_n c_n}\frac{\Delta t}{\Delta x_n}\right)+T_{n2}^{t}\left(-a_n\frac{\Delta t}{\Delta x_n^2}\right)\\
&=T_{wNw}^{t-\Delta t}\frac{k_{wn}}{\rho_n c_n}\frac{\Delta t}{\Delta x_n}+T_{n1}^{t-\Delta t}\left(2-a_n\frac{\Delta t}{\Delta x_n^2}-\frac{k_{wn}}{\rho_n c_n}\frac{\Delta t}{\Delta x_n}\right)+T_{n2}^{t-\Delta t}a_n\frac{\Delta t}{\Delta x_n^2}
\end{aligned} \tag{D.9}$$

Schutzgasfüllung (Stickstoff, mittlere Schichten) mit $j = N_c + N_w + 2 \ldots N_c + N_w + N_n - 1$:

$$\begin{aligned}
&T_{ni-1}^{t}\left(-a_n\frac{\Delta t}{\Delta x_n^2}\right)+T_{ni}^{t}\left(2+2\cdot a_n\frac{\Delta t}{\Delta x_n^2}\right)+T_{ni+1}^{t}\left(-a_n\frac{\Delta t}{\Delta x_n^2}\right)\\
&=T_{ni-1}^{t-\Delta t}a_n\frac{\Delta t}{\Delta x_n^2}+T_{ni}^{t-\Delta t}\left(2-2a_n\frac{\Delta t}{\Delta x_n^2}\right)+T_{ni+1}^{t-\Delta t}a_n\frac{\Delta t}{\Delta x_n^2}
\end{aligned} \tag{D.10}$$

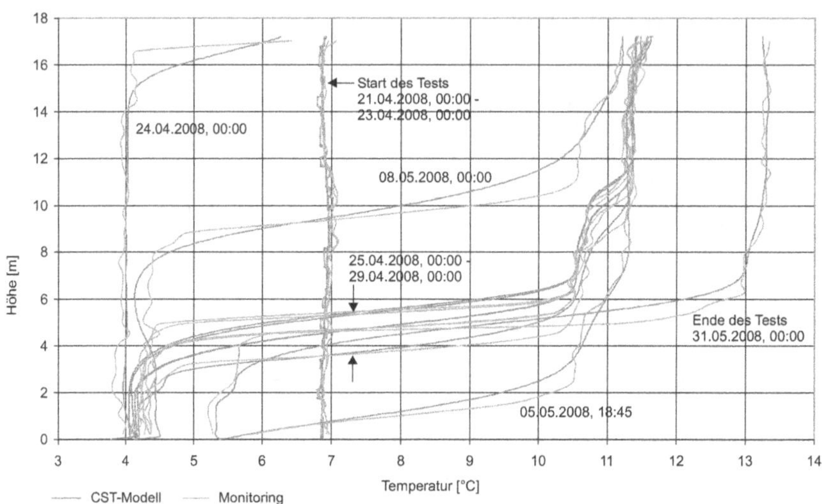

Abb. D.6: vertikale Temperaturverteilung des Speichermediums, Vergleich zwischen dem CST-Modell und dem Monitoring, Langzeittest vom 21.04.2008 bis 31.05.2008 [355]

Schutzgasfüllung (Stickstoff, obere Schicht) mit $j = N_c + N_w + N_n$:

$$\begin{aligned}
&T^t_{nNn-1}\left(-a_n\frac{\Delta t}{\Delta x_n^2}\right) + T^t_{nNn}\left(2 + a_n\frac{\Delta t}{\Delta x_n^2} + \frac{(kA)_{r,top}}{\rho_n c_n A_{t,fp}}\frac{\Delta t}{\Delta x_n}\right)\\
&= T^{t-\Delta t}_{nNn-1} a_n\frac{\Delta t}{\Delta x_n^2} + T^{t-\Delta t}_{nNn}\left(2 - a_n\frac{\Delta t}{\Delta x_n^2} - \frac{(kA)_{r,top}}{\rho_n c_n A_{t,fp}}\frac{\Delta t}{\Delta x_n}\right)\\
&+T^{t-\Delta t}_{r,top}\frac{2(kA)_{r,top}}{\rho_n c_n A_{t,fp}}\frac{\Delta t}{\Delta x_n}
\end{aligned} \tag{D.11}$$

Thomas-Algorithmus:

$$CM \cdot \vec{T}^t = \vec{R} \tag{D.12}$$

D.4 Validierung und Diskussion

Für die Randbedingungen und zur Überprüfung des Modells kommen Messwerte zum Einsatz. Der Schwerpunkt soll dabei auf dem Vergleich zwischen gemessenen und berechneten Temperaturen des Speichermediums liegen.

Abb. D.6 zeigt die Ergebnisse eines ersten Langzeittests unter praxisnahen Bedingungen. In dieser Zeit treten durch den realen Anlagenbetrieb viele verschiedene Situationen im Speicher auf (z. B. näherungsweise vollständige Be- und Entladung des Speichers). Folgendes Modellverhalten ist kennzeichnend.

- Die Temperatur des Schutzgases ist stark schwankend und nimmt hohe Werte aufgrund des Wärmeübergangs mit solarer Einstrahlung vom Dach an. Die Temperatur besitzt aber wenig Einfluss auf die Temperatur der oberen Wasserschicht. Die Temperaturverteilung im Gasraum kann weiterhin zur Berechnung der Gasexpansion herangezogen werden. Eine Berücksichtigung der Feuchtigkeit sollte das Modellverhalten weiter verbessern.

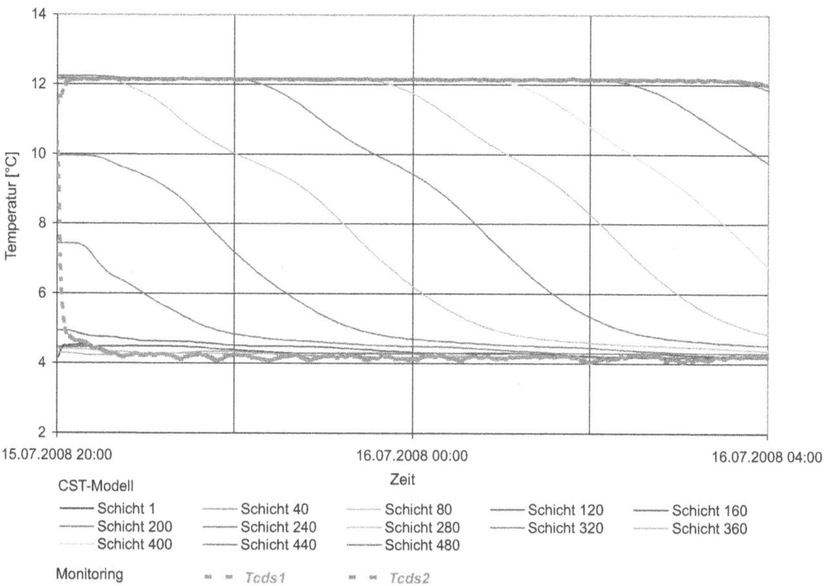

Abb. D.7: Verlauf der Temperaturen des Speichermediums (CST-Modell) und des Be- und Entladesystems (Monitoring, 3 min Mittelwerte), Kurzzeittest (Beladung, T_{cds1} Wassereintritts-Temperatur, T_{cds2} Wasseraustritts-Temperatur) vom 15.07.2008, 20:00 Uhr bis 16.07.2008, 04:00 Uhr [355]

- Die berechnete Temperaturverteilung im Fundament stimmt sehr gut mit den Messwerten überein. Das liegt zu einem an den relativ konstanten Temperaturen im Erdreich und im unteren Speichergebiet bzw. an der Wärmedämmung des Fundamentes.
- Das Verhalten der berechneten Wassertemperaturen ist vielseitig. Abb. D.6 zeigt, dass der maximale Temperaturgradient der Übergangsschicht geringfügig kleiner ist (Ursache: numerische Dispersion). Das Modell scheint auch glattere Temperaturverläufe zu liefern. Es muss aber beachtet werden, dass das reale Verhalten (z. B. Wasseraustausch mit Volumenstrom-Schwankungen durch den geregelten Betrieb, dreidimensionale Strömungen im Speicher) komplexer ist und das Pfropfenstrommodell dann an seine Grenzen stößt. Das trifft auch auf das Mischungsmodell zu. Das implementierte Mischungsmodell ruft schwingende Temperaturverteilungen (thermische Schichtung) hervor. Diese Modellreaktionen sind träger als das reale Ausgleichsverhalten (freie Konvektion im Speicher). Mit der Weiterentwicklung des Mischungsmodells könnten die größten Fortschritte erreicht werden. Weiterhin ist zu beachten, dass eine Messungenauigkeit von ca. 0,1 K (Messung im Speicher, Messung Wasseraustausch) vorliegt.

Um oben genannte Unsicherheiten (z. B. Dichteinversion) auszuschließen, wurde ein Kurzzeittest durchgeführt (Abb. D.7, Abb. D.8). Unter derartigen Randbedingungen

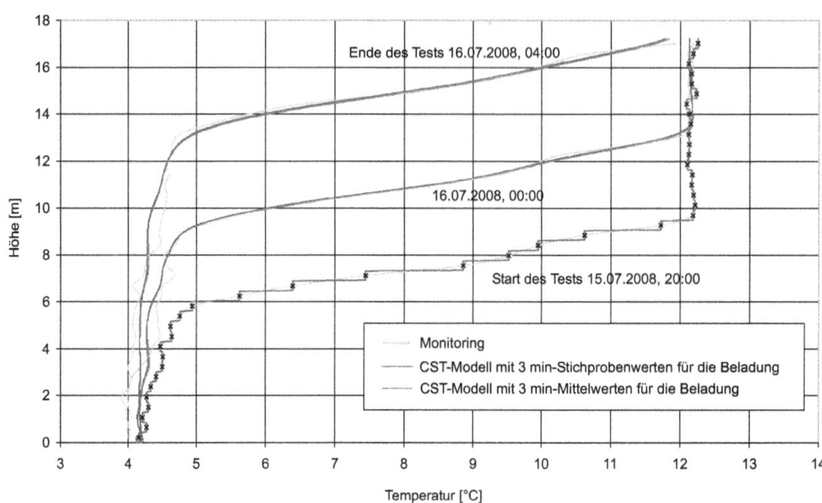

Abb. D.8: vertikale Temperaturverteilung des Speichermediums, Vergleich zwischen dem CST-Modell (Verwendung von Stichproben- und Mittelwerte für den Wassereintritt) und dem Monitoring, Kurzzeittest (Beladung) vom 15.07.2008, 20:00 Uhr bis 16.07.2008, 04:00 Uhr [355]

zeigt das CST-Modell wesentlich bessere Übereinstimmungen mit den Messwerten und liefert die Bestätigung für den oben gezeigten Ansatz.

Des Weiteren wurde der Einfluss von wichtigen Parametern untersucht. Die Schichtenanzahl sollte größer als 120 sein. Eine Erhöhung der Schichtenanzahl über 240 führt nur noch zu geringen Änderungen in der Temperaturverteilung des Speichermediums. Der Einfluss der effektiven Wärmeleitfähigkeit des Speichermediums ist wegen der Kurzzeitspeicherung sehr gering. Bis ca. 5 W/(m K) kann man keine Auswirkungen beobachten. Die Änderung der Wärmeübergangskoeffizienten besitzt ebenfalls einen relativ geringen Einfluss. Dies hängt mit der Speichermasse und Speicheroberfläche bzw. mit der kurzen Speicherzeit zusammen.

E Radiale Diffusoren

Radiale Diffusoren sind wichtige Konstruktionen zur Be- und Entladung von Kaltwasserspeichern (Abs. 7.5.3 S. 265).

Be- und Entladesystme müssen detailliert geplant und ausgelegt werden. Dabei besitzt das Verständnis von Strömungsvorgängen bzw. und deren Quantifizierung mit Kennzahlen eine große Bedeutung. Das Verhalten im Betrieb bestimmt maßgeblich die thermische Schichtung, die wiederum für den Systembetrieb wichtig ist.

Die Untersuchungen wurden mit CFD (Computational Fluid Dynamics, Programmsystem ANSYS CFX 10 und 11 [379]) durchgeführt [250], [357], [358]. Experimentelle Arbeiten ergänzen die Berechnungen. Die hier vorgestellten Arbeiten [359], [360], [361] beziehen sich auf den Chemnitzer Kaltwasserspeicher (Abs. A). Anhand des speziellen Falls werden wichtige Phänomene und Effekte diskutiert. Des Weiteren werden beispielhaft der Aufbau eines Diffusors und Optimierungsmöglichkeiten vorgestellt.

E.1 Strömung im Diffusor

E.1.1 Grundlagen

Für die Auslegung von radialen Diffusoren [251], [362], [363], [364] kann man Kennzahlen heranziehen. Der spezifische Volumenstrom q (Gl. E.1) wird in der Reynolds- (Gl. E.2) und Froude-Zahl (Gl. E.3) weiterverwendet. Diese Kennzahlen beziehen sich auf die Diffusormündung (Abb. E.1). Tab. E.1 liefert konservative Richtwerte für die Reynolds-Zahl. Neuere Untersuchungen [364] geben weitaus höhere Werte an (ca. das Sechsfache). Die Froude-Zahl mit höherem Einfluss im Vergleich zur Reynolds-Zahl sollte kleiner oder gleich 1,0 sein [362] und das Grundflächenverhältnis GFV (Gl. E.4) kleiner als 0,5 [362]. Wird nur ein Diffusor in einem Speicher mit kreisförmiger Grundfläche eingesetzt, ergibt sich ein Grenzwert für das Radienverhältnis RV (Gl. E.5) von 0,707. Dieses Verhältnis von Diffusorhöhe zu -radius besitzt nach [364] einen signifikanten Einfluss. Das Verhältnis h_D/r_D wird aber nicht quantifiziert. Man stellt fest, dass niedrige Diffusorhöhen gute Schichtungsergebnisse (schmale Übergangschichten) erzielen können.

$$q = \frac{\dot{V}_D}{U_D} = w_{D,m} \cdot h_D \tag{E.1}$$

$$Re = \frac{q}{\nu_W} \tag{E.2}$$

$$Fr = \frac{q}{\sqrt{g \cdot h_D^3 \frac{\rho_{W,ein} - \rho_{W,Sp}}{\rho_{W,ein}}}} \tag{E.3}$$

Tab. E.1: Richtwerte zu maximal zulässigen Reynolds-Zahlen in Abhängigkeit der Speicherhöhe nach [251], konservative Angaben im Vergleich zu [364]

h_{Sp}	Re
$< 5\,\mathrm{m}$	200
$5 \ldots 12\,\mathrm{m}$	$400 \ldots 850$
$> 12\,\mathrm{m}$	$850 \ldots 2000$

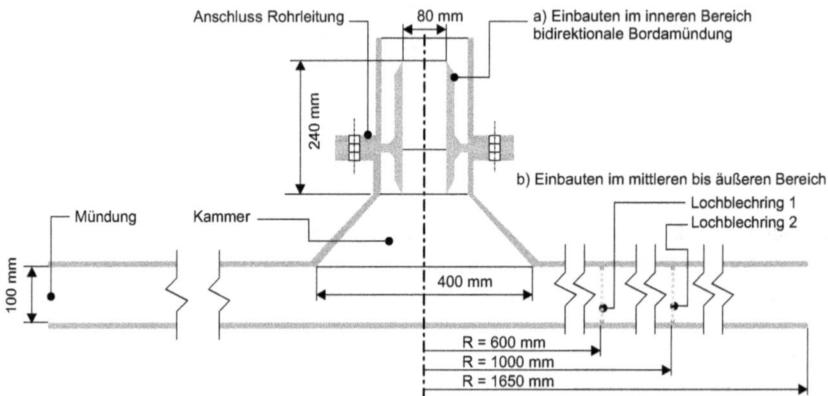

Abb. E.1: Beispiel zum Aufbau eines radialen Diffusors, a) mit Einbauteil im inneren Bereich (*bidirektionale Borda-Mündung* mit modifizierter Geometrie am Aus- bzw. Einlass), siehe auch [365], b) mit Einbauten im mittleren bis äußeren Bereich (Lochblechringe mit unterschiedlicher Lochgeometrie), siehe auch [366]

$$RV = \frac{r_D}{r_{Sp,Boden}} \tag{E.4}$$

$$GFV = \frac{A_{BES}}{A_{Sp,Boden}} \tag{E.5}$$

E.1.2 Untersuchungsobjekt

Für die Untersuchungen [250], [359] wird als Beispiel der Chemnitzer Kältespeicher (Tab. A.2 S. 380) herangezogen. Folgende Daten sind für die weiteren Betrachtungen wichtig: Einsatz von 6 radialen Diffusoren pro Ebene (Abb. E.1, Abb. E.13) mit einem Durchmesser von 3,30 m und einer Auslasshöhe von 10,0 cm. Die maximale Leistung beträgt 5,0 MW (Auslegungsfall 100 %).

E.1.3 Verteilung des Volumenstroms

Der Diffusor (Abb. E.1) soll die hohe Geschwindigkeit, mit der das Wasser im Anschlussrohr des Speichers fließt, stark abbauen und möglichst gleichmäßig verteilen

(Reduktion der Geschwindigkeit an der Mündung) sowie das Fluid wirbelarm (minimale Mischung) einbringen, um das kalte Wasser *unten* bzw. das warme Wasser *oben* einzulagern. Beim Absaugvorgang gilt ebenfalls die Forderung des Schichtungserhalts. Weiterhin muss jeder Diffusor beim Einsatz von mehreren Diffusoren pro Ebene den gleichen Volumenstrom erhalten. Weil die Leistungsanpassung über die Variation des Volumenstroms erfolgt, müssen obige Forderungen für einen weiten Leistungsbereich erfüllt sein.

Aus den genannten Gründen wird ein Lösungsvorschlag (Abb. E.1) vorgestellt, der aus den unten vorgestellten Untersuchungen resultiert. Durch den Einsatz von Einbauten mit einem definierten Strömungswiderstand, der wesentlich höher ist als der Strömungswiderstand der jeweiligen Teilstrecke (z. B. Verteilleitung), kommt es zur besseren bzw. gewünschten Verteilung der Volumenströme in den jeweiligen Teilstrecken.

Den Vorschlag für den inneren Bereich zeigt Abb. E.1 (Teillösung a [365]). Das Einbauteil entspricht einer *bidirektionalen Borda-Mündung*, die am Auslass mit einer schrägen und scharfkantigen Phase modifiziert wurde. Dabei soll das Einbauteil so ausgebildet sein, dass der Strömungswiderstand nur wenig von der Strömungsrichtung abhängt (Richtungsumkehr beim Be- und Entladen), der Formwiderstandsbeiwert (ζ-Wert) weitgehend unabhängig von der Reynolds-Zahl ist (vgl. mit [31]) und der Strahl in allen Betriebssituationen weitgehend stabil zur Diffusorachse verläuft (z. B. keine Strahlrotation, vgl. mit [367]).

Über die Einbauten nach Abb. E.1 (Teillösung b [366]) soll die Strömung zwischen den Platten so beeinflusst werden, dass sich eine Gleichverteilung über der Höhe und dem Durchmesser einstellt. Durch das Lochblech erfolgt eine signifikante Störung der Strömung. Nach dem Verlassen des Lochblechs muss sich die Strömung wieder neu ausbilden. Die Auslässe bzw. der äußerste Bereich werden nicht bestückt, da die mittleren Geschwindigkeiten in den Einbauten abhängig von der Flächen- bzw. Volumenporosität steigen und lokal Turbulenz bzw. Wirbel generieren. Im äußeren Bereich sollen die kleinskaligen Instationaritäten abklingen.

E.1.4 Auslegung

Bei vorgegebenen Parametern für die Speicherbe- und -entladung bestehen zunächst nur zwei Freiheitsgrade bei radialen Diffusoren: der Durchmesser und die Höhe. Diese haben einen starken Einfluss auf die mittlere Geschwindigkeit $w_{D,m}$ (Abb. E.2). Die Geschwindigkeit geht weiterhin in die Reynolds-Zahl (Abb. E.3) und die Froude-Zahl (Abb. E.4) ein, die zur Auslegung herangezogen werden. Die Diagramme ermöglichen eine gute Vordimensionierung. Der Farbumschlag zeigt den Übergang von einem Feld mit optimalen Parametern zu einem Feld mit Parametern, die nicht empfohlen werden.

Der Auslegungsfall bezieht sich auf die maximale Leistung. Beim Betrieb mit kleineren Leistungen sollten sich die Strömungsverhältnisse günstiger (Sinken der Froude-Zahl und Reynolds-Zahl) auf das Schichtungsverhalten auswirken.

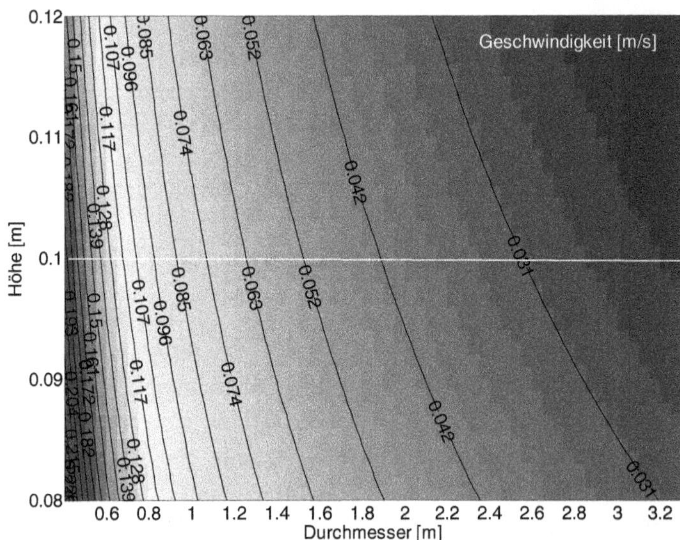

Abb. E.2: mittlere Geschwindigkeit im Bereich der planparallelen Platten (ideale Verteilung) in Abhängigkeit des Diffusordurchmessers und der Diffusorhöhe, Auslegungsfall (weiße Linie) mit h_D= 10 cm und 5,0 MW

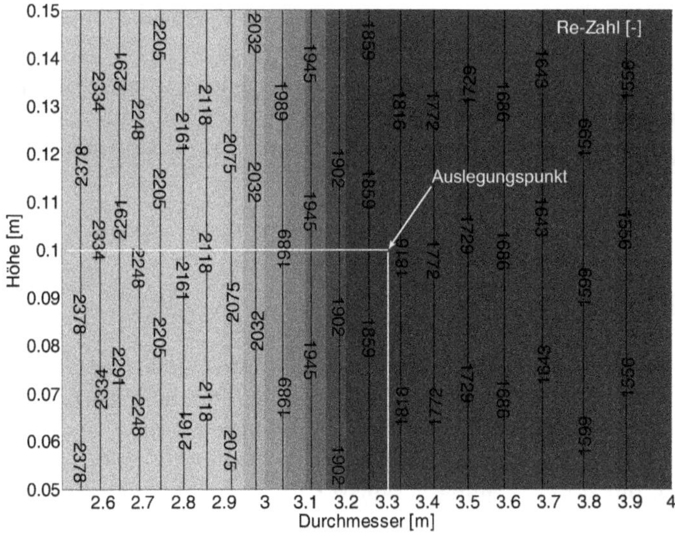

Abb. E.3: Re-Zahl in Abhängigkeit des Diffusordurchmessers und der Diffusorhöhe, Auslegungsfall 5,0 MW, Auslegungsbereich $Re \leq 2000$ blau hinterlegt

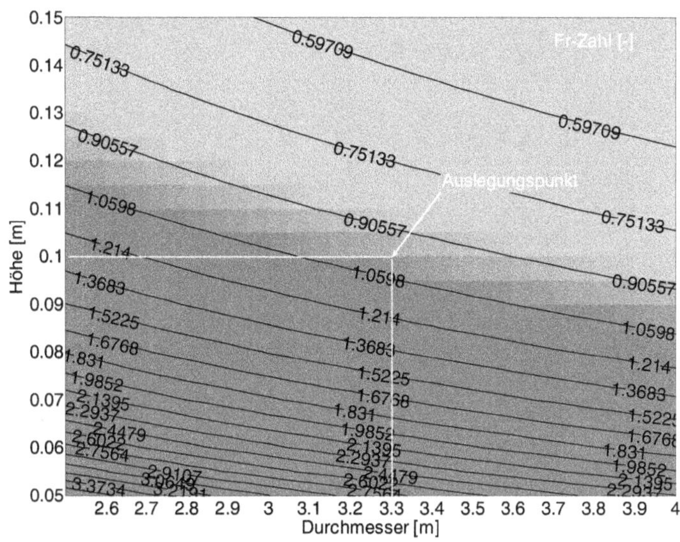

Abb. E.4: Fr-Zahl in Abhängigkeit des Diffusordurchmessers und der Diffusorhöhe, Auslegungsfall 5,0 MW, Auslegungsbereich $Fr \leq 1,0$ hellblau hinterlegt

E.1.5 Untersuchungen für ideale Randbedingungen

Die ersten Untersuchungen zeigen die Strömung im Diffusor ohne Einbauten (vgl. mit Abb. E.1) unter der Annahme idealer Einströmverhältnisse (lange Einlaufstrecke) und einer Geschwindigkeitsgleichverteilung über dem Umfang. Im Anschlussrohr liegt eine turbulente Rohrströmung vor. Diese trifft auf die gegenüberliegende Diffusorplatte und erzeugt einen Staubereich im Zentrum (Abb. E.5). Das Fluid erfährt eine starke Beschleunigung in der Zone 1. Der Strahl weitet sich in der Zone 2 auf. Gleichzeitig tritt an der Oberseite eine Rezirkulation auf. Das Fluid strömt z.T. ins Zentrum zurück. Im Abstromgebiet nach der Zone 2 (Abb. E.6) kann es zur Ausbildung von Wirbeln kommen (z. B. Wirbel mit wechselnder Ablösung der primären Strömung oben und unten). Diese weisen u. U. einen dreidimensionalen Charakter auf. Für derartige Ablösungen ist der Geschwindigkeitsabbau durch die radiale Aufweitung des Abströmgebietes bzw. die Rückgewinnung des Druckes verantwortlich.

Abb. E.7 zeigt die vertikale Geschwindigkeitsverteilung für verschiedene Lastfälle (Gl. E.6). Nur für niedrige Volumenströme (relativer Volumenstrom v_{rel} mit ca. 25 % bezogen auf den Auslegungsfall) kann eine nahezu gleichmäßige vertikale Verteilung bestätigt werden. Bei hohen Volumenströmen bildet sich eine nasenförmige Geschwindigkeitsverteilung aus.

Hinweise für eine mögliche ungleichmäßige Verteilung geben experimentelle Untersuchungen [368]. So sind z. B. Strähnenbildung und Rezirkulationsströmungen an der Diffusormündung typische Phänomene. In der Regel zeigt die Strömungssimulation ein harmonischeres Strömungsverhalten im Vergleich zur Realität.

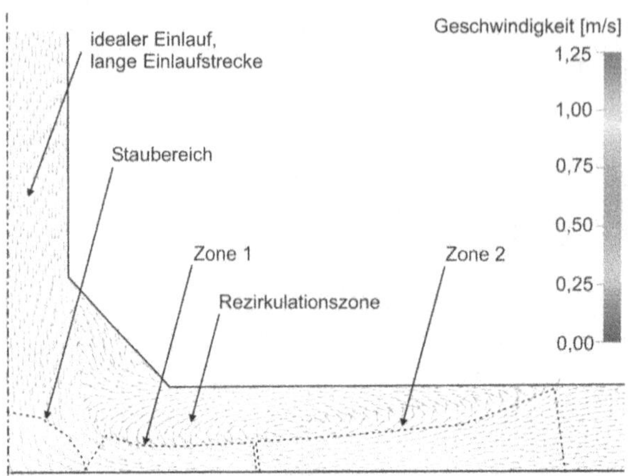

Abb. E.5: Geschwindigkeitsfeld im inneren Bereich des Diffusors bei idealen Einströmverhältnissen, Ausschnitt [250]

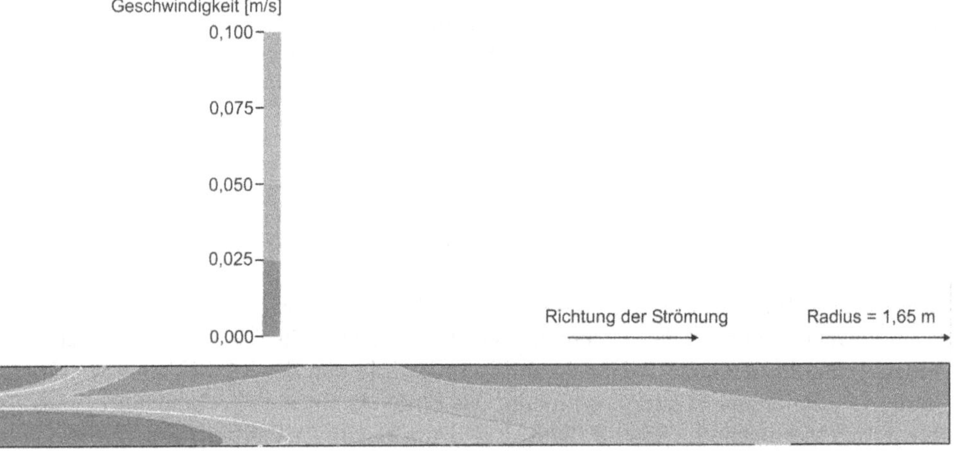

Abb. E.6: Geschwindigkeitsfeld im mittleren und äußeren Bereich des Diffusors bei idealen Einströmverhältnissen, Ausschnitt [250]

$$v_{rel} = \frac{\dot{V}_D}{\dot{V}_{D,Ausl}} = \frac{\dot{V}_{BES}}{\dot{V}_{BES,Ausl}} \tag{E.6}$$

Mit steigender Diffusorhöhe kann man weiterhin eine starke Zunahme dieser ungleichmäßigen Verteilung feststellen (z. B. Rezirkulation im Mündungsbereich [250], Ausbildung von Strähnen). Für den vorliegenden Fall (Abb. E.6) ist z. B. eine Erhöhung auf 20 cm nicht zu empfehlen. D. h., das mögliche Parameterfeld für den Diffusordurchmesser und die -höhe, welches durch die Einhaltung der Froude- und Reynolds-Zahl

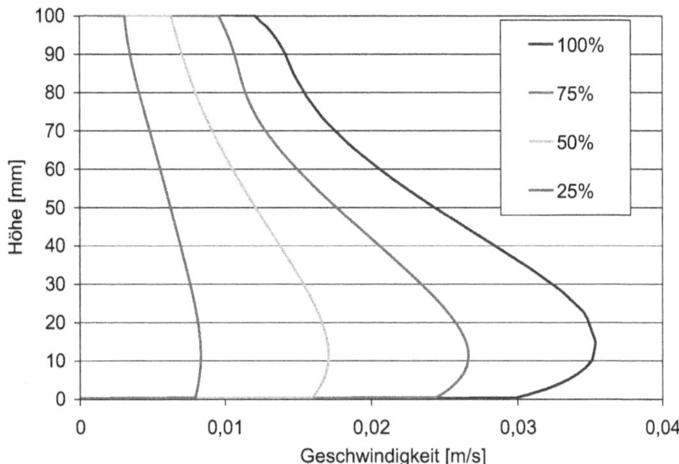

Abb. E.7: Austrittsgeschwindigkeiten an der Diffusormündung bei idealen Einströmverhältnissen und bei idealer Volumenstromverteilung über dem Umfang für verschiedene relative Volumenströme v_{rel} [250]

vorgegeben wird, ist tatsächlich durch eine bestimmte Diffusorhöhe begrenzt. Das Verhältnis von Höhe zu Radius h_D/r_D besitzt als Auslegungskennzahl demzufolge eine eingeschränkte Gültigkeit.

Die Auslegung kann dann im Wesentlichen nur noch über die Anzahl der Diffusoren und deren Durchmesser stattfinden. Bei steigenden Durchmessern treten jedoch Folgeprobleme auf, die es zu beachten gilt (z. B. Abstand der Diffusoren zur Wand und untereinander).

E.1.6 Untersuchungen für reale Randbedingungen

Die Einströmverhältnisse am Rohranschluss beeinflussen die Strömung im Diffusor. Ersatz-weise wurden hierfür zwei Profile definiert (Gl. E.7, Gl. E.8), die eine ungleichförmige Geschwindigkeitsverteilung am Rohranschluss aufprägen [250]. Diese sind rotationssymmetrisch und das Maximum der Geschwindigkeit liegt bei Profil 1 an der Rohrwand und bei Profil 2 auf der Rohrachse. Diese zu Studienzwecken verwendeten Profile besitzen den gleichen Massenstrom.

$$\text{Profil 1:} \quad w_1 = 3{,}93\,\text{m/s} - 50{,}58\,\text{s}^{-1} \cdot r \tag{E.7}$$

$$\text{Profil 2:} \quad w_2 = 25{,}299\,\text{s}^{-1} \cdot r \tag{E.8}$$

Der Einsatz der bidirektionalen Borda-Mündung bewirkt die Ausbildung eines stabilen Strahls auf der Achse des Diffusors. Trotz des großen Durchmessers ($h_D/r_D =$ 0,0606) können Unterschiede am Auslass festgestellt werden. Die Borda-Mündung erzeugt beim Profil 1 eine leichte Verbesserung der vertikalen Geschwindigkeitsverteilung

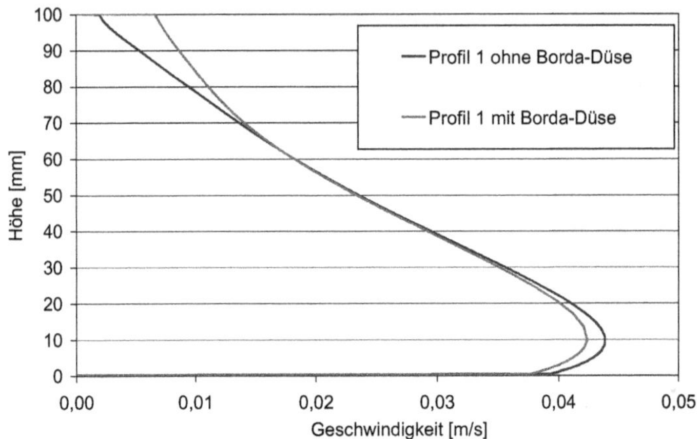

Abb. E.8: Austrittsgeschwindigkeiten an der Diffusormündung bei idealer Massenstromverteilung über dem Umfang, Profil 1 mit und ohne Borda-Mündung [250]

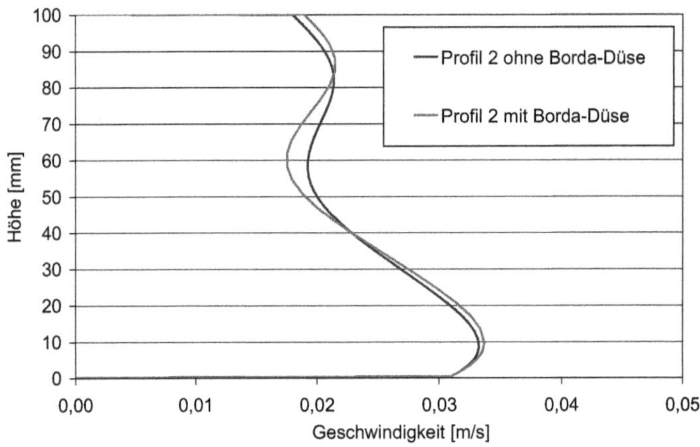

Abb. E.9: Austrittsgeschwindigkeiten an der Diffusormündung bei idealer Massenstromverteilung über dem Umfang, Profil 2 mit und ohne Borda-Mündung [250]

(Abb. E.8). Bei Profil 2 (Abb. E.9) tritt eine leichte Verschlechterung auf. Die Ergebnisse geben aber prinzipiell das oben beschriebene Verhalten (Geschwindigkeitsverteilung im mittleren und äußeren Bereich, vgl. mit Abb. E.6) wieder.

Bei den vorangegangenen Betrachtungen wurde eine gleichmäßige Verteilung des Massenstroms über dem Radius vorausgesetzt, was in der Praxis nicht vorkommen muss (z. B. asymmetrische Strömungsprofile nach Rohrbögen am Anschluss des Diffusors). Weiter erscheinen die vertikalen Geschwindigkeitsprofile (Abb. E.8, Abb. E.9) im Sinne einer Vergleichmäßigung verbesserungswürdig. Aus diesem Grund wurden zusätzlich zwei Lochblechringe eingesetzt (Abb. E.1, Teillösung b).

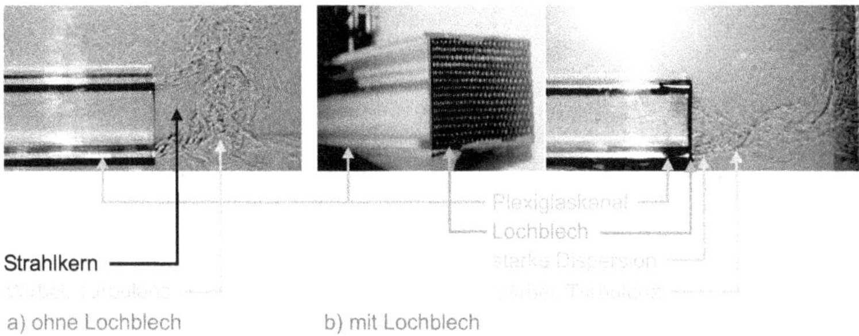

Abb. E.10: Versuchseinrichtung zur Visualisierung der Strömung bei Be- und Entladevorgängen [368], [369], Ersatzgeometrie für radiale Diffusoren a) ohne Lochblech, b) mit Lochblech am Auslass (Mitte), Schlierenaufnahme (links und rechts) [370], Beladung mit warmem Wasser

Die numerische Simulation von kleinskaligen Effekten (z. B. Turbulenz, Dispersionseffekte), die durch das Lochblech verursacht werden, ist aufwendig und mit Unsicherheiten behaftet. Aus diesem Grund sollen experimentelle Untersuchungen ersatzweise das Strömungsverhalten zeigen (Abb. E.10). Bei ausreichend hohen Masseströmen kann eine näherungsweise Gleichverteilung der mittleren Geschwindigkeit mit den Löchern erreicht werden. Befindet sich das Lochblech an der Mündung, kann in diesem Fall eine Dispersionswirkung und Wirbelbildung nachgewiesen werden. Über die Anordnung der zwei Lochblechringe und Auswahl der Lochblechgeometrie kann die Strömung gut beeinflusst werden [368]. Das betrifft die radiale und vertikale Gleichverteilung, Dispersions- und Wirbeleffekte im Inneren des Diffusors sowie einen zweifachen Strömungsanlauf nach dem Lochblech aus Sicherheitsgründen.

E.1.7 Schlussbemerkungen

Die Kennzahlen liefern eine gute Ausgangsbasis für die Vordimensionierung. Es müssen jedoch die Strömungsverhältnisse in den Anschlussleitungen und im Diffusor beachtet werden. Die vorgestellten Optimierungen stellen die gewünschten Strömungsverhältnisse am Diffusor sicher. Methodisch mussten die Untersuchungen für die Teilprobleme getrennt durchgeführt werden.

E.2 Schichtungsaufbau im Nahfeld

Bisher liegen verschiedene Experimente und numerische Simulationen für die Strömung von kaltem Wasser in Kombination mit typischen Auslässen (z. B. radialer Diffusor, ebener Spalt bzw. linearer Diffusor, siehe unten) vor. Des Weiteren wurden auch Kennzahlen zur Charakterisierung veröffentlicht, die eine Auslegung in einem gewissen Toleranzbereich ermöglichen. Ein Teil der Arbeiten bezieht sich auf bestimmte Spezialfälle (z. B. Laboranlagen). Eine weitergehende Klärung und Überprüfung der Zusammenhänge erscheint jedoch sinnvoll. Ziel ist es, die physikalischen Vorgänge im Nahfeld

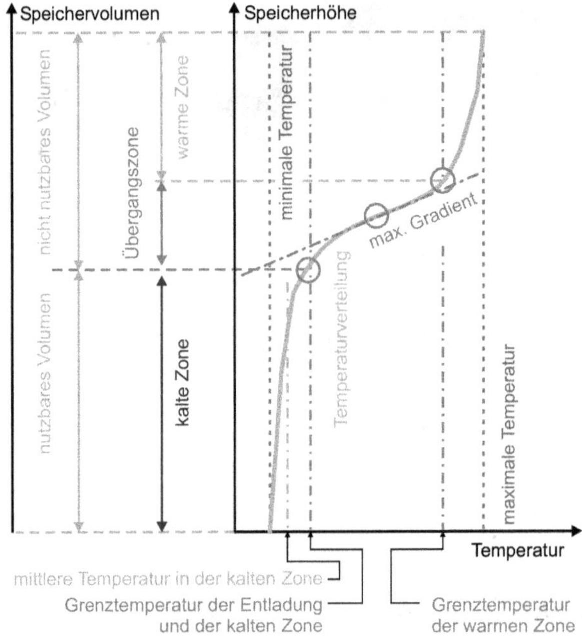

Abb. E.11: Zonierung eines Kaltwasserspeichers auf der Basis der vertikalen Temperaturverteilung (thermische Schichtung)

des Diffusors abzubilden und zu analysieren, weil diese eine Schüsselrolle bei der gewünschten Ausbildung einer thermischen Schichtung einnehmen. Dieser Abschnitt soll praxisnahe Randbedingungen (Lösung mit 6 Diffusoren) berücksichtigen und weitere Abhängigkeiten (z. B. Einfluss des Wandabstands) aufzeigen [357], [360], [361].

E.2.1 Bedeutung und Vorarbeiten

Die Strömungsverhältnisse im Nahfeld sind für die Ausbildung der Übergangsschicht (Abb. E.11) verantwortlich. Ist die Übergangsschicht einmal ausgebildet, kann sie nicht ohne eine vollständige Regeneration (Wasseraustausch) verringert werden. Die Schicht wächst durch die nicht unterdrückbare vertikale Wärmeleitung im Speicher. Bei ungünstigen Speicherkonstruktionen und Betriebsweisen können zusätzliche konvektive Effekte (z. B. freie Konvektion) einen weiteren Schichtungsabbau bewirken.

Mit ausgedehnten Übergangsschichten bzw. dem Anwachsen der Übergangschicht verliert der Speicher an nutzbarem Volumen. Aus diesem Grund ist eine möglichst perfekte Trennung der kalten und warmen Zonen von Interesse.

Den hier gezeigten Untersuchungen zu Dichteströmen (Abb. E.12) und Kaltwasserspeichern gehen u. a. folgende Arbeiten voran: [371], [372], [373], [374], [375], [376], [377]. Diese Quellen bilden eine wesentliche Grundlage für die hier vorgestellten Untersuchungen.

Didden und *Maxworthy* (1981) [371] führten Experimente zur ebenen Ausbreitung (gerade Front, z. B. Kanal) und radiale Ausbreitung (runde Front, analog zum radialen Diffusor) von Dichteströmen an der freien Oberfläche (keine Haftbedingung) und am Boden (Haftbedingung) durch. Am Auslass wirken die Trägheitskräfte des Massenstroms und die Auftriebskräfte. Danach bestimmen Kräfte aufgrund der Viskosität und des Auftriebs die Strömungsverhältnisse. Die Ausbreitungsgeschwindigkeit für die Boden- und die Oberflächenströmung ist näherungsweise identisch. Ändert sich die vertikale Temperaturverteilung (z. B. lineare Änderung der Dichte über der Höhe) hat dies keinen signifikanten Einfluss auf die Ausbreitungsgeschwindigkeit. Die Strömungsform ändert sich jedoch. Für niedrige Reynolds-Zahlen wurden sehr kleine Schichtstärken für die Mischzone (10...20 % der Kernstrahlhöhe) beobachtet. Am Kopf konnte eine Struktur mit Lappen und Klüften nachgewiesen werden. Bei der radialen Ausbreitung ist der Radius der Strömungsfront proportional zur Wurzel der Zeit: $r \sim t^{0,5}$.

Truman und *Wildin* (1989) [372] führten unter anderem Experimente an einem großen Testspeicher (133 m^3) mit radialen Diffusoren durch. Die Autoren analysieren verschiedene Einflussgrößen auf die Schichtung. Sie geben als wichtigste Einflussgröße die Fr-Zahl an. Für eine akzeptable Schichtung sollte die Fr-Zahl im Unterschied zu späteren Arbeiten anderer Autoren kleiner zwei sein. In weiteren umfangreichen Arbeiten untersuchten sie andere Be- und Entladeeinrichtungen, den Dichtestrom und modellierten das thermische Speicherverhalten mit einem eindimensionalen Modell (Pfropfenstrom-Modell).

Homan und *Soo* (1997) [373] berechneten die transiente Strömung (Eintritt des kalten Wassers unten, einfacher Einlass; $Re = 50$, $Fr = 1$) mit einem zweidimensionalen Modell für Kaltwasserspeicher unter Verwendung der Boussinesq-Approximation. Die Ergebnisse für den schmalen Tank zeigen eine gute Abbildung des Dichtestroms am Boden, die Erzeugung interner Wellen beim Wandaufprall und deren Oszillation sowie ein Anwachsen von Wirbeln unterhalb der Übergangsschicht. Die Übergangschicht formt eine Barriere, die nicht vom austretenden Wasserstrom durchdrungen werden kann.

Simpson (1982) [374] untersuchte seit ca. 1969 Dichteströmungen für die verschiedensten Randbedingungen (z. B. horizontale Ausbreitung oder geneigte Ebene). Die typischen dreidimensionalen und transienten Phänomene wie z. B. charakteristischer Kopf, Nase mit Lappen-Kluft-Struktur, Wogen, Wirbel und das Mischungsverhalten werden beschrieben.

Nakos (1983) [375] berechnet Geschwindigkeits- und Temperaturprofile für zweidimensionale Dichteströmungen in Kaltwasserspeichern (laminar; $Fr = 0,99 \ldots 1,03$; $Re = 102 \ldots 133$, 1 cm Diffusorhöhe). Die zwei Strömungsregime auf der Basis von Trägheits- und Auftriebskräften sowie von Kräften aufgrund der Viskosität und des Auftriebs werden berücksichtigt. Messwerte bestätigen die Berechnung realistischer Profile. Allerdings liegen hohe Temperaturdifferenzen der Untersuchung zugrunde (Eintritt: ca. 5 °C, ruhendes Fluid 25...30 °C).

Härtel, Meiburg, Necker (2000) [376] simulieren mittels DNS (Direkte Numerische Simulation, keine Verwendung von Turbulenzmodellen) für einen Kanal eine Dichteausgleichsströmung (lock-exchange flow, $Re = 750$) zwei- und dreidimensional mit einer hohen Auflösung (4,25 Mio. Zellen). Es werden geringe Dichteunterschiede untersucht, wobei man die Boussinesq-Approximation verwendet. Die Kollision der Strömung mit der Wand umfasst diese Untersuchung nicht. Die detaillierte Simulation gibt die experimentell beobachteten Effekte wieder: z. B. vordere Front mit Lappen-Kluft-Struktur, die Umwandlung der Kelvin-Helmholtz-Wellen in eine turbulente Strömung mit dreidimensionalem Charakter. Die Berechnungen liegen für Fälle mit und ohne Haftbedingung des Fluides an der Unter- und Oberseite vor. Die Ergebnisse werden mit experimentellen Daten früherer Experimente verglichen.

Musser und *Bahnfleth* (2001) [377] simulieren mit einem validierten Modell (Finite-Elemente-Methode) die Strömung im Nahbereich eines radialen Diffusors, um die Beladung bzw. den Einfluss verschiedener Größen auf den Schichtungsaufbau mittels Parameterstudie näher zu untersuchen. Der zweidimensionalen Berechnung liegt ein numerisches Gitter mit bis zu 9000 Elementen zugrunde. Die Turbulenz, die in diesem Fall vorliegt, wurde nicht modelliert ($Re = 5000 \ldots 12000$; $Fr = 0,35 \ldots 0,88$). Die Validierung führte man an realen Speichern durch (ein Temperaturfühler im Speicher zur Aufzeichnung der Übergangsschicht bei konstantem Volumenstrom). Eine Abweichung der Temperatur in der kalten Zone (*long tails*) erklärt man über geänderte Eintrittstemperaturen. Reale Geschwindigkeitsaustrittsprofile am Eintritt werden vereinfacht durch eine konstante Geschwindigkeit ersetzt.

E.2.2 Strömungsmechanische Beschreibung

Für das bessere Verständnis der unten gezeigten Ergebnisse für Kaltwasserspeicher sollen zunächst die physikalischen Verhältnisse, die mit dem Dichtestrom verbunden sind, erläutert werden (Abb. E.12). Das Wasser dringt in das Gebiet mit dem ruhenden Speicherwasser konstanter Temperatur ein. Die axiale Position kann in der Nähe des Bodens oder des Flüssigkeitsspiegels liegen. Die Dichte des eindringenden Wassers weicht dabei von der Dichte des ruhenden Speicherwassers aufgrund einer Temperaturdifferenz ab. Bei der Ausbreitung treten zunächst zwei Regime auf. Kurz nach der Mündung bestimmen die Trägheits- und Auftriebskräfte die Strömung. Danach wirken nur noch die Auftriebskräfte und die Kräfte der viskosen Effekte. Dabei bildet sich an der Strömungsfront ein Kopf mit einer Nase aus. Durch das Eindringen des Strahls kommt es zu relativ starken Mischeffekten. Der Kopf ist in der Regel deutlich höher als der nachfolgende Strahl. Die vordere Front (Nasenspitze) befindet sich bei der Bodenströmung im unteren Bereich. Der folgende Strahl kann in zwei Zonen unterteilt werden: eine Mischzone angrenzend zum ruhenden Fluid und eine Kernzone. Die Formen der Zonen fallen in Abhängigkeit von der Strömung unterschiedlich aus. Laminare Strömungen zeigen einen ebenen Verlauf der Schichtgrenze [371], [375]. Nehmen die Schubspannungen zwischen den Schichten mit unterschiedlicher Geschwindigkeit zu (freie Scherschichten), kann es zur Ausbildung von Instabilitäten, z. B. einzelne Kelvin-

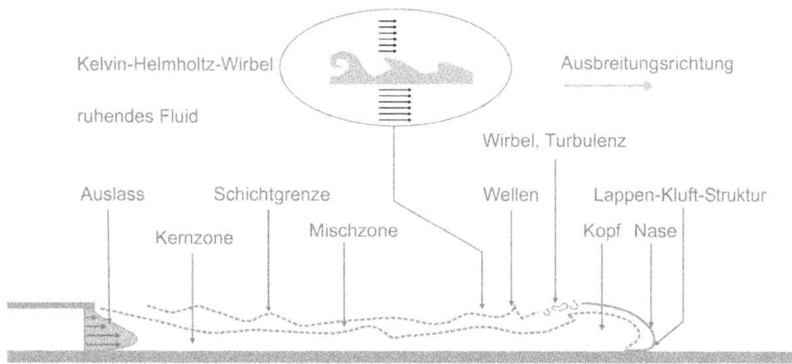

Abb. E.12: schematische Darstellung eines Dichtestroms am Boden, freie zweidimensionale Ausbreitung, nach Angaben aus [371], [374], [376], [378]

Helmholtz-Wirbel, kommen. Die Scherkräfte fachen möglicherweise die Wirbelbildung weiter an, sodass mehrere kleine Wirbel zu einem größeren Wirbel verschmelzen [378]. Dann sind dreidimensionale Wellenformen zu erwarten [376]. Die Mischzone weist unterschiedliche Stärken aus.

Die Strahlform wird weiterhin von der Haftbedingung beeinflusst. Bei der Bodenströmung wirkt an der Strahlunterseite die Haftbedingung des Bodens, am Flüssigkeitsspiegel fällt die Haftbedingung weg. Bemerkenswert ist, dass die Haftbedingung keinen signifikanten Einfluss auf die Ausbreitungsgeschwindigkeit hat [371]. Allerdings beeinflussen abweichende Temperaturverteilungen im Speicher zum Beginn des Eindringens die Geschwindigkeitsverteilung maßgeblich [371].

E.2.3 Modellierung

Für Modellierung eines Beladevorgangs (Strömungssimulation mit CFX [379]) wird ein repräsentatives Elementarvolumen (REV) herangezogen (Abb. E.13, Abb. E.14) [357]. Dieses Modellgebiet besitzt eine hohe Auflösung (500.000 bis 750.000 Hexaeder, vgl. mit [376]), um eine möglichst realitätsnahe Abbildung der Strömung im Nahfeld des Diffusors zu erreichen. Eine vollständige Modellierung des Speichers mit dieser hohen Auflösung ist sehr aufwendig und nicht pragmatisch. Aus diesem Grund wurden zunächst nur Simulationen mit verschiedenen Ausschnitten und Auflösungen durchgeführt.

In den vorgestellten Fällen wird das REV, welches zu Beginn eine Wassertemperatur von 13 °C besitzt, mit 5 °C kaltem Wasser beladen. Die dimensionslose Zeit t^* (Gl. E.9) bezieht sich auf eine 30 %-ige Füllung des REVs.

$$t^* = \frac{t}{t_{30\%}} \tag{E.9}$$

Des Weiteren ergaben Vorstudien, dass die Anwendung der Dichtefunktion für Wasser mit einer hohen Genauigkeit (keine Boussinesq-Approximation) zwingend er-

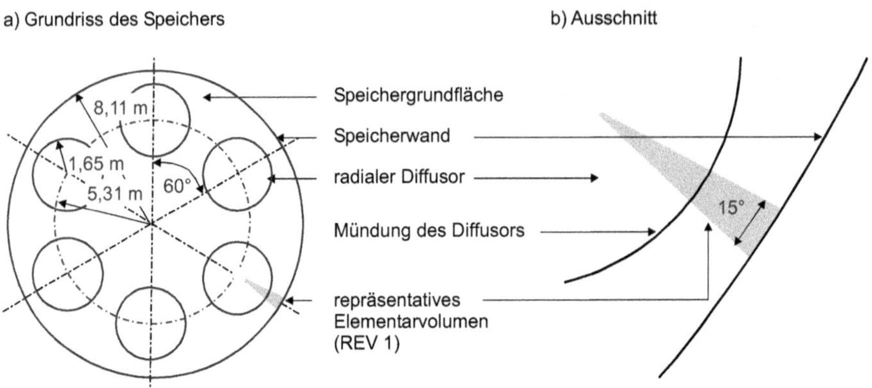

Abb. E.13: a) Grundriss des Speichers mit Anordnung der radialen Diffusoren (vgl. mit Abb. 7.50 S. 271), b) Lage des repräsentativen Elementarvolumens REV 1

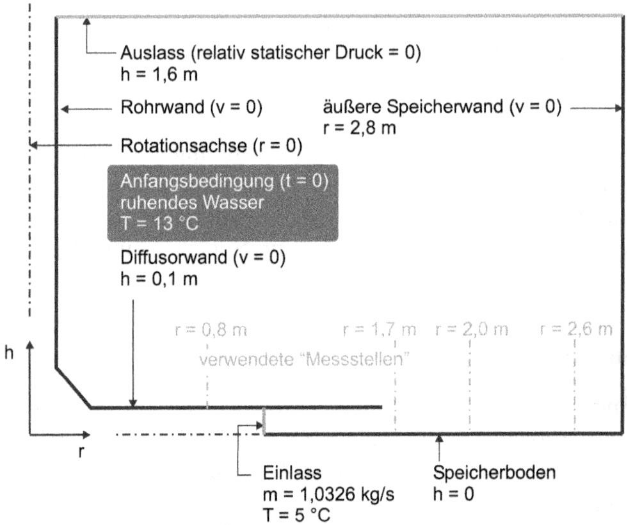

Abb. E.14: vertikaler Schnitt durch das REV 1 (15 °-Sektion) [357]

forderlich ist. Beim Einlass wird die Einlaufströmung berücksichtigt (Wandstrahl-Geschwindigkeitsprofil, vgl. mit Abs. E.1).

Alle Untersuchungen beziehen sich auf die Auslegung des Diffusors (vgl. mit Abs. E.1, und Tab. E.2). Der relative Volumenstrom v_{rel} (Gl. E.6) beträgt für diesen Fall 100 %. Änderungen des Beladevolumenstroms zu Analysezwecken sind relativ angegeben (Tab. E.4). Zwischen dem Volumenstrom bzw. dem relativen Volumenstrom v_{rel} und der Reynolds- sowie Froude-Zahl besteht ein linearer Zusammenhang (Gl. E.1, Gl. E.2, Gl. E.3).

Tab. E.2: geometrische Kennzahlen für die REVs (vgl. mit Abb. E.14)

	h_D [m]	r_D [m]	r_{REV} [m]	RV [-]	GFV [-]	h_D/r_D [-]
REV 1	0,1	1,65	2,8	0,59	0,35	0,061
REV 2	0,1	1,65	4,0	0,41	0,17	0,061

Die Anordnung der Diffusoren im Speicher und die Wahl des REVs 1 zeigt Abb. E.13. Tab. E.2 liefert die geometrischen Kennzahlen für die verwendeten REVs[1]. Das Grundflächenverhältnis GFV ist in beiden Fällen kleiner als 0,5 und auch das Radienverhältnis RV liegt unter dem empfohlenen Grenzwert von 0,707. Damit werden vorhandene Kriterien berücksichtigt (Abs. E.1.1). Der Diffusor ist für das REV 1 nicht zu groß (z. B. für kompakte Speicher, Beispielfall nach Abs. A). Das REV 2 beschreibt den Fall, dass eine sehr große Grundfläche zur Verfügung steht (z. B. bei flachen Speichern).

E.2.4 Aufbau der Schichtung

Für die Erläuterung des Schichtungsaufbaus werden das oben beschriebene REV 1 und die Randbedingungen (Abb. E.14) herangezogen. Die transienten Vorgänge zeigt Abb. E.15. Zur Zeit $t^* = 0,1$ bewegt sich der Dichtestrom mit den typischen Merkmalen, die oben erläutert wurden (vgl. mit Abb. E.12), aus der Diffusormündung in Richtung Speicherwand. Dabei liegt eine sehr gute Trennung zwischen dem kalten Bodenstrom und dem warmen Inhalt vor (*erste Phase der Beladung*). Mit zunehmender Annäherung des flachen Dichtestroms an die Wand nimmt der Einfluss dieser Begrenzung zu. So ist bei $t^* = 0,3$ der Aufstauvorgang über die Zunahme der Höhenausdehnung der Bodenströmung nachweisbar. Es erfolgt eine teilweise Umlenkung der Strömung, wodurch in Bodennähe ein teilweises Mitreißen in die der Ausflussrichtung entgegengesetzten Richtung beginnt. Zur Zeit $t^* = 0,4$ läuft die Strömung über dem Diffusor nach links. In der spitzen Ecke des REVs staut sich das Fluid auf, was allerdings in dieser starken Ausprägung nicht realistisch und auf die Wahl des REVs zurückzuführen ist. Tatsächlich treten im Speicher dreidimensionale Effekte auf. Im REV 1 erfolgt zu $t^* = 0,6$ wieder eine Umlenkung der Strömung nach rechts und der austretende Strahl wird an der Mündung jetzt stärker nach rechts mitgerissen. Der Mündungsstrahl beginnt nun leicht vom Boden abzuheben, durchdringt die Übergangsschicht jedoch nicht (*zweite Phase der Beladung*). Dafür ist der lokale Dichtegradient trotz der horizontalen Wellenbewegung der Übergangsschicht (Wabern) verantwortlich. Zur Zeit $t^* = 1,0$ strömt der Mündungsstrahl im Gegensatz zu $t^* = 0,1$ leicht nach oben. Die Ursache hierfür liegt in der näherungsweise isothermen Umgebung. Der Dichtestrom existiert nicht mehr (Abb. E.16). Die Speicherwand bewirkt dabei auch teilweise das Aufstauen des Strahls.

[1]Das REV 2 wird unten in Zusammenhang mit einem vergrößerten Wandabstand beschrieben.

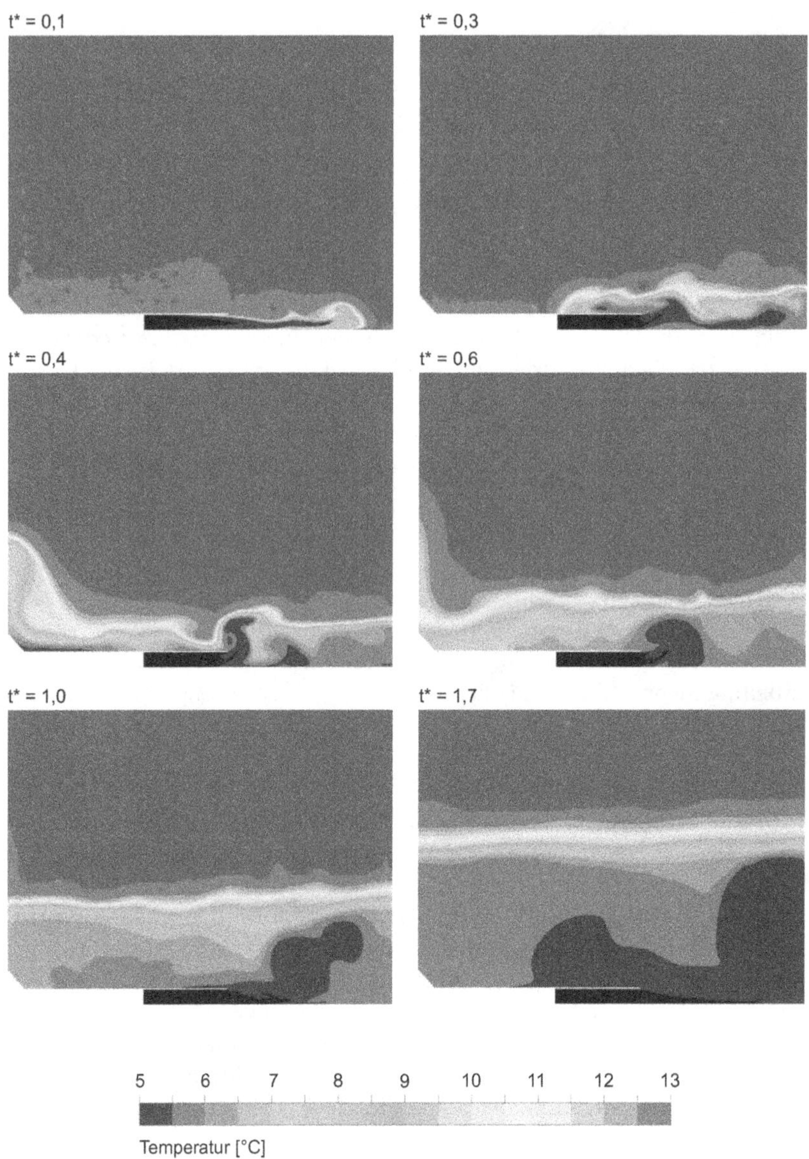

Abb. E.15: berechnete Temperaturfelder für die Beladung des REVs 1 (vertikaler Schnitt in der Mitte) mit einem relativen Volumenstrom von 100 % [357]

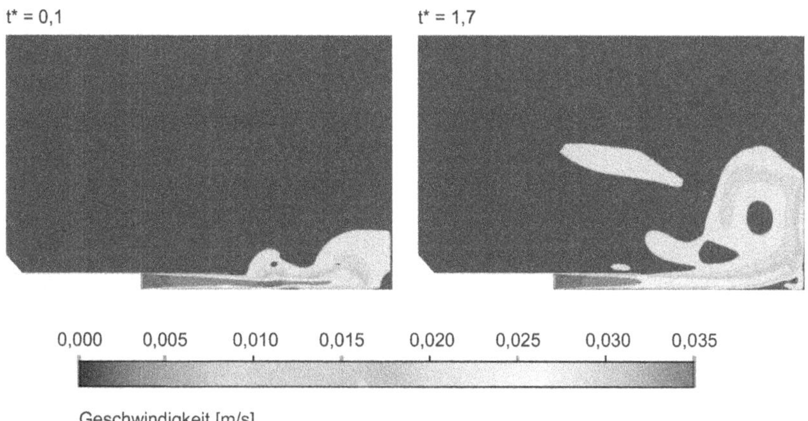

Abb. E.16: berechnete Geschwindigkeitsfelder für die Beladung des REVs 1 (vertikaler Schnitt) mit einem relativen Volumenstrom von 100 % [357]

E.2.5 Bewertung der thermischen Schichtung

Das oben gezeigte Beispiel zeichnet sich durch eine dreidimensionale Strömung mit einem komplexen Verhalten aus, was in der Bewertung berücksichtigt werden muss (Einsatz mehrerer Messstellen, Abb. E.14). Bewertungskriterien liefert der Abs. 7.5.2 (S. 259).

Beim *Temperaturgradient* (Gl. E.10) handelt es sich im engeren Sinne um einen vertikalen Gradienten, der eine ausgebildete Schichtung voraussetzt.

$$gradT_{Sp} = \frac{\partial T_{Sp}}{\partial h_{Sp}} \stackrel{!}{=} \frac{\Delta T_{Sp}}{\Delta h_{Sp}} \tag{E.10}$$

Die *nutzbare Höhe* h_{nutz} bzw. das nutzbare Volumen wird hier mit der Grenztemperatur von 7,0 °C nach Abb. E.11 gebildet[2]. Zur Berechnung der *mittleren Temperatur in der kalten Zone* $T_{Sp,nutz,m}$ wendet man das arithmetische Mittel unter Beachtung eines äquidistanten Abstands auf die entsprechenden Temperaturwerte an.

Um die *Stabilität bzw. die Ausbildung der Schichtung* beurteilen zu können, kann man an verschiedenen „Messstellen" im REV 1 (gekennzeichnete Radien in Abb. E.14) die vertikale Temperaturverteilung bestimmen. Unterschiede bei den Temperaturverteilungen bzw. den Gradienten oder mittleren Temperaturen zeigen horizontale Unterschiede an. Sind diese nicht mehr vorhanden, kann man von einer *ausgebildeten Übergangszone* ausgehen, die sich nur noch langsam verändert (vgl. mit Abs. F).

Abb. E.17 und Abb. E.18 zeigen den vertikalen Temperaturverlauf für die verwendeten Messstellen (Abb. E.14) und für die Zeiten t^* von 1,0 und 1,7. Für die gleichen

[2] Wählt man eine zu hohe Grenztemperatur, gibt die nutzbare Höhe kein verwertbares Ergebnis hinsichtlich der Schichtungsqualität. Es kann dann eine weiträumige Mischung stattfinden, ohne dass dieses Kriterium sinkt. Bei einer großräumigen Mischung werden dann Höhen ausgegeben, die über der Höhe mit perfekter Schichtung liegen.

Situationen weisen die Abb. E.19 und die Abb. E.20 die vertikalen Temperaturgradienten aus[3].

Anhand der Temperaturverteilung kann man teilweise die Auswirkungen der Strömungsverhältnisse bzw. die unerwünschte Mischung nachvollziehen. Der Übergang von der warmen Zone zur Übergangszone ist durch eine kleine Rundung gekennzeichnet, was auf eine gute Trennung in der ersten Phase der Beladung hinweist. Unter der Übergangszone ergeben sich hingegen unterschiedliche Temperaturverläufe, die von der minimalen Temperatur abweichen. Diese Verläufe sind Indikatoren für Mischungsvorgänge in der zweiten Phase der Beladung und werden über die mittlere Temperatur in der kalten Zone quantifiziert. Bei radialen Diffusoren ist es offensichtlich schwieriger, die zweite Phase der Beladung zu optimieren[4].

Zur Zeit $t^* = 1,0$ sind bei den Kurven noch starke Unterschiede festzustellen, die zur Zeit $t^* = 1,7$ weitgehend abgeklungen sind. Dies ist über die Annäherung der Kurven nachweisbar. Die gleiche Tendenz gibt auch Tab. E.3 wieder (Anwendung der oben aufgeführten Kriterien). Im Unterschied zu Messergebnissen (vgl. mit Abs. F) sind die Gradienten viel größer. Folgende Sachverhalte sind dafür verantwortlich:

- Bei der Messung im Speicher wird eine Messlanze mit einem relativ großen vertikalen Abstand der Fühler von 0,42 m verwendet (Einfluss von Δh_{Sp} in Gl. E.10), welche sich in der Speichermitte befindet (erste Bestimmungsmethode in Abs. 7.5.2.5 S. 263). Auch die Analyse der vorbeiströmenden Übergangsschicht an einem Temperaturfühler (zweite Bestimmungsmethode in Abs. 7.5.2.5 S. 263) liefert keine so großen Temperaturgradienten [247].
- Bei der Simulation können relativ kleinräumige Gebiete gut „vermessen" werden. Weiterhin ist die Durchführung und Beobachtung einer idealen Beladung möglich.
- Die Strömung im Speicher besitzt einen ausgeprägt dreidimensionalen Charakter. Das REV gibt nur einen Teil des realen Verhaltens wieder, wobei die realen Ausgleichsvorgänge offensichtlich schneller bzw. intensiver ablaufen.

E.2.6 Variation des Volumenstroms

Bei Kaltwasserspeichern erfolgt die Leistungsanpassung hauptsächlich über die Variation des Volumenstroms. Die Temperaturen sollen dabei konstant bleiben. Im Folgenden wird deswegen der Volumenstrom variiert (Tab. E.4), um das Betriebsverhalten zu untersuchen. Dies ist aber auch für die Auslegung bzw. die Analyse der Auslegungsparameter wichtig. Deswegen enthält Tab. E.4 auch die Fr- und die Re-Zahlen.

Mit steigendem Volumenstrom nimmt die Durchmischung im REV zu (Abb. E.21), weil die Kräfte aufgrund des Dichteunterschieds, die für die Einschichtung verantwortlich sind, im Verhältnis zum steigenden Impuls der eintretenden Strömung an Einfluss

[3] Die Temperaturen verlaufen streckenweise linear. Dann ist der Temperaturgradient konstant und wird entsprechend dargestellt.

[4] Viele Literaturstellen stellen die thermische Schichtung im Unterschied zu Abb. E.11 mit einem zentralsymmetrischen Temperaturverlauf dar, was für vorliegenden Fall nicht zutrifft. Die Ursache ist das Strömungsverhalten in der zweiten Phase der Beladung.

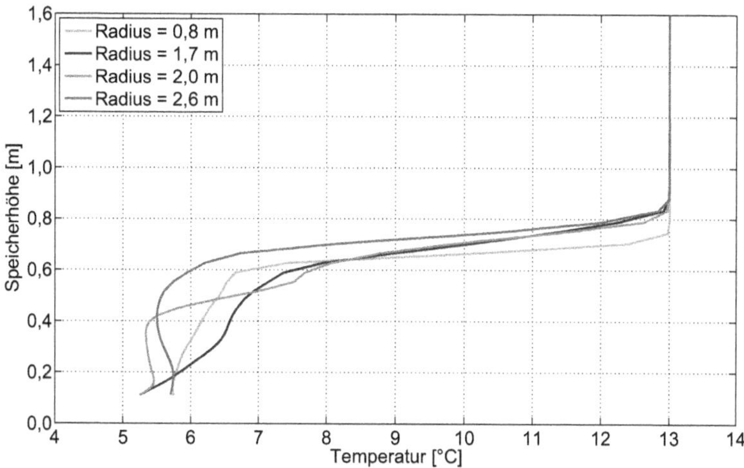

Abb. E.17: vertikaler Temperaturverlauf für REV 1 und $t^* = 1,0$ (vgl. mit Abb. E.15)

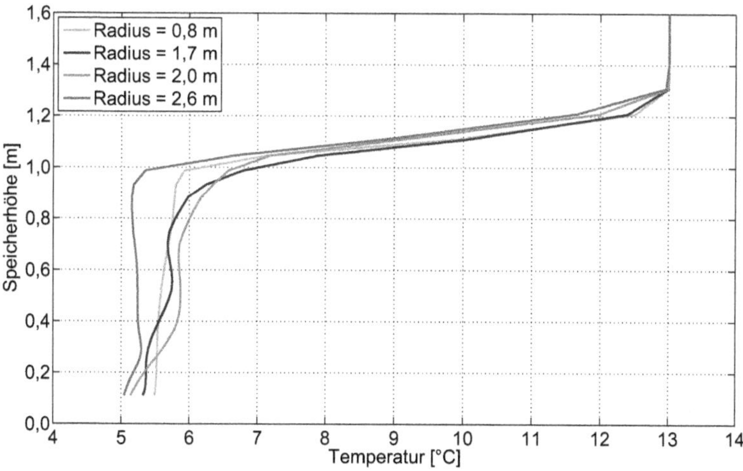

Abb. E.18: vertikaler Temperaturverlauf für REV 1 und $t^* = 1,7$ (vgl. mit Abb. E.15)

verlieren. Die Vorgänge müssen in Zusammenhang mit dem Wirken der Speicherwand gesehen werden. Bei niedrigen Volumenströmen (bis ca. 200 % relativer Volumenstrom) erfolgt eine Umlenkung des Strahls nach Abb. E.15. Bei 500 % des Auslegungsvolumenstroms ist ein starkes Aufsteigen der Strömung durch die Umlenkung der Wand nachweisbar. Im REV findet eine großräumige Mischung statt. Diese führt zu einer asymmetrischen Temperaturverteilung. Die Ausbildung einer Übergangsschicht bzw. Schichtung im Sinne dieser Untersuchung ist nicht mehr gegeben. Bei 50 % und 100 % liegt eine akzeptable Temperaturschichtung vor.

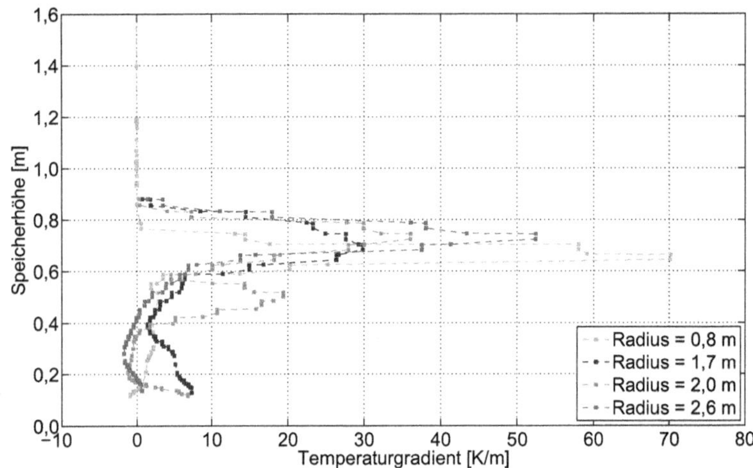

Abb. E.19: vertikaler Temperaturgradient für REV 1 und $t^* = 1,0$ (vgl. mit Abb. E.15)

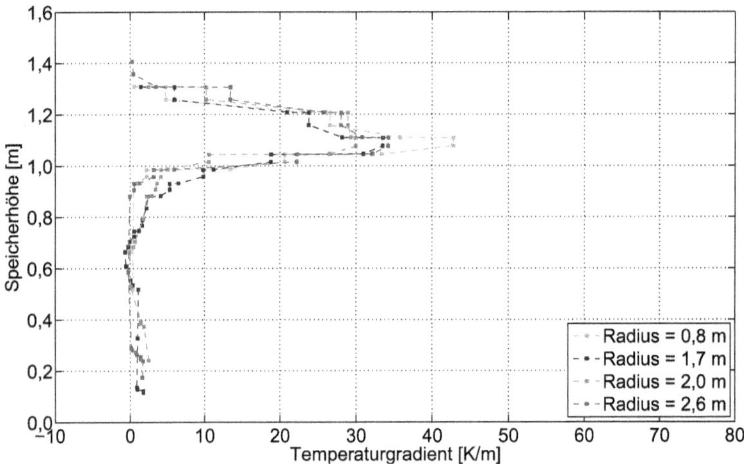

Abb. E.20: vertikaler Temperaturgradient für REV 1 und $t^* = 1,7$ (vgl. mit Abb. E.15)

Abb. E.22 und Abb. E.23 zeigen die Verteilung der Temperaturen und Gradienten im REV für einen bestimmten Radius. Tab. E.5 liefert die Kenngrößen für die eingeführten Radien. Bei hohen Durchmischungen bzw. asymmetrischen Temperaturverteilungen lassen sich verschiedene Bewertungskriterien nicht mehr sinnvoll anwenden. Deswegen wird in der folgenden Auswertung der Fall 500 % relativer Volumenstrom nicht weiter verwendet. In der Abb. E.24, Abb. E.25 und Abb. E.26 sind Trendfunktionen auf Basis der Mittelwerte aus Tab. E.5 dargestellt, um die folgenden Aussagen weiter zu untermauern.

Tab. E.3: Ergebnisse zur Bewertung der Schichtung im REV 1 für den relativen Volumenstrom 100 % und $t^* = 1,0$ sowie $t^* = 1,7$ (vgl. mit Abb. E.15)

$t^* = 1,0$	r = 0,8 m	r = 1,7 m	r = 2,0 m	r = 2,6 m	Mittelwert
$(gradT_{Sp})_{max}$ [K/m]	70,2	29,8	36,1	52,4	47,1
h_{nutz} [m]	0,61	0,53	0,52	0,67	0,58
$T_{Sp,nutz,m}$ [°C]	6,11	6,28	5,56	5,74	5,92
$t^* = 1,7$	r = 0,8 m	r = 1,7 m	r = 2,0 m	r = 2,6 m	Mittelwert
$(gradT_{Sp})_{max}$ [K/m]	42,8	33,6	30,0	34,3	35,2
h_{nutz} [m]	1,04	1,00	1,03	1,06	1,03
$T_{Sp,nutz,m}$ [°C]	5,68	5,71	5,87	5,27	5,63

Tab. E.4: Variation der Leistung und Angabe der wichtigsten Parameter für die Beladung (vgl. mit Abs. E.1)

$\lvert\dot{Q}_{BES}\rvert$ [kW]	$\lvert\dot{V}_{BES}\rvert$ [m^3/h]	v_{rel} [%]	$w_{D,m}$ [m/s]	Re [-]	Fr [-]
2500	268	50	0,0120	774	0,5
5000	535	100	0,0239	1547	1,0
10000	1071	200	0,0478	3095	2,0
25000	2677	500	0,1195	7737	5,0

Mit zunehmendem Volumenstrom nimmt die Schichtungsqualität bis ca. 200 % gleitend ab. Bei 500 % kann man nicht mehr von einer Schichtung aufgrund der Temperaturverteilung und der Gradienten ausgehen. Der Fall mit 200 % relativem Volumenstrom ist als grenzwertig anzusehen. Eine Beladung mit 50 % relativem Volumenstrom erzeugt eine gute Schichtung unter Beachtung der physikalischen Effekte (zweite Phase der Beladung). Besonders interessant ist das unterschiedliche Trendverhalten. Abb. E.24 zeigt ein näherungsweise lineares Abnehmen des maximalen Temperaturgradienten. Es ist aber zu beachten, dass sich die Temperaturverteilungen (Abb. E.22) und demzufolge auch die lokalen Gradienten (Abb. E.23) grundlegend ändern. Selbst bei einer relativ hohen Grenztemperatur von 7,0 °C kommt es bei ca. 200 % des relativen Volumenstroms zum Absinken des nutzbaren Volumens (Abb. E.25). Aufgrund dieser hohen Grenztemperatur und den ausgebildeten Übergangsschichten bei 50 % und 100 % liegt keine starke Abhängigkeit vor.

Allerdings verdeutlicht die mittlere Temperatur in der kalten Zone den Unterschied zwischen den genannten Fällen mit Mittelwerten von 5,6 °C und 5,9 °C. Bei 50 % des relativen Volumenstroms ist die Temperaturverteilung in der kalten Zone deutlich besser, was besonders beachtet werden sollte.

E.2.7 Änderung des Wandabstands

Der Einfluss der Wand wurde oben beschrieben. Eine Berücksichtigung des Wandeinflusses fand schon teilweise über die Auslegung mit den Kennzahlen *RV* bzw. *GFV* statt (Tab. E.2). Zur weiteren Analyse des Einflusses des Wandabstands wird das REV 2

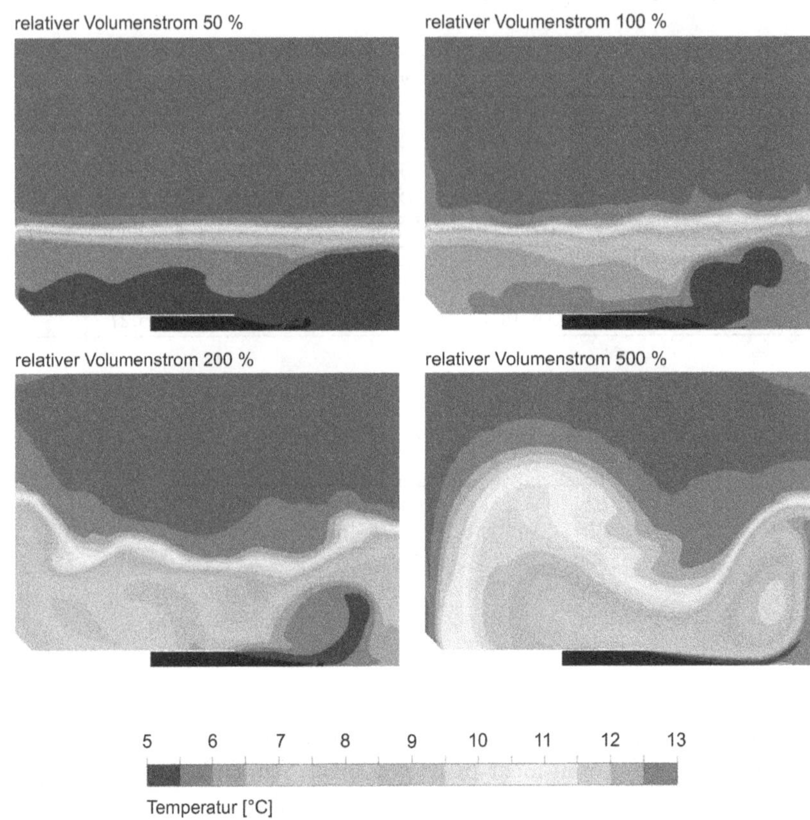

Abb. E.21: berechnete Temperaturfelder für die Beladung mit verschiedenen Volumenströmen des REVs 1 (vertikaler Schnitt) zur Zeit $t^* = 1,0$ [357]

Tab. E.5: Ergebnisse zur Bewertung der Schichtung im REV 1 für verschiedene Volumenströme und $t^* = 1,0$ zu Abb. E.21

$v_{rel} = 50\,\%$	$r = 0{,}8\,\text{m}$	$r = 1{,}7\,\text{m}$	$r = 2{,}0\,\text{m}$	$r = 2{,}6\,\text{m}$	Mittelwert
$(gradT_{Sp})_{max}$ [K/m]	67,3	52,0	54,7	59,8	58,4
h_{nutz} [m]	0,61	0,60	0,60	0,60	0,60
$T_{Sp,nutz,m}$ [°C]	5,58	5,73	5,56	5,43	5,57
$v_{rel} = 100\,\%$	$r = 0{,}8\,\text{m}$	$r = 1{,}7\,\text{m}$	$r = 2{,}0\,\text{m}$	$r = 2{,}6\,\text{m}$	Mittelwert
$(gradT_{Sp})_{max}$ [K/m]	70,2	29,8	36,1	52,4	47,1
h_{nutz} [m]	0,61	0,53	0,52	0,67	0,58
$T_{Sp,nutz,m}$ [°C]	6,11	6,28	5,56	5,74	5,92
$v_{rel} = 200\,\%$	$r = 0{,}8\,\text{m}$	$r = 1{,}7\,\text{m}$	$r = 2{,}0\,\text{m}$	$r = 2{,}6\,\text{m}$	Mittelwert
$(gradT_{Sp})_{max}$ [K/m]	30,0	32,1	21,9	22,8	26,7
h_{nutz} [m]	–	0,19	0,45	0,71	0,45
$T_{Sp,nutz,m}$ [°C]	–	6,51	6,22	6,21	6,31

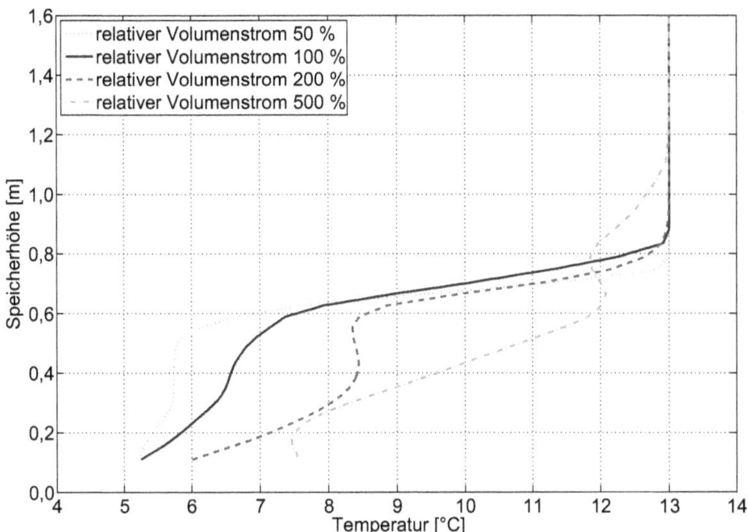

Abb. E.22: vertikale Temperaturverläufe für verschiedene Volumenströme, $r = 1,7\,m$ im REV 1 und $t^* = 1,0$ zu Abb. E.21

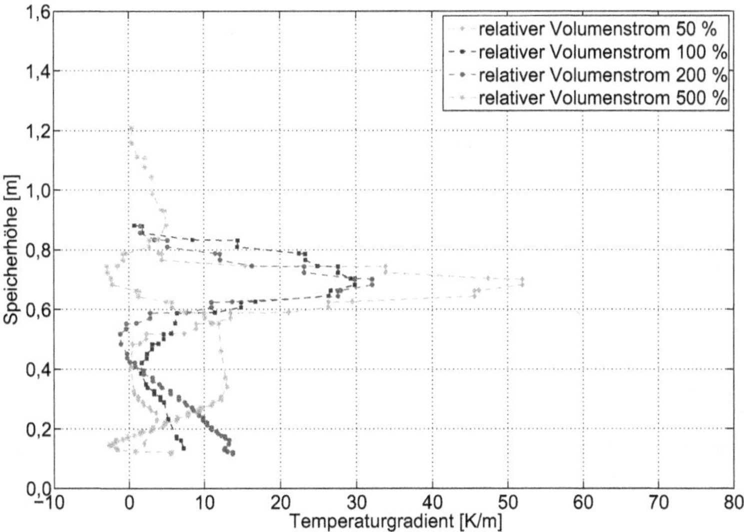

Abb. E.23: vertikale Temperaturgradienten für verschiedene Volumenströme, $r = 1,7\,m$ im REV 1 und $t^* = 1,0$ zu Abb. E.21

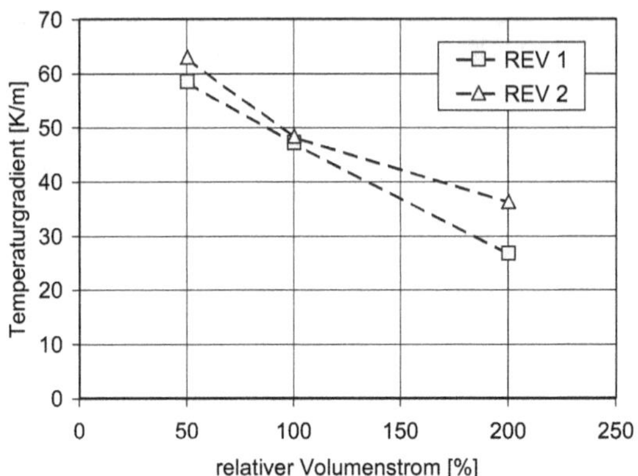

Abb. E.24: maximaler Temperaturgradient in der Übergangsschicht in Abhängigkeit vom Volumenstrom bezogen auf die Auslegung, Trenddarstellung auf Grundlage der Mittelwerte aus Tab. E.5 (REV 1) und Tab. E.6 (REV 2)

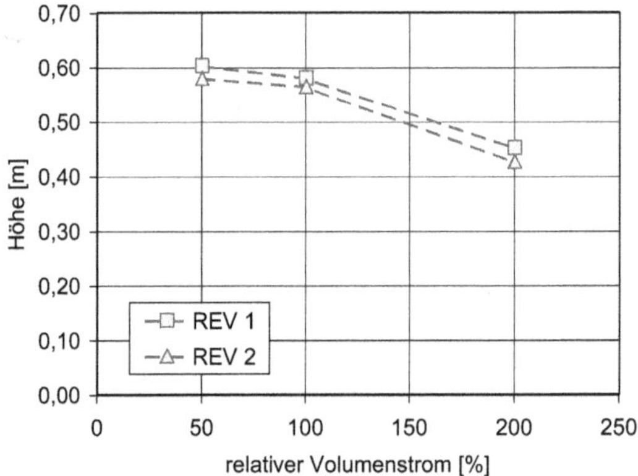

Abb. E.25: nutzbare Höhe bei einer Grenztemperatur von 7,0 °C in Abhängigkeit vom Volumenstrom bezogen auf die Auslegung, Trenddarstellung auf Grundlage der Mittelwerte aus Tab. E.5 (REV 1) und Tab. E.6 (REV 2)

mit einem Radius von 4,0 m eingeführt. Die Messstellen behalten ihre gleiche Lage. Wiederum findet eine Beladung bis $t^* = 1,0$ statt. Aufgrund der längeren Beladung und des kleineren Verhältnisses von Beladevolumenstrom zum REV-Volumen ist die Vergleichbarkeit der Ergebnisse z. T. eingeschränkt.

In Abb. E.27 werden die Beladesituationen für das REV 1 und das REV 2 gegenübergestellt, wobei ein ähnliches Verhalten in beiden Fällen vorliegt. Die ungleichmäßige Temperaturverteilung in der kalten Zone bleibt auch im REV 2 bestehen. Erwartungsgemäß erreicht der Dichtestrom bzw. der Mündungsstrahl im REV 2 höhere radiale Eindringtiefen. Bei 200 % relativer Volumenstrom hebt der kalte Mündungsstrahl mit deutlichem Abstand zur Wand ab. Der Effekt kann den näherungsweise isothermen Ver-

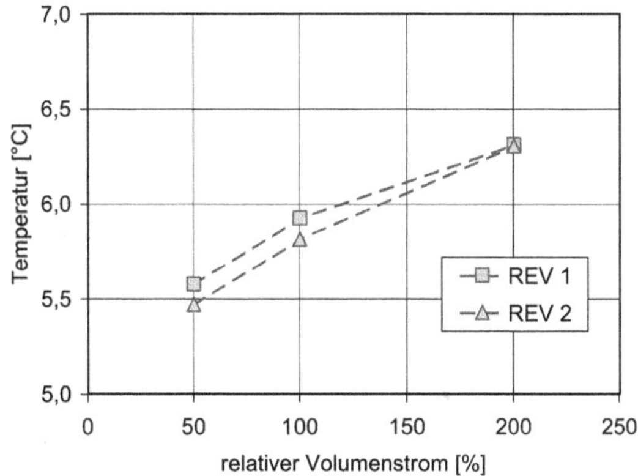

Abb. E.26: mittlere Temperatur in der kalten Zone in Abhängigkeit vom Volumenstrom bezogen auf die Auslegung, Trenddarstellung auf Grundlage der Mittelwerte aus Tab. E.5 (REV 1) und Tab. E.6 (REV 2)

hältnissen (zweite Phase der Beladung) zugeschrieben werden. Die Wirkung der Wand besitzt wahrscheinlich einen untergeordneten Einfluss. Die Form der Übergangsschicht ist ebener bzw. die Wellen sind nicht so stark wie im REV 1 ausgeprägt.

Abb. E.28 und Abb. E.29 zeigen die Temperaturverteilungen und die Temperaturgradienten für die Beladung des REVs 2. Tab. E.6 ergänzt die Angaben zur Gegenüberstellung mit den vorangestellten Untersuchungen im REV 1. Für einen Vergleich zwischen dem REV 1 und dem REV 2 werden aus Gründen einer besseren Darstellung die Abb. E.24, Abb. E.25 und Abb. E.26 herangezogen. Die dort dargestellten Tendenzen sind nicht einheitlich. Für 50 % und 200 % relativer Volumenstrom besitzt der maximale Temperaturgradient im REV 2 bessere Werte. Im Gegensatz dazu ist die nutzbare Höhe beim REV 1 geringfügig besser. Das REV 1 weist außerdem für 50 % und 100 % relativer Volumenstrom bessere Werte bei der mittleren Temperatur aus.

Neben den grundlegenden Ursachen (Geometrie des REVs 2, Beladezeit, Strömung) liegt offensichtlich eine Überlagerung von zwei Effekten vor. Die Wand bewirkt eine Reflexion des Dichtestroms an der Wand in der ersten Phase der Beladung (Ausbildung von Wellen) bzw. bei zu hohen Volumenströmen das Aufsteigen des Strahls in Wandnähe. Diese Wirkungen nehmen mit sinkendem Radius der Wand zu. Weiterhin treten Mischeffekte an der Oberfläche des Dichtestroms (Abb. E.12) auf. Mit steigendem Radius erhöht sich die Wirkung. Die Strömung im REV 1 erzeugt im Vergleich zum REV 2 stärkere Wellen im Bereich der Übergangszone, die erst zwischen $t^* = 1,0$ bis $t^* = 1,7$ abklingen. Der Einfluss bis zu einem relativen Volumenstrom von 100 % kann aber als unkritisch eingeschätzt werden.

Es ist zu vermuten, dass ein optimaler Bereich hinsichtlich der Minimierung des Einflusses beider Effekte existiert. Hierfür müssen allerdings weitere Untersuchungen durchgeführt werden.

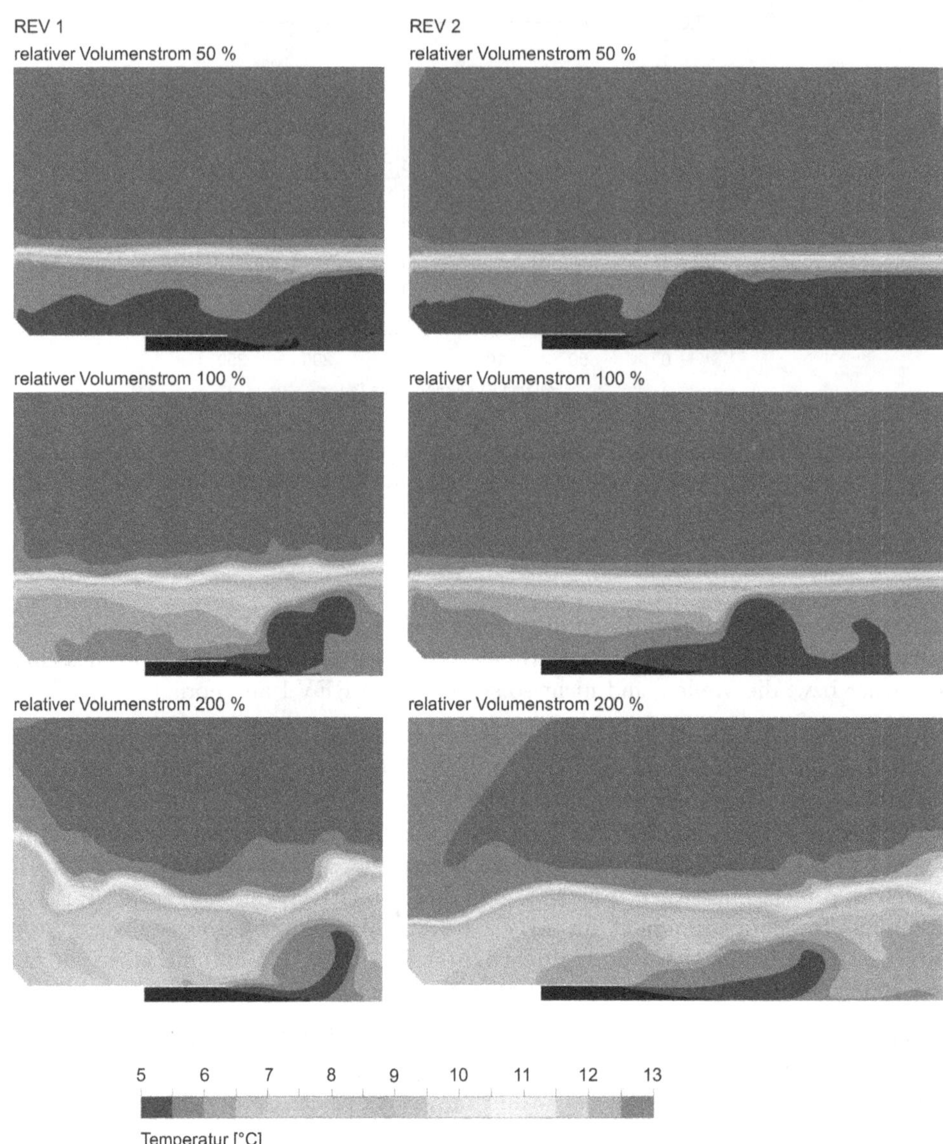

Abb. E.27: berechnete Temperaturfelder (vertikaler Schnitt) für die Beladung mit verschiedenen Volumenströmen, REV 1 im Vergleich zum REV 2 zur Zeit $t^* = 1,0$ [357]

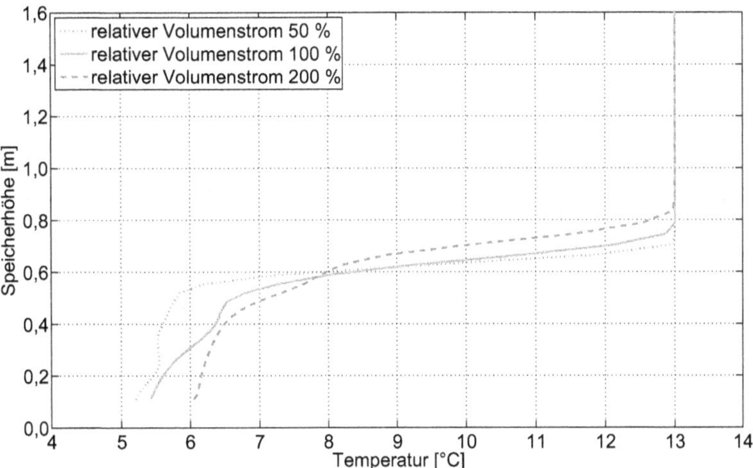

Abb. E.28: vertikale Temperaturverläufe für verschiedene Volumenströme, $r = 1,7\,m$ im REV 2 und $t^* = 1,0$ zu Abb. E.27

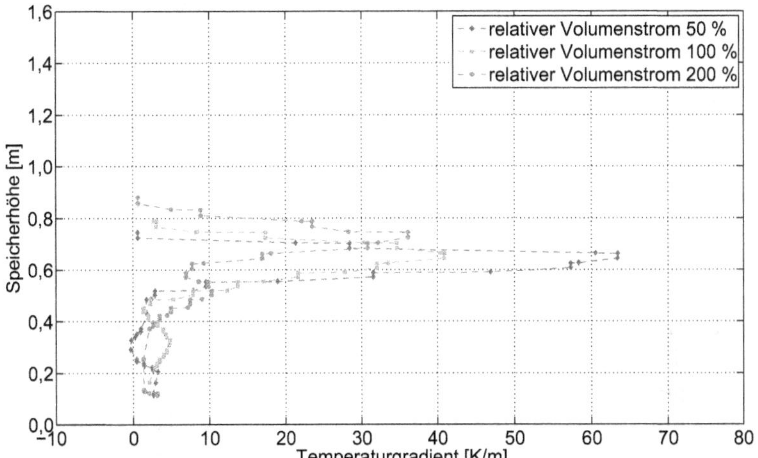

Abb. E.29: vertikale Temperaturgradienten für verschiedene Volumenströme, $r = 1,7\,m$ im REV 2 und $t^* = 1,0$ zu Abb. E.27

Tab. E.6: Ergebnisse zur Bewertung der Schichtung im REV 2 für verschiedene Volumenströme und $t^* = 1,0$ zu Abb. E.27

$v_{rel} = 50\,\%$	$r = 0{,}8\,m$	$r = 1{,}7\,m$	$r = 2{,}0\,m$	$r = 2{,}6\,m$	Mittelwert
$(gradT_{Sp})_{max}$ [K/m]	62,9	63,5	62,1	63,1	62,9
h_{nutz} [m]	62,9	63,5	62,1	63,1	62,9
$T_{Sp,nutz,m}$ [°C]	5,60	5,63	5,31	5,33	5,47
$v_{rel} = 100\,\%$	$r = 0{,}8\,m$	$r = 1{,}7\,m$	$r = 2{,}0\,m$	$r = 2{,}6\,m$	Mittelwert
$(gradT_{Sp})_{max}$ [K/m]	39,2	40,9	42,9	70,1	48,3
h_{nutz} [m]	0,59	0,53	0,54	0,59	0,56
$T_{Sp,nutz,m}$ [°C]	5,96	6,05	5,98	5,26	5,81
$v_{rel} = 200\,\%$	$r = 0{,}8\,m$	$r = 1{,}7\,m$	$r = 2{,}0\,m$	$r = 2{,}6\,m$	Mittelwert
$(gradT_{Sp})_{max}$ [K/m]	42,0	36,1	34,7	32,2	36,2
h_{nutz} [m]	0,40	0,49	0,35	0,47	0,43
$T_{Sp,nutz,m}$ [°C]	6,81	6,35	6,18	5,88	6,30

E.2.8 Schlussbemerkungen

Im Mittelpunkt dieser Untersuchung stand die Beladung bei Kaltwasserspeichern mit radialen Diffusoren. Hierfür wurden die physikalischen Vorgänge erklärt, die thermische Schichtung dargestellt und bewertet sowie der Einfluss wichtiger Parameter diskutiert.

Bei der Analyse der Vorgänge und der Auslegung der Diffusoren besitzen Kennzahlen und absolute Werte eine wichtige Funktion. Dabei wurden bewusst alle absoluten Kenngrößen angegeben (Orientierung an der praktischen Aufgabe), weil eine Übertragbarkeit aus hydrodynamischer und thermischer Sicht nur bedingt oder nicht gegeben ist.

Die Angaben aus der Literatur können weitgehend bestätigt und ergänzt werden. Parameteränderungen wirken sich gleitend auf die thermische Schichtung aus. Für den am Diffusor austretenden Strahl (vgl. mit Abs. E.2) liefert das Kriterium $Fr < 1$ (vgl. mit [372], [347]) einen guten Anhaltswert. Die Ausbildung eines Dichtestroms am Speicherboden konnte nachgewiesen werden.

Die anderen Kennzahlen (Re, RV bzw. GFV) zeigen aufgrund der sich überlagernden Effekte einen differenzierten Einfluss, was durch den Vergleich von REV 1 und REV 2 belegt werden konnte. Es müssen auf alle Fälle der Wandabstand und die Ausbreitungsgeschwindigkeit beachtet werden. Die unterschiedlichen Literaturangaben zur maximal zulässigen Re-Zahl (Abs. E.2) resultieren offensichtlich aus den verschiedenen Speicher- und Diffusorkonstruktionen (z. B. Einsatz eines großen Diffusors). Die Empfehlung lautet deswegen, immer eine Überprüfung mittels numerischer Strömungssimulation (CFD) durchzuführen. Aus praktischer Sicht ist dies notwendig, weil die radialen Diffusoren und deren Anordnung im Speicher bzw. die Speicherform optimiert werden sollten (z. B. Berücksichtigung des dreidimensionalen Charakters im Unterschied zum REV). Kriterien der Optimierung sind zunächst die Funktion (Schichtungsbetrieb) und die Kosten (Speicherhülle, Be- und Entladesystem).

Die Anwendung der Fr- und Re-Zahl-Kriterien sollte für einen maximalen Volumen-

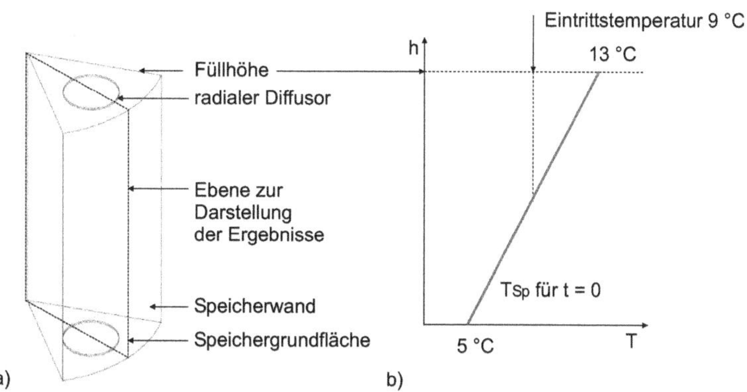

Abb. E.30: a) Modell für die Strömungssimulation mit Dichteinversion, b) Anfangsbedingung für die Temperaturverteilung im Speicher [358]

strom erfolgen. Damit entsteht eine Reserve im Teillastbetrieb des Speichers. Weiterhin erweist sich im Betrieb eine gleitende Erhöhung oder Absenkung des Volumenstroms als vorteilhaft, weil somit starke Änderungen des Fluidimpulses vermieden werden können.

Günstig ist außerdem die vertragliche Einigung zum Auslegungspunkt der Be- und Entladeeinrichtung sowie zum maximalen Volumenstrom (hydraulische Auslegung des gesamten Be- und Entladesystems). Beim Überschreiten des Grenzwerts müssen dann schlechtere thermische Schichtungen in Kauf genommen werden (z. B. Notfallbetrieb).

E.3 Dichteinversion

Ein Beispiel für eine Dichteinversion zeigt dieser Abschnitt [358]. Der Strömungssimulation liegt wiederum der Aufbau des Kaltwasserspeichers in Chemnitz zugrunde (Abs. A). Das Modell umfasst ein Sechstel der Grundfläche und die gesamte Höhe der Wasserfüllung (Abb. E.30). Zu Beginn des Tests liegt eine *nicht typische*, lineare Temperaturverteilung über der Speicherhöhe vor (unten 5 °C, oben 13 °C). Das Wasser tritt oben mit einer Temperatur von 9 °C ein. Das Wasser sinkt nach Verlassen des Diffusors (Abb. E.31). Dabei ist die Strömungsgeschwindigkeit zunächst größer als die mittlere Austrittsgeschwindigkeit am Diffusor. Diese asymmetrische Strömung erzeugt nach wenigen Minuten große Wirbel. Der obere Speicherbereich wird stark durchmischt, wobei mit fortschreitender Zeit die Strömung einen größeren Bereich erfasst. Nach einer Stunde mit besitzt die obere Speicherhälfte eine Temperatur zwischen 9,7. . . 11,1 °C.

Dieser fehlerhafte Speicherbetrieb zerstört die Schichtung sehr schnell. Das gezeigte Beispiel verdeutlicht, dass ein guter Schichtungsbetrieb nur möglich ist, wenn auch die Rücklauf-Temperaturen des Kältenetzes ausreichend hoch und stabil sind.

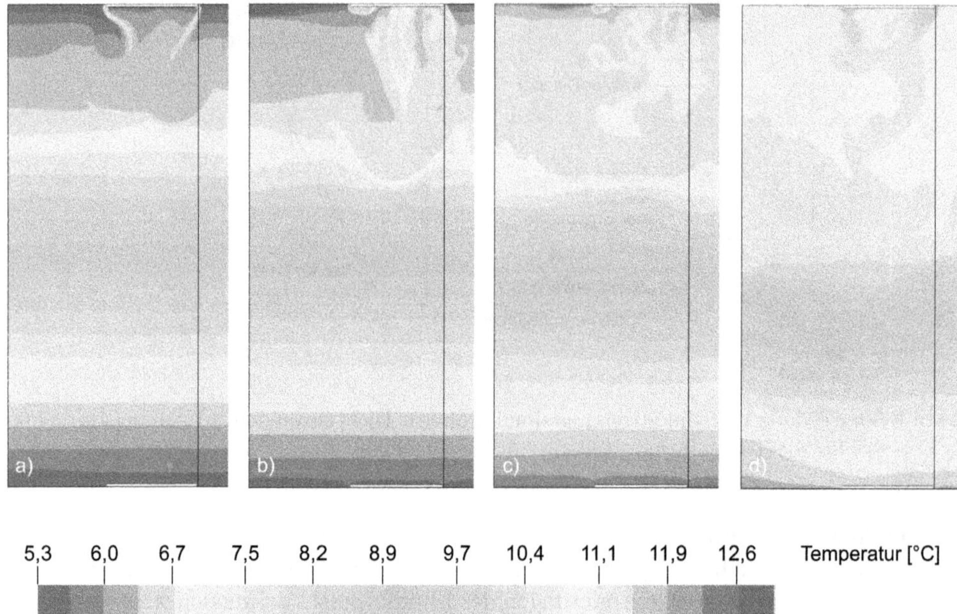

Abb. E.31: Beispiel zu einem nicht erwünschten Betrieb mit Dichteinversion, Eintrittstemperatur oben 9 °C mit Nennvolumenstrom (100 % relativer Volumenstrom nach Tab. E.4), Temperaturfelder im Speicher für die Zeiten a) 8 min, b) 15 min, c) 30 min, d) 60 min nach dem Beginn [358]

F Betrieb von Kaltwasserspeichern

In diesem Abschnitt soll das reale Verhalten eines Kaltwasserspeichers gezeigt werden (System in Chemnitz mit Kurzzeit-Speicher [32], [34], [35], [247], [333], [334], [335], [336], [337], [338], vgl. mit Abs. A, Abs. C, Abs. D, Abs. E).

Die zwei Fallbeispiele unterscheiden nach dem Sommerbetrieb (Abs. F.1) und dem Winterbetrieb (Abs. F.2). Anhand des Praxisbetriebs sollen Zusammenhänge zwischen System und Speicher sowie das Speicherverhalten erläutert werden. Messdaten aus einem Monitoringprogramm [34] bilden hierfür die Grundlage. Verschiedene Kenngrößen aus dem Abs. 7.5.2 (S. 259) kommen zur Anwendung.

F.1 Sommerbetrieb

Die Abb. F.1, Abb. F.2, Abb. F.3, Abb. F.4, Abb. F.5, Abb. F.6 und Abb. F.7 zeigen beispielhaft den Speicherbetrieb im Sommer (29. KW 2009).

F.1.1 Betriebsweise

Die Netzlasten sind für den Sommerbetrieb relativ niedrig und stellen den Systembetrieb nicht vor besonders hohe Anforderungen (Abb. F.1). Die Speicherkapazität wird demzufolge nicht vollständig genutzt (Abb. F.4, Abb. F.7). Die nächtliche Beladung stellt einen Ladezustand von 80...100 % her. Ist der Speicher vollkommen beladen, werden Grundlastmaschinen in den frühen Morgenstunden deaktiviert. Erst bei ausreichend hoher Netzlast nehmen diese den Betrieb wieder auf. Am Tag laufen die Grundlastmaschinen näherungsweise mit Nennleistung und der Speicher übernimmt die Spitzenlastdeckung. Nach dem steilen Abfall der Netzlast in den frühen Abendstunden liefern die Maschinen ohne Leistungsreduzierung weiter Kälte. Der Speicher geht ohne Unterbrechung vom Entladebetrieb in den Beladebetrieb (Abb. F.1, Abb. F.2).

F.1.2 Randbedingungen

Die Vorlauftemperatur der Kältemaschinen und die Rücklauftemperatur des Netzes beeinflussen den Speicherbetrieb (Abb. F.2, Abb. F.3). Bei niedrigen Netzlasten sinkt die Rücklauftemperatur des Netzes. Das trifft auf die späte Entladephase oder den Sonntag zu (Abb. F.2, BES, oben). Ist der Speicher fast vollständig beladen, wird die Übergangszone (teilweise) mit der oberen Beladeeinrichtung entnommen und führt ebenfalls zum Sinken dieser Temperatur. Dies bewirkt auch die Minderung der vertikalen Temperaturdifferenz (vgl. mit Abb. F.6).

Die Beladetemperatur ist relativ konstant und hängt im Wesentlichen vom Kältemaschinenbetrieb ab. Den Kältemaschinenbetrieb beeinflussen wiederum die Eintrittstemperaturen und die Regelung (vgl. mit Abs. 2.18 S. 30).

Die Entladetemperatur (Abb. F.2, BES, unten) steigt während des Entladevorgangs nur geringfügig an. Das lässt sich über die Temperaturverteilung im Speicher erklären (Abb. F.7). Hierfür ist der Schichtungsaufbau (Abs. E.2 S. 435) verantwortlich. Beim praktischen Betrieb muss man beachten, dass der höchste oder niedrigste Ladezustand nicht perfekt hergestellt wird (Abb. F.7 z. B. 08:01 Uhr). D. h., dass im Speicher die Temperaturen nicht konstant bei 5,0 °C bzw. 13,0 °C (Auslegungszustand) liegen.

In Abhängigkeit des Ladezustands schwanken die mittleren Temperaturen in der kalten Zone im Bereich von 4,9... 5,5 °C (Abb. F.6). Die kalte Zone ist aus betriebstechnischer Sicht gut ausgebildet und kann zur Entladung herangezogen werden[1]. In solchen Fällen beträgt die Soll-Vorlauf-Temperatur des Netzes 5,0... 5,5 °C.

F.1.3 Schichtungsverhalten

Der maximale Temperaturgradient (Abs. 7.5.2.3 S. 262) liefert eine Aussage zur Schichtungsqualität (Abb. F.5). Der Bestimmung liegen ein Schichtenmodell mit 40 Temperaturfühlern über der gesamten Wasserfüllhöhe (Abs. 7.5.2.5 S. 263) und Messwerte mit einem Abstand von 3 min zugrunde [247].

Trotz der relativ hohen Anzahl der Temperaturfühler und einer Schichthöhe von 0,429 m hat die Lage der Übergangszone einen Einfluss auf die Bestimmung. Nur zu bestimmten Zeiten können hohe Temperaturdifferenzen $T_{Sp,i+1} - T_{Sp,i}$ ermittelt werden, die tatsächlich Auskunft zum Temperaturgradienten geben. Wächst die Übergangszone über die Schichthöhe h_{Sch}, tritt der Effekt nicht mehr auf (Abb. F.5, 29.06.2009). Bei der Entnahme der Übergangsschicht fällt der Wert erwartungsgemäß steil ab. Aus den gezeigten Punktwolken sind jeweils die höchsten Funktionswerte (Trend) abzulesen.

F.2 Winterbetrieb

Ein typischer Betrieb im Winter wird mit der Abb. F.8, Abb. F.9, Abb. F.10, Abb. F.11, Abb. F.12, Abb. F.13 und Abb. F.14 gezeigt.

F.2.1 Betriebsweise

Im Unterschied zum Sommerbetrieb ist nun die Leistung einer Grundlastmaschine größer als die Netzlast (Abb. F.8). Die Betriebsstrategie wechselt von der Spitzenlastdeckung zu einem Optimierungsbetrieb. Beim optimierten Betrieb wird die Kältemaschine mit einer hohen Leistung[2] betrieben. Aufgrund dieser Vorgaben läuft eine Kältemaschine für eine bestimmte Zeit. Der Speicher nimmt die überschüssige Kälte auf. Bei

[1] Die maximale Temperatur bei der Entladung (frei wählbare Entladegrenze) liegt zwischen 5,5... 7,0 °C. Da in diesem Fall die Grundlastmaschinen in Betrieb sind und Kaltwasser mit einer Temperatur zwischen 4... 6 °C bereitstellen, kann man die Entladegrenze, wie bereits beschrieben, auch etwas höher wählen. Im System stellt sich eine Mischtemperatur ein.

[2] Die Kaltwasser-Leistung liegt deutlich unter den Nennwerten, weil die Kaltwasser-Zulauftemperatur durch die Netz-Rücklauf-Temperatur bestimmt wird. Bei niedrigen Lasten sinkt diese Temperatur (Abb. 2.58 S. 84). Die für hohe Leistungen erforderliche Temperaturdifferenz kann nicht erzeugt werden, da gleichzeitig die Kaltwasser-Vorlauf-Temperatur von ca. 5 °C eingehalten werden muss.

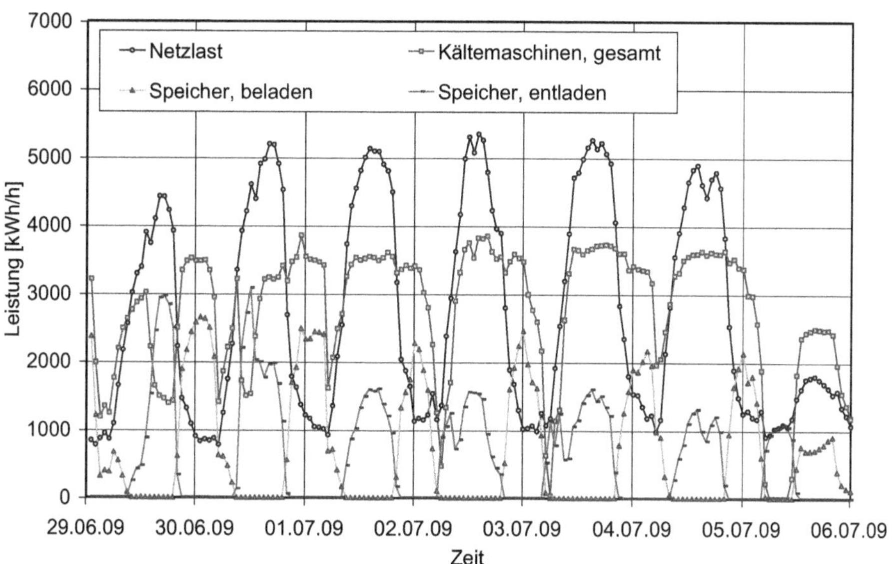

Abb. F.1: Netzlast, gesamte Kältemaschinenleistung, Be- und Entladung des Kaltwasserspeichers, Fernkältesystem Chemnitz [32], [34], Sommerbetrieb, 27. KW 2009, stündliche Messwerte

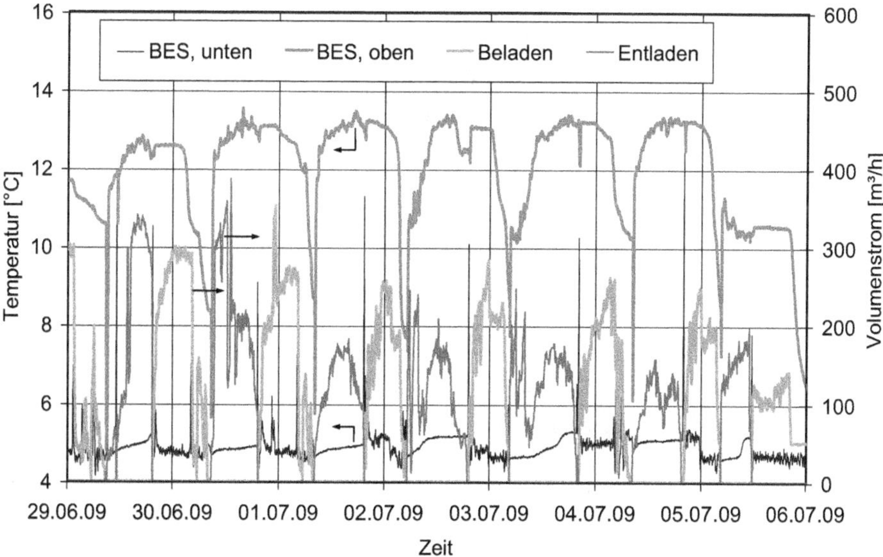

Abb. F.2: Be- und Entladesystem, Kaltwasserspeicher Chemnitz [32], [34], Temperaturen und Volumenströme, Sommerbetrieb, 27. KW 2009, Messwerte, 3 min-Mittelwerte

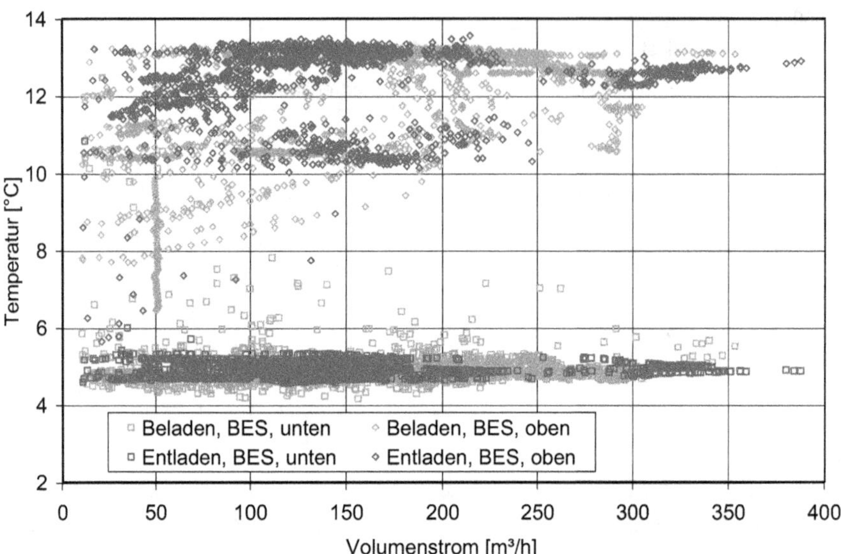

Abb. F.3: Be- und Entladesystem, Kaltwasserspeicher Chemnitz [32], [34], Temperaturen in Abhängigkeit des Volumenstroms, Sommerbetrieb, 27. KW 2009, Messwerte, 3 min-Mittelwerte

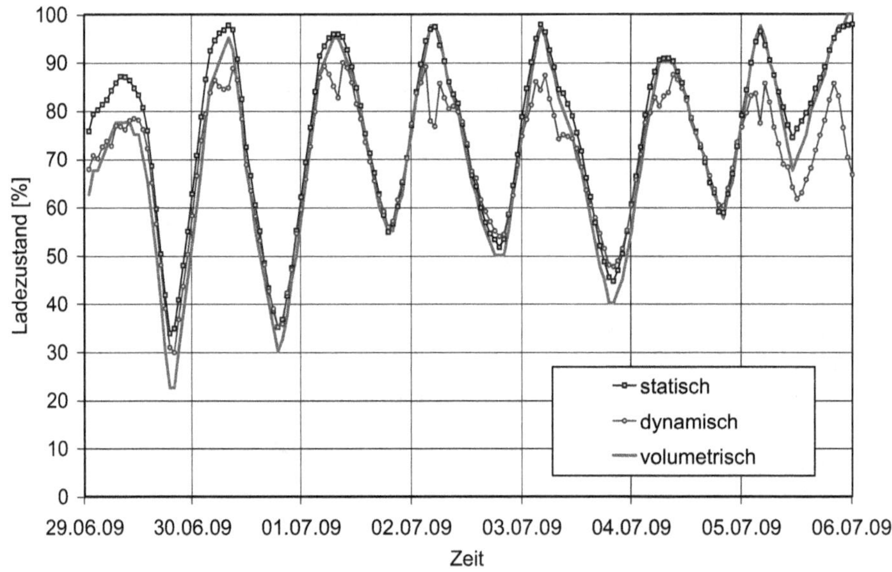

Abb. F.4: Speicherzustand, Kaltwasserspeicher Chemnitz [32], [34], Ladezustände, Sommerbetrieb, 27. KW 2009, stündliche Messwerte

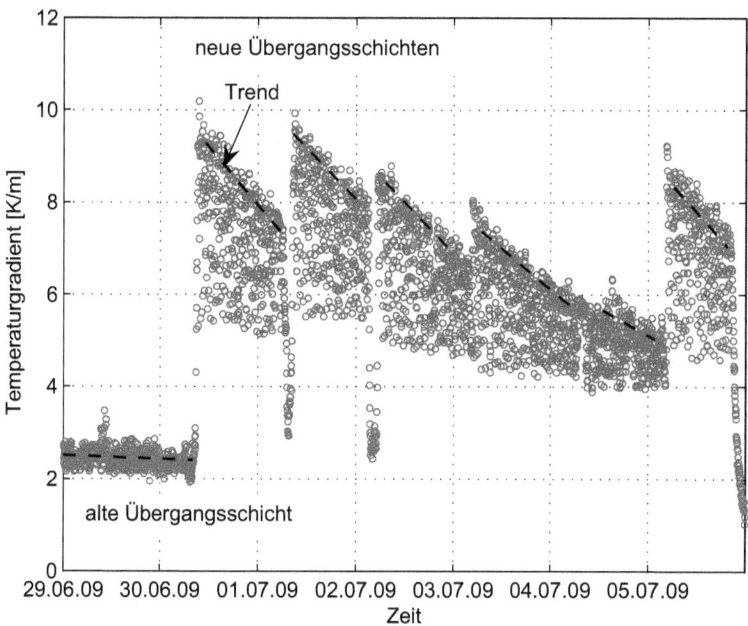

Abb. F.5: Schichtungsbetrieb, Kaltwasserspeicher Chemnitz [32], [34], maximaler Temperaturgradient, Sommerbetrieb, 27. KW 2009, 3 min-Messwerte

einer vollständigen Beladung wird die Kältemaschine deaktiviert und der Speicher übernimmt die alleinige Versorgung. Der Prozess beginnt von Neuem, wenn der Speicher entladen ist. Dies führt zu einer zyklischen Be- und Entladung des Speichers (Abb. F.11).

Im Unterschied zum Sommerbetrieb kann man eine deutliche Abweichung des statischen Ladezustandes (Gl. 7.6 S. 261) vom dynamischen Ladezustand (Gl. 7.7 S. 262) feststellen. Dies ist auf die geänderten Speichertemperaturen (Abb. F.14) zurückzuführen. Wie bereits in Abs. 7.5.2.2 erläutert, führen niedrige vertikale Temperaturdifferenzen zu Problemen (vgl. mit Abb. F.13). Der volumetrische Ladezustand (Gl. 7.8 S. 262, Grenztemperatur 7,0 °C) liefert für den Speicherbetrieb eine von den Randbedingungen weitgehend unabhängige Bewertungsgröße.

F.2.2 Randbedingungen

Im gezeigten Beispiel sind die Vorlauf-Temperaturen relativ niedrig (Abb. F.9, Abb. F.10). Eine Erhöhung der Netz-Vorlauf-Temperatur bzw. der minimalen Speichertemperatur ist möglich und bringt weitere Vorteile (z. B. Erhöhung des Wärmeverhältnisses, vgl. mit Abb. 2.23 S. 37).

Die niedrigen Rücklauf-Temperaturen des Netzes bewirken auch den Abfall der maximalen Speichertemperatur auf ca. 10 °C (Abb. F.14).

Die Austrittstemperaturen (Abb. F.9) bzw. die Temperaturen in der kalten Zone

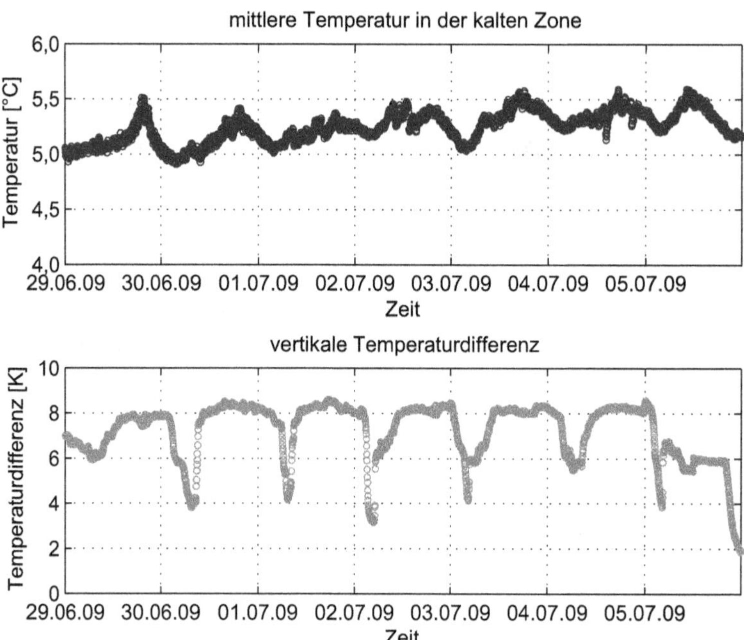

Abb. F.6: Schichtungsbetrieb, Kaltwasserspeicher Chemnitz [32], [34], mittlere Temperatur in der kalten Zone (Grenztemperatur 7,0 °C) und vertikale Temperaturdifferenz, Sommerbetrieb, 27. KW 2009, 3 min-Messwerte

(Abb. F.13, Abb. F.14) sind weitgehend konstant. Vom 26.12. bis zum 28.12.2008 liefert die Speicherentladung einen idealen Temperaturverlauf (F.11, BES, unten). Dieser spiegelt sich auch in der mittleren Temperatur der kalten Zone wider (Abb. F.13).

Ein schwankender Netzvolumenstrom (Abb. F.9), der bei niedrigen Lasten auftritt (vgl. mit Abb. 2.58 S. 84), verursacht die Fluktuationen, die sich im Beladebetrieb etwas stärker auswirken.

F.2.3 Schichtungsverhalten

Der maximale Temperaturgradient (Abb. F.12) zeigt in diesem Fall eine etwas höhere Schichtungsqualität im Vergleich zum Sommerbetrieb an. Das ist zum einen auf die fast vollständige Be- und Entladung zurückzuführen, was durch vertikale Temperaturdifferenz (Abb. F.13) bestätigt wird. Die vertikale Temperaturdifferenz fällt dann bis auf ca. 2 K. Weiterhin sind die Volumenströme im Vergleich zum Sommerbetrieb deutlich niedriger (vgl. mit Abs. E.2.6 S. 444).

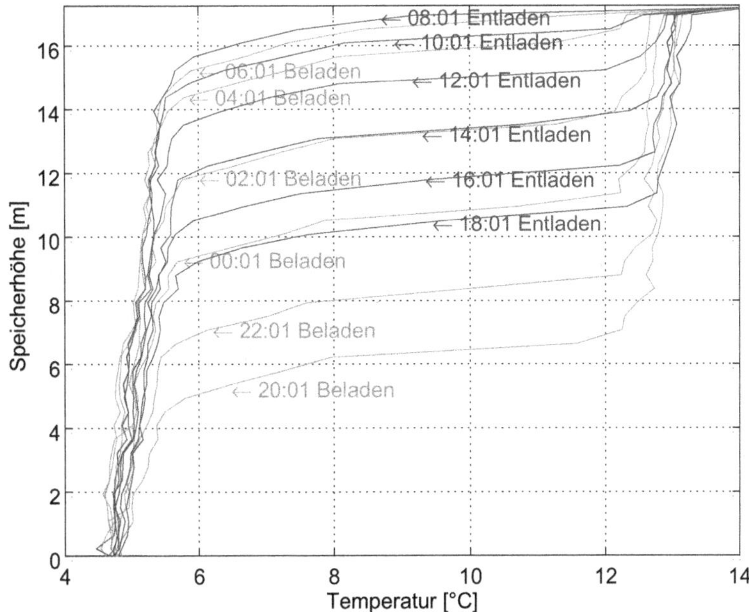

Abb. F.7: Schichtungsbetrieb, Kaltwasserspeicher Chemnitz [32], [34], vertikale Temperaturverteilung über der gesamten Speicherhöhe, Sommerbetrieb, 30.06.2009 18:01 Uhr bis 01.07.2009 19:58 Uhr, Messwerte alle zwei Stunden

F.3 Zusammenfassung

Die Randbedingungen des Systems beeinflussen den Speicherbetrieb. Das sind im Wesentlichen die Eintrittstemperaturen (Netz-Rücklauf und Kältemaschinen-Vorlauf) und die Betriebsweise (Abs. 6.3.2 S. 205), die mit unterschiedlich hohen Volumenströmen verbunden ist. Die Betriebsstrategie (Abs. 6.3.1 S. 204) bestimmt wiederum die Betriebsweise.

So können zwei typische Betriebsweisen (Sommer- und Winterbetrieb) nachgewiesen werden [247]. Wird die Übergangszone im Sommerbetrieb selten entnommen bzw. neu hergestellt, steigt die Höhe der Übergangsschicht an. Dies führt zum Abfall des maximalen Temperaturgradienten auf ca. 2... 4 K/m. Dadurch sinkt das nutzbare Volumen.

Die Übergangsschicht bleibt dann trotz einer ständigen Bewegung über Wochen mit diesen Gradienten erhalten. Den Speicher kann man deswegen auch nach einer längeren Stillstandsphase einsetzen. Ein ständiger Speichereinsatz ist nicht zwingend erforderlich. Dies führt zu einer Flexibilität in der Speicherbetriebsweise und ermöglicht verschiedene Betriebsstrategien.

Zur Deckung von Spitzenlastfällen muss die Schichtung erneuert werden. Aus betriebstechnischen Gründen (Einhaltung der Temperaturen im System) ist die Entnahme der Übergangschicht mit der oberen Beladeeinrichtung sinnvoll. Dadurch kann man die gesamte Speicherkapazität weitgehend nutzen.

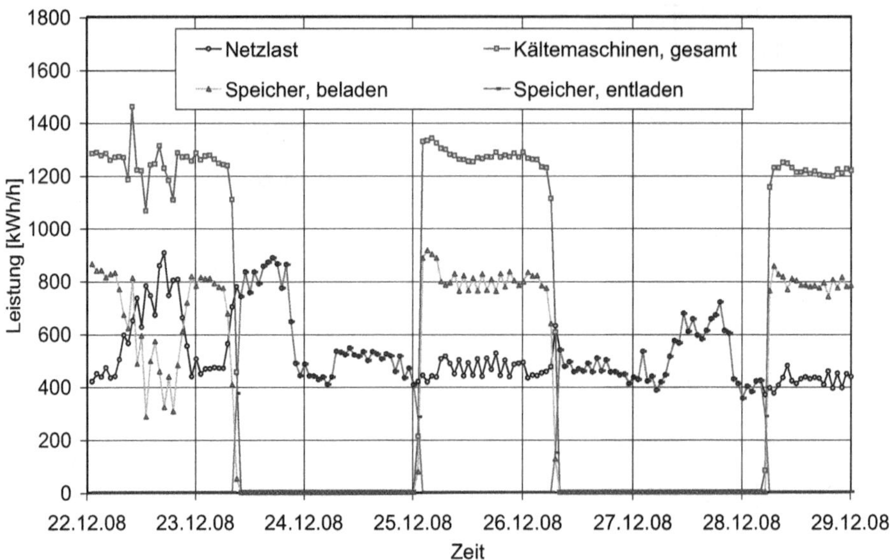

Abb. F.8: Netzlast, gesamte Kältemaschinenleistung, Be- und Entladung des Kaltwasserspeichers, Fernkältesystem in Chemnitz [32], [34], Winterbetrieb, 52. KW 2008, stündliche Messwerte

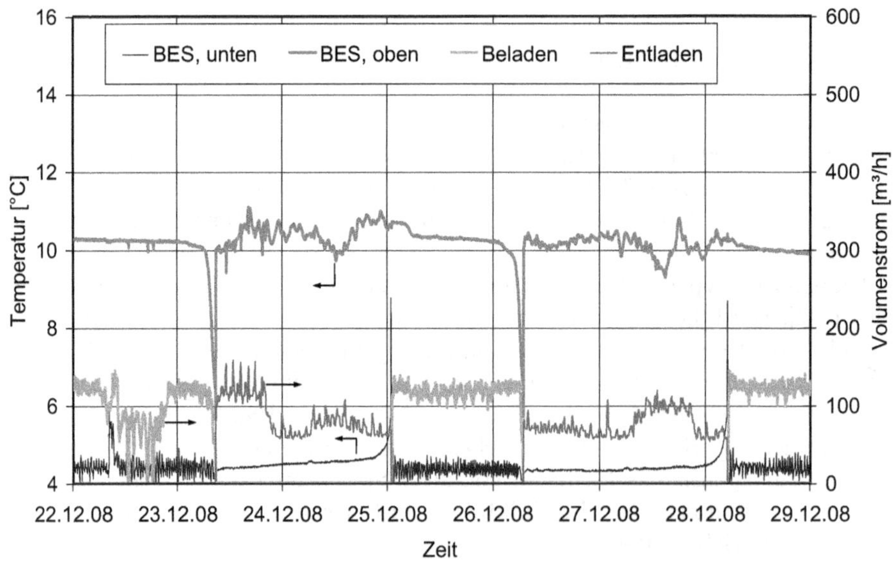

Abb. F.9: Be- und Entladesystem, Kaltwasserspeicher Chemnitz [32], [34], Temperaturen und Volumenströme, Winterbetrieb, 52. KW 2008, Messwerte, 3 min-Mittelwerte

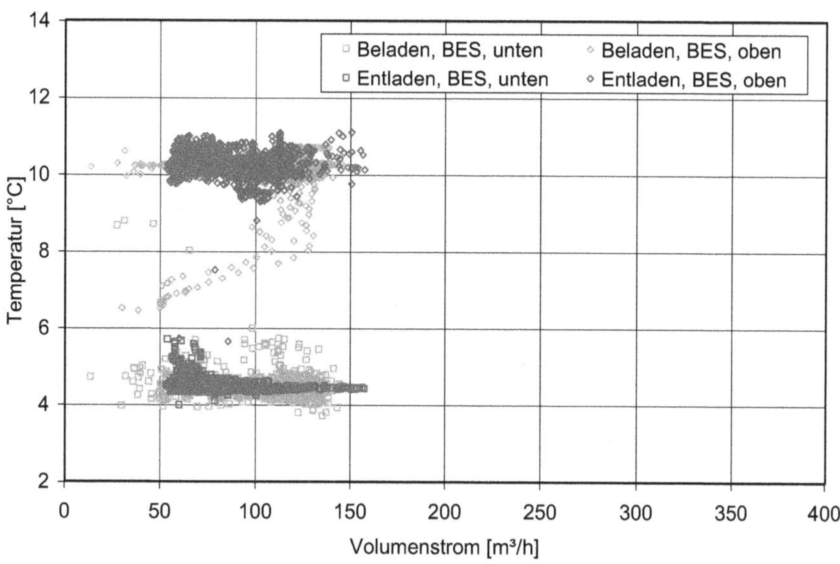

Abb. F.10: Be- und Entladesystem, Kaltwasserspeicher Chemnitz [32], [34], Temperaturen in Abhängigkeit des Volumenstroms, Winterbetrieb, 52. KW 2008, Messwerte, 3 min-Mittelwerte

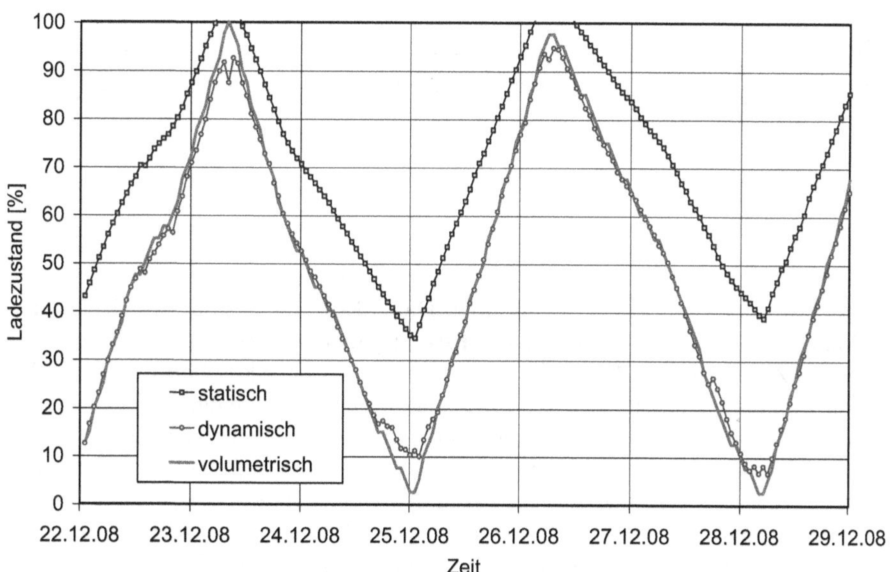

Abb. F.11: Speicherzustand, Kaltwasserspeicher Chemnitz [32], [34], Ladezustände, Winterbetrieb, 52. KW 2008, stündliche Messwerte

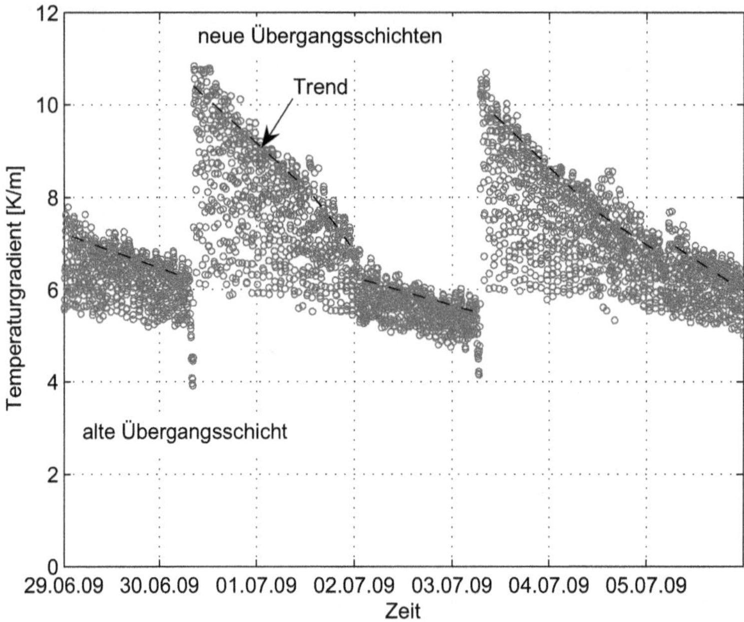

Abb. F.12: Schichtungsbetrieb, Kaltwasserspeicher Chemnitz [32], [34], maximaler Temperaturgradient, Winterbetrieb, 52. KW 2008, 3 min-Messwerte

Im Winterbetrieb bzw. in der Übergangszeit mit niedrigen Lasten kann der Speicher zur Optimierung der Kälteerzeugung eingesetzt werden. Im Wesentlichen stehen zwei Varianten zur Auswahl:

- Verlagerung der Kälteerzeugung in die Nacht,
- Verlängerung der Maschinenlaufzeit.

Der hier vorgestellte Winterbetrieb mit einer langen Laufzeit einer Grundlastmaschine führt zum zyklischen Be- und Entladen. Dabei kann die gesamte Speicherkapazität mit schmalen Übergangschichten fast vollständig genutzt werden. Hohe Temperaturgradienten im Bereich von 4...15 K/m sind aufgrund der zyklischen Betriebsweise mit niedrigen Volumenströmen über der gesamten Speicherhöhe möglich. Der vorgestellte Kaltwasserspeicher zeigt ein fast ideales Verdrängungsspeicherverhalten.

Der Schichtungsbetrieb stellt bei der Entladung unabhängig von der Betriebsweise konstante Temperaturen zur Verfügung. In Abhängigkeit der zeitlichen Entwicklung der Übergangschicht steigen die Temperaturen am Ende der Entladung an.

Bei niedrigen Netzlasten muss man aber den Einfluss der Netz-Rücklauf-Temperatur beachten. Dies kann temporär zur einer Dichteinversion führen (niedrige Lasten in der Nacht). Im Winterbetrieb reduziert sich die Speicherkapazität, was aber aufgrund niedriger Lasten nicht kritisch ist.

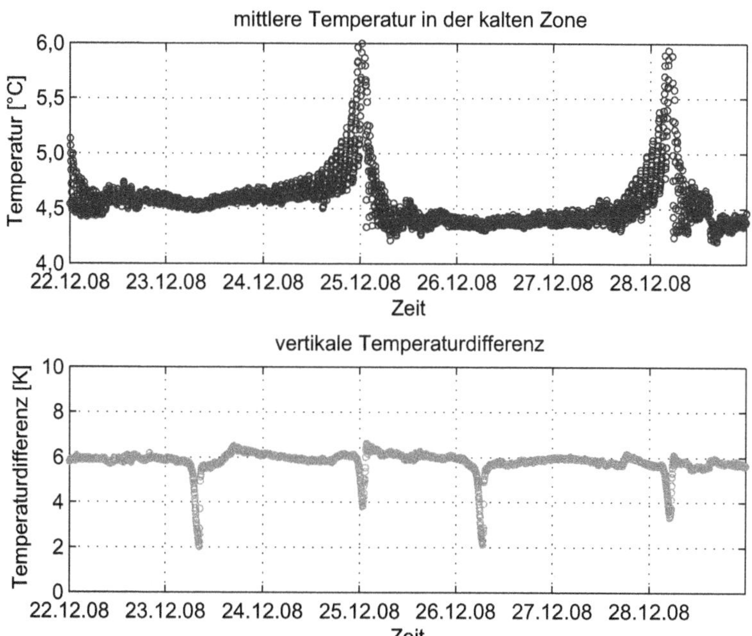

Abb. F.13: Schichtungsbetrieb, Kaltwasserspeicher Chemnitz [32], [34], mittlere Temperatur in der kalten Zone (Grenztemperatur 7,0 °C) und vertikale Temperaturdifferenz, Winterbetrieb, 52. KW 2008, 3 min-Messwerte

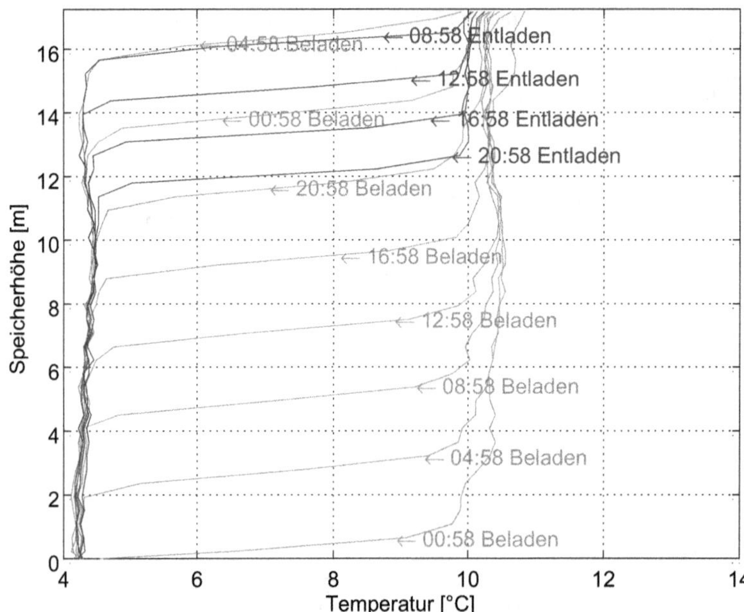

Abb. F.14: Schichtungsbetrieb, Kaltwasserspeicher Chemnitz [32], [34], vertikale Temperaturverteilung über der gesamten Speicherhöhe, Winterbetrieb, 25.12.2008 00:58 Uhr bis 26.12.2008 20:58 Uhr, Messwerte alle vier Stunden

Sachwortregister

Erklärung

Hiermit erkläre ich, Thorsten Urbaneck, dass die vorliegende Habilitationsschrift

Kältespeicher – Grundlagen, Technik, Anwendung

ohne unzulässige Hilfe angefertigt wurde. Aus fremden Quellen direkt oder indirekt übernommene Gedanken sind in der Arbeit als solche kenntlich gemacht. Personen, die bei der Auswahl und Auswertung des Materials sowie bei der Herstellung des Manuskriptes Unterstützungsleistungen erbracht haben, wurden benannt. Weitere Personen waren bei der geistigen Herstellung der vorliegenden Arbeit nicht beteiligt. Dazu zählt auch die Nichtinanspruchnahme der Hilfe eines sogenannten Promotionsberaters sowie Dritter, die unmittelbar noch mittelbar geldwerte Leistungen für Arbeiten erhalten haben, die im Zusammenhang mit dem Inhalt der vorgelegten Habilitation stehen.

Weiterhin wurde die vorgelegte Arbeit weder im Inland noch im Ausland in gleicher oder in ähnlicher Form einer anderen Prüfungskommission zum Zwecke einer Habilitation oder eines anderen Prüfungsverfahrens vorgelegt. Auch frühere erfolglose Habilitationsversuche haben nicht stattgefunden.

Die Habilitationsordnung der Fakultät Maschinenbau der Technischen Universität Chemnitz ist mir bekannt.

Chemnitz, den 08.05.2011

Thorsten Urbaneck

Lebenslauf

Thorsten Urbaneck

geboren am 29.04.1969 in Karl-Marx-Stadt (heute Chemnitz)

1976 – 1986	Polytechnische Oberschule August Bebel in Karl-Marx-Stadt
1986 – 1988	Abitur, Erweiterte Oberschule Dr. Theodor Neubauer in Karl-Marx-Stadt
1988 – 1990	Grundwehrdienst
1990 – 1996	Maschinenbau-Studium an der TU Chemnitz-Zwickau, Abschluss als Diplom-Ingenieur für Energie- und Umwelttechnik
seit 1996	wissenschaftlicher Mitarbeiter an der TU Chemnitz, Professur Technische Thermodynamik
2004	Promotion, Doktoringenieur
seit 2006	Bereichsleiter Thermische Energiespeicher an der Professur Technische Thermodynamik
2011	Habilitation

Urbaneck, Thorsten
Kältespeicher – Grundlagen, Technik, Anwendung
Seitenanzahl: 503
Anzahl der Abbildungen: 326
Anzahl der Tabellen: 53
Anzahl der Literaturzitate: 379

Referat

Die Speicherung thermischer Energie ist ein wichtiges Verfahren, welches einen effizienten Umgang mit Energie und den Einsatz erneuerbarer Energiequellen ermöglicht. In dieser Arbeit wird die Kältespeichertechnik umfassend eingeführt. Um derartige Speicher richtig einsetzen und betreiben zu können, ist die Darstellung vieler Zusammenhänge notwendig. Deswegen werden zunächst Grundlagen zur Kältebereitstellung und -anwendung behandelt. Versorgungssysteme mit Kaltwasser (Nah- und Fernkälte) besitzen dabei eine besondere Bedeutung. Weiterhin muss man bei der maschinellen Kälteerzeugung die vorgelagerte Energieversorgung berücksichtigen. Im Grundlagenteil werden außerdem wichtige Begriffe, Kenngrößen und Prinzipien im Bereich der thermischen Energiespeicher ausführlich erläutert.

Der zweite Teil der Arbeit widmet sich speziell der Kältespeicherung. Die Speichertechniken werden maßgeblich durch die eingesetzten Stoffe bzw. durch ihre Eigenschaften beeinflusst. Ein weiterer Abschnitt beschäftigt sich mit speziellen Systemaspekten bei der Kältespeicherung. Die vorgestellten Speicherkonstruktionen sind in dieser Arbeit nach Kaltwasserspeichern, Eis- und Schneespeichern sowie Speichern im Untergrund eingeteilt.

Im Anhang werden spezielle Themen und Methoden angesprochen, die sich auf Kaltwassersysteme und -speicher beziehen. Nach der Vorstellung eines Beispiels stehen Berechnungsansätze bei Nah- und Fernkältesystemen im Fokus. Bei Voruntersuchungen besitzt die Anlagensimulation eine große Bedeutung. Deren Anwendung und spezielle Ergebnisse werden erläutert. Die Erklärung eines Modells für Kaltwasserspeicher rundet diese Thematik ab.

Weiterhin wird ein spezielles Be- und Entladesystem mit radialen Diffusoren ausführlich vorgestellt. Mithilfe der numerischen Strömungssimulation sind eine Klärung wichtiger physikalischer Effekte und die Diskussion von Kennzahlen zur Auslegung möglich. Ergänzend werden Betriebsergebnisse eines Kaltwasserspeichers gezeigt, die den Bezug zu den theoretischen Ansätzen aus den vorangegangen Abschnitten herstellen.

Schlagwörter:
Speicher, Kältetechnik, Fernkälte, Nahkälte, Energieversorgung, Planung, Auslegung, Berechnung, Simulation, Bau, Betrieb, Kosten, Ökologie.

Autoren-Kontakt
Email Thorsten Urbaneck: thorsten.urbaneck@mb.tu-chemnitz.de

www.ingramcontent.com/pod-product-compliance
Lightning Source LLC
Chambersburg PA
CBHW072007230326
41598CB00082B/6833
* 9 7 8 3 4 8 6 7 0 7 7 6 2 *